中国海洋发展报告

China's Ocean Development Report

（2012）

国家海洋局海洋发展战略研究所课题组

海洋出版社

2012年 · 北京

图书在版编目（CIP）数据

中国海洋发展报告.2012/国家海洋局海洋发展战略研究所课题组编著. —北京：海洋出版社，2012.5
ISBN 978-7-5027-8276-4

Ⅰ.①中…　Ⅱ.①国…　Ⅲ.①海洋战略-研究报告-中国-2012
Ⅳ.①P74

中国版本图书馆CIP数据核字（2012）第106116号

责任编辑：白　燕　张　荣
责任印制：赵麟苏
海洋出版社　出版发行
http：//www.oceanpress.com.cn
北京市海淀区大慧寺路8号　邮编：100081
北京画中画印刷有限公司印刷　　新华书店发行所经销
2012年6月第1版　2012年6月北京第1次印刷
开本：787mm×1092mm　1/16　印张：31.75
字数：620千字　定价：200.00元
发行部：62132549　邮购部：68038093　总编室：62114335

《中国海洋发展报告（2012）》编辑委员会

主　　编：高之国

副 主 编：贾　宇

编　　委：张海文　商乃宁　王　芳　刘　岩　吴继陆　刘容子

统　　稿：高之国　贾　宇　王　芳

奋力夺取海洋事业发展的新胜利[1]

（代 序）

国家海洋局局长 刘赐贵

2011年，是“十二五”规划的开局之年，也是海洋事业乘胜发展的一年。回眸过去一年，在党中央、国务院的正确领导下，在全国各族人民的关心和支持下，海洋战线的各项工作都取得了显著成绩，顺利实现了“十二五”的良好开局。

一、2011年海洋工作的回顾与特征

海洋经济发展形势呈现喜人局面。2011年，海洋行政主管部门和沿海地区认真落实“十二五”规划对发展海洋经济的总体部署，采取积极措施大力推动沿海地区开发

① 原文为国家海洋局局长刘赐贵在“2012年全国海洋工作会议上的讲话”，本文略有删节和修改。

开放，使海洋经济继续保持了平稳较快发展的良好势头。据初步核算，2011 年全国海洋生产总值突破 4.5 万亿元，比上年增长 10.4%，全年新增就业岗位 70 万个。海洋开发的广度和深度都得到前所未有的拓展，海洋经济在国民经济中的地位显著提升。国务院先后批准了《山东半岛蓝色经济区发展规划》、《浙江海洋经济发展示范区规划》、《广东海洋经济综合试验区发展规划》、《海峡西岸经济区发展规划》、舟山群岛新区、平潭综合试验区等区域规划，推动了海洋经济更好更快地发展。

海洋战略研究与规划工作取得实效。国家海洋行政主管部门制定的《国家“十二五”海洋科学和技术发展规划纲要》、《国家极地考察“十二五”规划》、《全国海洋功能区划（2011—2020）》、《全国海岛保护规划》已开始实施。《国际海域资源调查与开发“十二五”规划》即将印发。《国家海洋事业发展规划（2011—2015 年）》、《全国海洋主体功能区规划》已进入上报审批程序。《全国海洋经济发展规划》已基本成熟。海洋法律法规体系建设进一步加强，并及时启动了《海洋环境保护法》法律和法规的修订工作。

海洋综合管控与行政执法能力稳步增强。进一步规范了用海秩序，据不完全统计，全国全年共发放海域使用权证书 4 100 本，确权面积 17 万公顷。全国海域海岛地名普查的外业调查基本完成，完成了所有海岛的命名、更名、注销等名称标准化处理和海岛名称标志的设置工作。进一步加强海洋生态环境监管，依法严格进行项目环评审批。海洋行政监察执法工作不断加强。11 个沿海省级海洋功能区划的修编工作已进入征求意见阶段。

海洋科技支撑与防灾减灾水平得到显著提升。成功组织“蛟龙号”载人潜水器 5 000米级海试，最大下潜深度达到 5 188 米，这标志着我国已具备载人下潜到达全球 70%以上海洋深处的能力。第一颗海洋动力环境卫星“海洋二号”的成功发射，使中国首次具备了航天高精度获取海洋动力环境数据的能力。海洋生物产业被列入国家首批启动的战略性新兴产业专项。

海洋权益维护与对外合作交流力度不断加大。中国提出的 7 个国际海域海底地名提案获国际组织通过，第一次将中国人提出的海底地名写入了国际海底地名册。首次成功举办了“南海合作与发展国际研讨会”。第 27 次和第 28 次南极考察队顺利完成科学考察任务。经国际海底管理局批准，中国在西南印度洋国际海底区域获得了 1 万平方千米具有专属勘探权和优先开采权的多金属硫化物资源矿区。海洋行政主管部门加强了海洋权益的研究和主张管辖海域的定期维权巡航执法。

海洋文化建设与舆论宣传蓬勃开展。成功举办了以“辛亥百年 海洋振兴”为主题的“世界海洋日暨全国海洋宣传日”活动。《走向海洋》大型海洋文化纪录片的播出，在社会上引起良好反响。

2011 年，全国海洋工作呈现出以下几个鲜明的特点。一是党中央国务院对海洋事业更加重视。二是社会各界对海洋工作更加关注。三是海洋工作经日本地震引发海啸新闻、渤海“蓬莱 19－3”油田溢油等事件的严峻考验。四是舆论对海洋工作的报道更加密集。

回顾一年来的工作成效，我们深切地感到，海洋工作每前进一步，都离不开党中央国务院领导的亲切关怀，离不开社会各界的理解支持，离不开海洋战线上广大干部职工的艰苦努力。在总结经验的同时，也深深地感到海洋工作还面临许多困难和不足：一是海洋管理难度加大，海洋宏观战略政策与法律法规体系建设还需进一步深化和完善；二是用海矛盾突出，海洋综合管理和服务的理念和方法措施还有待进一步加强和提高；三是大力发展海洋经济任务艰巨，支撑海洋事业发展的科技创新、防灾减灾和生态环境的改善需进一步加强；四是海洋权益斗争激烈，维护海洋主权和深化国际合作的力度还有待进一步加大。

二、2012 年海洋工作的思路和任务

2012 年海洋工作的总体要求是：以邓小平理论和“三个代表”重要思想为指导，以科学发展观为统领，认真贯彻落实党的十七届五中、六中全会、中央经济工作会议精神以及“十二五”规划对海洋工作的战略部署，坚持陆海统筹，落实“五个用海”要求，着力服务海洋经济发展，着力改善海洋生态环境，着力提升综合管控能力，着力维护我国的海洋权益，着力拓展海洋发展空间，着力增强队伍素质，以更加求真务实的作风，更加奋发昂扬的斗志，出色完成 2012 年各项任务，迎接党的十八大胜利召开。

2012 年海洋工作的重点任务是：（一）坚持陆海统筹，大力发展海洋经济。这是推动海洋事业跨越式发展的客观要求，也是把我国建设成为现代化海洋强国的必然选择。（二）坚持五个用海，大力改善海洋生态环境。坚持“规划用海、集约用海、生态用海、科技用海、依法用海”，是海洋工作贯彻落实科学发展观的具体体现，也是合理开发利用海洋资源、改善海洋生态环境的重大举措。（三）坚持依法管理，大力提升管控能力。加强海洋综合管理，要从完善制度、规范程序、强化执法、加强监管等多个环节入手，力争使我们对海洋的综合管控能力提升到一个新的水平。（四）坚持维护权益，大力拓展海洋发展空间。要切实按照中央的要求，立足现实、着眼长远，统筹谋划、稳步推进。（五）坚持科技创新，大力提高海洋综合支撑能力。要继续加快国家重大专项的立项和实施，推进海洋科技创新，提高海洋综合支撑能力。（六）坚持文化建设，大力增强全社会海洋意识。密切结合海洋工作的实际，提高海洋宣传工作水平和应对突发事件的舆论引导能力，共同开创海洋文化建设和新闻宣传工作的新局面。

海洋工作已经站在新的历史起点上，前景广阔、责任重大、使命光荣。让我们更加紧密地团结在以胡锦涛同志为总书记的党中央周围，认真贯彻落实科学发展观，进一步增强发展海洋事业的责任感、使命感和紧迫感，凝心聚力、攻坚克难，敢于担当、主动作为，奋力开创海洋工作科学发展的新局面，以优异成绩迎接党的十八大的胜利召开！

编 写 说 明

2006 年以来，国家海洋局海洋发展战略研究所组织编写了关于中国海洋发展的系列年度报告。报告立足全面论述中国海洋事业发展的周边环境、海洋战略与政策、法律与权益、经济与科技、资源与环境等方面的理论与实践问题，客观评介海洋在建设和谐社会、实施可持续发展战略中的作用，系统报道国内外海洋事务的发展现状和趋势，向有关部门提出关于中国海洋事业发展的对策和建议，为社会公众普及海洋知识、提高海洋意识提供阅读和参考读本。

各版《中国海洋发展报告》的框架和结构大体不变，以求全面总结本年度中国海洋事业的发展，客观反映世界海洋事务的现状，科学分析当前发展存在的问题以及预测未来的发展方向和重点领域。在《中国海洋发展报告（2012）》年度报告中，在以往篇章的基础上，我们增加了中国极地科学考察方面的内容和篇幅。本报告重点结合 2011 年中国和世界海洋事务发展的特点，对社会和公众关注的一些海洋热点和难点问题进行了评述。

海洋发展战略研究所的科研人员承担了《中国海洋发展报告（2012）》的研究、撰写和出版工作，各章节执笔人如下：

第一部分　中国海洋发展的周边环境
　第一章　中国海洋发展的周边环境　　付玉　赵骞
第二部分　海洋法律与海洋权益
　第二章　中国的海洋法律制度　　张颖　吴继陆
　第三章　中国的海洋权益　　密晨曦　吴继陆
　第四章　中国的海洋安全　　疏震娅　张丹
第三部分　海洋经济与海洋科技
　第五章　中国海洋经济的发展　　张平
　第六章　中国海洋经济发展规划　　刘容子
　第七章　中国海洋科技的发展　　刘明
第四部分　海洋生态环境保护与资源开发
　第八章　中国的海洋生态环境保护　　丘君
　第九章　中国的海洋资源开发利用　　郑淑英

中国海洋发展系列报告的研究和编写工作得到了国家海洋局的大力支持。我们对国家海洋局各级领导的指导和关心，对全体编撰人员的辛勤劳动和贡献表示最诚挚的谢意。

我们希望把《中国海洋发展报告》做成一部面向广大社会公众和国家决策层的科学、权威性的海洋国情咨文，做成全面记载、客观反映和专业评述中国海洋事业发展进程和成就的系列报告。囿于我们的水平和认识，本报告作为学术研究的成果，难免有不足之处，敬请读者批评指正。

《中国海洋发展报告（2012）》编辑委员会

2012 年 3 月

目　录

第一部分　中国海洋发展的周边环境

第二部分　海洋法律与海洋权益

第三部分　海洋经济与海洋科技

第四部分　海洋生态环境保护与资源开发

第五部分　海洋政策与海洋管理

第六部分　极地科学考察

附　件

第一部分

中国海洋发展的周边环境

第一章　中国海洋发展的周边环境

中国位于亚洲东部，太平洋西岸，有着数量众多的海上邻国和较为复杂的政治、社会、经济、文化和自然环境，海洋发展受到周边地区的影响。中国濒临黄海、东海和南海，与朝鲜、韩国、日本、菲律宾、马来西亚、文莱、印度尼西亚及越南等8国海上相邻。新加坡、泰国及柬埔寨等国与中国同处西北太平洋与亚洲大陆东南部相交地区，地理位置相近，政治、经济和文化联系密切。同时，中国所在的西太平洋海域地处重要的国际海上通道，具有重大战略价值，受到域外大国的高度关注。

一、周边海洋的政治形势

在和平与发展的时代背景下，中国周边海洋政治形势总体稳定，为各国可持续开发和利用海洋提供了保障。但是，美国不断加大对亚太地区的战略参与程度，亚太地区海洋安全形势局部地区不稳定因素增多，领土和海洋权益争端时有升温，也为一些域外国家所利用，给地区安全带来隐患。中国与周边国家开展外交、防务、科技、渔业等方面的合作，并与有关国家积极对话，维护地区和平与安全。

（一）海洋发展战略与政策

周边国家在开发和利用海洋过程中，普遍认识到海洋政策和法律的重要性，多数制订了国家层面的海洋发展战略和政策，不断建立健全国内海洋法律体系，并发展海军和海上执法力量，大力发展海洋经济，争夺和维护海洋权益。

1. 制订国家海洋战略和政策

周边国家普遍重视海洋事务，大多制订了国家海洋发展战略和政策，设定明确的海洋发展目标。有些国家将海洋战略提升为国家战略的重要组成部分，从各方面加强对海洋的控制和开发，力图在与周边国家的海洋权益争夺中抢得先机。

日本海洋政策的核心为“海洋立国”，加强海洋资源开发，拓展海上战略空间，在海洋安全方面除加强自身军事力量外重视美日同盟。日本颁布实施《海洋基本法》（2007年），成立了设在内阁官房、由首相担任部长的综合海洋政策本部，完成了加强海洋资源开发、向海洋大国迈进的海洋管理制度和机制建设。日本于2008年3月通过的《海洋基本计划》，是指导日本在2008—2012年海洋事务的行动指针。日本综合海洋政策本部自成立以来，不断出台相关政策和措施，逐步完善日本海洋资源的开发和利用、海洋调查、海洋安全（特别在打击海盗、维护通道安全方面）、利用与保护（离岛）等领域的对策。

韩国于2004年即出台海洋政策文件《海洋与水产发展基本计划》，即《海洋韩国21》（ocean korea 21，ok21），确立了将韩国建设成世界第五大海洋强国的目标。《海洋韩国21》提出要通过蓝色革命，大力维护和扩展国家海洋权益，依靠振兴和发展海洋产业，使韩国从陆地型国家发展为海洋型国家。为提高水产品自给率，韩国政府计划加强水生生物资源养护、增加水产养殖面积，努力提高水产养殖业综合生产能力。韩国计划进一步提高其港口的国际竞争力，进一步增加港口集装箱吞吐量。为促进韩国帆船船坞产业发展，韩国国土海洋部于2012年年初发布了《船坞产业扶持对策》，目标是到2025年使韩国成为东北亚船坞帆船产业的枢纽国家[①]。

越南海洋事务近年来不断发展。越共十届四中全会通过的《至2020年海洋战略规划》，是指导越南今后一个时期海洋事务发展的全面战略，明确了越南到2020年建成“海洋强国”的目标，要求努力发展海洋经济，从海洋最大限度地获取战略、军事和经济利益[②]。2010年5月，越南政府宣布了一项总金额高达85亿美元的海岛防务与开发计划，将在2010—2020年间发展从西南部靠近柬埔寨的富国岛到北部吉婆岛的一串岛屿，其中包括与中国有主权争议的南沙群岛（越南称长沙群岛）。

2. 建立健全海洋法律体系

为推进海洋事务发展、维护海洋权益，中国周边国家不断建立健全海洋法律体系，加入国际海洋法体系，并不断制定和完善国内海洋法律法规。截至2011年9月20日，除朝鲜和柬埔寨外，中国及周边国家均批准《联合国海洋法公约》（以下简称《公约》），其中泰国于2011年5月加入《公约》，并批准《公约》第十一部分《执行协定》，是国际海洋法在中国周边地区的最新进展（详见表1－1）。在国内海洋立法方面，日本颁布实施《海洋基本法》及《海洋构筑物安全水域设定法》，修订《海洋污染及海上灾害防止法》。日本政府于2008年批准了根据《海洋基本法》制定的《海洋基本计划》。该“计划”是日本自2008年后5年内的海洋政策指针。2010年4月28日，日本通过了《低潮线保全和基地设施整备法案》。该法案的立法目的主要有两个：一是对划定为日本领海基线的海岸低潮线进行保护；二是规定对日本政府认为对其主

① 中韩海洋科学共同研究中心：《韩国发布<船坞产业扶持对策>促进船坞产业发展》，《中韩快讯》第231期，2012年2月17日。

② 于向东：《越南全面海洋战略的形成述略》，《当代亚太》2008年第5期，第100－107页。

张专属经济区和大陆架至关重要的岛礁制定开发、利用和保护的特别规划，如冲之鸟礁、南鸟岛等远离日本列岛的岛礁，主要是要保证这些岛礁主张专属经济区和大陆架的法律地位，并为“冲之鸟造岛”计划提供国内“法律基础”①。菲律宾国会于2009年通过“领海基线法案”，将中国的黄岩岛和南沙群岛部分岛礁划为“所属岛屿”，遭到中国政府的严正抗议。印度尼西亚（以下简称印尼）于1983年10月通过《专属经济区法》，主张除协议外，以“中间线”或等距离线划界。

表1－1　中国及周边国家批准《公约》及其相关执行协定情况②

国　家	《公约》（1994年11月16日生效）		《公约》第十一部分《执行协定》（1996年7月28日生效）		执行《公约》有关养护和管理跨界鱼类种群和高度洄游鱼类种群的规定的协定（2001年12月11日生效）	
	签署	批准	签署	批准	签署	批准
中国	1982－12－10	1996－06－07	1994－07－29	1996－06－07	1996－11－06	
朝鲜	1982－12－10					
韩国	1983－03－14	1996－01－29	1983－03－14	1996－01－29	1996－11－26	2008－02－01
日本	1983－02－07	1996－06－20	1994－07－29	1996－06－20	1996－11－19	2006－08－07
菲律宾	1982－12－10	1984－05－08	1994－11－15	1997－07－23	1996－08－30	
马来西亚	1982－12－10	1996－10－14	1994－08－02	1996－10－14		
文莱	1984－12－05	1996－11－05		1996－11－05		
印度尼西亚	1982－12－10	1986－02－03	1994－07－29	2000－06－02	1995－12－04	2009－09－28
越南	1982－12－10	1994－07－25		2006－04－27		
新加坡	1982－12－10	1994－11－17		1994－11－17		
泰国	1982－12－10	2011－05－15		2011－05－15		
柬埔寨	1983－07－01					
俄罗斯	1982－12－10	1997－03－12		1997－03－12	1995－12－04	1997－08－04

资料来源：The Division for Ocean Affairs and the Law of the Sea, Office of the Legal Affairs. “Status of the United Nations Convention on the Law of the Sea, of the Agreement relating to the implementation of Part XI of the Convention and of the Agreement for the implementation of the provisions of the Convention relating to the conservation and management of straddling fish stocks and highly migratory fish stocks” . http：//www. un. org/Depts/los/reference_ files/status2010. pdf, 2011－12－31.

① 李明杰：《评日本众议院通过<低潮线保全和基地设施整备法案>》，《中国海洋报》2010年5月25日第1版。

② 联合国统计数据截至2011年9月20日。

3. 注重发展海上军事和执法力量

中国一些周边国家加速提升海军军力。日本2011年版《防卫白皮书》针对中国意图明显，首次称中国在处理邻国的关系时开始显露“高压姿态”，尤其是在争议水域，并以此作为日本发展潜艇和更新雷达体系的理由。中国国防部发表声明，表明中国坚决反对《防卫白皮书》的立场，指出白皮书肆意渲染“中国威胁论”，同时重申中国的防御性国防政策。近年来，越南为争夺海洋利益，将国家防御的重点由陆地转向海洋，海上防御的范围不断扩展。越南制定了海军武器装备发展计划和21世纪海军发展规划，以提高近海作战能力为主，向海军现代化目标迈进；计划在2050年前形成独立的远海和立体作战能力，全面完成海军的正规化和现代化建设①。

周边国家海上执法力量不断发展。日本海上保安力量是全球最强大的海上警备力量之一。日本海上保安厅是日本海上保安力量的最高指挥机关，在日本全国共划分11个管区，目前已发展到12 300多人。日本海上保安厅的舰艇和装备实力强大。据媒体报导，日本海上保安厅拥有各种用途的巡视船510余艘、飞机70多架，其中3 000吨以上的大型巡视舰10多艘。最大的敷岛型巡视船吨位7 175吨，续航能力达2万海里，搭载2架美洲豹直升机，是世界最大的海保巡视船②。越南海上警察是1998年正式成立的准军事化组织。根据越南发布的国防白皮书，海上警察是越南武装力量的重要组成部分，其所有活动由越南国防部直接组织、管理和协调。越南海警在大规模涉外行动中，往往会动用数十艘武装渔船相配合。这些武装渔船上基本为越海军现役军人，船上配备有冲锋枪、高射机枪和机炮，甚至还有单兵反坦克火箭筒。韩国海洋警察厅由本部和全国13个海洋警察署组成，本部设在仁川。海洋警察厅负责海上警备及联合防御作战，在海军的统一指挥下参加各类演习训练活动、维护海上治安、海上犯罪的预防和调查、监视进入韩国海区捕鱼的外国渔船③。

4. 重视发展海洋经济

中国周边国家普遍重视发展海洋经济，利用海洋资源、发展海洋产业是各国海洋政策的重要组成部分。例如，韩国《海洋韩国21》提出要通过蓝色革命，依靠振兴和发展海洋产业，使韩国从陆地型国家发展为海洋型国家。韩国海洋政策与战略提出发展有特色的海洋事业：第一，世界化，即海洋开发面向全球；第二，未来化，为子孙后代建设舒适的海洋国土空间；第三，实用化，以发展国家经济为先导开发海洋；第

---

① 花志亮、李成林：《浅析越南海军发展变化》，《中国科技信息》2010年第21期，第36页。
② 方蓓：《揭秘中国海监维权巡航：直面外国武装船只挑衅》，《国际先驱导报》2010年2月1日。
③ 同上。

四，地方化，保持具有地区特性的海洋开发。2010 年 4 月，韩国宣布“南部海域阳光带计划”，计划斥巨资将其南部海域发展成经济发达的全球物流和旅游中心。在日本，约 50% 的人口居住在沿海地区，国民摄取的动物蛋白有 40% 来自海洋水产品，进出口货物的 99% 依赖海上运输。同时，由于经济快速发展、人口急剧增加及海岸带过度开发等原因，日本同样面临海洋环境恶化和资源减少等诸多问题。日本于 2008 年根据《海洋基本法》制定的《海洋基本计划》指出，将推进海洋资源的勘探开发，包括专属经济区内的天然气水合物及含稀有金属的海底矿床等，并力争在今后 10 年内将这些资源投入使用。菲律宾在其海洋政策中，把海洋作为国家发展的主要依托和国家经济基础的战略组成部分，发展海洋经济与相关技术，力图从海洋中获得最大的国家利益[①]。

（二）海洋安全形势

2011 年，中国周边地区合作与对峙并存，局部地区海洋安全不稳定因素增多，上半年海洋权益争端升温，威胁地区和平与稳定。除在黄海、东海及南海存在的海洋划界和岛屿归属争端外，日本和俄罗斯在北方四岛主权归属问题上存在严重分歧，成为困扰日俄关系的主要因素之一。中国积极与周边国家开展对话与合作，展现了促进地区经济发展、维护地区和平稳定的诚意。

1. 亚太地区总体安全形势

亚太地区海洋安全形势总体和平，但局部地区不稳定因素增多，地区安全格局呈现复杂性、多变性[②]，亚太地区战略格局酝酿深刻调整。地区热点久拖不决，朝鲜半岛形势不时紧张，亚洲部分国家政局动荡，民族和宗教矛盾突出，领土和海洋权益争端时有升温。亚洲率先实现经济复苏，整体崛起态势进一步巩固。亚洲各国抓住经济全球化和区域经济一体化机遇，致力于促进经济发展和地区稳定，利益共同体和命运共同体意识增强；坚持多边主义和开放的地区主义，积极发展与域内外国家的双边多边合作，努力建设具有地区特色的经济与安全合作机制。上海合作组织在促进地区稳定和发展方面影响增强，东盟共同体建设逐步推进，中国与东盟、东盟与中日韩、中日韩等合作不断深化，亚太经济合作组织继续发展。

2. 周边海洋事务受到域外势力干扰

中国周边海洋事务受域外大国干扰，使一些地区性的海洋权益争端复杂化、扩大

---

① 国家海洋局国际合作司：《世界主要国家和地区海洋政策和战略》，2007 年 12 月，第 213－217 页。

② 中华人民共和国国务院新闻办公室：《2010 年中国的国防》，2011 年 3 月发布。

化，不利于争端的解决。美国在中国周边的黄海、东海和南海动作频繁，与日本、韩国、新加坡、澳大利亚、菲律宾和新加坡等国不断举行联合军事演习并加强军事安全合作，加强在亚太地区的军事部署。美国这些举措的重要战略意图就是在其自身影响力相对下降的战略态势下，借助盟国干扰中国的安全与发展，加强对中国的牵制。南海问题的核心，是南海周边有关国家围绕南沙群岛部分岛礁的主权争议和南海部分海域的划界争议，应该通过有关当事国之间的直接谈判来解决。南海地区的航行自由从未受到影响，并不存在任何问题，以美国为首的域外大国企图以航行自由为理由介入南海事务。美国国会参议院于2011年6月通过一项决议，“谴责”中方在南海地区使用武力，“承诺”将继续努力促成各方采取多边与和平手段解决有关争议，并支持美武装力量为维护南海自由通行采取行动①。

3. 东海权益之争时有发生

近年来日本自卫队飞机在东海针对中国的侦查力度不断加大，日方军用舰机对中方正常海空行动长时间、近距离跟踪监视。7月4日，日本航空自卫队从那霸基地紧急出动F－15战机在钓鱼岛领空60千米处拦截中国军机。日本的行为极易导致双方误解、误判，使潜在对抗升级②。

2011年7月初，日本冲绳县渔业协会及右翼团体约10艘渔船前往钓鱼岛海域作业。中国外交部指出，钓鱼岛及其附属岛屿自古以来就是中国的固有领土，中国对此拥有无可争辩的主权，日方在钓鱼岛海域采取的任何举措都是非法和无效的。中国向日方提出严正交涉，要求日方立即将渔船撤离相关海域③。

4. 南海紧张局势升温

自美国2010年高调介入南海事务以来，南海问题日益复杂。一些南海岛礁声索国加大了争夺海洋权益的力度，尤其是自2011年上半年以来，越南和菲律宾在争议地区采取单方面行动，损害中国主权和海洋权益，并发表与事实不符、不负责任的言论，试图使南海争议扩大化、复杂化，致使南海局势上半年一度紧张。

2011年上半年，越南在中国南沙群岛万安滩海域进行非法油气勘探、驱赶和采取威胁中国渔民渔船安全的行动，严重侵犯中国的主权和海洋权益。2011年6月，在联

---

① The U. S. Senate：“U. S. Senate Unanimously ‘Deplores’ China's Use of Force in South China Sea”, Press Releases, http：//webb. senate. gov/newsroom/pressreleases/06－27－2011. cfm？renderforprint＝1, 2011－09－10.

② 孙秀萍等：《日本无理拦截中国军机》.《环球时报》2011年7月9日头版。

③ 《2011年7月5日外交部发言人洪磊举行例行记者会》。外交部网站 http：//www. fmprc. gov. cn/chn/gxh/mtb/fyrbt/t837017. htm，2011年7月8日。

合国举行的第21次《公约》缔约国会议上，越南代表却发言指责中国“侵犯”其海洋主权、违反《公约》相关规定。自2011年6月起，越南首都河内发生罕见的一系列公开反华抗议活动，谴责中国“侵犯”越南主权，示威持续11周。菲律宾在争夺南海权益方面与越南积极配合，采取了单方面在礼乐滩开展油气勘探、议员登岛等多种行动，菲一些政客还公开呼吁美国介入南海争端。南海（the South China Sea）是国际社会通用地名，菲律宾却无视这一事实，将南海更名为“西菲律宾海”。

中国致力于通过对话协商和平解决与周边国家存在的领土和海域划界方面的争议，同有关的亚洲国家就和平解决争端、共同推进互利合作达成了一系列的重要共识。为有效维护南海形势稳定，促进地区和平稳定与发展，中国与东盟就落实《南海各方行为宣言》指导方针达成一致，并与菲律宾和越南分别签署重要声明或文件。2011年7月20日，在印尼巴厘岛举行的落实《南海各方行为宣言》高官会就落实《宣言》指导方针案文达成一致，为推动落实《宣言》进程、推进南海务实合作铺平了道路。指针明确提出，有关争议应该由当事国通过友好谈判磋商来解决。落实《宣言》后续行动已成为中国和东盟有关国家围绕南海问题开展对话与合作的重要平台。

2011年9月1日，在菲律宾总统阿基诺对中国进行国事访问期间，中菲签署《中华人民共和国与菲律宾共和国联合声明》。声明指出，两国领导人就海上争议交换了意见，认为不应让海上争议影响到两国友好合作大局。两国领导人重申将通过和平对话处理争议，继续维护地区和平、安全与稳定以及营造良好的经济增长环境。双方重申尊重和遵守中国与东盟国家于2002年签署的《南海各方行为宣言》。

2011年10月11日，中越签署《关于指导解决中华人民共和国和越南社会主义共和国海上问题基本原则协议》。协议是两国在推进海上问题谈判进程中取得的积极进展，充分显示了双方致力于妥善处理和解决海上问题的共同政治意愿，也表明两国有能力、有决心通过双边友好协商和谈判解决两国间的海上争议。协议的签署将为处理两国海上问题提供重要指导。

（三）中国与周边国家的海洋合作

尽管受到海洋权益争端的冲击，中国坚持和平发展的对外方针政策，主张用和平方式解决地区热点问题和争端，奉行睦邻友好的地区合作观，同周边各国积极开展睦邻友好合作，与日本、越南、菲律宾、马来西亚等国开展卓有成效的双边涉海交流，在科技及渔业等领域开展合作。

1. 涉海外交及防务安全交流

中国倡导互信、互利、平等、协作的新安全观，与周边国家积极开展外交及防务安全等方面交流，妥善应对海上局势，促进地区和平稳定。中国重视与周边国家的防务安全磋商，与日本、越南、菲律宾、印度尼西亚、泰国、新加坡和印度等周边国家建立防务安全磋商和政策对话机制。定期举行不同层级的磋商对话，探讨亚太安全形势、双边军事关系、地区热点等问题，对促进相互理解、巩固睦邻友好、深化互信合作、维护地区和平稳定发挥了积极作用。中日于2011年7月举行副部长级防务安全磋商，在东海建立海上联络机制是双方会谈的重要内容之一。双方同意尽早恢复工作级谈判以建立海上联络机制，防止东海发生冲突。

越南领导人特使于2011年6月访华，双方就南海问题进行了深入沟通，达成许多重要共识。双方一致同意通过友好协商解决争议，不采取使局势复杂化和扩大化的行动，反对外部力量介入中越争议，共同维护南海和平稳定。2011年9月6日，中越双边合作指导委员会第五次会议在越南河内举行。双方认为，妥善解决海上问题对维护中越友好合作大局至关重要，重申将按照两国领导人的共识、国际法及《南海各方行为宣言》精神，坚持通过谈判和友好协商，和平解决海上争议，采取有效措施维护南海和平与稳定。双方将加快谈判进程，寻求双方均能接受的基本和长久的解决办法。双方同意加大海上问题谈判力度。菲律宾总统阿基诺三世于2011年8月30日至9月3日应邀对中国进行国事访问，中菲双方就进一步发展两国友好合作关系达成广泛共识。

2. 南海及其周边海洋国际合作框架计划

本着互信、互利、共赢的理念，为进一步推进南海及其周边海洋的区域和次区域合作，建立合作平台，完善合作机制，促进共同发展，国际海洋局制订了《南海及其周边海洋国际合作框架计划（2011—2015年）》。

该“框架计划”对区域的和平与稳定、发展与繁荣具有积极意义。“框架计划”的合作领域包括：海洋与气候变化、海洋环境保护、海洋生态系统与生物多样性、海洋防灾减灾、区域海洋学研究、海洋政策与管理等。目的为通过开展务实合作，提升对海洋自然规律和人类活动影响的认识，增强共同应对气候变化、防御和减轻海洋灾害、保护海洋生态环境、实施科学管理的能力，促进海洋的可持续利用和经济社会的可持续发展。“框架计划”的实施期限为2011—2015年，合作区域范围包括南海及相连接的印度洋和太平洋等海域，合作伙伴包括这一区域的国家、政府间和非政府间组织、国际计划等，也鼓励对该合作计划感兴趣的其他国家和国际组织参与合作。合作方式包括学术交流、合作研究、能力建设、学位教育与专业培训，以及与国际组织和国际计划的合作。中国为实施该框架计划建立持续的资助机制，同时鼓励所有周边国家以及相关的国际财团、捐赠机构、政府间组织、非政府组织等为基金作出贡献。

3. 海洋科技合作

自20世纪80年代以来中国就同朝鲜、韩国、日本、马来西亚、印尼和越南等多个周边国家开展了海洋科技合作，签署政府间海洋科技合作协议、备忘录或联合声明，先后进行了长江口、黄河口黑潮、海气相互作用等合作调查和研究，取得了积极成果。

中国与印尼近年来在海洋观测与调查、海岸带管理、海洋生物资源开发与环境保护等方面开展了积极的合作。在印尼总统苏西洛于2012年3月22日至24日对中国进行国事访问期间，中印尼双方积极评价两国在海洋领域进行富有成效的合作，欢迎两国签署海上合作谅解备忘录，同意成立海上合作委员会并启动两国海上合作基金。双方承诺继续加强在航行安全、海上安全、海军合作、海洋科研环保、海上搜救、船舶建造、海上能力建设和渔业等领域的合作，继续加强在国际海事组织等国际场合的协调与配合。2012年3月23日，中印尼签署《中华人民共和国国家海洋局和印度尼西亚共和国海洋与渔业部关于发展中国－印尼海洋与气候中心的安排》，标志着中印尼海洋合作迈上了新台阶。

表1－2　中国与周边国家签署政府间海洋科技合作协议或备忘录情况

名　　称	签订时间
中华人民共和国国家海洋局和朝鲜民主主义人民共和国气象水文局海洋科学技术合作议定书	1986年5月18日
中华人民共和国和越南社会主义共和国关于新世纪全面合作的联合声明	2000年12月
中华人民共和国国家海洋局和大韩民国海洋水产部海洋科学技术合作谅解备忘录	2007年6月13日续签
中华人民共和国国家海洋局和大韩民国海洋水产部关于建立中韩海洋科学共同研究中心的议定书	2007年6月13日续签
中华人民共和国国家海洋局和印尼共和国海洋渔业部海洋领域合作谅解备忘录	2007年11月10日
中华人民共和国政府与马来西亚政府海洋科技合作协议	2009年6月3日
中华人民共和国国家海洋局与泰王国自然资源与环境部关于海洋领域合作的谅解备忘录	2011年12月22日
中华人民共和国政府和印度尼西亚共和国政府海上合作谅解备忘录	2012年3月
中华人民共和国国家海洋局和印度尼西亚共和国海洋与渔业部关于发展中国－印尼海洋与气候中心的安排	2012年3月23日

资料来源：根据外交部和国家海洋局网站资料整理。

中泰两国海洋领域合作在2011年实现新突破，签署《中华人民共和国国家海洋局与泰王国自然资源与环境部关于海洋领域合作的谅解备忘录》。该《备忘录》是中、泰两国政府间首份海洋领域的合作文件，旨在进一步促进两国的共同发展和繁荣，建立中国国家海洋局与泰国自然资源与环境部更加紧密的联系，推动人员交流与合作，在平等互利基础上加强在海洋政策交流与合作、海岛及海岸带综合管理、海洋生态环境保护、海洋科学研究与调查、海洋防灾减灾、海洋观测与监测技术及其标准规范、海洋生物多样性与生物基因技术等领域的海洋合作。

4. 海洋渔业合作

为养护和合理利用海洋生物资源，维护海上正常作业秩序，加强和发展渔业领域的相互合作，中国积极与周边国家开展海洋渔业合作，先后同日本、韩国和越南签署了渔业协定。根据协定，中国分别同日本、韩国和越南共同建立了中日渔业联合委员会、中韩渔业联合委员会和中越北部湾渔业联合委员会。这些渔业协定以及所建立的机构和工作机制为养护海洋生物资源、加强和发展渔业合作发挥了重要作用。

《中日渔业协定》签订于1997年11月11日，于2000年6月1日正式生效。该《协定》是《公约》生效以来，中国与周边国家秉承《公约》精神和基本原则，在友好协商的基础上签署的第一个政府间渔业协定，也是中日两国渔业合作关系中的一件大事。协定生效以来，经过两国渔业主管部门的共同努力，协定执行情况总体良好，协定水域的渔业生产秩序相对稳定，基本实现了三个“平稳过渡”，即协定生效前后两国渔业生产的平稳过渡、渔场作业秩序的平稳过渡以及渔业管理方式的平稳过渡。为确保协定的顺利实施，自协定生效之日起中日双方即成立了由两国渔业和外交部门代表组成的中日渔业联合委员会，并相继建立了中日海洋生物资源专家组和中日渔业执法工作会谈机制，形成了较为完整的协定执行工作机制框架。中国对《协定》所涉水域的渔业生产加强管理，制定了《中日渔业协定暂定措施水域管理暂行办法》（1999年农业部8号令）。

《中韩渔业协定》于2000年8月3日签署，2001年6月30日开始生效。此《协定》是在海上边界线划定前为维护两国间的渔业秩序和管理渔业相关事宜而签署的暂行性安排。《中韩渔业协定》准许缔约另一方的国民及渔船在本国专属经济区从事渔业活动，并规定了专属经济区内相互入渔和暂定措施水域的渔业及水产资源的共同管理等相关问题。根据《协定》成立的中韩渔业联合委员会，于2011年11月在中国安徽省黄山市举行第十一届年会，双方就2011年《中韩渔业协定》执行情况进行了回顾，就2012年两国专属经济区管理水域对方国渔船入渔安排、暂定措施水域资源管理措施以及维护海上作业秩序等有关问题达成协议，并签署了会议纪要。

《中越北部湾渔业合作协定》于2000年12月25日签署，2004年6月30日正式生效。此《协定》是中国第一次在海域划界后就渔业问题签署的渔业合作协定。《协定》

设立了共同渔区，规定双方在共同渔区内进行长期渔业合作。为贯彻落实《协定》，中国渔政、越南海警于2006年建立了中越北部湾共同渔区联合检查机制，每年由中越双方各派两艘船艇参加联合检查行动，主要任务是对进入北部湾共同渔区作业的中越渔船进行检查，维护海上正常的渔业生产秩序和渔业生产安全等。经过双方海上监管机关近几年的共同努力，中越两国渔民逐渐配合遵守北部湾共同渔区作业的有关规定，海上治安和生产秩序明显好转，双方渔船非法越界作业等违法违规行为和海上渔事纠纷事件明显减少。2011年5月11－12日，中国农业部南海区渔政局和越南海警在北部湾实施了第6次中越渔业海上联合检查行动①。

5. 其他涉海合作

中国奉行与邻为善、以邻为伴的周边外交政策，致力于深化同亚洲国家的互利合作。中国与东盟合作与对话取得积极成果，发展态势良好。2011年是中国－东盟建立对话关系20周年。自建立对话关系以来，双方在政治、经贸、人文、社会等诸多领域开展的互利共赢合作取得了积极成果，获得各国人民的广泛支持。中国坚持推进中国与东盟国家间的互联互通。在2011年7月举行的中国－东盟（10＋1）外长会上，各方感谢中国坚定支持东盟一体化建设及东盟国家经济和社会发展，赞赏中国在重大国际和地区问题上发挥的积极作用，并重点就加强东盟与中国在互联互通等领域的合作提出了一系列建议和设想。中国总理温家宝2011年11月18日在印尼巴厘岛出席第14次中国与东盟领导人会议时宣布，中方将设立30亿元人民币的中国－东盟海上合作基金，逐步形成中国－东盟多层次、全方位的海上合作格局②。

中国还积极推动亚太经合组织（APEC）致力于海洋可持续发展。2011年11月，亚太经合组织海洋可持续发展中心（简称APEC海洋中心）成立大会在北京举行。在中国成立APEC海洋中心是中国政府2010年6月提出的倡议，美国、泰国、中国香港和中国台北为共提方并积极响应。该中心是APEC海洋领域在中国设立的首个合作机制，对加强APEC区域的海洋可持续利用和海洋管理具有重要意义。中美海洋科技合作上升到新的高度。2011年3月，中美海洋与渔业科技合作第18次联合工作组会议成功举办。会上达成的两项重要共识列入中美第3轮战略对话成果清单，将指导未来中美海洋科技合作的发展方向。11月，第2届中美海洋科学论坛在美国举行。

---

① 胡文忠：《中越北部湾共同渔区实施第六次联合检查》，农业部南海区渔政局网站，http://www.nhyzchina.gov.cn/sites/MainSite/Detail.aspx?StructID=3106，2011年9月17日。

②《温家宝：中方将设30亿元中国—东盟海上合作基金》，2011年11月18日，中国新闻网 http://www.chinanews.com/gn/2011/11－18/3470532.shtml，2012年3月26日。

二、周边海洋的开发形势

中国周边的东亚和东南亚地区，是世界上经济发展最快的地区，海洋开发与利用为东亚和东南亚经济做出了显著贡献①。该地区拥有世界近一半的人口，贡献了世界近1/3 的生产总值②。东亚海拥有全球30%的珊瑚礁和红树林，贡献了年均40%的渔获量和80%以上的养殖产量。每年世界一半左右的商船驶经马六甲海峡和龙目海峡③。东亚海陆上100 千米的地带，承载了东亚国家近77%人口，并为这些国家贡献了40% ~ 60%的国民生产总值。

（一）海洋油气资源

有数据显示，全球70%以上的油气资源蕴藏在海底④。全球深海油气主要分布在墨西哥湾、巴西海域和西非邻海三区，这3 个地区被称为深水油气勘探开发的“金三角”，集中了全球约70%的深水勘探开发活动；其他深海勘探开发活跃的地区还有亚太、北海、巴伦支海和喀拉海等。东南亚陆坡深海区属世界油气勘探与研究的新区，油气资源十分丰富，资源潜力受到拥有深水勘探技术的跨国石油公司的关注。近年来，东南亚海域海洋油气设施数量迅速增加，数量超过4 000 个⑤。其中，印度尼西亚和马来西亚处在亚洲海洋油气勘探的前列。马来西亚总理纳吉布表示，马来西亚不久后将与美国、巴西和欧洲并列为世界四大深水石油和天然气工业枢纽。马来西亚已经具备成为世界主要深水油气枢纽的先决条件，并将努力朝此目标前进⑥。2010 年，东南亚五国（见表1 –3）石油产量为11 010 万吨，占世界石油产量的3.2%，天然气产量为18 570 万吨油当量，占世界天然气总产量的6.5%⑦。

---

① PEMSEA，“Sustainable Development Strategy for the seas of East Asia”，2003，Quezon City，Philippines

② WIKI，East Asian Community，2007；IMF，“list of countries by GDP”，2007.

③ PEMSEA 1994 –2010，“A Regional Mechanism Facilitating Sustainable Environmental Benefits in River Basin，Coasts，Islands and Seas”，2007，Quezon City，Philippines.

④ 薛理泰（美）：《深海采油技术之于南中国海纷争》，新加坡《联合早报》2011 年7 月29 日。转引自《参考消息》：《中国进军深海开发油气资源》2011 年8 月1 日第14 版。

⑤ Infield Energy Analysts，“the Second Edition of the Regional Perspectives Offshore Asia Pacific Oil & Gas Market Update”，quoted from Lee Cordner，CSCAP Study Group Safety and Security of Offshore Installations in the Asia Pacific，October 2010.

⑥ 王忠田：《马来西亚计划成为世界四大深水油气枢纽之一》，《中国海洋报》2010 年12 月10 日第A4 版。

⑦ BP，*Statistical Review of World Energy* 2011.

表 1－3　中国周边海域主要产油国家 2010 年石油探明储量及产量

国家	石油储量（万桶）	占世界比例（%）	石油产量（万吨）	占世界比例（%）	天然气储量（亿立方米）	占世界比例（%）	天然气产量（万吨油当量）	占世界比例（%）
马来西亚	580 000	0.4	3 210	0.8	24 000	1.3	5 980	2.1
越南	440 000	0.3	1 800	0.5	6 000	0.3	840	0.3
印度尼西亚	420 000	0.3	4 780	1.2	31 000	1.6	7 380	2.6
泰国	40 000		1 380	0.5	3 000	0.2	3 270	1.1
文莱	110 000	0.1	840	0.2	3 000	0.2	1 100	0.4
合计	1 590 000	1.1	11 010	3.2	67 000	3.6	18 570	6.5

数据来源：BP，Statistical Review of World Energy 2011

（二）海洋捕捞与水产养殖

渔业是许多国家经济发展、粮食安全以及文化和社会福利的主要贡献产业。世界渔业总产量约 81% 供人食用，为 30 亿人提供至少 15% 的动物蛋白。[①] 2009 年，捕捞渔业和水产养殖的产量约为 1.44 亿吨，其中海洋捕捞产量为 7 859 万吨。[②] 印度尼西亚、菲律宾和越南的渔民及养殖者数量众多。例如，印度尼西亚渔业现以海洋渔业为主，捕捞量增加较快，内陆渔业逐步从捕捞转向养殖，其海水和淡水养鱼池以及稻田养鱼面积不断扩大。

健康的生态系统对于渔业可持续发展至关重要。但是，开发不足或开发适度的海洋鱼类所占比例，从 20 世纪 70 年代中期的 40% 下降至 2008 年的 15%；过度开发、资源枯竭或需要恢复的鱼类比例，从 1974 年的 10% 增加至 2008 年的 32%[③]。50% 的渔业资源被彻底开发。[④] 联合国环境规划署发表报告指出，由于海洋污染、气候变化以及过度捕捞，到 2050 年左右，全球几乎所有海域的捕捞数量都将随渔业资源的减少而下降。目前，各国加大对渔业资源的养护力度，发展海洋养殖技术，渔业的发展趋势是捕捞业产量下降，养殖业产量上升。通过恢复鱼类种群以及将捕捞量控制在最佳水平，每年就可为全球经济创造高达 500 亿美元的效益。[⑤]

① 联合国秘书长关于海洋和海洋法的报告，A/66/70，2011 年 3 月 22 日，第 10 页。

② Food and Agriculture Organization of the United Nations，*Yearbooks of Fish Statistics Summary Table*，2011.

③ 联合国粮食及农业组织（粮农组织）：《2010 年世界渔业和水产养殖状况》，2010 年。

④ UN，*Green Economy in a Blue World Synthesis Report*，2012. 1. 25，P. 8.

⑤ 同上。

表 1－4　世界内陆和海洋渔业产量（万吨）

	2003 年	2004 年	2005 年	2006 年	2007 年	2008 年	2009 年
内陆							
捕捞	862	860	937	975	996	1019	1032
养殖	2490	2721	2911	3126	3335	3602	3807
小计	3352	3581	3848	4101	4331	4621	4839
海洋							
捕捞	7963	8385	8282	8013	8011	7940	7859
养殖	1401	1469	1218	1602	1657	1691	1762
小计	9364	9854	9500	9615	9668	9631	9621
全球总产量	12716	13435	13348	13716	13999	14252	14460

数据来源：Food and Agriculture Organization of the United Nations，Yearbooks of Fishery Statistics Summary Tables，Rome，2011

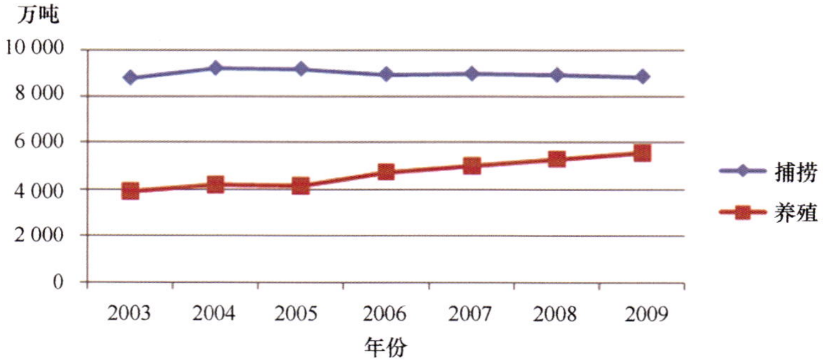

图 1－1　世界渔业捕捞产量和养殖产量的变化

（三）海洋交通运输

海运是国际贸易和经济全球化的支柱，全世界 80% 的贸易货物量通过海运完成，是推动全球经济的重要动力。亚洲的经济与海运息息相关，海运产业较发达。中国周边海域分布多条重要海运航线。南海是当今世界最繁忙的航运通道之一，全球超过 50% 的海上运输经过此地[①]。马六甲海峡连接安达曼海和南海、沟通太平洋与印度洋，

① U. S. Energy Information Administration.
"The South China Sea"，http：//www. eia. gov/countries/regions－topics. cfm？fips＝SCS，2011－11－28.

是世界上最繁忙的海运路线之一。据估算，马六甲海峡 2009 年每天过境的船只有 6 万艘，每天石油运载量为 1 360 万桶[①]。

2010 年世界海运贸易总量为 84.1 亿吨，比上年增长 7%。亚洲国家的海运装货量为 31.91 亿吨，卸货量 38.43 亿吨，分别占世界总量的 37.9% 及 45.9%[②]。亚洲的许多港口采用集装箱化和私人运营，这些因素可使该地区控制集装箱装卸，成为某些全球大型集装箱运营商的所在地。世界最大港口（上海港）、最繁忙港口（新加坡）和一些最有效率的港口（巴生港、迪拜港）均分布在亚洲。亚洲还有许多新开发和正在扩建的港口。世界前 10 大最繁忙港口有 9 个分布在亚洲，其中有 7 个分布在中国及周边海域。印尼计划将巴拉望港口的吞吐能力由现在的 85 万标准集装箱扩展至 120 万标准集装箱。越南于 2011 年 3 月开放的西贡新港的吞吐量为 115 万标准集装箱[③]。世界上最大的 20 家班轮运输公司，亚洲有 14 家。在亚洲注册的商船载重量为 3.4 亿吨，占世界总量的 24.4%[④]。

（四）滨海旅游

亚太地区的滨海旅游业是经济的重要组成部分之一，大海（Sea）、阳光（Sun）、沙滩（Sand）的“3S”组合是亚太滨海旅游的特色之一。2010 年，国际旅游强烈反弹，国际旅游人次较 2009 年上升 6.6%，增加至 9.4 亿；国际旅游收入较 2009 年上升 4.7%，增加至 9 190 亿美元。2010 年，中国及海上邻国接待的旅游人次共计 1.41 亿，旅游总收入 1 360 亿美元，旅游人次和收入分别占亚太市场份额的 65.4% 和 54.6%。中国和马来西亚接待国际游客人次分别居世界第 3 位和第 9 位，中国旅游收入居世界第 4 位。东北亚在亚太地区表现突出，所有国家的国际旅游接待人次增长率都在 2 位数，其中最快速的是日本，增长率为 27%。东南亚地区 2010 年国际旅游接待人数平均增长 12%[⑤]。

---

① U.S. Energy Information Administration, “World Oil Transit Chokepoints”, http://www.eia.gov/countries/regions-topics.cfm? fips=WOTC#sumed, 2011-11-01.

② UNCTAD, *Review of Maritime Transport* 2011, P.8-9.

③ UNCTAD, *Review of Maritime Transport* 2011, P.89-94.

④ UNCTAD, *Review of Maritime Transport* 2011, P.184-193.

⑤ UNWTO, *Tourism Highlights*, 2011 Edition, P.7.

表 1－5　中国及周边国家国际旅游业情况

区域	国际旅游人数（万人次）						国际旅游收入（亿美元）			
国家	2010 年	2009 年	2008 年	10/09	09/08	占亚太地区的比重(2010)	2010 年	2009 年	2008 年	占亚太地区的比重(2010)
中国	5 567	5 088	5 305	9.4	－4.1	23.7	458.1	396.8	408.4	18.4
印度尼西亚	700	632	623	10.7	1.4	3.4	69.8	56.0	73.8	2.8
日本	861	679	835	26.8	－18.7	4.2	132.0	103.1	108.2	5.3
韩国	880	782	689	12.5	13.4	4.3	97.7	98.2	97.7	3.9
柬埔寨	240	205	200	17.3	2.2	1.2	12.6	11.9	12.1	0.5
泰国	1584	1415	1458	12.0	－3	7.8	197.6	156.6	181.7	7.9
新加坡	916	749	778	22.3	－3.7	4.5	141.2	93.6	107.1	5.7
马来西亚	2 458	2 365	2 205	3.9	7.2	12.1	178.2	157.7	152.8	7.2
菲律宾	352	302	314	16.7	－3.9	1.7	27.8	23.3	25.0	1.1
越南	505	375	424	34.8	－11.5	2.5	44.5	30.5	39.3	1.8
合计	14 063	12 602	14 839			65.4	1359.5	1127.7	1206.1	54.6

数据来源：UNWTO，*Tourism Highlights*，2011 Edition，United Nations World Tourism Organization，Facts and Figures section at www.unwto.org

（五）海洋可再生能源

海洋可再生能源潜力巨大。据国际能源机构统计，仅潮汐能和波浪能的能量就是现阶段全世界发电量的 4 倍①。在亚洲地区，中国、韩国和日本拥有一定的海洋可再生能源开发技术，并逐步加大投入。

韩国海洋能源研发包括西海岸的潮汐坝发电、南海岸的潮汐能以及东海岸和南海岸的波浪能。韩国海洋可再生能源的总体目标是到 2030 年满足全国能源需求的 11%，海洋可再生能源的贡献率为全部可再生能源的 4.7%②。2010 年，韩国国土、交通和海洋事务部启动第一个关于海洋热能转化的工程，同时知识经济部能源评估规划机构启动了包括波浪能转换在内的 4 个研发项目。2011 年 8 月，韩国始华湖发电站正式投入生产，将处于试验阶段的潮汐发电推向实际利用潮汐生产电力的商业化阶段，成为韩

① Tom Denniss，"Tapping the Energy of Waves and Tides"，*IEA OPEN Energy Technology Bulletin1*，Issue No. 64，December 2009.

② International Energy Agency Implementing Agreement on Ocean Energy Systems，*OES－IA Annual Report*，Portugal，2010，p. 89.

国开发可再生能源新的里程碑。

2011 年 7 月，日本新能源和工业技术开发组织（New Energy and Industrial Technology Development Organization）发表《可再生能源技术白皮书》，旨在指导可再生能源的开发，推动可再生能源的研究及提升国际竞争力。日本根据现实条件制定了海洋能发电、海洋热能转换、海流和潮汐能开发路线图，明确设立总体目标、需要解决的技术难题和各阶段性目标[①]。

亚洲的风电产业近年发展强劲，中国和日本拥有海上风电场，韩国亦在积极推动。2010 年 11 月，韩国经济部部署在韩国海域建设大规模海上风力发电区，总发电规模为 2 500 兆瓦，投资 9.2 亿韩元，计划于 2019 年建成[②]。日本在遭遇大地震和核电站事故后决定在福岛近海建立第一座“漂浮式海上风力发电站”，计划于 2013 年开始建设，发电能力到 2020 年将达到 30 万至 40 万千瓦，在更远的将来扩大至 100 万千瓦[③]。

三、周边海洋的环境保护

中国周边海域人口众多，环境和资源保护压力较大。为改善东海、黄海、南海等海域的海洋环境，促进可持续发展和海洋综合管理，有关国家采取多项措施保护环境，并协同联合国环境署（UNEP）、全球环境基金（GEF）等国际机构，在这些海域实施环境和资源保护项目，对生态环境进行监测、评估和保护。

（一）基本情况

多项数据和研究结果表明，全球海洋生态系统正在发生重大变化，各大洋都受到负面影响。导致变化的因素包括气候变化（如气候变暖和海洋酸化）、声污染、营养结构的扰动、渔业的相互作用、有害藻类以及环境污染物等[④]。

在黄海和东海，海岸带人口稠密，捕捞、海运和大规模工业制造和加工等人类活动对海岸及河口地区水质、海洋环境及生态系统的影响逐渐加大。在西北太平洋地区，生态系统破坏和渔业的可持续发展是主要问题，黄海生态区的环境问题在世界同类海域中较为突出。在过去的 50 年间，由于短视和不合理的开发，中国和韩国损失的滨海湿地已超过 40%；多种经济鱼类资源几近枯竭；人为污染也使黄海的生态系统健康水

① International Energy Agency Implementing Agreement on Ocean Energy Systems, *OES – IA Annual Report*, Portugal, 2010, p. 50.

② 钟田：《韩国将建成超大规模海上风力发电区》，《中国海洋报》2010 年 11 月 12 日第 4 版。

③ 馨闻：《福岛近海将建“漂浮式”风力发电站》，《参考消息》2011 年 9 月 14 日第 7 版。

④ 全球环境基金：科技咨询小组报告《展望 GEF – 5 及之后的新科技、新机遇》，2010 年 5 月。

平每况愈下[①]。对海洋生态系统的损害不仅来自于人类活动，也来自于突发性灾害。突发性灾害可能在短期内造成大范围的水质污染，破坏海洋生态系统，影响沿岸海洋经济的健康发展。2011 年 3 月，日本近海发生 9.0 级地震引发海啸，造成福岛第一核电站事故，放射性物质泄漏。4 月，该核电站向太平洋排放总共 1 万多吨低放射性污水。国家海洋局 6 月份监测结果显示，日本以东及东南方向的西太平洋海域已受到核泄漏事故的显著影响。

在南海沿岸，大型水坝建设和围海造地破坏了滩涂湿地的自然景观，以及生物繁衍生息的场所；过度捕捞和海底拖网等破坏性捕鱼方式损害了鱼类等生物资源的可持续利用，导致多数传统优质渔业种类已经不能形成鱼汛，渔获物中的优质鱼类比例下降且优质鱼类以幼鱼为主。生境丧失及退化，包括海草床、珊瑚和红树林的大量丧失已成为近年该区域的突出问题。全球超过 20% 的红树林已消失殆尽，超过 60% 的热带珊瑚礁受到直接威胁。[②] 因全球变暖造成海水温度上升、海洋酸化、航运、过度捕捞和污染物的排放等，珊瑚礁遭受严重威胁。一份最新报告警告，如不采取紧急行动，制止过度捕捞、控制污染及妥善应对气候变化威胁，全球珊瑚礁将在 2050 年前灭绝[③]。珊瑚礁一旦灭绝将带来严重后果，养殖经济鱼类的海域将会减少，海岸线将更容易遭受风暴入侵，靠珊瑚礁吸引游客的国家旅游业也将受严重影响。

（二）管理与保护行动

海洋空间的各种问题彼此密切相关，特别是环境问题具有跨区域性和全球性特征，需要开展密切的国际合作。联合国大会在决议中重申必须根据《联合国海洋法公约》的规定，促进国家、区域和全球各级别的合作和协调，支持各国海洋综合管理和可持续利用海洋的行动。

为改善东海、黄海、南海等海域的海洋环境，促进可持续发展和海洋综合管理，联合国环境署、全球环境基金、联合国开发计划署（UNDP）等众多国际环境机构在这些海域设立了多个环境和资源保护项目。如全球环境基金资助开展的黄海大海洋生态项目（YSLME），旨在减轻黄海的生态压力。世界自然保护联盟（IUCN）在其研究报告中指出，保护沿海和海洋生态系统，特别是保护红树林和盐碱滩涂地带，在降低和应对气候变化造成的影响方面有着重要作用。它们不仅可以吸收、储存碳和甲烷，还能有效地减少海平面上升和风暴潮的影响。亚洲开发银行（ADB）提供资金支持印尼等国实施保护海洋天然资源工程，其中包括保护印尼及其他东南亚国家海域的珊瑚礁。

---

① 张斌键：《黄海生态区滨海鸟类及湿地现状堪忧》，《中国海洋报》2011 年 5 月 24 日 A1 版。

② UN, *Green economy in a blue world synthesis report*, 2012. 1. 25, P. 6.

③ 裴丽强：《全球珊瑚礁 2050 年前可能灭绝》，《中国海洋报》2011 年 3 月 4 日第 A4 版。

东亚海环境管理伙伴关系计划（PEMSEA）是由全球环境基金、联合国开发计划署和国际海事组织共同发起的地区性项目，旨在通过实施海洋可持续发展，建立相关部门间的合作伙伴关系，解决跨行政管理边界的热点海域的环境管理问题。东亚海环境管理伙伴关系计划着力制定可持续发展战略，加强地区能力建设，建立海洋综合管理中心，为实施海洋综合管理的部门提供技术援助。该计划于2009年获得独立的法人资格，提升为完全的国际机构，以进一步促进海洋综合管理在东南亚和东亚海域的实施。2011年7月25－27日，第十届东亚海岸带可持续发展地方政府网络年会（PNLG）在东营召开。本次年会目标为通过推动海岸带综合管理实施，促进海洋经济可持续发展。

在国际组织设立环境和资源的保护项目促进各国实施海洋综合管理的同时，中国及周边国家亦采取各种措施积极应对环境和生态变化。为应对全球气候变化，韩国打造绿色船舶，实施船舶温室气体减排措施。通过《优化渔业结构修订案》以养护鱼类资源，优化渔业机构，提高产业带动能力。印度尼西亚海洋研究观察机构制定“蓝色革命政策”，其内容包括：海洋经济和渔业社区的发展；养殖产业的最优化以减少失业；发展基础设施、工业化和现代化，实现海洋和渔业的发展；改善海洋和海岸带环境质量；减轻和适应气候变化的行动计划。适应气候变化已经成为印度尼西亚国家发展议程的一个重要方面。为维护和修复珊瑚礁生态系统，东南亚各国积极开展执法活动，推进修复工程。马来西亚加强保护珊瑚礁的执法活动，以避免海洋生态一再遭到破坏并在部分海域放置人造珊瑚礁，以培育该海域海洋生态，增加渔产和保护沿海作业渔民的生计。泰国政府针对海滨地区珊瑚礁白化的现象，采取复原措施以及投放人造珊瑚礁，对部分问题严重的海洋区域采取暂时封闭措施，以拯救珊瑚礁群。

四、小　结

中国周边沿海各国人口众多，海洋开发活动密集，海洋经济发展和海洋权益维护受到各国高度重视。日本、韩国和越南等国制订国家海洋发展战略，建立健全国内海洋法律法规，推动海洋事业的发展，并加强海军和国内海上执法力量建设，争夺海洋权益。在和平与发展的时代背景下，中国周边海洋政治形势处于深刻变革中，亚太地区海洋安全不稳定因素增多，领土和海洋权益争端时有升温，也为一些域外国家所利用，给地区安全与和平发展带来隐患。美国、印度等域外大国对地区事务的介入，不利于争端的解决和地区局势的稳定。

中国与周边国家在外交、防务、科技、渔业等领域开展合作，并与有关国家积极对话，维护地区和平和安全。中国先后与东盟就落实《南海各方行为宣言》指导方针达成一致，与菲律宾签署《中华人民共和国与菲律宾共和国联合声明》，与越南签署《关于指导解决中华人民共和国和越南社会主义共和国海上问题基本原则协议》，显示出中国解决海上纠纷的诚意。中国周边各沿海国在海洋环境保护、海洋科技发展和海洋生物资源利用等领域存在巨大合作空间和需求。

第二部分
海洋法律与海洋权益

第二章　中国的海洋法律制度

一、海洋法律制度概述

中国的海洋法律制度是指管理中国海洋事务的所有相关法律规则和原则的总称[①]。中国海洋法律制度主要调整海洋开发利用等活动中产生的权利义务关系，包括基本海洋法律制度和管理具体海洋事务的制度两部分。

（一）海洋法律制度的分类与效力

中国的海洋法律表现形式多样，没有一部单一的海洋基本立法，各种法律规定分散于国家和部门的相关立法中。根据法律制定机关和适用范围的不同，可以将海洋法律分为国家立法和地方立法两类。国家立法是由具有立法权的国家立法机关和行政机关制定的法律，适用于中国管辖的所有海域；地方立法是由地方立法机构制定的地方性法规和地方政府规章，适用于相应省（自治区）、市管辖海域范围；根据法律规范海洋活动的不同，可以将海洋法律分为海洋权益维护制度、海域使用管理制度、海洋资源开发与保护制度、海洋生态环境保护制度、海上交通安全制度和海洋科学研究制度等。根据海洋事务法律关系对国家和社会的重要程度不同，海洋法律分别由全国人民代表大会及其常务委员会、国务院、涉海部门或地方来制定，既有基本法律规定，也有一般法律、行政法规和部门规章中的规定，具有不同的效力层级。

1. 基本法律

中华人民共和国成立后，先后颁布了四部宪法，即 1954 年宪法、1975 年宪法、1978 年宪法和 1982 年宪法[②]，其中 1978 年宪法中曾出现过关于海洋的表述[③]。《中华人民共和国政府关于领海的声明》、《中华人民共和国领海及毗连区法》和《中华人民共和国专属经济区和大陆架法》等法律文件规定了中国领海的宽度、不同海域法律地位等内容，涉及领土主权、主权权利和管辖权。这些法律是其他海洋立法的

① 参见《中国海洋发展报告 2010》（海洋出版社，2010 年 5 月）第七章。

② 宋俭，丁俊萍：《中国社会主义宪政建设的历程及启示》，《教学与研究》2004 年第 10 期，第 57 页。

③ 1978 年宪法第 6 条第 2 款规定“矿藏、水流、国有的森林、荒地和其他海陆资源，都属于全民所有。”

基本依据。

2. 一般法律

一般法律层面的海洋法律是由全国人民代表大会常务委员会制定的，涉及海洋事务管理基本关系的法律。主要包括：《海洋环境保护法》（1982 年，1999 年修改）、《海上交通安全法》（1983 年）、《矿产资源法》（1986 年，1996 年修改）、《渔业法》（1986 年，2000 年、2004 年修订）、《海域使用管理法》（2001 年）、《港口法》（2003 年）、《可再生能源法》（2005 年，2009 年修订）和《海岛保护法》等 10 余部法律。

3. 涉海行政法规

行政法规是由国务院制定的规范行政关系的法律规范。中国涉及管理海洋事务的行政法规数量较多，范围较广，几乎涉及海洋环境、海洋资源、海洋科技、海上交通等海洋事务的所有领域，主要包括：《海洋倾废管理条例》（1985 年）、《防治海洋工程建设项目污染损害海洋环境管理条例》（2006 年）、《防治海岸工程建设项目污染损害海洋环境管理条例》（1990 年）、《防治陆源污染物污染损害海洋环境管理条例》（1990 年）、《防治船舶污染海洋环境管理条例》（2009 年）、《海洋石油勘探开发环境保护管理条例》（1983 年）、《对外合作开采海洋石油资源条例》（1982 年）、《涉外海洋科学研究管理规定》（1996 年）、《航道管理条例》（1987 年）和《水下文物保护管理条例》（1989 年）等 20 多部。

4. 部门规章

部门规章是某一具体海洋事务的管理部门依职权制定的规范海洋活动的法律规范，是有关主管部门依据有关海洋法律、行政法规，在本部门权限范围内制定的细化海洋管理活动中具体问题的规章，如海洋行政主管部门制定的《海域使用权管理规定》（2006 年）、《海域使用权登记办法》（2006 年）、《海洋倾废管理条例实施办法》（1990 年）、《海洋环境预报与海洋灾害预报警报发布管理规定》（1993 年）、《海洋自然保护区管理办法》（1995 年）；交通主管部门制定的《船舶及其有关作业活动污染海洋环境防治管理规定》（2010 年）；国土资源管理部门制定的《海洋行政处罚实施办法》（2002 年）；国家安全生产监督管理总局制定的《海洋石油安全生产规定》（2006 年）等，都是为了明确有关法律中的具体问题、实施有关上位法制定的具体规定。

5. 地方性法规和政府规章

地方海洋立法是具有立法权的地方国家机关，依据法律的规定或授权，制定、修改在其行政管理区域内适用的关于海洋管理的地方性法规、规章等规范性法律文件。地方海洋立法应当依据法律和行政法规的规定或授权制定。地方海洋立法的主要任务，一是具体落实、实施国家法律和行政法规的有关规定，二是履行属于本行政区域的具体行政管理职权。中国共有 11 个沿海省、市、自治区（未包括港澳台地区），各级沿海行政区域内的人民代表大会及其常委会、人民政府都十分重视海洋立法工作，结合本区域海洋工作的具体情况和实际需要，制定了相关条例或规章，管理海洋环境、海洋资源、海洋科技、海上交通等各方面的事项。

6. 中国缔结的国际条约和协定

中国缔结和参加的条约也是中国海洋法律制度的重要组成部分，其中最重要是联合国第三次海洋法会议制定的 1982 年《联合国海洋法公约》。此外，中国还参加了一系列有关海洋环境保护、海洋渔业、海事安全等内容的国际公约，包括：1969 年《国际油污损害民事责任公约》及其议定书、1972 年《防止倾倒废物及其他物质污染海洋公约》及其 1996 年议定书、1973 年《国际防止船舶造成污染公约》及其 1978 年议定书、1974 年《国际海上人命安全公约》、1995 年《执行 1982 年 12 月 10 日〈联合国海洋法公约〉有关养护和管理跨界鱼类种群和高度洄游鱼类种群的规定的协定》、1992 年《生物多样性公约》等。另外，中国与周边国家签订的有关协定，如中国同韩国、日本等国签订的渔业协定，中越北部湾划界协定等也是中国海洋法律制度的一部分。

（二）海洋法律制度的内容和特点

中国的海洋法律制度主要包括海洋法基本制度和管理具体海洋事务的制度两部分内容。海洋法基本制度是指将海洋划分为领海、毗连区、专属经济区、大陆架，公海和国际海底区域等不同的海域，不同的海域具有不同的法律地位及制度。这些基本制度主要是依据《公约》建立的，相关内容体现在 1992 年《领海及毗连区法》、1996 年《关于中华人民共和国领海基线的声明》和 1998 年《专属经济区和大陆架法》中基本制度确定了中国领海、专属经济区和大陆架的范围，相关海域的各项权利和主张，专属经济区和大陆架划界原则等重要问题，公布了大陆沿岸及西沙群岛的 77 个领海基点，既是维护中国领土主权和海洋权益的基本法律，也为中国开展海洋综合管理提供了重要的法制基础。以下重点介绍管理海洋事务的具体制度。

1. 海域使用管理

随着海洋开发活动的发展，对海洋岸线的使用需求也急剧增长，海盐业、海洋养殖、海上交通等一些海洋开发活动开始长期使用较大面积的海域，用作盐场、养殖场、港池和锚地等。为保护有限的岸线资源，规范用海秩序，保障用海人的权益，全国人大常委会于2001年通过了《海域使用管理法》，确立了中国的海域使用制度，将海洋功能区划制度、海域使用权制度和海域有偿使用制度作为国家管理海域的基本制度。其中海洋功能区划，是根据海域的自然条件和社会发展的需要，按照海洋功能标准划分为不同区域，目的在于控制和引导海域使用方向，保护海洋生态环境，促进海洋资源可持续利用。海域使用权制度是海域使用管理制度的核心。海域使用权是一种用益物权，来源于国家对海域的所有权，是使用人对海域占有、使用和收益的权利。使用海域的单位和个人应当向国家缴纳一定的费用，作为国家出让海域使用权的价款，这就是海域使用金制度。国家有关部门出台了《海域使用权管理规定》、《海域使用权登记办法》、《海域使用金减免管理办法》等一系列配套制度，海域管理制度得到不断发展和完善。2007年颁布的《物权法》，对海域使用权作出明确规定，为中国海域使用管理制度提供了更坚实的基础。

2. 海洋资源开发与保护

海洋资源可分为海洋生物资源、海洋矿产资源、海洋能源资源、海水资源和海洋空间资源等。不同海洋资源的开发和保护方式不同，规范其开发保护活动的法律制度也不相同。海洋矿产资源和渔业资源的开发保护制度是其中最主要的两类。

海洋矿产资源开发中，最重要的是对海洋油气资源和海砂资源的开发。《矿产资源法》是规范中国矿产资源勘查、开发利用和保护工作的基本法律，确立了在中国领海及管辖的其他海域开采矿产资源，实行审批许可制度。对于海洋石油资源的开发，国务院早在1982年就发布了《对外合作开采海洋石油资源条例》[1]，规定由主管部门制定同外国企业合作开采海洋石油的规划和政策、划分区块、审批开发方案，中国海洋石油总公司全面负责对外合作开采业务。该法还对石油合同各方的权利和义务、石油生产作业中的要求做出了规定。对于海砂开采活动的管理规定，主要有2007年国土资源部发布的《关于加强海砂开采管理的通知》，确定了海砂开采总量控制、采矿权固定年限出让和开采审批许可等制度。

海洋渔业活动的管理制度主要体现在《渔业法》中。《渔业法》适用于包括海洋渔业在内的所有渔业活动。该法于1986年颁布，经2000年、2004年两次修订，规定了渔业的监督管理机关及其权限、从事养殖和捕捞活动的要求、渔业资源的保护和增殖等方面的内容。1987年农牧渔业部发布的《渔业法实施细则》对渔业开发保护的具体问题作了更为详细的规定，也是渔业开发和保护活动的重要依据。

---

① 2011年9月30日，国务院对该法进行修订。

对于海盐、海水、海洋能源等其他资源的管理制度分别体现在《盐业管理条例》（1990 年）、《海水利用专项规划》（2005 年）、《可再生能源法》（2005 年）和《循环经济促进法》（2008 年）等一系列法规和文件中。

3. 海洋生态环境保护

海洋环境严重污染的情况，成为国际社会关注的焦点，也加快了中国海洋环境保护立法的进程。早在 1989 年《环境保护法》出台之前，中国就于 1982 年出台了《海洋环境保护法》。这是中国第一部正式颁布的环境保护法律，建立了海洋环境保护的基本制度，后经过 1999 年全国人大常委会的修订，更加注重对于海洋环境的宏观监督管理和海洋生态环境的保护。为实施《海洋环境保护法》，国务院先后颁布、修订了多个配套条例[①]，使得海洋生态环境保护制度体系更加完备。目前中国实行的是“统一监督管理、分工分级负责”的海洋环境管理体制，由国家有关主管部门和地方政府共同监管，在各自权限内制定海洋环境保护规划、海洋环境质量标准，进行海洋环境监测。对于海洋环保中的具体事项确立了重点海域污染物总量控制制度、海洋污染事故应急制度、海洋自然保护区制度、海洋倾废管理制度、陆源污染防治制度、海岸工程建设海洋污染防治制度、海洋工程建设海洋污染防治制度、防止船舶污染海洋环境制度、船舶油污损害民事赔偿制度和船舶油污保险制度等一系列配套制度，并按照轻重程度对违反海洋环境保护法律的行为分别追究行政责任、民事责任和刑事责任。

4. 海上交通安全

海上交通运输业是海洋开发的传统产业，对中国社会经济发展起着十分重要的作用。为了维护海上交通航行的安全和秩序，全国人大常委会于 1983 年颁布了《海上交通安全法》，成为海上交通管理方面效力层级最高的法律，从船舶安全管理、船员管理、航行秩序、危险货物运输、海难救助、打捞清除、交通事故的调查处理等方面做出系统规定。为加强海上交通管理、保障航行安全，国务院、交通主管部门先后制定了一系列配套法规[②]，确立了管理海上交通活动的具体制度，包括船舶的检验登记和安

---

① 这些配套条例包括：《海洋石油勘探开发环境保护管理条例》（1983 年）、《海洋倾废管理条例》（1985 年）、《防止拆船污染环境管理条例》（1988 年）、《防治海岸工程建设项目污染损害海洋环境管理条例》（1990 年）、《防治陆源污染物污染损害海洋环境管理条例》（1990 年）、《自然保护区条例》（1994 年）、《防治海洋工程建设项目污染损害海洋环境管理条例》（2006 年）和《防治船舶污染海洋环境管理条例》（2009 年）等。

② 主要包括：《打捞沉船管理办法》（1957 年）、《船舶及海上设施检验条例》（1993 年）、《海上航行警告和航行通告管理规定》（1993 年）、《船舶登记条例》（1995 年）、《航标条例》（1995 年）、《船员条例》（2007 年）、《港口设施保安规则》（2008 年）、《航道管理条例》（2009 年）、《船舶安全检查规则》（2010 年）和《水上水下活动通航安全管理规定》（2011 年）。

全检查制度、海上通航管理制度、水上水下安全作业制度、航道和航标的管理制度、航行警告通告的发布制度、船员管理制度、港口安全管理制度、沉船打捞管理制度等，形成内容广泛、相互衔接的制度体系。

5. 海洋科学研究

海洋科学研究是人们加深对海洋认识的重要活动，在沿海国管辖海域内进行的海洋科学研究将对沿海国安全和海洋权益产生重要影响。为了促进海洋科学研究的国际交流与合作，维护国家安全和海洋权益，中国于1996年颁布了《涉外海洋科学研究管理规定》，对在中国管辖海域内进行的涉外海洋科学研究活动进行管理。该法规定，从事海洋科学研究的外方必须出于和平目的开展科学研究活动；负责涉外海洋科学研究的管理机构是国家海洋行政主管部门及其派出机构或者其委托的机构；从事涉外海洋科学研究应遵循的申请程序和活动计划报批程序；作业船舶对于船位和船舶活动情况的报告义务、接受海上监视或者登船检查的义务；海洋科学研究活动中获得的原始资料和样品的所有权和使用权的分配以及将海洋科学研究成果和结论上报的义务等内容，并设定了相应的法律责任。

除上述内容外，随着海上开发利用活动形式的不断增多，海洋法律制度的内容也在不断扩展，海底文物保护制度、海洋公益服务法律制度、海底电缆管道管理制度等也都成为海洋法律制度的重要组成部分。

中国海洋法律制度具有一些鲜明的特点。

第一，中国海洋法律制度深受国际海洋法影响。中国缔结的关于海洋事务的国际条约、与有关国家签订的涉海协定数量较多，也对国内法律的制定产生很大影响。受《公约》影响，中国将管辖海域划分为内水、领海、专属经济区和大陆架等区域，在不同区域实行不同的制度。

第二，中国海洋立法多以行政管理法律法规为主。这些法律法规多是从海洋活动的管理机构、管理机构的权限和责任、被管理人的权利和义务等方面做出规定，并明确违反法律应承担的法律责任。但也有少量海洋立法涉及民事法律和刑事法律的内容，如有关海域物权制度和海商法律制度的内容属于民商法的范畴；对于破坏海洋生态环境及海底文物的某些行为，可以适用刑法的相关规定。

第三，中国海洋法律制度存在许多独创之处，领先于国际上的发展。比如针对海岛资源开发过度和保护不足的情况，国家先后通过了《海岛保护法》及其配套措施，从立法层面完善了海岛保护规划、明确了海岛管理机制及执法机关的职能、细化了特殊用途岛屿的保护措施等。

第四，中国海洋法律制度适用的地理范围主要及于中国管辖海域，部分涉及岸线或海岸带。由于领海、专属经济区、大陆架等不同国家管辖海域的法律地位不同，对同一海洋活动的管理要求也不一样，这与适用于陆地领土的法律制度存在很大差异，是区别于其他法律制度的一个重要特征。

二、海洋法律制度的发展背景

中国海洋法律制度是随着海洋开发和利用活动而逐渐建立和发展起来的。中国海洋法律制度经历了漫长的发展过程，从古代的海洋活动管理制度，到近现代立法活动的出现以至法律制度体系的建立并逐渐丰富，具有独特的发展轨迹。同时，相关国际条约对中国海洋法律制度的发展产生了重要影响。

（一）海洋法律制度的起源和发展

中国海洋法律制度的发展大体可分为两个阶段：海洋法律制度的萌芽阶段，以及当代海洋法律制度的建立和发展阶段。

1. 中国海洋法律制度的萌芽

中国是最早开发利用海洋的国家之一，早在殷商时期就出现了航海活动的记载。随着中国劳动人民对海洋利用能力的不断增强，海洋利用开发活动主要集中在海洋渔业、海洋盐业和海上贸易三个领域。中国古代政府也通过对这些开发利用活动的管理，形成了一些独具特色的海洋管理制度。中国古代对海洋活动的管理重在加强控制。在海洋渔业方面，国家通过户籍、税收制度对渔民渔船严密控制，防止私自下海捕鱼。在海洋盐业方面，国家通过对濒海地区的海洋盐业生产用地进行统一拨付、编造盐册、集中销售等方式加强管理。在海上贸易方面，形成了独特的市舶贸易制度，政府通过对出海贸易颁发许可、对进口海商征收商税、优先垄断对藩商珍贵货物的交易等方式加强对海上贸易的管控，直到明清时期，这种市舶制度才走向衰落。

鸦片战争后，近代国际法开始传入中国，对中国的海洋法律制度产生了重要影响。到了晚清时期，政府开始参加一些涉海国际条约，如 1896 年加入了《航海避碰章程》（即 1889 年海上避碰规则）、1909 年加入了《关于战时海军轰击公约》和《关于海战时中立国权利义务公约》①。民国时期，出现了现代意义上的海洋立法实践。民国政府颁布了一系列涉海法律法规，1929 年 11 月颁布了中国历史上第一部《渔业法》，1929

① 田涛：《国际法输入与晚清中国》，山东：济南出版社，2001 年版，第 347 页。

年12月颁布实施了中国近代第一部海商法《中华民国海商法》，1931年颁布了《领海范围定为三海里令》，为部分海上活动提供了明确的依据。民国政府还参加了一些涉海国际条约，如1925年参加了《斯匹茨卑尔根条约》，使中国获得了自由进出斯匹茨卑尔根群岛地区水域、在该岛及其水域从事生产和商业活动的权利。1948年2月，国民政府公开发行了《中华民国行政区域图》及其附图《南海诸岛位置图》，划出十一段由国界线标绘方式构成的断续线，标注东沙、西沙、中沙和南沙群岛的整体名称及大部分岛礁的个体名称，明确了中国在南海的权利主张。

这一时期的海洋管理活动十分丰富。尽管海洋立法活动并不活跃，专门的海洋法律也不多见，没有形成海洋法律制度体系，但这些海洋管理活动体现了中国对国际海洋法的理解和运用，一定程度上为海洋管理活动提供了依据。

2. 当代海洋法律制度的建立和发展

新中国成立以后，系统的海洋法律制度开始形成，并得到了迅速发展。建国之初，受国际环境的影响，海洋法律制度的内容高度关注维护国家主权和国防安全。中国政府在1958年9月4日发布了《中华人民共和国政府关于领海的声明》，宣布中国领海宽度为12海里。这项规定适用于中华人民共和国的一切领土，包括中国大陆及其沿海岛屿，和同大陆及其沿海岛屿隔有公海的台湾及其周围各岛、澎湖列岛、东沙群岛、西沙群岛、中沙群岛、南沙群岛以及其他属于中国的岛屿，一切外国飞机和军用船舶，未经中国政府许可，不得进入中国的领海和领海上空。为了维护国家主权和海上安全，1956年颁布了《关于商船通过老铁山水道的规定》、1964年颁布了《外籍非军用船舶通过琼州海峡管理规则》，在部分海域划定禁航区，设置通行条件。这一时期国家还颁布了《海港管理暂行条例》（1954年）、《进出口船舶联合检查通则》（1961年）、《防止沿海水域污染暂行规定》（1974年）、《交通部海港引航工作规定》（1976年）、《国境卫生检疫条例实施规则》（1977年）等法律，涉及海洋渔业、海事、海洋环境保护等方面的内容，海洋法律制度开始初步建立。

从20世纪70年代末开始，中国海洋法律制度进入快速发展时期。随着海洋事业的蓬勃发展，中国陆续出台了一系列涉海法律法规，海洋立法的内容也开始向渔业、交通、环保和资源开发方向转变。在海洋渔业资源保护和利用方面，颁布了《渔政管理工作暂行条例》（1979年）、《渔港监督管理规则（试行）》（1980年）等法规文件。80年代中国出台了《渔业法》及《渔业法实施细则》，并在2000年、2004年对《渔业法》两次修订，对中国海洋渔业资源的保护起到了重要作用。在海上交通管理方面，1983年国家颁布实施了《海上交通安全法》，并颁布了船舶检验登记管理、航标航道管理、船员管理等一系列条例，保障海上交通安全和航行秩序。在海洋石油勘探和开发方面，于 1982 年颁布了《对外合作开采海洋石油资源条例》，对中国海洋石油权益、中外合作双方的权利和义务、石油开采作业等方面进行了明确的规定。在海洋环境保护方面，1982 年全国人大常委会通过了《海洋环境保护法》，并颁布一系列配套法律法规，形成了较为全面的海洋环境保护法律体系。在涉海基本法律方面，中国于 1992 年和 1998 年颁布的《领海及毗连区法》和《专属经济区和大陆架法》，规定了中国领海及管辖海域的范围，1996 年发布的《关于中华人民共和国领海基线的声明》，公布了中国大陆沿岸及西沙群岛的领海基点，这些法律明确了中国在不同海域的权利和主张，是维护中国领土主权和海洋权益的基本法律。2001 年《海域使用管理法》的颁布，正式确立了中国的海域使用管理制度。2009 年 12 月通过的《海岛保护法》，确立了海岛保护开发和管理制度。

最近 30 多年来，中国海洋法律制度得到深入发展，一大批涉海法律法规迅速出台，为管理涉海活动提供了重要的依据。针对管理海洋开发利用活动的需求和中国缔结国际条约的情况，国家对原有涉海法律法规进行多次补充和修订，对于规范中国海洋开发活动，促进涉海产业发展，保护海洋资源和环境，开展海洋综合管理起到了重要作用。

（二）《联合国海洋法公约》的影响

在国际海洋法的发展历史上，联合国曾经召开过三次特别的海洋法会议，促进了国际海洋法律制度的发展。尤其是第三次联合国海洋法会议，产生了《联合国海洋法公约》，建立了全新的国际海洋法律制度。

第一次联合国海洋法会议于 1958 年 2 月 24 日在日内瓦召开，会议通过了《领海与毗连区公约》、《公海公约》、《大陆架公约》、《捕鱼与养护公海生物资源公约》。当时，很多亚非国家尚未获得独立，未能参加这次会议。因此，这四个公约没有如实反映广大发展中国家的合理要求和利益，某些条款仅有利于少数海洋大国。第二次海洋法会议从 1960 年 3 月 17 日至 4 月 26 日在日内瓦举行，议题包括领海宽度和渔区两个问题，但由于发达国家与发展中国家的利益需求相去甚远，本次会议未能达成任何协议。中华人民共和国当时尚未恢复在联合国的合法席位，因此未能参加这两次联合国海洋法会议。

第三次联合国海洋法会议从 1973 年 12 月开始至 1982 年 4 月结束，历时近 10 年，举行了 11 期共 16 次会议，形成了《联合国海洋法公约》。中国自始至终参加了第三次联合国海洋法会议的历届会议。《公约》为人类在海洋领域的活动提供了基本的法律框架，建立了全新的海洋法律制度，将海洋划分为内水、领海、毗连区、用于国际航行的海峡、群岛水域、专属经济区、大陆架、公海、国际海底区域等不同区域，明确了不同区域的不同管辖制度和法律地位。《公约》建立的200海里专属经济区制度，极大地扩展了沿海国的管辖范围；建立了国家管辖范围以外的国际海底区域制度，确立“区域”及其资源为人类共同继承财产。《公约》还设立了国际海底管理局、大陆架界限委员会和国际海洋法法庭三个国际机构。

《公约》的生效也全面影响了中国海洋法制度的格局和内容。随着对《公约》的批准，我国原有的一些涉海法律法规也进行了修改，制定和颁布了《领海及毗连区法》、《专属经济区和大陆架法》等一批履行《公约》权利和义务的法律规定，建立起中国的领海、毗连区、专属经济区和大陆架等法律制度。在国际上掀起海洋综合管理的浪潮下，中国海洋法律制度建设也开始向海洋综合管理的方向发展，注重规范各种用海活动的秩序，并对海洋科学研究、不同海域的资源开发利用、海洋环境的保护等活动作出了单行法律规定，协调渔业发展、交通运输、矿产资源开发等行业用海之间的矛盾。

三、海洋法律制度的新发展

（一）国家涉海立法的发展

国家涉海立法的内容广泛，全国人大及其常务委员会、国务院、海洋事务的主管部门等颁布的调整海洋开发利用活动的法律法规都属于此范畴，其效力及于中国管辖的所有海域。2011年，中国没有颁布国家层面的海洋立法，仅对现有海洋立法进行修订和调整，对现有规定与其他法律规定不相一致或与海洋管理需求不相适应的地方进行修正。

2011年9月30日，国务院对《对外合作开采海洋石油资源条例》做出修改，将第十条修改为“参与合作开采海洋石油资源的中国企业、外国企业，都应当依法纳税。”将参与开采海洋石油资源的中国企业和外国企业缴纳矿区使用费的义务转变为依法缴纳资源税。“本决定自2011年11月1日起施行。1989年1月1日经国务院批准财政部发布的《开采海洋石油资源缴纳矿区使用费的规定》同时废止。但是，本决定施行前已依法订立的中外合作开采海洋石油资源的合同，在已约定的合同有效期内，继续依照当时国家有关规定缴纳矿区使用费，不缴纳资源税；合同期满后，依法缴纳资源税。”这一变更是根据国家“十二五”节能减排工作方案，对油气等资源征税做出的改革。《资源税暂行条例》同时做出修订，明确将“在中华人民共和国管辖海域”开采本条例规定的矿产品或者生产盐，纳入到缴纳资源税的范畴中。

海上交通管理立法的新增和修订是2011年国家涉海立法的另一显著变化。2011

年，海上交通主管部门共颁布实施了3部新的规章，对海洋环境保护和海上通航安全的有关制度做出补充和完善。为了防治船舶及其有关作业活动污染海洋环境，具体实施《防治船舶污染海洋环境管理条例》的有关规定，交通部分别于2010年11月16日和2011年1月27日颁布了《船舶及其有关作业活动污染海洋环境防治管理规定》和《船舶污染海洋环境应急防备和应急处置管理规定》，明确了船舶在进行污染物的排放与接收，载运污染危害性货物，进行船舶拆解、打捞、修造或者其他水上水下船舶施工作业活动时应承担的防治污染海洋环境的义务和责任，并为控制、减轻船舶污染事故造成的海洋环境损害，确立统一领导、综合协调、分级负责、属地管理的应急处置和应急防备机制。

2011年1月27日颁布的另一部规章《水上水下活动通航安全管理规定》是为了保障船舶航行、停泊和作业安全，对可能影响通航安全的水上水下活动作出的管理规定。该法取代了1999年10月8日发布的《水上水下施工作业通航安全管理规定》，与旧法相较，新法对于水上水下活动的范围、许可证的申请程序和主管机构的监督管理措施等规定更加清晰具体，法律责任的设置也更加详细合理，为维护水上交通秩序、保护水域环境提供明确可行的依据。

（二）地方海洋立法的进展

地方海洋立法是具有立法权的地方国家机关，依据法律的规定或授权，制定、修改在其行政管理区域内适用的关于海洋管理的地方性法规、规章等规范性法律文件。

从已有的地方立法来看，各沿海省、市、自治区海洋立法与国家立法存在对应关系，是在各自管辖区域内对国家立法的具体和细化。在海域使用管理、海洋环境保护和渔业管理等方面的国家立法已经比较成熟，各沿海地方也都根据国家上位法的规定出台了自己的法律规定，内容较为具体全面，尤其是对于海洋渔业的立法较为细致，包含海洋渔业安全、渔业船舶管理、渔业捕捞、渔业养殖管理等方面内容。但与国家立法相比，地方海洋立法具有较为灵活的优势。许多管理规定首先以一般地方规范文件的形式出现，程序较为简单，能够及时应用于实践，解决具体问题，等待发展成熟后再上升为立法，因此存在地方立法先于国家立法出台、并促进国家立法的情况。例如，在2009年中国《海岛保护法》出台之前，广东、宁波、青岛、厦门等省市就已经出台了无居民海岛的有关管理规定；在2001年《海域使用管理法》出台之前，天津、广东、青岛、厦门、大连等省市已率先颁布了海域使用管理规定。

各沿海地方海洋自然条件和发展程度存在很大差异，不同时期海洋问题的表现不同，各地政府关注的海洋立法重点既有共性也存在差异。

1. 海洋环境保护立法受到关注

近两年来，海洋环境恶化，海洋灾害多发，海洋环境保护立法引起了沿海地方的重视。共有6个省、市出台了有关规定，海洋自然保护区立法成为环境保护立法中的重点。对于自然保护区的管理规定，是近年来地方海洋立法发展较为突出的方面。2011年3月天津市政府公布了《天津古海岸与湿地国家级自然保护区管理办法》，2011年7月大连市政府出台了《大连斑海豹国家级自然保护区管理办法》，2011年11月宁波市政府颁布了《宁波市渔山列岛国家级海洋生态特别保护区管理办法》。这些法规的共同特点都是以辖区内特殊珍稀海洋自然环境及生态系统作为主要保护对象，从保护区范围、管理机构职责、分区管理要求、区域内活动条件、环境污染应急预案、处罚措施等几个方面做出规定，进行保护。

2. 海上交通安全立法发展迅速

由于海上交通业快速发展，海上交通安全矛盾凸显，目前已施行20多年的《海上交通安全法》及交通部规章不能适应海上交通管理的需要，近两年沿海地方纷纷制定或修订自己的海上交通管理立法。天津、福州、珠海等地相继公布了新的海上交通安全管理条例，对国家立法中未作处理规定的行为，作了处罚规定，明确了相关法律责任和处罚标准；山东、广西、大连、汕头等地制定了港口条例，维护港口安全与经营秩序，促进港口建设与发展，大连港口条例中还对港口经营人增加了制定应急预案的规定；为了应对运输船、客船、渔船、钻井平台多船种、多设施共同发展，海上事故发生几率提高的局面，河北、山东制定了海上搜寻救助规定；浙江省制定了航道管理条例，上海市、广东省、江苏省制定了渔港和渔业船舶安全管理办法。

部分地方根据实际需求制定了一些具有特色的海洋立法，如为促进和保障辽宁沿海经济带发展，辽宁省于2010年5月28日颁布了《辽宁沿海经济带发展促进条例》；为了加强沿海船舶边防治安管理，保障出海人员的合法权益，山东省于2011年1月14日《山东省沿海船舶边防治安管理条例》。

表 2－1　2010—2011 年地方涉海立法发展

序号	内容	名称	立法机关	公布时间	生效时间	备注
1	海域使用管理	山东省国有渔业养殖水域滩涂使用管理办法	山东省政府	2011 年 3 月 16 日	2011 年 5 月 1 日	
2		浙江省港口岸线管理办法	浙江省政府	2010 年 10 月 12 日	2010 年 12 月 1 日	
3		海口市海域使用管理规定	海口市人大常委会	1998 年 11 月 27 日	1998 年 11 月 27 日	2004 年 11 月 26 日、2010 年 8 月 18 日修正
4	海洋环境保护	天津古海岸与湿地国家级自然保护区管理办法	天津市政府	2011 年 3 月 10 日	2011 年 5 月 1 日	
5		大连斑海豹国家级自然保护区管理办法	大连市政府	2011 年 7 月 12 日	2011 年 9 月 11 日	
6		青岛市海洋环境保护规定	青岛市人大常委会	2009 年 12 月 24 日	2010 年 5 月 1 日	1995 年 4 月 8 日公布的《青岛市近岸海域环境保护规定》同时废止
7		宁波市渔山列岛国家级海洋生态特别保护区管理办法	宁波市政府	2011 年 11 月 1 日	2012 年 1 月 1 日	
8		厦门市海洋环境保护若干规定	厦门市人大常委会	2010 年 4 月 4 日	2010 年 5 月 1 日	
9		海南省红树林保护规定	海南省人大常委会	1998 年 9 月 25 日	1998 年 10 月 1 日	2004 年 8 月 6 日、2011 年 7 月 22 日修订
10	海上交通安全	天津市海上交通安全管理规定	天津市政府	2009 年 8 月 17 日	2009 年 10 月 1 日	
11		福州市海上交通安全管理条例	福州市人大常委会	2006 年 8 月 28 日	2006 年 11 月 1 日	2010 年 12 月 9 日修正
12		珠海市水上交通安全管理条例	珠海市人大常委会	2010 年 10 月 20 日	2011 年 1 月 1 日	
13		山东省海上搜寻救助办法	山东省政府	2011 年 3 月 21 日	2011 年 5 月 1 日	1994 年 7 月 11 日发布的《山东省海上搜寻救助工作规定》同时废止
14		河北省海上搜寻救助规定	河北省政府	2010 年 4 月 12 日	2010 年 5 月 20 日	

续表

序号	内容	名称	立法机关	公布时间	生效时间	备注
15	海上交通安全	大连港口条例	大连市人大常委会	2011 年 12 月 8 日	2012 年 1 月 1 日	
16		山东省港口条例	山东省人大常委会	2009 年 11 月 28 日	2010 年 4 月 1 日	2012 年 1 月 30 日修正、2004 年 5 月 17 日发布的《山东省港口管理办法》同时废止
17		汕头市港口条例	汕头市人大常委会	2011 年 6 月 28 日	2011 年 9 月 1 日	
18		广西壮族自治区港口条例	广西壮族自治区人大常委会	2010 年 11 月 27 日	2011 年 1 月 1 日	
19		江苏省渔业港口和渔业船舶管理条例	江苏省人大常委会	2010 年 9 月 29 日	2011 年 1 月 1 日	
20		上海市渔港和渔业船舶安全管理办法	上海市政府	2011 年 1 月 14 日	2011 年 3 月 1 日	
21		广东省渔港和渔业船舶管理条例	广东省人大常委会	2011 年 9 月 29 日	2011 年 12 月 1 日	
22		浙江省航道管理条例	浙江省人大常委会	2010 年 9 月 30 日	2011 年 1 月 1 日	1995 年 10 月 31 日发布的《浙江省航道管理办法》同时废止
23	海洋经济	辽宁沿海经济带发展促进条例	辽宁省人大常委会	2010 年 5 月 28 日	2010 年 7 月 1 日	
24	海上执法	山东省沿海船舶边防治安管理条例	山东省人大常委会	2011 年 1 月 14 日	2011 年 5 月 1 日	

注：此表格根据北大法律信息网（http://vip.chinalawinfo.com/newlaw2002/lar/index.asp）和中国政府网（http://www.gov.cn/flfg/index.htm）相关信息整理。

四、海洋公益服务法律制度

（一）海洋公益服务概念

“公益”一词涵盖的范围广泛。在《现代汉语词典》中，“公益”被解释为“公共的利益”，多指卫生、救济等群众福利事业。法律上并没有关于“公益”的明确概念，但是一般认为，公共利益应是不特定多数利害关系人共享的利益，对全民或整体利益维护的本质仍是一般情况上广为承认的标准。公益服务一般被视为对公众提供的服务，公益性社会组织提供的公益服务涉及教育、医疗、法律援助、社会福利、宗教、环境、科学发展、政府发展等诸多领域。此类活动的特点有三，一是服务性，是为国家和社会事务提供的服务；二是公益性，所从事的活动是有关社会公众的福祉和公共利益的，所追求的效益主要是社会效益而不是经济效益；三是公有性，为了社会公共目的，不是为了个人或小部分人的利益。在中国提供公益服务的主体一般是由国家、集体统一投资，政府管理，民间力量参与程度很低。

海洋公益服务，是指为认识海洋环境，减轻和预防海洋灾害，保障海上活动安全而为社会提供的公共服务。2008 年国务院颁布的《国家海洋事业发展规划纲要》中，将“海洋调查与测绘、海洋观测监测、海洋信息化、海洋预报、海上交通安全保证、海洋防灾减灾、海洋标准计量”都列入海洋公益服务的范围。海洋公益服务是海洋事业发展的一项重要任务，为社会大众提供海洋监测、预报、信息、应急处置和海上救助等服务。《2010 年中国海洋年鉴》将海洋公益服务的范围设定为：海洋环境监测、海洋灾害与海洋环境预报服务、海洋信息管理与服务、海洋咨询服务、海洋标准计量工作、海事服务与救助打捞等六类。《国家海洋事业发展规划纲要》提出了“海洋公益服务能力明显增强”的发展目标，2011 年全国海洋工作会议上，国家海洋局也将“着力做好科技创新和海洋公益服务工作”明确为“十二五”期间海洋工作五大思路之一。

（二）海洋公益服务的相关立法

1. 海洋调查与测绘

海洋调查是指对海洋环境自然要素进行观测和研究的活动，包括海洋科学研究、海洋地质调查等。海洋调查对海洋科技发展、海洋资源开发、海洋工程建设、航海安全保证、海洋环境保护、海洋灾害预防以及维护海上安全等均具有重要意义。

海洋测绘方面，2002 年中国对原有《测绘法》（1992 年 12 月 28 日发布，1993 年

7 月 1 日生效）进行了大幅度的修改和补充。最引人注目的是增加了对外国的组织或者个人在中国领域和管辖的其他海域从事测绘活动的管理规定。外国的组织或者个人在中国领域和管辖的其他海域从事测绘活动，必须得到批准；在中国领域的测绘活动，必须采取与中方合资或合作的方式进行，否则将承担一定的法律责任[①]。2007 年 1 月 19 日国土资源部公布了《外国的组织或者个人来华测绘管理暂行办法》，该办法于 2011 年 4 月 27 日修正。2009 年 8 月 1 日起施行的《基础测绘条例》规定：“在中华人民共和国领海、中华人民共和国领海基线向陆地一侧至海岸线的海域和中华人民共和国管辖的其他海域从事海洋基础测绘活动，按照国务院、中央军事委员会的有关规定执行”（第 2 条），即由军队测绘主管部门管理。此外，国家还分别于 1997 年和 2006 年颁布了《测量标志保护条例》和《测绘成果管理条例》作为测绘活动的配套制度。

海洋调查方面，为保证和提高海洋调查监测资料的质量，国家海洋局于 1991 年 5 月 10 日颁布了《海洋技术监督组活动暂行规定》，成立海洋技术监督组。2011 年 5 月 10 日，国家海洋局又颁布了《国家海洋调查船队管理办法（试行）》，为履行“组织海洋调查研究，推进海洋科技创新，组织实施海洋基础与综合调查”的职责提供法律支持和保障。

2. 海洋监测与观测

随着人们对海洋利用范围的逐步扩大，人们对海洋活动规律的观测认识活动逐渐增多，迫切需要对此类活动进行规范。

目前国家并没有关于海洋环境监测的立法，只出台了一些部门的规范性文件和技术性规范。1991 年，国家海洋局批准了《海洋监测规范》，确定了数据处理与分析质量控制，样品采集、贮存与运输，水质检测与分析，沉积物分析，生物体分析，近海污染生态调查和生物监测，污染物入海通量调查，全国海岛资源综合调查档案分类法

① 第 7 条 外国的组织或者个人在中华人民共和国领域和管辖的其他海域从事测绘活动，必须经国务院测绘行政主管部门会同军队测绘主管部门批准，并遵守中华人民共和国的有关法律、行政法规的规定。

外国的组织或者个人在中华人民共和国领域从事测绘活动，必须与中华人民共和国有关部门或者单位依法采取合资、合作的形式进行，并不得涉及国家秘密和危害国家安全。

第 51 条 违反本法规定，有下列行为之一的，责令停止违法行为，没收测绘成果和测绘工具，并处一万元以上十万元以下的罚款；情节严重的，并处十万元以上五十万元以下的罚款，责令限期离境；所获取的测绘成果属于国家秘密，构成犯罪的，依法追究刑事责任：

（一）外国的组织或者个人未经批准，擅自在中华人民共和国领域和管辖的其他海域从事测绘活动的；

（二）外国的组织或者个人未与中华人民共和国有关部门或者单位合资、合作，擅自在中华人民共和国领域从事测绘活动的。

等13项行业标准。2002年，国家发布了《海洋自然保护区监测技术规程》，对监测方案设计、监测与评价、监测资料汇总、监测报告格式及内容等方面做了规定。2010年，为规范海洋环境监测工作，国家海洋主管部门制定出台了《海洋环境监测信息管理办法》、《海洋环境监测质量管理规定》等规范性文件，推进海洋环境监测与评价资格配套制度的建立。

3. 海洋预报与减灾

1993年颁发的《海洋环境预报与海洋灾害预报警报发布管理规定》第3条规定"国家对公开发布海洋环境预报与海洋灾害预报警报实行统一发布制度，由国家和地方各级海洋环境预报部门负责发布"。1996年颁布的《专项海洋环境预报服务资格证书管理办法》，对申领《专项海洋环境预报服务资格证书》的等级、适用范围和资格标准申报和审批程序做出了规定。1999年7月2日，国家海洋局公布了《海洋预报业务管理暂行规定》，确立了海洋预报服务的有关制度。2011年1月1日施行的《全国海洋预警报视频会商暂行办法》，对海洋预警报工作提供了更具体的规定，适用于国家海洋环境预报中心通过视频会商系统组织开展的全国海洋预警报视频会商工作，包括定期会商（海洋预报月/周视频会商）和应急会商（海洋灾害预警报应急视频会商）两种方式。此外，国家还通过规范性文件的方式指导海洋预报减灾工作，分别于2005年、2007年和2009年发布了《国家海洋局关于进一步加强海洋灾害应急管理工作的通知》《国家海洋局关于海洋领域应对气候变化有关工作的意见》《国家海洋局关于进一步加强海洋预报减灾工作的通知》，从健全海洋灾害预警报和防灾减灾体系、加强沿海海洋观测预报系统能力建设、加大海洋防灾减灾财政投入等多方面加强海洋预报工作。

为了加强海洋观测和海洋预报管理，规范海洋观测和海洋预报活动，合理开发、利用、保护海洋资源，防御和减轻海洋灾害，国务院于2012年3月1日公布了《海洋观测预报管理条例》。该条例主要内容包括海洋观测网络的规划建设与保护、海洋观测活动、海洋预报活动3部分，对负责编制海洋观测网规划的机构、海洋观测站的建设和保护做了规定，建立了海上船舶、平台观测制度和海洋观测资料共享制度，对海洋观测资料和成果的管理做出规定。对海洋预报机构、海洋灾害预警报活动进行了规范，并规定了海洋灾害预警报的发布主体为国务院海洋管理部门和沿海县级以上人民政府海洋主管部门所属的海洋预报机构。该条例的出台，成为管理海洋观测和预报活动的重要依据。

4. 海上交通安全保证

海上交通安全保证指的是为了改善通航条件，保证航道畅通和船舶航行安全，对航道、航道设施、航标进行管理维护，发布海上航行警告、航行通告，进行海上搜寻救助而制定的管理规定。国务院及交通主管部门出台了《航道管理条例》及其实施细则、《航标条例》、《沿海航标管理办法》、《海上航行警告和航行通告管理规定》等法规规章，对航道的规划与建设，航道与航道设施的保护，航标的设置与维护，破坏航道航标设施行为的处罚措施等做出了规定。

目前，国家层面并没有关于海上搜寻救助的立法，2006 年国务院颁布了《国家海上搜救应急预案》，从预警和预防机制，海上突发事件的险情分级与上报，海上突发事件的应急响应和处置，应急保障等多方面保障搜救应急工作的开展。广西、山东、河北、天津、广东等沿海地方则制定了各辖区的管理规定①，走在全国海上搜寻救助立法的前列。1990 年交通部颁布的《海上交通事故调查处理条例》确立了海上交通事故报告、调查、处理、调解的处置程序，并对违反该法的法律责任做出了规定。

5. 海洋标准计量

为了进一步推动中国海洋标准化工作，加强海洋计量工作发展，国家海洋局于 2008 年发布了《海洋标准化管理办法》和《海洋计量工作管理规定》。《海洋标准化管理办法》从组织机构与职责、海洋标准的范围和类别、海洋标准的立项、海洋标准的制修订、海洋标准的审批发布和出版、海洋标准的复审、海洋标准的实施与监督检查等多个方面对海洋标准化活动加以规范。《海洋计量工作管理规定》取代 2001 年实施的《国家海洋局计量工作管理暂行规定》，进一步明确海洋计量工作组织机构的职责，加强对海洋专用计量器具的管理，对海洋技术机构的能力验证和对海洋检测、监测人员的技术要求都有了更明确规定，进一步明确了海洋计量认证的工作范围和程序，加强了对于海洋计量工作的监督。此外，还印发《全国海洋标准化“十一五”发展规划》、《国家海洋局关于进一步加强海洋标准化工作的若干意见》等规范性文件，加强海洋标准化工作的指导。

另外，海洋信息的采集、处理、安全保证和服务业务化工作尚处于起步阶段，对于海洋信息化活动的规定较为薄弱，目前国家还没有针对性的文件出台。

五、小　结

中国的海洋开发利用活动历史悠久，海洋立法表现形式多样。中国的海洋法律制

① 相关立法有《山东省海上搜寻救助办法》、《河北省海上搜寻救助规定》、《广西壮族自治区海上搜寻救助条例》、《天津市海上搜寻救助规定》和《广东省海上搜寻救助工作规定》等。

度主要包括基本海洋法律制度和管理具体海洋事务的制度两部分内容，对维护国家海上安全和海洋权益、保护海洋生态环境、规范海洋开发秩序、保障海洋开发者的合法权益均起到了重要作用。地方海洋立法是中国海洋法律制度的重要组成部分：一方面，地方海洋立法是对国家法律法规具体适用的细化和完善，有利于国家意志的贯彻实施；另一方面，地方海洋立法的灵活和创新也为国家海洋法律的制定提供了探索途径，促进了国家海洋法律制度的完善。近年来，国家关于海洋公益服务的需求和能力建设增长很快，但是相关立法显得滞后。有关公益服务的立法将是中国海洋立法的重要发展方向之一。

第三章　中国的海洋权益

2011 年，中国周边海洋形势出现复杂的变化。部分海上邻国积极调整海洋政策，南海问题引起国内外高度关注。域外势力的持续介入，成为影响中国周边海洋形势的重要因素。中国在海洋方向的维权维稳工作面临诸多考验。

一、海洋权益概述

传统的海洋权益是指国家在管辖海域内的权利和利益的总称。海洋权益中的权利，是指沿海国在其管辖海域范围内的主权、管制权、主权权利和管辖权等；利益则是由这些权利派生的各种好处和恩惠。[①] 依据 1982 年《公约》和相关国际法，国家不仅在其管辖海域范围内享有海洋权利和利益，在公海、“区域”等管辖范围外的海域也享有一定的权利和利益。中国分别于 1992 年和 1998 年颁布的《领海及毗连区法》和《专属经济区和大陆架法》明确提及“海洋权益”这一概念。根据《公约》和其他有关条约、协定，中国在公海、“区域”、极地以及他国管辖海域也享有一定的海洋权利和利益。

（一）内水及领海主权和毗连区管制权

内水和领海是中国领土不可分割的组成部分。中国对内水享有完全的主权，包括对内水及其海床、底土以及其中所有的自然资源、内水上空的主权。在领海，享有同陆地领土同等的权利，行使对领海及其海床、底土以及其中所有的自然资源、领海上空的主权。除了外国船舶享有在中国领海的无害通过权及其他特别规定外，适用于中国陆地领土的法律和规章均可适用于中国的内水和领海。毗连区是为了维护沿海国的某些利益而设立的特殊区域，沿海国在毗连区享有相应的管制权。

《领海及毗连区法》集中规定了中国领海主权和毗连区管制权。根据《领海及毗连区法》，中国对 12 海里领海行使主权，外国非军用船舶有依法无害通过中国领海的权利。该法特别规定“外国军用船舶进入中华人民共和国领海，须经中华人民共

① 杨金森：“全面关注国家海洋权益”，《海洋国策研究文集》，北京：海洋出版社，2007 年版，第 10 页。

和国政府批准”（第6条第2款）[①]。依据该法，中国的毗连区为领海以外邻接领海的一带海域，宽度为12海里（第4条第1款）。为防止和惩处在中国陆地领土、内水或领海内违反有关安全、海关、财政、卫生或出入境管理的法律、法规的行为，中国有权在毗连区内行使管制权（第13条）。与《公约》的相关规定对照，我国立法强调对涉及“安全”活动的管制权。

1996年5月15日，中国政府发布《中华人民共和国政府关于中华人民共和国领海基线的声明》，宣布了中国大陆领海的部分基线和西沙群岛的领海基线。关于中国的陆地领土，1958年的《领海声明》中就有明确规定，“……中华人民共和国的一切领土，包括中国大陆及其沿海岛屿，……台湾及其周围各岛、澎湖列岛、东沙群岛、西沙群岛、中沙群岛、南沙群岛以及其他属于中国的岛屿”。《领海及毗连区法》再次重申，“中华人民共和国的陆地领土包括中华人民共和国大陆及其沿海岛屿、台湾及其包括钓鱼岛在内的附属各岛、澎湖列岛、东沙群岛、西沙群岛、中沙群岛、南沙群岛以及其他一切属于中华人民共和国的岛屿”（第2条第2款）。

（二）专属经济区和大陆架主权权利及管辖权

专属经济区介于领海与公海之间，具有特定的法律地位。沿海国在专属经济区主要有以下主权权利和管辖权：勘探和开发、养护和管理自然资源的主权权利和从事经济性开发和勘探等活动的主权权利；对海洋环境保护和保全、海洋科学研究、以及海上人工岛屿、设施和结构的管辖权。大陆架是沿海国领海以外依本国陆地领土的自然延伸。沿海国为了勘探大陆架和开发其自然资源的目的，对大陆架行使主权权利。沿海国对大陆架的权利不取决于有效或象征的占领或任何明文公告。沿海国在大陆架亦享有上述三项管辖权。沿海国有授权和管理为一切目的在大陆架上进行钻探的专属权利。

《专属经济区和大陆架法》宣布中国拥有200海里的专属经济区，确认了大陆架自然延伸原则，重申了《公约》赋予沿海国在专属经济区和大陆架的主权权利、管辖权以及授权和管理为一切目的在大陆架上进行钻探的专属权利，强调了中国享有的历史性权利不受影响。

《专属经济区和大陆架法》规定，国际组织、外国的组织或个人进入中国的专属经济区从事渔业活动，必须经中国主管机关批准，并遵守中国的法律、法规及中国与有关国家签订的条约、协定。为确保专属经济区的生物资源不受过度开发的危害，中国有权采取各种必要的养护和管理措施（第5条）。关于非生物资源，《专属经济区和大

① 1983年公布的《中华人民共和国海上交通安全法》在第11条第2款中也对此做出规定。

陆架法》规定，国际组织、外国的组织或个人对中国的专属经济区和大陆架的自然资源进行勘查、开发活动或在大陆架上进行钻探，须经中国主管机关批准，并遵守中国的法律、法规（第 7 条）。

《海洋环境保护法》涵盖了《公约》有关海洋环境保护条款的基本内容，是中国行使和履行保护管辖海域内海洋环境的权利和义务，维护管辖海域内海洋环境利益的法律依据。《海洋环境保护法》适用范围包括中国的专属经济区和大陆架，就海洋环境监督管理、海洋生态保护、陆源污染物对海洋环境的污染损害防治、海岸及海洋工程建设项目对海洋环境的污染损害防治、倾倒废弃物对海洋环境的污染损害防治、船舶及有关作业活动对海洋环境的污染损害防治等事项进行了规定。

根据《涉外海洋科学研究管理规定》，在中国内海、领海内，外方进行海洋科学研究活动，应当采取与中方合作的方式。在中国管辖的其他海域内，外方可单独或与中方合作进行海洋科学研究活动。外方单独或者与中方合作进行海洋科学研究活动，须经国家海洋行政主管部门批准或者由国家海洋行政主管部门报请国务院批准，并遵守中华人民共和国的有关法律、法规（第 4 条）。

《专属经济区和大陆架法》规定，对人工岛屿、设施和结构的专属管辖权包括有关海关、财政、卫生、安全和出入境的法律和法规方面的管辖权。主管机关有权在专属经济区和大陆架的人工岛屿、设施和结构周围设置安全地带，并可以在该地带采取适当措施，确保航行安全以及人工岛屿、设施和结构的安全（第 8 条）。

《铺设海底电缆管道管理规定》对海底电缆管道的管理、铺设和维修等进行了规范，规定外国的公司、企业和其他经济组织或者个人需要在中国大陆架上铺设海底电缆、管道以及为铺设所进行的路由调查、勘测等活动，应当事先通知主管机关，但其确定的海底电缆、管道路由，需经主管机关同意。为加强管理和保护，中国还相继发布了《铺设海底电缆管道管理规定实施办法》和《海底电缆管道保护规定》。

中国在专属经济区和大陆架行使主权权利、管辖权等权利的同时，不影响其他国家在遵守国际法和中国的法律、法规的前提下享有的航行、飞越自由，铺设海底电缆和管道的自由，以及与这些自由有关的其他合法使用海洋的便利。

（三）历史性权利

《公约》分别在第 10 条、第 15 条、第 298 条第 1 款（a）项中采用“历史性”海湾[1]、"历史性"所有权以及"历史性"海湾或所有权等表述，体现了对历史性权利的承认和尊重。第15条"海岸相向或相邻国家间领海界限的划定"规定，"如果两国海岸彼此相向或相邻，两国中任何一国在彼此没有相反协议的情形下，均无权将其领海伸延至一条其每一点都同测算两国中每一国领海宽度的基线上最近各点距离相等的中间线以外。但如因历史性所有权或其他特殊情况而有必要按照与上述规定不同的方法划定两国领海的界限，则不适用上述规定。"

中国《专属经济区和大陆架法》第14条就"历史性权利"做出明确规定："本法的规定不影响中华人民共和国享有的历史性权利"。此规定体现了中国政府在历史性权利问题上的原则立场，表明中国不因专属经济区、大陆架等制度的建立而放弃在周边海域所享有的历史性权利。

（四）公海自由

公海是指沿海国管辖海域外的广阔海洋区域。公海应只用于和平目的，任何国家不得有效地声称将公海的任何部分置于其主权之下。公海自由被视为公海制度的法律基础。公海对所有国家开放，不论其为沿海国或内陆国。各国在公海享有符合国际法规定的各项公海自由，包括：航行自由、飞越自由、铺设海底电缆和管道的自由、建造人工岛屿和其他设施的自由、捕鱼自由和科学研究的自由。

中国依法享有上述自由，并且依法享有船旗国管辖权和普遍性管辖权。船旗国管辖是指各国对在其领土内登记并取得该国国籍的船舶以及船舶上的一切人和物以及发生的事所实行的管辖。普遍性管辖是指各国对于公海上发生的违反人类利益的国际罪行以及某些违反国际法的行为行使管辖权。此类罪行或不法行为包括海盗行为、非法广播、贩运奴隶和非法贩运麻醉药品或精神调理物质等。《公约》第110条规定了各国军舰或军用飞机在一定条件下在公海上登临享有完全豁免权以外的船舶的权利[2]。《公约》第111条规定了沿海国主管当局有充分理由认为外国船舶违反该国法律和规章时，可对该外国船舶实行紧追权，直至被追逐的船舶进入其本国领海或第三国领海时终止。

---

① "历史性"海湾这一概念最早出现于1910年英国和美国间的"北大西洋渔业仲裁案"，在1958年写入国际法律文件。1958年第一次联合国海洋法会议通过的《领海及毗连区公约》第7条第6款规定："前列规定不适用于所谓'历史性'海湾或采用第四条所载直线基线办法之任何情形"，但未作定义和解释。

② 根据《公约》第110条第1款："除条约授权的干涉行为外，军舰在公海上遇到按照第九十五和第九十六条享有完全豁免权的船舶以外的外国船舶，非有合理根据认为有下列嫌疑，不得登临该船：（a）该船从事海盗行为；（b）该船从事奴隶贩卖；（c）该船从事未经许可的广播而且军舰的船旗国依据第一〇九条有管辖权；（d）该船没有国籍；或（e）该船虽悬挂外国旗帜或拒不展示其旗帜，而事实上却与该军舰属同一国籍。"

（五）国际海底区域制度

国际海底区域（简称“区域”）是指国家管辖范围以外的海床和洋底及底土，即各国大陆架以外的深海海底及其底土。“区域”资源丰富，包括多金属结核、多金属硫化物、富钴结壳、天然气水合物、深海底生物资源及其他深海底资源。“区域”内的活动受《公约》第11部分的支配。根据《公约》，“区域”及其资源是人类的共同继承财产。[①]“区域”的科学研究和技术发展，也要为全人类的利益服务。《公约》还规定，“在‘区域’内发现的一切考古和历史文物，应为全人类的利益予以保存或处置，但应特别顾及来源国，或文化上的发源国，或历史和考古上的来源国的优先权”[②]。

国际海底管理局分别于2000年和2010年审议通过了《“区域”内多金属结核探矿和勘探规章》和《“区域”内多金属硫化物探矿和勘探规章》。中国在东北太平洋已获得7.5万平方千米多金属结核矿区的专属勘探权和优先开采权。2011年7月，中国在西南印度洋又成功申请到1万平方千米多金属硫化物专属勘探矿区。

（六）极地科学考察

南极地区通常是指南纬60°以南的地区，包括一切冰架。南极条约体系是以1959年签订、1961年生效的《南极条约》为核心、附之以一系列相关国际公约和协定的法律制度。南极条约体系还包括200多项由各缔约国政府批准或在条约协商会议上通过的其他建议和协定。南极条约体系规定了南极的和平利用，冻结了各国对南极地区的主权要求，促进了南极地区科学考察、和平利用和环境保护等方面的国际合作。该条约中的任何规定不妨碍或影响任何国家根据国际法对该地区内公海的权利的行使[③]。

中国于1983年6月8日加入《南极条约》，同日《南极条约》对中国生效。1985年10月7日，中国被接纳为《南极条约》的协商国。1991年第17届南极条约协商国会议做出“50年内禁止开发南极的矿产资源”的决定。2009年4月第32届南极条约协商会议通过了《南极条约五十周年部长宣言》和《IPY和极地科研部长宣言》[④]，重申冻结南极领土主张、南极科研自由、南极仅用于和平目的，承诺《南极条约》无限期有效，鼓励加强基地科研合作、进一步建立极地长期观测体系并将极地科研成果用

① 《公约》第136条。

② 《公约》第149条。

③ 《南极条约》，第6条。

④ 国际极地年（International Polar Year），英文简称IPY。国际极地年活动至今一共举办过四次，分别是在1882—1883年、1932—1933年、1957—1958年、2007—2009年，国际极地年活动的开展积极推动了极地科学研究。

于决策。中国在南极地区的权益主要体现在以下两方面：一是根据《公约》和《南极条约》的有关规定，中国在南极区域内有科学研究、渔业资源开发等权利。二是根据1991年的《关于环境保护的南极条约议定书》，中国可以申请在南极特定区域建立特别保护区和特别管理区。

北极地区通常是指北极圈以北的区域，包括北冰洋、岛屿以及欧洲、亚洲和北美洲的部分大陆。北冰洋的5个沿岸国分别是美国、俄罗斯、加拿大、挪威和丹麦。芬兰、瑞典和冰岛也有部分岛屿和领海进入北极圈。目前尚无专门的、全面地适用于北极地区的国际条约和制度，国际社会在航道管理和资源开发等方面存在不同的主张或观点。中国依据《公约》、《斯匹茨卑尔根群岛条约》（简称《斯约》）以及其他国际法规则，在极地享有一定的权益。北冰洋是世界海洋的组成部分，包括中国在内的所有国家，有权在《公约》规定的一般性国际法的框架下，对公海和“区域”行使航行、科研、开发资源等权利和自由。部分北冰洋沿岸国向大陆架界限委员会提交的200海里外大陆架划界案延伸至北极点，因此，北冰洋的“区域”面积目前尚不确定。《斯约》承认挪威对斯匹茨卑尔根群岛等大小岛屿、岩礁的主权①，对其他缔约各国的船舶和国民，则在该范围内赋予了渔猎、自由进出，以及从事一切海洋、工业、矿业和商业活动等权利。《斯约》规定应另行缔结公约，就开展科学调查活动的条件做出规定。

（七）其他

中国在其他海域也拥有国际法确认的相关权利，例如航行权。在《公约》的限制下，所有国家的船舶均享有无害通过他国领海的权利。② 在遵守《公约》有关规定的前提下，所有国家的船舶均享有通过群岛水域的无害通过权。③ 群岛国可指定适当的海道和其上的空中航道，以便外国船舶和飞机继续不停和迅速通过或飞越其群岛水域和邻接的领海。所有船舶和飞机均享有在这种海道和空中航道内的群岛海道通过权。④ 在用

---

① 《斯匹茨卑尔根群岛条约》签订于1920年，承认挪威对于斯匹茨卑尔根群岛、连同熊岛、包括北纬74°~81°之间，东经10°~35°之间一切岛屿在内，特别是西斯匹茨卑尔根、东北地、巴伦支岛、爱崎岛、威治岛、希望岛、查理亲王地以及附属大小岛屿、岩礁，在该条约所规定的条件下，具有充分和完全的主权。

② 通过只要不损害沿海国的和平、良好秩序或安全，就是无害的。这种通过的进行应符合本公约和其他国际法规则。有关无害通过的概念和船舶在行使该项权利时应遵守的规定，见《公约》，第17条，第18条，第19条。

③ 《公约》，第52条。

④ 《公约》，第53条。

于国际航行的海峡，所有船舶和飞机均享有过境通行的权利，过境通行不应受到阻碍。[①] 中国也享有上述航行方面的权利。

在沿海国的专属经济区和大陆架内，中国同所有国家一样，享有航行和飞越自由，铺设海底电缆和管道的自由，以及与这些自由有关的其他合法用途。根据《公约》第62条，沿海国应决定其捕捞专属经济区内生物资源的能力，在没有能力捕捞全部可捕量的情形下，应通过协定或其他安排，准许其他国家捕捞可捕量的剩余部分。中国也可享有上述权利。但这些权利的行使不是绝对的和无限制的，中国在他国管辖海域为行使权利的同时，也应遵守《公约》的相关规定，应适当顾及沿海国的权利和义务。

二、海洋权益面临的形势与挑战

中国与海上周边国家面临不同程度的海洋权益争端，如岛礁主权归属、海洋划界或其他海洋权益问题，中国海上形势正发生深刻而复杂的变化。在中国的管辖海域外，中国也依据国际法承担相应的义务。中国是中国大洋协会在“区域”获准的多金属结核矿区和硫化物矿区内从事活动的担保国，在深海采矿立法等方面面临新的任务。极地气候和自然生境的快速变化，对各国保护极地环境、加强极地科考等提出更为迫切的要求。

（一）岛礁主权争端

在东海，中日关于钓鱼岛及其附属岛屿归属存在争议。钓鱼岛及其附属岛屿自古以来就是中国的固有领土，中国对其拥有无可争辩的主权。根据《中华人民共和国海岛保护法》，经国务院批准，国家海洋局、民政部于2012年3月2日公布了钓鱼岛及其部分附属岛屿的标准名称。国家海洋局公布的钓鱼岛标准名称为“钓鱼岛”，位置描述为“距温州市约356千米、福州市约385千米、基隆市约190千米”。国家海洋局还公布了龙头鱼岛、鲳鱼岛等其他70个钓鱼岛附属岛屿的标准名称、汉语拼音和位置描述。[②]

日本以地方立法、公布新教科书等形式强化对钓鱼岛的非法主张。2010年12月

---

① 根据《公约》第38条第1款，如果海峡是由海峡沿岸国的一个岛屿和该国大陆形成，该岛向海一面有在航行和水文特征方面同样方便的穿过公海，或穿过专属经济区的航道，过境通行则不应适用。有关船舶和飞机在过境通行时的义务，见《公约》第39条。

② 国家海洋局网站，国家海洋局、民政部受权公布我国钓鱼岛及其部分附属岛屿标准名称，2012-03-02，http://www.soa.gov.cn/soa/news/importantnews/webinfo/2012/03/1330304734962136.htm，2012年5月30日登录。

17 日，日本冲绳县石垣市议会通过条例，将 1 月 14 日设为所谓的“尖阁诸岛开拓日”。对此，中国政府指出：“1895 年 1 月 14 日，日本窃据了中国领土钓鱼岛及其附属岛屿。这种所谓的‘开拓’绝对不是什么光彩行径”，“任何人侵犯中国钓鱼岛领土主权的图谋都是徒劳的，无效的。”[①] 2011 年 3 月 30 日，日本文部科学省公布了新版教科书的审定结果，把钓鱼岛表述为“日本领土”，再次遭到中国政府的强烈反对[②]。2011 年 8 月，中国两艘渔政船进入钓鱼岛附近 12 海里海域巡航护渔，维护正常的渔业生产秩序。2011 年 9 月 25 日，中国有关船只赴钓鱼岛附近进行了考察。中国外交部发言人表示：“钓鱼岛及其附属岛屿自古以来就是中国的固有领土，中方对此拥有无可争辩的主权。中方有关船只在钓鱼岛附近海域进行正常海洋科考是行使中方正当主权权利。”[③]

在南海，南沙群岛主权归属存在争议。中国对南沙群岛和附近海域拥有主权有充分的历史和法理依据。中国对南海诸岛的主权建立在发现、先占和长期、持续、有效管理的基础之上。中国最早发现并命名南海诸岛，最早并持续对南海诸岛行使主权。中国在南海的主权、权利以及相关主张是在长期的历史过程中形成和发展起来的，一直为中国政府所坚持。自 20 世纪 70 年代起，越南、菲律宾、马来西亚和文莱等开始对中国南沙群岛的全部或部分岛礁提出主权要求。越南等国还派军队占领了南沙部分岛礁。南沙群岛主权归属争议由此产生。2011 年，越南在中国南沙群岛非法侵占的岛礁举行了所谓的“国会代表”和地方“人民议会代表”选举，进一步挑战中国对南沙群岛的主权。

黄岩岛是中国的固有领土，由中国最早发现和命名，并最早列入中国版图实施管辖。2009 年 2 月 17 日，菲律宾国会通过“领海基线法案”，将中国的黄岩岛划为菲律宾领土。2012 年 4 月 10 日，菲派军舰袭扰我在黄岩岛正常作业的渔船，挑起中菲两国黄岩岛的对峙事件。面对菲方的无理挑衅，中国海监开展对黄岩岛海域的维权执法，维护国家领土主权；中国渔政船开展渔政执法，维护中国渔民在自己的传统渔场的渔业权益。

（二）海域划界任务

中国与 8 个海上邻国存在海上划界问题，这 8 个国家是朝鲜、韩国、日本、菲

---

① 外交部发言人姜瑜就日本冲绳县石垣市议会通过涉钓鱼岛条例答记者问（2010 年 12 月 18 日），http：//www. fmprc. gov. cn/chn/gxh/mtb/fyrbt/dhdw/t779255. htm，2011 年 5 月 2 日登录。

② 2011 年 3 月 31 日外交部发言人姜瑜举行例行记者会，http：//www. fmprc. gov. cn/chn/gxh/tyb/fyrbt/jzhsl/t811306. htm，2011 年 8 月 16 日登录。

③ 2011 年 9 月 27 日外交部发言人洪磊举行例行记者会。http：//www. fmprc. gov. cn/chn/pds/wjdt/fyrbt/t862786. htm

律宾、越南、马来西亚、文莱和印度尼西亚。目前只完成了中越北部湾海上边界的划界。

中国同朝鲜的海岸相邻并相向，需根据两国各自海洋立法和实践，划定两国自鸭绿江口起的管辖海域界限。1997 年起，中朝双方有关部门建立了海洋法非正式磋商机制。

中国同韩国的海岸相向，在黄海南部海域和东海北部部分海域存在专属经济区和大陆架的划界问题。1997 年中韩建立海洋法磋商机制，就海洋划界及其他海洋法问题交换意见。韩国于 2009 年 5 月 11 日向大陆架界限委员会提交了在东海的 200 海里外大陆架划界初步信息。

中国同日本海岸相向，两国在东海存在大陆架和专属经济区划界问题。中日东海大陆架问题涉及中国大陆和日本群岛相向海岸间的大陆架划界，还包括中国台湾（包括台湾及其附属岛屿）与日本冲绳群岛之间相向海岸的大陆架和专属经济区划界。进入 20 世纪 90 年代，中日就东海安全问题和海洋法问题举行了多轮非正式磋商。《公约》生效后，中日进一步就海洋法问题交换意见，举行了多轮磋商。

中国在南海有 5 个海洋邻国。菲律宾、马来西亚、文莱、印度尼西亚和越南通过国内立法或政府声明，提出专属经济区或大陆架等相关海洋权益主张。至 20 世纪 80 年代末 90 年代初，中国同上述有关国家间的海上争议，由南沙岛礁主权归属问题，扩展到南海的海洋划界问题以及相关渔业和油气资源的开发利用问题。

中国和菲律宾的海岸相向，存在专属经济区和大陆架划界问题。自 20 世纪 90 年代以来，中菲就南海问题举行了多轮双边外交事务级磋商，两国领导人也就此多次交换意见。双方同意，共同致力于维护南海地区的和平与稳定，根据包括《公约》在内的公认的国际法准则，推动和平解决南海地区的领土和海洋权益争端。在有关争议最终解决前，双方探讨共同开发等合作，可先探讨在渔业、航海、气象、科研、海洋环境保护等低敏感领域进行合作的可能性。

中国同越南的部分海岸相向，在北部湾的海岸部分相邻。中越于 1993 年正式启动两国政府级边界谈判机制，并签署《关于解决中华人民共和国和越南社会主义共和国边界领土问题的基本原则协议》，确认在和平共处五项原则基础上，通过协商解决两国包括海上和陆地上的边界领土问题。2000 年 12 月 25 日，中越两国通过谈判，签署了《中华人民共和国和越南社会主义共和国关于两国在北部湾领海、专属经济区和大陆架的划界协定》，成功解决了北部湾海洋划界问题。自 2004 年起，中越在政府级边界谈判机制下设立了北部湾湾口外海域划界联合工作组，谈判北部湾湾口外海域划界和这一海域的共同开发问题。

中国的南沙群岛分别同马来西亚的沙巴和沙捞越海岸相向。自 20 世纪 90 年代以来，中马两国曾多次就南沙问题举行磋商，双方领导人就维护南海稳定，妥善处理两国之间的争议达成一些共识。双方表示，愿共同致力于维护南海地区的和平与稳定，根据包括1982年《公约》在内的公认国际法准则，积极寻求以双边友好协商和谈判的方式解决有关争议。双方愿意与其他东盟国家一道落实《南海各方行为宣言》，欢迎并支持有关国家本着“搁置争议、共同开发”的精神探讨在南海争议海域开展务实合作，把南海看做联系中国与东盟的友谊之海、合作之海。

中国的南沙群岛同文莱间存在相向海岸的海域划界问题。双方同意继续致力于维护南海地区的和平与稳定，积极探讨在南海开展合作，与东盟其他国家共同落实《南海各方行为宣言》。南沙群岛同印度尼西亚的纳土纳群岛海岸相向，两国间有潜在的海洋管辖权主张重叠问题。[①]

2009年，马来西亚和越南提交了关于南海南部的200海里外大陆架联合划界案，越南单独提交了关于南海北部的外大陆架划界案。中国常驻联合国代表团分别针对两划界案照会联合国秘书长，表达中国政府的立场，指出上述划界案严重侵害了中国在南海的主权、主权权利和管辖权，要求大陆架界限委员会依据《大陆架界限委员会议事规则》附件1第5条（a）项，不予受理。[②]

（三）资源开发争端

2005年12月，中国政府同朝鲜政府签订了《关于海上共同开发石油的协定》。2000年8月3日，中韩两国签订《中华人民共和国政府和大韩民国政府渔业协定》，该协定于2001年6月30日正式生效。该协定对于维护中韩正常的渔业秩序，保护海洋渔业资源具有重要意义（见图3－1）。

20世纪70年代，日本和韩国曾签订东海大陆架共同开发协定。中国政府对此多次发表声明表示反对，表明中国对东海大陆架的立场。1975年8月15日，中日在此前民间渔业安排的基础上，签订了《中华人民共和国和日本国渔业协定》。《公约》通过后，中日于1997年11月11日签订了新的渔业协定，协定于2000年6月1日起正式生效。该协定的适用水域为中国的专属经济区和日本的专属经济区（见图3－2）。据此，双方互相承认两国根据《公约》各自享有对本国专属经济区的主权权利，并对渔业做出临时性安排。[③]

---

① 中国与周边海上邻国间海域划界相关情况，根据《中国国际法实践与案例》一书中相关内容整理。见段洁龙主编：《中国国际法实践与案例》，北京：法律出版社，2011年。

② CML/17/2009，http：//www.un.org/Depts/los/clcs_new/submissions_files/submission_mysvnm_33_2009.htm。

③ 段洁龙主编：《中国国际法实践与案例》，北京：法律出版社，2011年，146页。

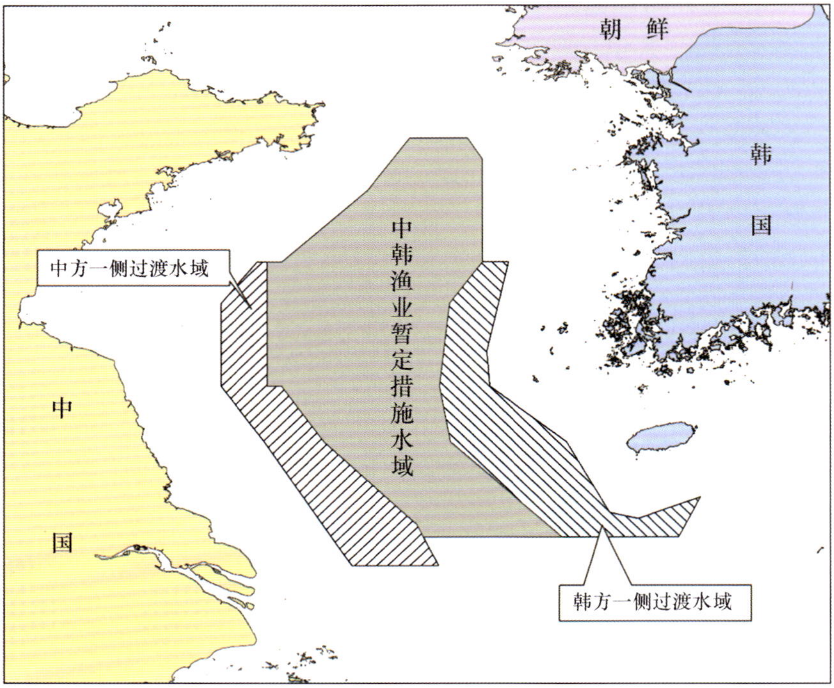

图 3－1　中韩渔业协定暂定措施水域

2008 年 6 月 18 日中日双方在东海问题上达成了原则共识，东海油气资源开发问题主要是“东海共识”遭到日本单方面的曲解。[①] 自 20 世纪 90 年代以来，中国在东海我管辖海域内开发的包括“春晓”在内的油气田，位于日本单方面主张的所谓的“中间线”我方一侧。但我方正常、合法的油气资源开发活动频受日本的干扰。

中国在南海资源开发方面保持克制，但有关国家在争议海域竞相开采油气资源，并采取“招标”等方式，引入外部势力介入。2011 年 3 月，菲律宾石油勘测船在礼乐滩海域进行石油勘测，中国巡逻船令其离开该海域。菲律宾计划拉拢有关国家的公司进行石油勘探。总部在英国的福鲁姆能源公司在一份声明中称，已经完成了对礼乐滩

① 2008 年 6 月，中日两国就东海问题达成原则共识，包括以下三项内容：一是要使东海成为和平、合作、友好之海；二是要在不损害各自法律立场的情况下，在东海选择一个区块进行共同开发；三是日本企业按照中国法律，即《中华人民共和国对外合作开采海洋石油资源条例》，参加春晓油气田的合作开发。“合作开发”不等同于“共同开发”，两者有着本质区别。“共同开发”属争议解决前的临时性安排。“合作开发”则是指在一国的管辖海域，经该国批准，与该国签订协议，在遵守该国法律法规和相关规定的前提下，依据双方签订的协议或合同，进行开发。

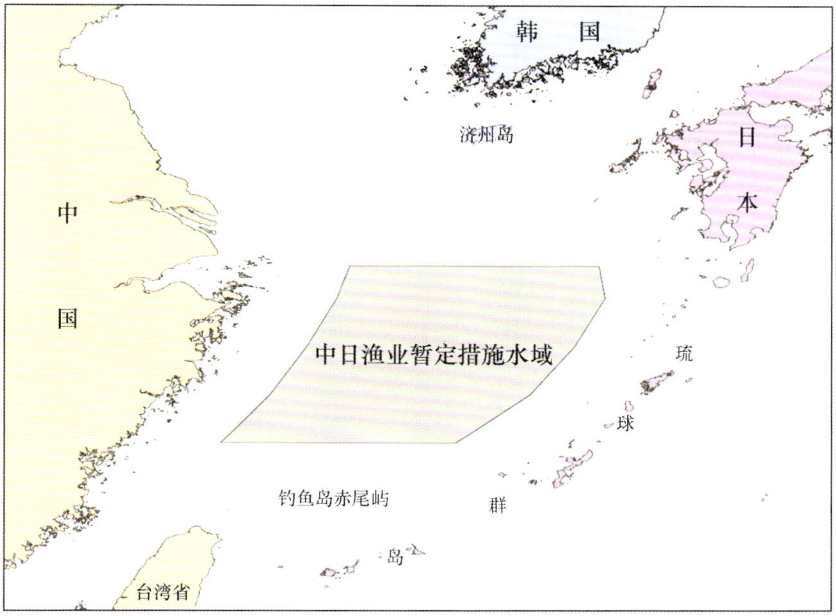

图 3－2　中日渔业协定暂定措施水域

附近桑帕吉塔气田的地震学勘测，并表示将开始数据处理。[1] 福鲁姆公司表示，已经实现了合同中向菲律宾能源部做出的承诺，期待对该项目进行进一步的投资。[2] 5 月，越南单方面在争议海域开展油气作业活动，违背在南海问题上达成的共识，损害中国在南海的权益。中国对越南非法作业船进行了执法行动，并要求越方立即停止侵权活动，不再制造新事端。[3] 6 月，中国渔民在南沙群岛海域正常作业时，遭到越南武装舰船的非法驱赶，导致其中一艘渔船的渔网与在现场非法作业的越南油气勘探船的电缆发生缠绕，中国渔船被拖曳倒行长达一个多小时，严重危及中国渔民的生命财产安全。中国“要求越方停止一切侵权活动，不再采取危及中国渔民人身和财产安全的行动，不再采取使争议复杂化和扩大化的行动”，希望“越方为维护南海的和平稳定做出应有的

① 新华网：外电：菲律宾执意在南海礼乐滩探油，2011－03－24，http：//news.xinhuanet.com/world/2011－03/24/c_121225449.htm，2011 年 9 月 19 日登录。

② 新华网：外电：菲律宾执意在南海礼乐滩探油，2011－03－24，http：//news.xinhuanet.com/world/2011－03/24/c_121225449.htm，2011 年 9 月 19 日登录。

③ 2011 年 5 月 31 日外交部发言人姜瑜举行例行记者会，2011－05－31，http：//www.fmprc.gov.cn/chn/gxh/tyb/fyrbt/jzhsl/t826744.htm，2011 年 9 月 16 日登录。

努力”。[①] 印度 PTI 通讯公司等媒体的报道表明，印度参与了越南在南海的油气开发项目。印越油气项目大体在中国南沙群岛海域西侧，进入中国管辖的海域。[②] 越南联合印度在南海开展油气开发项目，有悖《宣言》中“不采取使争议复杂化、扩大化和影响和平与稳定的行动”的承诺。外国公司卷入南海争议，不利于南海问题的解决。

（四）南海形势变化

南海问题的实质是南海周边有关国家围绕南沙群岛部分岛礁的主权争议和南海部分海域的划界争议。

2011 年 7 月，中国与东盟就落实《南海各方行为宣言》指导方针案文达成共识，为推动落实《宣言》进程、推进南海务实合作铺平了道路。但近年来，在南海也出现了一系列不和谐因素。某些南海周边国家继续拉拢外部势力，加大争议区的资源开发力度，在巩固既得利益的同时，不断提出新的主张和要求。域外国家参与南海争议海域的油气资源开发，加剧南海问题的复杂化。周边国家的军备竞赛，促使地区紧张局势升温。美国的介入增加了南海地区的不稳定因素。美国与某些南海周边国家里应外合，屡次企图将南海争端问题列入东盟论坛会议，推动南海问题的“地区化”和“国际化”。上述域内外不和谐因素，既不符合中国和南海周边国家的利益，也不利于南海地区的长期稳定和发展。

（五）担保国责任问题

根据《公约》，“区域”内资源的勘探和开发，既可由国际海底管理局通过其企业部进行，也可由各缔约国及其法人或自然人与管理局以协作方式进行。缔约国提供担保是自然人和法人从事“区域”内活动的重要条件。在“区域”活动中，担保国应承担何种义务以及在多大范围内承担责任等问题，成为各主体参与“区域”内活动所面临的现实问题。

2011 年 2 月 1 日，国际海洋法法庭海底争端分庭就国家在担保个人或实体进行“区域”内活动的责任和义务问题，发表了咨询意见。[③] 咨询意见指出，担保国应承担

---

① 外交部发言人洪磊就越南在南沙海域驱赶中国渔船答记者问，2011－06－09，http：//www. fmprc. gov. cn/chn/pds/wjdt/fyrbt/t829297. htm，2011 年 9 月 16 日登录。

② 新华网，印越南海开发油气项目侵犯中国主权，2011－09－22，http：//news. xinhuanet. com/world/2011－09/22/c_ 122070081. htm，2011 年 9 月 30 日登录。

③ 2010 年 3 月，瑙鲁共和国向国际海底管理局提出了“就担保国的责任和赔偿责任问题请国际海洋法法庭海底争端分庭提供咨询意见的提议”（ISBA/16/C/6）。2010 年 5 月 6 日，国际海底管理局理事会协商一致地通过了依照《公约》第 191 条请求发表咨询意见的决定（ISBA/16/C/13）。2010 年 5 月 18 日，国际海洋法法庭海底争端分庭决定受理该咨询案（第 17 号案）。

两类义务：一是“确保遵守”义务，即确保所担保的承包者[1]在从事“区域”内活动时遵守相关规则，包括承包者与国际海底管理局订立的合同，国际海底管理局制定的规则、规章和程序以及《公约》的相关规定。此“确保遵守”义务是一种“适当尽职”（due diligence）义务，此项义务强调的是行为本身，而非结果。二是“直接义务”，指由担保国直接负担并必须独立履行的义务，包括协助国际海底管理局控制“区域”内活动、采取预防性措施和最佳环境做法以有效保护海洋环境等义务[2]，通常旨在确保所担保的承包者从事特定行为。履行直接义务可视为满足担保国“适当尽职”义务的相关因素。担保国为履行其义务，应制定法律和规章并采取行政措施；仅与承包者签订担保合同，不能认为履行了《公约》规定的义务。

咨询意见指出，担保国的赔偿责任是源于其自身未履行《公约》规定的义务，承包者未履行其义务不能自动导致担保国承担赔偿责任。关于担保国赔偿责任的程度和范围，排除了严格责任即无过错责任的适用。赔偿的数额应与实际损害的数额相当、赔偿责任的形式取决于实际损害和恢复原状在技术上的可行性。担保国与承包者的赔偿责任之间不存在连带关系。对同一承包者提供担保的所有缔约国应承担连带赔偿责任，除非国际海底管理局规章另有规定。

该案是国际海洋法法庭受理的第一起咨询案，对规范国际海底区域活动，推动相关工作的有序开展具有重要意义。该咨询意见基本反映了中国的核心关切，中国书面意见中的主要观点在咨询意见中均得到体现。中国是中国大洋协会在“区域”申请的多金属结核矿区和硫化物矿区内从事活动的担保国。中国面临制定和完善相关法律、妥善处理深海环境保护、加强深海环境保护工作的新任务，以切实增强行使相关权利和履行相关国际义务的能力。

（六）极地事务

中国不是北冰洋沿岸国，也未对南极大陆提出领土要求。但极地的气候、环境以及北极航道潜在的商业用途，对中国具有重要的意义。极地事务具有跨区域性质，客观需要极地周边国家和其他国家在平等互利的基础上开展合作。

南极格罗夫山核心区哈丁山地区是中国独立提出并获得批准的第一个“南极特别

---

[1] 承包者是指根据《公约》第153条第2款，有权从事“区域”活动，其工作计划已获国际海底管理局核准的任何实体。在缔约国担保“区域”内活动的情形下，承包者包括国营企业、具有缔约国国籍或在这些国家或其国民有效控制下的自然人或法人。

[2] 参见国际海洋法法庭第17号案发表的咨询意见。Responsibilities and Obligations of States Sponsoring Persons and Entities with Respect to Activities in the Area（Advisory Opinion），第242段。http://www.itlos.org/index.php?id=109#587.

保护区”。该保护区长约12千米，宽约10千米，呈不规则四边形。这里保留着完整的南极内陆冰盖进退遗迹和珍贵的风蚀与冰蚀地貌，具有重要的科学价值、美学价值和荒野价值。[①] 2010年1月，中国第26次南极考察格罗夫山队首次履行了对哈丁山的环境管理与保护义务（见图3－3）。

图3－3　在格罗夫山地区的最高峰——梅森峰脚下发现陨石

图片来源：中华人民共和国中央人民政府网站：

http：//www. gov. cn/jrzg/2010－01/03/content_ 1501959. htm

2011年5月，北极理事会在丹麦格陵兰举行了第七次部长级会议。会议成果反映了北极国家间合作机制和合作意识的加强。北极气候、环境影响的跨区域性和北极航道商业通航的潜在利益，决定了国际社会对北极事务的普遍关注。理事会首次签署了具有拘束力的法律文书——《北极海空搜救合作协定》。该协定将北极划分为8个搜救区域，由北极8国分别承担搜救职责，标志着各方在北极理事会框架内的合作由虚转实。会议发表了《努克宣言》，强调要“促进极地环境保护和可持续发展”，指出环境的快速变化，特别是气候变化，增加了极地在诸方面面临的机遇和挑战，强调提高北极理事会处理这一变化能力的重要性；决定在挪威特姆瑟设立常设秘书处。会议没有就接纳新观察员做出决定，而是通过了“关于接纳观察员的标准及其在理事会作用的建议”，为观察员设定了7条准入标准，强调北极理事会的决策权属于北极8国及永久

① 新华网，中国首次履行”南极特别保护区“环境管理与保护义务，2010－01－31，http：//news. xinhuanet. com/world/2010－01/31/content_ 12909289. htm，2011年10月15日登录。

参与者。

三、维护海洋权益的基本立场和举措

中国致力于维护周边海域的和平稳定，一贯坚持通过对话谈判处理同邻国的领土和海洋权益争端；对争议海域的资源开发，始终保持克制，提出“搁置争议、共同开发”的主张。2011 年，中国以《中国的和平发展》白皮书和一系列的实际行动，再次向世界宣告中国坚持和平解决海洋权益争端的原则主场。

（一）基本立场和措施

1. 解决海洋权益争端的基本立场和主张

2011 年 9 月，中国发表了《中国的和平发展》白皮书。白皮书强调：“中国通过开展双边合作并参与区域次区域合作，致力于促进亚太地区共同发展繁荣。”在与周边国家的关系上，中国始终坚持与邻为善、以邻为伴、睦邻友好的方针，发展同周边国家和亚洲其他国家的友好合作关系，积极开展双边和区域合作，共同营造和平稳定、平等互信、合作共赢的地区环境。中国一贯依据国际法，尊重历史、尊重事实，通过双边协商和谈判，公平合理地解决边界问题。在海洋权益争端最终解决前，中国采取了一系列措施，维护周边海域的和平稳定，促进与海上邻国的共同繁荣。

在中朝有关磋商中，中方主张按照公平原则，考虑所有有关情况，公平划定中朝两国在北黄海的专属经济区和大陆架分界线。在中韩有关磋商中，中国政府主张按照公平原则，同时考虑所有有关情况，以实现公平合理的解决中韩海洋划界问题。苏岩礁位于中韩两国专属经济区和大陆架主张的重叠区。经 2006 年 12 月中韩海洋法磋商，双方认为，苏岩礁不具有领土地位，中韩不存在领土争议。

中国在东海海洋权益问题的基本立场和主张可归纳为以下三点：

一是钓鱼岛及其附属岛屿是中国的固有领土。日本试图以中国的钓鱼岛及其附属岛屿作基点，主张对东海大片海域的海洋权益，这一行为本身不仅构成对中国领土主权的侵犯，且侵犯了中国的海洋权益。

二是中日东海大陆架划界适用“自然延伸”原则。中国政府主张，中日之间应根据国际法和国际实践，通过友好协商划定中日两国在东海的大陆架。东海大陆架主要是由中国领土在东海海底的自然延伸构成，主张以冲绳海槽中心线作为中日两国在东海的大陆架分界线。

三是主张“搁置争议、共同开发”，维护东海稳定。中国主张，在争议解决前，双方应共同努力，维护东海的稳定，避免争议升级，不因争议影响两国关系的发展。双方可在不损害各自法律立场的情况下，协商“搁置争议、共同开发”，共同致力于维护东海的稳定和地区和平。①

在南海的岛礁归属、海洋划界以及相关海洋权益问题上，中国始终坚持睦邻友好、平等协商的原则。中国的基本立场和主张可归纳为六个方面：

一是维护领土主权完整。这一立场体现在中国历次涉及南沙群岛主权的对外交涉中，在1958年《关于领海的声明》和1992年《领海及毗连区法》关于中国领土构成的条款中均有具体规定，明确宣布中国陆地领土包括中国大陆及其沿海岛屿，海南岛、台湾岛及其附属岛屿，东沙群岛、西沙群岛、南沙群岛和中沙群岛。

二是主张当事国之间直接谈判和平解决争端。中国同有关邻国间由于岛礁主权和海洋主张重叠而引起的海域划界问题，有关各方应根据包括《公约》在内的国际法确立的法律原则和制度，通过双边和平谈判，寻求都能接受的公平解决办法；反对南海问题国际化，反对域外势力介入南海问题。

三是主张平等协商，反对单方行动。在划界问题最终解决前，南海周边国家无权以实施本国法律为由，在争议海域单方面采取行动，试图制造既成事实。

四是主张搁置争议、共同开发。中国主张，海域划界争议解决之前或一时解决不了的情形下，可考虑本着谅解和合作的精神，探讨“搁置争议、共同开发”。可先探讨在气象、水文、海洋科学研究、海洋环境保护、航行安全、海上生命安全、减灾防灾、避免海上冲突等领域开展合作。在合作取得初步成果的基础上，可进一步探讨在渔业、油气资源进行共同开发的可能性。

五是保障南海国际航道安全和畅通。中国高度重视维护南海国际航道的安全和自由畅通，中国同有关国家的海洋权益争议，不会也不应对此产生影响。

六是不因分歧影响两国关系发展。中国强调，对分歧应及时进行磋商，采取冷静和建设性态度，予以妥善处理；不因分歧而影响两国关系的正常发展。②

2. 和平解决海洋权益争端的具体行动

和平解决海洋权益争端，维护双边关系和地区形势稳定，是中国处理海上问题的重要政策。《中国的和平发展》白皮书重申，“坚持通过对话谈判处理同邻国领土和海洋权益争端，以建设性姿态提出‘搁置争议、共同开发’的主张，尽最大努力维护南海、东海及周边和平稳定。”2011年，中国继续贯彻这一政策，在双边和多边等领域开

① 段洁龙主编，《中国国际法实践与案例》，北京：法律出版社，2011年版，第148~150页。
② 段洁龙主编，《中国国际法实践与案例》，北京：法律出版社，2011年版，第156~158页。

展了相关工作。

中国在双边交往中，多次重申和平解决海洋权益争端的政策和愿望，并就解决双边具体问题取得了一些共识。2011 年 7 月，中日外长举行会谈，双方一致认为，当前和今后一个时期，双方要全面落实两国领导人达成的各项共识，深化各领域务实合作，推动两国关系向前发展。中国外长杨洁篪重申，钓鱼岛及其附属岛屿是中国的固有领土，表示双方应共同努力，以实际行动为落实双方关于东海问题的原则共识创造良好的气氛和条件。① 2011 年 9 月 6 日，中越举行了双边合作指导委员会第五次会议，双方认为，妥善解决海上问题对维护中越友好合作大局至关重要，重申将按照两国领导人的共识、国际法及《南海各方行为宣言》精神，坚持通过谈判和友好协商，和平解决海上争议，采取有效措施维护南海和平与稳定。双方将加快谈判进程，寻求双方均能接受的基本和长久的解决办法。双方同意加大海上问题谈判力度，早日签署《指导解决中越海上问题基本原则的协议》。② 2011 年 7 月 7—9 日，菲律宾外长对中国进行了正式访问，两国外长就海上争议交换了意见，认为海上争议不应影响两国友好合作大局。双方重申尊重和遵守中国与东盟国家于 2002 年签署的《南海各方行为宣言》。③ 2011 年 8 月 30 至 9 月 3 日，菲律宾总统阿基诺对中国进行了国事访问。9 月 1 日，中菲在北京发表《中华人民共和国与菲律宾共和国联合声明》，“认为不应让海上争议影响到两国友好合作大局。两国领导人重申将通过和平对话处理争议，继续维护地区和平、安全与稳定以及营造良好的经济增长环境。双方重申尊重和遵守中国与东盟国家于 2002 年签署的《南海各方行为宣言》。④”

2011 年，中国持续推进区域海洋合作，并开展了实质性的工作。中国国家主席胡锦涛在博鳌亚洲论坛 2011 年年会开幕式上表示：中国将继续致力于通过友好谈判和平解决同邻国的领土、领海和海洋权益争端，在地区热点问题上发挥建设性作用，积极参与各种形式的地区安全对话和合作，努力维护有利于亚洲和平与发展的地区环境。中国永远做亚洲各国的好邻居、好朋友、好伙伴。⑤ 2011 年 7 月，中国和东盟国家就

① 杨洁篪与日本外相松本刚明举行会谈，2011－07－05，http：//www. fmprc. gov. cn/chn/pds/wjb/zzjg/xws/xgxw/t836824. htm，2011 年 9 月 18 日登录。

② 新闻网，中越双边合作指导委员会第五次会议联合新闻稿，2011－09－08，http：//yn. xinhuanet. com/asean/2011－09/08/c_ 131116273. htm，2011 年 9 月 26 日登录。

③ 中菲联合新闻稿，2011/07/08，http：//www. fmprc. gov. cn/chn/gxh/mtb/bldhd/t837954. htm，2011 年 8 月 20 日登录。

④ 新华网，2011－09－01，http：//news. xinhuanet. com/world/2011－09/01/c_ 121947424_ 3. htm，2011 年 9 月 26 日登录。

⑤ 中国新闻网：胡锦涛：和平解决同邻国领土领海和海洋权益争端，2011－04－15，http：//www. chinanews. com/gn/2011/04－15/2975616. shtml，2011 年 11 月 4 日登录。

《南海各方行为宣言》后续行动指导方针达成一致。中方代表在印尼巴厘岛举行的中国－东盟落实《南海各方行为宣言》高级官员会议上，阐述了中国积极支持开展南海合作的立场，建议各方将今后的工作重点转入开展《南海各方行为宣言》框架下的务实合作。中方提出了一系列合作倡议，包括举办关于南海航行自由的研讨会，成立海洋科研和环保、航行安全与搜救、打击海上跨国犯罪等三个专门技术委员会，并承诺继续承办已确定的3个合作项目，得到各方的积极响应。[①]

南海合作的学术交流也为促进地区的和平、稳定和发展起到了积极的作用。2011年8月底，由国家海洋局海洋发展战略研究所主办的南海合作与发展国际研讨会在京举行。来自国际海洋法法庭、联合国开发计划署“东亚海环境管理伙伴关系计划”、政府间海洋学委员会东南亚海观测项目等国际组织、13个国家和地区的50多位代表参加了会议，这些国家和地区包括美国、加拿大、英国、德国、葡萄牙、新加坡、印度尼西亚、越南、菲律宾、马来西亚、泰国和我国台湾及香港地区。会议期间，与会专家从相关国际法理论与实践、海洋政策与管理、南海地区合作与发展等方面，对涉及南海的科研、环保与防灾减灾合作、共同开发、航行自由以及海洋法和国际法问题进行了广泛而深入的交流和研讨。与会专家普遍认为，加强南海合作，促进南海地区发展，有利于增信释疑、维护南海地区形势稳定，也有利于各国经济和海洋事业的可持续发展。[②]

（二）极地和大洋相关工作

1. 极地科考

2011年6月21日，国家海洋局在北京召开极地工作会议。这是自1984年中国组织开展极地考察以来召开的首次极地工作会议。国务院副总理李克强对中国极地考察工作做出重要批示：极地考察是人类探索地球奥秘的壮举，在中国海洋事业中占有重要地位，对促进可持续发展具有重大意义。经过20多年努力，中国极地考察取得丰硕成果，增强了在国际极地事务中的影响力。“十二五”时期，中国极地考察事业正处于可以大有作为的战略机遇期。希望全体极地考察工作者紧紧围绕现代化建设，继续发扬南极精神，进一步加强能力建设，深入开展极地战略和科学研究，积极参与国际交

① 中国日报，中国－东盟高官会就落实《南海各方行为宣言》指导方针达成共识，2011－07－20，http：//www.chinadaily.com.cn/hqgj/zbyt/2011－07－21/content_3255111.html，2011年9月18日登录。

② 中华人民共和国中央人民政府网站，海洋局主办的南海合作与发展国际研讨会在京举行，2011－09－04，http：//www.gov.cn/jrzg/2011－09/04/content_1939995.htm，2011年9月16日登录。

流合作，有效维护国家权益，为中国极地事业发展、为人类和平利用极地做出新的贡献。[①]

中国的极地考察工作始于20世纪80年代初，至2012年3月已成功派出28次南极考察队、成功完成4次北冰洋科学考察和8个年度的北极黄河站科学考察，形成了以“一船（‘雪龙’号）四站（长城站、中山站、昆仑站、黄河站）一基地（国内考察基地）”为主体的国家极地考察战略格局和基础平台。

中国新建极地科学考察破冰船项目已于2011年7月7日获国务院、国家发改委正式批准，完成立项。新破冰船力争2013年投入使用，[②] 与“雪龙”船组成中国的极地考察船队，改变一条极地破冰船承担两极考察工作现状。新破冰船在调查、破冰的能力上有所发展，将具有国际先进的极地海洋环境综合调查能力。[③]

2. 大洋资源研究开发

中国大洋协会于1990年4月9日经国务院批准成立，其宗旨是：通过国际海底资源研究开发活动，维护中国开发国际海底资源的权益，并为人类开发利用国际海底资源做出贡献。

（1）大洋资源调查

2010年12月8日，“大洋一号”起航执行中国大洋资源考察第22航次任务，并于2011年12月圆满完成。此次大洋科考开展了海底多金属硫化物、多金属结核、深海环境、深海生物基因和深海生物多样性等多项调查工作。在大西洋、东太平洋多金属硫化物调查中取得重大突破，成功发现了16个多金属硫化物热液活动区。首次在海上成功试用了由中国自主研发的深海技术装备拖曳式资源综合探测系统以及深海底中深孔岩芯取样钻机，为今后的相关研究增加了新的重要技术手段。[④] “海洋六号”是中国首艘自主研制的天然气水合物（即“可燃冰”）综合调查船，2009年10月启用。2011年6月至10月，“海洋六号”综合调查船首次执行了国家远洋科学考察任务，赴太平洋西部、中部海域开展重点区域多金属结核区的资源、环境等调查工作以及相关基础科学

---

① 新华网，2011－06－21，http：//news. xinhuanet. com/iguosou/video/2011－06/21/c_121565855. htm，2011年10月15日登录。

② 中华人民共和国中央人民政府网站，我国新建极地科学考察破冰船力争2013年投入使用，2011－06－21，http：//www. gov. cn/jrzg/2011－06/21/content_ 1889618. htm.

③ 中华人民共和国中央人民政府网站，我国将要建设世界领先的极地科学考察破冰船项目，2011－08－02，http：//www. gov. cn/gzdt/2011－08/02/content_ 1918028. htm，2011年10月15日登录。

④ 中华人民共和国中央人民政府，2011/12/11，http：//www. gov. cn/gzdt/2011 － 12/11/content _ 2017196. htm，2012年2月1日登录。

研究。[1]

中国在潜水器技术上有所进展。潜水器项目始于2002年，旨在进行科学研究、和平勘探和利用自然资源。自“蛟龙号”载人潜水器成功下潜到3 759米后，中国成为继美、法、俄、日之后，第5个掌握3 500米以上深度载人深潜技术的国家。2011年7月，“蛟龙号”成功突破下潜5 000米大关。

图3－4　“蛟龙”号全貌

图片来源：http：//tupian. hudong. com/a4_ 50_ 94_ 20300000863923132062947836557_ jpg. html

（2）“区域”矿区申请

1991年3月5日，经联合国批准，中国大洋协会登记注册为国际海底区域开发先驱投资者，在东北太平洋的国际海底区域分配到15万平方千米的开辟区。1999年3月5日，在完成开辟区50%区域放弃义务后，中国大洋协会获得7.5万平方千米具有专属勘探权和优先商业开采权的金属结核矿区。

2010年5月，中国大洋协会向国际海底管理局提出多金属硫化物勘探区申请。这是自国际海底管理局通过《“区域”内多金属硫化物探矿和勘探规章》后接受的第一份矿区申请，申请的多金属硫化物资源矿区位于西南印度洋中脊，限定在长度990千

① 人民网，2011/06/29，http：//gd. people. com. cn/GB/123935/130363/15029137. html，2011年10月19日登录。

米、宽度290千米的长方形范围内。[1] 2011年7月19日，在国际海底管理局第17届会议期间，理事会核准了该矿区申请。中国在西南印度洋获得了1万平方千米多金属硫化物专属勘探矿区。这是国际海底管理局核准的第一块多金属硫化物矿区。

四、小 结

近年来，国际海洋事务呈竞争与合作交织、挑战与机遇并存的发展趋势。维护海洋权益，加强国际合作，行使国际法和《公约》赋予的各项权利，履行相关义务，是中国顺应新的海洋形势和未来发展需求的必然选择。

2011年，中国周边海上形势呈复杂深刻的变化。域外势力的介入加剧了周边海洋争端的复杂性，中国的海洋权益面临新的挑战。面对复杂形势，中国坚持通过对话谈判处理同邻国的领土和海洋权益争端，以建设性姿态提出“搁置争议、共同开发”，尽最大努力维护海上和平稳定。中国在极地科考和大洋资源调查、“区域”矿区申请和相关技术研发方面也取得巨大成绩，为促进极地科学研究和保障人类共同继承财产的和平利用做出了积极的贡献。

① 中华人民共和国中央人民政府网站，2011/08/02，中国大洋协会在印度洋获得多金属硫化物资源矿区，http：//www.gov.cn/jrzg/2011－08/02/content_1918424.htm，2011年10月15日登录。

第四章　中国的海洋安全

海洋是当今世界各国联系的纽带，是国家交往和国际安全合作的重要舞台，也是国家利益交织点。许多沿海国都面临着不同性质的海洋安全问题。维护海洋安全是沿海国维护国家安全的重要任务之一。[①] 随着“海洋世纪”的来临和国家安全环境的变化，海洋安全在国家安全中的地位越来越重要。

一、海洋安全概述

安全是一个极为复杂而富有争议的概念，至今尚未形成一个普遍认可的定义。美国学者阿诺德·沃尔弗斯很早就提出，安全是一种价值，是国际政治研究的“起点”和“落点”，但安全的概念较模糊，很难搞清它的确切含义。[②] 从本质上说，安全是主体利益没有危险的客观状态。安全的含义涉及 4 个方面。首先，安全需要有特定的主体。安全作为一种客观状态“不是一种实体性存在，而是一种属性，因而它必然依附于一定的实体。”[③] 其次，安全同利益密切相关。安全本身就是一种利益，是主体生存和发展的前提，对于任何主体而言，安全都是其最根本的利益之一。再次，安全与危险是密不可分的。没有危险就不会有安全的问题，只有消除危险才能达到安全的状态。最后，安全是一种客观状态。安全作为一种客观状态，是不以人的意志为转移的。

国家安全指的是国家利益没有危险的客观状态。从主客体关系上看，国家安全可以分为内部安全和外部安全，是内部安全与外部安全的统一。国家只有在“既无内忧又无外患”的情况下，才能称得上是安全的。从国家安全所涉及的具体领域来看，国家安全可以分为政治安全、国防安全、经济安全。国家安全同时还包括“社会安全’、“信息安全”以及“资源安全”等，这些安全领域是从政治安全、经济安全中派生出来的。其中，国防安全是国家安全的重要组成部分，是国家安全的保证和基础。任何一个国家，一旦缺少国防安全，就谈不上国家的安全。从国家安全的发展角度来看，国家安全可以分为传统安全和非传统安全。在历史上，防止军事入侵的国防安全曾是国家安全的基本内容；随后，保障主权独立和领土完整的政治安全成为国家安全的主

---

① 杨金森：《中国海洋战略研究文集》，北京：海洋出版社，2006 年版，第 321 页。

② 倪世雄等著：《当代西方国际关系理论》，上海：复旦大学出版社，2001 年版，第 434 页。

③ 刘跃进主编：《国家安全学》，北京：中国政法大学出版社，2004 年版，第 44 页。

要内容，这些也被称之为传统安全。随着和平与发展成为时代的主题以及全球化从经济领域向政治、安全和社会领域的扩展，经济、能源资源、金融、信息和运输通道等方面的安全问题上升，自然灾害、环境恶化、国际恐怖主义、国际犯罪等跨国性问题危害越来越大，成为引起各国高度重视的非传统安全因素。

人类社会活动是在一定的地理环境中进行的，地理环境是人类生存、发展的物质基础。陆地、海洋、天空共同构成了人类赖以生存和发展的空间，也是国家行使主权的地理空间。因此，从地理空间的角度来看，国家安全可以分为陆上安全、海洋安全和天空安全，是陆上安全、海洋安全和天空安全的统一。

海洋安全亦称海上安全，是指国家的海洋权益不受侵害或遭遇风险的状态。海洋安全一般可分为传统海洋安全和非传统海洋安全。前者主要是指军事因素、特别是使用武力或武力威胁引起的安全威胁。后者一般是指由非军事因素引发的安全威胁，主要包括海上经济活动方面的安全威胁、海洋环境威胁以及海上恐怖主义和海上跨国犯罪问题。[①]

（一）海洋安全在国家安全中的地位

中国是一个传统的陆权大国，地理、政治、经济、文化、安全等因素使得中国历史上并未成为海洋大国。海洋对国家政治、经济、安全等方面的影响有限。传统上，国人也一直将海洋作为陆地领土安全的屏障，海洋安全更多地体现为在海上维护国家陆地领土安全，即通常所说的海防安全。

冷战结束以及《公约》的诞生，改变了过去海洋由几个大国控制的局面，为各国和平开发利用海洋提供了契机。海洋作为国际交往的大通道和人类可持续发展的战略资源宝库，在当今世界经济、政治、社会等领域的地位与作用越来越突出。在此背景下，中国抓住有利时机，大力发展海洋经济，海洋事业取得了快速发展，海洋在国家发展中的作用日渐突出，海洋安全在国家安全中的地位也随之得以不断提升。

海洋安全已成为中国实现和平发展的重要条件。其一，海洋安全是保障沿海地区安全的前提条件。经过 20 多年发展，东部沿海地区已成为中国经济发展的黄金地带和经济格局重心所在。海洋是沿海地区安全的屏障。其二，海洋安全是中国海洋经济持续发展的必要条件。海洋经济已成为中国国民经济新的增长点，而海洋经济的持续发展离不开安全的海洋环境。其三，海洋安全是维护海洋资源权利的重要条件。按照《公约》的规定，沿海国对专属经济区和大陆架的自然资源享有主权权利，这需要可靠的海上安全能力予以维护。其四，海洋安全是保障海上航线安全的重要条件。改革开

① 杨金森：《中国海洋战略研究文集》，北京：海洋出版社，2006 年，第 321 页。

放以来，中国对外贸易持续发展，成为拉动经济增长的重要因素，而外贸主要通过海洋运输进行，保证海上航线的安全是海洋安全的应有之义。

海洋安全已成为中国国家安全的重心所在。中国在平等协商、公平合理基础上，积极同周边国家解决陆上边界划界等历史遗留问题，成功地与绝大多数邻国解决了陆地边界领土争端，并签订了一系列维护边境地区和平安宁、加强军事领域信任的协定，极大地改善了中国陆上安全形势。但随着海洋世纪的到来，各国纷纷提升海洋在国家发展和国家安全战略中的地位，海洋已经成为各国激烈争夺与对抗的场所，中国海洋安全问题逐渐凸显出来，成为国家安全的主要战略方向。

（二）海洋安全的主要影响因素

国家安全具有较强的动态性和差异性，不同的国家所面临的安全问题不尽相同，同一国家在不同的历史时期、不同的发展阶段，构成其国家安全的要素以及国家安全面临的危险也是不同的。当前影响中国海洋安全的主要因素有以下几个方面。

1. 地缘因素

地缘因素是影响一国海洋安全的最持久性因素，中国的自然地理条件以及地缘战略地位对中国的海洋安全带来重大影响。从自然地理条件上看，中国是世界上主要的濒海大国，地处太平洋西岸，除了渤海是中国的内海外，黄海、东海和南海都是太平洋边缘海，这些边缘海又被第一岛链包围，实际处于半封闭状态。单面向海，岛屿众多，海上边界线漫长等自然地理条件对中国海洋安全带来长期影响。从地缘政治环境角度看，中国在世界地缘政治格局中具有重要的战略地位。中国既位于欧亚大陆又濒临太平洋，处于世界海洋地缘战略区和欧亚大陆地缘战略区的交接处，大国以及国家集团在这里的博弈十分激烈，给中国海洋安全带来了较大的压力。

2. 强国因素

在全球化时代，一些实力强大的国家的影响力远远超出本国疆界。作为当今世界上唯一的超级大国，美国因素是影响中国海洋安全的关键性因素之一。美国非常重视对海洋的控制权，认为控制海洋对美国的经济、世界贸易和在全球民主自由保护中的领导角色非常关键。在海洋控制上，美国将中国视为美国正面临的挑战之一。[①] 随着美国国家安全战略重心向亚太地区倾斜，美国加强了在海洋方向对中国的战略封锁与围

① NAVY LEAGUE OF THE UNITED STATES："MARITIME POLICY2009－10"，p. 1，http：//www. corpusnavyleague. org/maritime－policy－09－10. pdf，2011 年 9 月 15 日登录。

堵，不断挑战中国的海洋安全利益。美国加强与亚太传统盟友的军事同盟关系，积极拉拢东盟国家，强化在西太平洋的军事部署，频繁在中国周边海域进行军事演习，继续在中国专属经济区开展军事测量和情报收集活动，公然介入中国与周边海上邻国间的海洋争端，给中国的海洋发展和海洋安全带来了较大的压力。在台湾问题上，美国把台湾当作在亚洲和太平洋地区美国的“永不沉没的航空母舰”，违反中美三个联合公报原则，继续向台湾出售武器，严重损害中美关系和两岸关系和平发展。

3. 周边因素

周边环境直接关系一个国家的主权和安全，是传统国家利益的临界线，周边因素是影响中国海洋安全的直接因素。在海上，中国隔黄海、东海、南海与朝鲜、韩国、日本、菲律宾、马来西亚、文莱、印度尼西亚、越南等 8 个国家相邻或相向。在黄海，中国需要与朝鲜划分领海边界、专属经济区边界和大陆架边界；与韩国划分专属经济区边界和大陆架边界。在东海，中国与韩国、日本的纠纷既包括专属经济区和大陆架的划界问题，也包括历史遗留下来的中日钓鱼岛问题。在南海，中国与周边国家间的领土和海洋权益争端，牵涉六国七方，涉及岛礁主权、海域划界和历史性权利等诸多问题。与周边海上邻国在岛礁主权和海洋权益方面存在复杂争端，一直是影响我国周边海上安全形势的不稳定因素。

4. 非传统安全因素

海上非传统安全威胁危害大、影响广，是影响中国海洋安全的新因素。当前影响我国海洋安全的非传统安全因素主要集中在以下几个问题。一是海上通道安全问题。海上通道安全在我国海洋安全中的地位日益重要，一方面，中国主要贸易伙伴均与我隔海相望，海上贸易通道成为中国外贸的生命线；另一方面，中国能源运输严重依赖海运，据统计，中国外贸出口货物的 80% 以上、石油和铁矿石等战略物资进口的 90% 以上是由海上运输完成的。[①] 海上通道已经成为中国经济发展的重要命脉，其安全与否直接关系着我国国家经济的发展与安全。二是海上跨国犯罪问题。海上偷渡、贩毒、走私等跨国犯罪活动依然活跃，不仅给国家造成巨大经济损失，而且威胁我沿海地区安全与稳定。三是海洋生态环境安全问题。中国海洋生态环境总体形势不容乐观，赤潮、海岸侵蚀、海水入侵和溢油等生态环境灾害频发，海平面持续上升，各种海洋灾害的致灾程度加剧。中国已成为世界上海洋灾害最为严重的国家之一，海洋环境灾难对中国海洋安全乃至整个国家的经济和社会发展产生了长期影响。

---

① 葛东升主编：《国家安全战略论》，北京：军事科学出版社，2006 年版，第 222 页。

二、中国海洋安全形势

近年来，国际形势发生深刻复杂的变化，全球性挑战更加突出。安全威胁的综合性、复杂性、多变性日益明显。亚太地区海上安全形势总体稳定，但安全的复杂性、多变性趋于明显。中国仍处在重要战略机遇期，安全环境总体有利，但面临的安全挑战更加多元和复杂。周边固有矛盾集中爆发，热点问题持续升温，不确定因素增多，中国周边海洋安全压力显著增大。

2011 年，中国周边各海区的安全形势可归纳为黄海总体形势基本平稳，存在发生海上突发事件的可能性和引发紧张局势的安全隐患。东海总体形势表面平稳，存有渔业摩擦和安全隐患。南海总体形势发生复杂深刻的变化，从权益之争已发展演变为海洋战略博弈。中国的海洋安全面临的主要问题体现在以下几个方面。

（一）海上争端引发的安全问题

相关国家在领土主权和海洋权益问题上的立场更趋强硬。这类问题造成了中国与周边国家关系的紧张，凸显了周边国家对中国崛起的担忧。

1. 岛礁主权争端

中日因钓鱼岛主权争端引发的摩擦不断。钓鱼岛撞船事件后，日本加强对钓鱼岛及东海海域的监控，东海问题摩擦系数推高。2011 年 3 月 2 日，中国海军两架飞机飞抵钓鱼岛附近海域巡逻，遭到日本战机拦截。7 月 4 日，两架中国军机飞近钓鱼岛领空约 60 千米处，日本出动战机拦截，中国军机在巡航后安全折返。[①] 日本自卫队飞机在东海针对中国的侦巡力度不断加大，日方军用舰机对中方正常海空行动长时间、近距离跟踪监视，有导致双方的误解、误判之虞。[②]

自 2010 年美国高调重返东南亚以来，南海形势持续动荡，打破了自 20 世纪 80 年代以来相对稳定的局势。2011 年，南海形势变化复杂深刻，南海局势紧张升温。菲律宾、越南等一些周边国家采取单方面行动，损害中国主权和海洋权益，发表与事实不符和不负责任的言论，试图使南海争议扩大化、复杂化，导致南海周边的消极因素、不确定因素增多。

---

① 中国飞机两度靠近钓鱼岛遭日本 F－15 拦截，http：//news. xinhuanet. com/photo/2011－07/15/c_121672322. htm，2011 年 8 月 15 日登录。

② 钓鱼岛是中国领土 中国军机巡航符合国际法，http：//news. mod. gov. cn/headlines/2011－07/07/content_4249757. htm，2011 年 7 月 10 日登录。

2. 油气资源争端

在东海海域，日本海上保安厅飞机每天定时飞临中国春晓油气田上空和附近海域，对中国合法正常的作业活动长期进行抵近监视，对中国作业平台及其人员安全构成威胁。

在南海海域，越南、菲律宾等国违背《南海各方行为宣言》，在南海争议区采取多种手段巩固既得利益、掠夺油气资源。越南和菲律宾引入西方国家和印度等国的油气公司到南海争议区开展油气资源勘探活动。2011 年 5 月 26 日，越南指责中国海监船干扰越南在南海的油气勘探活动，称中方此举侵犯了越方主权。[①] 中国表示，越南在中国管辖海域开展油气作业活动，损害了中国在南海的权益和管辖权，中国完全是在管辖海域进行正常的海洋执法监察活动。[②] 5 月以来，菲律宾单方面授权西方油气公司在礼乐滩进行油气勘探开发。菲政府还宣布对外招标南海争议海域 15 个能源开采合同。2011 年 6 月以来，菲律宾对中国针对其非法勘探活动开展的海上维权执法行动做出强烈反应，指责中国正当执法行动，制造“中国威胁论”。

3. 渔业纠纷

在南海海域，中国渔民正常作业不断遭遇菲律宾、越南非法干扰。据农业部南海区渔政局不完全统计，1989—2010 年，周边国家在南沙海域袭击、抢劫、抓扣、枪杀我渔船渔民事件达 380 多宗，涉及渔船 750 多艘、渔民 11 300 人。其中，25 名渔民被打死或失踪，24 名渔民被打伤，800 多名渔民被抓扣判刑。[③] 2011 年 6 月 9 日，中国渔船在南沙万安滩海域正常作业时，遭到越南武装舰船的非法驱赶。一艘中国渔船的渔网与在现场非法作业的越南油气勘探船的电缆缠绕在一起，越方船只拖曳中国渔船倒行，严重威胁中国渔民的生命财产安全。[④]

---

① 越南声称，3 艘中国海监巡逻艇 26 日干扰一艘越南测量船在南海的勘探作业。据悉事发水域距离中国海南岛以南约 600 千米，距离越南中南部水域 120 千米。参见，越南威胁中国 将用一切手段维护“南海主权”，http://phtv.ifeng.com/program/fhzbc/detail_2011_05/30/6705406_0.shtml，2011 年 6 月 1 日登录。

② 外交部发言人姜瑜就我在南海进行海洋执法监察事答记者问，http://www.fmprc.gov.cn/chn/gxh/tyb/fyrbt/dhdw/t826094.htm，2011 年 6 月 1 日登录。

③ 中国渔民，http://news.xinhuanet.com/herald/2011－11/21/c_131252872.htm，2011 年 11 月 30 日登录。

④ 外交部发言人洪磊就越南在南沙海域驱赶中国渔船答记者问，http://www.fmprc.gov.cn/chn/gxh/tyb/fyrbt/dhdw/t829297.htm，2011 年 6 月 15 日登录。

（二）周边海上军事活动频繁

1. 周边海域频频军演

一年来，周边军事演习的频率和规模都超过以往，中国海上军事安全压力增大。

在黄、东海方向，天安舰和延坪岛事件后，韩朝关系持续紧张。韩国军演频频，韩美密集进行联合军演。2011 年 2 月 28 日起，韩美“关键决断”联合军演开始。期间，韩美又开展“鹞鹰”联合军演，持续到 4 月 30 日。[①] 5 月 3 日，韩国海军陆战队在白翎岛和延坪岛等西北岛屿附近海域进行海上射击演练，目的在于在西北岛屿保持军事应对态势。[②] 韩国坡州西北部靠近三八线，战略位置重要。6 月 7—10 日，韩美在坡州举行联合军事演习。[③] 6 月 27 日起，韩国在坡州再次举行军演。[④] 8 月 16 日，韩美 2011 年度“乙支自由卫士”联合军演开始，旨在“预防、应对和克服韩国和周边地区的所有威胁”。朝鲜方面认为，这是对朝鲜的“全面宣战”，予以强烈谴责。[⑤] 11 月下旬，随着“延坪岛炮击事件”一周年的到来，朝韩之间展开了一场舆论战，幸未对黄海总体平稳局势造成较大影响。

在南海方向，美国加强与相关国家的军事合作。2011 年 4 月 5 日，美菲“肩并肩 2011”联合军演开始，举行了迄今为止双方最大规模的野战训练演习。[⑥] 6 月 13 日，越南在南海相关海域举行海上实弹演习。[⑦] 6 月 14 日，菲律宾、美国、新加坡、马来西亚、泰国、印度尼西亚以及文莱海军开始“东南亚合作与训练”联合军演，演习地点包括马六甲海峡、苏禄海和西里伯斯海，旨在保障对海上要道的控制，提高区域协同

---

① 韩美“关键决断”联合军演开始举行，http：//world. kbs. co. kr/chinese/news/news_ Po_ detail. htm? No = 30627，2011 年 3 月 10 日登录。

② 韩国海军陆战队今日将在西北岛屿进行射击演练，http：//news. xinhuanet. com/mil/2011 - 05/03/c_ 121372563. htm，2011 年 5 月 10 日登录。

③ 韩美战车部队首次进行混合编队交战演习，http：//news. xinhuanet. com/mil/2011 - 06/08/c_ 121508847. htm，2011 年 6 月 15 日登录。

④ 韩国靠近“三八线”军演 称与朝对话无前提条件，http：//www. chinanews. com/gj/2011/06 - 27/3140341. shtml，2011 年 7 月 1 日登录。

⑤ 朝鲜说美韩联合军演是对朝鲜“全面宣战”，http：//news. xinhuanet. com/world/2011 - 08/18/c_ 121874517. htm，2011 年 8 月 20 日登录。

⑥ 美国与菲律宾举行大规模野战训练演习，http：//news. xinhuanet. com/mil/2011 - 04/16/c_ 121311445. htm，2011 年 4 月 20 日登录。

⑦ 越南南海实弹演习 两个时段持续 10 小时，http：//news. xinhuanet. com/mil/2011 - 06/14/c_ 121535486. htm，2011 年 6 月 15 日登录。

和信息共享能力等。[①] 6 月 28 日，美菲开始 2011 年度“海上联合战备训练演习”。美国“钟云号”导弹驱逐舰、“霍华德号”导弹驱逐舰、“护卫者号”打捞舰参加演习。[②]对此，中国国防部表示，双边防务合作不应该针对第三方，更不应损害第三方利益。[③]7 月 15 日，美越开展南海联合军事训练。美国“钟云号”驱逐舰、“普雷贝尔号”驱逐舰和一艘护卫舰参加演练。

2. 周边国家强化军备

周边国家大规模的军事采购及不断强化的军事部署，也是造成中国周边海上安全形势紧张的重要因素。

韩国推进“加强包括延坪岛在内西北岛屿防御能力”的建设。2011 年 6 月 15 日，韩国正式成立专门负责“西海五岛”[④] 防御的西北岛屿防御司令部，以海军陆战队为主，兼具陆海空三军兵种。韩国称，若朝鲜再次发动挑衅，现场指挥官将根据“先举措，后报告”的原则行使自卫权，立即予以反击。[⑤]

日本强化西南岛屿周边的军事能力。2010 年 12 月的日本《国家防卫计划指南》，将日本近海岛屿确定为国防计划的新重点，将战略重点转向东海以及日本南部的琉球群岛。[⑥] 日本“中期防务规划”（2011—2015）明确要发展陆上、空中和海基力量，建议日本政府采用“区域拒阻”战略来防卫离岛。[⑦] 2011 年 8 月，日本发布 2011 年度防卫白皮书，列举包括中国在东海和太平洋的海洋勘测和军事训练等正常合法活动在内的一系列所谓“高压”事例，为新防卫政策增加西南方向力量部署进行辩解。日本计划在冲绳县与那国岛部署沿岸监视部队，防卫省还在研究向石垣岛和宫古岛新派自卫队，以增强防卫力量。中国国防部表示，由于历史的原因，日本

---

① 美菲等六国军演 中国海事巡视船巡航南海，http：//news. sina. com. cn/c/2011 – 06 – 16/042422651781. shtml，2011 年 6 月 20 日登录。

② 菲律宾和美国海上联合军演开幕均否认“挑衅”，http：//www. chinanews. com/gj/2011/06 – 28/3143316. shtml，2011 年 6 月 30 日登录。

③ 2011 年 6 月国防部例行记者会实录，http：//www. mod. gov. cn/affair/2011 – 06/29/content_ 4249911. htm，2011 年 7 月 1 日登录。

④ “西海五岛”包括白翎岛、延坪岛、大青岛、小青岛和隅岛，靠近韩国与朝鲜存在争议的“北方界线”。2011 年 11 月 23 日，延坪岛一带发生韩朝相互炮击事件。

⑤ 韩国成立西北岛屿防御司令部，http：//news. xinhuanet. com/world/2011 – 06/15/c_ 121541077. htm，2011 年 6 月 30 日登录。

⑥ 日媒：日本打造区域拒止能力封锁中国海军进出大洋，http：//news. xinhuanet. com/mil/2011 – 05/24/c_ 121452243. htm，2011 年 5 月 30 日登录。

⑦ 日加紧准备对华双重封锁 逐步落实配套军力部署，http：//news. xinhuanet. com/mil/2011 – 05/25/c_ 121453853. htm，2011 年 5 月 30 日登录。

的任何军事动向都会引起亚洲各国的关注和疑虑，日方应该解释在西南诸岛增强军事力量的真实意图。①

越南2011年国防预算比2010年增加了70%。越南计划斥资24亿美元购买6艘俄制“基洛”级潜艇和12架苏－30MKK战斗机，强化海上力量。2011年3月和8月，越南接收2艘购于俄罗斯的导弹护卫舰。②

菲律宾加强南沙群岛军事部署。2011年，菲律宾投入约71万美元修复其非法占领的南沙中业岛上的机场跑道，并购买炮舰和远程巡逻机。菲律宾还专门拨款约1.84亿美元，购买舰艇和远程巡逻机以及雷达设备，用于改进菲律宾在“卡拉延群岛”（即我南沙群岛的部分岛礁）的军事设施。③ 3月7日，菲律宾宣布，从美国购买一艘“汉密尔顿”级巡防舰④，命名为“德尔皮纳尔号”，部署在菲律宾西部海域⑤，以加强海军捍卫水域的能力。

马来西亚扩充军备，加强对有争议岛屿的控制。马来西亚海军计划将新购的两艘潜艇部署在南沙群岛南部的卢瑟邦伽湾海军基地，第一次将其重大海空军事装备完全部署于南沙群岛周边。

2011年7月26至29日，第五届东盟海军司令会议在越南河内举行，东盟国家的海军司令和代表参会。本次会议的主题是“东盟海军合作促进海上和平与安全”。⑥ 这是东盟各国海军司令首次正式讨论南海的安全形势。越南海军司令表示，南海的安全形势极其复杂，存在军事冲突可能，呼吁东盟各国海军加强协作，“东南亚国家必须以东盟为一个整体，通过集体力量解决南海问题。”

（三）域外势力介入周边海洋事务

1. 美国

美国逐步推行以亚太为中心的战略转移，维护其在亚太地区的战略利益。美国与

---

① 国防部例行记者会，http：//www. mod. gov. cn/affair/2011－08/31/content_ 4294158. htm，2011年9月1日登录。

② 越南接收第2艘俄制隐形护卫舰 继续采购潜艇巡逻机，http：//www. chinadaily. com. cn/hqjs/jsxx/2011－08－24/content_3585800. html，2011年8月30日登录。

③ 菲扩充军备控南沙岛屿 拉美军为自己“撑腰”，http：//news. xinhuanet. com/mil/2011 －04/14/c_121303336. htm，2011年4月30日登录。

④ 菲律宾购买军舰暗合美国战略意图，http：//news. xinhuanet. com/mil/2011 －03/22/c_121217069. htm，2011年3月30日登录。

⑤ 菲律宾欲再购汉密尔顿级军舰 第一艘部署南沙附近，http：//military. people. com. cn/GB/172467/16197308. html，2011年11月15日登录。

⑥ 东盟各方就南海表态差异明显 部分成员国向美靠拢，人民日报2011年7月29日。

中国周边国家建立或巩固军事同盟，组织联合军演，加强军事部署，加大侦察监视力度，增强在该地区的影响力，影响中国海上安全。

美国以航行自由和安全为借口，插手中国周边海洋事务。2011 年 6 月，美国国会参议院通过决议，称中国在南海地区示强，各方应采取多边、和平手段解决有关争议，并支持美武装力量为维护南海自由通行采取行动。6 月 28 日，中国外交部发言人洪磊在例行记者会上表示，南海地区的航行自由从未因争议受到影响，不存在任何问题。美国国会参议院有关决议无视事实，混淆是非，希望美国国会有关议员多做有利于地区和平稳定的事。①

美国以多种手段联合中国周边国家，制造紧张局势。2011 年 6 月 23 日，美国国务卿表示，会履行与菲律宾之间的共同防御条约及战略同盟义务，坚定支持菲律宾加强防卫，将通过不同方式为菲律宾提供军事物资和装备，帮助菲律宾军队采取必要的自我防卫措施。② 7 月 9 日，美国、日本和澳大利亚在濒临南海的文莱近海海域举行联合军演。这是三国首次在南海附近海域举行联合军演，以“共同牵制”中国为主要目标。③ 8 月，美国“华盛顿号”航母访问越南，这是越战结束 36 年来，美国航母第二次访问越南。④

2011 年 6 月 22 日，中国外交部副部长崔天凯表示，美国不是南海岛礁主权争端方，没有必要介入南海问题，希望美国仔细考虑如何做才能有助于问题的解决和本地区有关国家之间的关系，谨言慎行。⑤ 7 月 11 日，解放军总参谋长陈炳德与访华的美军参谋长联席会议主席马伦会谈时指出，在目前极为敏感的时期，美国在南海与菲律宾、越南搞联合军事演习“极为不妥当”。⑥

2. 印度

印度加快“东进战略”步伐，要在有战略航线通过的东南亚地区扮演重要的角色。

---

① 2011 年 6 月 28 日外交部发言人洪磊举行例行记者会，http://www.fmprc.gov.cn/chn/gxh/tyb/fyrbt/jzhsl/t834597.htm，2011 年 7 月 1 日登录。

② 菲律宾外长访美希拉里声称要向菲提供军备，http://www.chinanews.com/gj/2011/06－24/3136095.shtml，2011 年 6 月 30 日登录。

③ 美日澳 9 日将在文莱附近搞军演旨在“共同牵制”中国，http://news.xinhuanet.com/mil/2011－07/08/c_121640634.htm，2011 年 7 月 15 日登录。

④ 南海五国欲结盟反华 美国介入或加剧争端，http://gb.cri.cn/27824/2011/08/22/110s3345840.htm，2011 年 8 月 30 日登录。

⑤ 崔天凯副部长就首次中美亚太事务磋商向部分外国驻华媒体吹风并接受 CNN 记者专访，http://www.fmprc.gov.cn/chn/gxh/tyb/wjbxw/t832915.htm，2011 年 6 月 30 日登录。

⑥ 美越南海 15 日开始军演 三艘美舰全程参加，http://mil.cnr.cn/gjjs/201107/t20110716_508239315.html，2011 年 7 月 20 日登录。

2011 年 9 月，印度外长与越南外长会晤，商谈印度与越南合作开发位于南海的两块油气田[①]。中国外交部表示，未经中国政府允许，任何国家或者公司在中国管辖的海域从事油气勘探活动，都侵犯了中国的主权和权益，是非法和无效的。[②] 10 月 12 日，越南与印度签署了能源合作、安全、经贸等领域的一系列协议，包括两国国有石油公司联合开发南海争议海域油气田协议。根据该协议，双方将加大投资和开发这一地区的石油和天然气，并最终向两国供应。印度还表示，印度与越南的战略伙伴关系是亚太地区"和平、稳定和发展的一个因素"，双方同意继续加强海洋运输通道的安全。[③] 10 月 14 日，中国外交部回应称，希望有关各方多做有利于南海地区和平、稳定的事情。[④]

（四）非传统安全威胁上升

1. 海上通道安全问题

随着中国石油进口量的猛增，确保能源安全成为中国面临的重要问题。目前中国 90% 以上的进口石油需要通过海上油轮运输，中国的能源安全与海上通道安全密切相关。近年来，海上武装抢劫等活动越来越严重地威胁到海上运输和国际贸易的安全。2011 年 6 月，国际海事局发布警告，靠近马来西亚、印度尼西亚和新加坡的南海水域发生的侵袭活动可能增加，要求穿越该水域的船只注意。[⑤]

2. 海洋生态环境安全问题

中国海洋生态环境面临严峻形势。近岸海洋环境污染对生态系统安全、食品安全、经济社会发展产生威胁。中国的石油进口不断增长，海上石油开采活动也日益增多，增加了对海洋生态的威胁。海上溢油事故及其处理措施造成次生生态灾难，对海洋生

---

① 2006 年 5 月 24 日，越南油气总公司（现为越南国家油气集团）和印度石油天然气公司于在河内签署了关于第"127 号"、"128 号"油气区块的合同。编号为 127 号和 128 号的油气田位于越南平顺省潘切市以东海域，大体位于中国南沙群岛海域西侧。印度石油天然气公司获得了越南方面在当地进行勘探的所谓"许可"。这两块油气区块位于已进入了中国管辖的海域内。参见，印度越南海开发油气项目侵犯中国主权，http://world.people.com.cn/GB/15721854.html，2011 年 9 月 30 日登录。

② 2011 年 9 月 19 日外交部发言人洪磊举行例行记者会，http://www.fmprc.gov.cn/chn/gxh/tyb/fyrbt/jzhsl/t860248.htm，2011 年 9 月 21 日登录。

③ 印度和越南签署能源合作等系列协议，http://in.mofcom.gov.cn/aarticle/jmxw/201110/20111007780474.html，2011 年 10 月 15 日登录。

④ 2011 年 10 月 14 日外交部发言人刘为民举行例行记者会，http://www.fmprc.gov.cn/chn/gxh/tyb/fyrbt/jzhsl/t867645.htm，2011 年 10 月 15 日登录。

⑤ 国际海事局发布南海海盗警告 提醒船只注意，http://www.cannews.com.cn/2011/0605/123441.html，2011 年 6 月 10 日。

态环境造成较大影响。中国对海上突发溢油等污染事故的应急处理能力比较薄弱，如何确保海洋生态安全，已经引起国家重视。渤海是半封闭海，由于周围重化工业高度集聚，加上围海填海过度，近岸海域水质退化，生态安全形势严峻。2011 年 6 月 4 日以来，位于渤海中南部的"蓬莱 19－3"油田连续发生溢油事故。11 月 11 日，事故处置联合调查组公布事故原因调查结论：康菲石油中国有限公司在蓬莱 19－3 油田生产作业过程中违反总体开发方案，制度和管理存在缺失，在明显出现事故征兆后没有采取必要的防范措施，导致重大海洋溢油污染责任事故。该事故造成海洋污染面积达 6 200 平方千米，给渤海海洋生态和渔业生产造成严重影响。[①] 2012 年 4 月 27 日，国家海洋局网站发布消息，"蓬莱 19－3"油田溢油事故海洋生态损害索赔取得重大进展。康菲公司和中国海洋石油总公司总计支付 16.83 亿元人民币，其中，康菲公司出资 10.9 亿元人民币，赔偿本次溢油事故对海洋生态造成的损失；中国海洋石油总公司和康菲公司分别出资 4.8 亿元人民币和 1.13 亿元人民币，承担保护渤海环境的社会责任。[②]

2011 年 3 月 11 日，日本福岛发生核泄漏事故。4 月 4 日，在未及时向周边各国进行通报的情况下，日本东京电力公司将福岛第一核电站的 1.15 万吨低浓度核废液排放到太平洋。中国外交部表示，希望日方按照有关国际法行事，采取切实措施保护海洋环境。[③] 国家海洋局密切关注事故对海洋环境的影响，对中国管辖海域放射性物质实施持续监测。根据国家海洋局公布的监测结果，核泄漏已显著影响日本以东及东南方向西太平洋海域。[④] 此次事故使得"核安全"受到高度关注。

三、维护海洋安全的政策和举措

（一）中国的海洋安全政策

2011 年，中国发表了一系列白皮书以阐述中国现行的内政外交，其中一些涉及到中国海洋安全。2011 年 3 月 31 日，国务院新闻办公室发布《2010 年中国的国

---

① 康菲中国步步走错 终酿大祸，http://news.oceanol.com/?optionid=454&auto_id=15784，2011 年 11 月 30 日登录。

② 蓬莱 19－3 油田溢油事故海洋生态损害索赔取得重大进展，http://www.soa.gov.cn/soa/news/importantnews/webinfo/2012/04/1335141959931101.htm，2012 年 4 月 30 日登录。

③ 外交部发言人洪磊就日本排放核废液事答记者问，http://www.fmprc.gov.cn/chn/gxh/tyb/fyrbt/dhdw/t813508.htm，2011 年 4 月 15 日登录。

④ 国家海洋局：福岛核泄漏目前尚未对我国海域产生影响，http://news.xinhuanet.com/politics/2011-08/15/c_121862767.htm，2011 年 8 月 30 日登录。

防》，这是 1998 年以来中国政府第七次发表国防白皮书。[1] 2011 年 8 月 11 日，《中国外交》（2011 年版）举行首发仪式。[2] 2011 年 9 月 6 日，国务院新闻办公室发表《中国的和平发展》[3]。上述白皮书中涉及到海洋安全的主要立场表述如下。

1. 海洋安全形势

国际安全形势的复杂性更加突出。[4] 非传统安全问题与传统安全威胁相互交织，增加了安全威胁的多样性和复杂性，不稳定、不确定因素增多。领土和海洋权益争端时有升温。中国面临的安全挑战更加多元和复杂，维护国家领土主权、海洋权益压力增大。

2. 中国的核心利益

中国的核心利益明确为 6 项内容，即国家主权、国家安全、领土完整、国家统一、中国宪法确立的国家政治制度和社会大局稳定，经济社会可持续发展的基本保障。

3. 中国的国防政策

中国坚持防御性的国防政策。推进国防现代化是中国合理的国家安全需求，是中国实现和平发展的必要保障。中国军队现代化的根本目的是捍卫国家主权、安全、领土完整，保障国家发展利益。中国不会对任何国家构成军事威胁，致力于和平解决国际争端和热点问题。中国重视加强国际军事交流，推动国际和地区安全合作，反对一切形式的恐怖主义。新时期中国国防的目标和任务之一就是维护国家主权、安全、发展利益，防备和抵抗侵略，保卫领海安全，维护国家海洋权益。加强海防建设，加强国家战略能力建设。

4. 中国海洋权益问题

中国主张根据公认的国际法和现代海洋法，包括《公约》所确定的基本原则和法律制度，通过双边谈判和平解决与有关海洋争端。在争议最终解决前，当事国可以“搁置争议、共同开发”或开展其他形式的合作，共同维护地区和平与稳定。中国反对将海洋争端扩大化、复杂化和国际化的行动。

---

① 中国政府发表《2010 年中国的国防》白皮书，http：//news. xinhuanet. com/mil/2011 - 03/31/c_121252253. htm，2011 年 4 月 6 日登录。

② 2011 年版《中国外交》白皮书发布，http：//www. chinanews. com/tp/2011/08 - 11/3251647. shtml，2011 年 8 月 17 日登录。

③ 国务院新闻办公室：《中国的和平发展》白皮书，http：//www. scio. gov. cn/zfbps/gqbps/2011/201109/t1000030. htm，2011 年 10 月 12 日登录。

④ 中国外交部政策规划司：《中国外交》白皮书（2011 年版），第 2 页。

钓鱼岛及其附属岛屿自古以来就是中国的固有领土，中国对此拥有无可争辩的主权。日方对中国渔民渔船的扣押、调查以及任何形式的司法举措都是非法和无效的。

5. 有关安全的对外方针政策

中国坚持与和平发展相适应的对外安全方针政策。推动建设和谐世界，安全上相互信任、加强合作，坚持用和平方式而不是战争手段解决国际争端，共同维护世界和平稳定。通过协商对话增进信任、减少分歧、化解纠纷，避免使用武力或以武力相威胁。倡导互信、互利、平等、协作的新安全观，寻求实现综合安全、共同安全、合作安全。奉行睦邻友好的地区合作观。中国同周边各国积极开展睦邻友好合作，共同推动建设和谐亚洲。主张地区各国相互尊重、增进互信、求同存异，通过谈判对话和友好协商解决包括领土和海洋权益争端在内的各种矛盾和问题，共同维护地区和平稳定。中国不谋求地区霸权和势力范围，不排挤任何国家，中国的繁荣发展和长治久安对周边邻国是机遇而不是威胁。

6. 海上力量建设

海军按照近海防御的战略要求，注重提高综合作战力量现代化水平，增强战略威慑与反击能力，发展远海合作与应对非传统安全威胁能力。加强综合保障基地建设，加快海上后勤保障平台建设，进一步提高海上保障能力。探索海上长时间执行任务的后勤保障方法。

（二）维护海洋安全的举措

1. 海上安全对话与合作

中国积极参与国际海上安全对话与合作，努力寻求基于和平的多种途径和手段，维护海上安全。

（1）双边对话与合作

2011 年 5 月 9 日至 10 日，中美在第三轮战略与经济对话[①]中开展了战略安全对

① 2009 年 4 月 1 日，中国国家主席胡锦涛与美国总统奥巴马在伦敦参加二十国集团金融峰会期间举行首次会晤，双方一致同意共同努力建设“21 世纪积极合作全面的中美关系”。为双方扩大共识、减少分歧、加深互信、促进合作，推动两国关系朝着积极合作全面的方向不断发展，双方一致同意建立中美战略与经济对话机制。2009 年 7 月 27 日至 28 日，首轮中美战略与经济对话在华盛顿举行。2010 年 5 月 24 日至 25 日，第二轮中美战略与经济对话在北京举行。中美战略与经济对话已经成为双方扩大了解，增进互信，拓展合作的重要平台。

话[①]，并建立了中美亚太事务磋商机制。本次战略安全对话主要包括四方面的议题：核安全、空间安全、网络安全与常规安全。亚太事务磋商机制的建立有助于推动双方在亚太地区形成良性互动格局。6月25日，首次磋商在美国举行[②]，双方认为维护当前亚太地区的良好局面符合各方利益。10月11日，第二次磋商在北京举行[③]，中方重申了在南海问题上的立场。双方认为，中美作为在亚太具有重要影响的国家，两国在维护亚太稳定、促进经济发展、应对安全挑战、促进区域合作等方面有共同利益和责任，有必要进一步加强协调、沟通和合作。此外，中美还有海上军事安全磋商机制，专门就海上军事安全问题进行磋商。迄今共举行8次年度会晤、13次工作小组会议和2次专门会议，对促进海上活动安全、避免发生海上意外事件及建立其他相互信任措施发挥了积极作用。

2011年6月底，越南特使、副外长胡春山访华[④]，就两国关系和近期南海形势与中方沟通。10月11日，中国与越南签订《关于指导解决中华人民共和国和越南社会主义共和国海上问题基本原则协议》。[⑤] 中越双方就南海问题达成若干共识，一致同意通过友好协商解决争议，不采取使局势复杂化和扩大化的行动，反对外部力量介入中越争议，共同维护南海和平稳定。2011年6月19日至20日，根据《中越海军北部湾联合巡逻协议》，中越两国海军舰艇编队在北部湾海域举行第11次联合巡逻。

2011年7月26日，中日举行第九次防务安全磋商，双方同意推动早日建立两国防务部门海上联络机制，共同维护东海稳定。[⑥]

2011年9月1日，中国与菲律宾达成《中华人民共和国与菲律宾共和国联合声明》[⑦]，表示不应让海上争议影响到两国友好合作大局，重申将通过和平对话处理争议。

---

① 中美军方将在华盛顿讨论海上防务问题，http://news.xinhuanet.com/world/2011-05/10/c_121397924.htm，2011年5月12日登录。

② 首次中美亚太事务磋商在美国夏威夷檀香山举行，http://www.gov.cn/jrzg/2011-06/26/content_1893143.htm，2011年6月30日登录。

③ 中美政府官员共同主持第二次中美亚太事务磋商，http://www.gov.cn/jrzg/2011-10/11/content_1966571.htm，2011年10月12日登录。

④ 戴秉国国务委员会见越南领导人特使胡春山，http://news.xinhuanet.com/politics/2011-06/26/c_121586063.htm，2011年6月30日登录。

⑤ 关于指导解决中国和越南海上问题基本原则协议，http://www.fmprc.gov.cn/chn/gxh/tyb/gcxw/t866484.htm，2011年10月12日登录。

⑥ 第九次中日防务安全磋商在东京举行，http://news.xinhuanet.com/mil/2011-07/26/c_121724625.htm，2011年7月30日登录。

⑦ 中华人民共和国与菲律宾共和国联合声明（全文），http://news.xinhuanet.com/world/2011-09/01/c_121947424_3.htm，2011年9月4日登录。

（2）多边对话

2011 年 6 月 5 日，第十届亚洲安全会议在新加坡举行。[①] 中国首次派国防部长参加次会议，梁光烈在会上作题为“促进安全合作 共创美好未来”的发言[②]。2011 年 7 月 20 日，落实《南海各方行为宣言》高官会在印度尼西亚举行。中国同东盟国家就落实《宣言》指针案文达成一致，并由 7 月 21 日举行的中国－东盟外长会通过，这为推动落实《宣言》进程、推进南海务实合作铺平了道路。[③] 2011 年 11 月 19 日，第六届东亚峰会召开。针对有国家提到南海问题，温家宝总理回应并重申中国立场。他特别强调，东亚和东南亚经济的发展，从一个侧面印证了南海的航行自由和安全没有因为南海争议受到任何影响。[④]

2. 维护海上安全的能力建设

中国有着漫长的海岸线和广阔的管辖海域，保卫国家海上安全，维护领海主权和海洋权益，都需要有强大的海上能力。

（1）航母建设

2011 年 7 月 27 日，中国国防部宣布，中国正在认真研究航空母舰的发展问题。[⑤] 2011 年 8 月 10 日，中国第一艘航母平台首航试验。航母改造是中国海军装备建设新的发展成果，标志着中国没有航母的历史结束，牵引和带动了海军现代化建设。航母既可以用来防御，主要还是用来维护世界和平、实施灾难救援等。中国研究航空母舰的发展问题，是为了增强维护国家安全与世界和平的能力。中国坚定奉行防御性的国防政策，这一立场不会改变（见图 4－1）。

---

① 即香格里拉对话，缘起于英国国际战略研究所发起、在新加坡政府支持下于 2002 年开始举办的亚洲安全会议，因首次正式会议在新加坡香格里拉饭店举行而得名。香格里拉对话是“9.11”后亚太地区新出现的多边安全合作对话机制。其产生的重要原因是，“9.11”事件后亚太地区安全形势和安全议程的新变化，第二轨道外交的新发展和防务外交的兴起和转型。近年来，香格里拉对话以其包容性、灵活性、开放性、创新性和实效性等多方面特征，成为除东盟地区论坛和亚太地区安全合作理事会之外，亚太地区又一重要的多变安全合作对话机制，也是亚太地区目前唯一能聚集各国防务部门高层讨论防务问题和区域安全合作问题的机制。

② 促进安全合作 共创美好未来——梁光烈部长 2011 年 6 月 5 日在新加坡出席第十届香格里拉对话会上的发言，http：//news. mod. gov. cn/diplomacy/2011－07/29/content_ 4287155. htm，2011 年 8 月 18 日登录。

③ 中国与东盟国家就落实《南海各方行为宣言》指导方针达成一致，http：//www. fmprc. gov. cn/chn/gxh/tyb/wjbxw/t844329. htm，2011 年 8 月 18 日登录。

④ 温家宝出席东亚领导人系列会议：为了东亚和平与繁荣，http：//news. xinhuanet. com/2011－11/20/c_ 111181683. htm，2011 年 11 月 30 日登录。

⑤ 2011 年 7 月国防部例行记者会实录，http：//news. xinhuanet. com/mil/2011－07/27/c_ 121730015. htm，2011 年 7 月 28 日登录。

图 4－1　改造中的航母平台

图片来源：http：//news. xinhuanet. com/mil/2011－07/27/c_ 121730336. htm，2011 年 7 月 28 日登录。

（2）海上联合演练实现常态化

在坚持不结盟、不对抗、不针对第三方的方针和战略互惠、平等参与、对等实施的原则下，中国与其他国家海上联合演练实现常态化。2003 年，中国与巴基斯坦举行首次中外海上搜救演练。结合中外海军舰艇互访等活动，迄今已与印度、法国、英国、澳大利亚、泰国、美国、俄罗斯、日本、新西兰、越南等国海军举行搜救、通信、编队、潜水、护航等课目的双边多边海上演练。2007 年、2009 年，中国海军舰艇先后参加由巴基斯坦海军主办的海上多边联合军事演习。2007 年，中国海军舰艇赴新加坡参加西太平洋海军论坛海上联合军事演习。2010 年，与泰国举行首次中外海军陆战队联合训练。[①]

2011 年 3 月 8 日，为期 5 天的代号“和平－11”的多国海上联合军演[②]在巴基斯坦卡拉奇附近海域举行[③]，着眼于提升多国海军协同应对海上非传统安全问题的能力，以维护海洋安全与促进海军合作为目的。此次演习由巴基斯坦海军倡导并主办，中国、美国、

① 数据来源：《2010 年中国的国防》白皮书，http：//www. scio. gov. cn/zfbps/gfbps/2011/201103/t883537. htm，2011 年 4 月 6 日登录。

② “和平－11”海上联合军演是“和平”系列军演的第三次演习。前两次分别于 2007 年 3 月和 2009 年 3 月在卡拉奇附近海域举行。

③ “和平－11”多国海上联合军演开始举行，http：//gb. cri. cn/27824/2011/03/08/2625s3177410. htm，2011 年 3 月 20 日登录。

英国、法国、巴基斯坦等12个国家的海军派舰艇、飞机或特种部队参加。中国海军派出“温州号”和“马鞍山号”2艘导弹护卫舰、2架舰载直升机和70名特战队员参演。

（3）亚丁湾和索马里海域护航

根据联合国安理会有关决议，中国政府于2008年12月26日派遣海军舰艇编队赴亚丁湾、索马里海域实施护航。主要任务是保护中国航经亚丁湾、索马里海域的船舶、人员安全，保护世界粮食计划署等国际组织运送人道主义物资船舶的安全，尽可能为航经该海域的外国船舶提供安全掩护。截至2010年12月，海军已派出7批18艘次舰艇、16架直升机、490名特战队员执行护航任务。中国海军护航行动主要采取伴随护航、区域巡逻和随船护卫等方式，先后为3139艘中外船舶提供安全保护，其中解救被海盗袭击船舶29艘、接护船舶9艘。[①] 2011年11月2日，由“海口”舰、“运城”舰组成的中国海军第十批护航编队从广东湛江起航，赴亚丁湾、索马里海域接替第九批护航编队执行护航任务。[②]

中国对加强护航国际合作持积极、开放的态度。中国海军护航编队与有关国家和组织建立互通共享情报信息的常态化机制，与欧盟、多国海上力量、北约、俄罗斯、韩国、荷兰、日本等护航舰艇进行指挥官登舰互访24次，与俄罗斯开展联合护航行动，与韩国护航舰艇进行海上联合演练，与荷兰开展互派军官驻舰考察活动。中国积极参与联合国索马里海盗问题联络小组会议以及“信息共享与防止冲突”护航合作国际会议等国际机制。[③]

四、小　结

在错综复杂的国际关系和愈演愈烈的海洋权益斗争影响之下，中国周边海上安全形势正发生深刻的变化。美国加快战略调整与布局，高调重返东南亚，对我海洋安全环境产生深刻影响。中国与周边国家总体关系稳定，但岛礁主权、海域划界以及资源开发问题长期影响着中国的海洋安全形势。随着中国海洋利益的不断拓展，地区热点问题对中国海洋安全的影响越来越突出。

面对复杂多变的海洋安全形势，中国始终高举和平、发展、合作旗帜，积极参与国际和地区事务，加强同各国的友好合作，有效地维护了国家的海洋安全和地区安全形势。

---

① 中国国务院新闻办公室：《2010年中国的国防》白皮书，第37页。

② 中国海军第十批护航编队起航赴亚丁湾，http://news.xinhuanet.com/photo/2011-11/02/c_122229533.htm，2011年11月10日登录。

③ 中国国务院新闻办公室：《2010年中国的国防》白皮书，第38页。

第三部分

海洋经济与海洋科技

第五章　中国海洋经济的发展

在中国宏观经济逐步走出金融危机的不利影响以及各项经济指标继续改善的大环境下，中国海洋经济实现了跨越式发展。2010 年初步核算结果，国内生产总值实现 10.2% 的增长，同期，海洋生产总值达到了 38 439 亿元，比上年增长 12.8%。海洋经济增长仍然快于国民经济的增速。

一、海洋经济运行情况

2010 年，全国海洋经济总体运行平稳，海洋生产总值稳步提高；区域海洋经济建设较为活跃；涉海就业人口在沿海地区就业人口中的比例继续提升。

（一）全国海洋经济总体运行情况

据《2010 年全国海洋经济统计公报》，2010 年，全国海洋生产总值达到 38 439 亿元，同比增长 12.8%，增速较上年提高 4.2 个百分点，较国民经济 10.2% 的增长速度亦高出 2.6 个百分点。海洋经济在国民经济中的地位日益重要，海洋生产总值占国内生产总值的比重升至 9.7%。（图 5－1）。

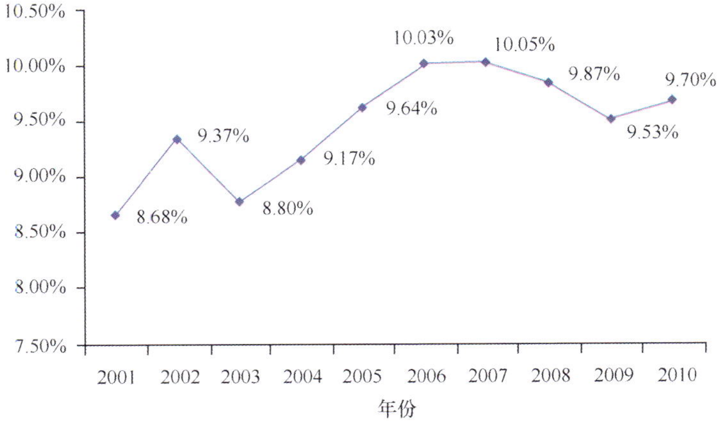

图 5－1　2001 年至 2010 年中国海洋生产总值占 GDP 比重变化趋势
数据来源：《中国海洋统计年鉴》（2010）；《中国海洋经济统计公报》（2010）

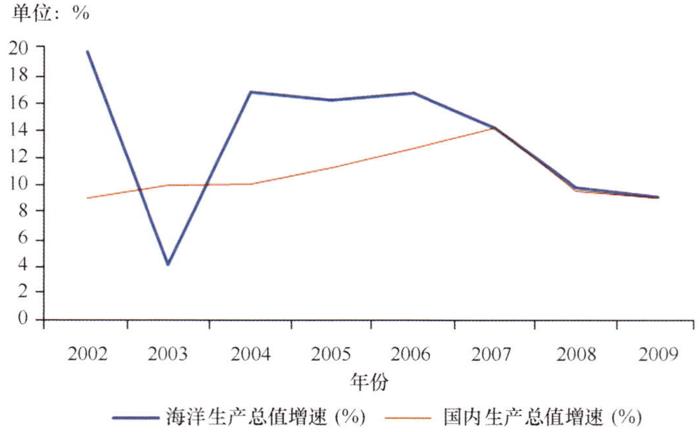

图 5－2　2002 年至 2010 年中国海洋生产总值及 GDP 增速变化趋势

数据来源：《中国海洋统计年鉴》（2010）

2010 年，海洋第一、第二、第三产业分别实现增加值 2 067 亿元、18 114 亿元、18 258亿元，海洋经济三次产业结构为 5∶47∶48。与上年相比，其中，海洋第一产业比重有所降低，海洋第三产业比重小幅提高，三次产业结构未发生显著变化，基本呈现“三、二、一”的格局。

产业结构仅仅是评价经济发展水平的手段之一，也存在一定的局限性。当前中国海洋第一产业比重不高，但无论从吸纳就业量还是具体的产业规模来看，依旧是中国海洋经济的支柱产业；海洋二、三产业比重较高，但行业整体技术水平偏低，企业规模偏小。

从大类上来分，海洋经济统计体系包括海洋产业和海洋相关产业两大类。海洋产业主要包括：海洋渔业、海洋油气业、海洋矿业、海洋盐业、海洋船舶工业、海洋化工业、海洋生物医药业、海洋工程建筑业、海洋电力业、海水利用业、海洋交通运输业、滨海旅游业；海洋相关产业主要包括海洋农林业、海洋设备制造业、涉海产品及材料制造业、涉海建筑与安装业、海洋批发与零售业、涉海服务业等。2010 年，中国海洋产业实现增加值 22 370 亿元，海洋相关产业实现增加值 16 069 亿元。

（二）区域海洋经济运行情况

中国共有 5 个海洋经济区，分别为环渤海经济区、长江三角洲经济区、珠江三角洲经济区、海峡西岸经济区、环北部湾经济区。其中，环渤海经济区和长江三角洲经济区的海洋经济总量较大，在全国海洋生产总值中的比重均超过 30%。其中原因，一是这两大经济区所占的沿海国土面积、涉海就业人口规模较大；二是本身海洋经济发展程度较高，海洋第二产业、第三产业发达。

1. 环渤海经济区

环渤海经济区是指环绕渤海（包括部分黄海）的辽宁、河北、天津和山东三省一市的海洋经济区，包括沿海陆域地区和海域。该区是中国海洋经济发展的重要集聚区。依靠便利的交通优势，良好的海洋资源禀赋条件，环渤海经济区海洋经济获得了快速发展。2010 年，环渤海经济区海洋生产总值 13 271 亿元，同比增长 10.5%，占全国海洋生产总值的比重为 34.5%。环渤海经济区的海洋三次产业结构为 7:42:51。海洋第一产业和海洋第三产业比重高于全国平均水平。

环渤海地区的优势海洋产业包括：海洋渔业（特别是海水养殖）、海洋油气业、海洋盐业、海洋化工业和海洋交通运输业。海洋渔业方面，环渤海经济区海水养殖面积近 100 万公顷，占全国海水养殖面积的 62.6%，海水养殖产量约 702.4 万吨，占全国的 45.7%。海洋油气方面，渤海作为“海上大庆”是石油和天然气的主要产区，2009 年环渤海地区共出产原油 2 329 万吨，占全国海洋原油产量的 63%。该区的海洋盐业和海洋化工产业也在全国具有举足轻重的地位。环渤海地区港址资源极为丰富，目前已经建成中国乃至世界最为密集的港口群。特别是青岛港、大连港、天津港货物吞吐量和集装箱吞吐量跻身全球二十大港口。近些年，国家非常关注渤海地区海洋经济的发展，“辽宁沿海经济带发展规划”、“黄河三角洲高效生态经济区发展规划”、“山东半岛蓝色经济区规划”陆续获得国务院批复，环渤海经济区海洋经济的发展迎来新的历史机遇。

表 5－1　环渤海地区海上交通运输情况一览

省份	货物吞吐量（万吨）	集装箱吞吐量（万标准箱）	万吨级泊位（个）
辽宁	55259	812	124
河北	50874	57	93
天津	38111	870	80
山东	73072	1312	145
地区合计	217316	3051	442

数据来源：《中国统计年鉴》（2010）

2. 长江三角洲经济区

长江三角洲经济区主要包括江苏省、上海市和浙江省两省一市的海域与陆域。该地区是中国陆域经济最为发达的地区。依靠陆域经济的有力支撑，长三角地区海洋经济取得长足进展。2010 年该地区海洋生产总值 12 059 亿元，占全国海洋生产总值的比重达到 31.4%。

长江三角洲地区的优势产业包括：海洋渔业（特别是海洋捕捞）、海洋矿业、海洋造船、滨海旅游和海洋交通运输业。“长三角”地区滩涂广阔、岸线曲折、海岛众多，为海洋捕捞和海洋矿业发展提供了天然条件。该地区远洋捕捞量位居全国第一，占全国产量的 38.4%；海洋矿业产量更是占到全国的 85%。海洋资源型产业稳步发展的同时，以海洋造船为代表的海洋第二产业，以滨海旅游和海洋交通运输业为代表的海洋服务业不断取得突破。2009 年长三角造船完工量达到 2 900 万综合吨，集装箱吞吐量 3 923 万标箱，接待国内外游客量 34 432 万人次，继续保持全国造船基地、航运中心和主要旅游目的地地位。

3. 珠江三角洲经济区

珠江三角洲经济区主要包括广东省所辖的广州、深圳和珠海等城市的海域与陆域，以广东省域为主体。2010 年区内海洋生产总值 8291 亿元，同比增长 25.4%，占全国海洋生产总值的比重较上年提高 0.9 个百分点，达 21.6%。

“珠三角”地区海洋产业门类齐全，无论是在资源型行业还是制造型海洋、服务性行业都具有较强的竞争力。广东省作为全国海洋经济第一大省，不断拓展海洋经济的深度和广度，形成了以海洋交通运输业、海洋渔业、滨海旅游业和海洋油气业为主体，海洋船舶制造业、海洋电力业、海洋生物制药业协同拉动的区域海洋经济发展新格局。2010 年 7 月，国家正式启动海洋经济发展试点工作，广东是三个试点省之一，这为今后“珠三角”地区海洋经济的发展确定了较高的目标。

4. 海峡西岸经济区

海峡西岸经济区以福建省域为主体，简称“海西区”。从 2006 年出台《关于进一步加快建设海洋经济强省的若干建议》以来，在加快建设“海峡西岸经济区”国家战略推动下，福建沿海地区的海洋经济实力明显提高。2009 年海西区海洋生产总值达到 3 203 亿元，海洋生产总值占本地区生产总值的 26.2%。

“海西区”海洋经济在总量和质量两方面得到明显提升。通过科技创新，海洋产业结构得到了不断优化，海洋资源的开发利用得到了深度和广度上的拓展，海洋新兴产业不断涌现。

5. 北部湾经济区

北部湾经济区以广西为主体，是中国海洋经济对外合作的门户，是中国发展南海海洋经济的基地。2009 年，北部湾经济区海洋生产总值 443.8 亿元[①]，海洋生产总值占地区生产总值的 5.7%，较上年略有上升。北部湾经济区的海洋三次产业结构为 15:43:42。海洋第一产业比重高于全国平均水平，海洋第二、第三产业低于全国平均水平。

北部湾海洋经济发展水平相对落后但发展潜力巨大。北部湾海域面积为 12.83 万平方千米，大陆海岸线长为 1 595 千米，滩涂面积为 1 005 平方千米，500 平方米以上的岛屿为 651 个，这些丰富而独特的港口资源、海洋生物资源、滨海旅游资源、海洋油气资源、海洋矿产资源、海岛资源、风能、潮汐能资源为该经济区海洋经济的发展提供了充足的条件。随着南宁、北海、钦州、防城港城市圈基础设施的不断完善，临海产业的快速发展以及沿海经济布局的日益合理，在充分发挥广西后发优势的基础上，北部湾经济区作为中国沿海经济发展新的增长极的作用将逐步凸显。

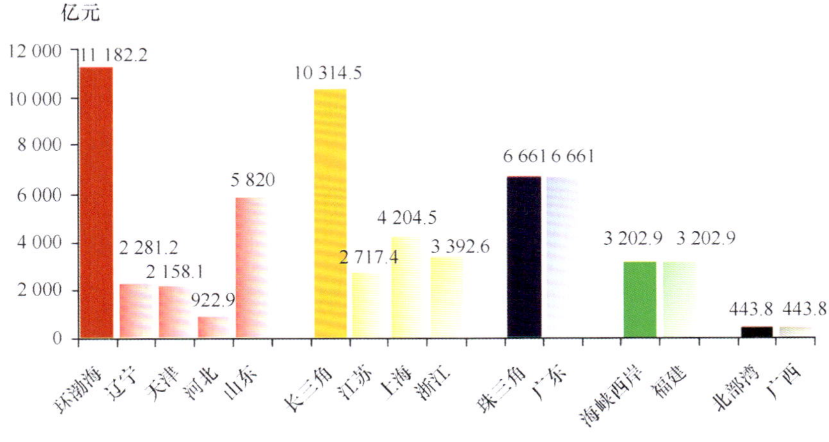

图 5-3　2009 年区域海洋生产总值比较

数据来源：《中国海洋统计年鉴》(2010)

过去几年，沿海地区又迎来了新一轮的快速发展阶段，国家先后批复了若干沿海地区发展规划。这些区域发展规划均对本地区海洋经济的发展和海洋产业结构调整和布局均提出了明确的要求。

---

① 限于数据的可得性，用广西壮族自治区海洋经济数据代替北部湾海洋数据。

表 5-2　国务院批复的沿海地区经济和区域发展规划情况一览

国务院批复时间	文件名称	重点地区	所属地区
2008 年 9 月 8 日	《国务院关于进一步推进长江三角洲地区改革开放和经济社会发展的指导意见》	上海	长三角经济区
2009 年 4 月 14 日	《国务院关于推进上海加快发展现代服务业和先进制造业建设国际金融中心和国际航运中心的意见》	上海	长三角经济区
2009 年 5 月 4 日	《关于支持福建省加快建设海峡西岸经济区的若干意见》	福州、厦门、泉州、温州、汕头	海峡西岸经济区
2009 年 6 月 10 日	《江苏沿海地区发展规划》	连云港、盐城、南通	长三角经济区
2009 年 7 月 1 日	《辽宁沿海经济带发展规划》	大连长兴岛和花园口岸、营口、锦州湾、盘锦、葫芦岛、丹东	环渤海经济区
2009 年 12 月 7 日	《国务院关于进一步促进广西经济社会发展的若干意见》	防城港、北海、钦州	北部湾经济区
2009 年 12 月 8 日	《黄河三角洲高效生态经济区发展规划》	东营、滨州、潍坊、莱州	环渤海经济区
2009 年 12 月 31 日	《国务院关于推进海南国际旅游岛建设发展的若干意见》	海口、三亚	海南岛
2011 年 1 月 4 日	山东半岛蓝色经济区规划	青岛、东营、烟台、潍坊、威海、日照	环渤海经济区
2011 年 11 月 27 日	河北沿海地区发展规划	秦皇岛、唐山、沧州	环渤海经济区

（三）涉海就业概况

随着沿海地区海洋经济的蓬勃发展和海洋新兴产业的不断扩张，涉海就业占沿海地区就业比重不断提高。涉海就业人口从 2001 年的 2107.6 万人增加到 2010 年的 3 350 万，2010 年新增就业 80 万人。涉海就业人口占地区就业总人口的比重，从 2001 年的 8.1% 提高到 2009 年的 10.1%。从各地情况看，福建、上海、海南、天津涉海就业比例相对较高，达 20% 以上；江苏、河北、广西相对较低，涉海就业比例不足 5%。

不同产业类型对就业的带动存在差异。2009 年的统计数字显示，全国主要海洋产业吸纳就业 1 115 万人，对就业贡献较大的是海洋渔业、滨海旅游业和海洋交通运输业，分别吸纳就业 540 万人、121 万人、78.8 万。过去一年，就业增长最多的行业为海

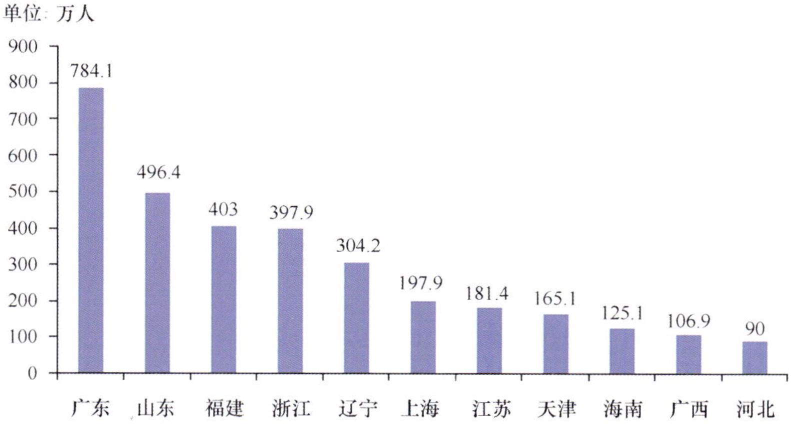

图 5－4 2009 年沿海地区涉海就业情况

洋渔业，达 8.7 万人，增长最小的是海洋生物医药、海洋电力和海水利用业。可见传统的劳动密集型产业在吸纳就业方面的作用依然明显。

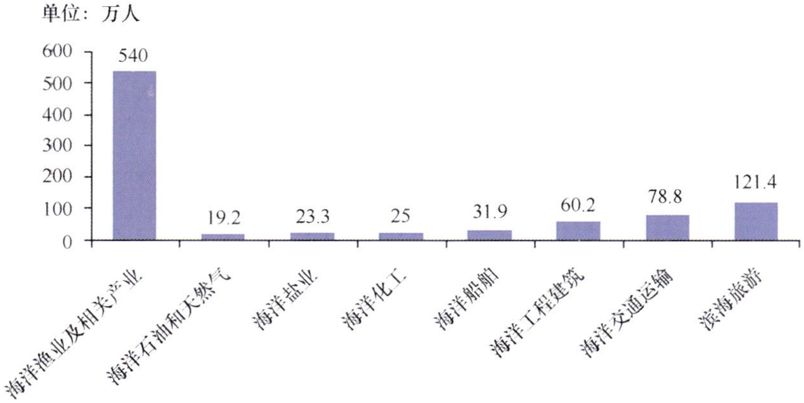

图 5－5 2009 年涉海行业就业情况

数据来源：《中国海洋统计年鉴》（2010）

二、海洋产业的发展

海洋产业是开发、利用和保护海洋所进行的生产和服务活动。近 30 年来，中国海洋产业走出了一条快速发展、不断壮大的道路。从构成简单的海洋渔业、海洋盐业为主，发展到以交通运输、滨海旅游、海洋油气、海洋船舶等传统产业为主导，以海洋电力、海水利用、海洋工程建筑、生物医药、海洋科教服务等新兴产业为重要支撑，优势突出、相对完整的产业体系。2005—2009 年，海洋产业增加值的年均增速达到 13.3%。

（一）海洋传统产业

1. 海洋渔业

海洋渔业是中国海洋经济的传统产业，也是支柱产业。经初步核算，2010 年全国海洋渔业实现了两位数的增长，实现增加值 2 813 亿元。统计数字显示，2009 年全国海水产品产量 2 681.6 万吨，其中海洋捕捞产量 1178.6 万吨，远洋渔业 97.7 万吨，海水养殖产量 1 405.2 万吨①，分别较上年增长 2.5%、-9.79% 和 4.8%。中国的海水养殖主要集中在近海海域和滩涂，其中滩涂养殖产量达到 511.7 万吨，占海水养殖产量的 36.4%。② 主要的养殖方式包括池塘、筏式、底播和吊笼，网箱和工厂化养殖规模较小，比重较轻。

表 5-3　按水域划分的海水养殖产量

按水域分	产量（万吨）
海水养殖产量	1405.2
其中：海上	739.8
滩涂	511.7
其他	153.6

表 5-4　不同养殖方式海水养殖产量

养殖方式	产量（万吨）
海水养殖产量	1405.2
其中：池塘	185.3
普通网箱	32.5
深水网箱	5.9
筏式	388

① 数据来源：《2010 年中国渔业年鉴》，中国农业出版社，2010 年 10 月。
② 数据来源：《2010 年中国渔业年鉴》，中国农业出版社，2010 年 10 月。

续表

养殖方式	产量（万吨）
吊笼	52.3
底播	387
工厂化	10.3

就产品结构而言，海洋捕捞产品以鱼类和甲壳类为主，海水养殖产品以贝类、甲壳类为主。目前全国贝类养殖面积96.7公顷，占海水养殖面积的61.2%，产量1 053万吨。

表5-5 海水养殖的主要分类

按品种分	面积（万公顷）	产量（万吨）
鱼类	7	76.8
甲壳类	29.3	101.7
贝类	96.7	1053
藻类	8.7	145.6
其他类	16.1	28
合计	157.9	1405.2

中国在渤海、黄海、东海、南海海区逐步实行的伏季休渔制度，在缓解过度开发捕捞渔业资源、遏制海洋生态恶化、增加海洋生物种群数量等方面取得了显著成绩，保障了全国海洋渔业的平稳增长。2009年中国在近海海域，使用海洋经济物种放流资金1.8亿元，放流苗种79亿尾。①

2. 海洋交通运输业

海洋交通运输业回暖明显。2010年实现增加值3 816亿元，较上年增长16.7%。加入WTO后，中国对外贸易快速增长，海洋交通运输业也迎来新的发展阶段，涌现出了一批具有世界影响力海运公司和国际性的、区域性的枢纽港。截止2010，世界十大集装箱港口中，上海、深圳、广州、宁波-舟山、青岛港位列其中，占据五席，上海港首次以2 906.9万标准箱的成绩超越新加坡港2 843.08万标准箱，排名世界第一。在航运业蓬勃发展的同时也存在一些不容忽视的问题。首先，港口建设无序，一些航运

① 数据来源：《2010年中国渔业年鉴》，中国农业出版社，2010年10月。

条件并不突出、区域经济落后、腹地有限的地区纷纷投入巨资建设港口并扩大规模。其次，已建港口竞争激烈，港口布局密集。以渤海为例，这里聚集的区域性和国际性大港有大连、天津、青岛，连同丹东、营口、曹妃甸、黄骅、烟台、威海、日照，形成了世界最为密集的港口群之一。

表 5－6　2010 年国内港口集装箱吞吐量排名

名次	港名	2010 年 12 月（万 TEU）	2010 年 1－12 月（万 TEU）	同比幅%
1	上海港	249. 27	2906. 90	16. 26
2	深圳港	180. 09	2250. 97	23. 34
3	宁波－舟山港	99. 81	1314. 40	25. 14
4	广州港	124. 31	1255. 00	12. 30
5	青岛港	103. 03	1201. 20	17. 04
6	天津港	91．42	1008. 00	15．84
7	厦门港	54. 54	582. 00	24. 34
8	大连港	45．01	524. 20	14．54
9	连云港港	25. 41	387. 00	25. 41
10	营口港	23. 34	333. 80	31. 55

3. 滨海旅游业[①]

2010 年，中国滨海旅游业实现增加值 4 838 亿元。亚洲是中国滨海旅游的一级市场，以港、澳、台、日本、韩国和东南亚各国（地区）为主；美国始终保持重要客源国的地位；俄罗斯则异军突起，成为沿海各省旅游人数迅速增长的客源国之一。港、澳、台和韩国、日本、俄罗斯、美国、马来西亚、蒙古、澳大利亚、泰国、英国、德国、印度、法国、印尼、哈萨克斯坦、意大利和荷兰等国家是中国滨海旅游的主要客源国。

中国滨海旅游区接待国内旅游市场呈快速增长趋势。从 2005—2008 年，滨海旅游区接待国内旅游者从 50 717 万人次增长到 65 875 万人次，年均增长率为 13.97%。在所有沿海省份中，浙江省沿海城市接待的国内旅游人数最多，海南省接待的国内旅游人数最少。

---

① 刘明："我国滨海旅游客源市场分析及培育"，海洋研究发展战略动态，2010 年第 11 期。

表 5－7 2005—2008 年中国滨海旅游区接待国内旅游者人数 单位：万人次

省份	2005 年	2006 年	2007 年	年均增长率（%）
天津	5013	—	6018	9.57
河北	2098	2377	2613	11.60
辽宁	4061	4901	6150	23.06
上海	9012	9684	10210	6.44
江苏	1973	2297	2686	16.68
浙江	12481	14565	16879	16.29
山东	6968	8195	9927	19.36
广东	7605	8253	9238	10.21
广西	786	—	1097	18.14
海南	720	778	1057	21.16
合计	50717	51423	65875	13.97

数据来源：《中国海洋统计年鉴 2010》

4. 海洋船舶工业

2010 年，中国海洋船舶工业实现增加值 1 182 亿元。全国造船完工量 6560 万载重吨，同比增长 54.6%；新承接船舶订单量 7 523 万载重吨，比上年同期新接订单量增长 1.9 倍；截至 12 月底，手持船舶订单量 19 590 万载重吨，比 2009 年底手持订单上升 4.1%。[①]

中国船舶工业产量集中度依然较低，虽然造船整体完工量与韩国相当，但进入世界造船整体完工量前十的企业我国仅有 2 家，而韩国为 6 家。更严峻的是，中国船舶工业面临着产品结构性问题。目前船舶生产主要集中在散货船、油船，而高附加值船舶竞争能力较弱，市场份额仅为 10%，产品更容易受到钢铁等上游原材料影响，也更容易陷入价格竞争。2010 年，船舶行业劳动力成本呈不断上升趋势。同时，国家多次上调金融机构人民币存款准备金率和人民币存贷款利率，加大了船舶企业的贷款融资成本。另外，国内外经济环境仍有起伏，船舶市场有效需求将很难明显改善。

① 数据来源：中国船舶在线（http：//www.shipol.com.cn），2011 年 4 月 4 日登录。

表 5-8　世界主要造船国家情况对比

指标/国家		世界	韩国	日本	中国
2009 年造船完工量	万载重吨/占比（%）	12203/100	4378/35.9	2899/23.8	4243/34.8
	万修正总吨/占（%）	4872/100	1555/31.9	984/20.2	1523/31.3
2009 年新接订单量	万载重吨/占比（%）	4219/100	1487/35.2	90/2.1	2600/61.6
	万修正总吨/占（%）	1149/100	316/27.5	17.6/1.5	711/61.9
2009 年底手持订单量	万载重吨/占比（%）	48884/100	17224/35.2	8831/18.1	18817/38.5
	万修正总吨/占（%）	15313/100	5284/34.5	2322/15.2	5389/35.2

表 5-9　2009 年世界造船十大企业

排名	企业名称	国家	完工交付量（万载重吨）
1	现代重工	韩国	1291
2	大宇造船	韩国	841
3	上海外高桥	中国	604
4	三星重工	韩国	518
5	现代三湖	韩国	470
6	统一造船	日本	398
7	大连重工	中国	388
8	今冶造船	日本	342
9	STX 造船	韩国	330
10	成东造船	韩国	271

数据来源：中国船舶在线（http：//www.shipol.com.cn），2011 年 4 月 4 日登录。

5. 海洋石油和天然气业[1]

初步核算，2010 年全国海洋石油和天然气产值达到 1 302 亿元，国内油气产量首次突破 5 000 万吨。

上游业务方面：油气勘探在渤海湾和南海海域取得突破和进展，新发现 13 个油气田，9 个新项目投产，在生产油气田达到 81 个；国内油气产量大幅增长，海外油气产量稳步上升，实现国内 5 000 万吨、国外 1 000 万吨的“双突破”。

中下游业务方面：惠州炼油项目继续保持各项指标国际一流、国内领先；大榭—

① 部分文字引用、整理自《中国海洋石油总公司 2010 年度报告》。

舟山、中捷石化等炼厂生产装置运行平稳，加工负荷和装置适炼性不断提升；惠州炼油项目二期、ABS①、油化盐化一体化、海南 DCC② 和烯烃项目等新项目建设稳步推进。

目前，以中海油为主导的海洋油气炼化能力 3 350 万吨/年，其中重油处理能力达 820 万吨/年；累计加工原油 2 785 万吨，销售和贸易实物量 3 236 万吨。在海洋油气业发展迅猛的同时也应认识到资源开采与环境保护之间的突出矛盾。需各方努力强化企业的环境意识，提高海洋开发利用水平，健全法律法规，保障海洋资源的科学、有序利用和海洋生态环境的健康发展。

6. 海洋工程建筑业

海洋工程建筑业是指在海上、海底和海岸所进行的用于海洋生产、交通、娱乐、防护等用途的建筑工程施工及准备活动，包括海港建筑、滨海电站建筑、海岸堤坝建筑、海底隧道桥梁建筑、海上油气田陆地终端及处理设施建造、海底线路管道和设备安装。

2010 年，海洋工程建筑业保持稳步发展，全年实现增加值 808 亿元，比上年增长 14.5%。海洋工程建筑业的发展得益于临海工业的推动。随着沿海地区经济的持续发展，筑路、筑桥、筑坝、建港等大型海洋工程建设纷纷上马。因此，海洋工程建筑业既是传统的海洋产业，也同时包含了新兴产业的特征。预计海洋工程建筑业还将保持一点高速发展时期。

7. 海洋化工业

海洋化工包括海盐化工、海水化工、海藻化工及海洋石油化工。

2009 年，海洋化工的产品产量为 1 199.3 万吨，较 2008 年有显著下降。近几年，海洋化工产量持续下降，特别是天津、福建等生产大省降幅较为明显。海洋化工企业对海洋生态和环境有一定的负面影响，随着国家产业政策的逐渐调整，化工企业发展面临诸多挑战。未来海洋化工业的发展需要从两个方面进行突破：一是科技进步和产品结构的调整。从提镁、提溴、提钾等盐化工向海洋新材料领域发展，进一步拓展产品类型，提升产品科技含量，向精细化工和下游产业发展。二是提高可持续发展能力，加快循环经济能力建设。鼓励海洋化工产业同海水淡化、海洋电力业、临港工业等捆绑发展。目前，一些地区根据已经形成的海洋化工产业布局和发展规划，提出发展海

---

① 丙烯腈－丁二烯－苯乙烯塑料。

② 深度催化裂解工艺。

藻功能纤维、海洋功能食品添加剂、海洋防腐材料、硅藻土深加工等海洋精细化工延伸产业。在此背景下，2010 年我国海洋化工业实现增加值 565 亿元。

8. 海洋盐业

海洋盐业是中国传统海洋产业，通常以海水和海滨地下卤水为原料，经过化卤、蒸发、洗涤、粉碎、干燥、筛分等工序，加工制成系列盐制品。随着沿海地区工业和城镇建设用地需求的不断增加，盐田数量和面积有所缩减，海洋盐业受到一定的影响。

2009 年，海盐产量 3 500.5 万吨，增加值 53 亿元。由于受到不利天气以及盐田面积减小等因素影响，海盐产量有所下降，但由于价格持续上行，海洋盐业仍实现了良好的经济增长。全年实现增加值比上年增长 15.3%。

9. 海洋矿业

海洋矿业属资源型产业，也是中国传统海洋产业。随着经济的逐步回暖，在建设需求的拉动下，2009 年，中国海洋矿砂开采量在上一年出现了较大幅度的增加的情况下，开采量继续攀升，达 5 590.6 万吨。产量最高的是浙江省，海洋矿砂产量为 4 755.4万吨，占全国总产量的 85%。全国海洋矿产的主要增量也几乎全部来自于浙江。2009 年海洋矿业实现增加值 49 亿元，与上年基本持平。

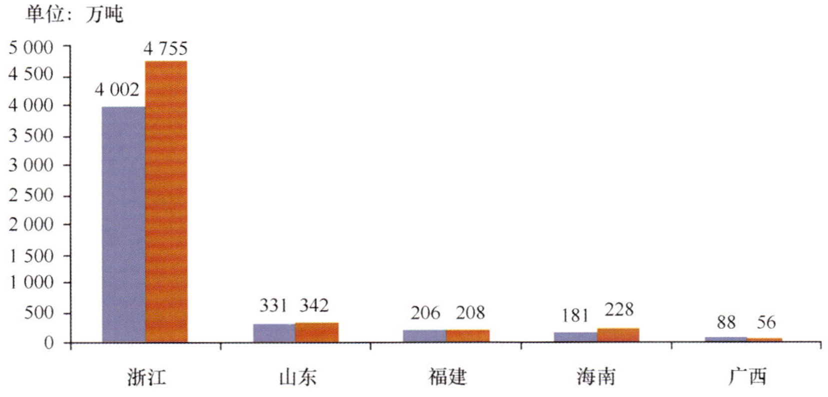

图 5－6　海洋矿业分省（区）产量

（二）海洋新兴产业

海洋新兴产业主要包括海洋生物医药和功能食品业、海水利用业、高端船舶与海洋工程装备制造业、海洋精细化工业、生物育种和健康养殖业和海洋现代服务业等。

目前，中国海洋新兴产业发展开始步入快车道，在海洋经济中的比重不断提升。

1. 海水利用业[①]

按产业类型划分，现阶段中国海水利用活动包括三类方式：一是海水淡化利用，系指脱除海水中盐分以获得淡水的工艺过程，主要有高压反渗透、低温多效蒸馏、多级闪蒸、电渗析等获得淡水的方式；二是海水直接利用，系指以海水直接替代淡水的工艺过程，主要有工业冷却用水、民用直接冲厕的大生活用水、烟气海水脱硫用水等；三是海水化学资源利用，系指从海水中获取多种化学元素、化学品及其深加工产品的工艺过程，主要有海水制盐，海水提钾、提溴、提镁、提锂等。

历经多年的技术培育和产业化推进，国内海水利用技术取得了长足进步，突破了高压反渗透膜、高压循环泵、万吨级低温多效蒸发器等关键设备制造技术，初步形成了包括海水淡化业、海水综合利用装备制造业和海洋化工业等在内的海水利用产业。

通过自主设计、研制，先后制造建成1 000吨/日反渗透海水淡化示范工程（山东长岛、浙江嵊泗和大连长海），3 000吨/日低温多效蒸馏海水淡化工程（山东黄岛），并良好运行。设计制造的3 000吨/日、4 500吨/日低温多效、6 200吨/日反渗透海水淡化成套装置，已出口海外。“十一五”期间，通过自主设计和制造，建成了1.25万吨/日低温多效海水淡化工程（国华沧东）。目前，国内海水淡化吨水成本约5元左右，在技术、经济两方面，都具备了规模化产业发展的基本条件。

海水直接利用方面，年工业冷却直接利用海水量达500亿吨。国内自主研发的海水循环冷却技术单机规模达到10万立方米/小时，已经进入工程示范阶段。

中国在海水提取钾、溴、镁等多个技术领域已居于国际领先地位。采用拥有自主知识产权的“沸石离子筛法海水提钾技术”，开发出海水提钾高效节能新技术装备，实现5万吨/年海水提钾生产能力。中国自主研发的“气态膜法海水卤水提溴技术”，经十吨级中试后，百吨级整套工艺技术正在研发。先后建成万吨级海水提取硝酸钾示范工程、万吨级浓海水制取膏状氢氧化镁示范工程、百吨级气态膜法提溴、硼酸镁晶须中试装置等。

① 参考“海水利用发展战略和政策研究”项目成果，国家海洋局科技司，2011年。

表 5－10　现阶段国内外海水利用比较—A

技术领域		技术掌握	最高单机产量（万 m^3/日）		世界最高工程产量（万 m^3/日）
			中国	世界	
海水淡化	多级闪蒸	弱	–	7.6	88
	低温多效	是	2.5（利用国外技术）	3.6	–
	反渗透	是	1（利用国外技术）	1.5	33
直接利用	海水循环冷却	弱	10	15	–
化学资源	钾	是			
	镁和氧化镁	是			
	溴素	是			

表 5－11　现阶段国内外海水利用比较—B

要素	世界	中国
海水淡化产量	6348（m^3/日）	60 万 m^3/日
海水淡化成本	48 美分	5 元人民币
淡化水出厂价	0.6～0.9 美元	
海水淡化工程投资（2008 年）	248 亿美元	
海水淡化工程投资增速	20%～30%	
海水淡化市场	380 亿	
海水淡化市场增速	15%	

2. 海洋生物医药业

海洋生物医药产业以海洋生物资源为研发对象，以海洋生物技术为主导技术，以海洋药物为主导产品，包括海洋创新药物、生物医用材料、功能食品等大的产业体系。

中国沿海地区从事海洋天然药物研究的机构和成产企业多达数百家。产品包括活性钙、活性肽、牛磺酸、葡萄糖酸钙、深海鱼油、深海鱼钙、DHA、深海鱼氨基酸胶囊、液体钙、卵磷脂、甲壳素、角鲨烯、儿童鱼油等。海洋糖类创新药物的创制在国际上已形成显著的特色和优势。数据显示，2007 年、2008 年全国海洋生物医药产业的收入增长分别达 37.7%、28.3%，增速居海洋产业前列，海洋生物医药产业已跃升为我国高新技术产业发展重点、海洋经济发展热点。

虽然中国海洋生物医药和海洋功能食品产业具有一定基础，但是就总体而言，发展水平和所产生的经济社会效益与国内同类沿海城市相比还有很大差距，主要表现在：① 产业规模小。虽然企业数量众多，但普遍没有实现规模化生产，产值超过亿元的企业屈指可数。② 产业链条短。由于缺乏医药中间体、原料药、OEM 制剂等相关配套服务产业，医药生产企业在本地寻找不到合作伙伴，难以实现产业集群化发展，距离产业化的目标尚远。③ 基础研究薄弱。海洋医药产品的开发仍停留在较低水平，海洋生物医药企业大都从事医药原料、辅助药品和保健食品生产，生产成品药企业极少。

3. 海洋电力业

海洋电力产业主要源于海洋可再生能源的发现和应用，包括海洋潮汐能、波浪能、海流能、温差能、盐差能、海洋生物质能和海上风能等。中国海岸线较长，各种海洋能资源都比较丰富，但总的说来，海洋能源没有得到应有和充分的开发。风能应用和产业发展处于起步阶段，潮汐能、波浪能、海流能、温差能、盐差能、海洋生物质能等的技术研究和工业化开发尚未开展。过去几年中国沿海省份建立了若干规模不一的离岸风电，并尝试进行海上测风实验。随着岸线资源的紧张和海上风电技术的不断积累，当前各个沿海省市纷纷推进海上风电规划。正在推进、运作的海上风电项目主要集中在江苏沿海地区。目前发展海洋可再生能源面临的困难较大，主要是：风能发电电网接入系统不完善，建设成本和生产成本较高；依托风能资源开发带动风机设备制造业发展缺乏系统的研究和规划；潮汐能、海流能、海洋生物质能等开发利用面临技术难题。

4. 海洋生物育种和健康养殖

海洋生物育种和健康养殖是指综合利用现代育种技术、养殖技术和疾病防控技术，培育高产优质新品种，并实施健康、环保的养殖模式。

大力发展海洋生物育种和健康养殖业不仅对推动渔业结构调整，而且对实现渔民增收具有重要意义。当前，要加强水域资源管理和水域环境整治，加大治污防污力度，积极保护养殖水域资源生态环境，促进海洋健康养殖产业发展。为此，建议应着重抓好以下工作：① 加强优质种苗繁育基地建设。大力强化海洋生物育种产业技术基础能力，推动重要海洋生物的种子资源库建设和新品种攻关选育。② 加强水域资源管理和水域环境整治，加大治污防污力度，积极保护养殖水域资源生态环境。③ 制定绿色健康养殖标准，对不同产品养殖过程中的各个环节进行严格的标准控制，确保产品质量安全和营养达标。④ 调整海洋养殖空间布局，对海洋养殖产业进行合理规划，防止出现超负荷养殖，鼓励渔民逐步退出池塘、滩涂养殖，向浅海进军。⑤ 提高管理水平，建立水产养殖电子管理咨询系统。通过建立水产养殖生物学数据库和疾病数据库，集成计算机技术、通信技术、生物技术等多学科技术，构建具有咨询、管理功能的水产养殖电子管理咨询系统，运用软件和网络，进行水产养殖技术、信息咨询、疾病远程会诊，实现对重要养殖地区的远程互联和两地音视频实时传输，保证养殖基层终端站所辖养殖户对远距离、实时快捷的面对面养殖技术咨询和疾病诊断需求。另外，应当拓展海水养殖产业链，充分带动上下游相关产品的开发，实现企业的联动发展。

（三）海洋产业的效益分析

1. 海洋产业整体产出效益

以海洋产业作为研究整体，总体上看，产出效益较低，仅为 10 亿元/万人左右，与国民经济统计中的建筑业产出效益相当，较交通运输业和制造业小，较金融和信息产业差距更大。现阶段，海洋产业整体上处于资本、技术相对落后状态。

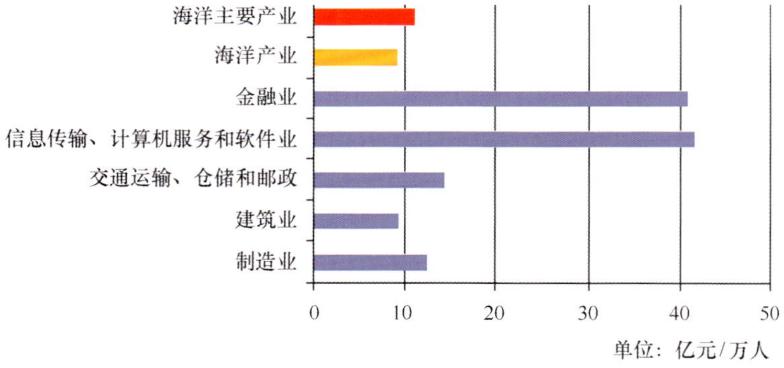

图 5-7　海洋产业与其他产业产出效益比较

2. 主要海洋产业产出效益

通过对主要海洋产业的内部比较，结果显示，一是资源利用型产业如渔业、海洋矿业、海洋盐业产出效率较低；二是制造型海洋产业如海洋化工业、海洋船舶业产出效益处于第二梯队，产出效率保持在 20 亿元/万人水平；三是服务型海洋产业和海洋新兴产业产出效益较高，其代表分别为海洋生物医药业和海洋交通运输业。需要说明的是，海洋石油和天然气业虽然属于资源型行业，但该行业技术比重、资本比重远远高于一般资源行业；滨海旅游业虽属于服务性行业，但其是典型的劳动密集型型产业，从业人员多，产出效益相对低。

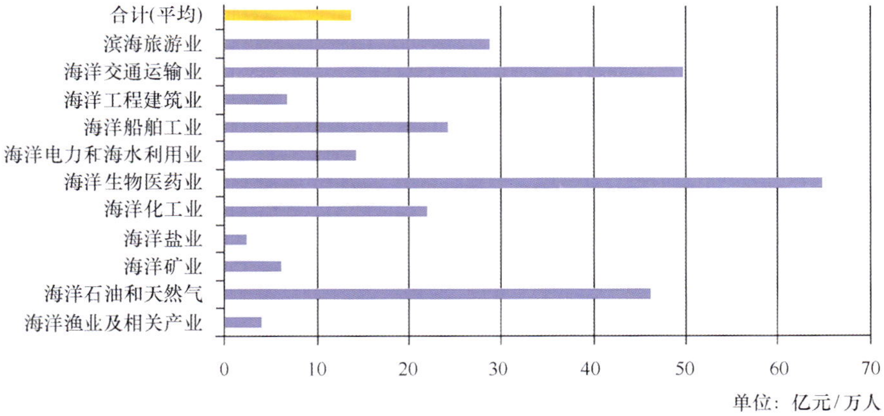

图5－8　海洋主要产业产出效益比较

三、沿海地区海洋经济发展

海洋经济发展水平与资源禀赋、区位条件、科技发展水平、地区经济发展水平等诸多因素有关。中国各沿海地区基础条件各异，海洋经济的发展水平也相差较大。

（一）海洋经济总量

沿海地区是中国经济发展程度最高的地区，地区生产总值占全国GDP的比重将近6成。然而，沿海各省市经济发展并不均衡，海洋经济的发展亦然。以地区海洋生产总值考量，广东、山东可划为第一类，海洋生产总值都在6 000亿元左右；福建、浙江、辽宁、天津、河北可划为第二类，海洋生产总值在1 000亿元至3 000亿元之间；广西、海南为第三类，海洋生产总值小于500亿元。

（二）海洋经济密度

根据2008年、2009年的统计数据，计算中国沿海各地区的海洋经济密度（表5－12），结果显示：上海海洋经济密度从2008年的27.81亿元下降到2009年的24.4亿元，但仍居11个沿海省份之首；天津从12.3亿元上升到14.1亿元，居第二；江苏、广东、山东和河北徘徊在1亿～3亿元之间，居11个沿海省份的3～6位；辽宁、福建、海南和广西的海洋经济密度维持在0.27亿～1亿元之间。通过对

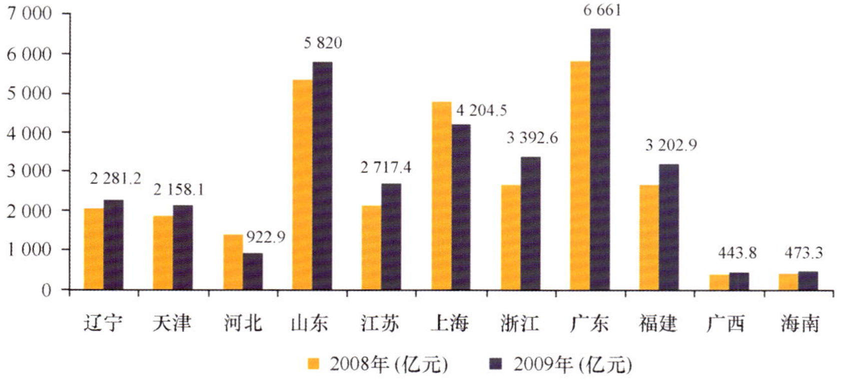

图 5－9　2009 年沿海省份海洋生产总值比较

数据来源：《中国海洋经济统计公报》（2010）

比不难发现，2009 年海洋经济密度的地区排名较 2008 年有变化，江苏、山东、广东排名分别提升一位，河北省则滑落至第 6 位。主要原因是河北省 2009 年海洋生产总值出现了下滑。

表 5－12　2008 年、2009 年中国沿海地区单位岸线海洋经济密度变化情况

地区	海岸线长度（千米）	2008 年			2009 年		
		海洋生产总值（亿元）	经济密度（亿元/千米）	排名	海洋生产总值（亿元）	经济密度（亿元/千米）	排名
上海	172.31	4792.5	27.813	1	4204.5	24.401	1
天津	153	1888.7	12.344	2	2158.1	14.105	2
河北	487	1396.6	2.868	3	922.9	1.895	6
江苏	953.9	2114.5	2.217	4	2717.4	2.849	3
山东	3024.4	5346.3	1.768	5	5820	1.924	4
广东	3368.1	5825.5	1.730	6	6661	1.978	5
浙江	2200	2677	1.217	7	3392.6	1.542	7
辽宁	2178	2074.4	0.952	8	2281.2	1.047	9
福建	3051	2688.2	0.881	9	3202.9	1.050	8
海南	1617.8	429.6	0.266	10	473.3	0.293	10
广西	1595	398.4	0.250	11	443.8	0.278	11

数据来源：《中国海洋统计年鉴》（2009、2010）

（三）海洋产业结构

沿海省份海洋产业结构差异明显，一、二、三产业发展不甚均衡（表5-13）。河北、天津的重化趋势比较明显；海南的海洋第一产业和第三产业比重较大。虽然产业结构不能完全体现一个地区海洋经济的先进与落后，特别是各地区的发展定位不同，其产业结构也有一定的特殊性，然而，在一般意义上，产业结构在一定程度上反映了产业发展的不同阶段。目前，中国沿海地区海洋产业结构的区际差异过于明显，也在一定程度上反映出地区海洋经济发展的水平是有差距的。

表5-13 中国沿海地区海洋三次产业结构

地区	2009年海洋经济			2006年海洋经济			产业结构变动值
	第一产业	第二产业	第三产业	第一产业	第二产业	第三产业	
辽宁	14.5	43.1	42.4	9.9	53.5	36.6	20.8
河北	4	54.5	41.4	2.3	50.7	47	11.1
天津	0.2	61.6	38.2	0.3	65.8	33.9	8.6
山东	7	49.7	43.3	8.3	48.6	43.1	2.6
江苏	6.2	51.6	42.1	5.1	42.5	52.4	20.5
上海	0.1	39.5	60.4	0.1	48.2	51.7	17.4
浙江	7	46	47	7.4	39.7	52.9	12.6
福建	8.5	44	47.5	9.7	40.2	50.1	7.6
广东	2.8	44.6	52.6	4.4	39.9	55.7	9.4
广西	21.2	37.7	41.1	15.2	43.1	41.7	12
海南	24.5	21.8	53.7	18.3	29.2	52.5	14.8
全国	5.8	46.4	47.8	5.4	46.2	48.4	1.2

数据来源：《中国海洋统计年鉴》（2010）

将2006年作为基础年、2009年为截止年，计算海洋产业结构变动值，分析沿海地区过去5年的海洋产业结构变动情况。分别用K表示全国及各省海洋产业结构变动值。辽宁、江苏、上海、浙江变动情况较为明显。需要强调的是，产业变动指标只能体现在某一时间段内，产业结构的变动程度，到底产业结构是优化了还是恶化还需进一步分析各产业的具体情况。以浙江为例，经过计算对比发现浙江省产业结构在2006—2009年变动值为12.6，变动程度较大，引起这种变化的主要原因是第三产业的不断壮大。而辽宁K值增大的主要原因是海洋第二产业比重的大幅上升。

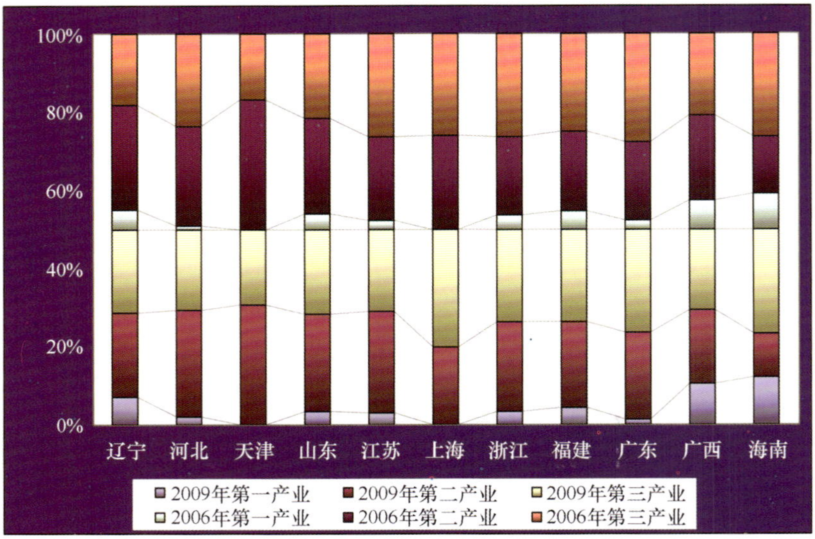

图 5－10　沿海省份海洋生产总值三次产业结构比较（2006 年、2009 年）

表 5－14　沿海地区海洋产业结构变动值

$K_{全国}$	$K_{辽宁}$	$K_{河北}$	$K_{天津}$	$K_{山东}$	$K_{江苏}$	$K_{上海}$	$K_{浙江}$	$K_{福建}$	$K_{广东}$	$K_{广西}$	$K_{海南}$
1. 2	20. 8	11. 1	8. 6	2. 6	20. 5	17. 4	12. 6	7. 6	9. 4	12	14. 8

（四）全员劳动生产率

根据 2009 年的相关统计数据，进行全员劳动生产率的地区比较，结果为：上海、河北、天津、山东海洋产业全员劳动生产率较高，而广西、海南较低，排名处于低位。

四、小　结

“十一五”以来，中国海洋经济蓬勃发展，年均增速保持在 10% 左右，已经成为国民经济的重要力量。通过对海洋经济增长的梳理，可以归纳总结如下两个特点：第一，海洋经济总量保持增长势头。海洋经济从 2001 年的不到 1 万亿元发展到 2009 年突破 3 万亿元大关，2011 年海洋生产总值更是达到 4. 57 万亿元。海洋经济在国民经济中的比重保持在 10% 的水平，可以说海洋经济在“十一五”、“十二五”时期进入快速发展阶段。第二，增长速度稳中有降。过去十年中国海洋生产总值的增速基本保持在 2 位数

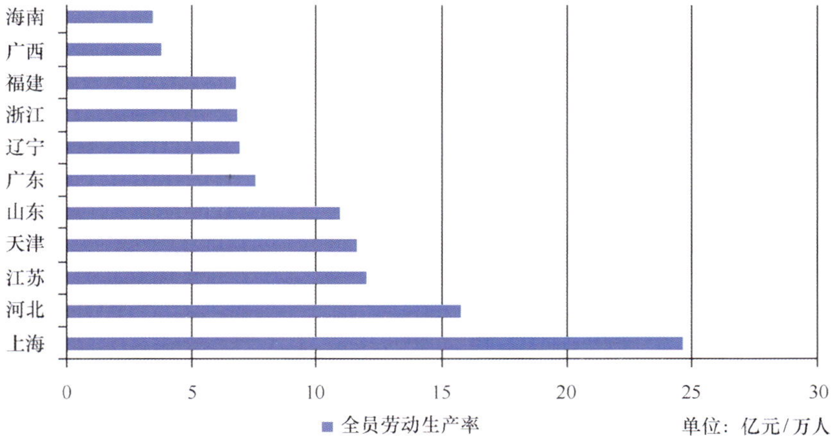

图 5－11　沿海省份全员劳动生产率比较
数据来源：中国海洋统计年鉴（2010）

以上，即便是在困难重重的 2009 年依然达到近 9% 的水平。但从整体增长情况来看，自 2006 年起增速有所放缓，并有进一步下降的趋势。究其原因至少有两个方面，一是海洋经济受国内经济影响，基本与国民经济保持同周期的变化起伏；二是海洋经济中的船舶制造业、滨海旅游业、交通运输业受国际金融危机的冲击较大，个别时期出现了负增长。随着产业结构的不断调整，海洋经济增长方式的逐步改善，未来海洋经济的发展将在重视速度的同时更加注重效率和质量，集约节约利用海洋资源，加大科技投入力度，已经成为“十二五”时期海洋经济发展的必然要求。

第六章　中国海洋经济发展规划

按照国家“三步走”战略，2006 年—2020 年是中国全面建设小康社会的战略机遇期。在连续三个五年规划中，党中央、国务院对中国海洋发展进行了总体部署，形成了连贯、递进的战略主线。“十五”规划期，党的十六大提出了“实施海洋开发”，重点部署了向海洋要资源、要生存与发展空间的战略导向，形成了以海洋开发推进东部沿海地区的率先发展和深化改革开放的局面。“十一五”规划期，党的十七大提出“发展海洋产业”，将发展海洋产业作为促进国民经济发展和产业结构优化升级的重要增长点，从“实施海洋开发”到“发展海洋产业”的战略推进，标志了中国海洋发展实现了质的飞跃。进入“十二五”规划期，党的十七届五中全会提出了“发展海洋经济”，部署了中国要在 5 ~ 10 年时间以海洋经济带动形成沿海地区新一轮经济发展新格局，寄望于海洋经济起到牵引带动国民经济特别是沿海区域经济发展方式的转变，实现全面小康社会战略目标。

一、“十二五”规划对发展海洋经济的战略部署

在国家层面主要包括国家“十二五”总体规划和涉海行业与部门规划。2011 年初，《中华人民共和国国民经济和社会发展第十二个五年规划纲要》获得全国人大批准开始实施。同时，有关涉海行业、部门的规划也陆续出台，或进入实质编制阶段。

（一）“十二五”规划对海洋经济的总体部署

国家“十二五”规划首次以完整一章的篇幅，以海洋经济发展为统领，全面部署了未来 5 ~ 10 年中国海洋事业发展的总体战略。该《规划》的第十四章标题为“推进海洋经济发展”。明确提出：坚持陆海统筹，制定和实施海洋发展战略，提高海洋开发、控制、综合管理能力。该章包括两节 13 条。其中第一节“优化海洋产业结构”就发展海洋经济的主体内容从 5 个方面进行了具体部署。

1. 科学规划海洋经济发展

科学规划海洋经济发展，合理开发利用海洋资源，积极发展海洋油气、海洋运输、海洋渔业、滨海旅游等产业，培育壮大海洋生物医药、海水综合利用、海洋工程装备

制造等新兴产业。本条内容体现了主要海洋产业在国民经济中的地位和作用，确立了海洋新兴产业的发展重点，强调了海洋资源在海洋经济发展中的基础性作用，提出了制定海洋经济发展总体规划的要求。

2. 加强海洋技术研发

加强海洋基础性、前瞻性、关键性技术研发，提高海洋科技水平，增强海洋开发利用能力。本条强调了海洋科技对海洋经济发展的重要支撑作用。海洋经济是高技术、高投入、高风险的人类经济活动。人类向海洋的更深、更远空间和更广泛领域拓展，需要在不断加深认识海洋的前提下，以海洋高新技术为手段，以高端水下海洋探测、运载、开发等现代装备为载体，来提高海洋开发、控制和综合管理的能力，才能在世界范围内全面开发利用海洋的“海洋世纪”立于不败之地。

3. 深化港口岸线资源整合和优化港口布局

改革开放以来，经过30多年的持续快速规模化海洋开发，中国大陆18 000千米海岸线经历了以自然岸线为主到人工岸线过半的转变，天然宜港深水岸线几乎完全开发。为进一步增强交通运输的保障能力，必须科学合理利用宜港岸线资源，优化全国和区域性的港口布局。

4. 优化海洋经济空间布局

制定实施海洋主体功能区规划，优化海洋经济空间布局。“十二五”伊始，国务院批复了一系列沿海和海洋经济发展规划，几乎全部覆盖中国沿海地区，初步形成了新一轮沿海地区经济的发展格局。“十二五”期间，必须严格实施全国海洋主体功能区规划，宏观调控目前以各地局部利益为出发点的海洋经济发展局面，达到优化沿海及国家管辖海域空间范围内的经济布局，创造海洋经济又好又快发展的新局面。

5. 推进海洋经济发展试点

推进山东、浙江、广东等海洋经济发展试点。进入2011年，国务院先后批复了《山东半岛蓝色经济区发展规划》、《浙江海洋经济示范区发展规划》和《广东海洋经济综合试验区发展规划》，启动并开始实施国家“十二五”规划确定的这一任务。

“十二五”海洋经济发展的相关方面内容包括：加强统筹协调，完善海洋管理体制。强化海域和海岛管理，健全海域使用权市场机制，推进海岛保护利用，扶持边远海岛发展。统筹海洋环境保护与陆源污染防治，加强海洋生态系统保护和修复。控制近海资源过度开发，加强围填海管理，严格规范无居民海岛利用活动。完善海洋防灾减灾体系，增强海上突发事件应急处置能力。加强海洋综合调查与测绘工作，积极开展极地、大洋科学考察。完善涉海法律法规和政策，加大海洋执法力度，维护海洋资源开发秩序。加强双边多边海洋事务磋商，积极参与国际海洋事务，保障海上运输通道安全，维护我国海洋权益。

（二）部门和行业规划中有关海洋经济的具体部署

截止2011年底，已有8个行业规划中明确了有关发展海洋经济的具体安排，涉及行业包括渔业、交通运输业、装备制造业、钢铁产业、石化产业、船舶工业、旅游业和新能源产业。

1.《全国渔业发展第十二个五年规划》

2011年10月，农业部正式发布《全国渔业发展第十二个五年规划》，海洋渔业是该规划的主体内容。该规划提出的全国渔业总体发展目标是：到“十二五”末，渔业经济保持平稳健康发展，水产品供给充足，水产品质量安全、渔业安全生产在较高的水平上稳步提高，生产区域布局更趋合理，产业结构进一步优化，水生生物资源养护事业全面深入推进，渔民收入持续较快增长，强渔惠渔措施得到强化，现代渔业的产业体系和支撑保障体系初步建成，实现生产发展、产品安全、渔民增收、生态文明、平安和谐的现代渔业发展新格局，部分渔业发达地区率先实现渔业现代化。规划确立的十大重点任务均涉及海洋渔业发展的方方面面，主要内容有：

一是大力发展生态健康的水产养殖业。主要涉海内容是：科学合理调整拓展养殖空间。探索建立基本养殖水域保护措施，推动建立渔业水域滩涂占用补偿制度。合理控制、科学规划近海……等大中型水域养殖容量。积极拓展深水大网箱等海洋离岸养殖，支持工厂化循环水养殖。

二是积极发展环境友好的增殖渔业。主要涉海安排是：积极开展增殖放流。推进海洋牧场建设。

三是统筹发展可持续的捕捞业。任务主要针对海洋捕捞业：（1）严格控制渔业捕捞强度。继续实施海洋捕捞渔船数量、功率“双控”制度，加快建立内陆水域捕捞渔船控制制度。完善渔船管理和捕捞许可制度，切实加强渔船建造管理，规范渔船检验、登记和流转管理。推进渔船渔机和渔具标准化。合理调整捕捞作业结构和渔船、渔具规模。加快制订捕捞渔具准用目录，建立健全渔具标准和重要经济鱼类的最小可捕标准，规定最小网目尺寸，制定各种渔具的限制使用措施。继续落实沿海捕捞渔民转产转业政策。探索渔具渔法准入、渔业资源网格化管理等新的资源管理制度和措施。（2）扶持壮大远洋渔业。深化渔业多边双边合作交流，积极参与国际渔业资源管理制度制定，拓展远洋渔业发展空间。巩固提高过洋性渔业，探索新型合作方式，发展壮大公海大洋性渔业，加强新资源新渔场的探捕和开发利用。积极开展海外基地建设，增强加工、贸易和服务保障能力，延长远洋渔业产业链。提升远洋渔业装备和企业管理水平，培育一批具有国际竞争力的远洋渔业企业和现代化远洋渔业船队。

四是着力发展先进的水产品加工流通业。涉海任务主要有：促进加工业优化升级。依托资源禀赋和区位优势，以自主创新和品牌建设为核心，培植壮大一批装备先进、管理一流、带动力强的水产品加工龙头企业，积极推进水产品加工园区建设，促进水产品加工业集群式发展。积极发展精深加工，加大低值水产品和加工副产物的高值化开发利用，提高产品附加值。鼓励加工业向海洋药物、功能食品和海洋化工等领域延伸。

五是鼓励发展文化多元的休闲渔业。主要是：（1）丰富休闲渔业发展模式。围绕城乡一体化进程和新农村建设，结合养殖基地、渔港、海洋牧场等渔业设施及增殖放流等渔业活动，积极发展文化娱乐型、都市观赏型、竞技体育型、观光体验型、展示教育型等多元化、精品化现代休闲渔业。通过观赏鱼大赛、垂钓比赛、渔业饮食文化节、放鱼节、开渔节以及渔业科普、美术摄影等活动形式，不断挖掘、传承、弘扬、创新与渔业相关的观赏文化、餐饮文化、民俗文化。（2）扩大休闲渔业产业规模。按照因地制宜、合理规划、形成特色、示范带动的要求，以市场为导向，加大休闲渔业资源整合力度，加强知名休闲渔业品牌创建，打造生产标准化、服务集约化、功能多样化的现代休闲渔业产业集群。扩大观赏鱼产业规模，加快观赏展示和交易市场建设，加大休闲渔业中公益性设施的投入扶持力度，强化对休闲渔业合作组织和行业协会的管理与支持，健全休闲渔业技术服务体系。

六是加快建设渔业设施装备体系。主要针对海洋渔业，包括：（1）加强养殖设施装备建设。加强水产原良种繁育、水生动物防疫和水产品质量安全监管设施装备建设。加快推进养殖池塘标准化改造，加强循环水工厂化、网箱养殖等设施渔业装备建设。推进水产养殖机械化、自动化，加快提高水产养殖业装备水平。（2）加强渔船渔港设施装备建设。加强渔船、渔机和渔具标准化建设，有计划、分步骤推进渔船及装备的升级换代，提高渔船整体装备水平。提高一级以上渔港建设标准，合理增加布局密度，配套完善航标、港口监控系统等设施设备，启动二级渔港、避风锚地建设，提高渔港现代化水平和安全保障能力。（3）加强渔业管理信息化建设。加快全国渔政管理指挥系统升级改造，建成并全面启用全国海洋渔船动态管理系统，加快渔船船位监测、自动识别、身份电子识别等信息化管理系统建设。逐步推动渔情信息采集常态化，推进数据和信息整合共享，提高卫星遥感、移动互联网、物联网等现代信息技术手段在渔业管理中的应用，不断提高渔业管理信息化水平。

七是不断完善现代渔业科技支撑体系。主要包括：加快渔业科技创新，提升技术推广服务和推进渔业节能减排。

八是建立健全资源环境保护管理体系。主要包括：（1）全面强化休渔禁渔制度。坚持并不断完善海洋伏季休渔、长江禁渔期制度，启动实施珠江禁渔期制度，探索制定其他重大渔业水域禁渔措施，努力构建全面的海洋和内陆水域休渔禁渔制度体系。积极推动将困难渔民纳入当地最低生活保障范围或给予必要补助，为休渔禁渔制度顺利实施创造条件。（2）着力加强水生生物物种保护。加强水生生物资源调查评估，明确资源总量和可利用量。加强水生生物自然保护区建设，加快水产种质资源保护区建设，提高濒危物种保护和救护能力，加强重要水产种质资源产卵场、索饵场、越冬场和洄游通道保护与管理。建立健全水生生物保护区管理相关法规，促进保护区规范化、科学化管理。（3）加快建立渔业生态补偿机制。积极推进渔业生态补偿管理规范化，建立完善涉渔工程生态评价和生态补偿机制，明确补偿内容和标准，落实补偿措施。加强渔业水域污染防治，建立污染损害评估技术体系，加大污染事故调查和应急处置能力。

九是着力推进渔业安全保障体系。主要包括：扎实推进“平安渔业“建设，切实提高防灾减灾能力，建立政策性渔业互助保险制度。

十是大力强化现代渔政执法保障体系。主要包括：（1）加强渔政管理和维权护渔。围绕现代渔业建设和渔业“三大安全”保障，提高渔政服务发展、服务基层、服务渔民的能力。巩固强化休渔禁渔、渔船管理、资源养护、水产养殖和质量安全执法等管理成果，切实加强200海里专属经济区和界江界湖渔政管理工作，进一步拓展公海渔业执法。加大敏感水域常态化渔政巡航和维权护渔力度，妥善处理维权与维稳的关系，加强与外交、公安边防、海军等涉海部门合作，进一步完善部门间的协调配合机制和重点水域渔业联合监管机制。（2）加强渔政队伍建设。建立健全渔政机构，加快推进渔政人员纳入或参照公务员法管理，全面实行“收支两条线”。高标准、高质量开展渔业文明执法窗口单位创建活动。加强渔政督察和行风建设，落实“五统一”等渔政队伍建设规范要求，提高执法人员能力素质，增强依法行政能力。努力打造一支高素质、专业化的渔政执法队伍。（3）提高渔政装备现代化水平。加强渔政装备设施建设，重点强化承担中央事权的渔政装备设施建设，进一步提高执法装备配给率和技术水平，改善渔政执法条件，提升安全监管及突发事件应急处置能力。重点建设渔政执法船艇车辆、执法码头基地及渔船检验设备、渔业航标等。

特别值得一提的是，该规划仅对远洋渔业产量提出了具体目标要求。即：稳步拓展，产量达到130万吨。总体发展目标定位于经过未来5年努力，为中国迈向世界远洋渔业强国奠定坚实基础。

远洋渔业是具有战略意义的重要产业和实施农业“走出去”战略的重要组成部分，发展远洋渔业对于保障国家食物安全、缓解近海渔业资源捕捞强度、带动渔区经济社会发展和渔民致富、丰富国内水产品供应、促进对外经济技术合作、维护中国海洋渔业权益具有重要意义。中国现代意义上的远洋渔业起步自1985年，经过26年的发展，已经挤入世界主要远洋渔业国家行列。至2010年，获得国家农业部远洋渔业企业资格的企业达111家，经批准作业渔船达1 989艘，渔船总功率104.8万千瓦，远洋渔业总产量、总产值分别达到111.61万吨和119.2亿元，运回国内自捕水产品60万吨。作业海域涉及35个国家的专属经济区和太平洋、大西洋、印度洋公海及南极海域，建立了100多个海外代表处、合资企业和后勤补给基地，外派船员达3.4万余人。

“十二五”阶段将是中国远洋渔业发展的重要转型期。面对产业内涵深刻变化和世界海洋渔业资源开发利益格局重组形势，未来几年中国远洋渔业发展机遇与挑战并存，但总体上是机遇大于挑战。“十二五”远洋渔业发展要以科学发展观为指导，抓住机遇、发挥优势，统筹规划、科学布局，继续扎实推进“走出去”战略实施，加快转变远洋渔业发展方式，增强产业综合实力和整体竞争能力，推动中国从远洋渔业大国向远洋渔业强国转变。为此，从五年发展规划到渔业行业管理，都将聚焦远洋渔业。主要着力点为：构建现代物质装备体系、完善政策扶持体系、大力发展科技支撑体系、完善科学管理服务体系和健全人才培养体系。

2.《交通运输“十二五”发展规划》及《关于促进沿海港口健康持续发展的意见》

（1）《交通运输“十二五”发展规划》

2011年6月，交通运输部组织编制并印发了《交通运输“十二五”发展规划》。该规划文本由十章组成、四大部分组成。第一部分是指导思想和发展目标，主要分析了“十二五”交通运输发展需求，明确了“十二五”交通运输发展的指导思想、基本原则和发展目标。第二部分是专业篇，包括综合运输、公路交通、水路交通、民用航空、邮政业五章内容，提出了推进综合运输体系建设以及公路、水路、民航和邮政发展的重点任务。第三部分是专题篇，包括交通科技与信息化、绿色交通、安全与应急保障等内容，这部分是行业健康、可持续发展的重点保障内容，是对经济社会和交通运输发展时代特征与要求的集中体现。第四部分是保障措施，从加强组织领导、完善投资政策、健全法律法规体系、加强人才队伍建设、加强精神文明建设等五个方面，提出了保障行业发展规划目标实现的政策及措施。

该规划提出的“十二五”交通运输发展总体目标是：到2015年，基础设施网络更趋完善，结构更加合理，交通运输供给能力明显增强，运输装备进一步改善，运输组织不断优化，运输效率和服务水平明显提升，创新能力不断增强，科技进步和信息化水平不断提高，行业监管能力明显加强，以低碳为特征的交通运输体系建设取得成效，资源节约型、环境友好型行业建设取得明显进展，交通安全监管体系逐步完善，应急反应能力进一步加强，安全保障能力明显提高。便捷、安全、经济、高效的综合运输体系初步形成，基本适应国民经济和社会发展的需要。

关于海洋交通运输产业发展的具体要求是：沿海港口布局进一步完善，服务功能明显拓展。形成布局合理、保障有力、服务高效、安全环保、管理先进的现代化港口体系，港口码头结构进一步优化，深水泊位达到2 214个，能力适应度（港口通过能力/实际完成吞吐量）达到1.1。

另外，在节能减排方面也对海洋交通运输船舶等提出了新的要求。该规划要求，营运船舶单位运输周转量的能耗和二氧化碳排放分别下降15%和16%。港口、公路服务区等生产、生活污水的循环利用水平，路面废弃材料等资源的再生利用水平显著提高。水上交通安全应急水平方面，百万吨港口吞吐量事故数和死亡人数年均下降5%，特别重大事故实行零控制。水上安全监管和救助能力显著提升，监管救助站点布局进一步完善，沿海重点水域离岸100海里应急到达时间不超过45分钟。溢油应急和抢险打捞能力进一步增强。

该规划确定的有关重点任务主要包括：

一是拓展货运枢纽的现代物流功能。发挥沿海港口货运枢纽优势，建设港口物流园区，沿运输通道扩大辐射范围，带动内陆无水港发展，支持内河港口与保税园区、工业园区联动发展，大力拓展港口的现代物流功能。

二是继续有序推进沿海港口基础设施建设，优化沿海港口结构与布局，着力拓展港口功能，提升港口的保障能力和服务水平。

三是有序推进沿海港口建设。本规划用较大篇幅部署安排沿海港口建设，主要内容包括：第一，优化港口布局。强化主要港口的核心地位。继续推进主要港口大型综合性港区建设，充分发挥主要港口在综合运输体系中的枢纽作用，提升对腹地经济社会发展的综合服务能力。第二，推进主要货类运输系统码头建设。“十二五”时期沿海港口规划新增深水泊位约440个，重点推进煤炭、原油、铁矿石和集装箱码头建设。第三，加强港口公共基础设施建设。航道、防波堤、公共锚地等公共基础设施重点建设主要港口、地区性重要港口深水航道和防波堤，推进新港区航道、防波堤建设。

四是大力发展现代航运服务业。在环渤海、长江三角洲、珠江三角洲、海峡西岸等区域大力发展航运金融、保险、海事仲裁、信息、航运交易等高端航运服务业，拓展航运服务产业链，建设航运交易信息平台，探索建立国际航运发展综合试验区。进一步提升船舶代理、无船承运、船舶管理等传统航运服务业水平。进一步提升国际航运合作水平，积极参与重要海上运输通道的合作，完善国际海运航线网络，保障能源等战略物资运输安全。支持大型港口及航运企业实施国际化发展战略，增强能源、原材料运输保障能力。推进澜沧江—湄公河国际航运便利化，推进东北亚地区陆海联运发展。

五是提升水上客运服务品质。推动水上客运向高速化、舒适化方向发展。大力发展海峡、岛屿间高速客轮、客滚运输和水上旅游客运。推进大连、天津、青岛、厦门、深圳、北海等港口邮轮运输，重点建设三亚、上海等邮轮母港，逐步延伸产业链条和服务范围，提高邮轮运输发展水平。

（2）《关于促进沿海港口健康持续发展的意见》

2011 年 11 月 25 日，交通运输部向沿海各省、市、自治区下发了《关于促进沿海港口健康持续发展的意见》。

该意见指出，在“十二五”期间，要大力发展航运金融、保险、海事仲裁、信息、航运交易等现代航运服务业务，鼓励以优势港口企业为主，采取合资合作、兼并重组等多种形式实施企业间资源整合，推进码头设施建设投资主体多元化。

在环渤海地区，将重点完善煤炭装船、外贸铁矿石接卸码头布局。在长江三角洲地区，将进一步完善集装箱运输体系、大宗散货海进江中转体系和江海物资转运体系。在珠江三角洲地区，将重点建设公共煤炭接卸码头，完善中转运输体系。在东南沿海地区，将加强对台运输码头设施建设，加快完善两岸直接“三通”水运基础条件。在西南沿海地区，将积极推进老港区专业化改造，有序发展专业化、规模化港区。

“十二五”期间，将积极发展现代航运服务业，以国际航运中心为重点，大力发展航运金融、保险、海事仲裁、信息、航运交易等现代航运服务业务，延伸航运服务产业链。

意见还提出，将推进码头设施建设投资主体多元化，鼓励以优势港口企业为主，采取合资合作、兼并重组等多种形式实施企业间资源整合。

3.《海洋工程装备制造业中长期发展规划》

2011 年 9 月，国家发改委等 4 部委印发了《海洋工程装备制造业中长期发展规划》。该规划是对《国家战略性新兴产业发展“十二五”规划》的细化补充。

海洋工程装备系指海洋资源特别是海洋油气资源勘探、开采、加工、储运、管理、后勤服务等方面的大型工程装备和辅助装备，具有高技术、高投入、高产出、高附加值、高风险的特点，是先进制造、信息、新材料等高新技术的综合体，产业辐射能力强，对国民经济带动作用大。海洋工程装备产业是开发利用海洋资源的物质和技术基础，是战略性新兴产业高端设备制造的发展重点，是船舶工业调整和振兴的重要方向。

该规划确定的发展目标是：到 2015 年，基本形成海洋工程装备产业的设计制造体系，初步掌握主力海洋工程装备的自主设计和总包建造技术、部分新型海洋工程装备的制造技术、以及关键配套设备和系统的核心技术，基本满足国家海洋资源开发的战略需要。到2020年，形成完整的科研开发、总装制造、设备供应、技术服务产业体系，打造若干知名海洋工程装备企业，基本掌握主力海洋工程装备的研发制造技术，具备新型海洋工程装备的自主设计建造能力，产业创新体系完备，创新能力跻身世界前列。

该规划确定了5大战略重点：主力海洋工程装备（包括物探船、工程勘察船、自升式钻井平台、自升式修井作业平台等）、新型海洋工程装备、前瞻性海洋工程装备、关键配套设备和系统、关键共性技术等。

（1）主力海洋工程装备。指量大面广、占市场总量80%以上的海洋工程装备，主要包括：物探船、工程勘察船、自升式钻井平台、自升式修井作业平台、半潜式钻井平台、半潜式生产平台、半潜式支持平台、钻井船、浮式生产储卸装置（FPSO）、半潜运输船、起重铺管船、风车安装船、多用途工作船、平台供应船等。

（2）新型海洋工程装备。指近年来国际上新发展起来的、中国目前尚处于空白状态的、有广阔市场前景的海洋工程装备，主要包括：液化天然气浮式生产储卸装置（LNG－FPSO）、深吃水立柱式平台（SPAR）、张力腿平台（TLP）、浮式钻井生产储卸装置（FDPSO）、自升式生产储卸油平台、深海水下应急作业装备及系统，以及其他新型装备。

（3）前瞻性海洋工程装备。指代表当今国际海洋工程装备新兴技术，可能改变当前海洋资源开发模式的新装备，主要包括：多金属结核、天然气水合物等开采装备，波浪能、潮流能等海洋可再生能源开发装备，海水提锂等海洋化学资源开发装备，以及其他新型装备。

（4）关键配套设备和系统。指海洋工程平台和作业船的配套系统和设备，以及水下采油、施工、检测、维修等设备，主要包括：自升式平台升降系统、深海锚泊系统、动力定位系统、FPSO单点系泊系统、大型海洋平台电站、燃气动力模块、自动化控制系统、大型海洋平台吊机、水下生产设备和系统、水下设备安装及维护系统、物探设备、测井/录井/固井系统及设备、铺管/铺缆设备、钻修井设备及系统、安全防护及监测检测系统，以及其他重大配套设备。

（5）关键共性技术。指制约中国海洋工程装备自主创新能力的关键技术和共性技术，主要包括：设计建造标准体系研究、海工工程管理技术、深海设施运动性能及载荷分析预报技术、深海设施动力响应及强度分析技术、深海锚索/立管等柔性构件的动力特性分析技术、深海海洋工程装备风险控制技术、深海设施长效防腐及防护技术、深水浮式结构物恶劣海况下安全性评估技术、海上构筑物寿命评估及弃置技术等。

预计，“十二五”时期，中国海上油气田开发工程建设投资将达2 500亿~3 000亿元。

4.《钢铁工业“十二五”规划》

2011年11月，工业和信息化部印发了《钢铁工业“十二五”发展规划》。

规划明确提出，“十二五”期间，钢铁产业布局调整要改变北重南轻的局面，原则上，在环渤海、长三角地区不再布局新的钢铁基地，但将加快推进东南沿海钢铁基地建设。同时，重点支持优势大型钢铁企业开展跨地区、跨所有制兼并重组和区域优势钢铁企业兼并重组。

在空间布局上，将坚持区域协调的基本原则，落实国家区域发展总体战略和主体功能区战略，要根据资源能源条件、市场需求、环境容量、产业基础和物流配套能力，统筹沿海沿边与内陆、上下游产业及区域经济发展，优化产业布局，满足各地区经济社会发展需求。

规划确定，调整产业布局，对产能过剩地区的盲目扩张要得到抑制，建成湛江、防城港钢铁精品基地。

对河北、山东、江苏、辽宁等钢铁规模较大的地区，将通过兼并重组、淘汰落后，减量调整区域内产业布局。重点支持优势大型钢铁企业开展跨地区、跨所有制兼并重组。充分发挥宝钢、鞍钢、武钢、首钢等大型钢铁企业集团的带动作用，形成3~5家具有核心竞争力和较强国际影响的企业集团。重点推进完善鞍钢与攀钢、本钢、三钢等企业，宝钢与广东钢铁企业，武钢与云南、广西钢铁企业，首钢与吉林、贵州、山西等地钢铁企业兼并重组。

继续推进东南沿海钢铁基地建设。“十二五”期间，加快建设湛江、防城港沿海钢铁精品基地，彻底改变东南沿海钢材供需矛盾，推进福建宁德钢铁基地建设，促进海峡西岸经济发展。通过上述重大布局项目的建设，抑制过剩地区钢铁产能盲目扩张。

5.《石油和化学工业“十二五”发展指南》及《石油和化学工业“十二五”发展规划》

2011年，工业和信息化部组织编制了《石油和化学工业“十二五”发展规划》。该规划对石化产业的企业结构、产业布局等作了具体安排。年中，中国石油和化学工业联合会（CPCIA）发布了《石油和化学工业“十二五”发展指南》。

该行业的总体发展思路是：按照“规模化、一体化、集约化”的原则，加快结构调整，积极发展炼化业务，“调结构和提升产业竞争力”；实现中国石化行业“由大变强”的战略目标，应对来自国际市场的竞争。中国石化每年向社会提供2亿多吨石油化工产品，是交通运输、建筑、卫生、汽车、农业、医药等数十个产业的有力支撑。如今，13个千万吨级炼油基地、8个百万吨级乙烯基地、一批大型原油码头及配套油库、长输管线，分布在长江三角洲、珠江三角洲和环渤海湾等广大区域。

“十二五”期间石化产业核心任务是：全面调整是有和化学工业产业的结构、提升竞争力、提升技术含量。

主要发展目标是：2015年国内原油产量达到4 350万～4 500万吨，天然气产量达到200亿～240亿立方米；原油加工能力达到2.75亿～2.95亿吨；境内成品油经营量在1.7亿吨以上，终端销售比例超过80%；成品油产量达到1.6亿吨。“十二五”期间，石化行业年均增长速度保持在10%以上。“十二五”末，行业总产值将达16万亿元。其中，精细和专用化学品率将提高到45%以上，销售收入过千亿元企业将超过15家。形成若干个2 000万吨/年级炼油生产基地，炼油企业平均规模达700万吨左右。原油加工能力控制在6.5亿吨/年以内，成品油产量达3亿吨左右。全国乙烯产能达2 600万吨/年左右，自给率达70%左右。丙烯产能达2 200万吨/年，自给率达75%左右。

在油气开采方面，按照“稳定东部、加快西部、开发海域、拓展海外”的思路，重点开拓海域及主要油气盆地和陆地油气新区。依靠科技进步，大幅提高油气田采收率。推动天然气产业快速发展。加强境外油气资源合作开发。完善油气干线管网和配套设施建设。逐步形成以油田和大型原油码头为中心，覆盖主要炼化企业，东西衔接，南北贯通，国内原油、进口原油和成品油灵活调节的管道输送网络。扩建和新建原油储备基地，在长三角、珠三角、环渤海和成渝地区建设成品油储备基地。扩大LNG进口来源和渠道，在沿海地区适当建设液化天然气接收站。

在原油加工方面，提高准入门槛，控制炼油产能盲目扩张。新建炼油项目需按大型化、炼化一体化要求，规模控制在1 000万吨/年以上。严格控制现有小型炼油装置再次扩大原油加工能力，加快淘汰200万吨/年及以下的小炼油企业，防止以沥青、重油加工等名义新建小炼油项目。在统筹兼顾全国总量平衡和消除区域供需失衡前提下，以现有企业改造扩建为主，努力建设具有世界先进水平的产业基地和产业聚集区。争取到2015年，形成若干个2 000万吨/年级的炼油生产基地，长三角、珠三角和环渤海地区的炼油能力比重进一步提高，炼油企业平均规模达到700万吨左右。完善原油一次、二次加工配套装置，提高综合加工和炼化一体化能力，积极推动油品质量升级改造。争取到2015年，原油加工能力控制在6.5亿吨/年以内，成品油产量达到3亿吨左右。汽油质量标准达到国Ⅳ以上，柴油质量标准达到国Ⅲ以上，轻油收率达到78%。吨原油加工耗标油低于60千克。

“十二五”期间中国石化产业发展重点空间布局是“长三角”、“珠三角”和环渤海地区。根据规划，中国的石化产业将进一步向上述三大地区集中，集中度进一步提高。规划所指“长三角”、“珠三角”和环渤海地区是宽泛的地理概念：“长三角”广泛到苏北、安徽、浙江等地；“珠三角”包括福建的海西经济区以及东南沿海地区；环渤海地区延伸到辽宁、大连等地。

目前中国炼油产业布局总体思路是以“两洲一湾”① 地区为主，适度发展中西部核心区，完善沿边地区布局，尽量少布新点。将对产业整体规模进行有效控制，进一步提高炼油产业集约化程度，将国内新建炼油项目起步规模提高到1 000万吨/年。

将在上述重点区域建成若干个2 000万吨级的炼油、200万吨级乙烯生产基地，煤化工产业向原料产地集中，煤化工“全面开花”的石油得到遏制；原料产地化肥比重提高到60%，专用化肥等深加工和精细化学品向消费地集中，石化园区和石化产业集群的建设更为完善。到2015年全国炼油企业平均能力提高到600万吨/年以上，形成若干个2 000万吨级以上的大型炼油基地。

同时，在石化产业总体发展牵引下，石化装备产业将迎来较大的发展机遇。海工装备处于石油和化工装备产业链上游，技术含量高、附加值高、关联性与带动性强。在世界能源资源供求失衡加剧的情况下，发展海工装备的前景十分广阔。预期“十二五”期间，海洋工程装备、大型炼化设备以及节能环保装备等产业将有望率先受益并迎来跨越式发展。

6.《船舶工业中长期发展规划（2006—2015年）》

船舶工业是为水上交通、海洋开发和国防建设等行业提供技术装备的现代综合性产业，也是劳动、资金、技术密集型产业，对机电、钢铁、化工、航运、海洋资源勘采等上、下游产业发展具有较强带动作用，对促进劳动力就业、发展出口贸易和保障海防安全意义重大。

《船舶工业中长期发展规划（2006—2015年）》确定了船舶工业发展目标：2015年，形成开发、建造高技术、高附加值船舶的能力，年造船能力达到2 800万载重吨，年产量2 200万载重吨，年销售收入1 800亿元（其中出口1 500万载重吨，出口值160亿美元），使中国成为世界造船强国。船用低、中速柴油机年生产能力分别达到600万千瓦和1 200台，本土生产的船用设备的平均装船率（按价值计算）达到80%以上，大型企业集团建成船用设备国际营销服务网络。骨干造船企业的生产效率达到15工时

① “珠三角”地区，以惠州为基地，最终将形成4 000万吨炼油、300万吨乙烯生产规模；长三角地区，以宁波大榭为基地，最终形成1 000万吨炼油及相应的化工生产规模；环渤海湾地区，以山东为基地最终形成1 000万吨炼油和盐化工在内的生产规模。

/修正总吨，3 万载重吨以上常规船舶平均建造周期达到 9 个月，人均年销售收入力争达到 200 万元。

为配合海洋资源开发，提高资源勘探、开采、加工、储运和后勤服务等方面的海洋工程装备研制水平，研发制造产品重点将向深水化、大型化和系统化方向发展，同时注重满足我国海洋管理需要，增强海洋调查监测和海洋执法管理等装备的研制能力。

7.《“十二五”可再生能源发展规划》

中国的海上风电资源较丰富。根据中国气象局的详查初步成果，在中国 5～25 米水深的海域内、50 米高度风电可装机容量约 2 亿千瓦，5～50 米水深、70 米高度风电可装机容量约 5 亿千瓦。目前，中国近海风场的可开发风能资源是陆上实际可开发风能资源储量的 3 倍，其风能储量远高于陆上，未来发展空间巨大。到 2020 年，中国“海上风电三峡”的建设将使海上风电装机容量超过 1 000 万千瓦，大部分分布于江苏沿海及潮间带，容量超过 800 万千瓦。发展海上风电已成为中国风电发展的重要方向。

2010 年 5 月，4 个海上风电特许权项目（江苏滨海 30 万千瓦、射阳 30 万千瓦、大丰 20 万千瓦、东台 20 万千瓦）正式展开，激烈角逐后，龙源电力、山东鲁能、中电投联合体、大唐新能源等分别中标，投标价在 0.623 5～0.737 元/千瓦时，这已逼近了陆上风电的电价。

在国家能源局的统一部署下，沿海各省份根据自身的资源状况，制定各自的海上风电发展规划。目前已有上海、江苏、浙江、山东和福建等多个省市区提出了各自的海上风电发展规划。其中江苏、浙江相对于渤海湾地区的风功率密度较大，同时无强台风，适合大规模建设海上风电场，成为海上风电场大规模建设的排头兵。

中国海上风电开发战略部署是重点建设江苏、山东基地，推进河北、上海、浙江等地的海上风电场。自 2007 年起步以来，中国已建成海上风电装机 14.25 万千瓦，初步具备了海上风电设计、施工及设备制造的能力。

《“十二五”可再生能源发展规划》提出“十二五”期间，海上风电将重点在江苏、山东、河北、上海、浙江、福建、广东、广西和海南等沿海区域开发建设海上风电场，预计到 2015 年中国的海上风电装机规模预计可达到 500 万千瓦，2020 年有望达到 3 000 万千瓦。①

到 2015 年底，江苏基地的海上风电装机实现投产 2GW。其中，中国将陆续开发建成南通和盐城等 4 个国家海上风电特许权项目，总装机规模为 1GW；同时，启动盐城和南通的海上百万千瓦风电基地。江苏省计划到 2020 年建成 1 000 万千瓦的风电场，

---

① 据《中国风电发展报告》，2011

其中海上风电场700万千瓦，浙江省总规划为100万千瓦。

山东同样也是发展海上风电的重要省份，其重点开发区域为沿海陆上及近海海域。到2015年底，山东基地海上风电装机实现投产1GW，在建1GW。

（三）综合评述

2009年以来，国家层面中长期发展规划密集出台，涉及海洋和沿海区域的规划更是空前密集，全国层面的发展规划，从涉海行业调整与发展，到产业空间布局趋海性部署，已经深入到了国民经济的各行各业。

在生产力布局方面，鉴于中国现阶段以利用进口资源为主的产业发展方式，带来一系列重大项目优先在沿海沿边地区布局的基本格局。作为世界性的制造业大国，钢铁、石化、造船等重化工业在"十二五"阶段将继续大量布局于沿海地区。与沿海港口群布局基本形成相配套，沿海地区新增工业产能仍将大幅提高。例如：全国七大石化基地5个落户沿海（图6－1），全国原油加工能力的大多集聚沿海地区（图6－2），全国九大钢铁基地6个在沿海（图6－3）。综合上述各类规划，从国家和纵向行业角度分析，海洋经济在国民经济中的比重越来越大，涉海产业门类扩大，用海产业与用户剧增，沿海地区迎来新一轮大开发热潮，引领中国工业化、现代化进程，预期"十二五"阶段，沿海地区经济增长将继续大幅快于中部和西部，地区经济部平衡发展态势仍将持续。

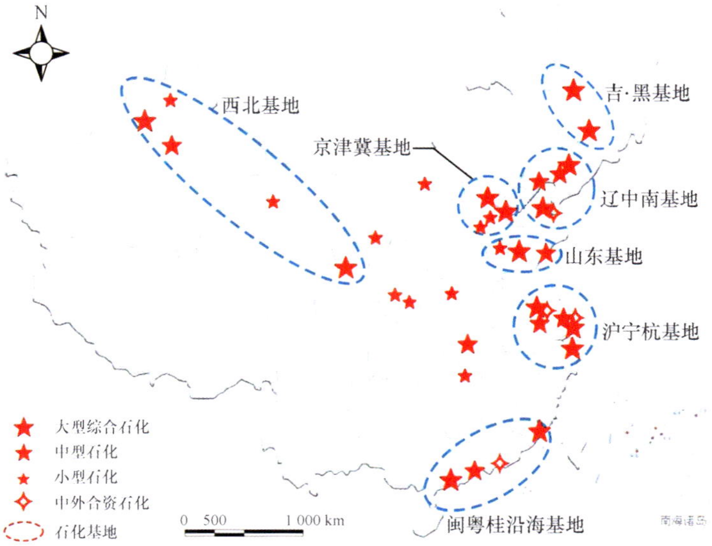

图6－1　全国七大石化基地分布图

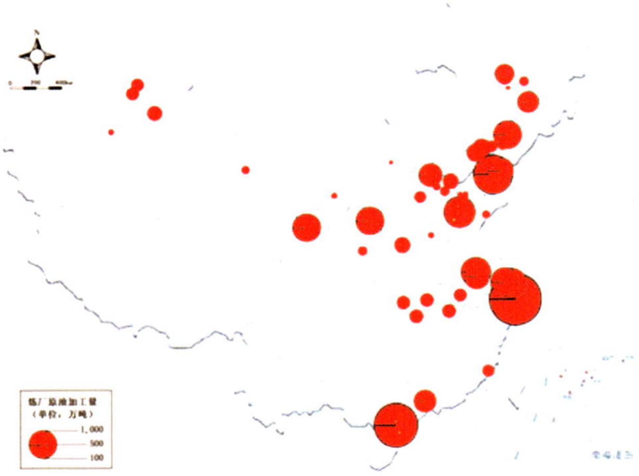

图 6-2　全国主要原油加工能力分布图

图 6-3　全国主要钢企分布图

海洋经济进入空前大发展阶段。在国家“十二五”规划中，除“推进海洋经济发展”单独一章外，另有十个章节中包括海洋经济各领域的内容，相关文字量在1.2万字左右。国家“十二五”规划对海洋经济的高度重视，反映出海洋经济将在该阶段进入一个全面发展时期，同时也预示着“十二五”阶段海洋经济将在整体国民经济体系中进入快车道。

陆海统筹发展战略在涉海行业中得到重墨体现。无论从国家总体规划、还是涉海相关行业规划，在现阶段，中国的海洋经济在空间上仍将以近岸、近海为主，深远海在个别领域有所突破；在内容上仍将以传统产业为主体，以新兴产业为递补；在产业类型上，将进一步提升工业化程度，服务业相应发展；在新增长点方面，海洋战略性新兴产业成为亮点。

同时，涉海产业发展重点呈现交叉趋势。从“十二五”涉海产业和行业发展规划看，海洋渔业、修造船及海洋工程装备制造业、钢铁工业、石油开采业、石化工业、滨海旅游业、电力业等，大多临海布局，彼此交叉，相邻紧密。在岸线、滨海土地、浅海滩涂、近岸海域等空间资源上，呈现超量瓜分态势，行业冲突、用户矛盾进一步突出，开发利用需求与资源环境承载力之间矛盾凸显。

涉海行业趋海性愈发强烈。随着海洋开发的迅速扩展，涉海行业增多，特别是中国经济国际化程度迅速提高情况下，重化工业生产力布局急速向沿海推进，使得以前不涉及用海的行业也成为用海用户，如钢铁行业，作为产能占世界1/2、粗钢产量占世界总产量44%的中国钢铁工业，尽管产能过剩、地区发展不平衡问题严峻，但调控措施实效不明朗，造成北部沿海钢铁产能严重过剩，规划南方产能将继续增加，如此，沿海地区钢铁产能有可能超规划指标形成。

总之，从全国层面已经在沿海地区进行了密集的涉海产业和行业布局，新一轮国家沿海开发战略布局已经完成。

二、沿海地区“十二五”规划对海洋经济发展的安排

大力发展海洋经济成为沿11个直辖市和自治区的国民经济和社会发展“十二五”规划的焦点和亮点。特别值得关注的是，11个沿海地区都以浓墨重笔把打造沿海新城、创建临海或临港海洋产业集聚区、构建具有国际竞争力的现代海洋产业体系等写进地区发展的五年规划。期冀海洋经济在连续十年（“十五”、“十一五”）引领沿海地区经济高速发展轨道上，能够继续牵引沿海地区经济持续快速发展。

（一）辽宁省“十二五”规划

以辽宁沿海经济带、沈阳经济区建设为引擎，以贯通沿海与腹地的沈大经济带为

战略轴线，带动辽西北地区实现跨越发展，构建“双擎一轴联动”的空间发展格局。实施主体功能区战略，推进资源型城市经济转型，发展海洋经济，扶持民族地区和贫困地区，形成区域协调互动发展的新机制。

坚持资源优势，发展渔业、交通运输、滨海旅游和海洋新兴产业，合理开发利用海洋资源，保护海岛、海岸带和海洋生态环境。加快调整传统海洋渔业，建设海洋牧场，实现数量型渔业向质量型渔业转变。加快发展养殖业，养护和合理利用近海渔业资源，积极发展远洋渔业，发展水产品深加工及配套服务产业，实现海洋渔业可持续发展。依托滨海大道和长山群岛国际旅游度假区、觉华岛北方旅游度假区等建设项目，着力发展滨海旅游业，打造具有地域特色的滨海旅游带。大力发展海洋药物、功能食品、海水利用、海洋生物、海洋能源等海洋新兴产业，提高海洋经济整体水平和效益。进一步加大海洋油气勘探开发力度，深化老区勘探和调查，增加经济可采储量，稳定海洋油气业发展。合理开发利用海岛和岸线资源，修复近海重要生态功能区，形成良性循环的海洋生态系统。

（二）天津市“十二五”规划

大力发展海洋科技，培育、推动生物医药等产业；加强海港基础设施建设，增强滨海新区航运、物流服务功能。优化工业布局，着力打造临港装备、南港石化等产业集聚区，构建临海产业发展带。

（三）河北省“十二五”规划

加快打造沿海经济隆起带。推进沿海“11县（市、区）8区1路”建设。充分发挥环渤海的区位优势，坚持规划引导、政策支持、开放带动，促进重大生产力布局向沿海地区集中。在近海临港、基础较好、潜力较大的昌黎、丰南、黄骅等11个县（市、区），以及北戴河新区、曹妃甸新区、渤海新区等8个功能区，以滨海公路为纽带，加速构建沿海经济隆起带。培育发展新能源、新材料、海洋经济等战略性新兴产业，大力发展港口物流、文化创意、商务会展等现代服务业，强化沿海地区产业分工与合作，形成环渤海地区具有重大影响力的临港产业带。

（四）山东省“十二五”规划

大力发展蓝色经济。深入实施重点区域带动战略，促进区域经济相互融合发展。加快打造山东半岛蓝色经济区。精心组织实施国家海洋经济发展试点，加快实施国家批复的《山东半岛蓝色经济区发展规划》，打造具有国际先进水平的海洋经济改革发展示范区和我国东部沿海地区重要的经济增长极；胶东半岛高端产业聚集区作为山东半岛蓝色经济区的主体力量，要发挥全省优质资源富集地带的优势，努力建成国内一流、国际先进的高端产业聚集区。

（五）江苏省“十二五”规划

构建苏中经济国际化新高地。发挥苏中承南启北、江海联动的区位优势，深入推进沿江开发和沿海开发，促进苏中全面融入苏南经济板块，进一步提高发展层次和水平。重点发展先进装备制造业、基础原材料产业和港口物流业，着力打造海洋工程装备、生物医药等具有国际竞争力的产业集群。大力引进外资，扩大对外贸易，加强国际交流与合作，加快建立与国际市场接轨的生产体系、营销体系和服务体系。加大对苏中里下河地区的扶持力度。

（六）上海市“十二五”规划

提升产业基地能级。发挥国家新型工业化产业示范基地的带动作用，推进国家微电子产业基地、精品钢铁基地、海洋装备基地、国际汽车城、临港装备产业基地、化学工业园区等重大产业基地建设。推动战略性新兴产业集聚发展，着力打造若干战略性新兴产业示范区。加快工业向产业基地和各类国家级、市级开发区集聚，加快推进规划工业区块外现状工业用地的调整转型。

（七）浙江省“十二五”规划

充分发挥海洋资源优势，实施海洋开发战略，统筹海洋经济与陆域经济发展，构建现代海洋产业体系，加快建设全国海洋经济发展示范区。

1. 优化海洋空间开发格局

以宁波—舟山港海域、海岛及其依托城市为核心区，促进宁波、舟山区域统筹联动发展，加快舟山海洋综合开发试验区建设，着力打造我国海洋经济参与国际竞争的核心区域和保障国家经济安全的战略高地。

2. 加快发展现代海洋产业

扶持发展海洋新兴产业。坚持引进与培育并举，提升海洋装备工业技术集成和设备成套化水平。打造国家级海洋先进装备业和海洋工程装备基地。积极有序布局沿海核电项目，成为全国重要的核电生产基地。以创建中国（海盐）核电城为重要载体，打造国家核电服务和装备制造基地，促进核电关联产业发展。积极发展海岛和近海风能、潮汐能、潮流能等海洋可再生能源，打造国家海洋能研究与开发基地。

加强海洋生物技术研究与开发，重点发展海洋功能性生物制品、生物性原料药与衍生品等产业，建设海洋生物制品基地。大力推进海水淡化和综合利用，加快关键技术设备国产化进程，打造我国重要的海水淡化技术装备制造基地。加强海洋勘探开发和海洋测绘服务，建设东海油气田后方基地和我国大洋勘查技术与深海科学研究开发基地。以滨海城市为依托，加快建设甬舟、温台和跨杭州湾三大海洋旅游区，优化海洋旅游产品结构，完善海洋旅游配套服务体系，打造重要的海洋休闲旅游目的地。

择优发展临港先进制造业。以宁波国家级石化产业基地和台州炼化一体化项目建设为重点，打造国际领先的现代石化产业基地。发挥沿海地区船舶工业特色优势，重点发展海洋工程船、液化天然气船、综合服务船、邮轮游艇、体育船艇、节能型船用柴油机及船用电子信息设备等高附加值船舶和船用设备，加快形成现代船舶产业链协作体系。

提升发展现代海洋渔业。加强渔船网具管理，控制近海捕捞强度，优化捕捞结构，实施海洋捕捞渔船转型升级示范工程。扶持壮大远洋渔业，完善配套服务体系。积极发展生态高效养殖，建设一批生态型水产养殖园区。大力发展水产品精深加工和物流贸易，强化水产品专业市场升级改造，强化水产品质量检验。继续推进标准渔港建设。

3. 推进舟山海洋综合开发试验区建设

建设大宗商品国际物流基地。规范有序推进口岸扩大开放，规划建设国家战略物资储备基地、港航服务集聚区和一批大型港口物流项目，打造全国重要的铁矿砂中转贸易、煤炭中转加工配送、油品中转贸易储存、粮食中转加工配送、化工品中转储运加工、集装箱中转运输等六大基地，建设舟山大宗商品交易平台。推进沿海运输、海进江和国际航运业务发展，推动舟山港口由中转储运向综合物流港转变，打造国际物流岛。

建设现代海洋产业基地。推动一批重大涉海产业项目落户海岛。加快船舶工业升级改造，重点发展海洋工程装备、高值船舶和船配产品，打造全国船舶检测中心和中国（舟山）船舶交易中心，建设中国重要的造船基地、船舶工业示范基地和世界级修船基地。加快推进舟山群岛海洋旅游综合改革试验区建设，打造国际佛教文化胜地和海洋休闲旅游目的地。提升捕捞、养殖、加工、贸易等现代渔业产业，打造舟山现代远洋渔业基地。综合开发海洋可再生能源，建设中国海洋新能源综合开发利用重地。

建设国家级海洋科教基地。高水平推进中国（舟山）海洋科学城建设，打造一批海洋科技创新平台、科研中试基地和孵化器，支持海洋科研成果转化落地。加强高等院校涉海学科和专业建设，做大做强浙江海洋学院，加强海洋职业技术教育，推动与名校和大院大所的战略合作，实施海洋人才工程，打造海洋专业人才教育培养基地。

建设群岛型花园城市。加强舟山临城新区与定海、普陀城区的特色建设与协调发展，集聚港航、金融、商务、信息、科研等资源，推动绿色、美丽、数字城市建设。突出群岛特色，优化城镇结构，加强中心镇和新渔村建设，挖掘海岛特色文化，保护修复历史遗存和生态景观，提升海岛居民生活品质，建成山海秀美、生态和谐的群岛型花园城市。

（八）福建省“十二五”规划

发展现代海洋经济。围绕“海峡、海湾、海岛”，合理开发海洋资源，优化空间布局，培育发展海洋新兴产业，加快建设现代化海洋产业开发基地。

优化海洋经济空间布局。统筹推进海岸、海岛、近海、远海开发，促进港口岸线资源合理利用，协调推进海岸带开发，打造海峡蓝色产业带。推动建立闽台海洋合作的长效机制，构建两岸海洋经济合作圈。加强海洋经济聚集区域建设，科学规划、有序开发特色海岛。

壮大提升海洋优势产业。加快海洋产业集聚发展、优化发展，推动海洋经济转型升级。着力优化提升临港工业，推动形成东南沿海重要的临港重化产业基地。推动临港工业与运输、金融、保险、商贸等产业联动发展。加快现代海洋渔业、船舶修造、海洋运输、滨海旅游等产业发展，延伸产业链，提高技术含量，培植一批在国内外具有较强竞争力的龙头骨干企业和产业集群。

培育壮大海洋新兴产业。加快培育海洋生物医药、海洋可再生能源、海水综合利用、邮轮游艇、海洋环保等新兴产业，做大做强漳州诏安、厦门海沧、泉州石狮等海洋生物医药和保健品研究开发产业基地。促进海洋生物育种、海洋活性物质提取、海洋药物、海水淡化等高新技术的产业化应用。

推进海洋科技创新。坚持科技兴海，加强海洋科技研发及能力建设，开展重大海洋科研攻关，进一步增强科技进步对海洋经济发展的促进作用，海洋科技进步综合指标继续保持全国先进行列。

加强海洋科技创新能力建设。加强海洋科技人才培养和引进工作，促进与国内外及台湾海洋科技交流与合作，推进厦门国家海洋研究中心建设，着力打造一批中试工程化技术平台和科技兴海示范基地。建立海洋碳汇研发基地。加强海洋科研装备。建设海水淡化技术和设备研发基地。构建海洋公益事业科技创新体系，建立健全海洋产业创新平台。支持中小海洋企业联合高等院校、科研院所进行合作研究开发，加大对企业技术创新成果推广转化的扶持力度，推动海洋企业建立技术研发机构，促进企业成为海洋科技创新主体。

加快海洋科技成果转化利用。支持开展海洋产业重大关键共性技术开发，建立健全促进海洋科技成果高效转化机制。加强海洋生物医药及功能产品技术的研发和转化应用。开展海洋能开发利用技术的国内外联合攻关。实施海水淡化示范工程及海上风能、潮汐能等发电示范工程，开展浓海水制盐技术攻关。充分利用技术转化交流平台，加强海洋科技信息、技术转让等服务网络建设。鼓励企业组建创新中心，提高核心技术开发能力，针对行业重大科技需求，加速科技成果转化和产业化。

提高海洋管理能力。深化海洋管理体制改革，完善法规体系，重点解决海洋资源开发、海洋环境保护、海洋日常管理活动中的突出问题，形成协调、高效的海洋综合管理体制。

强化海域和海岛管理。集中集约利用海域资源，落实海洋功能区划和主体功能区规划，实行动态管理和规划定期评估制度。加快有居民海岛开发建设与保护，加大基础设施建设和教育、医疗、社会保障、生态环境保护等方面的投入。推进无居民海岛的保护性开发，允许单位和个人在符合规定的前提下申请使用权。加强资源调查，重视海域使用论证、审批和监督，健全海域、海岛使用权市场机制。2012 年 3 月份，《福建省海岛保护规划》发布实施，对福建省 89 个有居民海岛，2115 个无居民海岛明确了保护和开发方向。提出了“近期以整治无序利用开发利用与修复生态环境为主，适度开发利用；中远期保护与开发利用并重，构建海岛可持续发展格局；展望期为实现基础设施配套完善、海岛资源利用和生态保护协调发展”的海岛保护、开发利用的指导思想。

保护海洋生态环境。陆海统筹、河海兼顾，促进近岸海域、陆域和流域环境协同综合整治，控制陆源污染向海洋转移，控制近海资源过度开发。充分利用“海湾数模”，严格控制湾内围填海，引导和推动湾外围填海。加强海洋自然保护区和海洋生态功能区建设，加快实施近岸海域及海洋生态系统的保护、修复和建设工程。建立健全海洋污染源溯源追究制度，提高污染突发事件应急能力。建立健全海洋生态补偿和渔业补偿机制。实施“碧海银滩”工程，率先建成中国海洋生态文明宜居区。

加大海洋执法监察力度。完善维护海洋权益的政策法规，推进地方性法规规章立法工作，制定相应配套措施。强化海监执法，完善海洋执法协调合作机制，理顺涉海管理部门间的职责关系，形成海洋执法合力，加强海洋监察执法队伍建设。建设近海地区及台湾海峡动态监测和综合管理信息系统，提高海洋资源、环境监测、经济管理服务信息化水平。探索解决争端新途径，加强闽台海洋事务磋商，夯实维权基础。

（九）广东省“十二五”规划

构建东西两翼沿海经济带。把发展海洋经济作为推动东西两翼沿海地区跨越发展的重要引擎。加快建设以石化、钢铁、船舶制造、能源生产为主的沿海重化产业带，发展特色经济、海洋经济和现代农业，建设成为中国乃至世界级的重化工业基地和物流基地、新能源产业基地、海洋经济发展示范区、现代农业示范区，成为全省新的经济增长极。以基础设施一体化为先导，强化区域内部基础设施统筹衔接，加强与珠三角和周边相邻省（区）的对接，重点建设沿海综合运输主通道。支持促进粤东经济一体化和提升粤西区域合作水平，加快“汕潮揭”城市群建设和“湛茂阳”经济圈发展。促进粤东地区与海峡西岸经济区、粤西地区与北部湾经济区的融合发展，强化粤东对台及东盟经贸交流合作，粤西参与大西南和东盟等区域合作。

（十）广西壮族自治区“十二五”规划

积极发展海洋产业。坚持陆海统筹，科学规划海洋经济发展，合理开发利用海洋资源，建设海洋工业基地，大力发展海洋产业。加强海洋基础性、前瞻性、关键性技术研发，发展高效生态海水养殖、外海和远洋捕捞、海产品加工、海洋生物医药、海洋化工、港口物流、滨海旅游、修造船等产业，积极探索合作开发北部湾油气资源。加强南澫、营盘、犀牛脚、企沙、侨港、龙门港等重要渔港建设，加快实施沿海转产转业渔民、连家船渔民上岸定居及就业安置工程。加强人工鱼礁和海洋牧场建设，健全围填海管理制度，保护海岛、海岸线和海洋生态环境。实施海洋主体功能区规划。积极开展与东盟国家的海洋开发合作。

（十一）海南省“十二五”规划

加快发展海洋经济。围绕建设南海资源开发和服务基地，制定和实施海洋强省战略，科学规划发展海洋经济，形成南海蓝色经济区。“十二五”要根据海洋产业发展规划，研究推进周边岛屿开发开放的政策措施；把海洋运输业、海洋船舶制造业、海洋渔业、海洋观光旅游业等海洋产业做大做强；加快疏港、临港基础设施建设，吸引更多的大型航运公司落户，开辟新的航线，发展中转贸易，成为国内市场与国际市场的接轨点、国内经济和国际经济的交汇点；依托区位、港口资源和保税港区的政策优势，优化港口经济结构和产业布局；加强海监渔政队伍和装备建设，提高海洋开发、控制、综合管理能力；切实加强海洋生态环境保护，保护好海岛、海岸线和海洋生态环境。

1. 发展现代海洋产业体系

支持大型石油公司加大海洋石油资源勘探开发力度，提高海洋油气资源开发利用水平，加快推进海南国家石油战略储备基地建设。支持发展海洋生物工程、海洋能源利用、海水淡化等新兴产业。以港口为依托，按照城、港、区（园区）联动发展的思路，形成具有竞争力的海洋产业。洋浦港经济区重点发展石化、林浆纸一体化、港航、以油气储备为重点的现代物流、修造船以及小飞机、游艇制造等新兴产业，马村港经济区重点发展现代港口物流业、汽车及先进装备制造业、制药业、光伏产业等，八所港经济区重点发展天然气加工工业、海洋能源、对越边境贸易业等，三亚港经济区重点发展滨海旅游业、海洋渔业等，清澜港经济区重点发展现代物流业等。以海湾为依托，开发建设一批国际大型旅游区，发展休闲度假业、邮轮游艇产业。支持金牌港经济开发区列入国家级海洋经济示范区。以海口、三亚等滨海城市为依托，培育发展海洋旅游、金融服务、信息服务、技术服务、商贸服务等海洋服务业。以渔港为依托，做大做强现代海洋渔业。加强与广东广西的合作，建立海上巡航、搜救和事故应急合作机制，不断完善海上安全日常管理协调工作机制。

2. 科学规划海洋功能区开发

全面实施国务院批复同意的《全国海洋功能区划》，即海南岛东北部海域，大力发展滨海旅游及生态渔业，加快油气资源的勘探和开发，强化自然保护区管理；海南岛西南部毗邻海域，积极勘探开发油气资源，稳步发展盐和盐化工以及天然气化肥等海洋产业，发展生态养殖，加强滨海旅游设施建设，保护珊瑚礁资源；西沙群岛海域和南沙群岛海域，积极稳妥开放、开发西沙旅游，建设好西沙渔业补给基地，合理开发利用和养护渔业资源，推进涵养水源和风能、潮汐能电站及生活设施建设，争取开发深海油气资源以及天然气水合物资源，加强珊瑚礁等自然保护区管理，保护海龟等珍稀物种及海洋生物多样性。

3. 保护和利用海南岛周边海岛

依据国家海岛保护法，编制海南岛周边海岛保护和利用规划，加快编制西南中沙开发利用规划。坚持保护为主、科学利用的原则，重点保护和利用海南岛周围具有政治、经济、军事、旅游、环保和科研价值的海岛，因岛制宜，建设一批自然保护型、旅游型、水产养殖科研型、综合利用型海岛。加强海域、海岛、海岸线保护、整治、修复等工作。

（十二）东北振兴“十二五”规划

《东北振兴“十二五”规划》于2012年3月获得国务院的批准，并由国家发改委通知实施。该规划是中国重大区域经济发展规划的重要组成部分，对东北地区在新形势下的发展进行专门部署。

《东北振兴十二五规划》将海洋经济纳入现代产体系之中，把发展海洋经济同优化传统产业、培育新兴产业、大力发展服务业放在同样的高度。对海洋经济发展的重点和任务予以明确安排。

一是提高海洋资源的利用效率，通过不断提升海洋科技水平，增强海洋开发、控制、综合管理能力，对资源型海洋产业的发展进行有益的探索。渔业方面，加强近海渔业资源保护，大力发展水产养殖及加工，建设“海上牧场”，发展远洋渔业，促进传统渔业向现代渔业转变；海洋矿产、油气业方面，加快深海资源勘探开发技术和工程装备的研发，加大海洋油气资源勘探开发力度，促进海洋油气产业稳步发展。

二是推进若干海洋新兴产业的稳步发展，扶持海洋生物医药、功能食品、海洋能源产业，采取措施提高其产业规模；加大对海水综合利用、直接利用及淡化技术的研发推广力度。

三是加快海洋服务业特别是滨海旅游业的发展步伐，规范有序开发长海诸岛旅游资源，打造国际知名的滨海和海岛旅游带。

四是依靠海洋生态文明理念指导海洋经济发展。合理开发和保护海岛、岸线和湿地资源，优化港口布局，从严控制填海造地和围海用海项目，修复重要沿海湿地和近海重要生态功能区；加强辽宁沿海海域污染防治，完善涉海法律法规和政策，加大海洋执法力度，维护海洋资源开发秩序。

（十三）综合评述

综合分析沿海地区国民经济和社会发展规划，不难看出“海”味浓重，反映出在地方层面对发展海洋经济的重视程度。可以归纳出如下几点共性特征：

第一，沿海地区集体向海，地方经济增长与发展寄厚望与海洋。在各地规划目标中，把制定和实施战略作为“十二五”地区经济和社会发展的核心目标之一。

第二，陆海统筹推进地区经济新一轮发展。各地在产业规划、空间规划等方面都融合了陆地和海洋双重内容，呈现出以海拉动、以陆承载的基本思路，各行各业纷纷下海，陆海开发交叉形成新兴产业，各地出现以海为特色的产业园区，成为海洋开发的陆域基地，也推动了海洋开发的集约化、工业化和信息化。

第三，滨海新城成为沿海地区城镇化发展的主要模式。沿海各地都规模不同地提出了建设滨海新城规划，预计滨海地区的城镇化进程将在“十二五”阶段加速，沿海地区人口密集程度进一步增大，人口趋海性态势有增无减。由此，沿海社会海洋文化及海洋文化产业将得到较快发展，同时，必将引起沿海社区的生产方式、生活方式和文化价值观等的相应变化。

三、海洋经济专项规划

2011 年，国家编制和批复了一系列沿海地区和区域中长期发展规划和海洋经济专项示范、实验规划。沿海各地政府也出台了海洋经济专项规划，从而，形成了较为完整的海洋经济发展规划体系。

（一）国务院批复的专项规划

从 2011 年新年伊始国务院批复《山东半岛蓝色经济区发展规划》后，浙江、广东、河北等都相继拿到了国务院对当地海洋经济示范、综合实验及沿海大开发的批复路条，在国内多次掀起海洋经济热，大大提升了海洋经济在全社会的地位，带动了国民海洋意识的觉醒和提高。

1.《山东半岛蓝色经济区发展规划》

2011 年 1 月 4 日，国务院批复《山东半岛蓝色经济区发展规划》。规划主体区范围包括山东全部海域和青岛、东营、烟台、潍坊、威海、日照 6 市及滨州市的无棣、沾化两个沿海县所属陆域，海域面积 15.95 万平方千米，陆域面积 6.4 万平方千米。规划期为 2011—2020 年，重点是“十二五”时期。

规划提出的发展定位为：建设具有较强国际竞争力的现代海洋产业集聚区；建设具有世界先进水平的海洋科技教育核心区；建设国家海洋经济改革开放先行区；建设全国重要的海洋生态文明示范区。

该规划确定的发展目标为：到 2015 年，现代海洋产业体系基本建立，综合经济实力显著增强；发展方式转变和经济结构调整迈出实质性步伐，海洋经济综合效益显著提高；海洋科技创新体系基本形成，自主创新能力大幅提升；单位地区生产总值能耗和主要污染物排放总量持续降低，海陆生态建设和污染治理取得显著成效，环境质量明显改善；作为东北亚国际航运综合枢纽和国际物流中心的地位显著提升，海洋经济对外开放格局不断完善；人民生活质量进一步提高，率先达到全面建设小康社会的总体要求。海洋生产总值年均增长 15% 以上，区内研究与试验发展经费占地区生产总值的比重达到 2.5%，海洋科技进步贡献率提高到 65% 左右，人均地区生产总值超过 8 万元，城镇居民人均可支配收入和农民人均纯收入年均增长10%左右，城镇化水平达到65%左右。到2020年，建成海洋经济发达、产业结构优化、人与自然和谐的蓝色经济区，率先基本实现现代化。海洋经济综合实力和竞争力位居全国前列，建成具有世界先进水平的海洋科技教育人才中心，经济开放水平大幅提升，成为中国参与经济全球化发展的重点地区，海洋生态文明建设取得显著成效，单位地区生产总值能耗达到国内先进水平，主要污染物排放总量得到严格控制，区域、海洋生态环境质量不断改善，实现基本公共服务均等化，人民生活更加富裕。海洋生产总值年均增长12%以上，人均地区生产总值达到13万元左右，城镇化水平达到70%左右。

该规划确立了三个层面的海陆空间优化布局：一是优化海洋产业布局，提升胶东半岛高端海洋产业集聚区核心地位，壮大黄河三角洲高效生态海洋产业集聚区和鲁南临港产业集聚区两个增长极；二是优化海岸与海洋开发保护格局，构筑海岸、近海和远海三条开发保护带；三是优化沿海城镇布局，培育青岛—潍坊—日照、烟台—威海、东营—滨州三个城镇组团，形成“一核、两极、三带、三组团”的总体开发框架。

该规划提出了构建现代海洋产业体系的重点任务。一是加快发展海洋第一产业，主要包括：现代水产养殖业、渔业增殖业、现代远洋渔业和滨海特色农业。二是优化发展海洋第二产业，主要包括：海洋生物产业、海洋装备制造业、海洋能源矿产业、海洋工程建筑业、现代海洋化工产业和海洋水产品精深加工业。三是大力发展海洋第三产业，主要包括：海洋运输物流业和海洋文化旅游业。

2.《浙江海洋经济发展示范区规划》

2011年2月25日国务院批复《浙江海洋经济发展示范区规划》。规划的空间范围包括：杭州、宁波、温州、嘉兴、绍兴、舟山、台州7个市47个县（市、区）。

该规划提出浙江海洋经济发展定位是：建设成中国大宗商品国际物流中心、海洋海岛开发开放改革示范区、现代海洋产业发展示范区、海陆协调发展示范区、海洋生态文明与清洁能源示范区。

该规划提出的发展目标是：争取到2015年，全省海洋生产总值接近7 000亿元，占全国海洋经济比重提高到15%，海洋战略性新兴产业增加值占30%以上，科技贡献率达70%以上，海洋经济综合实力、辐射带动力和可持续发展能力居全国前列，在全国地位进一步提升，基本建成海洋经济强省。

该规划确定的海洋经济发展示范区空间布局概括为“一核、两翼、三圈、九区、多岛”。“一核”指以宁波—舟山港海域、海岛及其依托城市为核心区，促进宁波、舟山区域统筹联动发展，打造中国海洋经济参与国际竞争和保障国家经济安全的战略高地；“两翼”指以环杭州湾产业带及其近岸海域为北翼，加强与上海国际金融和航运中心接轨，以温台沿海产业带及其近岸海域为南翼，加强与海峡西岸经济区接轨；“三圈”指杭州、宁波、温州三大都市圈，优先发展海洋战略性新兴产业，不断增强区域集聚辐射；“九区”指沿海九大产业集聚区，积极成为海洋经济发展方式转变和城市新区培育的主载体；“多岛”指梅山、六横、金塘、普陀山（朱家尖）、洋山、南田、头门、大陈、大小门、南麂等重要海岛，突出岛屿特色开发，努力成为全国海洋开发开放的先导区。

该规划确定了三大重点任务为：一是打造集大宗商品交易平台、海陆联动集疏运网络、金融和信息支撑系统“三位一体”的港航物流服务体系；二是加快发展现代海洋产业，主要有：重点扶持发展海洋战略性新兴产业，打造国家级海洋先进装备业和海洋工程装备基地、海水淡化技术装备制造基地、海洋能研究与开发基地、海洋休闲旅游目的地、大洋勘查技术与深海科学研究开发基地等，择优发展新型环保石化、船舶、汽车、造纸、钢铁等临港先进制造业，提升发展现代海洋渔业。三是推进舟山海洋综合开发试验区建设，重点打造大宗商品国际物流基地、现代海洋产业基地、国家级海洋科教基地，把舟山建设成为群岛型花园城市。

3.《广东海洋经济综合试验区发展规划》

2011 年 7 月 5 日国务院批复《广东海洋经济综合试验区发展规划》。该规划范围包括广东省全部海域和广州、深圳、珠海、汕头、惠州、汕尾、东莞、中山、江门、阳江、湛江、茂名、潮州、揭阳 14 个沿海地级以上市，海域面积 41.9 万平方千米，陆域面积 8.4 万平方千米。规划期为 2011 年—2020 年。

该规划提出的发展目标为：到 2015 年，基本建成海洋强省。海洋经济总量显著提升，全省海洋生产总值达 1.5 万亿元，占到 GDP 总量的近 1/4，继续保持全国领先地位。到 2020 年，全面实现建设海洋经济强省战略目标。

该规划赋予该综合实验区的历史使命重大。即：创新合作方式，加强与香港特别行政区和澳门特别行政区、海峡西岸经济区、北部湾地区和海南国际旅游岛的对接合作，努力探索有利于海洋经济科学发展的体制机制。

该规划提出的发展定位是：提升中国海洋经济国际竞争力的核心区、促进海洋科技创新和成果转化的集聚区、加强海洋生态文明建设的示范区和推进海洋综合管理的先行区。

综合试验区要构建“一核、两极、三圈、四带”的海洋综合开发新格局。“一核”是要提升优化珠三角海洋经济区的核心作用。“两级”是要发展壮大粤东海洋经济区、粤西海洋经济区两个增长极。“三圈”是指广东省要密切三个经济合作圈：一是粤西——粤桂琼海洋经济合作圈，重点加强滨海旅游业、现代海洋渔业、涉海基础设施建设等；二是粤东——福建海峡西岸经济区，着力打造粤闽海洋经济合作圈，扩大与福建在现代海洋渔业、海洋文化等领域的合作；三是珠三角——粤港澳经济圈，加强在海洋运输、物流仓储、海洋工程装备制造、海岛开发、邮轮经济等方面的合作，从而在整体上形成一盘活棋。“四带”是要拓展海洋经济向深蓝挺进，一是合理开发海洋带及邻近海域，二是保护性开发海岛及邻近海域，三是积极开发近海海域，四是有重点地开发深海海域。

该规划提出在海洋产业要着重提升传统海洋产业、振兴现代海洋产业、壮大新兴海洋产业。

4.《海峡西岸经济区发展规划》

2011 年 5 月由国家发展和改革委员会制定的《海峡西岸经济区发展规划》经国务院批准正式发布。

该规划范围包括福建省全境以及浙江省温州市、衢州市、丽水市，广东省汕头市、梅州市、潮州市、揭阳市，江西省上饶市、鹰潭市、抚州市、赣州市，陆域面积约 27 万平方千米。规划期从 2011 年至 2020 年。

该规划提出培育壮大 9 个集中发展区。包括厦门湾、闽江口、湄洲湾、泉州湾、环三都澳、温州沿海、粤东沿海等 7 个发展区，以及闽粤赣和闽浙赣两个互动区。

规划对建设现代化海洋产业开发基地进行具体安排。一是大力发展海洋经济。加大政策扶持力度，支持福建开展全国海洋经济发展试点工作，组织编制专项规划，鼓励体制机制创新，努力建设海峡蓝色经济试验区。加强海洋科技中试基地及研发平台建设，建立海洋生物资源研发中心、海洋高技术工程中心、新能源开发等实验示范基地。加快培育海洋药品、保健食品、海洋资源综合利用、海洋服务业等新兴产业，形成以沿海重要港湾为依托的临港经济密集区。二是加强海洋环境保护。加强海洋自然保护区建设，实施闽江口、泉州湾、九龙江口等海洋生态保护恢复工程。加强海洋保护规划，建立一批红树林、珍稀物种栖息地、重要水生生物和滨海湿地生态保护区。合理开发海域资源，分类开发与保护岛屿资源。探索建立两岸海洋管护协作机制，共同保护台湾海峡海洋资源。

建设两岸合作的平潭综合实验区，是本规划的重中之重。根据国务院《关于支持福建省加快建设海峡西岸经济区的若干意见》提出的要“进一步探索在福建沿海有条件的岛屿设立两岸合作的海关特殊监管区域，实施更加优惠的政策，探索进行两岸区域合作的试点”的要求，设立平潭综合实验区，开展两岸区域合作综合实验，努力把平潭建设成为两岸同胞合作建设、先行先试、科学发展的共同家园。

（二）沿海地区的海洋经济专项规划

在国家、省、市三级规划体系框架下，沿海地区都启动了编制海洋经济发展规划的工作。2011 年，天津、河北、江苏等省级海洋经济发展规划编制完成并通过评审；同期，一批地市级海洋经济发展规划也纷纷编制完成进入实施阶段。

目前，从国家到地方已经形成了一个完整的海洋经济专项规划体系，基本覆盖了我国沿海地区，规划范围也从近海趋向深远海。“十二五”海洋经济规划进一步突破传统海洋开发模式，以构建现代海洋产业体系为规划的核心内容，战略性海洋新兴产业得到优先谋划。在各级地区五年发展规划中给予海洋经济高度重视。另外，一大批地市级、县市级的海洋经济发展规划将先后实施，如：2011 年 5 月，《苍南县海洋经济“十二五”发展规划》通过评审，2011 年 6 月，《莆田市“十二五”海洋经济发展专项规划》出台，2012 年 1 月 12 日，连云港市发展和改革委组织召开了《连云港市“十二五”海洋经济发展规划》审核会。可以预期，随着“十二五”发展规划的推进，更多的沿海各级海洋经济发展专项规划将浮出水面，进入具体实施推进阶段，至“十二五”末，我国的海洋经济发展将在有关规划的框架下，获得更大的发展。

表 6－1　沿海地区海洋经济发展规划一览

名称	时间	主要内容
《天津市海洋经济和海洋事业“十二五”规划》	2012 年初	优化海洋产业布局、发展先进海洋制造业、壮大海洋现代服务业、推进科技兴海、加强海洋环境监测和污染治理、加强海洋环境保护、提升海洋渔业水平、合理利用海域资源、完善海洋防灾减灾体系。基本建成北方国际航运中心、国际物流中心、国家海洋科技研发与转化基地、国家战略性新兴海洋产业基地和国家海洋事业发展基地
《河北省海洋科技及产业“十二五”规划》	2011 年 8 月	通过培养壮大海洋科技力量、加速科技成果转化等手段大力推进海洋经济的跨跃式和可持续的发展。围绕海水淡化、海水资源利用、海洋生物资源开发等关键领域，以点带面，实现突破。到 2015 年初步形成比较完善的海洋科技创新体系，海水利用产业、海洋生物医药产业、海洋水产品精深加工行业形成市场竞争力，应对海洋灾害能力明显提升
《江苏省“十二五”海洋经济发展规划》	2011 年 7 月	提出建设海洋经济强省的目标，至 2015 年，江苏海洋经济生产总值突破 6800 亿元，占全省地区生产总值达 10% 以上，海洋新兴产业增加值占主要海洋产业增加值的比重提高至 20% 以上。

续表

名称	时间	主要内容
《广西“十二五”海洋经济发展规划》	2011 年 12 月	将加快发展海洋运输业和物流业、现代渔业、滨海旅游业、修造船业、临海工业等现代海洋产业。北海、钦州、防城港 3 个北部湾经济区港口城市将成为广西三大海洋经济主体区域，在沿海地区形成一条“三角形”海洋经济带，打造以石化、钢铁、修造船、电子信息等为重点的临海产业集聚区。加快发展海洋电力、海洋生物、海洋化工等新兴海洋产业。力争使海洋产业总产值在全区总产值中所占比重达到 9%；北部湾港年吞吐能力达到 3.36 亿吨以上，修造船及海洋工程装备产业年销售收入超 500 亿元
《厦门市“十二五”海洋经济发展专项规划》	2011 年 9 月	大力发展海洋生物、游艇及其装备、海水利用、海洋现代服务业等战略性新兴产业，同时进一步提升传统临海工业水平，发展都市渔业。通过实施“一核引领、两翼互动”，不断优化现有海洋产业布局，推动厦门湾海洋经济聚区建设，把厦门打造成生态优良的滨海城市
《珠海市海洋经济发展“十二五”规划》	2011 年 3 月	优化海洋产业空间布局、构建现代海洋产业体系、科学开发海域资源、提升海洋科技支撑能力。提出科学开发海域资源和加强海洋环境保护的 3 项可操作性措施
《深圳市海洋经济发展“十二五”规划》	2011 年 8 月	继续巩固海洋交通运输、滨海旅游、海洋油气、远洋渔业等传统优势产业，加快发展以海洋金融服务、涉海商务服务、海洋信息服务、蓝色总部经济为代表的海洋现代服务业，培育壮大海洋生物医药，海水综合利用、海洋电力等海洋新兴产业。通过海岸带更新、改造和整理，实现海洋经济空间调整和优化。“十二五”末海洋生产总值力争达到 1 300 亿元以上，海洋经济区域发展不协调的状况得到改善，海陆联动的海洋污染治理机制基本形成，海洋生物资源多样化得到保护，海洋科技对经济发展推动作用进一步提升

四、小　结

2011 年，从中央到地方各级政府和部门对海洋经济发展的关注热度空前高涨。自年初 1 月 4 日国务院批复《山东半岛蓝色经济区发展规划》起，2 月 25 日，国务院批复《浙江海洋经济发展示范区规划》；6 月 30 日，国务院正式批准设立浙江舟山群岛新区；7 月 5 日，国务院批复《广东海洋经济综合试验区发展规划》；11 月 27 日，《河北沿海地区发展规划》得到国务院批复。一年内，四省 5 个主要针对海洋经济发展的规划获得国家最高行政机构的批复与认可，为这些地区海洋经济的发展带来了前所未有的机遇。中国海洋经济发展规划体系已经成型，呈现出体系完整、层级明确、任务聚焦、布局全覆盖等主要特征。

“十二五”期间，将是中国海洋经济二次腾飞的关键时期。在各级海洋经济发展规划体系的统筹安排及规范下，中国海洋经济将进入到一个快速、有序、重质量的又好又快的发展阶段。

第七章 中国海洋科技的发展

海洋科技渗透到海洋经济、海洋事业的方方面面，并起着巨大的引领和推动作用。在过去的“十一五”期间，中国海洋科技取得了一系列重大进展。“十二五”将是中国海洋科技发展的重要战略机遇期，党和国家及地方各级政府分别做出了“十二五”海洋科技发展的战略部署及规划。本章将从海洋科技方面的规划政策、海洋科研成果、重大专项执行情况以及海洋高技术发展状况等四个方面，对2010—2011年的中国海洋科技进行阐述，并对“十一五”海洋科技发展状况进行评述。

一、海洋科技政策与规划

（一）国家海洋科技发展的政策与规划

1.《国家“十二五”海洋科学和技术发展规划纲要》

2011年9月，国家海洋局、科技部、教育部和国家自然科学基金委等联合发布了《国家“十二五”海洋科学和技术发展规划纲要》（以下简称《规划纲要》），对2011年至2015年阶段中国海洋科技的发展进行了总体规划。

《规划纲要》提出的海洋科技发展目标是，“十二五”期间海洋科技对海洋经济的贡献率要由“十一五”时期的54.5%上升到60%。海洋开发技术自主化要实现大发展，科技成果转化率要显著提高。海洋科技将从“十一五”时期支撑海洋经济和海洋事业发展为主，转向引领和支撑海洋经济和海洋事业科学发展。

《规划纲要》提出的重点任务包括8个方面：一是强化海洋调查探测研究，提高海洋认知能力；二是突破海洋开发关键技术，培育战略性新兴产业；三是发展海洋服务保障技术，促进深远海能力拓展；四是加强海洋生态保护研究，推进人海和谐；五是深化海洋管理技术，拓展海洋综合管理能力；六是健全海洋创新体系，优化海洋研发应用能力；七是完善科技基础条件，提升海洋自主创新能力；八是培养壮大人才队伍，增强海洋科技竞争能力。

《规划纲要》提出以重点专项促进海洋重要领域实现跨越式发展，具体包括开展国际海域资源调查与开发研究、开展南北极环境综合考察、海洋系列业务卫星研制、海洋防灾减灾技术集成及应用、海上试验场建设等。

2. 2011 年海洋科技工作的具体部署

2011 年 2 月 27 日，全国海洋厅局长工作会议对海洋科技工作部署如下：① 积极推动科技兴海向纵深发展。要支持和指导各地结合实际加快落实《全国科技兴海规划纲要（2008 年—2015 年）》。海洋公益性行业专项要优先考虑解决制约战略性海洋新兴产业发展中的关键性和迫切性问题，促进海洋生物、海洋医药等一批先进科研成果尽快转化应用。大力推动国家科技兴海基地和国家海洋高技术产业基地建设，以此带动海洋战略性新兴产业集聚。② 大力推动“数字海洋”建设。尽快编制完成“数字海洋”总体建设方案并实施。要充分利用现代信息技术的先进成果，不断丰富海洋数据收集手段，持续开展海洋基础调查，深入挖掘和整理各类海洋信息资源。③ 重视海水利用和海洋能开发。持续增强海水利用技术与装备制造的自主创新能力，不断降低海水利用成本。④ 大力推进深海装备业发展和海底矿产资源勘探。努力推动深海海洋动力环境监测技术、深海生物及矿产资源开发技术、高端船舶制造技术、深海资源运载与海底作业技术以及深海通用装备技术的联合攻关，并以此带动相关技术的产业化发展。⑤ 加强重大海洋科技攻关。全力确保载人深潜 5 000 米海试成功，加快海洋二号卫星的研制进程，同时要全力推进海洋二号卫星地面应用系统的立项建设工作。⑥ 继续实施好极地、大洋科学考察。认真做好第 28 次南极科学考察各项前期准备工作以及 2012 年第 5 次北极科学考察计划方案的编制。⑦ 发挥重大项目支撑发展的作用。908 专项已进入最后攻坚阶段，要进一步加快任务验收和成果集成工作，做好年内国家验收准备[①]。

（二）沿海地区海洋科技发展的政策与规划

为迎接“十二五”海洋科技发展战略机遇期，沿海地方政府在本地区发展规划中高度重视海洋科技的发展，有些省份还制定了本地区海洋科技发展专项规划或政策文件。目前，河北省、山东省、江苏省、浙江省、福建省、广东省、广西壮族自治区、海南省已公布本地区“十二五”海洋领域的发展规划，其中对海洋科技发展进行了具体部署。

1. 河北省

2011 年 9 月 6 日，河北省发布《河北省海洋科技及产业“十二五”发展规划》。

① “在新的历史起点上实现海洋事业新跨越——国家海洋局局长、党组书记刘赐贵讲话摘登”，中国海洋报，2011 年 2 月 27 日。

规划在主要目标中提出到：2015 年，海洋科技创新能力显著增强，海洋科研条件明显改善，初步形成比较完善的海洋科技创新体系。在保障措施中提出加大海洋创新人才和高技术人才培养力度；大幅度、多渠道增加海洋科技投入；积极推进海洋研发和产业化平台建设；积极开展国内外海洋科技交流与合作。

2. 山东省

2010 年 11 月 29 日，山东省通过《关于制定山东省“十二五”规划的建议》。建议中提出“加强海洋基础科学研究和海洋核心技术产品研发，加快科技成果转化和产业化步伐，培育壮大海洋高技术产业集群，增强海洋经济核心竞争力。实施科教兴海战略。放大和提升我省海洋科教资源优势，完善政策措施，优化发展环境，着力增强海洋科技创新能力，打造以青岛为核心，以沿海各市为支撑，以海洋科技为特色，具有国际先进水平的高技术研发基地、产业化基地和人才高地。充分发挥国家级海洋科技创新平台龙头作用，以省级各类创新平台为主体，完善海洋科技创新平台体系。建设国家级、省（市）级海洋科技成果中试基地、公共转化平台和成果转化基地，形成比较完善的企业技术创新体系。优化海洋教育资源，加强海洋人才引进、培养和使用，建设全国海洋教育中心，打造海洋高端人才高地”。

2011 年 1 月 4 日，国务院批复《山东半岛蓝色经济区发展规划》，这是“十二五”开局之年第一个获批的国家发展战略。该规划在目标中提出：“到 2015 年，现代海洋产业体系基本建立，综合经济实力显著增强，海洋科技自主创新能力大幅提升”。在加快建设海洋产业国家高技术产业基地中提出“加强海洋科技创新综合性平台、专业性平台和科技成果转化推广平台建设，完善现代海洋教育体系，加强重点学科建设和海洋职业技术教育，加快海洋创新型人才队伍建设，努力建设具有国际先进水平的海洋科技、教育、人才中心”。

3. 江苏省

2010 年 11 月 12 日，江苏省通过的《江苏省国民经济和社会发展第十二个五年计划规划的建议》中提出“发展海洋研究”。

2011 年 7 月 5 日，江苏省正式发布《“十二五”海洋经济发展规划》。规划中提出“海洋工程装备制造、海洋生物制药、海洋新能源开发等领域的核心技术实现新突破，科技对海洋经济的贡献率达 55%，海洋科技成果转化率超过 60%，海洋科技总体水平显著提高。建设一批海洋科技创新平台，提高海洋科技创新能力，加强涉海院校和人才队伍建设，增强科技教育对海洋经济发展的支撑引领作用”。

4. 浙江省

2011年2月25日，国务院批复《浙江海洋经济发展示范区规划》。规划中提出“深入实施科技兴海战略，优化海洋科技、教育、人才资源配置，推进自主创新，加大科研院所和专业人才引进力度，加强海洋科技研发和成果转化应用，促进海洋开发向集约型、效益型转变，不断提升科技教育对海洋经济发展的支撑能力。到2015年，海洋科技创新体系基本建成，海洋科技创新能力明显提高，建成一批海洋科研、海洋教育、海洋文化基地。示范区内研究与试验发展经费占地区生产总值的比重达到2.5%，科技贡献率达70%以上。到2020年，科技贡献率达80%左右。

5. 福建省

2011年4月，福建省发布《福建省海洋经济发展规划（2010—2020）》。规划中提出“深入实施科技兴海战略，大力发展海洋教育事业，建立健全海洋人才培育、引进、使用机制，打造特色鲜明的区域海洋科技创新体系，强化科技创新对海洋经济发展的引领和支撑作用，把福建率先建设成为中国高新海洋产业密集区、海洋科技成果高效转化区。到2015年，海洋科技创新体系基本建立，科技创新能力明显提升，基本建成全国科技兴海的示范基地。到2020年，实现海洋科技创新能力和教育水平、人才实力居全国前列”。

6. 广东省

2011年7月，国务院批复了《广东海洋经济综合试验区发展规划》。这是继《珠江三角洲地区改革发展规划纲要》之后，广东又一个上升到国家战略的区域性规划。国务院在批复中明确指出：《规划》的实施要突出科学发展主题和加快转变经济发展方式主线，优化海洋经济结构，构建现代海洋产业体系，促进海洋科技教育文化事业发展，加强海洋生态文明建设，创新海洋综合管理体制，将广东海洋经济综合试验区建设成为我国提升海洋经济国际竞争力的核心区、促进海洋科技创新和成果高效转化的集聚区、加强海洋生态文明建设的示范区和推进海洋综合管理的先行区。

7. 广西壮族自治区

2011年10月30日，《广西海洋事业发展规划纲要（2011年—2015年）》通过专家评审。规划纲要提出，“到2015年广西的海洋科技创新体系基本完善，自主创新能力明显提高，海洋科技创新能力大幅提升，海水增养殖技术、海产品深加工技术、海洋生物技术、海洋新能源开发等领域的核心技术实现较大突破，科技对海洋管理、海洋经济、防灾减灾和海洋安全的支撑能力显著增强”[①]。

8. 海南省

2011 年 2 月 22 日，海南省发布《海南省国民经济和社会发展“十二五”规划》。规划提出“增强科技创新能力，重点发展深海养殖、海洋油气资源深加工催化技术、海洋药物研发、海洋工程装备维修与制造等新技术。重点发展海洋生态环境保护、生态环境监测技术研究等新技术”。

（三）行业规划中海洋科技发展的政策与部署

近年来出台的《海洋工程装备产业发展规划》、《“十二五”生物技术发展规划》等，分别对具体的海洋科技领域进行了规划布署。

1.《海洋工程装备产业创新发展战略（2011—2020）》

2011 年 9 月 16 日，国家发改委、科技部、工业和信息化部、国家能源局四部委下发《海洋工程装备产业创新发展战略（2011—2020）》，这是高端装备制造中的第一个战略新兴产业中长期规划，也是 7 大战略新兴产业中细分自行业的第一个中长期规划。《战略》中提出“未来十年，重点突破海洋深水勘探装备、钻井装备、生产装备、工程船舶的设计制造核心技术，全面提升自主研发设计、专业化制造及设备配套能力，提高核心竞争力，实现海洋工程装备产业跨越发展。到 2015 年，基本形成海洋工程装备产业的设计制造体系，初步掌握主力海洋工程装备的自主设计和总包建造技术、部分新型海洋工程装备的制造技术、以及关键配套设备和系统的核心技术，基本满足国家海洋资源开发的战略需要。到 2020 年，形成完整的科研开发、总装制造、设备供应、技术服务产业体系，打造若干知名海洋工程装备企业，基本掌握主力海洋工程装备的研发制造技术，具备新型海洋工程装备的自主设计建造能力，产业创新体系完备，创新能力跻身世界前列”。

2.《“十二五”生物技术发展规划》

2011 年 11 月 28 日，科学技术部发布了《“十二五”生物技术发展规划》，其中对海洋生物技术进行了部署。《规划》提出：研究开发海洋渔业新品种选育繁育和标准化、规模化、生态健康养殖关键技术，开发水产养殖重大病害监测预报和免疫防治技术，建立

---

① 黄葛炎，“《广西海洋事业发展规划纲要（2011 年—2015 年）》通过专家评审”，中国海洋报，2011 年 11 月 1 日。

水产品质量检测体系。在海洋生物技术领域分年度新建若干国家工程技术研究中心。

二、海洋科研及成果

在国家高度重视和支持下，海洋科学研究面向国民经济和社会发展的重大需求，取得了令人瞩目的海洋科技成果，海洋科技创新能力显著提高。

（一）海洋科研课题概况

回顾“十一五”，中国各类海洋科研课题指标大幅度提升。

2009 年，全国共完成海洋科研课题 126 00 项，其中基础研究 2 785 项，占总课题数的 21. 85%；应用研究类课题 3 338 项，占总课题数的 26. 49%；试验发展类课题 2 550 项，占总课题数的 20. 24%；成果应用类课题 1 074 项，占总课题数的 8. 52%；科技服务类课题 2 885 项，占总课题数的 22. 90%。发表海洋科技论文共 14 451 篇，出版科技著作 248 种。各类专利申请受理 2 550 项，专利授权 1 250 项，海洋科技发明专利拥有数达到 6 244 项（表 7－1）。2009 年全国完成海洋科研课题总数是 2005 年的 3 倍，其中基础研究课题是 2005 年的 4 倍，应用研究课题是 2005 年的 3 倍多，试验发展课题是 2005 年的 2. 5 倍，成果应用课题是 2005 年的 1. 8 倍，科技服务课题是 2005 年的 3 倍以上①。

表 7－1　2009 年中国海洋科技成果情况

分类	科技课题						科技成果		科技专利		
	合计	基础研究（项）	应用研究（项）	试验发展（项）	成果应用（项）	科技服务（项）	科技论文（篇）	科技著作（种）	专利申请受理（件）	专利授权（件）	拥有发明专利总数（件）
基础科研	8940	2706	2990	1387	590	1267	10093	160	969	552	1687
工程技术	3479	47	343	1141	479	1469	4088	77	1568	692	4545
信息服务	91	0	0	6	1	84	205	11	0	0	0
技术服务	90	0	5	16	4	65	65	0	13	6	12
合计	12600	2753	3338	2550	1074	2885	14451	248	2550	1250	6244

注：表中数据根据《中国海洋统计年鉴 2010》整理.

① 由于《年中国海洋经济年鉴 2011》仍未出版，因此本部分有关海洋科技的数据仍使用 2009 年数据。

（二）涉海科研机构和人员

随着海洋事业发展对海洋科学人才的需求不断增大，海洋机构和从业人员不断壮大。

2009 年，全国海洋科研机构数总计 186 个，从事科技活动人员 27 888 人。按行业分，海洋科研机构中从事海洋基础科学研究的 105 个，从事海洋工程技术研究的 68 个，从事海洋信息服务业的 10 个，从事技术服务的 3 个，分别占海洋科研机构总数的 56.45%、36.56%、5.38%和 1.61%。按地区分，上海、浙江、山东、广东拥有绝大多数海洋科研机构，4 个省、直辖市拥有 83 个海洋科研机构数，占总数的 44.6%（表 7－2）。从事科技活动人员按学历分，拥有博士学位的 4 599 人，拥有硕士学位的 6 954 人，大学生 9 866 人，大专生 4 200 人，其他 2 369 人，分别占 16.49%、24.58%、35.38%、15.06%和 8.49%。从事科技活动人员按职称分，拥有高级职称的人员 10 398 人、中级职称的人员 8 694 人，其他 8 796 人，分别占总数的 37.28%、31.17%和 31.54%（表 7－3）。

表 7－2　2009 年中国海洋科研分地区分布及人员情况

地区	机构数（个）	从事科技活动人员（人）	从事科技活动人员的学历结构					从事科技活动人员的的职称结构		
			博士	硕士	大学生	大专生	其他	高级职称	中级职称	其他
北京	25	10026	2420	2679	2843	1464	620	4265	3219	2542
天津	15	1860	77	501	903	205	174	630	575	655
河北	5	520	18	102	266	84	50	181	114	225
辽宁	17	1583	59	265	759	281	219	577	428	578
上海	15	2906	365	730	1087	478	246	948	970	988
江苏	12	2023	214	430	634	489	256	678	475	870
浙江	18	1171	86	257	551	186	91	439	401	331
福建	12	939	59	235	432	122	91	308	296	335
山东	22	2882	470	633	1042	434	303	992	809	1081
广东	28	2162	476	526	745	245	170	795	699	668
广西	9	321	7	47	181	55	31	58	119	144
海南	3	173	3	25	61	22	62	17	26	130
其他	5	1322	345	424	362	135	56	510	563	249
合计	186	27888	4599	6854	9866	4200	2369	10398	8694	8796

注：表中数据根据《中国海洋统计年鉴 2010》整理。

“十一五”期间，中国海洋科研机构数量和科研人员素质有很大提高。2009 年中国海洋科研机构与2005 年相比，数量增长了82 个。科技活动人员增加了1 倍以上，高级职称占科研人员比例提高了8.87 个百分点。

表7－3　2009 年中国海洋科研行业及人员类型结构

行业	机构数（个）	科技活动人员（人）	从事科技活动人员的学历结构					从事科技活动人员的的职称结构		
			博士	硕士	大学生	大专生	其他	高级职称	中级职称	其他
基础科研	105	13419	3023	3049	4362	1713	1272	5347	4162	3910
工程技术	68	12927	1499	3483	4716	2324	1005	4540	3990	4397
信息服务	10	876	51	206	422	117	80	293	325	258
技术服务	3	666	26	216	366	46	12	218	217	231
合计	186	27888	4599	6954	9866	4200	2369	10398	8694	8796

注：表中数据根据《中国海洋统计年鉴2010》整理。

（三）海洋科研机构经费与收入

国家对海洋科学研究的经费投入不断增长，海洋科研机构的收入逐年增长。

2006—2009 年，中国海洋科研机构科技经费收入增长2.56 倍，年均增长近37.44%。2009 年，海洋科研机构科技经费收入总计160.16 亿元，比上年增长82.62%。北京、山东、上海的海洋科研机构收入最多，三个地区的海洋科研机构的收入总和占海洋科研机构总收入的63.6%以上（表7－4）。

表7－4　2009 年中国分地区海洋科研机构经费收入情况

地 区	科研机构收入总额（亿元）	地 区	科研机构收入总额（亿元）
北京	63.79	福建	4.29
天津	12.97	山东	18.47
河北	0.6865	广东	13.41
辽宁	6.588	广西	0.75
上海	19.60	海南	0.404
江苏	6.39	其他	5.92
浙江	6.88	合 计	160.16

注：表中数据根据《中国海洋统计年鉴2010》整理。

三、海洋调查与重大海洋专项

2010年—2011年，中国海洋调查与重大专项计划执行顺利。其中，“908专项”、南极调查、大洋科学考察、海洋高技术计划（“863”）、海洋基础研究（“973”）以及海洋行业公益科研专项等都取得了丰硕成果。

（一）“我国近海海洋环境调查与综合评价”（“908专项”）

“908专项”是国务院于2003年9月批准立项、国家海洋局具体组织实施的一项中国海洋发展史上投入最大、调查要素最多、任务涉及部门最广的海洋环境基础调查和评价工作。

到2011年6月，专项的综合调查和综合评价已完成，一批阶段性成果相继涌现，“数字海洋”信息基础框架已基本建立。

1. 专项综合调查与评价的主体任务全面完成

在综合调查方面，“908专项”已全面完成外业调查工作。其中水体调查和海底环境调查获得了海量的近海水体和海底基础数据，全面更新了中国海洋基础资料。通过专题调查，初步查情了中国海岸线的类型、长度和海岛（礁）位置、面积、数量等海岛海岸带基本情况，对中国海洋灾害、可利用海水资源、可再生能源的分布和沿海社会经济发展等状况有了比较详细的了解。

在综合评价任务方面，“908专项”在调查的基础上结合历史数据资料，组织开展了40多个针对中国近海海洋环境资源状况的专题评价任务。通过研究评价，进一步深化了中国近海海洋环境的认识，大大提升了中国海洋环境科学研究能力。

2. 专项所获得的成果显著、应用广泛

“908专项”取得了一批具有显示度的阶段性成果，并在众多领域得到了广泛的应用。具体体现在以下方面。

（1）取得了丰硕的科学研究成果

基本查清了中国近海温盐场的分布特征；初步摸清了中国近海海水水质、大气环境质量、沉积环境质量以及生物生态质量现状；详细掌握了中国近海海水水质、大气环境质量、沉积环境质量以及生物环境质量现状；详细掌握了中国近海沉积物的分布规律、控制因素及环境演化特征；详细划分了中国近海海底地形单元和地貌类型，阐明了中国近海地形地貌特征的分布变化规律，以及各种地形地貌形态、结构、成因类

型和制约地形地貌成因及其动力过程的主要自然因素；揭示了中国近海的构造和沉积地层分布格局，填补了中国陆地与边缘海之间的地球物理空白带。

（2）有效地为中国沿海海洋开发利用提供服务

辽宁省“908 专项”为《辽宁沿海经济带发展规划》的编制提供了科学依据。河北、天津“908 专项”调查资料和评价项目成果广泛应用到曹妃甸开发区和天津滨海新区开发规划和经济建设中。山东省编撰出台了《山东海情》，为全面贯彻落实中央“打造山东半岛蓝色经济区”重要批示提供了重要基础信息和科技支撑。江苏省海岸带调查成果为《江苏沿海开发规划》编制工作提供了重要技术和数据支持。上海市“潜在滨海旅游区评价选划”项目为《上海杭州湾滨海地区旅游发展总体规划》的制定与通过起到了关键作用。浙江省“908 专项”调查研究成果为《浙江海洋经济发展示范区规划》获得国务院的批准提供了有力保障。福建省在全国率先建立了海湾围填海运行机制，对国家围填海规划及其科学论证工作有重要的示范和推广价值。广东省“908 专项”赤潮灾害调查专题成果在珠江口暴发的大面积赤潮应急监测过程中发挥了重要作用。广西、海南“908 专项”调查和成果资料为北部湾经济区的开放开发、海南国际旅游岛开发规划编制提供了坚实的科学基础和数据支撑。

（3）有力地支撑了中国的海洋综合管理

“908 专项”取得的成果有力第支撑了中国的海洋综合管理工作。“908 专项”中开展的海洋主体功能区划研究评价工作，建立了海洋主体功能区划理论和方法体系，该成果为国家制定《海洋主体功能区划》起到了有力支撑；专项中的海岛调查成果在海岛特别保护区选划工作方案编制和相关政策与标准编制工作中得到了广泛的应用。专项成果为沿海省市制定科学的海岸带保护措施提供了依据，为沿海地区应对突发海洋灾害发挥了重要作用。

3. “数字海洋”信息基础框架已基本建立

“数字海洋”是随着“数字地球”理念应运而生的，它通过卫星、遥感飞机、海上探测船、海底传感器等进行综合性、实时性、持续性的数据采集，把海洋物理、化学、生物、地质等基础信息装进一个“超级计算系统”，使大海转变为人类开发和保护海洋最有效的虚拟视觉模型。构建“数字海洋”信息基础框架项目，现已成为中国建国以来规模最大的国家海洋计划之一。

目前，中国“数字海洋”信息基础框架已基本建立，并初步实现了业务化试运行。目前，中国“数字海洋”信息基础框架建设已完成以下工作。一是初步建立了包括数据库、数据交换、系统建设等在内的“数字海洋”标准体系。二是构建了“数字海洋”数据仓库。三是突破了一批“数字海洋”关键技术，通过合作研究，现已掌握了海洋信息融合、虚拟可视化、互操作等关键技术，建立了基于三维球体模型的数字海洋原型系统，实现了海量海洋环境信息要素的三维可视化表达。四是建立了24个“数字海洋”节点，实现了国家主要涉海单位（部门）的网络覆盖。五是开发了包括公众版、管理版和手机版在内的功能多样化、实用化的“数字海洋”基础服务平台iOcean，为海洋综合管理提供了基础支撑，为海洋知识的宣传奠定了良好的基础。

（二）极地科学考察

中国的南极科学考察始于20世纪80年代初，北极科学考察始于20世纪末期，自1984年以来，中国已经成功进行了27次南极科学考察，4次北冰洋科学考察（附件17），组织了2004年以来的6个年度的北极黄河站科学考察，完成了19次南大洋海洋科学考察，形成了由国家海洋局组织、全国有关部门、单位共同参与的极地研究工作体系。中国已全面加入了国际极地条约和有关组织。“十一五”期间，我国极地事业实现了跨越式发展。目前中国极地科学考察能力已跨上新台阶，形成了“一船四站一基地”战略格局，即形成了以“雪龙”船、南极“长城站”、“中山站”、“昆仑站”，北极“黄河站”和极地考察国内基地为主体的南北极考察战略格局和基础平台。

“十一五”前期（2006年—2008年），在前几个五年计划科研积累的基础上，中国极地考察和研究创造了以下几个方面的国际领先的成果：首次在格罗夫山脉识别出新元古代岩浆侵入事件，收集陨石4 480块，使中国南极陨石总量达到9 834块，世界排名跃居第三；在国际上首次确定出冰穹A最高点的位置，即南纬80°22′00″，东经77°21′11″，高程4 093米；首次发现冰穹A是南极冰盖的起源地；原创性地提出了用生物粪土层解读生态和环境历史的研究方法与技术手段，初步建立了全新世生态地质学这门新学科的理论体系；发现了由白令海输入的富营养盐水促进了西北冰洋浮游植物增殖，提高了“生物泵”对大气二氧化碳的吸收，从而产生了对全球变暖的负反馈作用；首次发现了南半球多重极光和北半球Pc5脉动同时出现；提出了利用锋面强流确定海洋锋的位置、强度和走向的新方法；建立了具有国际先进水平的南、北极极隙区高空大气物理共轭观测系统；发展了北冰洋海洋学观测新技术，研制了极区水文气象卫星跟踪浮标、水下机器人、海洋潜标、海冰精细观测等新技术，并应用于海洋观测；此外，中国还建立了极地环境监测体系，以南极“长城站”、“中山站”、北极“黄河站”和“雪龙”船为观测平台，开展了大气、海洋、冰川、地球物理、空间环境等长期观测，建立了极地科学数据和标本样品的共享平台。

在2007年—2009年的第四次“国际极地年”期间，中国组织实施了南极PANDA科学考察计划、北冰洋科学考察计划、公众参与和宣传计划、国际合作计划以及数据和信息共享计划，其中PANDA计划被列入了IPY国际核心计划。

2009 年 1 月 27 日，中国在南极内陆“冰盖之巅”冰穹 A 地区成功建立了第三个南极科学考察站——昆仑站，这标志着中国已成功跻身国际极地考察的“第一方阵”，成为继美、俄、日、法、意、德之后，在南极内陆建站的第 7 个国家。目前，世界上共有 28 个国家在南极建立了 53 个科学考察站，绝大多数考察站都建在南极边缘地区，只有美、俄、日、法、意、德 6 个国家在南极内陆地区建立了 5 个内陆科考站。中国昆仑站是目前南极所有科学考察站中海拔最高的一个。

2010 年 11 月 11 日至 2011 年 4 月 1 日，中国成功开展了第 27 次南极科学考察（附件 18）。此次科学考察共历时 142 天。此次南极科学考察依托“长城站”、“中山站”、“昆仑站”，开展了多学科综合科学考察，取得丰硕考察成果。其中，在“长城站”主要开展了地震观测与研究、法尔兹半岛生态环境监测与研究等 9 个项目的考察，采集了大批富有科研价值的样品和数据。“中山站”主要开展了鱼类多样性调查和样品采集、验潮站基准标定及维护升级、南极拉斯曼丘陵及邻区地壳演化研究、大气臭氧观测等研究项目。在南极冰穹 A 地区，完成了天文台址测量和天文考察、近现代冰雪化学与生态指示计研究和冰川学考察；在零下 58 摄氏度的极端低温下，完成了冰芯钻探场地的地板铺设和冰芯钻探槽的开挖任务，搭建了具有国际领先水平的天文科考自动支撑平台系统。成功地将镌刻有中共中央总书记、国家主席、中央军委主席胡锦涛题写的“中国南极昆仑站”站名的昆仑玉碑运往冰穹 A 地区，永久矗立在“昆仑站”前。南大洋科学考察内容涉及物理海洋、海洋生物、海洋化学、大气化学等专业，调查站位累计达 64 个，并首次对南极“陆架坡海域”进行了高密度的断面调查，自主布放了普里兹湾冰间湖锚定潜标，获取了多学科、多类型的第一手现场观测数据及样品 1.1 万余份，是近年来南极航次采样最多的一次，为中国科学研究基础数据库、样品库增添了宝贵资料。

（三）大洋专项及大洋科学考察

中国在近 20 年的大洋矿产资源研究开发方面取得了累累硕果。在国家“大洋专项”的支持下，大洋开发研究紧密结合国际海底区域活动态势，以资源为核心，在多金属结核、富钴结壳、热液硫化物、生物基因等资源调查以及环境评价与科学研究等领域开展了系列工作，取得丰硕成果。目前，中国已经成功完成 23 个航次的大洋科学考察任务。2011 年 6 月 28 日，中国“海洋六号”从广州起航，赴太平洋西部、中部海域执行第 23 航次大洋科学考察任务。“海洋六号”是中国自行设计并建造的一艘国内一流、国际先进的综合地质地球物理调查船，2009 年 10 月入列广州海洋地质调查局，大洋第 23 航次是“海洋六号”入列以来首次执行国家远洋科学考察任务。中国大洋第 23 航次科学考察任务主要是开展重点区域多金属结核资源、环境等调查以及相关基础科学研究。本航次共分为三个航段，科考时间约120天[①]。

（四）海洋高技术计划（“863计划”）

国家高技术研究发展计划（“863计划”）是以政府为主导，以一些有限的领域为研究目标的一个基础研究的国家性计划，海洋是其中的主要领域之一。2011年，国家高技术研究发展计划（“863计划”）在海洋环境立体监测技术、深海探测与作业技术、海洋油气勘探开发技术方面取得重要进展。

1. 系列小型化低成本自主探测系统（AUV）

2011年3月，“863计划”海洋技术领域召开了“系列小型化、低成本自主探测系统”项目的实施方案论证会。“系列小型化低成本自主探测系统”是“十二五”“863计划”海洋技术领域“深海潜水器技术与装备”重大项目课题，课题目标和主要研究内容为：针对海底资源探查与水下环境探测需求，研发适合不同类型探测任务的小型化、低成本自主探测系统（AUV），通过开展总体优化设计与系统集成以及模块化、标准化研究，提升导航定位及自主控制能力，突破高海况海面布放回收技术，实现小型化、低成本自主探测系统工程化、产品化，力争在“十二五”期间，实现我国AUV技术的工程化和产品化，形成深海探测和作业能力，推动中国海洋技术的产业发展。

2. 深海通用技术与产品研制

2011年4月，“863计划”海洋技术领域召开了“深海通用技术与产品研制（I期）”主题项目课题实施方案论证会。“深海通用技术与产品研制（I期）”是“十二五”“863计划”海洋技术领域在深海探测与作业技术方向启动的首个主题项目，该项目目标是在已有的“十一五”技术基础上，突破自主高性能微珠、水密电缆接插件及深海ROV用脐带缆等通用产品生产工艺与工程化制备技术。制定规范性工艺流程，编制产品的详细规范，建立起能保障深海相关通用产品高可靠性高稳定性的工程化产品检测试验平台，开展规范化海上对比测试和试验。实现这些通用技术产品的工程化生产能力，为我国深海技术领域提供可靠的、系列化的深海水密电缆接插件、脐带缆和玻璃微珠等产品，打破国外技术封锁。

3. 海底长期观测网络试验节点关键技术

2011年4月，借助于美国蒙特利海洋研究所的科考船Western Flyer号和Point Lo-

---

① “‘海洋六号’首航太平洋执行科考”，科技日报，2011年7月4日。

bos 号以及遥控水下机器人（ROV）Ventana，中国自主研制的海底观测网组网设备在美国蒙特利湾海底布放工作顺利完成，正式与美国 MARS 海底观测网络并网运行。“海底长期观测网络试验节点关键技术”是“十一五”863 计划海洋技术领域重点项目，该项目目标是研究开发接驳盒及输能通信技术、原位海底动力环境和化学监测技术、深海网络组网标准技术和系统集成、布放和试验技术等若干深海观测网络组网的关键技术，并通过与国际已有海底观测网络（MARS）相合作的方式，在国际观测网络上进行试验和接并，原位获取实时数据。

4. 捷联式自动垂直钻井系统工程样机研制

2011 年 6 月，“十一五”“863 计划”海洋技术领域“捷联式自动垂直钻井系统工程样机研制”重点项目中期检查会召开。“捷联式自动垂直钻井系统工程样机研制”重点项目经过两年的攻关和现场试验，取得了重要的进展，项目组成功研制了 6 套 121/4″和 2 套 81/2″工具的样机；开展了宣页 1 井、高庙 4 井等多口井的现场试验，截止 2011 年 6 月，为中石化西南局、华北局等区块完成推广应用 121/4″工具 7 口井，同时 81/2″工具在中石化胜利区块完成 3 口井的服务，通过试验不断的改进完善样机，逐步提高了工具井斜控制精度及工作寿命；获得实用新型专利 5 项，申请发明专利 4 项。自动垂直钻井技术，能够解决我国海上、西南和西部油气勘探开发中面临的高陡构造、大倾角地层等易斜地层的防斜打快的迫切问题，对于提高钻井速度、降低钻井成本、顺利实现勘探开发目标，打破国外技术垄断，具有非常重要的意义。

（五）海洋基础科学研究（“973 计划”）

《国家重点基础研究发展规划》（“973 计划”）是以国家重大需求为导向，对中国未来发展和科学技术进步具有战略性、前瞻性、全局性和带动性的基础研究发展计划，主要支持面向国家重大需求的基础研究领域和重大科学研究计划。中国自 1997 年以来，批准的涉海“973 计划”项目共 30 项（表 7－5）。2011 年，中国批准的涉海“973 计划”项目有两项，即“南海海气相互作用与海洋环流和涡旋演变规划”和“中国近海水母暴发的关键过程、机理及生态环境效应”，第一承担单位分别为中国科学院南海海洋研究所和中国科学院海洋研究所。

中国科学院海洋研究所牵头的“海水养殖动物主要病毒性疫病爆发机理与免疫防治的基础研究”的总体目标是在海水养殖对虾和鱼类病毒性疫病爆发和免疫防治理论方面取得突破，丰富和拓展海洋动物病毒功能基因组学、分子流行病学、细胞免疫学、分子免疫学、开创中国鱼类系统疫苗学，引领中国海水养殖动物疫病发生和免疫防治学科的发展。明确对虾和鱼类天然免疫系统应对病毒感染的免疫反应关键途径，揭示鱼类适应性免疫的激活、维持与调控机制，分析病原侵染与环境变化对免疫系统的影响，探索疫病发生与爆发的分子机理。开辟海水养殖动物疫病的免疫学防治新途径，全面提升疫病发生与控制方面的研究水平，取得一批具有国际重要影响的原创性成果，提升中国在国际海洋动物免疫学及病害控制领域的前沿地位。针对由虹彩病毒和WSSV病毒引起的疫病，建立和发展有效的免疫防治技术和途径，有效遏制疫病的爆发，促进海水养殖产业的健康发展。组建一支在海洋水产疫病发生和免疫防治研究中具有创新能力的团队，造就一批在国内外有影响力的领军人物和青年学科带头人。

表7－5　1997—2011年国家重点基础研究发展计划涉海“973计划”项目

名称	第一承担单位	批准年份	起止年限
海水重要养殖生物病害发生和抗病的基础研究	中科院海洋所	1999	1999—2004
东黄海生态系统动力学与生物资源可持续利用	农业部黄海所	1999	1999—2004
中国近海环流形成和变异机理数值预测方法及对海岸带资源环境影响研究	国家海洋局一所	1999	1999—2004
中国边缘海形成演化及重要资源的关键问题	中科院海洋所，国家海洋局二所	2000	2000—2005
地球圈层相互作用中的深海过程和深海记录	同济大学	2000	2000—2005
我国近海有害赤潮发生的生态学%海洋学机制与预测防治	中科院海洋所，国家海洋局一所	2001	2002—2006
中国典型河口－近海陆海相互作用及其环境效应	中国海洋大学，华东师范大学	2002	2002—2008
糖生物学与糖化学——特征糖链结构与功能及其调控机制	中国海洋大学	2003	2003—2008
中国东部陆架边缘海海洋物理环境演变及其环境效应	中国海洋大学	2005	2005—2010
我国近海生态系统食物产出的关键过程及其可持续机理	农业部黄海所	2005	2006—2010
重要海水养殖动物病害发生和免疫防治的基础研究	中科院海洋所	2006	2006—2010
亚印太交汇区海气相互作用及其对我国短期气候的影响	中科院大气物理	2006	2006—2008
地史时期海陆生物多样性的演变	中科院古脊椎动物与古人类研究所	2006	2008—2010
京津渤区域复合污染过程、生态毒理效应及控制修复原理	中科院生态环境研究中心	2006	2007—2009

续表

名称	第一承担单位	批准年份	起止年限
南海大陆边缘动力学及油气资源潜力	国家海洋局二所	2007	2007—2009
北太平洋副热带环流变异及其对我国近海动力环境的影响	中国海洋大学	2007	2007—2011
大洋碳循环与气候演变的热带驱动	同济大学	2007	2007—2011
基于全球实时海洋观测计划（Argo）的上层海洋结构变异及预测研究	国家海洋局二所	2007	2007—2011
南海深水盆地油气资源形成与分布基础性研究	中国科学院地质与地球物理研究所	2008	2009—2013
南海天然气水合物富集规律与开采基础研究	中国地质调查局	2008	2009—2013
中国近海碳收支、调控机理及生态效应研究	厦门大学	2008	2009—2013
重要养殖鱼类功能基因组和分子设计育种的基础研究	中国科学院水生生物研究所	2009	2010—2014
我国陆架海生态环境演变过程、机制及未来变化趋势预测	中国海洋大学	2009	2010—2014
我国近海藻华灾害演变机制与生态安全	中国科学院海洋研究所	2009	2010—2014
海洋微生物次生代谢的生理与生态效应及其合成生物学基础机制	中国科学院南海海洋研究所	2009	2010—2014
海相烃源岩形成的地球生物学过程	中国地质大学（武汉）	2009	2010—2014
南海海气相互作用与海洋环流和涡旋演变规律	中国科学院南海海洋研究所	2010	2011—2015
中国近海水母暴发的关键过程、机理及生态环境效应	中国科学院海洋研究所	2010	2011—2015
海水养殖动物主要病毒性疫病爆发机理与免疫防治的基础研究	中国科学院海洋研究所	2011	2012—2016
热带太平洋海洋环流与暖池的结构特征、变异机理和气候效应	中国科学院海洋研究所	2011	2012—2016

资料来源：根据国家科技部网站（www. most. gov. cn）整理

中国科学院海洋研究所牵头的“热带太平洋海洋环流与暖池的结构特征、变异机理和气候效应”的总体目标是揭示热带西太平洋暖池的结构特征与变异机理，特别是海洋环流动力过程对其变异的调控机制，及对不同类型厄尔尼诺发生，发展和可预报性的影响；阐明暖池影响东亚季风和我国气候变异的过程、机理与敏感区；提出改进海洋模式和海气耦合模式的混合参数化方案和有效提高厄尔尼诺预报技巧的同化方案；为我国短期气候预测能力的提高和海洋环境保障能力的扩展提供海洋科学支撑；提升我国热带太平洋环流与气候研究水平和国际影响力。

（六）公益性海洋行业科研专项

2011 年，海洋公益性专项立项项目共计 37 项，经费预算达 4.22 亿元，其中包括海洋综合管理类项目 5 项、海洋生态保护类项目 11 项、海洋防灾减灾项目 8 项、资源利用利用类项目 7 项以及海洋观测监测类项目 6 项①。

四、海洋高技术发展现状

海洋高技术是由众多学科门类组成的综合技术体系。1996 年海洋高技术作为第八个领域列入国家高技术研究开发计划（“863 计划”）。经过 15 年的发展，国家“863 计划”海洋技术领域形成了以海洋环境监测技术、深海探测及作业技术、海洋油气资源勘探开发关键技术、海洋生物资源开发利用技术、数字海洋技术等为主的海洋高技术体系。经过多年努力，中国在深海技术、海水资源的开发利用技术、海洋生物技术、海洋油气资源勘查和开发技术等海洋高技术领域取得了跨越式的发展，海洋资源的开发能力显著提升。根据“863 计划”对海洋技术领域的分类，海洋高技术分为海洋探测与监视技术、海洋生物技术和海洋探查与资源开发技术。

（一）海洋探测与监视技术

1. 海洋环境立体观测/监测

经过多年努力，中国的海洋监测技术和仪器设备得到快速发展。目前，中国已突破一批海洋监测的关键技术，初步形成关键海洋监测技术的研发和生产能力，并逐步向深海观测和海底观测方向发展。发射了海洋水色遥感卫星，初步形成了遥感观测技术体系。建立了几个区域性的海洋环境立体监测系统。近年来，中国海洋环境立体观测能力显著提高，在浮标、潜标以及海洋卫星应用方面取得长足进展。

到 2010 年 5 月 31 日，中国 Argo 计划在西太平洋和东印度洋海域累计布放了 66 个 Argo 剖面浮标，其中目前仍在海上正常工作的浮标有 29 个，初步建成我国 Argo 大洋观测网的框架②。

2011 年 1 月 7 日，中国在西太平洋海域成功布放 6 100 米深海测流潜标，这是中国

① “2011 年海洋公益性行业科研专项正式启动”，中国海洋报，2011 年 6 月 7 日。
② “中国 Argo 计划大事记”，科学时报，2010 年 6 月 10 日。

迄今在大洋成功布放的最深观测潜标。此次成功布放，实现了通过声通机连续收取15天的海流观测数据，发现该处的棉兰老潜流（MUC）非常强劲，达到意想不到的流速。这为深入了解棉兰老潜流动力学、太平洋西边界流动力结构及其对热量输送和气候的影响有着重要的科学实践意义。6 100米潜标的成功布放除具有重要科学意义外，对中国大洋观测潜标设计、投放技术的发展，大洋潜标观测网建设，提供了宝贵的经验①。

2011年6月24日，在海洋卫星地面站，“海洋二号”卫星地面接受天线正进入最后的吊装中。这标志着“海洋二号”卫星在牡丹江市的地面接收天线已进入最后调试阶段②。“海洋二号”卫星于2007年1月由国务院批准立项③。

2. 深潜器

潜水器是沿海国家科技水平和综合国力的标志，中国已经成为世界上能够制造深潜器的少数国家之一。中国近年来在载人深潜器研制及海试方面不断取得突破性进展。

2011年7月1日至7月15日，“蛟龙”号载人潜水器完成5 000米级海试。本次海试共完成5次下潜试验，最大下潜深度达5 188米，验证了潜水器在5 000米深海的作业性能与功能指标，实现了中国载人深潜的巨大突破。5 000米级海试的完成，标志着中国具备了达到全球70%以上海洋深处进行作业的能力，是中国中国海洋科技发展史上一座新的里程碑。

（二）海洋生物技术

在国家“863计划”等相关计划的支持下，中国的海洋生物技术取得了很大进步。近年来，在海洋生物基因和海洋药物开发方面都取得重要突破，为海水养殖物种的良种化、工程化及健康养殖和海洋药物的开发，作出了重要贡献。

2010年7月31日，中国科学家宣布绘制完成了牡蛎全基因组序列图谱，这是中国首次发布海洋生物的全基因组序列，也是世界上首张贝类全基因组序列图谱。牡蛎全基因组序列的完成对牡蛎养殖和减少牡蛎所带来的海洋生物污损不仅具有重要的应用价值，而且也标志着基于短序列的高杂合基因组拼接和组装技术获得重大突破④。

2010年7月31日，中国科学家宣布半滑舌鳎全基因组序列侧定完成，这是中国完成的首个鱼类基因组测序项目，也是世界上首个鲽形目鱼类基因组序列图谱⑤。半滑舌

---

① “中国在西太平洋成功布放6 100米最深观测潜标”，人民网，2011年1月8日。
② “‘海洋二号’牡丹江接收设施进入最后调试阶段”，中国海洋报，2011年6月24日。
③ “‘海洋二号’卫星已立项”，上海证券报，2007年2月2日。
④ “我国完成世界首个贝类全基因组序列图谱”，中国海洋报，2010年8月30日。
⑤ “我国完成首个鱼类全基因组序列测定”，中国海洋报，2010年8月30日。

鳎基因组测序的完成将为科学家提供大量的重要性状相关功能基因和分子标记，将有利于从功能基因组角度揭示半滑舌鳎生长、发育、繁殖、性别决定及其他重要生命现象的分子机制，为半滑舌鳎性别控制、良种选育、病害防治和健康养殖提供有用的基因资源和技术支撑。

2010 年 7 月，山东省青岛市举行了海洋寡糖研发设备项目签约仪式，标志着青岛市将建立世界上第一个生产、研发、利用海洋寡糖的生产基地①。

（三）海洋探查与资源开发技术

1. 海洋油气与矿产资源勘探开发技术

主要包括海洋油气勘探技术、海洋油气开发平台技术、海洋天然气水合物探测技术、大洋矿产资源勘探技术。

（1）海洋油气勘探

目前，中国的浅海油气资源勘查与评估技术已经成熟，也已具备了深海油气资源勘探能力。在深海油气资源的调查和评估技术方面也取得了卓越成果。

2010 年 11 月，国家重大科技专项天津大学子课题《深水海底管道屈曲试验研究》通过国家专家组验收。天津大学自主研制的深海压力舱可以下沉至 4 300 米的深海对石油构件进行实验测试，该套设备的成功研制及顺利运行，一举打破欧美国家对深海石油关键技术的封锁，中国海上石油开采不再受制于人。该技术具有完全自主知识产权，填补了国内相关领域的技术空白，使得中国深海石油构件屈曲试验技术处于世界领先水平，对中国深海石油战略的实现具有重要意义②。

2010 年 12 月，由中国自主研发的高精度勘探技术——远海区低功耗全向性磁日变观测系统，在南海北部深海海域成功通过海上试验，标志着中国在突破深海油气“磁日变”高精度勘探技术瓶颈方面取得新进展。磁法勘探是当前油气资源前期勘探行之有效的技术手段之一。及时获取磁力勘探数据的日变改正资料，对于提高磁法勘探的精度至关重要。随着油气勘探工作走向深海区，获取高精度的磁日变改正资料成为制约磁法勘探走向深海的关键技术问题。为解决这一难题，国家“十一五”863 计划海洋技术领域设立了远海区低功耗全向性磁日变观测系统研究课题，以海洋潜标方式进行地磁日变观测的集成技术研究。经过 3 年多努力，研制完成了远海区低功耗全向性磁日变观测系统，并于 2008 年、2010 年分别完成浅海区及深海区的海上试验，成功解决

① “青岛开建我国首个海洋寡糖生产基地”，中国海洋报，2010 年 7 月 30 日。
② “我国深海石油构件屈曲试验技术达世界先进水平”，中国海洋报，2010 年 11 月 26 日。

了海底地磁观测系统不受观测方向限制，在深海海域高压低温极端环境下观测设备连续观测能力达30天以上，并在国内首次用非金属的、无磁性的、高分子材料制作适用于深海的耐压密封舱等三方面的关键技术问题，观测系统部件全部实现国产化①。

（2）海洋油气开发平台

海洋油气平台是海洋油气资源开发的关键技术设备，其设计和制造能力，是沿海国家科技水平和工业化水平的重要标志。近年来，中国在深水半潜式钻井的研究和制造方面取得突破性进展，获得国际同行业的认可。

在深海钻井平台技术方面，国家“863计划”支持的新型多功能半潜式钻井平台技术研究取得突破性进展。2011年5月23日，中国海洋工程装备制造业标志性工程、国家科技重大专项标志性装备之一3 000米深水半潜式钻井平台“海洋石油981”，顺利交付给中国海洋石油总公司，标志着中国海洋油气开采开始由大陆架向深海进军。

“海洋石油981”超深水半潜式钻井平台，堪称海洋工程装备里的“航空母舰”，自重超过3.1万吨，甲板面积相当于一个标准足球场大小，从船底到钻井架顶相当于45层的高楼，电缆总长度超过900千米，最大作业水深3 050米，最大钻井深度12 000米，几乎可以在全球所有深水油气区作业。该平台是中国实施南海深水海洋石油开发战略，在2020年实现“深水大庆”目标的重点配套项目之一，同时也是中国继1983年成功自主开发“勘探三号”第三代半潜式钻井平台后，时隔约20年再斥巨资设计建造最新一代的深水半潜式钻井平台。中海油拥有其知识产权，该平台代表了当今世界海洋石油钻井平台技术的最高水平，具有勘探、钻井、完井与修井作业等多种功能。3 000米“海洋石油981”半潜式钻井平台的成功建造，填补了中国在大型深水半潜钻井平台设计方面的空白，是中国大型工业装备的重要组成部分，更是国家综合国力的重要象征，使中国深水油气资源的勘探开发能力和大型海洋装备建造水平跨入世界先进行列。

2010年10月26日，中国首座深水半潜式钻井平台COSLPIONEER在烟台交付使用。该平台是中国海洋石油工程建造业最先实现交付的首座深水半潜平台，该平台的顺利交付，标志着中国已开始打破新加坡、韩国企业对高端海工产品的垄断②。

2010年11月12日，由烟台中集来福士海洋工程有限公司为巴西Schahin石油天然气公司建造的首座半潜式钻井平台“SS Pantanal”在烟台交付。“SS Pantanal”是中集来福士为巴西Schahin建造的两座深水半潜式钻井平台中的第一个。该平台由美国Friede&Goldman提供基础设计，由中集来福士自主完成详细设计、生产设计及建造、

① “我国自主研发高精度深海勘探技术获突破”，中国海洋报，2010年12月26日。
② “中国首座深水半潜式钻井平台顺利交付”，中国证券报，2010年10月27日。

调试工作。该平台是中集来福士继2010年10月26日成功交付为中海油服建造的中国首座半潜式钻井平台COSLPIONEER后，交付的又一深水半潜平台。“SS Pantanal”的交付标志着中集来福士在国内率先拥有批量化、产业化建造高端海工产品的能力。该平台是巴西在中国订制的首座半潜式平台，也是迄今为止中巴最大的能源装备合作项目[①]。

2011年，由烟台中集来福士海洋工程有限公司为巴西Schahin石油天然气公司建造的第二座深水半潜式钻井平台“SS Amazonia”在烟台交付，标志着中巴两国在能源装备领域的合作又迈进了一步[②]。

（3）海洋天然气水合物探测

中国高度重视天然气水合物探测技术发展。经过十余年的发展，中国已建立起适合本国海域特点的天然气水合物综合探测系统，为国家天然气水合物资源勘查和钻获实物样品提供了目标优选、保真取芯等核心技术，并逐步建立了国内天然气水合物技术创新团队。

中国海域天然气水合物资源调查与研究项目历时十年，取得四个方面的突破性成果。一是发现了南海北部陆坡可燃冰有利区。在西沙海槽、东沙、神狐及琼东南等海域，发行了可燃冰存在的深－浅－表层地球物理、地球化学、地质和生物等多层次、多信息异常。二是评价了南海北部陆坡可燃冰资源潜力。初步圈定了其异常分布范围，预测了含可燃冰层的厚度和水合物资源远景，评价了这一区域可燃冰资源潜力。三是确定了东沙、神狐两个可燃冰重点目标。圈定了南海北部陆坡可燃冰远景最有利的目标区，为实施可燃冰钻探验证提供了目标靶区。四是证实了南海存在可燃冰资源。[③]。

（4）大洋矿产资源勘探

在国家“863计划”技术的支持下，中国大洋矿产资源勘查、海底环境探测等领域取得长足的进步。2010年9月28日～10月上旬，“大洋一号”船在中国东沙海域1 740米水深海底成功获取深孔岩芯样品，实现了中国大洋人海底深孔钻探的梦想，并创造了15.7米是深孔记录。本次深钻试验在国内是首次，填补了中国深钻领域的空白。比次“大洋一号”船南海综合海试深钻试验的成功，标志着中国在各大洋的海底矿区将会获得更加准确的资源调查资料[④]。

---

① “中集来福士深水半潜式钻井平台交付”，中国船舶英才网，2010年11月16日。

② “中集来福士成功交付深水半潜式钻井平台”，证券时报，2011年4月11日。

③ “中国南海可燃冰调查今年完成，获4项突破成果”，国土资源报，2011年3月28日。

④ 李晓兰，“‘大洋一号’船首次成功实现海底深孔钻探”，《海洋石油》，2010年第4期。

2. 海水淡化与综合利用技术

经过多年的科技攻关，中国在海水淡化、海水直接利用等海水利用关键技术方面取得重大突破，在海水化学资源综合利用技术方面取得积极进展，部分技术，如低温多效海水淡化技术、海水循环冷却技术已跻身国际先进水平。目前，中国的海水利用技术基本成熟，已具备产业化发展的条件。

（1）海水淡化

中国在反渗透法、蒸馏法等主流海水淡化关键技术方面均取得重大突破，中国的海水淡化技术已具备产业化条件，并已形成一定规模。2010 年 7 月，亚洲最大的海水淡化厂——天津大港新泉淡化水项目正式投产[①]。2011 年 10 月 10 日，国家发改委海水淡化产业化重点示范项目——曹妃甸日产 50 000 吨膜法海水淡化项目顺利出水，该项目是目前国内最大的膜法海水淡化项目。该项目的成功出水标志着中国的海水淡化整体自主技术能力已达到了国际先进水平，标志着中国海水淡化技术能力和成本能力已具备较强的国际竞争力，具备跻身国际市场的基础[②]。

（2）海水直接利用

目前，中国已形成了海水循环冷却的自主成套技术和产品，并进入了万吨级海水循环冷却示范工程和 10 万吨级工程设计的阶段，达到国际先进水平。2008 年 3 月“海水循环冷却技术研究与工程示范”项目取得了突破性成果，多项指标均达到国际先进水平。该技术成果产业化后，与海水直流冷却相比，系统运行成本降低 50% 左右，排污减少 98% 以上，可以节省大量海水进、排动力[③]。

（3）海水化学资源的综合利用

近年来，中国海水化学资源利用技术进展迅速。2010 年 12 月，由国家海洋局天津海水淡化与综合利用研究所承担的“十一五”科技支撑计划项目——年产 1 000 吨气态膜法浓海水提溴技术开发已进入中试阶段。项目组已完成大量的基础性工作，如进行了膜污染及清洗工艺的研究，形成了膜污染清洗工艺；进行了提溴富集优化工艺的研究，确定了提溴工艺流程、吸收液配制浓度和吸收液贮槽的体积与形式等[④]。

3. 海洋能开发利用技术

在国家“863 计划”、国家科技支撑计划等重大专项的支持下，中国的海洋能开发

---

① “天津：亚洲最大海水淡化厂投产”，中国海洋报，2010 年 7 月 13 日。

② “国内最大膜法海水淡化项目杭州制造”，杭州日报，2011 年 10 月 11 日。

③ 赵旺初：“我国海水循环冷却达到国际先进水平”，《发电设备》，2008 年第 3 期，第 240 页。

④ “气态膜法浓海水提溴大型膜组件中试”，中国海洋报，2010 年 12 月 17 日。

利用技术取得了重大进展。

（1）海洋风能开发利用

中国海洋风能开发起步较陆地风能晚，但发展速度很快，产业已形成一定规模。

2010 年 7 月 6 日，中国首座大型海上风电场——上海东海大桥 100 兆瓦海上风电场全部机组并网发电。上海东海大桥 100 兆瓦海上风电场 34 台 3 兆瓦风电机组是由中国自行设计、建造，总装机容量 102 兆瓦，设计年发电利用小时数 2 624 小时，年上网电量 2.67 亿千瓦时，具有中国完全自主知识产权。东海大桥海上风电场在中国风电场建设史上创造了多项“第一”：第一次采用自主研发的 3 兆瓦离岸型机组，标志着中国大功率风电机组装备制造业跻身世界先进行列；第一次采用海上风机整体吊装工艺，大大缩短了海上施工周期，创造了一个月在工装船上组装 10 台、海上吊装 8 台的纪录；在世界上第一次使用高桩承台基础设计，有效解决了高耸风机承载、抗拔、水平移位的技术难题。东海大桥风电场的开发建设对提高中国海上风电设备自主制造能力、积累中国海上风电建设管理经验以及推进节能减排等具有十分重要的意义①。

（2）潮汐能开发利用

经过 50 多年的不断发展，目前中国的潮汐能利用技术已比较成熟，潮汐电站建设已达到或接近世界水平。

中国的潮汐能开发利用大致经历 4 个时期。20 世纪 50 ~ 60 年代是潮汐能资源普查阶段。1958 年，在中国沿海各省掀起了一股开发潮汐能的热潮。1958 年 10 月，全国潮汐能发电会议在上海召开，1960 年 4 月，国家科委和水电部在杭州召开钱塘江河口综合治理开发科技工作会议，制定了 1960—1962 年科技发展规划，确定了潮汐能开发的 9 项研究任务，即河口潮波特性、泥沙运动等研究。随后几个月中，从广东到山东沿海建成了约 40 余座小型潮汐电站，但装机规模都很小，一般为几十千瓦，设备简陋。20 世纪 70 年代是潮汐能资源开发论证阶段。20 世纪 80 年代是国家试验电站建设阶段，建成了浙江江夏潮汐试验电站、海山潮汐电站等。1985 年 12 月，江夏潮汐试验电站投产发电，总装机容量为 3 200 千瓦，设计年发电量为 997 万千瓦时。20 世纪 90 年代是万千瓦级潮汐电站选址阶段。

2007 年 11 月，江夏潮汐电站 6 号机组在完成 72 小时试运行后并网发电。2010 年，中国第一座万千瓦级潮汐能电站——三门县健跳港潮汐电站开工建设，规划容量 2 万千瓦，静态总投资 6.8 亿元，建成后将成为中国规模最大的潮汐能电站②。2010 年 12

① “我国首座大型海上风电场并网发电”，中国海洋报，2010 年 7 月 13 日。

② “三门健跳港将建造万千瓦级潮汐电站 国内最大”，台州日报，2010 年 9 月 29 日。

月13日，东莞市百川新能源公司与美国绿色电力公司签订合作发展协议，将在东莞组建国内首家专门研制新型海洋潮汐发电机的合资公司[①]。

（3）波浪能开发利用

中国波浪能发电技术基本成熟，正处于商业化工程示范试验阶段。

中国波浪能发电技术研究始于20世纪70年代，从20世纪80年代初开始对固定式和漂浮式波浪能装置进行基础研究。1985年中国科学院广州能源研究所开发成功利用对称翼透平的航标灯用波浪发电装置。“七五”期间，由广州能源研究所牵头，在珠海市大万山岛研建了一座波浪电站并于1990年试发电成功。电站装机容量3千瓦，对称翼透平直径0.8米。“八五”期间，在原国家科委的支持下，广州能源研究所和天津海洋技术所（现名国家海洋技术中心）分别研建了20千瓦岸式波力电站、8千瓦摆式波浪电站和5千瓦后弯管漂浮式波力发电装置，均试发电成功。“九五”期间，在科技部科技攻关计划支持下，广州能源研究所和国家海洋技术中心又分别研建了100千瓦岸式振荡水柱电站及30千瓦摆式波力电站，均已试发电成功。

2008年11月，中国科学院电工研究所研制成功液态金属磁流体波浪能直接发电的原理性演示装置，验证了该技术的原理可行性[②]。

2009年6月，由中国科学院广州能源研究所承担研制建造的世界首座综合利用太阳能、风能、波浪能的可再生独立能源电站，在广东珠江口的珠海担杆岛初步建成投产[③]。目前，微型波浪能发电装置已经实用化，风能、太阳能开发利用技术也比较成熟，但三者综合利用，在世界上是首创。这一新能源示范电站采用多项自主研发的专利技术，在系统优化集成、抗台风、能量利用率等方面具有先进性和独创性，利用发电、蓄电、逆变、控制等方法不间断供电。该电站具有良好的经济性和实用性，总装机容量105千瓦，其中风能装机90千瓦·时，波浪能10千瓦，太阳能5千瓦，备用柴油发电机100千瓦，年发电量达10万千瓦·时。

中国波浪能发电技术共研究发展了振荡水柱、浮子、摆式、鸭式四种技术。经过近30年的研究，取得了较快的发展和较大的进步。微型波力发电技术已经成熟，并已商品化，小型岸式波力发电技术也已进入世界先进行列。现已处在100千瓦级装置示范试验研究阶段，可望进入实用化。但是中国波力发电装置示范试验的规模远小于英国、挪威和丹麦等，试验的开发方式类型远少于日本，小型装置距实用化还有一定距离，以及装置运行的可靠性等还有待进一步提高。

---

① “潮汐能发电基地落户东莞”，南方都市报，2010年12月14日。

② 新型波浪能发电技术演示装置研制成功，农村电工，2009年第2期，第47页。

③ “世界首座海岛可再生能源电站投产——综合利用太阳能、风能、波浪能”，华北电力技术，2009年6月。

（4）潮流能开发利用

中国潮流能资源极为丰富，中国潮流能发电技术发展基本上与国际同步，并通过多年科研攻关，已经形成了特色产品。

中国沿岸130个水道的理论平均功率约为1.4×10^4兆瓦。沿岸的潮流能资源分布以浙江沿岸最多，有37个水道，理论平均功率共709万千瓦，占全国总量的一半以上。其次是台湾、福建、山东和辽宁沿岸也较多，在113万～228万千瓦之间，共计为587万千瓦，占全国总量的41.9%；其他省区沿岸则较少，广西沿岸最少，仅2.3万千瓦。在各海区沿岸的分布，以东海沿岸最多，有95个水道，理论平均功率为1 096万千瓦，占全国总量的78.6%；其次是黄海海岸（主要在北黄海沿岸），有12个水道，共230万千瓦，占全国总量的16.5%；南海沿岸最少，共23个水道，仅为68万千瓦，占全国总量的4.9%①。

1981年，哈尔滨工程大学采用漂浮系锚泊式立轴自调直叶水轮机方案，进行设计研究。“八五”期间，由哈尔滨工程大学承担的国家科技攻关项目“10千瓦潮流实验电站”于1997年完成设计方案，并通过专家审定。“九五”期间，由其承担的国家重点科技攻关项目“70千瓦潮流能实验电站”于2002年初在舟山市岱山县官山附近建成，并通过专家的验收和鉴定。

由国家科技部“十五”863计划的支持，哈尔滨工程大学2005年12月研制完成了海底固定式垂直轴潮流能装置“40千瓦潮流实验电站‘万向Ⅱ’”。由国家科技部“十一五”863项目支持，东北师范大学2008年12月研制完成了“1千瓦水下漂浮式水平轴潮流能装置”。由国家科技部“十一五”863项目支持，中国海洋大学和机械科学研究总院研制完成了“5千瓦柔性叶片水轮机潮流能发电装置”，并于2008年11～12月，在青岛市胶南斋堂岛水道成功进行了海试。浙江大学研制的“25千瓦固定式水平轴潮流能装置”于2009年5月成功进行了海试②。

2010年7月，浙江省舟山市与中国节能环保集团公司签订海洋能战略合作框架协议。根据协议约定，中国节能环保集团公司将根据海洋能实测情况，在舟山市建设装机规模为1～3兆瓦海洋能电站示范工程，利用潮流能发电③。

（5）温差能开发利用

在世界温差能研究领域，美国与日本的技术最为先进，曾先后研建了多个温差能电站，但都是示范性的，其中由美国太平洋高技术研究国际中心在夏威夷研建开式循环温

① 罗续业，“我国潮流能发电前景光明”，中国海洋报，2010年5月7日。

② 赵龙武，王树杰，李冬，“国内外潮流能利用技术现状与发展”，第二届全国海洋能学术研讨会论文集，2009年，160－175页。

③ “舟山：将建海洋能电站示范工程”，中国海洋报，2010年7月13日。

差能利用系统，目前保持着世界温差能净输出功率40~50千瓦的最高纪录。与国外相比，中国的温差能开发利用技术在示范规模和净输出功率方面，还存在着明显的差距。

总体来说，中国温差能开发利用技术仍处在关键技术研究阶段，还未达到实际海况示范试验的水平。

五、小　结

“十一五”期间，中国海洋科技在科研成果、海洋科研机构数量、海洋科技人员数量、科研经费数量等方面取得了重大进展。进入“十二五”，党和国家高度重视海洋科技发展，对海洋科技做出了重要的战略部署，沿海地方政府也纷纷制定未来五年的海洋科技发展政策。中国海洋科技发展迎来了重要的发展战略机遇期。2011年，中国在海岸带及近海调查、大洋科学考察、极地科学考察等领域取得多项重大成果，近海海洋环境调查与综合评价专项主体任务全面完成，专项成果丰富。多项海洋调查与科研专项都获得国家财政立项。中国海洋高技术在载人潜水器、海洋卫星、深海钻井平台等重要领域取得突破性进展。展望未来，中国海洋科技在国家战略部署下，必将迎来更加美好的前景。

第四部分

海洋生态环境保护与资源开发

第八章 中国的海洋生态环境保护

陆源污染和海洋资源的开发活动是影响中国海洋生态环境质量的主要因素。过去10年的监测表明，陆源排海污染物数量有增无减，近岸海域污染总体水平维持在高位波动，海洋生态系统健康状况总体较差。围填海工程、海洋油气开发等造成的环境压力越来越大，造成局部海域的生态系统明显退化。海洋生态环境保护工作形成了日常业务监测和应急管理相结合的海洋污染防治模式以及保护区建设和生态修复相结合的海洋生态建设模式。

一、海洋环境状况

2010年，中国海洋环境质量总体维持在较好水平。根据《2010年中国海洋环境状况公报》，94%以上海域水质符合第一类海水水质标准，91%以上站位的沉积物质量监测指标符合第一类海洋沉积物质量标准。近岸典型海洋生态系统总体处于健康和亚健康状态，90%监控区域的生态系统基本维持其自然属性，生态服务功能能够正常发挥。主要海洋功能区环境质量基本满足海域使用要求，海洋赤潮和绿潮灾害有所减轻，但江河污染物入海量增加，溢油等突发事故灾害对海洋生态环境的损害严重。

江河携带污染物入海和陆源入海排污口排污是影响中国近岸海洋环境质量的主要原因。“十一五”期间，长江、珠江、钱塘江、闽江等主要河流携带入海的污染物总量年均达千万吨以上。受入海径流量增大的影响，2010年河流携带的化学需氧量、氨氮和总磷入海量较上年明显增加。与河流相反，排污口污水中化学需氧量、氨氮、总磷等主要污染物的超标率近年呈显著下降趋势。石油烃成为影响生物和沉积物质量的主要污染物。

（一）海水环境质量

《国家海水水质标准》根据海水中污染物浓度，将海水水质划分为五类，即一类水质、二类水质、三类水质、四类水质和劣四类水质，其中后四类均属于受污染海水。各类水质海域的面积是海水总体污染程度的重要指标。

“十一五”期间，94%以上的中国管辖海域海水质量符合第一类海水水质标准。劣于第四类海水水质标准的海域面积基本保持在3万平方千米左右，分布区域局限在近岸区域，主要分布于大中型河口、海湾和部分大中城市近岸海域。海水中的主要超标物质是无机氮、活性磷酸盐和石油类。

2010 年是自 2000 年以来中国近岸海域污染最重的一年，近岸海域污染同时呈现污染面积大，污染程度重的特点。水质为三类或劣于三类水质的海域总面积达 10.7 万平方千米，为历年之最。其中污染程度最重的劣四类水质面积达 4.8 万平方千米，比此前多年的平均值增长 50% 以上（见图 8－1）。

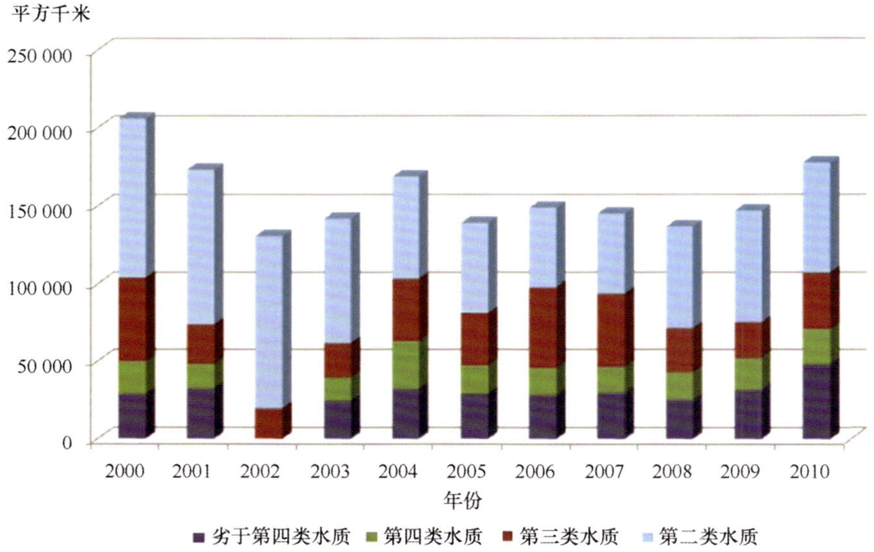

图 8－1　2001—2010 年近岸海域各级污染海域面积变化

注：2002 年数据不全

1. 渤海海域

2010 年渤海海水污染并未延续此前逐年减轻趋势，而成为污染面积最大、污染程度最重的一年。从污染水域面积看，2010 年渤海污染水域总面积结束了此前三年连续减小的趋势，转而迅猛增长，达 3.3 万平方千米，成为自 2001 年以来污染面积最大的年份。水质为三类或劣于三类水质的海域总面积达 1.7 万平方千米，与 2007 年持平，同为历年最大值。其中海水为三类水质的海域面积达 8 670 平方千米，为历年之最。从海水污染的空间分布看，辽东湾、渤海湾和莱州湾三大湾依然是海水污染的重灾区（见图 8－2）。

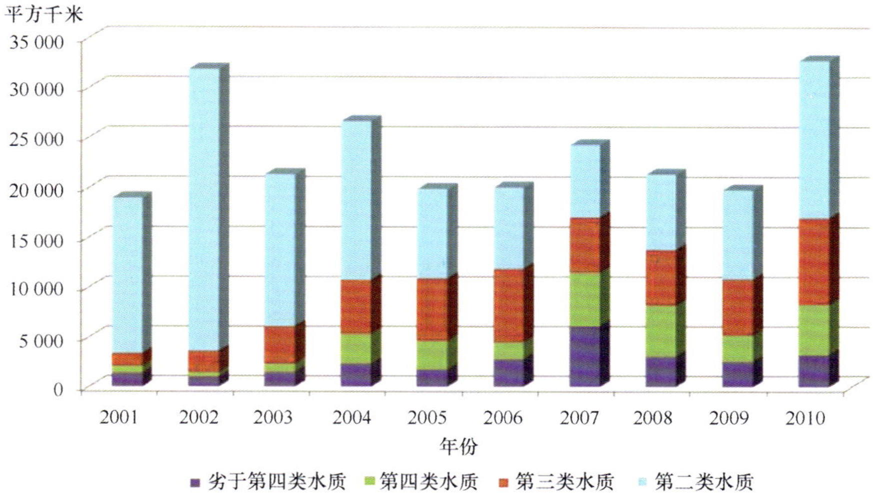

图 8－2　2001—2010 年渤海各级污染海域面积变化

2. 黄海海域

2010 年，黄海污染海域面积延续了 2008 年以来的上升趋势，并在总体上构成了黄海污染海域面积在 2001—2010 年间大幅度波动的特点。劣四类水质海域面积比 2009 年增长近 1 倍（见图 8－3）。黄海主要污染海域集中在北部近岸。

3. 东海海域

与黄海的情况类似，2010 年东海受污染海域面积延续了 2008 年以来的增加趋势。水质为三类或劣于三类水质的海域总面积增加成为自 2003 年以来的最大值，特别是劣四类水质海域面积显著增加，是自 2001 年以来的最大值（见图 8－4）。从空间上看，东海污染海域集中分布在长江口附近海域和杭州湾。

4. 南海海域

2010 年是南海近岸海域污染程度最重的一年。水质为三类或劣于三类水质的海域总面积达 1.8 万平方千米，远大于其他年份。其中，污染程度最重的劣四类水质海域面积达 7.9 万平方千米，也远远超过其他年份（见图 8－5）。从趋势看，南海近岸海域污染逐年加重；从空间分布看，南海污染主要集中在珠江口附近海域。

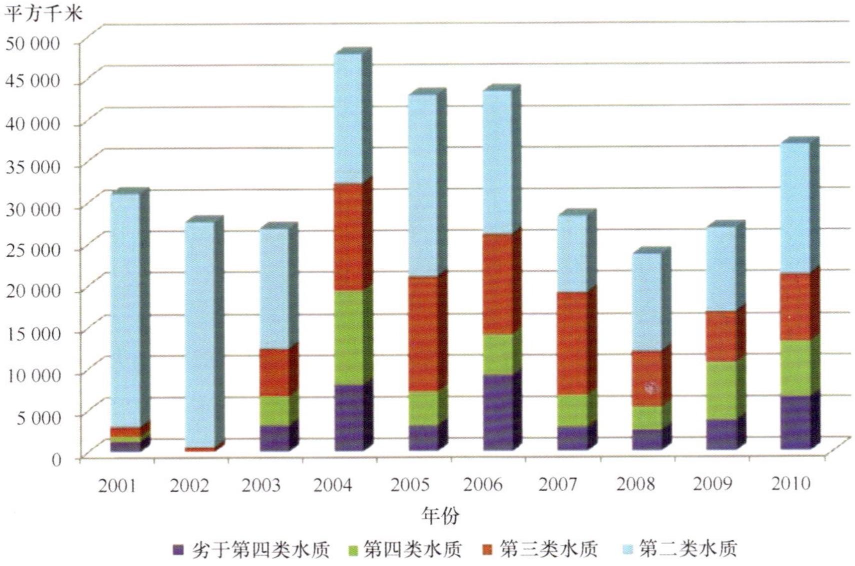

图 8－3　2001—2010 年黄海各级污染海域面积变化

注：2002 年数据不全

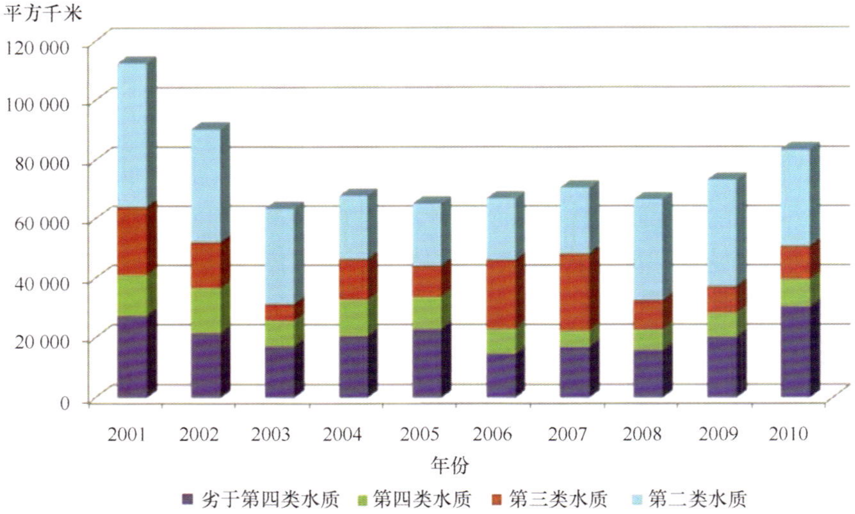

图 8－4　2001—2010 年东海各级污染海域面积变化

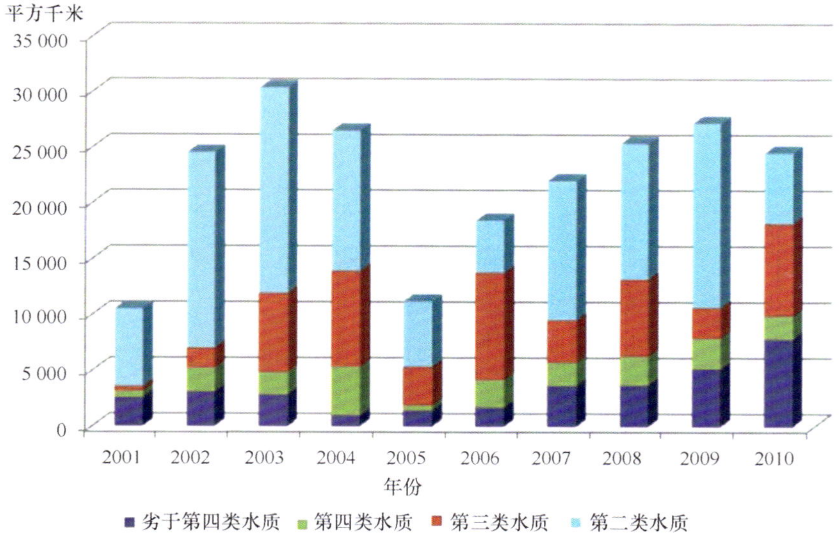

图 8－5　2001—2009 年南海各级污染海域面积变化

（二）沉积物质量

2010 年全国近岸海域沉积物质量状况总体良好，监测指标符合第一类海洋沉积物质量标准的站位比例均在 91% 以上，仅辽宁青堆子湾、浙江杭州湾北岸、福建福宁湾等个别站位沉积物中的石油类含量劣于第三类海洋沉积物质量标准。

（三）近岸海洋生物质量

2010 年，海洋环境监测部门对中国近岸潮间带及浅海区紫贻贝、菲律宾蛤仔和僧帽牡蛎等底栖双壳贝类，开展了针对石油烃、六六六、总汞、镉和滴滴涕等污染物浓度的监测，监测结果总体良好。在古黄河口、嵊泗、杭州湾、三门湾、台州杜桥和晋江围头湾内，生物体内石油烃含量过高。12% 监测站的生物体内石油烃超过第三类海洋生物质量标准。六六六、总汞和滴滴涕的含量普遍较低，这三类污染物含量符合第一类海洋生物质量标准的站位比例分别为 99%、95% 和 84%。

（四）海洋生态环境灾害

中国管辖海域的生态环境灾害主要包括赤潮、溢油、绿潮、海岸侵蚀和海水入侵等，2011 年 6 月开始发生的渤海“蓬莱 19－3”油田溢油事故是 2011 年中国海域最重要的海洋生态环境灾害之一。此外，由于日本核电站放射性物质泄露可能对中国近海造成影响，海洋的放射性污染一度引起公众的广泛关注。

1. 赤潮

2010 年共发现赤潮 69 次，累计面积 10 892 平方千米。东海赤潮规模仍然最大，发现次数和累计面积分别为 39 次和 6 374 平方千米，占全海域的 56% 和 58%；2010 年 5 月份赤潮发生次数最多、累计面积最大，分别为 23 次和 5 730 平方千米，其次是 6 月，为 15 次和 4 292 平方千米。两个月累计的发生次数和面积累计占全年总量的 55% 和 91%。近几年赤潮发生次数和污染面积基本持平。

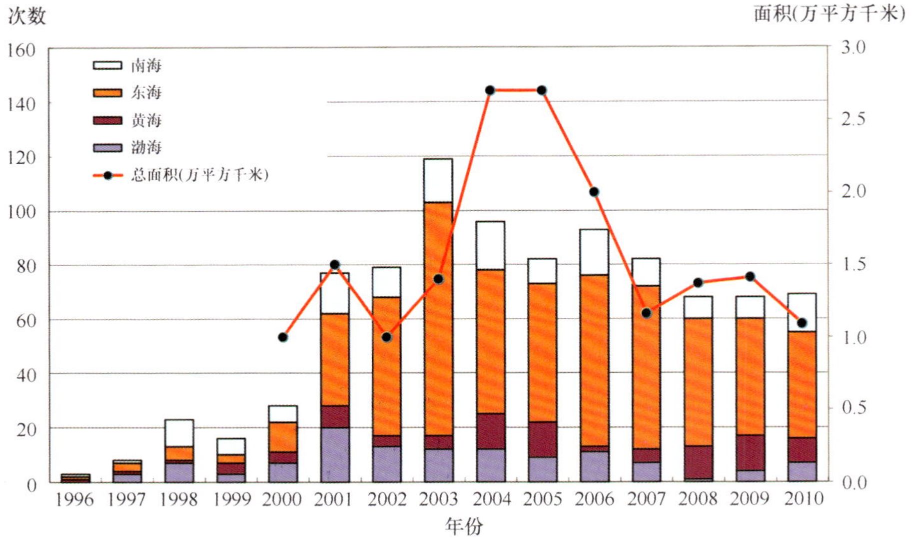

图 8－6　1996—2010 年赤潮发生次数和面积变化

2. 溢油

2011 年 6 月渤海“蓬莱 19－3”发生重大溢油事故。本次溢油污染主要集中在“蓬莱 19－3”油田周边海域和西北部海域，污染范围外缘线东距长岛 21 千米，西距京唐港 53 千米。从事故发生到 9 月初，溢油累计造成 5 500 平方千米海水受到污染（水质超过第一类海水水质标准），其中劣四类海水面积累计约 870 平方千米。受渤海风场和海洋环流影响，溢油向北至北偏西方向漂移，部分到达渤海西岸部分岸线。辽宁绥中东戴河，河北京唐港浅水湾岸滩、秦皇岛昌黎黄金海岸浴场岸滩采集到了来自“蓬莱 19－3”油田的油污颗粒。通过采取封堵溢油源、停止平台生产作业等一系列措施，溢油到9月中旬得到基本控制。

“蓬莱19－3”溢油事故期间，山东长岛附近海域漂浮油类物质，同时发生了鱼类非正常死亡事件。河北省乐亭县海滩上发现油污，养殖扇贝发生大量死亡。

3. 海水入侵和海岸侵蚀

黄海滨海平原地区海水入侵和土壤盐渍化范围有所增加，南海部分地区海水入侵和土壤盐渍化程度加重，渤海和东海监测区海水入侵与土壤盐渍化范围基本稳定。海水入侵严重地区分布于渤海沿岸辽宁盘锦、河北唐山和黄骅、山东滨州和潍坊滨海平原地区，海水入侵距离一般距岸20～30千米。渤海沿岸辽宁、河北和山东的滨海平原地区盐渍化较严重。

4. 浒苔灾害

2010年，南黄海海域发生了浒苔灾害。4月首次发现漂浮浒苔，7月初浒苔实际覆盖面积约530平方千米，至8月，黄海浒苔逐渐消失。与2009年相比，2010年黄海沿岸海域浒苔最大分布面积约减少50%，实际覆盖面积约减少75%，浒苔灾害明显减轻。2011年浒苔灾害比较严重。5月下旬首次监测到绿潮，当时分布面积约为340平方千米。随后，浒苔分布面积不断扩大，并因海流和风向，向偏北方向漂移。部分浒苔漂移到青岛、日照等黄海沿岸城市的海岸，对渔业、旅游、航运等造成较大的负面影响。

5. 海洋放射性污染

2011年3月，日本地震引发的核电站爆炸和放射性物质泄露，引起了全世界的高度关注。国家海洋局紧急启动了海洋放射性污染应急监测。从当时的监测结果看，日本核电站放射性物质泄露并没有对中国近岸海洋环境产生可辨识的影响。

2011年6月，国家海洋局组织了西太平洋海洋环境放射性监测。6月底公布的初步结果显示日本福岛以东及东南方向西太平洋海域已受到福岛核泄漏事故的显著影响。首批海水样品中全部检出了日本福岛核泄漏释放的污染物质。71%监测站位铯－137含量超过中国海域本底范围，其中铯－137和锶－90两种核素最高含量分别为中国海域本底范围300倍和10倍。本次还监测了部分海洋生物所受影响。对鱿鱼检测结果显示，锶－90的放射性比活度为中国沿海生物样品放射性本底平均值的29倍。此外，生物样品中还检出了正常情况下中国沿海生物样品中难以检出的银－110 m和铯－134等物质。

二、海洋生态保护

（一）海洋生态监控区健康状况

国家海洋局组织沿海省（自治区、直辖市）在中国近岸海域部分生态脆弱区和敏感区建立了18个生态监控区，主要生态类型包括海湾、河口、滨海湿地、珊瑚礁、红树林和海草床等典型海洋生态系统；监测内容包括环境质量、生物群落结构、产卵场功能以及开发活动等。在监测基础上，综合考虑生态系统自然属性的保持、生物多样性维持、生态系统结构变化、人类活动压力等方面的因素，把监控区生态系统的健康状态分为健康、亚健康和不健康三个等级。

2010年监测结果显示，处于健康、亚健康和不健康状态的海洋生态监控区分别占14%、76%和10%。其中红树林、珊瑚礁和海草床生态系统多处于健康状态；河口、湿地和海湾生态系统基本稳定，多处于亚健康状态（见表8－1）。

表8－1　海洋生态监测区健康状况

生态监控区	类型	状态	趋势	2010年主要问题
双台子河口	河口	亚健康	基本稳定	浮游动物及鱼卵仔鱼密度总体偏低，底栖动物生物量偏低、经济物种的丰度较低
锦州湾	海湾	不健康	基本稳定	氮磷比失衡
滦河口－北戴	河口	亚健康	基本稳定	浮游动物及鱼卵仔鱼密度总体偏低，底栖动物生物量偏低、经济物种的丰度较低
渤海湾	海湾	亚健康	略有好转	－
莱州湾	海湾	亚健康	略有好转	生物群落结构异常，赤潮优势藻类密度显著升高
黄河口	河口	亚健康	略有好转	浮游动物及鱼卵仔鱼密度总体偏低，底栖动物生物量偏低、经济物种的丰度较低
苏北浅滩	湿地	亚健康	略有好转	受围垦造田影响，生物栖息面积缩减；生物群落总体状况较差，浮游动物和鱼卵仔鱼密度偏低
长江口	河口	亚健康	基本稳定	出现低氧区；浮游动物及鱼卵仔鱼密度总体偏低，底栖动物生物量偏低、经济物种的丰度较低
杭州湾	海湾	不健康	基本稳定	富营养化程度较高；生物群落结构异常，赤潮优势藻类密度显著升高
乐清湾	海湾	亚健康	基本稳定	生物群落结构异常，赤潮优势藻类密度显著升高

续表

生态监控区	类型	状态	趋势	2010 年主要问题
闽东沿岸	海湾	亚健康	略有下降	–
大亚湾	海湾	亚健康	基本稳定	生物群落结构异常，赤潮优势藻类密度显著升高
珠江口	河口	亚健康	基本稳定	浮游动物及鱼卵仔鱼密度总体偏低，底栖动物生物量偏低、经济物种的丰度较低
雷州半岛西南沿岸	珊瑚礁 海草床	亚健康	基本稳定	活造礁石珊瑚平均盖度呈逐年下降趋势；珊瑚礁生态系统生物群落总体呈退化趋势
广西北海	珊瑚礁 红树林 海草床	珊瑚礁及红树林健康/海草亚健康	基本稳定	活造礁石珊瑚平均盖度呈逐年下降趋势；珊瑚礁生态系统生物群落总体呈退化趋势；北海海草床栖息地环境受到破坏
北仑河口	红树林	亚健康	基本稳定	底栖动物生物量和密度下降
海南东海岸	珊瑚礁 海草床	海草床健康/珊瑚礁亚健康	基本稳定	活造礁石珊瑚平均盖度呈逐年下降趋势；珊瑚礁生态系统生物群落总体呈退化趋势
西沙珊瑚礁	珊瑚礁	亚健康	略有下降	亚健康

资料来源：2010 年国家海洋环境状况公报。

生态监控区覆盖了中国近岸典型生态系统类型，其监测结果基本代表了中国近岸典型生态系统的变化趋势。典型生态区生态系统健康状态监测已经持续 7 年。综合 7 年的监测结果看，绝大部分的监控区的生态系统健康状况保持亚健康的稳定状态。广西北海珊瑚礁、红树林和海草床生态系统监控区以及西沙群岛珊瑚礁生态系统监控区的健康状态从健康状态向亚健康状态转变。

受监测的珊瑚礁生态系统生物群落总体呈退化趋势，西沙、海南东海岸和雷州半岛西南沿岸平均盖度分别下降 58%、15% 和 12%。部分海域出现珊瑚礁白化现象，造礁石珊瑚种类明显减少。西沙造礁石珊瑚由 87 种减少至 43 种，珊瑚礁鱼类密度下降 50%。在海南东岸珊瑚礁受长棘海星和核果螺等敌害生物的侵害严重，白化现象明显；高位虾池的养殖废水直接排海对珊瑚礁生态系统的潜在威胁较大。

监测的红树林生态系统海水环境和栖息地状况总体良好，红树林面积保持稳定，种群密度显著增加。北仑河口红树林长势良好，监测到 69 种栖息鸟类，较上年有所增加。

监测的海草床生态系统海水和沉积物环境质量良好，分别符合第一类海水水质标准和第一类海洋沉积物质量标准。海草种类和数量稳定，生长茂盛。海南东海岸海草床平均盖度为41%，大型底栖动物生物量明显增加。

（二）海洋保护区

中国已经基本建成海洋自然保护区和海洋特别保护区相结合的海洋保护区网络体系，各种典型脆弱海洋生态系统、珍稀濒危海洋生物、具有重大科学文化价值的海洋自然历史遗迹与自然景观等正逐步得到保护。最近几年，新建海洋自然保护区的步伐变缓，新建海洋特别保护区的步伐则大大加快。2011年新建了5处国家级海洋特别保护区，这些特别保护区全部位于山东省辖海域，分别是山东省乳山市塔岛湾海洋生态国家级海洋特别保护区、烟台牟平沙质海岸国家级海洋特别保护区、莱阳五龙河口滨海湿地国家级海洋特别保护区、海阳万米海滩海洋资源国家级海洋特别保护区、威海小石岛国家级海洋特别保护区。

至2011年底，中国共建立了各级各类海洋自然保护区200多个（不含台湾、香港和澳门），其中国家级海洋自然保护区32处；共建立国家级海洋特别保护区22处，覆盖面积36万公顷。国家级海洋特别保护区大部分位于山东省辖海域，2009年以后设立的全部12处国家级海洋特别保护区有11处位于山东省辖海域。

2010年国家海洋行政主管部门修订了《海洋特别保护区管理办法》。新《海洋特别保护区管理办法》根据地理区位、资源环境状况、海洋开发利用现状和社会经济发展的需要，将海洋特别保护区分为海洋特殊地理条件保护区、海洋生态保护区、海洋公园、海洋资源保护区四类。

海洋公园是海洋特别保护区的新类型，其目的是在保护特殊海洋生态景观、历史文化遗迹、独特地质地貌景观的同时，充分发挥其生态旅游功能，实现保护与开发的协调，进而实现生态环境效益与经济社会效益的双赢。作为一个新生事物，海洋公园在协调海洋生态环境保护与海洋资源适度开发方面被寄予较高的期望。在实际管理工作中，海洋公园常被看作与海洋自然保护区、海洋特别保护区并列的保护区类型。

中国有漫长的海岸线、面积辽阔的海域以及为数众多的岛屿。建设海洋公园既有良好的自然条件基础，又有广泛的社会需求。2011年5月，中国设立了首批7处国家级海洋公园，分别是广东海陵岛国家级海洋公园、广东特呈岛国家级海洋公园、广西钦州茅尾海国家级海洋公园、福建厦门国家级海洋公园、江苏连云港海洲湾国家级海洋公园、山东刘公岛国家级海洋公园、山东日照国家级海洋公园。在设立之前，上述区域多数已经在实际上发挥着海洋公园的功效。

（三）海岛生态保护

海岛保护一方面要对生态环境状态良好的海岛进行保护，使其免受环境恶化和生态退化，另一方面要对环境破坏严重的海岛进行修复，恢复其生态功能。海洋生态修复的内容包括海岛水土流失治理、海岛污染防治、海岛生物多样性保护、生态实验基地建设、受损植被修复、基础设施维护和沿岸景观改造等方面。中央财政从 2010 年起每年安排专项资金，用于海岛生态环境的整治、修复和保护。

《中华人民共和国海岛保护法》颁布实施尚不足三年，相关配套实施条例还需不断地完善。这一过程中，海洋行政主管部门以部门规章、通知、意见等形式，颁布了一系列海岛保护的管理规定。2011 年颁布的《无居民海岛保护和利用指导意见》，对海岛开发中地形地貌的保护与利用，海岸线的保护与利用，动植物资源的保护与利用，淡水的保护与利用，人文遗迹及公益设施的保护，污水、废水、废气和固体废弃物处理，建筑物和设施的设计与建设，新能源新材料新技术应用八个方面提出了意见。

浙江省是中国岛屿最多的省份。2011 年，浙江省开始实施《浙江省重要海岛开发利用与保护规划》。《规划》选择了 100 个重要岛屿，包括 92 个有居民海岛和 8 个无居民海岛。规划的重要岛屿总面积 1 819 平方千米，占全省海岛总面积的 96%；岛屿滩涂总面积 313 平方千米，占全省滩涂总面积的 78%；岛屿岸线总长 2 470 千米，占全省海岛岸线总长的 53%。《规划》将“合理开发，有效保护”列为开发利用和保护的首要原则，要求“严格保护具有较高生态价值的海岛。对具备开发基础和潜力的海岛，在开发过程中也应注重生态环境保护，最大限度降低对生态环境的负面影响”。

三、海洋生态环境管理

（一）海洋环境风险应急管理

2011 年发生的几起重大的海洋环境事件对中国海洋环境应急管理能力提出了挑战，包括：3 月 11 日日本地震引发的海啸；6 月渤海“蓬莱 19－3”油田溢油事故应急处理；6－7 月，青岛附近海域浒苔集中爆发应急管理；8 月，防范超强台风“梅花”袭击中国浙江、上海、江苏、山东等省市。

国家海洋局分别于 2004 年和 2006 年制定颁布了《海洋石油勘探开发溢油事故应急预案》和《海上石油勘探开发溢油应急响应执行程序》。针对发生在中国管辖海域内并且超出石油公司应急处理能力的海洋石油勘探开发溢油事故，从应急组织指挥体系及职责、应急响应程序、应急响应基本条件和保障措施等方面做了应急规定。

《执行程序》按溢油量和溢油面积将海洋石油勘探开发溢油事故的应急响应分三个级别。海上油田的溢油尚未得到完全控制，则启动三级应急响应。一旦溢油量超过 100 吨，或者溢油面积大于 200 平方千米，并且溢油尚未得到完全控制，则启动《全国海洋石油勘探开发重大海上溢油应急计划》。

2009 年，国家海洋局制定颁布了《赤潮灾害应急预案》，主要包括赤潮应急组织体系及职责、赤潮应急工作程序、赤潮信息发布、技术规定等方面内容。根据赤潮面积、毒性和造成影响，赤潮应急处置分三级。当无毒赤潮面积 8 000 平方千米以上（含）；或有毒赤潮灾害面积 5 000 平方千米以上（含）；或因食用受赤潮污染的海产品或接触到赤潮海水，出现死亡病例 10 人以上，将启动一级应急预案。

2009 年，国家海洋局制定颁布了《风暴潮、海浪、海啸和海冰灾害应急预案》，针对风暴潮、海浪、海啸和海冰灾害的监测、预报、预警、预防和应对工作，从应急组织体系和职责、灾害预警启动标准、灾害监测及预警、灾害调查评估、应急保障措施等方面做了规定。针对风暴潮、海浪、海啸分别设立了特别严重、严重、较重、一般四个警报级别。

“十一五”期间，国务院先后批准了一系列沿海地区的开发规划。这些规划的实施将在中国的沿海地区掀起一场新的重工业发展高潮。大部分新建的重工业项目都选址在围海造地形成的土地上。这种选址模式对于发展工业本身有积极意义，同时也带来了较大的潜在风险。近两年来，中国接连发生的几起重大的沿江沿海工业污染事故，对重化工业沿海布局，特别是有毒有害的重化工业沿海布局敲响了警钟，其中包括 2010 年大连新港爆炸及其引发的石油泄露事件以及 2011 年大连福佳大化二甲苯（PX）项目事件。

2011 年，产能达 70 万吨二甲苯的大连福佳大化工厂遭遇台风“梅花”冲毁防波堤，几近造成化工储罐泄露的险情。二甲苯是一种对人体有毒害作用的危险化学品。据不完全统计，除大连福佳大化外，在山东、浙江、上海、天津、海南、福建和广东都有在建或已经建成的二甲苯项目。中国沿海地区是台风和风暴潮灾害的多发区，因海洋自然灾害引发次生化工灾害的可能性也大。在重工业化布局沿海化的大背景下，加强对沿海重工业，特别是有毒有害化工业的排查监管，做好风险应急管理工作势在必行。

（二）地方海洋环境保护制度建设

中国制定了《中华人民共和国海洋环境保护法》及一系列配套的实施条例。在《海洋环境保护法》及其配套条例的框架下，辽宁省、山东省、江苏省、浙江省、福建省、广东省和海南省等沿海省市先后制定并颁布了针对省辖海域的海洋环境保护条例或办法。部分经济社会发展水平相对较高的沿海地市，例如青岛市、厦门市、深圳市等也颁布了针对市辖海域的海洋环境管理规定。与《海洋环境保护法》相比，沿海省市颁布的管理条例有以下特点：一是条文的规定更为具体，更具针对性。比如，大多数条例都明确列举了应加强保护的海域；二是吸收了海洋环境管理方面的新理念。比如，多数条例都要求坚持“海陆统筹”和“部门协调”的海洋环境保护原则。

2004 年颁布实施的《山东省海洋环境保护条例》明确把“海河统筹、海陆兼顾”作为海洋环境保护的原则。其第三条规定“海洋环境保护应当遵循海河统筹、海陆兼顾、预防为主、防治结合、标本兼治的原则。”

2004 年颁布实施的《浙江省海洋环境保护条例》要求将“海陆统筹”纳入关键的决策环节。《条例》第二十五条规定：“沿海市、县人民政府应当根据经济与社会发展规划、所管辖海域环境容量和重点海域污染物排海总量控制实施方案，规划海岸带产业布局”。第十二条规定“按照陆海统筹、专司管理、资源共享的原则，建立全省海洋环境监测网络，纳入生态省建设体系。”

2006 年颁布实施的《辽宁省海洋环境保护办法》凸显了在海洋环境保护问题上的“部门协调”原则。《办法》第十条规定：“行使海洋环境监督管理权的部门在海上实行联合执法的，应当相互配合、密切协作，共同做好海洋环境保护工作”。“因陆源污染物或者船舶污染事故造成海洋环境污染损害和海洋生态破坏以及造成渔业损害的，环保部门或者海事部门调查处理时，应当吸收海洋与渔业部门参加”。

《辽宁省海洋环境保护办法》虽然没有明确将“海陆统筹”作为海洋环境保护的原则，但其条文规定实际上体现了“海陆统筹”原则。《办法》第二十条规定：“沿海城市政府应当根据海洋功能区划、海洋环境保护规划以及城市总体规划，建设和完善排水管网，建设污水处理厂或者其他污水集中处理设施。”

海水是一个流动的整体，海洋环境保护不但需要坚持“海陆统筹”和“部门协调”的原则，还必须坚持沿海行政区之间的横向合作。这一点在行政区边界的附近海域尤为重要。针对与上海、福建相邻海域的环境保护，《浙江省海洋环境保护条例》要求：省人民政府应当加强与相邻沿海省、直辖市人民政府和国家有关机构的合作，共同做好长江三角洲近海海域及浙闽相邻海域海洋环境保护与生态建设。这是在海洋环境保护条例中首次就边界附近海域的环境保护专门提出加强区域间合作的要求。

浙江省的《条例》对本省与外省市交界海域环境保护提出了要求，但对本省内部，市县海上边界附近海域并没有提出专门要求。2009 年通过的《广东省实施 < 中华人民共和国海洋环境保护法 > 办法》则对广东省辖海域内部，市县海上边界附近海域的环境保护专门提出要求。该《办法》第十五条规定：相邻海域的市、县人民政府应当加强海洋环境保护的合作，建立相邻海域污染防治、生态保护和环境整治协调机制。对可能影响相邻市、县海洋环境的入海排污口设置和重大工程项目建设，有关环境保护、海洋行政主管部门应当征求相邻市、县人民政府的意见，相邻市、县人民政府有不同意见的，可提请其共同的上级人民政府协调解决。

福建省早在 2002 年颁布实行了《福建省海洋环境保护条例》，从海洋生态保护和陆源污染防治，工程建设项目污染防治，船舶及有关作业活动污染防治等方面作出规定。2010 年，又发布了《福建省人民政府关于进一步加强我省近岸海域海洋环境保护的实施意见》，要求坚持“陆海统筹、河海兼顾”的原则，促进近岸海域污染防治和陆域、流域环境保护相衔接，按照“海域—流域—控制区域—控制单位”的层次体系进行水污染控制。《意见》还提出制定《福建省海洋污染溯源追究管理办法》。考虑到海洋的污染绝大部分源自陆地，溯源追究海洋污染意味着海洋环境保护工作不仅局限在海洋本身，还必须向陆地延伸，有些情况下，还可能延伸到远离海洋的流域上游地区。基于生态系统的海洋管理要求将海域和沿岸流域作为整体统一考虑，“海洋污染溯源追究”是基于生态系统的海洋管理理论在海洋污染防治工作领域的宝贵实践。

2008 年颁布实施《海南省海洋环境保护规定》也提出“海陆兼顾”的海洋环境保护原则外。与其他省市规定不同的是，海南省要求可能对海洋环境造成重大影响的围海、填海建设项目，举行听证会，听取社会和公众的意见。

（三）海洋和海岛生态修复

海洋和海岛生态修复是指利用海洋/海岛生态系统的自我恢复能力，辅以人工措施，使遭到破坏的生态系统逐步恢复，或使生态系统向良性循环方向发展。海洋/海岛生态修复多针对那些在自然突变和人类活动活动影响下受到破坏的自然生态系统进行。常见的海洋/海岛生态修复包括：① 渔业水域生态系统修复，主要指通过限渔、禁渔等管制措施以及增殖放流、人工鱼礁建设等生物和工程措施，使海洋渔业生态系统恢复到人们所期待的状态；② 海岛生态系统修复，主要指通过海岸与边坡加固、淡水资源保护、岛陆植被修复、沙滩修复、污染物处理以及可再生能源利用等海岛整治修复技术与方法，对生态系统严重退化的小岛屿进行修复，建立良性循环的海岛生态系统。③ 典型生态系统修复，主要指对通过红树林种植、珊瑚礁培育、海草床保护、滨海湿地重建等方式，重建或者恢复已经退化的典型海洋生态系统；④ 严重污染海域的生态系统修复，主要是通过污染防治、污染物清移等手段，对一些污染严重的河口、海湾等海域进行整治修复。

渔业水域生态修复是各沿海省市一项常态化工作。沿海各地海洋渔业管理部门每年都进行增殖放流，并不定期的投放人工鱼礁。山东等省市每年从省财政拨付专款用于人工鱼礁建设，河北省专门制定了《河北省水产局人工鱼礁管理办法》，广东等省市则将人工鱼礁建设作为重要内容写入海洋环境保护规划中。

自《中华人民共和国海岛保护法》颁布实施以来，海岛生态修复得到从中央到地方各级政府的高度重视。中央财政自2010年起从海域使用金中拨付专项资金用于海岛生态环境的整治、修复和保护，2011年下达的海岛整治修复及保护项目20个。沿海省市陆续编制了本省的海岛保护规划，对本省的海岛生态修复做出安排。

典型生态系统修复通常与城市景观建设相结合。珊瑚礁修复技术还不成熟，尚未推广应用。红树林种植技术则已经很完善，广西壮族自治区和福建、广东两省的多个城市都开展红树林种植修复工程。

四、小　结

2010年是近10年以来中国近岸海域污染最重的一年。近岸海域污染同时呈现污染面积大，污染程度重的特点。污染海域空间分布基本延续以前的格局，污染严重的海域集中在大型入海河口和海湾。近岸海洋生态系统大部分维持在亚健康状态，但健康状况保持稳定。与往年相比，赤潮、海水入侵、海岸侵蚀等海洋环境灾害发生和造成损失情况没有明显变化。红树林种植、海岛生态修复、增殖放流、人工鱼礁建设等海洋生态修复工作越来越得到重视。受日本地震造成的海啸和放射性污染、渤海油气平台溢油事故等的影响，对突发性海洋环境灾害的预防和应急处置工作得到前所未有的重视。沿海地方海洋环境保护制度建设日趋完善，海陆统筹和部门协调等海洋环境保护的新理念被充分吸纳运用。兼顾开发与保护的海洋特别保护区建设受到沿海地方青睐，建设步伐明显加快。

第九章　中国的海洋资源开发利用

海洋资源是国家战略资源的组成部分。海洋资源的开发利用为国民经济和社会发展提供了重要物质基础。2010 年，中国的海洋油气资源探察及开采取得突破性进展，海水利用规模扩大，海洋风能等新能源的开发力度有所加强。海洋油气、海洋渔业仍是海洋资源开发的主要领域；海洋生物、海水利用、海洋能源资源的利用规模不断扩大，应用领域不断拓宽。

一、海洋资源开发利用基础

依据国际海洋法律制度，海洋资源可分为国家管辖海域资源和国家管辖外海域资源。各沿海国分别享有对其国家管辖海域资源及国家管辖海域外海域资源相应的开发权利。本章所指的海洋资源利用基础，是指经评估、勘探发现的各类海洋资源的储量，也包括近期探明的新增资源储量。

（一）国家管辖海域的主要资源

国家管辖海域，是指包括领海、毗连区、专属经济区和大陆架在内的海域。中国拥有 300 万平方千米的主张管辖海域，蕴藏着丰富的海洋资源，种类繁多，储量巨大。

1. 海洋生物资源

海洋生物资源是指有生命的能自行繁殖和不断更新的海洋资源。海洋生物由不同种类组成（见图 9－1），包括海洋动物、海洋植物和真菌。

中国海域是全球海洋生物多样性最丰富的近海海域之一。近海海洋生物的空间丰度分布呈由北向南逐渐增加，由海面向海底逐渐增加趋势；生物密度一般是近海高、远海低。

渔业资源是维系人类海洋生物资源的重要形式，约占海洋生物资源总量的 12%。[①] 中国近海有记录的鱼类 1 800 多种，主要分布在渤海、黄海、东海和南海的各个渔场。

① Census of Marine Life 2010，Highlights of a Decade of Discovery，22，p17. www. coml. orgcoml@ oceanleader-shio. org.

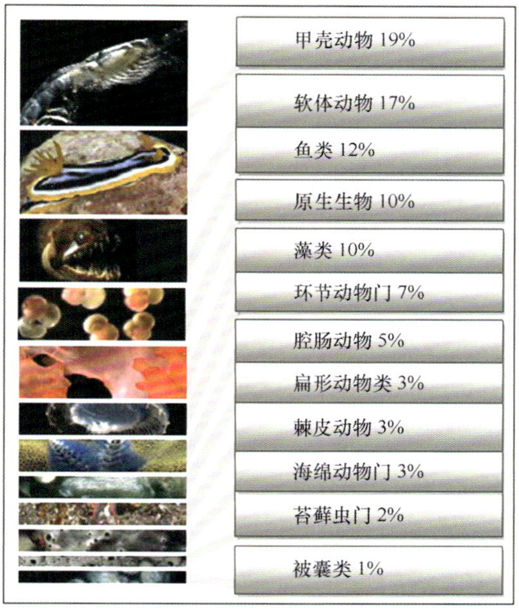

图 9－1 海洋生物构成

图片来源：译自 Highlight of a Decade of Discovery，Census of Marine Life，www. coml. org，22，p19

近年来，由于过度捕捞、近海污染等影响，渔业资源衰退严重，资源量也已发生变化。渤、黄海有记录生物物种 300 种，东海 760 种，南海 1 000 多种。1997—2000 年国家专项底托渔网调查结果显示，渤、黄海生物仅剩 180 种，东海也只有 602 种，[①] 海洋生物物种的种类分别减少 40% 和 30%。除渔业资源外，甲壳类动物、藻类、海洋微生物及软体动物等也是重要海洋生物资源。根据“国际海洋生物普查”的结果，甲壳类动物和藻类分别占海洋生物总量的 19% 和 10%。

2. 海洋矿产资源

海洋矿产资源主要包括海洋油气、滨海砂矿及天然气水合物等。

（1）海洋油气

中国近海域及其邻近海域分布着 31 个中、新生代沉积盆地，总面积达 174 万平方千米。根据 2005 年国土资源部和国家发改委组织的第三次油气资源评价结果，中国海

① 陈新军：《中国海洋渔业资源与渔场学》，北京：海洋出版社，2004 年，第 246 页。

洋石油资源量246亿吨，海洋天然气资源量15.79亿立方米。

2005年至2010年，中国近海累计发现20余个大中型油气田，新增原油地质储量近20亿立方米，天然气近5 000亿立方米。①

（2）滨海砂矿

中国近海发现的滨海砂矿20多种，其中具有工业价值探明量的有13种，各类砂矿床191个，总探明量16亿多吨。具有工业开采价值的钛铁矿、锆矿、金红石、独居石、磷钇矿、磁铁矿和砂锡等。②

（3）天然气水合物

天然气水合物，也称气体水合物，是甲烷和水分子在高压低温条件下结晶形成的固态笼状化合物，可以直接被点燃，因此又形象地称之为"可燃冰"。1立方米的天然气水合物可释放出164立方米的天然气，是一种新型能源。据估计，世界天然气水合物的总资源量相当于已知的煤、石油和天然气的两倍，可满足人类千年的能源需求。据测，中国近海天然气水合物资源量丰富，仅南海北部的天然气水合物储量相当中国大陆上石油量的50%左右。至2010年底，在中国南海北部海域140平方千米目标区内，圈定了11个天然气水合物矿体，矿体面积约22平方千米，预测天然气水合物储量194亿立方米。③

3. 海洋空间资源

（1）海湾和水道资源

海湾资源：海湾是指延伸入大陆，深度逐渐减小的海或湾的一部分水域。《联合国海洋法公约》第10条第2款规定："海湾是明显的水曲，其凹入程度和曲口宽度的比例，使其有被陆地包围的水域，而不仅为海岸的弯曲。"海湾作为一种特殊的海洋资源，利用其可避风，或利用是基岩深水等特点，进行船舶停靠；或利用与内河相交特征，布设港口。同时，海湾还是多种鱼类的栖息地或产卵场，可进行捕鱼或养殖。有些海湾油气资源丰富，可开发为石油生产基地；有些海湾的自然景观优美，可发展旅游业；有些则可进行大型海上工程设施建设，建造跨海大桥等。中国大陆沿岸有大于10平方千米的海湾150多个，面积在5平方千米以上的海湾200个左右（见图9－2）。④ 其中，主要河口海湾34个。目前，中国沿海已建成大小海洋港口150个左右，天然海湾已剩不多。

---

① 朱伟林：《中国近海油气勘探的回顾与思考》，《中国工程科学》2011年，第13卷第5期。

② 中国大洋矿产资源研究开发协会网站，www.comra.org

③ "南海神狐海域发现新能源宝库"，《人民日报》2010年12月31日。

④ 黄宗国：《海洋河口湿地生物多样性》，北京：海洋出版社，2004年，第6页。

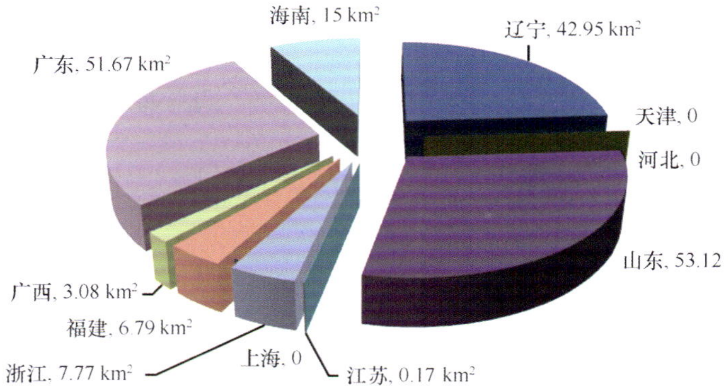

图 9－2 中国近岸港湾面积

数据来源：国家海洋局，《中国海洋统计年鉴 2010 年》，海洋出版社，第 95 页。

水道资源：水道是海上运输和贸易的通道。其中，海峡水道是沟通两海或两洋的狭窄水道，是海洋空间资源的重要形式。另外在海岸突出的岬角之间，海湾之间，或海洋岛屿之间，也形成了许多水道。中国海域的主要海峡有渤海海峡、琼州海峡、台湾海峡以及万山群岛诸海峡，加之其他水道，总计约 130 个左右，主要分布在浙江、福建和台湾省海域（见表 9－1）。

表 9－1 中国近海主要海峡及海上航线

海区	航道名称	起始	中转	到达
太平洋	中、日、韩航道	中国	日本	韩国
	北太平洋海上航道	中国	日本	美国、加拿大
	中、南太平洋航道	中国	关岛、夏威夷群岛	美国西海岸和巴拿马运河
印度洋	北印度洋航道	中国	马六甲海峡	南亚各国港口、苏伊士运河、波斯湾
	中印度洋航道	中国		中非各国东岸
	南印度洋航道	中国		南非、西非各国
近海海峡航道	渤海海峡	渤海海峡是进出渤海和黄海的要道		
	台湾海峡	连接中国南北海区的海上交通枢纽		
	万山群岛诸海峡	珠江三角洲地区对外交往的海上通道		
	琼洲海峡	中国大陆与海南经济特区的海上交通要道；连接广西沿海各港口通往其他沿海地区的必经之路		

资料来源：冯梁，李春，《中国海上通道安全及其面临的挑战》，《国际问题论坛》2007 年秋季号（总第 48 期）。

（2）海岛资源

海洋岛屿，按离岸距离划分为陆连岛、沿岸岛、近岸岛和远岸岛四种类型。

中国近海陆连岛屿93个，主要分布在山东、广东、福建、广西沿海。沿岸岛，4 751个，占中国海岛总数的68.3%，主要分布在浙江、福建、广西、广东。近岸岛2 007个，约占岛屿总数的28.8%，主要分布在浙江、福建、广东、海南。远岸岛。远岸岛屿的数量没有总体调查数据，具体到几个省份的情况是：海南省有远岸岛120多个；台湾省的全部海岛约220多个，均为远岸岛；广东1个，即东沙岛。

按面积大小，近岸岛屿可分为特大岛、大岛、中岛和小岛四类。特大岛，指海岛面积大于2 500平方千米的海岛，此类海岛只有海南岛和台湾岛。大岛，是指岛屿面积在100～2 500平方千米之间的海岛，这类海岛在中国近海共有13个。其中广东5个；福建4个；浙江3个；上海市1个。中岛，指海岛面积在5～99平方千米之间，这类海岛在中国有117个，占调查海岛总数的1.7%。主要分布在浙江、福建、广东、广西沿海。小岛。小岛，是指海岛面积在500平方米至4.9平方千米之间的海洋岛屿。有调查记载，小岛占中国海洋岛屿总数的98%，并主要分布在浙江、福建、广东、广西、海南邻近海域。

淡水对维系岛上生活生产至关重要。有无淡水，是划分海岛类型的另一方式。在已调查的海岛中，有淡水海洋岛屿仅占调查总数的8%。

海洋岛屿，特别是多数无居民海洋岛屿，大多靠降雨补给淡水，但是岛上降水量一般小于大陆海岸带地区，加之气候等条件，日照强度大，储水能力低，大部分无居民海岛的淡水短缺。海岛的降水量总体呈北、南不均。同一地区，面积小的岛屿缺水程度高于较大面积岛屿；远岸岛的缺水程度高于近岸岛。

海洋岛屿及其周边海域生物资源比较丰富，种类繁多。海岛潮间带及近岛海域宽阔，是多种鱼、虾、贝、藻的产卵、育仔、索饵场和栖息在地，有着大量可供食用、药物和宜于增养殖的经济水产生物资源。

岛陆生物资源的种类比较丰富，一些沙洲、礁岩上没有植物，一些有土壤的、近岸岛上有植物约2 000种，其中有1 000种以上有药用价值，但资源量较小，能形成一定数量和规模的仅有200种左右。海岛上的动物以鸟类最多，估计有400种左右，其中80%是候鸟或旅鸟。在福建以南，特别是海南岛屿周围有丰富的红树林和珊瑚礁资源。

森林资源、土地资源、矿产资源也是海岛重要的资源类别。另外，一些位于亚热带和温带的海岛，深水水域广阔，岸线曲折漫长，形成的一些岬角和海湾，可做港口开发利用。海洋岛屿具有旅游开发的潜力。

4. 滨海湿地

滨海湿地是海洋资源的一种重要形式。按照《关于特别是作为水禽栖息地的国际重要湿地公约》（以下简称《湿地公约》）对湿地的定义，滨海湿地包括低潮位下不超过6米的浸润地带。按照《湿地公约》的分类，滨海湿地主要包括：浅海水域、海床、珊瑚礁、基岩海岸、砂砾海岸、河口湾水域、潮间带滩涂、盐沼、红树林、海岸咸水湖、海岸淡水湖、三角洲和海岛。滨海湿地可分为沿海低地、沿海潟湖、潮间带湿地、河口湾、红树林、珊瑚礁、浅海水域等多种类型，不仅是多种海洋生物及海鸟的栖息地，也是海陆交汇过渡带，是淡水资源的储存地，是碳存量最大的生态系统之一，对减缓全球气候变暖起着缓冲器的作用。

目前，中国滨海湿地面积共计5 941.7公顷①。其中，山东、广东省滨海湿地面积居多，分别为1 210.9公顷和1 017.8公顷，占全国滨海湿地总面积的37.5%，其他省份情况见图9－3。

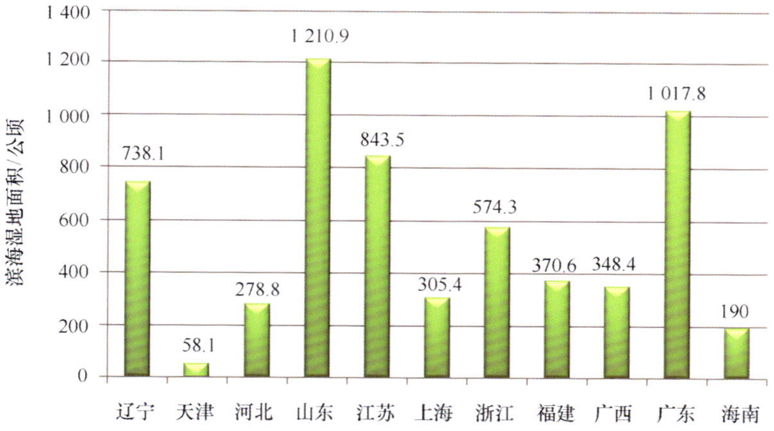

图9－3　中国滨海湿地面积分布

数据来源：国家海洋局，《中国海洋统计年鉴2010年》，海洋出版社，第35页。

5. 海水资源

海洋水体是地球上最大的连续矿体，是重要的海洋资源。中国毗连的渤海、黄海、东海和南海，总面积约为473万平方千米，海水资源丰富。海水中有80种天然元素，

① 国家统计局：《中国统计年鉴2009年》，北京：中国统计出版社，2010年，第419页。

含量较高的有氧、氢、氯、钠、镁、硫、钙和钾。海水制盐、卤水综合利用、海水制镁、海水制溴、海水提钾、提碘、提铀等，在很大程度上可以弥补陆域资源的不足。海水中含有的淡水成分是提供淡水资源的新途径。目前，世界已有155个国家利用海水淡化技术向2亿人提供淡水。海水利用中，24%用于饮用；9%用于工业；1%用于农业。[①] 中国的海水淡化及海水化学利用技术日趋成熟。海水脱盐能力30万吨/日[②]。利用海水进行脱盐，或进行软化处理，可直接成为工、农业及生活的水源之一。据测，目前世界海水淡化容量71.7百万立方米/日，其中实际生产能力为65.2百万立方米/日。[③]

6. 海洋能资源

海洋能是海洋资源的一种形式。海洋能通常指以潮流能、潮汐能、波浪能、海水温差能和海水盐差能。中国近海海洋能理论蕴藏量6.3亿千瓦。[④] 随着科学技术的进步，海洋能资源形式有所扩大。海洋生物质能源利用技术日臻成熟，利用海藻制氢或制柴油等，已成为世界海洋生物能源利用的发展方向之一。海上风能是清洁的可再生能源，主要用于海上发电，为海岛、海上油气田的生活、生产等提供电力。中国海上风能资源丰富，技术可开发风能约7.5亿千瓦，[⑤] 风场主要分布在东南沿海地区，风能开发潜力巨大。

（二）国家管辖外海域的主要资源

国家管辖海域外资源是指赋存在公海及“区域”的资源。依据《公约》的规定，国际海底区域及其资源是人类共同继承的财产。

1. 海洋生物资源

公海生物海洋生物物种分布呈现一定的区域性。2010年公布的海洋生物普查结果表明，欧洲开阔海域大约有40 000种海洋生物，这一数据比先前认知的数量增加了10%；北极海域的软体动物、棘皮动物、节肢动物的数量比原认知的数量增多了40%。至2010年2月，生活在全球各大洋的鱼类种类有16 754种，比以往记录的数量增加了5 000种。澳大利亚海域，已知生物物种约33 000种，占全球海洋生物物种的10%～

---

① GWI. The 19th IDA Worldwide Desalting Plant Inventory. Media Analytics Limited, 2006

② 阮国岭：“用海水淡化技术提升城市的生态宜居性”，“2009上海海洋论坛”。

③ 高从堦：“海水淡化作为饮用水所需的后处理”，《2011青岛国际海水淡化与水再利用大会论文集》。

④ 国家海洋局：《中国海洋统计年鉴2008》，北京：海洋出版社。

⑤ “我国海上风电场建设拉开序幕”，http://nyj.ndrc.gov.cn/gjkzsnydh/t20061130_124554.htm

20%，其中的蟹类占全球在册蟹类数量的7%，澳大利亚海域大片珊瑚礁成为100万~200万种海洋生物的栖息地。全球海洋微生物粗略估算达10^{29}种，占全球海洋生物总量的90%以上。由全球海洋生物普查项目成果制作完成的海洋生物地理信息系统绘制的图（见图9-4），该图显示了全球各海区海洋生物种的数量情况。生物种类的数量，由红色（>450）、橙色（30~450）、黄色（5~30）、绿色（2~5）、蓝色（1）递减。总体而言，海洋生物物种的数量由近海向远、深海递减。

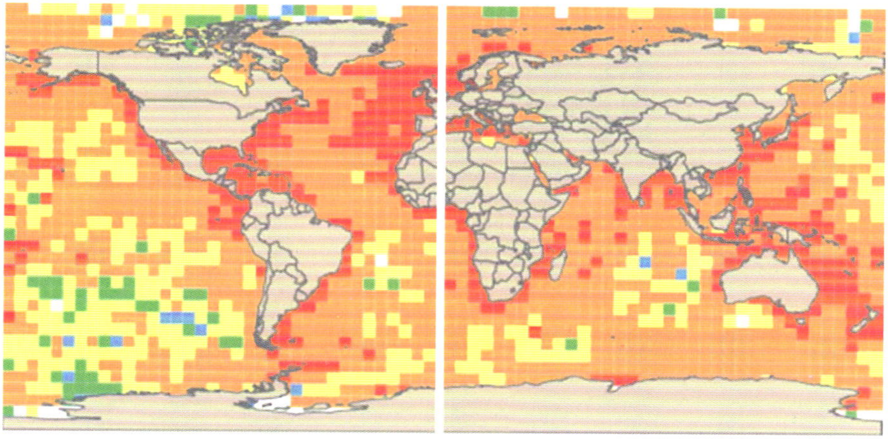

图9-4　全球海洋生物物种数量分布

资料来源：Ocean Biogeographic Information System，www. obis. org/maps

渔业资源是海洋生物资源的重要组成部分，是人类生存所需的重要生物蛋白。渔业资源约占海洋生物资源量的12%。以往受技术、设备及观测手段的限制，人们对全球鱼类的种群数量的认知程度与实际情况尚有差距。海洋生物普查项目将自1755—2005年获得的数据绘制了海洋鱼类种群及亚种群数量图，红色线条表明目前经核实的确切数据，绿色线条是已有记载数量，蓝色线条是估计的新鱼种数量。从图9-5可见，人类对海洋鱼类的认识还尚不足，全球渔业资源的利用空间仍有待评估。

由于人类百余年来的过度捕捞、污染及气候变暖等影响，海洋生物多样性锐减，生物大量死亡。根据海洋生物普查对开阔海、河口区的10组大型海洋动物值进行了现实与历史的数据比对，结果发现丰度值减少最多的是底栖鱼，其次是开阔海的上层鱼和河口鱼，下降范围在24%~57%之间。

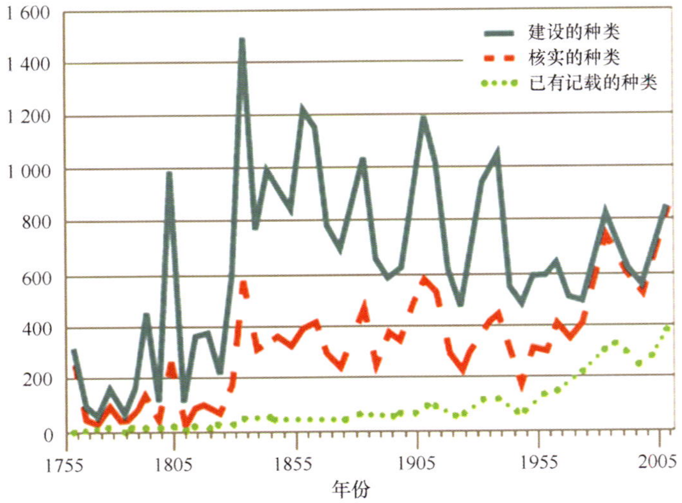

图 9－5　海洋鱼类种群及亚种群数量

资料来源：William N. Eschmeyer and colleagues，2010. COML，Census of Marine Life，P13.

2. 国际海底矿产资源

“区域”是指国家管辖范围以外的海床和洋底及其底土。[①] “区域”资源一般是指区域内在海床及其下原来位置的一切固体、液体或气体矿物资源，主要包括多金属结核、富钴结壳、多金属硫化物等。国际管辖范围以外的海床和洋底及其底土以及该区域的资源为人类的共同继承财产，其勘探与开发应为全人类的利益而进行。

（1）多金属结核

多金属结核是深海矿产资源的一种形式，它是由铁、锰的氧化物以及淤泥矿物的自然积聚形成，生成地壳在水深 4 000 ~ 5 000 米不等。多金属结核在海洋中分布十分广泛，但具有经济与开采价值的结核的分布却十分有限，工业勘探主要集中在东北太平洋克拉里昂－克利珀顿断裂区、东南太平洋秘鲁海盆和北印度洋中心。已查明多金属结核富含矿物种类 60 种，主要是锰结核、铁结核、硅结核和碳结核等，总储量约 5 000亿吨。[②] 其中，锰结核是大洋多金属结核中的一种。锰结核富含多种金属成分，其中锰占 25%，铁占 1.9%，铜和钴分别占 0.5% 和 0.4%。目前，在现有条件下进行

① 《联合国海洋法公约》第一条（1），北京：海洋出版社，1996 年，第 3 页。

② 中华人民共和国常驻国际海底管理局代表处网站，www. china－isa. jm. china－embassay. org

商业开采的锰结核储量有着不同的估算，大致在4.8亿吨至135亿吨之间[①]。

目前，对国家管辖外海床和洋底及其底土以及该区域的多金属结核的开发仅处于探矿和勘探阶段。国际海底管理局制定了《“区域”内多金属结核探矿和勘探规章》，对相关活动进行管理。国际海底管理局已批准了国际海底多金属结核勘探承包者来自8个国家的相关机构。[②]

（2）富钴结壳

富钴结壳富含钴、锰和镍，用于钢材可增加硬度、强度和抗蚀性等特殊性能。富钴铁锰结壳矿床，多集中在海山、海脊和海台的斜坡和顶部。太平洋约有50 000座海山，富钴结壳贮存量最丰。结壳形成厚度可达25厘米，形成宽达数多平方千米的铺砌层。海底富钴结壳的平均含量至少应为0.8%，远高于陆基钴矿0.1%~0.2%的含量值。据估计，全球大约635万平方千米的海底为富钴结壳所覆盖。钴储量为30亿吨，相当于陆地钴储量的359倍。[③]

（3）多金属硫化物

多金属硫化物，又称热液硫化物，含有锌、铅、金、银等多种元素，一般形成在水深至3 700米处，是海水渗入地层空间，被地壳下熔岩加热后，从“黑烟囱”里排出。这种热液的温度高达400℃，当热液从海底地层排出，与周围的冷海水混合时，水中的金属硫化物沉淀到“烟囱”及附近海底表地层，形成硫化矿物质。这些积聚硫化物矿物质，形成数千吨至亿吨块状矿床。陆域矿产资源的长期开采趋于匮乏的情况下，海底多金属硫化物的商用价值得到广泛关注。目前已探明的热液矿化点100多个，其中至少包括25处有高温黑烟囱喷口。[④] 目前，虽然海底多金属硫化物资源的开发仅处于勘探阶段，距规模化商业开采还有相当的距离，但是鉴于多金属硫化物等海底矿产资源的探矿和勘探活动对海洋环境会造成的影响，更考虑到国家管辖范围以外的海床和洋底及其底土及该区域资源为人类的共同继承财产，其勘探开发应为全人类的利益服务，联合国国际海底管理局理事会经过多次磋商、谈判，于2010年4月至5月间在牙买加金斯敦召开的第16届理事会上通过了《“区域”内多金属硫化物探矿和勘探规章》。该规章对多金属硫化物的探矿和勘探活动相关活动进行了详细规定。

---

① 中国大洋矿产资源研究开发协会网站，www. comra. org/gzdt/dygzdt/20110810_ 193492. html.

② 国际海底多金属结核勘探承包者包括：中国大洋矿产资源开发协会；俄罗斯海洋地质作业南方生产协会；法国大洋结核块研究协会；韩国海洋研究开发院；印度国家海洋研究院；日本深海资源开发公司；德国联邦地质科学和自然资源研究院。

③ 中国大洋矿产资源研究开发协会网站，www. comra. org/yfcg/zxcg/201107/t20110721_ 1307. html.

④ 中华人民共和国驻联合国国际海底管理局代表处网站，www. china - isa - jm. china - embassy. org.

依据《“区域”内多金属硫化物探矿和勘探规章》，“探矿”是指在不享有任何专属权利的情况下，在“区域”内探寻硫化物矿床，包括估计多金属硫化物矿床的成分、规模和分布情况及其经济价值。探矿不意味着应对资源取得任何权利，但是探矿者可回收试验所需的合理数量的矿物，但不得用于商业用途；该规章并没有限定探矿的时间，但是对探矿活动可能产生的对海洋环境的影响应采取的措施做了相应规定。

2011年7月19日，国际海底管理局理事会核准了中国大洋协会提出的多金属硫化物矿区申请，中国大洋协会在西南印度洋国际海底区域获得1万平方千米的具有专属勘探权的多金属硫化物资源矿区。这也是2001年中国在东北太平洋获得多金属结核矿区之后，在国际海底领域取得的又一重大成就。[①] 2011年11月18日，中国大洋矿产资源研究开发协会与国际海底管理局在京签署了《国际海底多金属硫化物矿区勘探合同》，合同期限15年。自签定合同后10年内，中国将完成勘探区面积75%的区域放弃，保留2 500平方千米区域作为享有优先开采权矿区。

“稀土”是一组同时具有电、磁、光以及生物等多种特性的新型功能材料，是信息技术、生物技术、能源技术等高技术领域和国防建设的重要基础材料，同时也对改造传统产业，如农业、化工、建材等起着重要作用。稀土的用途广泛，其应用正在形成一个规模宏大的高技术产业群。各国都将其视为战略性资源加以开发和利用。稀土的陆域分布比较广泛。近期，日本科学家宣布在太平洋海域发现富含稀土的矿床，初步探测表明，在夏威夷和法属波利尼西亚周边海域水深3 500～6 000米处，发现面积达1 100万平方千米的稀土矿床，《日经新闻》消息称这片矿床约含1 000亿吨稀土，可采量超过陆地的1 000倍。[②]

二、海洋资源开发利用

2010年，中国海洋资源开发保持平稳态势。海洋油气、海洋渔业仍是海洋资源开发的主要领域；海洋生物、海水利用、海洋能源资源开发等有长足进展，资源规模利用扩大，应用领域不断拓宽。

（一）海洋生物资源

海洋生物资源开发的主要方向包括传统海洋渔业的捕捞及养殖；海洋生物医药利

---

① 中华人民共和国常驻国际海底管理局代表处，http://china-isa.jm.china-embass.org/chn/hdxx/tb42281.htm.

② “日本在太平洋发现超大稀土矿”，《中国海洋报》，2011年7月8日。

用；海洋生物制品等，海洋生物质能、海洋生物环境利用，作为海洋生物资源利用的方向，尚处于技术开发阶段。

1. 海洋捕捞及养殖

海洋捕捞和海水养殖是海洋生物资源的重要开发形式，为沿海地区和内陆提供海水产品，是保障人类所需动物蛋白的重要来源。2010 年，全国海水产品产量 2 797.5 万吨，占全国水产品总产量的52%。其中，近海捕捞 1 203.6 万吨，远洋捕捞 111.6 万吨。

为保持中国近海渔业资源的可持续利用，“十一五”期间，近海海洋捕捞继续执行“零增长”战略，海洋捕捞量基本维持 2000 年水平（图 9－6）。根据农业部渔业局发布的《2011 中国渔业统计年鉴》调整后的数据，2010 年近海捕捞量与 2005 年相比增加了 92 万吨。2010 年，各海区按捕捞量从多到少的排序是：东海、南海、黄海、渤海（图 9－7）。海洋渔业资源的捕捞结构，鱼类 825.5 吨，占海洋捕捞总量的 80%，其余为甲壳类、贝类、藻类、头足类。[1]

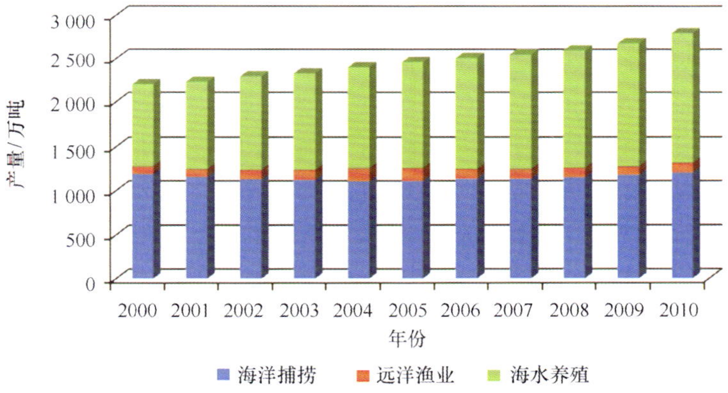

图 9－6　2000—2010 年中国海洋捕捞及海水养殖产量

数据来源：中国农业部渔业局：《中国渔业统计年鉴》（2000—2011 年），北京：中国农业出版社

海水养殖是海洋生物资源增值利用的主要途径。2010 年，中国近海海水养殖产量 1 483 万吨，高于海洋捕捞量 280 万吨；与“十五”末相比，海水养殖增加 271.5 万吨。

2010 年，远洋渔获量 111.6 万吨，占海洋捕捞总量的 9.2%，其中运回国内 60.5

① 农业部渔业局：《2011 中国渔业统计年鉴》，北京：中国农业出版社。

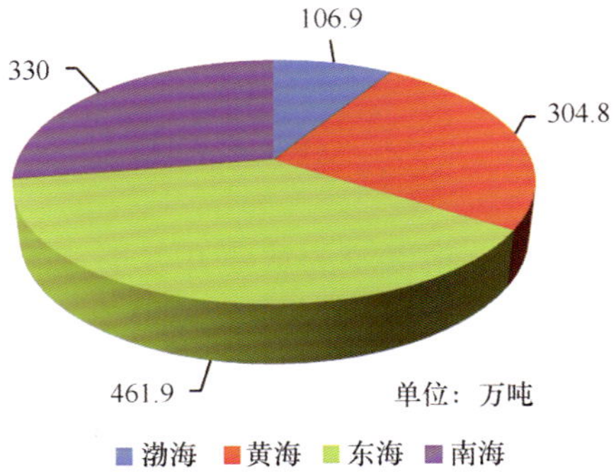

图 9－7　2010 年中国近海各海区水产品捕捞量分布

数据来源：农业部渔业局：《2011 中国渔业统计年鉴》，北京：中国农业出版社

吨，境外销量 51.1 吨。捕捞的鱼种主要是金枪鱼和鱿鱼。

2. 海洋生物医药利用

海洋生物医药利用是海洋生物资源利用的形式之一。海洋生物医药是海洋生物产业的一个分支，初步形成产业，但规模不大。世界范围内海洋药物产业达数十亿美元，预计未来几年增长率为 15%～20%。目前，中国已有 7 个海洋药物获国家批准生产，另外省级批准的海洋药物约有 15 个，全国生产海洋药物的企业 20 余家。

中国正在形成新药筛选评价和新药先进制造技术的体系。以此体系为支撑，充分利用中国可获得的海洋药物资源，扶持有中国特色的海洋药物产业，开发一批针对严重危害人类健康的重大疾病的海洋药物，促进中国海洋医药产业更快发展。据不完全统计，2005—2009 年，中国海洋生物医药按产品计量单位共产出有：135 558.9 万瓶；156 432.59 吨；8 802 960 箱；3 760 112 万粒（见表 9－2）。海洋生物医药的种类由 2005 年的 16 种，增加到 2009 年的 65 种（见图 9－8）。

表 9－2　2005—2009 年海洋生物医药产品

	2005 年	2006 年	2007 年	2008 年	2009 年
万瓶	11520	119602	1591	1395	1450.9
吨	35970	37325	54614	8817	19706.59
箱	14000	43570	26160	4430	8738800
万粒	6338	11894	792975	2850505	98400

数据来源：国家海洋局：《中国海洋统计年鉴》（2006—2010），北京：海洋出版社。

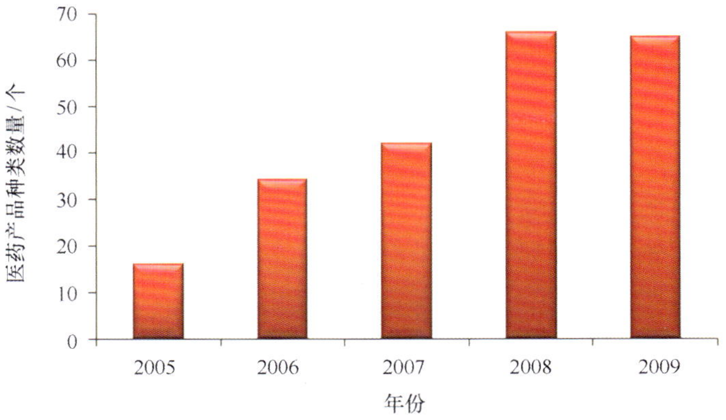

图 9－8　2005 年—2009 年中国海洋生物医药产品的种类数量
数据来源：国家海洋局：《中国海洋统计年鉴》（2006—2010），北京：海洋出版社。

（二）海洋油气资源

海洋油气资源量约占总油气资源量的 45％。目前，海洋油气资源开采量约占全球油气资源开采量的 35％。2010 年，中国近海油气产量突破 5 000 万吨油当量；勘探新区、新领域不断开辟。

1. 近海油气新发现

“十一五”期间，中国近海共发现了 20 余个大中型气田，新增原油地质储量约 20 亿立方米，新增天然气储量 5 000 亿立方米。特别是在渤海海域，发现的一大批大中型优质油气田，改变了渤海以稠油为主的储量结构。2010 年，中国近海新发现含油构造 9 个、气田 3 个、油田 9 个（图 9－9）。

2. 海洋油气开采量及主要产品

2010 年，中国海洋石油总公司近海油气产量为 6 494 万吨油当量。“十一五”海洋油气开采量总计 23 633 万吨油当量。炼油能力达 3 350 万吨/年，其中重油处理能力达 820 吨/年。2010 年，中国海洋石油总公司累计加工原油 2 785 吨，形成了从上游到下游产品的完整产业链。2010 年，全年生产尿素 201 万吨，甲醇 86.7 万吨，磷肥 45.5 万吨，复合肥 77.4 万吨，磷矿石 140.2 万吨（表 9－3）。

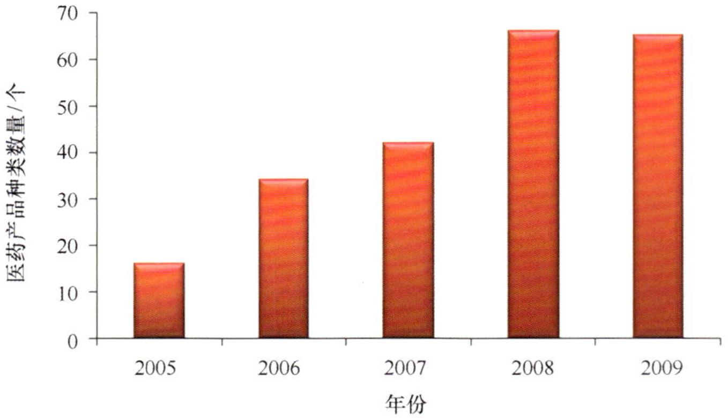

图 9－9　2010 年中国近海主要勘探成果分布示意图

图片来源：朱伟林等："油气并举再攀高峰"，《中国海上油气》，2011 年 2 月，第 23 卷第 1 期

表 9－3　海洋油气主要产品

项目	计量单位	2006 年	2007 年	2008 年	2009 年	2010 年
上游产品	万吨油当量	4033	4047	4293	4766	6494
其中：国内	%	86	85	85	82	80
国外	%	14	15	15	18	20
石油液体	万吨	3154	3055	3244	3697	4958
其中：国内	%	88	88	90	86	84
国外	%	12	12	10	14	16
天然气	亿立方米	88	99	105	107	154
其中：国内	%	79	75	73	70	66
国外	%	21	25	25	30	34
下游产品						
尿素	万吨	193	185	195	190	201
甲醇	万吨	27	71	77	81	87
乙稀	万吨	65	83	84	92	84
沥青	万吨	626	658	569	415	491
汽油	万吨				62	116

续表

项目	计量单位	2006 年	2007 年	2008 年	2009 年	2010 年
煤油	万吨				77	105
柴油	万吨				277	463
燃料油	万吨	626	658	569	333	475
发电量	亿千瓦时	35	52	60	86	149
LNG 进口量	万吨	75	298	333	580	934

数据来源：中国海洋石油总公司：《2010 年度报告暨可持续发展报告》，2011。

3. 其他海洋油气资源利用

依据相关国际规定，合作开采国家管辖海域外海洋油气资源是海洋油气资源利用的重要领域之一。中国海洋石油总公司代在尼日利亚、印度尼西亚、澳大利亚、阿根廷、美国和其他国家或地区拥有上游资产。2010 年，实现海外产量 1 000 万吨。2010 年，全年进口液化天然气 934 万吨，在海外共锁定液化天然气资源量达 5.2 亿吨，天然气管网总里程 2 493 千米[①]。

（三）海洋空间资源

1. 交通运输利用

海上交通运输是海洋空间资源的主要利用形式之一。使用海洋水体、海底满足港口、航运、路桥等海上交通需要使用的海域，包括港口用海、航道、锚地和路桥用海。[②]

（1）港口利用

港口利用是海洋交通运输用海的主要形式。通过利用有限的海湾资源，实现国际、国内货物和客流转运。2010 年前 11 个月，全国规模以上沿海港口货物吞吐量为 498 858 万吨，外贸货物吞吐量 20 686 万吨，集装箱吞吐量 11 982 万标箱，其中全国沿海港口吞吐量详见（图 9－10）。

① 中国海洋石油总公司：《2010 年度报告暨可持续发展报告》，2011 年。

② 国家海洋局：《2008 年海域使用管理公报》，附件“名词解释”。

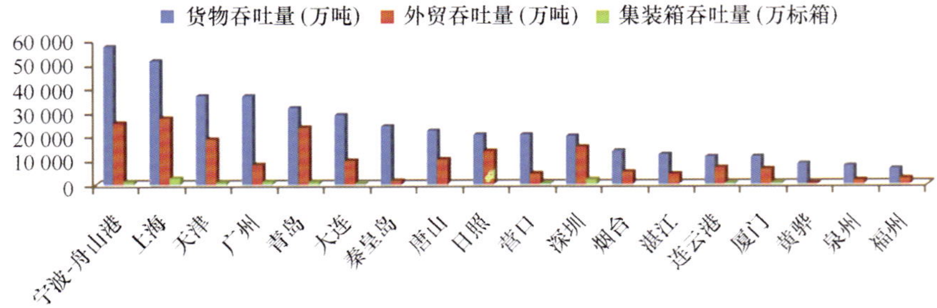

图 9－10　2010 年前 11 个月规模以上沿海港口货物吞吐量/外贸货物吞吐量/集装箱吞吐量[②]

数据来源：中华人民共和国交通部网站，http：//www. moc. gov. cn/zhuzhan/tongjigongbao/tongjishuju/gonglushuiyunyewu/gangkouhuowu_ LKTTL/201012/t20101210_ 885787. html

货物吞吐能力以环渤海港口群最强。2010 年，环渤海港口群吞吐能力超 20 亿，占当年全国沿海规模以上港口总吞吐量的 50%，其他依次为长三角、珠三角、东南沿海、西南沿海，吞吐能力分别占全国沿海港口吞吐能力的 30%、14%、5% 和 1%（图 9－11）。

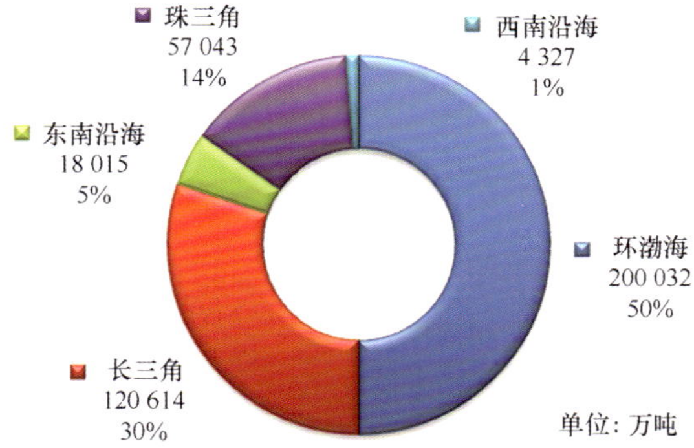

图 9－11　2010 年前 11 个月全国沿海五大港口群货物吞吐能力比较

外贸货物吞吐能力以长三角港口群为最强。2010 年前 11 个月，长三角港口群集装箱吞吐量累积为 60 212 万吨，占当年同期沿海港口外贸总吞吐量的 57%，其他依次为珠三角、环渤海、东南沿海，集装箱吞吐量分别占全国沿海集装箱总吞吐量的 22%、13% 和 8%（图 9－12）。

集装箱吞吐能力以长三角港口群为最强。2010 年前 11 个月，长三角港口群集装箱

② 规模以上沿海港口指 2008 年吞吐量超过 6 000 万吨港口。

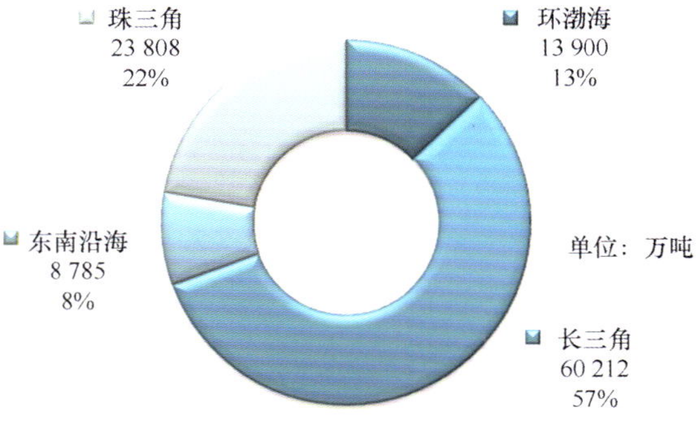

图 9－12　2010 年前 11 个月全国沿海港口群外贸易物吞吐能力比较

吞吐量累积为 4 235 万标准箱，占当年同期集装箱吞吐总量的 39%，其他依次为珠三角、环渤海、东南沿海，集装箱吞吐量分别占全国集装箱总吞吐量的 30%、26% 和 5%（图 9－13）。

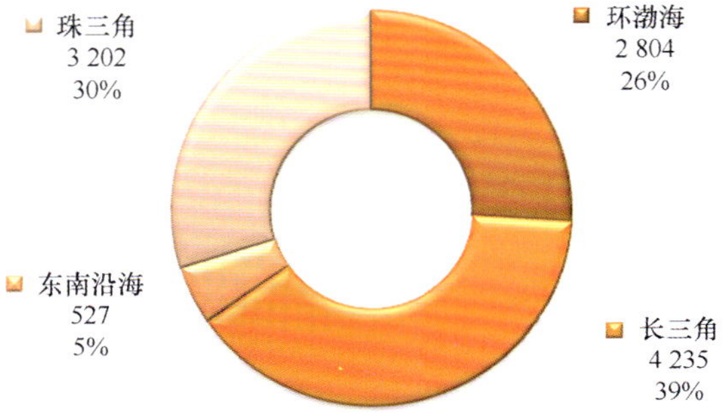

图 9－13　沿海地区港口集装箱吞吐能力

沿海港口与同陆港口相比，吞吐能力明显占有优势。2010 年前 11 个月，沿海港口外贸货物吞吐量占同期全国港口外贸总吞吐量的 91.5%；集装箱吞吐量占全国同期港口集装箱吞吐量的 90.1%；旅客吞吐量占全国同期港口旅客吞吐量的 77.6%；货物吞吐量占全国同期港口货物吞吐量的 77.6%（见图 9－14）。

港口岸线是不可再生的国家战略性稀缺资源，也是港口发展的生命线。随着沿海港口建设的全面展开，目前中国已剩的深水岸线不多。沿海 40 个规模以上港口已开发泊位岸线达 560 千米。[①] 保护岸线资源，合理使用岸线资源，已是港口建设的方向之

① 国家海洋局：《2010 年中国海洋统计年鉴》，2011 年。

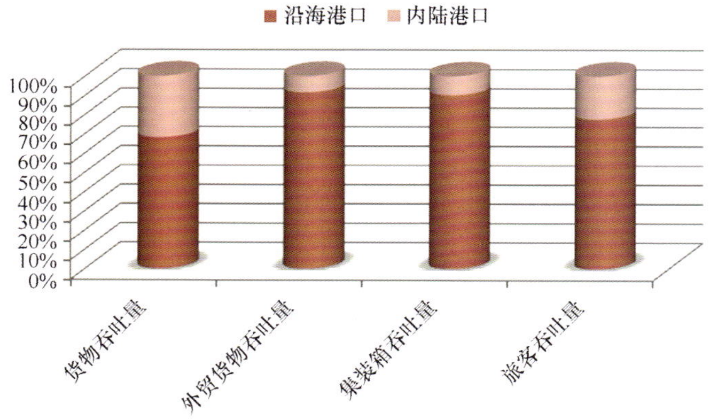

图 9－14　2010 年前 11 个月全国沿海港口与内陆港口吞吐量比较

数据来源：http://www.moc.gov.cn/zhuzhan/tongjigongbao/tongjishuju/gonglushuiyunyewu/gangkouhuowu_LKTTL/201012/t20101210_885787.html

一。提高码头单位岸线通过能力，是节约岸线资源的重要举措。

2. 路桥利用

至 2011 年，中国跨海大桥已建和在建的较大型跨海大桥有：浙江杭州湾跨海大桥、上海东海大桥、舟山跨海大桥、厦漳跨海大桥、青岛胶州湾跨海大桥和山东海即跨海大桥。2011 年青岛胶州湾大桥建成通车。

3. 航道利用

航道资源是实现海上交通运输不可或缺的重要条件。随着远洋运输船舶的大型化进程加快，除深水泊位增加、港口规模扩大外，配套航道规模、通航条件逐步成为海洋运输业发展的关键性因素。中国沿海港口航道利用，向着高效、集约方向发展，航道通航能力不断提升。

2011 年，全国沿海港口较大规模的航道疏浚工程有：连云港的赣榆港区一期港池航道疏浚工程开工，计划疏浚量 625 万立方米，用以适用 3 个 5 万吨级通用泊位和 1 个 5 万吨级液体化工泊位使用。

4. “十二五”发展目标

《交通运输“十二五”发展规划》提出，完善港口岸线使用管理，坚持统筹规划、深水深用、合理开发，保障港口岸线资源合理、有序开发利用。鼓励通过提高等级、改进工艺、更新设备、扩大陆域、完善配套等方式，加强老港区技术改造工作，提高老港区生产能力和技术水平，发展集约化、专业化、现代化港区，提高港区岸线资源使用效率。

“十二五”沿海港口规划目标：2015 年我国沿海港口吞吐量达到 78 亿吨，深水泊位增加 440 个，深水泊位总数达 2 214 个；沿海港口的通过能力适应度在 2010 年 0.98 的基础上达到 1.1。沿海主要港口平均每装卸千吨货在港停时比 2010 年水平下降 15%；沿海港口单位长度码头岸线通过能力提高 5%（以上指标均以 2010 年为基准年）。

（四）海水资源利用

海水是巨大的水资源和化学矿物资源宝库。全球海水量占全球总水量的 96.5%；海水溶存 80 余种化学元素，矿物资源总量 4.8×10^{8} 亿吨，是陆地矿物资源总量的数百倍，甚至上万倍。在全球水资源短缺日趋严重的 21 世纪，海水资源利用显得尤为重要。2010 年，全球海水淡化装置容量达 6.6 千万吨/天，与 2009 年相比增长率高达 27%。[①]

海水利用是指通过各种技术手段获取海洋中的水资源和化学资源的工艺及生产过程的统称。目前，海水利用主要有海水直接利用、海水淡化和海水化学资源利用。海水直接利用，是指以直接替代淡水的工艺过程，主要用于工业冷却、城市大生活用水、电厂烟气脱硫等；海水化学利用是从海水中获取化学元素、化学品及其深加工后获得的产品，包括海水制盐，海水提钾、提溴、提镁等。

1. 海水淡化

中国淡水资源总量为 28 124 亿立方米，居世界第 6 位，但人均淡水资源量为 2 100 立方米，仅居世界第 100 位左右，被联合国列为 13 个最贫水国家之一。由于沿海地区人口密集、重化工趋海性明显，加之气候变化的共同影响，使得中国沿海地区淡水资源紧缺形势严峻。特别是北方大部分沿海地区人均淡水资源量不足 500 立方米，属极度缺水地区。利用淡化海水，作为部分沿海地区饮用水源之一，已经成为解决水资源问题的战略选择。

中国的海水淡化经过长期努力，技术日臻成熟。已建和在建工程累计海水淡化能力约 60 万吨/日。已建成的产业化示范工程项目有 1 000 吨/日反渗透海水淡化工程，3 000吨/日低温多效蒸馏海水淡化工程以及 1.25 万吨/日低温多效海水淡化工程项目。引进技术、消化吸收后设计制造的设备有 3 000 吨日、4 000 吨/日低温多效海水淡化成套装置。

① 高从堦：《海水淡化作为饮用水所需的后处理》，《2011 年青岛国际海水淡化与水再利用大会论文集》。

经过淡化的海水除可直接用于饮用外，还用于沿海电厂、钢厂等用水大户。亚洲最大的海水淡化厂在天津大港建设，一期建设海水日处理能力10万吨，最终可形成日处理能力15万吨；正在建设的天津北疆电厂海水淡化项目能力10万吨/日；青岛百发海水淡化厂10万吨/日。这些淡水中，天津北疆海水淡化后的80%将作为饮用水，青岛百发海水淡化厂淡化水全部为饮用水。

海水淡化作为饮用水，水质完全可达到世界卫生组织（WHO）规定的饮用水标准，也符合国家生活饮用水新标准。反渗透法海水淡化的成本约4元/吨左右。海水淡化的能耗问题、淡化水入网问题，海水淡化后的水处理等仍是制约海水淡化产业发展的主要因素。

2. 海水直接利用

海水直接利用主要是利用海水循环冷却水替代工业冷却水和城市大生活用水。目前，海水用于沿海钢铁厂、电厂的冷却、除尘技术成熟，应用规模较大。2010年，中国海水直接利用600亿立方米。[①]

3. 海水综合利用

海水淡化是开源之举，是水资源的重要补充、战略储备，是战略性新兴产业，对推动京津冀环渤海地区的经济发展以及中国近海地区水资源供需矛盾将起到极其重要的作用。

目前，海水利用虽然在海洋经济总量中占比重十分微弱，但是其真正的意义并不只能用产业产值衡量，而在于海水利用解决的是增加水资源量，对其他产业的支撑作用、保障用水安全的长远意义和战略意义。

海水利用产业发展潜力在于科技进步。先进的海水淡化技术可降低海水淡化过程的能源消耗，从而降低成本；大规模的海水淡化以及相关的技术与设备的研制为淡化水进入水网提供条件；国家优惠政策的支持使海水淡化产业的发展提供保障资金；重大海水淡化产业基地为海水淡化产业提供技术与基础设施。

浙江海水淡化技术装备制造基地在杭州钱江经济开发区奠基。该基地作为《浙江海洋经济发展示范区规划》的实施项目，占地150亩，将建成160万平方米的反渗透膜生产线，年产100万平方米的超滤膜生产线以及年施工能力达70万吨/日的海水淡化及水处理成套生产线。项目建设期两年，总投资6.5亿元。

2011年10月10日，国家发展和改革委员会海水淡化产业发展重点示范项目竣工

① 陈连增："2011年海水淡化及水利用国际研讨会"讲话，2011年4月6-8日，天津。

仪式在唐山曹妃甸隆重举行。该曹妃甸海水淡化项目总投资约4.3亿元，由杭州水处理中心总承包，是中国首个自主设计、国内总承包的大型海水淡化项目。该项目建成后，日处理海水规模为5万吨，经过处理的淡化海水可达到饮用水标准，能量回收效率在平稳运行状态下可达到98.5%以上。它的竣工投产标志着我国海水淡化产业发展进入一个新阶段。对于构建首都多水源保障体系，以及缓解近海地区经济社会发展的水资源约束矛盾，具有极其重要的意义。

三、海洋资源开发利用中存在的问题

（一）资源利用率有待提高

海洋资源利用率不高是海洋资源开发存在的问题之一。特别是一些资源型产业不同程度存在过度依赖资源、能源的现象。

造成海洋资源利用率不高的原因主要有：一是海洋资源赋存于浩大广阔的海水、海床及其底土，储量大，分布广，资源密度低，同时又受海浪、风暴等不利因素的影响，开发难度大；另一方面，受海洋资源的探采、提取技术及设备力量不足的制约，海洋产业尚未摆脱粗放型发展方式，在资源型产业中不同程度地存在上述问题。

例如，在中国的海洋渔业资源的开发利用中，海水产品的加工能力有了很大提高。2010年，中国的海水产品加工量已经占到海水产品总量的50%（图9－15）。但同时，精、深加工能力不足，出口的海产品与进口的海产品相比，每吨价格低于进口海水产

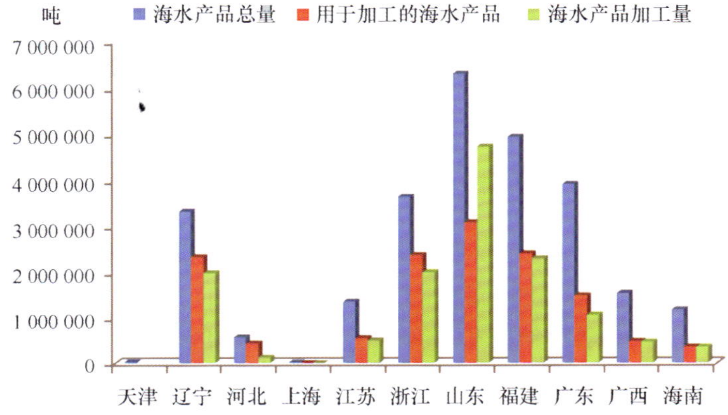

图9－15　2011年沿海各省市自治区海产品与加工海产品对比

数据来源：农业部渔业局，《2011中国渔业统计年鉴》，中国农业出版社。

品近 20%（表 9－4）。海水利用产业链尚未形成，海水淡化后生成的浓盐水后处理问题尚未得到解决；海上船舶的碳排量及能耗仍有降低的空间。

表 9－4　2010 年沿海地区进出口海水产品量及售价

省份	进口水产品金额（万美元）	数量（吨）	出口水产品金额（万美元）	数量（吨）
辽宁	118056.7	790538	107061.6	722781
河北	1154.88	2892	324.99	785
天津	18555.5	112766	17853.81	138321
上海	51061.7	176511	29157.05	135719
江苏	7092.79	36931	6584.73	42570
浙江	20011.2	124896	15585.93	139596
福建	46728.32	310845	45609.87	438134
山东	237353	1339305	192187.4	1153995
广东	81161.08	474308	68332.32	596567
广西	1365.02	10175	901.96	8508
海南	2085.51	4940	1696.81	4351
	584625.7	3384107	485296.5	3381327
平均（万美元/吨）		0.173		0.144

资料来源：农业部渔业局，《2011 中国渔业统计年鉴》，中国农业出版社。

（二）深海资源探采能力不足

深海资源是未来海洋资源开发的方向和重点领域，但目前探采能力不足。以油气资源而言，与发达国家相比，中国海洋油气的探采能力相对不足，特别是深水油气的开采能力有限，近海石油开采多集中在 300 米以内的浅海区。中国近海海洋油气的近 80% 蕴藏在深海海区；已发现的资源量仅占到总资源量的大约 1/3。[①] 中国深海自营探采能力不足。近年来，中国每年都会公布一批近海开发区块，采取与国外石油企业合作开发的方式开采。2008 年、2009 年、2010 年共公布了 47 个区块，总区块总面积达

① 朱伟林：中国近海油气勘探进展，《中国工程科学》，2010 年 12 月，第五期，第 18－20 页。

万余平方千米。[1]

四、海洋资源开发利用方向及保障措施

（一）资源开发利用方向

向海洋寻求新型资源和能源，提高海洋资源的利用率，更深层次开发传统海洋资源产品，扩展、完善资源型产业链，是未来海洋资源开发利用的总体方向。

1. 海洋资源利用逐步向深远海拓展

随着陆域资源的逐渐枯竭以及近海多种资源种类开发程度已达饱和，或受人类活动、气候变化及污染的损害，一些资源衰退严重，已处于不可持续利用的边缘。未来人类对资源能源的需求继续呈刚性增长，人口、产业继续趋海流动及布局，海洋资源利用将向深、远海拓展、延伸。深、远海的油气、天然气水合物、生物遗传资源，将是未来海洋资源利用的新领域。

2. 海洋资源低碳高效利用势在必行

海洋资源型产业包括海洋渔业、海洋油气、海水利用，这些产业不但在海洋产业中占有重要地位，对国民经济与社会发展的意义也十分突出。但是，这些产业也在不同程度上存在能耗高、排污重的问题。未来其产业的发展也仍会遇到资源、能源不足的问题，也存在如何降低污染物排放与降低能耗的问题。发展绿色海洋资源产业，减少产生过程的能源消耗、减少污染，是未来海洋资源利用的重点方向之一。具体而言，减少海洋油气开发过程产业的含油污水和含油泥浆的生成，严格操作规程，杜绝因采油设备故障、操作失误、输油管线破损而造成的漏、溢油事故；降低淡化海水生产过程的能耗，对淡化水后浓盐水进行合理利用，加快海水利用产业链的形成；提高海水产品的精、深加工，减少渔业废物生成，提高海产品品质及附加值。

（二）资源开发利用保障措施

1. 加快新型海洋资源调查

加大近海油气、深远海生物资源、天然气水合物的探测力度，为接替性能源资源

① www. cnooc. com. cn/data/html/news/2010 -06 -22/30.

的规模利用做好技术储备，提高各种资源的探明率。查明我国近海风能、潮汐能、潮流能的分布情况，提供可选择的风场、潮流能和潮汐能电场的备选依据。

2. 突破资源开发利用关键技术

以资源高效利用、降低能源消耗及清洁产生为目标，着力突破海洋生物资源高效综合利用技术、海水综合利用技术、海洋可再生能源开发利用技术、海洋油气勘探开发技术。

研究和开发深远海生物资源利用技术，重点研究和掌握大洋重要生物资源分布、变动规律，开展南大洋生物资源综合考察与开发技术研究，研究主要远洋生物资源评估、信息服务技术；发展近海重要海洋生物资源保护与持续利用理论与技术，发展海洋生物产品精深加工技术，发展数字化、集约化养殖技术；开发基于功能基因、功能酶和活性物质等功效因子的生物材料和生物制品技术。开发海水综合利用技术，研发高效节能的海水淡化后浓盐水制盐、提钾、提镁、提铀等化学资源技术，突破海水大生活用水高效预处理和后处理技术；开发深海水利用技术。突破海洋能利用关键技术，开发近岸海洋可再生能源资源评估技术，研发适合我国的海洋风能、潮汐能、波浪能发电装置；突破温差能综合利用关键技术；突破离岸风电低成本、模块化、高可靠性等关键技术。开展海洋深水区和海底深层油气地球物理采集技术，发展具有自主知识产权的深水油气勘查技术；开展天然气水合物新型能源探测、高保真取样以及资源评价等技术等。

3. 提高深海探采设备国产化水平

为深远海海洋资源高效、低碳利用，提高各类海洋资源的探查与开发设备的性能。深化研究深海探测技术与装备。研制高性能深潜器，开发重载作业型水下机器人技术与装备，实现国产化；大力推进深水油气生产作业装备、深海通用材料研发，提高深海开发重大装备的重大装备的设计与制造能力。开发特种船舶装备技术。重点研发深海钻井船，大洋渔业船舶与装备，为提高深海作业能力提供设备支撑。

五、小　结

海洋资源作为国家战略资源的组成，为国家经济与社会发展提供了重要的物质基础。2010 年，中国海洋资源开发保持平稳态势。海洋油气、海洋渔业仍是海洋资源开发的主要领域。海洋生物、海水利用、海洋能源资源开发有长足进展。新发现、评价了一批具有开采价值的近海油气田、海底天然气水合物储量。海水利用规模扩大。海洋生物资源多元化、高价化利用趋势明显。海洋渔业资源的捕捞与养殖量2 797.5万吨，占全国水产品总产量的52%。海水年直接利用量超过600亿立方米；海水淡化能力达64万吨/日。海洋生物利用规模不断扩大，生物医药产品近百种。海洋空间资源利用为各类海洋生产活动提供了重要场所，海洋航道、通道利用实现的海上交通运输业实现的货物吞吐量占全国货物吞吐量的90%以上。多个海上大桥的建立缩短了沿海临近地区的海上通航距离，为加快沿海重要经济区发展提供了重要条件。

第十章　中国的海洋防灾减灾

中国是遭受海洋灾害较为严重的国家之一。近年来，海洋灾害发生整体呈上升趋势，尤其是极端气候事件加剧海洋灾害，成为制约中国沿海经济发展的重要因素。中国东部沿海地区人口密集、经济发达、城市化程度高，海岸带生态系统脆弱。在全球气候变化的背景下，积极采取应对措施，预防海平面上升、海水入侵以及灾害性海浪、风暴潮、海啸等海洋灾害，防治次生灾害，减轻海洋环境灾害的损失与影响，是中国经济社会可持续发展的关键。

一、海洋灾害的概念与种类

海洋灾害是指海洋自然环境发生异常或激烈变化，导致海上或海岸构筑物、农业、水产、交通、海上石油开发等生产活动遭受严重破坏，发生人员伤亡和经济损失的自然灾害。引发海洋灾害的原因有两个，自然因素和人为扰动。自然因素主要有大气的强烈扰动，如热带气旋、温带气旋，海洋水体本身的扰动或状态骤变、海底地震、火山爆发等；此外还包括海洋水体污染、海水酸化、溢油、赤潮等人类活动导致的环境灾害。海洋灾害不仅威胁海上及海岸，有些还危及沿岸城乡经济和人类生命财产安全。按照海洋灾害产生的影响因子，本报告将海洋灾害分为以下几类。

（一）海洋生态灾害

海洋生态灾害是指由自然变异和人为因素所造成的损害海洋和海岸生态系统的灾害，其中赤潮和绿潮为典型的海洋生态灾害。由于城市工业废水和生活污水大量排入海中，使营养物质在水体中富集，造成海域富营养化。近年来水域中氮、磷等营养盐类；铁、锰等微量元素以及有机化合物的含量增加，导致赤潮、绿潮等生态灾害频发，一般以春夏为盛发期，但在热带或亚热带海域，在冬季亦有可能发生。

海洋是生物与环境、生物与生物之间相互依存，相互制约的复杂生态系统。系统中的物质循环、能量流动都是处于相对稳定，动态平衡的。当生态灾害发生时这种平衡遭到干扰和破坏。随着海洋生态灾害规模不断扩大，对沿海渔业资源和海水养殖造成了严重的破坏，也对人类的生命安全产生了威胁。

（二）突发性海洋污染事件

突发性海洋污染事件是指在海岸带或海上突然发生，导致海洋生态系统遭到破坏，产生损害海洋生物资源、危害人体健康、妨害渔业和海上其他合法活动、损害海水使用质量和减损环境质量的影响，对沿海地区的经济社会稳定、政治安定构成重大威胁和损害，有重大社会影响的涉及公共安全的污染事故。典型的突发性海洋污染事件是海上溢油、海上化工原料泄露、海上放射性污染等。

突发性海洋污染事件时间上具有突然性、偶然性和瞬时性；突发事件的原因、规模及污染种类具有很强的未知性，海洋环境污染范围难确定；突发性海洋污染事件一旦发生，不仅会打乱海上的正常活动，还可能会导致人员伤亡、财产损失和生态环境破坏，突发事件级别越高，危害越大，社会影响越大，恢复重建越困难。由于各类突发性海洋污染事件的性质、规模、发展趋势各异，自然因素和人为因素交叉作用，具有复杂性的特点。

（三）海平面上升及其相关灾害

海平面上升对人类的生存和经济发展是一种缓发性的自然灾害，是由全球气候变暖、极地冰川融化、上层海水变热膨胀等原因引起的全球性海平面上升现象。研究表明，近百年来全球海平面已上升了10～20厘米，并呈加速上升的趋势。但世界某一地区的实际海平面变化，还受到当地陆地垂直运动—缓慢的地壳升降和局部地面沉降的影响，全球海平面上升加上当地陆地升降值之和，即为该地区相对海平面变化。

海平面上升对沿海地区社会经济、自然环境及生态系统等有着重大影响。海平面上升使沿海地区灾害性的风暴潮发生频繁，洪涝灾害加剧，沿海低地和海岸受到侵蚀，海岸后退，滨海地区用水受到污染，农田盐碱化，潮差加大，波浪作用加强，减弱沿岸防护堤坝的能力，迫使设计者提高工程设计标准，增加工程项目经费投入，还将加剧河口的海水入侵，增加排污难度，破坏生态平衡。

（四）海洋自然环境灾害

海洋自然环境发生异常或激烈变化，导致在海上或海岸发生的灾害称为海洋自然灾害。它的形成必须具备两个条件：一是要有自然异变作为诱因，二是要有受到损害的人、财产、资源作为承受灾害的客体。海洋自然灾害主要指风暴潮灾害、海浪灾害，海冰灾害、海啸灾害等自然灾害。

引发海洋自然灾害的原因主要有大气的强烈扰动，如热带气旋、温带气旋等；海洋水体本身的扰动或状态骤变；海底地震、火山爆发及其伴生之海底滑坡、地裂缝等。海洋自然灾害不仅威胁海上及海岸，有些还危及沿岸城乡经济和人民生命财产的安全。此外，风暴潮还会在受灾地区引起海岸侵蚀、土地盐碱化；海洋地震引发海啸等次生灾害和衍生灾害。海洋自然灾害是地理环境演化过程中的异常事件，却成为阻碍沿海地区经济社会发展的最重要的自然因素之一。

二、中国的海洋灾害

中国海洋灾害频繁发生，2001 年以来的 10 年间，海洋灾害共造成 2 280 人死亡/失踪，直接经济损失达 1 499. 8 亿元。随着海洋经济的迅速发展，海洋灾害已成为制约中国海洋经济持续快速健康发展的重要因素。

（一）赤潮和绿潮

营养盐污染使中国近海的生态系统呈现出退化迹象，灾害性生态现象不断出现。从 20 世纪 70 年代至今，中国近海的有害藻华发生频率不断提高，分布区域、规模和危害效应也在不断扩大。

1. 赤潮

赤潮是海水中某些微小的浮游植物、原生动物或细菌在一定环境条件下突发性增殖或聚集，引起水体变色的一种有害生态异常现象。赤潮生物分为有毒和无毒两种。有些赤潮生物对人类不构成威胁，但能产生毒素危害鱼类等其他海洋生物，破坏海洋生态系统。另外一些赤潮生物虽然无毒，但能对其他海洋生物的呼吸器官鳃等造成堵塞或机械损伤，还可能由于死亡时大量消耗而使鱼窒息。赤潮也会对水体的酸碱度和光照度等海洋环境造成巨大的破坏，使海洋生态系统受到严重危害。[①]

（1）近海赤潮的基本情况

陆源污染排海、海水养殖和大气沉降使大量营养盐进入海洋，是引起中国近海富营养化的主要因素。过去 40 年，中国海洋近海环境质量持续恶化，赤潮发生频率不断提高，发生次数以每 10 年增加 3 倍的速率上升。2001—2010 年是赤潮灾害的高发期，赤潮平均约 83 次/年，其中 2003 年赤潮爆发最频繁，为 119 次；2008—2010 年，赤潮发生频率为 10 年来最低，平均 68 次/年（见表 10 - 1）。

在 2001—2010 年间，赤潮分布面积总计 163 432 平方千米，直接经济损失 14 15

① 赵淑江，吕宝强，王萍：《海洋环境学》，北京：海洋出版社，2011 年，第 313 - 314 页。

亿元。2004、2005 年赤潮分布海域面积较大，均超过 25 000 平方千米；2007 年以来，与 10 年赤潮发生情况相比，赤潮分布海域面积减少，均低于 15 000 平方千米，但仍维持在较高水平。2001 年和 2010 年赤潮造成的直接经济损失较高，分别为 10 亿元和 2.06 亿元。

表 10－1　2001—2010 年中国赤潮的发生情况

年份	2001	2002	2003	2004	2005	2006	2007	2008	2009	2010	合计
发生次数	77	79	119	96	82	93	82	68	68	69	833
分布面积（平方千米）	15000	10000	14550	26630	27070	19840	11610	13738	14102	10892	163432
直接经济损失（亿元）	10	0.23	0.43	0.01	0.69	–	0.06	0.02	0.65	2.06	14.15

资料来源：国家海洋局：《中国海洋灾害报告》2001—2011 年，2001—2010 年。

（2）赤潮发生的时空分布

随着中国沿海经济的发展，沿海富营养化现象严重，赤潮灾害已经遍布各海区，成为最严重的海洋灾害之一。2001—2010 年，东海为赤潮的高发区，共发生赤潮 527 次，占全国赤潮发生次数的 63.3%。东海赤潮约 53 次/年，居沿海四大海区之首，其中 2002—2007 年赤潮发生次数均超过 50 次/年，赤潮发生次数分别是渤海、黄海、南海的 5.5 倍、6.3 倍和 4.2 倍。从 2006 年以来，渤海、东海、南海赤潮的年发生次数呈现降低的变化趋势，黄海赤潮发生次数较低，但上升趋势明显。（见图 10－1）

10 来年，渤海赤潮分布面积呈上升趋势，其中 2001 年、2004 年、2005 年、2009 年、2010 年赤潮分布面积超过 3 000 平方千米，占中国赤潮累积分布面积的 20% 以上。黄海赤潮分布面积比较小，但占国赤潮累积分布面积的比例不断上升，2008 年、2009 年均在 10% 以上。东海赤潮分布面积在 6 300～19 300 平方千米之间，占中国赤潮累积分布面积的 74%，2003—2006 年、2008 年东海赤潮分布面积均超过 10 000 平方千米，是中国赤潮灾害的高发区、重灾区。南海海域赤潮分布面积最小，年平均约 600 平方千米（见图 10－2）。

（3）特大赤潮趋势及特点

2001—2010 年，中国各海域共发生特大赤潮 38 次，① 其中渤海发生 8 次、黄海 2

① 特大赤潮以分布面积超过 1 000 平方千米为准，参照《中国海洋环境质量公报》划分标准。

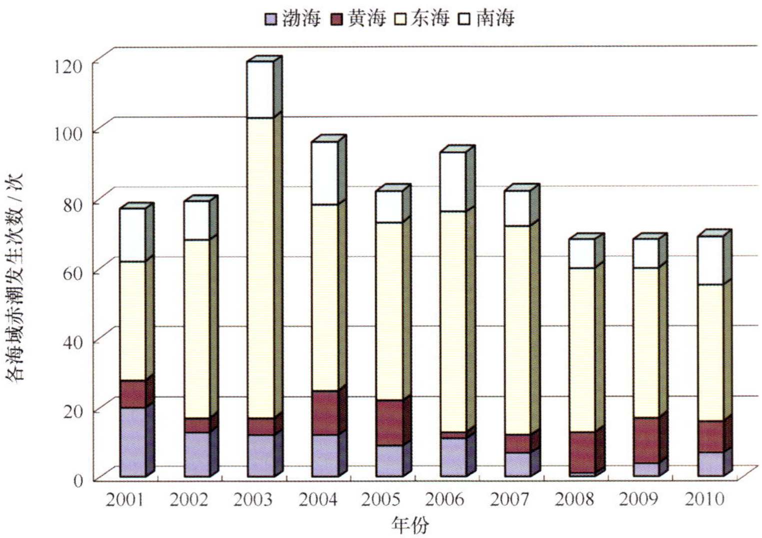

图 10－1　2001－2010 年中国各海域赤潮发生次数

资料来源：国家海洋局：《中国海洋灾害公报》2002—2011 年，2001—2010 年.

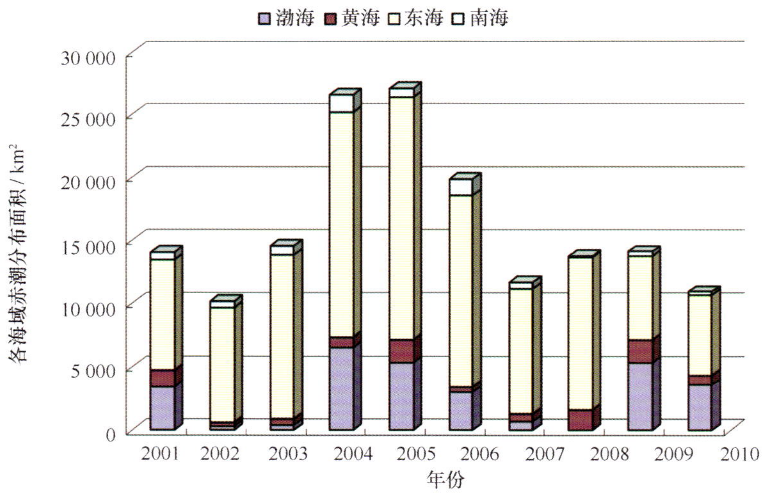

图 10－2　2001－2010 年中国各海域赤潮受灾面积

资料来源：国家海洋局：《中国海洋灾害公报》、《中国海洋环境质量公报》2001—2011 年，2001—2010 年。

次、东海 28 次；74% 的特大赤潮发生在东海海域，其中浙江沿岸为发生频率最高的区域。10 年来，有毒赤潮发生率升高。有毒赤潮通常指的是引发赤潮的优势种为有毒藻类。据有关研究，中国近海的赤潮生物约有 90 多种，约 30% 是有毒藻类[①]。有毒有害赤潮优势种增加，甲藻等有害种类已经成为中国赤潮的主要原因种。2001—2010 年中国特大赤潮灾害中，甲藻赤潮为 19 次，占特大赤潮的 50%，其中渤海发生 1 次，东海发生 18 次。[②]

2. 绿潮

绿潮是在特定的环境条件下，海水中某些大型绿藻（如浒苔）爆发性增殖或高度聚集而引起水体变色的一种有害生态现象，与赤潮同为海洋生态灾害。绿藻爆发期间，大型藻类覆盖大片海域，大量藻类聚集消耗海水中的大量氧气，造成其他海洋生物窒息。数量众多的藻类受潮水冲击堆积在海岸带，严重影响海滨景观，并造成空气污染。

2004 年海南三亚市亚龙湾发生的绿潮，是中国较早的记录。此后，2005—2007 年在山东、海南等地先后发生，但致灾程度较低。2008 年奥运会开幕前夕青岛发生的绿潮，是中国灾情最严重、影响最大的一次，造成直接经济损失 13.22 亿元。2009 年，绿潮影响海域最大，达到 58 000 平方千米，造成直接经济损失 6.41 亿元。2010、2011 年，绿潮爆发规模分别为 29 800 和 26 400 平方千米，对山东日照、青岛、威海、烟台等地造成了巨大的经济损失和生态损害。2008 年以来绿潮频繁爆发，且持续时间长、成灾面积大，对海洋环境、景观及生态服务功能以及沿海经济发展产生严重影响（表 10－2）。

表 10－2　2004—2011 年绿潮灾害的基本情况

年份	影响区域	分布面积（平方千米）	覆盖面积（平方千米）	绿潮种类
2004	海南三亚	–	–	礁膜、浒苔
2005	山东烟台	–	–	刚毛藻、浒苔
2006	山东烟台	–	–	刚毛藻、浒苔
2007	海南三亚、琼海、山东青岛	–	–	浒苔
2008	山东青岛	25000	650	浒苔

① 高振会等：《赤潮优势种的生长特征》，《赤潮重点监控区监控预警系统论文集》，国家高技术研究计划（863 课题项目），北京：海洋出版社，2008 年，第 93 页。

② 国家海洋局：《中国海洋灾害公报》2002—2011 年，2001—2010 年。

续表

年份	影响区域	分布面积（平方千米）	覆盖面积（平方千米）	绿潮种类
2009	山东省南部近岸海域	58000	2100	浒苔
2010	山东日照、青岛、威海、烟台	29800	650	浒苔
2011	山东日照、青岛、威海、烟台	26400	560	浒苔

（二）海上溢油

由于石油的生产、提炼、装卸、储存、运输、使用和处置等不当造成石油的沉失、泄露进入海洋，对海洋水生生物及生态环境造成损害的事件称为海上溢油。20 世纪 80 年代以来，随着中国经济的振兴，海运事业和海洋石油工业的迅速发展，中国沿海海域溢油事故屡有发生，对渔业、滨海旅游业等生产和海洋环境造成了严重的影响和经济损失，同时也危及人类健康。

中国从 1993 年由石油出口国转为石油进口国。2010 年中国石油净进口量达 2.39 亿吨，比 2009 年同比增长 17.5%。[①] 这些石油 90% 以上通过船舶运输，船舶溢油风险明显增加。1973—2009 年，中国沿海共发生船舶溢油事故 2 821 起，每 4 ~ 5 天发生一起。[②]

此外，随着海上油气开发强度的增加，海上油气平台及输油管线的跑冒滴漏等造成的石油污染事故频繁发生，并且呈逐年递增的趋势。2010、2011 年，大连市新港中石油连续发生 5 次溢油事故，重创当地的旅游业和水产养殖业。2011 年 6 月 4 日，渤海蓬莱 19 - 3 钻井平台发生溢油事故，共造成超过第一类海水水质标准的海域面积累计约 6 200 平方千米，对当地渔业及海洋生态资源带来巨大的灾难。

（三）风暴潮与海浪

风暴潮/海浪灾害一年四季均可发生，南起海南岛、北至辽东半岛的广阔海岸均可能遭受袭击。热带风暴主要集中在 7—10 月，特别是 8、9 月份。较大的温带风暴潮主要发生在晚秋、冬季和早春，即 11 月至次年 4 月。受全球气候变化的影响，海洋风暴潮灾害逐渐北移，江苏、山东、辽宁等地受风暴潮灾害威胁增大，制约了当地社会经

---

① 中国能源报，2011 年 1 月 17 日第三版。

② 交通运输部海事局黄何副局长解读《中华人民共和国船舶及其有关作业活动污染海洋环境防治管理规定》，http：//www.moc.gov.cn/zhuzhan/zhengcejiedu/zhengcewer，2011 年 1 月 5 日登录。

济发展。

1. 风暴潮

风暴潮是由于热带风暴、温带气旋、海上冰雹等风暴过境所伴随的强风和气压聚变而引起的海面非周期性异常升高（降低）现象；风暴潮引起沿岸涨水造成的灾害称为风暴潮灾害。中国沿海地区由南到北，均会遭受风暴潮的侵袭。风暴潮引起的灾害通常表现为增水灾害，如淹没土地、海滩侵蚀、航道淤积、毁坏堤坝等；减水灾害表现为航道受阻、电厂取水困难、港口码头作业不便等。

（1）风暴潮灾害的基本情况

2001—2010 年，风暴潮灾害发生频率呈上升趋势。10 年间，共发生 210 次，平均 21 次/年；近 5 年来，风暴潮灾害发生更为频繁，共 143 次，年平均约 29 次。随着沿海地区经济社会的发展和基础设施的增加，承灾规模日趋庞大，风暴潮造成的直接和间接经济损失逐年增加。中国风暴潮造成的直接经济损失已由 20 世纪 50 年代的年均 1 亿元左右，到 80 年代后期增至近 20 亿元，至 90 年代前期约 76 亿元。2001—2010 年，中国近海风暴潮累计受灾人口 11 394.9 万人次、死亡/失踪 840 人、直接经济损失 1 258亿元（见表 10－3），其中 2005、2006 和 2008 年直接经济损失分别为 330、217 和 192 亿元，海南、广东、福建、浙江等地受灾严重。

表 10－3　2001—2010 年中国近海风暴潮的损失情况

年份	2001	2002	2003	2004	2005	2006	2007	2008	2009	2010	合计
发生次数	6	8	12	19	20	28	30	25	32	28	208
死亡/失踪人数	136	30	25	49	137	327	18	56	57	5	840
直接经济损失（亿元）	87	63	79	52	330	217	87	192	85	66	1258

资料来源：国家海洋局：《中国海洋灾害公报》2002—2011 年，2001—2010 年。

（2）特大风暴潮灾害的特点

2001—2010 年，中国共发生 21 次特大台风风暴潮、2 次温带特大风暴潮灾害，[①] 沿海各省市均遭受到台风风暴潮的侵扰，温带风暴潮主要影响辽宁、河北、天津、山东等地。10 年来，23 次特大风暴潮灾害累计导致超过 9 800 万人次受灾，占总受灾人口的 86%；共造成 720 人死亡/失踪，占总死亡/失踪人数的 85.7%；造成直接经济损

① 特大台风风暴潮直接经济损失超过 20 亿元，特大温带风暴潮直接经济损失超过 10 亿元。

失 1 150.3 亿元，占风暴潮灾害直接经济损失的 91.4%，占全部海洋灾害的 76.7%。此外，特大风暴潮还导致受灾农田、海水养殖区分别超过 370 和 90 万公顷，毁坏海岸工程近 3 500 千米。

2. 灾害性海浪

因海浪引起船只损坏和沉默、航道淤积、海洋石油生产设施和海岸工程损毁、海水养殖业受损等经济损失和人员伤亡称为灾害性海浪；灾害性海浪也是由温带气旋和热带气旋引起的。

中国灾害性海浪发生频率由南到北逐渐降低。南海、东海和黄海灾害性海浪发生次数较多，渤海较少。2002—2010 年，中国共发生灾害性海浪 377 次，年均 42 次。2005—2007 年是灾害性海浪高发年，平均 57 次/年，2005 年更高达 66 次。2008 以来，为 10 年来中国灾害性海浪的低发期，年发生低于 35 次。

2001—2010 年，中国灾害性海浪共造成 1 361 人死亡/失踪，直接经济损失 23.54 亿元。2005 死亡/失踪人数最高，为 234 人，2009 年造成的直接经济损失最大，为 8.03 亿元。10 年来，灾害性海浪占海洋灾害死亡/失踪人数的 66%，与风暴潮灾害共造成 2 201 人死亡/失踪，占海洋灾害的 96.5%（表 10－4）。

表 10－4　2001—2010 年中国灾害性海浪的损失情况

年份	2001	2002	2003	2004	2005	2006	2007	2008	2009	2010	合计
发生次数	–	33	38	35	66	55	50	33	32	35	377
死亡/失踪（人）	265	94	103	91	234	165	143	96	38	132	1361
直接经济损失（亿元）	3.1	2.5	1.15	2.07	1.91	1.34	1.16	0.55	8.03	1.73	23.54

注：波高大于等于 4 米的海浪称为灾害性海浪。

资料来源：国家海洋局：《中国海洋灾害公报》2002—2011 年，2001—2010 年。

（四）海冰

所有在海上出现的冰称为海冰，除由海水直接冻结而成的冰外，它还包括源于陆地的河冰、湖冰和冰川冰等。因海冰引起的航道堵塞、船只损坏和沉没、建筑物损坏等现象，统称海冰灾害。海冰造成的灾害主要有：推倒海上石油平台、破坏海洋工程设施、航道设施、撞坏船舶、冰封港湾、破坏海水养殖设施、场地等。

海冰是渤海、黄海北部及沿岸地区的主要自然致灾因子。一般在“轻冰年”或者

"偏轻冰年"，都不会对海上活动产生明显影响，或只对封冰港的使用产生一定的影响，但局部地区也可能会产生海冰灾害；常冰年以上的冰情出现均会造成灾害，特别是严重冰年。

半个世纪以来，受全球气候变化等因素的影响，海冰盛冰期天数、冰级呈下降趋势[①]，黄渤海未见重冰年，但不排除在气候异常的情况下出现重冰年的可能。2000—2001 与 2009—2010 年，是 20 多年来中国近海出现的 2 次偏重冰年；2010 年 1—2 月，渤海湾和黄海北部发生 30 年罕见的冰灾，共造成 6.1 万人受灾，直接经济损失达 63.2 亿元（表 10－5）。

表 10－5　中国主要的海冰灾害过程

年份	冰情	影响和损失
2009—2010	偏重冰年	6.1 万人受灾，直接经济损失 63.2 亿元
2008—2009	偏轻冰年②	–
2007—2008	偏轻冰年	辽东湾海上油气作业受影响
2006—2007	轻冰年	历史最轻
2005—2006	常年	莱州湾海域冰情严重
2004—2005	常年	辽东湾封冻
2003—2004	偏轻冰年	辽东湾、黄海北部、鸭绿江口港口受灾严重
2002—2003	偏轻冰年	辽东湾船舶航行困难
2001—2002	轻冰年	–
2000—2001	偏重冰年	辽东湾北部封港

（五）海平面上升

国际上将 1975—1986 年的平均海平面定义为常年平均海平面，海平面上升的数值是指某年海平面与常年平均海平面相比较升高的值或降低的值。海平面上升是由绝对海平面上升和相对海平面上升两部分构成。绝对海平面上升是由全球气候变暖导致的海水热膨胀和冰川熔化造成；相对海平面上升是由地面沉降、局部地质构造变化、局

① 张云吉，金秉福，冯雪：《近半个多世纪以来渤海冰情对全球气候变化的响应》，海洋通报，2007 年。
② 指 1978 年至 2008 年冰情平均状况。

部海洋水文周期性变化以及沉积压实作用造成。

气候变暖导致陆源冰融化和海水热膨胀是海平面上升的主要原因。除全球性的气候变化导致海平面上升外，中国沿海城市发展迅速，大型建筑物密集和地下水过量开采，加剧了地面沉降，是引起当地海平面相对上升的另一个重要原因。

海平面上升作为一种缓发性海洋灾害，其长期的累积效应将加剧风暴潮、海岸侵蚀、海水倒灌与土壤盐渍化、咸潮入侵等海洋灾害的致灾程度[①]，进而对沿海地区人类的生存环境构成了直接威胁。海平面上升对近岸生态系统最直接的影响是滨海盐沼湿地和热带珊瑚礁、红树林等生境的大面积丧失。此外，海平面上升的长期变化趋势将使中国东部的重要经济发达地区逐渐成为沿海的低地，发展空间变小，受来自于海洋和陆地的自然灾害的影响程度增加。

1. 中国海平面的变化状况

近百年来，全球气候变暖趋势明显，海平面上升速率明显加快。据联合国气候变化专业委员会（IPCC）第四次评估报告数据显示，[②] 20 世纪全球绝对海平面上升速率平均值为 1.7 ±0.5 毫米/年，1961—2003 年全球海平面上升速率为（1.8 ±0.5）毫米/年；1993—2003 海平面上升的平均速率则为（3.1 ±0.7）毫米/年。受全球海平面上升的影响，中国海域海平面上升速率加快。近 30 年来，中国沿海地区海平面变化总体呈波动上升的特点，海平面上升平均速率为 2.6 毫米/年，[③] 高于全球海平面的平均上升速率。[④] 其中 2010 年渤海、黄海、东海和南海的海平面平均上升速率分别为 2.5 毫米/年、2.8 毫米/年、2.8 毫米/年和 2.5 毫米/年；与常年相比，渤海、黄海、东海和南海的海平面分别上升了 64 毫米、75 毫米、66 毫米和 64 毫米。

近 30 年来，中国沿海海域的年代际海平面上升明显。自 2001 年，中国沿海的海平面总体处于历史高位，2001—2010 年的平均海平面比 1991—2000 年的平均海平面高 25 毫米，比 1981—1990 年的平均海平面高 55 毫米。

---

① Nixon S W. 1995. Coastal marine eutrophication: a definition, social causes, and future concerns. Ophelia, 41: 199 ~ 219.

② IPCC，2007. 气候变化 2007：综合报告 . IPCC，TERI 出版社。

③ 国家海洋局：《2010 年中国海平面公报》。

④ Trenberth, K. E., P. D. Jones, P. Ambenje, R. Bojariu, D. Easterling, A. Klein Tank, D. Parker, F. Rahimzadeh, J. A. Renwick, M. Rusticucci, B. Soden and P. Zhai, 2007: Observations: Surface and Atmospheric Climate Change. In: Climate Change 2007: The Physical Science Basis. Contribution of Working Group I to the Fourth Assessment Report of the Intergovernmental Panel on Climate Change [Solomon, S., D. Qin, M. Manning, Z. Chen, M. Marquis, K. B. Averyt, M. Tignor and H. L. Miller (eds.)]. Cambridge University Press, Cambridge, United Kingdom and New York, NY, USA. pp 235 – 336.

2. 海平面上升预测

未来30年，沿海低洼地区将受到来自海平面上升的直接威胁，海平面相对上升，不仅会直接淹没沿海一些地势较低地区，而且还会使沿海地区防潮工程的抗灾能力不断降低。在部分河口与三角洲地区，由于地面下沉相当严重，相对海平面上升将非常明显，如环渤海湾地区和黄河三角洲、长江三角洲和珠江三角洲的某些岸段（图10－3）。

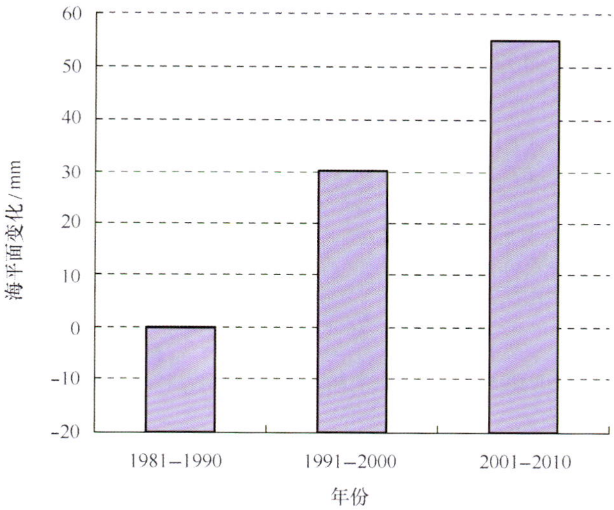

图10－3　中国沿海海平面年际变化

据预测，到2040年，中国近海海域海平面将比2010年上升70～140毫米不等。其中，天津、山东、上海、浙江、广东海平面上升的最高值或将超过130毫米（图10－4）。

（六）海岸侵蚀与海水入侵

1. 海岸侵蚀

海岸侵蚀是指在自然因素、人为因素或者两因素叠加产生的海洋动力作用下，供沙量少于来沙而引起的海岸线位置后退、暗滩下蚀等现象。江河输沙的变化、海平面上升、风暴潮、海浪的侵袭等自然因素，近岸采砂、江河水利工程拦截泥沙、不合理的海岸工程、围海造地和水产养殖等人为因素，都会导致当地或异地的海岸侵蚀。海

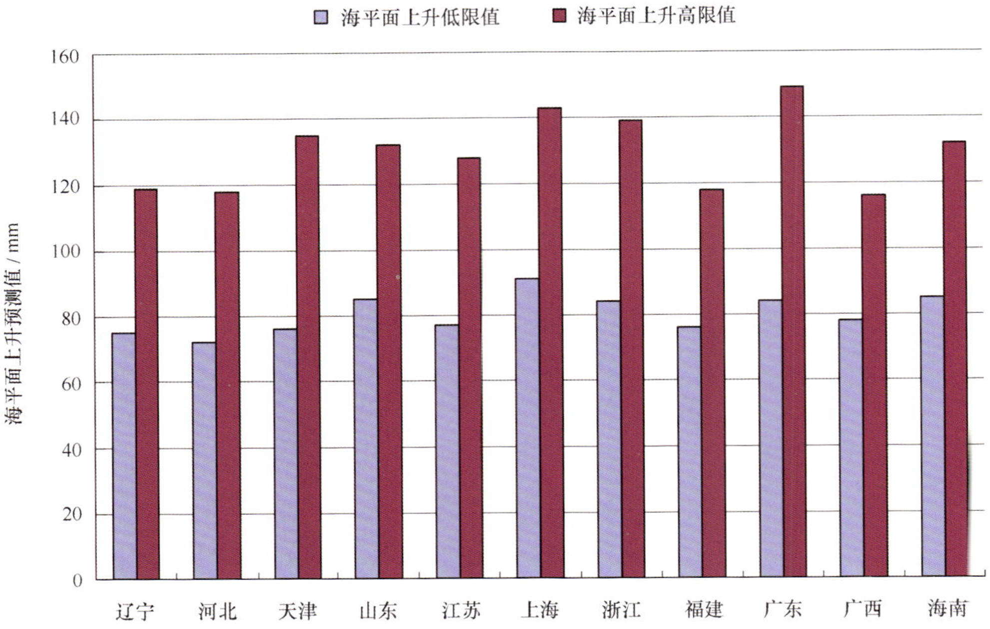

图 10－4　2040 年沿海省市近海海域海平面上升预测

资料来源：国家海洋局：《中国海平面公报》2011 年，2010 年。

岸侵蚀的直接灾害包括侵蚀淹没沿岸土地、毁坏护岸堤坝、码头、房屋建筑、海防工事、防护林、沿海公路等网络设置、海水浴场等旅游设施。间接灾害主要是改变海岸带生态环境和自然环境。

海岸侵蚀是当今全球海岸带普遍存在的一种灾害性地质现象，受全球变暖和海平面上升的影响，近几十年来世界各国的海岸侵蚀出现加剧趋势。[①] 由于开发不当，中国岸线损失逐年增加。据不完全统计，2008 年海岸侵蚀长度达 3 708 千米，其中砂质海岸侵蚀总长度为 2 469 千米，占全部砂质岸线的 53%；淤泥质海岸侵蚀总长度为 1 239 千米，占全部淤泥质岸线的 14%（图 10－5）。[②]

中国砂质侵蚀严重的地区主要集中在辽宁、河北、山东、广东、广西和海南沿岸；淤泥质海岸侵蚀严重的地区主要分布在河北、天津、江苏和上海沿岸。山东侵蚀岸线超过 1 200 千米，广东和海南超过 600 千米。

① 盛静芬，朱大奎：《海岸侵蚀和海岸线管理的初步研究》，海洋通报，2002，21（4）：第 50－57 页。

② 国家海洋局：《2008 年中国海洋灾害公报》，2009 年。

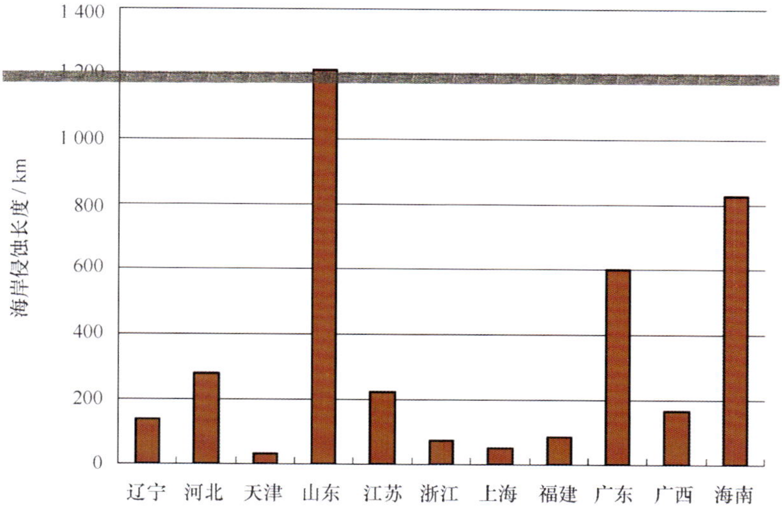

图 10－5　2008 年沿海各省（自治区、直辖市）海岸侵蚀情况

2. 海水入侵

海水入侵是指由自然或人为原因，海滨地区地下水水动力条件发生变化，使海滨地区含水层中的淡水和海水之间的平衡状态遭到破坏，导致海水或与海水有水力联系的高矿化地下咸水沿含水层向陆地方向扩侵的现象。海水入侵主要是因为海平面上升、地面沉降和风暴潮等引起的，此外，过量开采地下水、大量开采油气、规模化城市建设导致地面下沉等也会造成海水入侵。海水入侵使生态环境趋于恶化，人畜吃水困难，工业发展受限，土地盐碱化，农业大幅度减产。

根据国家海洋发布的《中国海洋灾害公报》，2010 年，海水入侵严重地区分布于辽宁盘锦和锦州、河北秦皇岛、唐山和黄骅、山东滨州和潍坊滨海平原地区。海水入侵距离一般距岸 20 ~ 30 千米。辽宁盘锦、葫芦岛龙港区北港镇、河北秦皇岛、唐山、山东烟台莱州监测区海水入侵范围有所增加；黄海沿岸辽宁丹东、江苏盐城和连云港监测区海水入侵范围有所增加。东海和南海沿岸海水入侵影响范围较小。东海大部分监测区海水入侵基本稳定；南海沿岸地区，如广东茂名、揭阳、阳江、湛江和广西北海，海水入侵程度和范围有所增加，部分近岸农用水井和饮用水井已明显受到海水入侵的影响（表 10－6）。

表 10－6　2010 年海水严重入侵的地区分布

监测断面所在地	断面长度（千米）	重度入侵距离（千米）	轻度入侵距离（千米）
辽宁省盘锦唐家乡	17.6	17.6	17.6
辽宁锦州小凌河西侧娘娘宫镇	7.31	4.72	7.3
河北秦皇岛抚宁	16.0	8.54	13.7
河北沧州渤海新区冯家堡	53.6	–	37.7
山东滨州沾化县	29.3	29.3	29.3
山东潍坊寿光市	32.1	31.2	32.1
山东潍坊滨海经济开发区	28.0	25.3	27.3
山东潍坊寒亭区央子镇	30.1	29.4	30.0

三、海洋灾害管理

随着中国沿海区域经济发展战略的实施，大量经济产业要素和人口向沿海聚拢，沿海地区海洋灾害风险进一步加剧，海洋灾害造成的经济损失呈现明显上升趋势。海洋防灾减灾工作要加强应急管理，科学评估海洋灾害风险，不断提高预警报技术水平，科学应对气候变化，防治和减轻海洋污染灾害，保障人民生命财产安全，促进海洋经济可持续发展。

（一）海洋防灾减灾管理

1. 预警机制

灾前预警报是海洋防灾减灾的第一需要。目前，中国基本形成“观测—预警—报务”链条式海洋灾害预警服务与保障体系，海洋观测能力取得了较大的进步，已建成107 个沿岸海洋观测站（点）、30 余个海上浮标、3 对地波雷达，发射了 3 颗海洋卫星等，为海洋灾害预警报提供了实时观测数据。

中国海洋灾害数值预报取得了可喜的进展和长足的进步，风暴潮、海啸、海冰、海浪等数值预报精细化程度和准确度不断提高。以风暴潮为例，中国先后自主研发了高分辨率台风风暴潮集合数值预报系统、温带风暴潮数值预报系统等，精细化程度由数千米提升至百米甚至数十米，预报准确率和预报时效不断提高，在风暴潮防灾减灾中发挥了关键的作用，很大程度上降低了灾害损失。

国家、省、市、县四级海洋灾情预警报系统基本形成，建立了灾情信息快报、核报工作机制、灾害信息沟通、会商、通报制度、灾害信息共享及发布平台，灾害信息分析、评估能力和应用措施逐步加强。各级海洋预报机构的海洋预警报服务能力显著提高，预警报服务手段和范围不断拓展，预警报产品不断丰富，仅国家海洋环境预报中心就定期发布各类海洋环境预报和警报产品50余种。

2. 应急管理

海洋灾害应急管理是指在应对突发性海洋事件的过程中，为降低事件的危害，达到优化决策的目的，基于对突发性事件的原因、过程及后果进行分析，有效集成社会各方面的相关资源，对突发性事件进行有效预警、控制和处理的过程。中国基本形成了“一案三制”应急管理体系，海洋灾害应急管理能力持续提升。

灾害救助是防灾减灾的中心环节。当灾害警报发布之后，对灾害的应急响应，包括采取一系列措施，是减轻灾害损失的关键步骤。由于海洋灾害的规模、强度、范围等特点，对灾害的应对需要政府出面，部门协调，全民参与。因此，海洋灾害的应急反应能力的强弱主要体现在政府政令的发布和措施布设、实施的有效性。

随着沿海地区加快发展重化工和储油储气基地等大型工程建设，海洋环境风险进一步加大。因此，要高度防范重大海洋环境污染损害事故风险，确保各项海洋灾害应急管理工作有序开展，最大程度地减轻海洋灾害损失。2011年6月4日，渤海“蓬莱19－3”油田溢油事故发生后，国家海洋局责令北海分局在监视和督促康菲公司查找和控制溢油点的同时，派出海监船和海监飞机等，对事故现场实施24小时的动态监视监测，发现油污后立即督促康菲公司进行清理，严防油污登陆、影响沿岸居民和企业的正常生产生活。

3. 应急预案

海洋灾害依其爆发的时段性特征可分为缓发性灾害和突发性灾害。风暴潮、海浪、海啸，赤潮、绿潮、海上溢油等属于突发性海洋灾害，应急预案主要是针对这类灾害制定的。国家海洋局编制并印发《风暴潮、海浪、海啸和海冰灾害应急预案》、《海洋石油勘探开发溢油事故应急预案》和《赤潮灾害应急预案》，详细规定了海洋灾害的应急标准、程序，成为国家海洋灾害应急工作的指导文件。目前，沿海各海区和沿海地方政府编制了本海区、地区的海洋灾害应急预案，并做到了责任到单位、到岗位、到个人，形成中央、地方海洋灾害的应急预案体系。

（二）海洋灾害预警预报业务系统建设

近年来，受全球气候变化影响，极端天气事件频发发生，中国面临海洋防灾减灾压力日益增大。经过多年的建设，主要海洋灾害的监视、监测、调研、分析及预警报工作获得显著进步，初步形成包括由各类浮标、潜标、卫星、雷达、飞机、船舶和岸基（岛屿）观测站点构成的立体观测系统，海洋观测的范围不断扩大，观测手段不断丰富，观测要素对象不断增加，实现了海洋岸基站观测数据分钟级的实时传输，数据处理能力不断增加。中国的海洋灾害预警报和环境保障技术水平和业务能力取得了长足的进步，开展了风暴潮、海浪、海冰、海啸、溢油等预警报业务。

海洋系列卫星发射，中国海洋环境立体监测体系进一步完善。2011 年发射的“海洋二号”卫星，是中国首颗海洋动力环境卫星，主要任务是监测和调查海面风场、海浪、海流和海温等海洋动力环境，其主要技术指标达到国际先进水平。该卫星具有全球、全天候、全天时的观测功能，可直接为灾害性海况预警报和国民经济建设服务，并为海洋科学研究、海洋环境预报和全球气候变化提供卫星遥感信息。

中国高分辨率的台风、温带风暴潮数值预报模式已开始业务化运行，并推广到东南亚和南亚 10 多个国家和地区。“十一五”建立的风暴潮集合概率预报系统已在上海、广西等省市进行了推广应用。中国近岸海浪精细化预报的工作正在逐步深入，并开展了沿海海洋工程、海滨浴场、近海船舶等的专项海浪预警报工作。

自 1983 年加入太平洋海啸预警系统国际协调组织，根据太平洋海啸警报中心（PTWC）发布的有关越洋地震海啸信息，发布中国沿海的海啸预警报。现已初步具备发布海啸预警报的能力，在广东大亚湾、浙江秦山、三门、江苏连云港、福建惠安 5 个核电站的环境评价中得到了应用。

中国海冰环境立体监测能力基本具备。中国已具有岸站、海上船舶、海上平台、航空和卫星组成的海冰环境立体监测能力，建立了海冰环境数值预报系统和统计预报系统，并实现了业务化运行，预报产品包括平均冰厚、最大冰厚、冰密集度、冰速和冰外缘线等。中国海洋灾害预报业务范围不断扩大，预报产品种类不断增加，预报区域不断扩大，预报方法不断创新，开展了针对渔业安全生产、航线预报、滨海旅游、海上搜救和极地大洋科考等海洋专题环境保障服务，形成了系列化综合环境预报产品，预警报信息发布覆盖电视、广播、网络、手机短信等各类公共媒体，社会影响越来越大。

（三）海洋领域应对气候变化

“十一五”期间，国家高度重视海洋领域应对气候变化工作，《中国应对气候变化国家方案》把海岸带和沿海地区作为我国应对气候变化的重点领域，并赋予国家海洋局在“负责海洋领域应对气候变化工作”的重要职责。国家海洋局在党中央、国务院的领导和涉海各部门的大力支持下，不断完善体制机制，加强政策研究，夯实各项基础，扎实开展工作，为国家应对气候变化总体战略的顺利实施作出了积极贡献。

1. 工作体系基本建立

2007年以来，国家海洋局先后印发《关于海洋领域应对气候变化有关工作的意见》、《“十二五”海洋科学和技术发展规划纲要》、《海洋再生能源“十二五”规划》等专题规划，对加强我国的海洋气候观测、科学研究和国家交流合作等工作提出了具体意见，并在局内部成立专门的领导小组，集中优势力量，加强对海洋领域应对气候变化工作的组织领导，形成业务化工作体系。

2. 观测网络建设初具形成

“十一五”期间，完成了沿海70多个海洋观测站升级、57个GPS验潮站设备安装、16个海洋观测浮标维修布放、5条海—气二氧化碳交换通量监测船舶改造、5个海—气二氧化碳交换通量监测浮标站位和6个岸/岛基监测站点的选址论证工作，定期组织开展我国管辖海域20条断面的海—气二氧化碳交换通量监测工作，并积极利用南北极考察和大洋调查进行走航观测，初步形成包含岸基（岛基）台站、浮标站位、船舶平台和卫星遥感在内。覆盖我国近海与部分重点大洋的海洋立体观测网络。

3. 防灾减灾能力提升

“十一五”期间，覆盖国家、海区和各省（区、市）海洋部门的三级海洋灾害应急管理工作体系初步建立，海洋灾害观测预警和防范应对能力明显增强，海洋预警信息发布渠道和制度不断完善，有效降低了气候变化引起的海洋灾害损失。稳步推进海平面上升、海岸侵蚀和海水入侵监测和调查评估等工作，对沿海94个验潮站的基准潮位和主要岸段警戒潮位进行重新核定。通过发布年度中国海平面公报、中国海洋灾害公报和中国海洋环境质量公报，为各级政府有效应对和防御各类海洋灾害，科学安排危险区域生产和生活设施的合理避让提供重要依据。

4. 科技支撑作用日益显现

组建海—气相互作用与气候变化专门实验室，积极开展各种海—气相互作用基础研究和影响评估工作，为国家制定应对气候变化政策和战略提供重要依据。海—气二氧化碳交换通量研究工作取得重大进展，探索性地估算了中国管辖海域的碳通量，初步摸清我国管辖海域的碳源汇时空分布格局。海洋生物固碳、海底固碳封存、海洋再生能源开发和典型海洋生态系统修复技术研究工作取得重大进展，海洋领域减缓与适应气候变化能力显著提高。组织海洋专家积极参与第一、二次《气候变化国家评估报告》和 IPCC 第四、五次评估报告撰写工作，完成了 IPCC《再生能与与减缓气候变化特别报告（海洋能部分）》的编辑评审工作。

5. 积极参与国际合作

积极参与全球海洋观测系统（GOOS）、全球海平面观测系统（GLOOS）、气候变率与可预报性研究（CLIVAR）、全球海洋环境定期评估（GRAME）等合作计划，在东北亚海洋观测系统（NEARGOOS）、东南亚海洋观测系统（SEAGOOS）和热带印度洋观测系统（IndOOS）建设中发挥重要作用。牵头启动了“气候变化下西太平洋海洋灾害响应（ROSE）”、“季风爆发监测及其社会、生态影响（MOMSEI）”、“人类活动和气候变化对珊瑚礁的影响”等地区合作项目。与印度尼西亚、马来西亚、泰国、新西兰、澳大利亚等国家签署了海洋领域应对气候变化的双边合作协议，成立了“中—印尼海洋与气候联合研究中心”，与意大利合作开展“海岸带生态系统应对气候变化能力建设项目”。成功举办以“气候与海洋”为主题的国家论坛，通过了《北京宣言》，有效树立了我国负责任的大国形象。

四、典型海洋灾害分析及相关建议

2011 年，中国海洋灾害频发，灾害强度大，影响范围广，人员伤亡多，沿海地区受灾重，且部分地区重复受灾，生态环境质量损害、经济损失、民房倒塌和基础设施损毁严重。除了应对管辖海域发生的海洋灾害外，还要应对域外事故的影响。特别是 3 月份发生的日本福岛核电泄露事件，6 月份发生的渤海“蓬莱 19－3”溢油事故，给中国经济社会发展和人民生命财产安全带来严重影响。

（一）日本海啸事件

1. 日本地震引发海啸及核危机

2011 年 3 月 11 日，日本附近海域发生 9.0 级地震，是 1900 年以来世界上第四大规模的地震。震后在日本东部引发了波高达 10 米的海啸，造成 19 824 人死亡/失踪，受损或被毁的建筑超过 920 000 栋，震源附近的宫城、福岛、岩手三个县交通瘫痪，电力和通讯传输中断、农田被淹没、堤防损毁等惨重灾情。此外，海啸还造成福岛第一核电站氢气爆炸引发核燃料泄漏。福岛核电泄漏是历史上最严重的核电事故之一，而且核电事故处理面临长期化。核电事故重创日本经济，福岛、宫城、千叶、群马、岩手等地的乳品、水果、蔬菜等农产品，水生动物等水产品遭受严重的核污染，旅游、电子等行业亦受重挫。

在没有事先通报的情况下，日本政府单方面将 1.15 万吨放射性污水排入海中，加重了核污染程度。国家海洋局监测结果表明，日本以东及东南方向的西太平洋海域受到福岛核泄漏事故的显著影响。被排入海的放射性物质，经生物富集和生物链的传递而放大，对海洋生物和生态系统将产生长期、重大的影响。国家海洋局建议国务院有关部门加强对来自海域海产品的放射性检测，确保中国公众的健康安全。

2. 海啸对中国核电发展的可能影响

21 世纪以来，全球海啸灾害频发。里氏 8.0 级以上地震引发的海啸超过 6 次，其中 2004 年印度洋海啸、2010 年智利海啸和 2011 年日本海啸，对周边国家和地区造成了空前的灾难（表 10－7）。

据不完全统计，2000 多年来，中国共发生 52 次海啸。台湾是地震海啸的高发区，其中 1 782 年发生的华南海啸，造成台湾 4 万多人死亡，淹没土地 120 多平方千米。虽然中国发生海啸灾害的次数较少，但是对其却不容小觑。中国沿海处于环太平洋地震带附近，同时面临局地海啸和越洋海啸的威胁。

表 10－7　2004－2011 年全球发生的部分地震海啸

年份	海啸位置	地震级别
2004	印度洋	8.9
2005	印尼	8.7
2006	印尼	7.7
2007	印尼	7.9
2007	所罗门群岛	8.0
2009	萨摩亚群岛	8.0
2010	智利	8.8
2010	印尼	7.2
2010	所罗门群岛	7.2
2011	日本	9.0

2007 年，中国政府将核电从“适度发展”调整为“积极发展”。根据《核电中长

期发展规划（2005—2020年）》，到2020年核电运行装机容量争取达到4 000万千瓦，截止2011年已运行及在建项目装机容量已超过3 700多万千瓦。2011年，中国能源会议上将2020年装机容量调整为8 600万千瓦。目前国内包括已运营、建设中、筹建中的核电站项目多达43个，累计投资高达1.8万亿元。

福岛核事故后，为保证中国的核电建设稳妥、有序、安全，而非“大跃进”式的急速扩张。3月16日，温家宝总理主持召开的国务院常务会议强调，要充分认识核安全的重要性和紧迫性，核电发展要把安全放在第一位，立即组织对中国核设施进行全面安全检查。通过全面细致的安全评估，切实排查安全隐患，采取相关措施，确保绝对安全。切实加强正在运行核设施的安全管理。监管部门要加强监督检查，指导企业及时发现和消除隐患，全面审查在建核电站。严格审批新上核电项目，未被核准开工的10个核电项目，其中5个已获国务院审批通过的被紧急叫停。

由于核电站运行需要消耗大量的水资源，中国目前所有已运营的核电站都建在沿海地区。“十一五”以来，核电站建设进一步向沿海布局，一旦在中国人口密集的沿海地区发生重大核泄漏事故，后果不堪设想。中国应完善管理体制，进一步做好引进技术的吸收和国产化工作。加快具有自主知识产权的核电技术应用示范。提高核电站的选址标准和设计规范，高度重视超设计标准的自然灾害与次生灾害叠加的破坏，综合考虑社会、人口密度、地理地质条件等因素。

3. 应对海啸灾害的措施和建议

未来5～20年是中国全面建设小康社会、人口达到高峰、工业化和城市化的加速时期，核电站的沿海布局，海啸造成重大损失的潜在风险也在不断增加。应高度重视海啸灾害防范工作，最大限度地降低海啸灾害损失，保障中国海洋经济健康可持续发展。

（1）加强海啸监测能力建设

海啸监测能力建设是海啸预警的基础，因此建议在中国外围海岛及外海区域进一步优化海洋水文观测站布局，增加观测站的数量，布置海啸监测浮标，建立海洋卫星终端接收站，通过卫星遥感加强对海啸波的监测，建立实时观测信息高速传输网络。

（2）开展海啸风险评估与区划

海啸风险评估与区划是海啸预警和应急响应的基础，制定并落实海啸应急预案的科学依据。建议加快开展中国沿海区域海洋灾害风险普查，开展海啸灾害风险评估，细化沿海地区海啸风险等级，制定应急事件的疏散撤离程序，编制中国海啸灾害的风险评估图。

（3）建立海啸预警信息快速分发系统

预警信息的快速分发是争取海啸应急响应时间的关键。应参照日本、美国等先进国家的经验，建立海啸预警信息快速分发系统，尤其需要联合电视、广播、互联网、电话、手机等媒体和通讯系统以及民防警报系统，建立基于卫星通讯快速的海啸分发系统，完善海洋灾害信息应急联动发布机制。

（4）完善应急响应机制

海啸破坏力强、预警时间短，需要各级政府和部门预先制定并落实海洋灾害应急预案。建议各地按照国家海啸灾害应急预案及地方海洋灾害应急预案要求，建立健全海洋灾害应急指挥机构，落实队伍和装备建设，完善海洋灾害应急机制，定期开展海啸灾害应急演练演习，最大程度地减少灾害造成的损失，保障人民生命财产安全。

（二）渤海“蓬莱 19－3”溢油事故

1. 渤海“蓬莱 19－3”溢油事故的发生及主要原因

2011 年 6 月 4 日国家海洋局北海分局接到康菲石油报告，“蓬莱 19－3”油田 B 平台东北方向海面发现不明来源少量油膜。6 月 17 日，北海分局又接到报告，称 C 平台及附近海域发现大量溢油。截止 7 月 5 日，已使周围海域 840 平方千米的一类水质海水目前下降到了劣四类。

溢油事故发生后，国家海洋局第一时间责成康菲公司进行溢油事故的排查，主动向社会发布相关信息，并于 8 月 31 日前完成封堵 B 平台附近溢油源，同时将 C 平台泄漏的海底油污清理完毕。国务院高度重视渤海溢油事故。2011 年 8 月，国务院成立“蓬莱 19－3”油田溢油事故联合调查组。温家宝总理做出切实负起责任，抓紧做好事故调查处理工作的部署。

8～11 月，事故联合调查组及国家海洋局经现场勘查、取证做出一系列指令，责令康菲停止回注、停止钻井、停止油气生产作业;[①] 认定康菲石油在“蓬莱 19－3”油田生产作业过程中违反总体开发方案，制度和管理上存在缺失，出现明显事故征兆后、没有采取必要的防范措施，由此导致一起重大海洋溢油污染责任事故。康菲石油在“蓬莱 19－3”油田 B 平台的生产违反总体开发方案，没有执行分层注水的开发要求，造成断层开裂，形成窜流通道，引发海上溢油事故；当 B23 井出现注水量明显上升和注水压力明显下降的事故征兆时，继续维持压力注水作业，加剧了海上溢油的污染程

① 国家海洋局责令蓬莱 19－3 全油田停注、停钻、停产作业 . http：//www. soa. gov. cn/soa/news/specialtopic/yiyou/web info /2011 / 09/ 1314515389029104. htm.

度。“蓬莱 19－3”油田 C 平台 C25 井回注岩屑作业违反总体开发方案规定，数次擅自上调注岩屑层位至接近油层，造成回注岩屑层异常高压，形成向上部油层窜流高压源，造成 C20 井钻井至该层时产生井涌，同时，该井作业表层套管下深过浅，违反环境影响评价报告书的要求，降低了应急处置事故能力，发生侧漏溢油[①]。

这是中国首次出现海底溢油事故，对周边海域海洋环境造成难以估量的污染损害。受溢油事件影响，累计造成超过 6 200 平方千米海水污染，给渤海生态和渔业生产造成严重的影响，是中国海洋资源开发以来最严重的事故。

2. 应对“渤海 19－3”由溢油事故的工作过程及问题

为彻底查明“蓬莱 19－3”油田溢油事故原因，对事故造成的影响和损失进行全面认真的调查评估，联合调查组多次听取康菲公司和中国海洋石油总公司关于“蓬莱 19－3”油田溢油事故情况汇报，并就相关问题进行了质询。为切实依法维护渔业渔民的合法权益，切实依法维护国家海洋生态环境利益，8 月 30 日，国家海洋局成立国家海洋生态索赔工作领导小组。根据海洋溢油生态损害评估技术导则等标准进行科学评估，估算溢油造成损害的生态赔偿金额，国家海洋局将代表国家向康菲公司提出生态损害索赔要求。

经过行政调解，2012 年 1 月 25 日，农业部、中国海洋石总公司、康菲公司以及有关省人民政府就解决“蓬莱 19－3”油田溢油事故渔业损失赔偿和补偿问题，达成一致意见。康菲出资 10 亿元人民币，用于解决河北、辽宁省部分区县养殖生物和渤海天然渔业资源损害赔偿和补偿问题；康菲和中国海洋石总公司分别列支 1 亿元和 2.5 亿元人民币，成立海洋环境与生态保护基金，用于天然渔业资源修复和养护、渔业资源环境调查监测评估和科研等方面的工作。事故处理中未包含对山东渔业资源损害的赔偿，生态损害赔偿基金中未包括对海洋生态资源损害的赔偿，赔偿基金远远低于国际同类海洋溢油事故的赔偿[②]。

康菲溢油事故应对和处置过程中反映了中国海洋环境管理工作中存在的问题。首先，管理体制分散，制约了海洋环境综合管理工作的开展；其次，目前国内海洋环境保护法律法规尚不完善，海洋生态环境索赔工作法律依据不足。《中华人民共和国海洋环境保护法》（以下简称《海环法》）第 85 条规定，对进行海洋石油勘探开发活动造成海洋环境污染的，最高处罚为 20 万元；第 90 条第 2 款规定，对破坏海洋生态、海洋

① “蓬莱 19－3”油田溢油事故联合调查组公布事故原因调查结论 . http：//www. soa. gov. cn/soa/news/specialtopic/ yiyou /webinfo/2011/11/1320551791764443. htm.

② 2011 年 11 月 7 日，美国雪佛龙石油在巴西弗拉德油田开采发生岩层下的油气泄露，溢油量超过 38 万升，巴西联邦检察院要求雪佛龙为石油泄漏事故支付 107 亿美元的赔偿。

水产资源、海洋保护区，给国家造成重大经济损失的，由依照本规定行使海洋环境监督管理权的部门代表国家对责任者提出赔偿要求。《石油勘探开发管理环境保护管理条例》强调石油勘探开发，侧重于海洋石油勘探开发过程中的管理措施。《海洋溢油生态损害评价技术导则》规定对海洋生态造成损害的，应当由海洋主管部门代表国家利益，对肇事者提出赔偿要求。但技术导则只是海洋系统的行业标准，并非行政处罚规定，在提起诉讼时仅能作为法院判罚的参考却非依据。

尽管上述法律法规对海洋生态补偿做出了规定，但对生态环境损害赔偿的责任没有规定，且补偿的内容、程序、标准、受偿者和补偿者之间的权利义务等问题的规定不明确。此外，还缺乏对海洋生态损害/赔偿下位法的进一步细化，生态补偿难以落实。在适用法律中，只有笼统的法律规定而没有具体的实施制度和措施，导致生态补偿在实际执行过程中缺乏法律依据，法律难以得到有效的执行。

3. 应对海洋溢油的思考和建议

（1）建立综合协调机制

中国海洋资源的开发利用和环境保护基本上是以行业和部门管理为主。近年来，由于海洋开发活动广泛、深入地发展，特别是沿海地区的经济腾飞，海岸带资源、环境的开发和保护面临一种新的、较为严峻的形势；资源开发利用不尽合理，综合效益不高；局部地区资源浪费严重，滨海湿地、海湾、河口、红树林、珊瑚礁等近岸典型生态系统的严重破坏，生态健康受损严重，直接威胁到海洋的可持续发展。

海洋可持续发展需要实施海洋综合管理，但没有一个单一的部门可以解决海洋可持续发展中出现的综合性和复合性问题。短期内，中国这样的海洋大国实行高度集中统一的海洋管理体制的可能性不大，多部门共同承担海洋管理事务的体制将长期存在。[1] 因此，应该通过建立陆海统筹和国家部门间的协调机制，巩固和稳定这种齐抓共管的体制，形成政策合力，以保障涉海政策和法律有效执行。

（2）尽快修订《海环法》

1999 年修订的《海环法》，对保护海洋生态环境、防治海洋灾害、促进海洋资源可持续利用起到了积极作用。但随着沿海 11 省（区市）经济发展规划相继上升为国家战略，沿海发展和海上资源开发将不断深入，海洋开发潜在风险升高。《海环法》已不能适应新的形势，迫切需要再次修改提高造成重大海洋灾害行为的处罚力度，提高或废除处罚上限，并赋予执法部门行政代执行制度等强制措施权；细化条款，对造成轻

---

① 在 2008 年国务院的机构设置中，涉海部门包括国土资源部、农业部、交通运输部、环境部、能源部门、旅游总局、水利部、公安部、海关、国防和气象等十多个部门，并设立国家海洋局作为专职海洋行政管理部门，具有海洋综合协调的职能。

微和严重海洋灾害行为区别对待，对排放的污染物类型区别对待，明确界定和细化海陆区域划分和部门职能划分。

（3）建立海洋生态补偿机制

经过30多年的发展和努力，中国建立了较为完整的海洋生态环境保护政策体系，但仍面临着政策结构性缺位的挑战，特别是环境经济政策短缺，无法解决海洋保护区、重要生态系统功能区等领域的生态环境保护问题。因此，迫切需要建立海洋生态补偿机制，将损害生态系统的外部性行为内部化，即评估海洋生态损害的价值，损害者补偿生态损害的全部成本，调整相关主体环境及其经济利益的分配关系，激励环境保护行为的政策。

五、小　结

过去10年，中国海洋灾害处于多发、高发期。海洋赤潮灾害年均累计面积为16 343平方千米，主要集中在浙江、福建、河北和天津沿岸海域。2008年以来，南黄海海域连续发生大面积绿潮灾害，对当地渔业生产和滨海旅游等开发活动产生严重影响。2005年、2006年和2008年风暴潮灾害损失严重，制约了沿海地区社会经济的快速发展。2010年渤海湾和黄海北部发生30年来罕见的冰灾，对当地养殖业、港口运输业等造成巨大损失。近年来，海洋溢油事故风险升高，相继发生了山东长岛、大连新港重大溢油事故以及2011年发生的渤海19－3溢油事故，对海洋生态环境造成了极大的损害。

随着中国沿海区域经济发展战略的实施，核电、石油储备、化工等产业加快沿海布局，人口进一步向沿海聚拢，海洋灾害风险进一步加剧。海洋灾害的防减灾是一项复杂的系统工程，迫切需要加强海洋灾害观测、预警、应急工作，提升海洋灾害的应对能力；需要各级政府、相关主管部门及公众的参与，提高公众的海洋灾害防范意识；需要建立健全海洋防灾减灾法律体系，以法律形式约束相关部门的关系与职责。海洋灾害防治工作任重而道远。

第十一章　陆海统筹与海洋可持续发展

在国民经济和社会发展“十二五”规划纲要中，专章提出“坚持陆海统筹，推进海洋经济发展”，全面勾画了海洋事业发展蓝图，标志着中国海洋事业发展进入新的历史阶段。实施陆海统筹，是党和国家首次提出的一个全新发展理念，是中华民族对国家物质基础和发展方向进行实践和认识的进一步升华，有助于全面、深入地推进中国海洋事业的可持续发展。

一、陆海统筹的意义

（一）陆海统筹的概念

陆海统筹战略思想的形成和提出最早可回溯到20世纪90年代，具有代表性的思想是“海陆一体化”。随后，许多学者在不同的时间分别提出了综合开发海陆的观点。[①] 2006年2月14日，《中国海洋报》发表了《“十一五”规划应增加海陆统筹的内容”》一文。[②] 文章指出：统筹发展应该包括‘海陆统筹’，除了大力做好现有的五个统筹外，还要加上“海陆统筹”，海陆统筹应该是科学发展观的题中之义，明确提出了海陆统筹战略思想。之后，相关学者从不同角度对海陆统筹进行了理论探讨。[③④⑤⑥⑦] 2007年中

① 韩忠南提出海陆一体化开发是充分发挥海洋资源优势的有效途径。张耀光、栾维新分别提出了海陆经济一体化的战略设想；栾维新提出发展临海产业是实现海陆经济一体化的有效途径。徐质斌指出，打破界限，陆海联姻是解决海洋经济发展中资金短缺问题的一个有效途径。许启望分析了我国海洋资源的开发潜力以及海洋产业与陆域产业的基本对应性，提出了海陆一体化开发问题。任东明、张文忠等揭示了我国东海海洋产业发展过程中所面临的资源利用不合理、产业层次低等问题，提出东海海洋产业的发展方向是实现东海的海陆经济一体化。

② 作者是国家海洋局海洋发展战略研究所所长高之国。

③ 徐志良：《中国新东部——海陆区划统筹构想》，北京：海洋出版社，2008年。

④ 叶向东，陈国生：《构建“数字海洋”实施海陆统筹》，《太平洋学报》2007年，第4期：第77-86页。

⑤ 李义虎：《“从海陆二分到海陆统筹—对中国海陆关系的再审视》，《现代国际关系》2007年第8期，第1-7页。

⑥ 张海峰：《再论海陆统筹兴海强国》，《太平洋学报》2005年第7期，第14-17页；《抓住机遇加快我国海陆产业结构大调整——三论海陆统筹兴海强国》，《太平洋学报》，2005年第10期。

⑦ 鲍捷，关殿廷，蔡安宁，胡志丁：《基于地理学视角的“十二五”其间我国海陆统筹方略》，《中国软科学》，2011年第5期。

央经济工作会议上胡锦涛总书记指出："在做好陆地规划的同时，要增强海洋意识，做好海洋规划，完善体制机制，加强各项基础工作，从政策和资金上扶持海洋经济发展"，包含了陆海统筹的战略涵义。2008年国务院批准的《国家海洋事业发展"十一五"规划纲要》首次以国家政策的形式提出在海洋管理中应用生态系统原则，体现了陆海统筹的思想。[1]

陆海统筹是对陆地和海洋的统一筹划，是运用系统学方法统筹规划陆地和海洋的开发布局，促进海陆一体化协调发展的战略途径。陆海统筹战略是国家陆地战略与海洋战略的整合与对接。战略核心和布局重点是沿海地区及其邻近海域，其影响范围涉及国家黄色国土和蓝色国土，并拓展到与我战略利益密切相关的海域，其目标是促进国家安全和社会经济的可持续发展。陆海统筹具有全球、国家和区域等多维尺度特征，不同尺度上关注的问题不同，内涵也不同。

1. 全球尺度的陆海统筹

全球尺度下的陆海统筹是国家大战略[2]问题，陆海统筹战略是国家大战略在空间上的体现。从国家大战略内涵出发，陆海统筹是一种基于中国地缘特征的战略观，其实质是立足于全球战略的高度，统筹国家的发展和安全，统筹国家利益和公共利益，形成超越陆地文明和海洋文明的包容、和谐和安全的发展模式，获得地缘战略综合效益最大化。目前全球尺度下的陆海统筹战略应立足国家战略需求，进行海洋战略预置，维护和拓展国家海洋利益，维护国家海陆安全和应对全球性挑战，以保障在当前国际体系不断变革和西方强国对我遏制不断强化态势下，中国有效置于全球体系框架内。

2. 国家尺度的陆海统筹

国家尺度下陆海统筹是区域发展战略问题。其实质是在当前经济重心过于沿海化的情况下，统筹国内东、西部经济社会发展，统筹陆地和海洋综合开发和布局，保障国家东西部地区协调发展和国家的经济安全。它不但涉及海陆经济的协调发展，还包括海洋意识的培育、海陆文化的融合、海陆交通的衔接、海陆管理的统一与协调等。通过陆海统筹大经济区划，以沿海地区为中心，加快资本和生产要素向陆地西部和海洋流动，促进海洋开发不断向深远海拓展，支撑国家整体发展。沿海地区的发展和海洋经济的壮大是陆海统筹的初级阶段；在海陆统筹的高级阶段，通过政策导向和市场

---

① 《国家海洋事业发展规划纲要》提出，到2020年"进一步推进海洋管理体制改革，初步形成以生态系统为基础的区域海洋管理模式和海洋管理协调机制"。

② 国家大战略包含发展和安全两个战略，并综合考虑内外形势、可动用资源、国家的公共利益和国家安全利益的大战略框架。

配置，要素和产品在内陆与沿海、沿海与海洋之间流动，逐步实现经济技术的梯度转移，辐射带动整个陆海区域经济的大发展。在国家层面上实施“陆海统筹”，需要实现“三个转变”：即从重陆轻海思想转变为海陆一体的国土空间思想；从传统的海洋产业思想转变为陆海兼顾的大海洋产业思想；从大陆经济思想转变为多层次、大空间、海陆资源综合开发的现代陆海兼顾的经济思想。

3. 区域和地方尺度的陆海统筹

河口和海岸带是连接陆地和海洋的自然生态地理区域。在区域尺度上，陆海统筹实质是以生态系统为基础统筹流域开发、沿岸陆域开发与海洋开发利用，正确处理流域经济、沿海陆域经济与海洋经济发展之间的关系。坚持海陆联动、江海连结、山海协作，从战略规划、空间布局、产业结构、交通运输、环境保护、基础设施、政策机制等方面实现从流域到海岸再到海域得有效对接、双向辐射带动和联动管理，推进区域经济社会一体化建设和发展。区域尺度下的海陆统筹，要做好“五个衔接”：即沿海陆域/流域资源条件要与海洋资源禀赋相衔接，沿海陆域/流域发展定位要与海域功能定位相衔接，沿海陆域/流域发展规划要与海洋经济发展规划相衔接，沿海陆域/流域污染防治要与海洋环境质量相衔接，沿海陆域灾害防治与城市布局要与海洋环境灾害风险相衔接；构建海陆统筹的港口集疏运、能源供给、水资源保障、信息通信、防灾减灾等网络，实现海陆产业联动发展、基础设施联动建设、资源要素联动配置、生态环境联动保护。

（二）陆海统筹对促进海洋可持续发展的意义

广义上讲，海洋可持续发展是海洋资源环境对海洋经济、沿海区域乃至国家经济社会发展提供持续的服务支撑，海洋经济发展不断引领和带动国家经济发展方式转变，海洋通道和空间持续满足国家经济利益拓展的需要。“十二五”陆海统筹战略的出台，改变了中国传统的战略决策思维，标志着中国国家战略由传统的大陆国家向海陆兼备国家转型，对于促进海洋可持续发展具有重要作用。

1. 增强海洋能力拓展，扩大和深化海洋开发利用

资源能源安全和战略通道安全是国家经济安全和可持续发展的重要保障。改革开放30年来，中国经济快速发展，2010年成为世界第二大经济体，已经形成“两头在海、大出大进”的基本经济格局。随着经济社会的深入发展，这种格局还将进一步深化。中国是陆大海小，非均衡国土。陆地资源的高效开发利用无疑是中国经济发展重要基础和载体。但960万平方千米陆地高效国土面积不多，西部12省区685万平方千

米，约占陆地国土面积的70%，以高原为主，生态系统脆弱。目前的陆域国土开发强度已经很大，逐步显现对经济发展支撑的乏力和后劲不足。[①] 海洋是水资源、能源、生物资源、空间资源和金属矿产资源基地，海洋是经济全球化和区域经济一体化背景下的中国经济安全和可持续发展的重要载体。在当前中国全面建设小康社会、转变经济发展方式的关键时刻，面对陆地和近岸海域资源环境约束不断强化，经济对外依存度不断提高的严峻形势，迫切需要国家陆海统筹谋划，全面部署国土开发战略，实施"空间拓展战略"和"资源替代补充战略"，在高效开发利用陆地国土资源的同时，大力提升海洋开发能力，加大加快海洋开发利用。海洋开发要本着海洋"国土"与"公土"开发并举的方针，合理开发保护海洋"国土"资源、多方位利用国外海洋资源、积极利用全球"海洋公土"资源，维护海洋战略通道安全，促进海洋资源的可持续利用。

2. 加快海洋经济发展，促进区域协调发展

改革开放之初，邓小平同志创造性地提出了让东部沿海地区以及大中城市及其周围地区等先富起来的战略构想，以此带动整个国民经济的发展。目前东部沿海地区以13%的国土面积、承载了43%的人口，创造了60%以上的国民生产总值，实现90%以上的进出口贸易，是中国城市化程度高、人口密集、经济发达的区域。中国陆地资源重心和经济重心的偏离加剧了沿海与内陆地区的经济发展的不均衡。对此，1999年国家提出了西部大开发的战略。党的"十六"大提出科学发展观，进一步作出了促进区域经济统筹协调发展的战略部署。近年来中国海洋经济发展迅猛，成为国民经济的重要组成部分。海洋经济具有双向辐射带动作用，一方面海洋经济发展离不开陆域经济的支持，另一方面海洋经济发展又可以辐射提升陆域经济的发展。党的十七大提出了统筹陆海、推进海洋经济发展的战略。2011年，国务院相继批复了《山东半岛蓝色经济区发展规划》、《浙江海洋经济发展示范区规划》和《广东海洋经济发展试验区规划》，并建立浙江舟山群岛新区。这一系列重大举措，推动着中国区域发展从陆域延伸到海洋。这标志海洋经济将在转变经济发展方式、调整经济结构和自主创新中将发挥重要作用，引领和支撑全国经济发展。可以说，海陆统筹是区域经济协调发展、加快海洋经济发展方式转变的必然选择。

---

① 国土资源消耗和空间占用相随剧增，水、土、石油、铁矿石资源危机四伏。中国人口"未富（人均GDP）先老"，国土经济（地均GDP）"未密先满"（国土超强度开发）、"未密先衰"（资源、环境承载力下降）。预计今后20－25年将是国土资源承压、负重的最严峻时期（引自方克定先生2011年9月2日在温家宝总理视察国土资源部时召开座谈会上的讲话）。

3. 突破资源环境瓶颈制约，提高海洋综合管理能力

海洋是中国经济社会可持续发展的宝贵财富，推进海洋经济发展是国家“十二五”战略重点。过去30年，中国沿海区域经济和海洋经济基本上沿袭了以规模扩张为主的外延式增长模式，使得近海海洋生态系统受到严重威胁，海洋生态环境问题具有明显的系统性、区域性和复合性的特征。中国的海洋可持续发展面临多种生态环境问题的挑战：近海环境呈复合污染态势，危害加重，防控难度加大；近海生态系统大面积退化，且正处在剧烈演变阶段；海洋生态环境灾害频发，海洋开发潜在环境风险高等。

生态环境问题究其实质是社会经济问题，上述海洋生态环境问题产生的根本原因之一是由于陆域不合理的开发造成的。如近海海洋污染物80%来自于陆源，造成近海富营养化加剧，引发严重海洋生态灾害；沿海地区大规模围填海失控，使海洋生态服务功能受损；流域大型水利工程过热，河口生态环境负面效应凸显等。以行业和部门为主的海洋管理体制、综合协调和联合执法的机制不健全、海洋环境保护与沿海区域经济发展有待进一步结合等是造成海洋生态环境问题的另一重要原因。

“十二五”规划建议中以发展海洋经济、保护海洋生态环境作为海洋战略的重点，强调“加强海洋综合管理，加强统筹协调，完善海洋管理体制”，把握了时代需求，是解决目前海洋生态环境问题、提高海洋综合管理能力、实现海洋可持续发展的必然要求。

二、陆海统筹视角下的海洋可持续发展能力评估

可持续发展能力是指“一个特定空间的可持续发展系统在规定目标和预设阶段内，可以成功地将其发展度、协调度、持续度稳定地约束在可持续发展目标阈值内的概率”[①]，亦即“一个特定的系统成功地延伸至可持续发展目标的能力”。中国海洋可持续发展能力是海洋资源支持能力、海洋经济发展、海洋科技创新、海洋生态系统服务、海洋社会文化和政府调控等能力的综合体现。

（一）评估指标体系

按照系统学理论，陆海统筹是海洋和陆地两个系统的协调与整合，包括陆海生态子系统、经济子系统、社会子系统的统筹。生态子系统重点关注陆海生态系统相

① 中国科学院可持续发展研究组：《2002中国可持续发展战略报告》，北京：科学出版社，2002年，第26页。

互作用和影响；经济子系统重点关注资源能源的补充、替代，关注海陆产业一体化，海陆经济的关联与融合以及沿海地区产业布局与海陆基础设施的对接与一体化；社会子系统关注沿海地区之间、沿海地区与内陆地区的社会关系的协调，包括生活质量、社会公平、文化教育等。通过海陆生态经济社会子系统的有效对接，最后实现海陆经济社会生态子系统间的总体协调，促进海洋经济社会生态环境的双向融合和持续发展。

根据“十二五”规划海陆统筹战略的基本要求，结合海陆这个复杂巨系统的特点，本报告构建基于中观层次陆海统筹的，寓生态环境、资源、经济、社会等多个子系统耦合的海洋可持续发展能力指标体系，力求从陆海统筹视角阐述海洋可持续发展（表11－1）。

表11－1　基于海陆统筹的海洋可持续发展能力评述指标体系①

可持续发展能力	系统变量	指标描述
资源基础支持能力	资源基础与增量	海洋矿产资源、能源、生物资源、空间资源、海岸线资源、海水资源
经济发展能力	沿海地区发展能力	沿海地区 GDP 及占全国比重、区域可持续发展能力
	海洋经济发展能力	海洋经济总量、海洋经济发展速度、主要海洋产业总产值及占 GDP 比重、涉海就业人员
	海洋经济发展潜力	单位岸线经济密度、高新技术产业比重、海洋产业结构与布局、海洋科技成果转化率
	海陆产业关联能力	海陆产业的关联度
生态系统服务能力	管理与监测能力	法律法规、保护规划制定、业务化体系建设
	污染防治能力	沿海地区三废处理率、陆源污染防治能力、沿海地区资源环境绩效
	生态恢复能力	海洋保护区建设、生态恢复工程
	防灾减灾能力	赤潮、溢油、气候变化的应对能力
海洋科技支撑能力	科技成果	科技成果总体情况、应用技术成果
	科技队伍	科技队伍组成、科技教育
	科技投入	研究与开发经费
社会与管理系统调控能力	社会发展	公众意识、海洋文化教育、沿海地区公共基础设施完善程度
	综合管理	管理体制、管理手段、法律法规

① 由于数据和资料的限制，本报告以定性描述为主，在以前年度总体评估的基础上，侧重对“十一五”中国海洋可持续发展能力的总体评估。

（二）海洋可持续发展能力评估

1. 海洋资源支撑能力

（1）油气资源

中国油气资源比较丰富，但人均占有资源量严重不足。世界人均占有石油可采资源68吨，中国人均占有石油可采资源12吨；世界人均占有天然气可采资源7万立方米，中国人均占有天然气可采资源1万立方米，2010年石油对外依存度达53.9%，进口2.39亿吨。近30年来，中国科技创新助力海洋石油高速发展，已经具备了3 000米水深以内的勘探开发工程建造能力，2010年全国油气增量的80%来自海洋。

目前，中国近海浅水区石油储量发现的迅猛增长阶段已过去，近海深水区不断有大中型气田发现，勘探前景良好，近海油气产量正处于上升阶段。但后备资源不足、稠油油田采收率低、海相砂岩油田进入高含水期后产量递减快以及边际油气田储量动用难度大等问题也日益严重。

（2）天然气水合物

中国海域具有广阔的天然气水合物资源前景。目前已在南海陆坡圈定11个天然气水合物资源远景区；资源量达185亿吨；南海远景资源量680亿吨。约相当于我国陆上和近海石油天然气总资源量的1/2。尽早开发利用天然气水合物是解决我国后续能源供给的有效途径，直接关系到我国经济、社会的可持续发展，战略意义重大。

天然气水合物为主的非常规油气开发是世界级难题，探索经济、安全、有效的水合物开采技术是世界创新技术前沿。目前我国天然气水合物勘探程度低、开采技术研究还处于室内模拟系统和模拟分析方法的建立阶段，技术整体落后与发达国家。

（3）海洋可再生能源

中国海域所蕴藏的海洋可再生能资源丰富，每一种类型的海洋能总蕴藏量都远远超过全国装机容量的几倍。经过多年的发展，中国已具有开发多种海洋可再生能源的技术储备。其中，潮汐能资源量约1.1×10^8千瓦，理论年发电量可达$2\,750\times10^8$千瓦时，多分布在浙（41.7%）、闽（39.5%）两省，约占全国的81%。现在已知的可开发潮汐能资源达398处，可开发的装机容量0.217×10^8千瓦，年发电总量估计达622.65×10^8千瓦时。波浪能理论功率约为0.23×10^8千瓦，目前开发利用极微，仅为沿海航标供电使用。海洋潮流能主要布于沿海92个水道内，可开发的装机容量为0.183×10^4千瓦，年发电量约270×10^4千瓦时。温差能和盐差能的总量超过海流能和潮汐能，但目前仅是潜在能源，资源尚未开发利用。

（4）海洋生物资源

中国近海海洋生物资源丰富。目前，近海捕捞保持基本稳定，远洋渔业资源开发不断壮大，水产增养殖成就显著，海洋药物资源开发方兴未艾。海洋渔业已经连续20年位居世界第一，2010年海洋水产品达到5 000万吨。海洋新天然产物的发现量在国际上占有重要位置，共发现了3 000多个海洋小分子新活性化合物和近300个糖（寡糖）类化合物。中国是海洋生物制品原料大国，海洋生物制品的研发已取得长足的进步，部分品种开始产业化。海洋食品产业重大关键技术取得新突破，海洋食品营养资源高效利用体系基本成型，累计创造新增产值超53亿。

（5）海域空间资源

中国主张管辖海域近300万平方千米，其中浅海和滩涂面积14.6万平方千米。海洋空间资源给社会经济发展提供了新的发展空间，向海洋要空间就成为解决目前制约沿海地区发展的土地短缺问题的重要手段之一。1949年至20世纪末，全国围填海造地面积达1.2万平方千米，形成了沿海地区重要的农业种植区和人口密集区，对保持耕地动态平衡起到了重要作用。近5年，平均每年建设用围填海面积达150～170平方千米，在支持沿海地区经济发展、缓解建设用地供需矛盾、减轻耕地保护压力等方面发挥了重要作用。据预测，全国城镇建成区面积2010—2020年增加约3.7万平方千米，2020—2030年增加约3万平方千米，在保障18亿亩耕地红线前提下，按照每年200平方千米的填海规模，至2030年海洋可为社会经济提供3 000～4 000平方千米的发展空间，能在较大程度上缓解东部沿海未来发展对土地的需求。

（6）海水资源

海水资源的开发利用主要包括海水直接利用、海水淡化、海水化学资源利用及海水的综合利用。沿海日益严峻的水资源短缺形势及建设资源节约型和环境友好型社会迫切需求促使我们要开发利用海水资源，大力发展海水利用业。经过国家“九五”、“十五”、“十一五”科技攻关支持，中国先后建成一批具有自主知识产权的千吨级和万吨级示范工程，初步构建起具有中国特色的海水利用技术体系，具备规模化应用和产业化发展的基本条件。目前全国已建成海水淡化工程规模约64万吨/日，海水直接利用量达600亿立方米。

（7）国际海域资源

国际海底区域和公海蕴含丰富的资源，目前已探知的主要种类有多金属结核、富钴结壳、多金属硫化物、天然气水合物、稀土等，部分矿产储量是陆地上储量的数十倍。极端环境微生物已达30亿美元/年。继在太平洋申请获得7.5万平方千米的多金属结核优先勘探开发权后，2010年中国大洋协会西南印度洋国际海底区域获得1万平方千米具有专署勘探权的多金属硫化物资源矿区。

2. 海洋经济发展能力

(1) 沿海地区发展能力

东部沿海地区是中国经济最为发达地区，经济发展迅速。“十一五”期间，沿海地区生产总值以大于10%的速度增长。2010年沿海11个省市自治区的国内生产总值达到397 983亿元（图11－1），占同期全国GDP 61.3%（图12－2）。此外，根据可持续发展战略报告（2011），2008年中国东部11个省、直辖市的可持续发展能力高于全国平均水平（图11－3，图11－4）。[①] 区域经济持续健康发展为中国实施海洋开发、发展海洋经济提供了强有力的支撑。

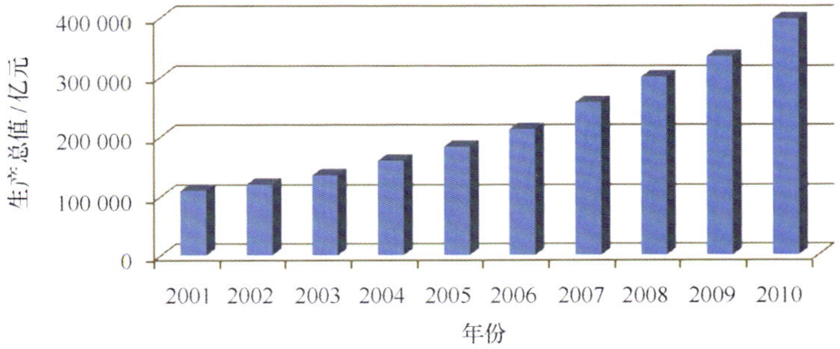

图11－1　沿海地区生产总值增长图（2001－2010年）

数据来源：国家海洋局：《中国海洋统计年鉴》，2002—2009年；海洋经济统计公报，2010年

图11－2　沿海地区生产总值占全国国内生产总值的比重（2006—2010）

数据来源：国家海洋局：《中国海洋统计年鉴》，2002—2009年；海洋经济统计公报，2010年

① 中国科学院可持续发展战略研究组：《2011中国可持续发展战略报告》，北京：科学出版社，第295页，第300页。

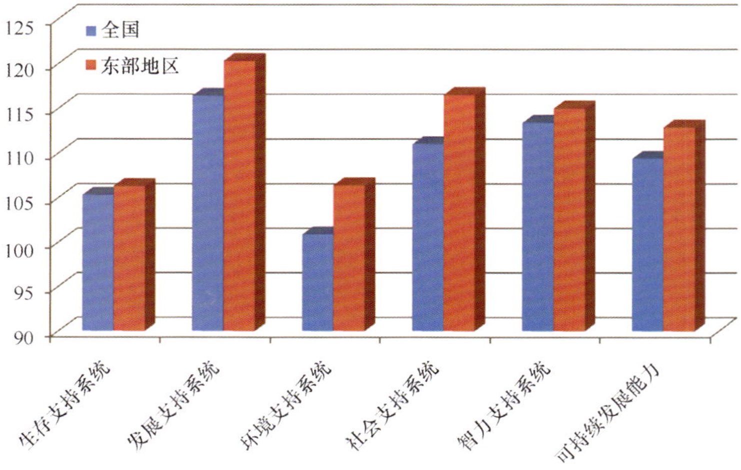

图 11－3　全国与东部地区可持续发展能力（2008）

数据来源：中国科学院可持续发展战略研究组：《2011 中国可持续发展战略报告》，北京：科学出版社，第 295 页，第 300 页。

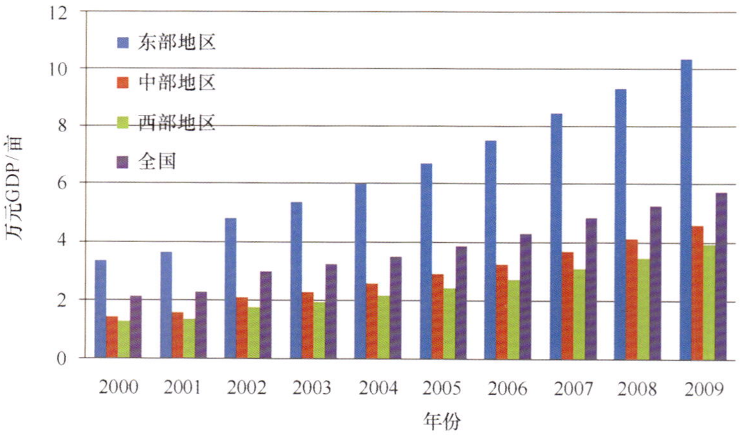

图 11－4 全国与东、中西部地区单位用地经济密度（2000—2009）

数据来源：中国科学院可持续发展战略研究组：《2011 中国可持续发展战略报告》，北京：科学出版社，第 336 页。

（2）海洋经济发展能力

“十一五”期间，海洋经济发展迅速，海洋生产总值持续增长，由 2006 年的 9 518.4亿元到2010 年的 397 983 亿元，年均增速 12% 左右（图 11－5），对国民经济发展的贡献日益凸显（图 11－6）。

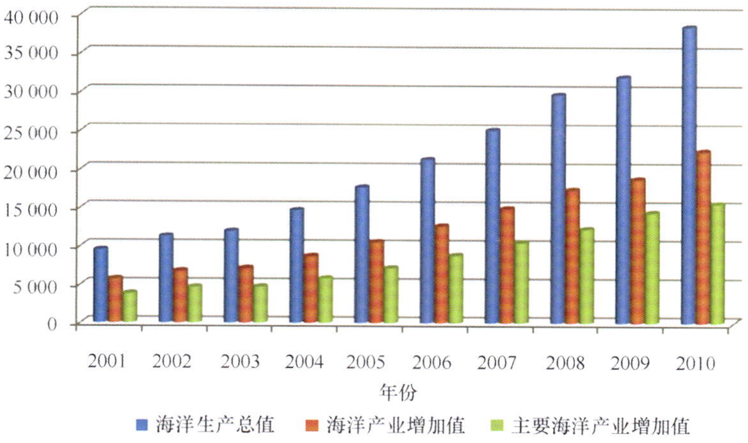

图 11－5 海洋生产总值、海洋产业增加值与主要海洋产业增加值增长变化（2006—2010）

数据来源：国家海洋局：《中国海洋统计年鉴》，2002—2009 年，海洋经济统计公报，2010 年

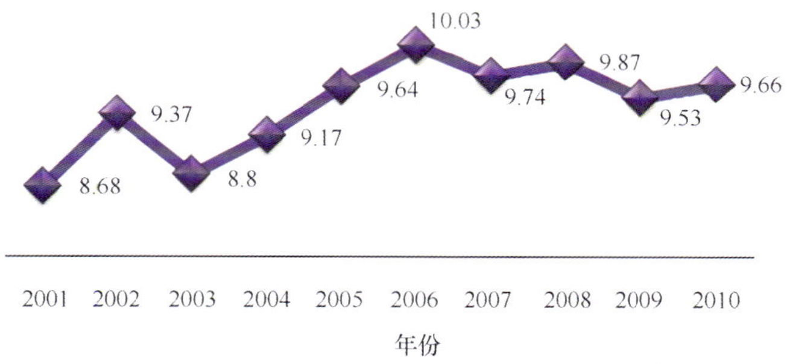

图 11－6 海洋经济对国民经济贡献变化（2006—2010 年）

数据来源：国家海洋局：《中国海洋统计年鉴》，2002—2009 年，海洋经济统计公报，2010 年

海洋经济对沿海地区经济贡献呈现时空变化。“十一五”期间海洋生产总值占同期地区生产总值的比重保持平稳并呈略增加趋势（图 11－7）。但沿海省市海洋总产值占地区 GDP 的比重各不相同。天津、上海贡献大，为第一梯队，海洋生产总值占地区 GDP 达到 30% 以上；福建、海南为第二梯队，海洋生产总值占地区 GDP 20% ～30%；辽宁、山东、浙江、广东等省的海洋生产总值占地区 GDP 10% ～20% 左右，为第三梯

队；河北、广西、江苏较低，海洋生产总值占地区 GDP 10% 以下，为第四梯队。

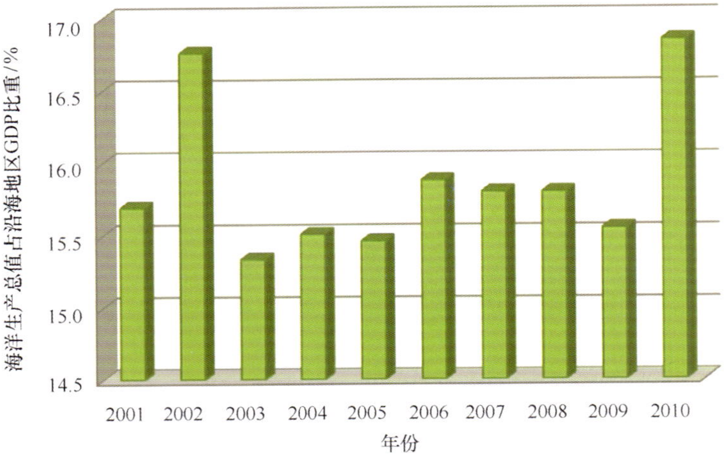

图 11－7　海洋经济对沿海地区经济贡献（2006—2010）

数据来源：国家海洋局：《中国海洋统计年鉴》，2002—2009 年，海洋经济统计公报，2010 年

海洋经济的快速发展有力地促进了沿海地区的涉海就业。“十一五”期间，全国涉海就业人员增长较快，2010 年全国涉海就业人员达到 3 350 万人，新增就业人员 80 万人。其中，广东省涉海就业人员规模增长最大，到 2009 年就业人员达到约 750 万人；天津涉海就业人员比重增长最快，2009 年达到 36.8%（图 11－8，11－9）。

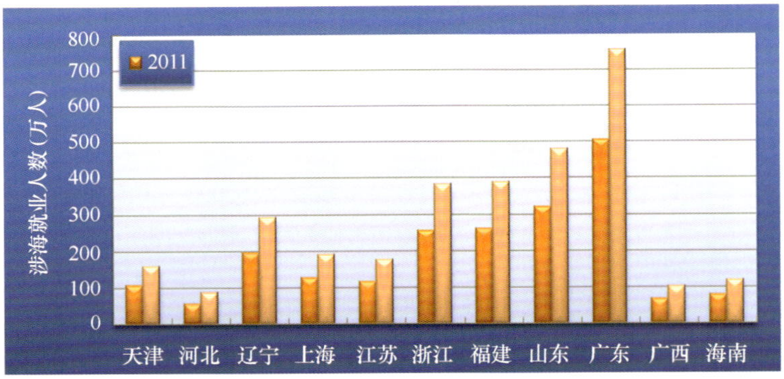

图 11－8　沿海省市涉海就业人员情况

数据来源：国家海洋局：《中国海洋统计年鉴》，2002—2009 年，海洋经济统计公报，2010 年

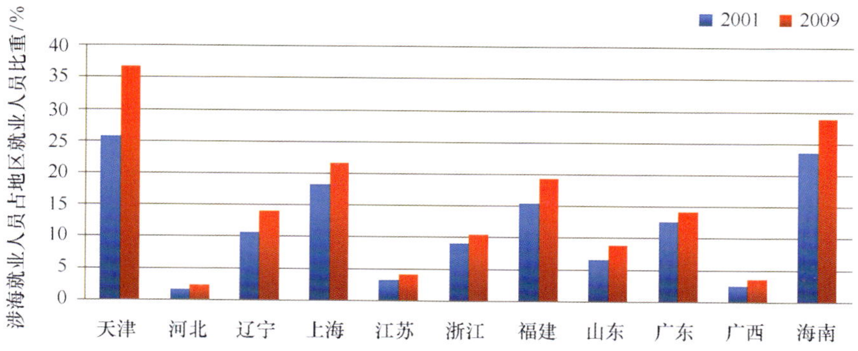

图 11－9 沿海省市涉海就业人员占地区就业人员比重（2006，2009）

数据来源：国家海洋局：《中国海洋统计年鉴》，2002 年—2009 年，海洋经济统计公报，2010 年

（3）海洋经济发展集约能力与潜力

集约化能力反应了可持续发展的质量。常用的反映经济集约发展的指标有万元 GDP 能耗、万元 GDP 排污量、全社会劳动生产率等指标。但海洋经济发展是一个开放系统，目前还缺乏对上述指标的统计体系。本报告采用海洋生产总值区域分布、单位岸线经济密度、海洋高技术产业比重、科技成果转化水平等指标描述中国海洋经济发展集约能力与潜力。

海洋经济发展水平不一，区域发展不均衡。按照海洋生产总值，将沿海地区海洋经济发展划四个梯队。第一梯队海洋生产总值超过 4 000 亿元，包括山东、上海、广东等省；第二梯队海洋生产总值在 2 000 亿元以上的，包括福建和浙江二省；第三梯队为 1 000 亿元以上的，有辽宁、天津、江苏等省，第四梯队在 500 亿元以下的，有广西和海南两省。从单位岸线海洋经济产值分析，中国海洋经济呈现了良好发展势头，产业结构逐步优化，单位岸线经济产值逐年增加，从 2006 年的 1.18 亿元/千米增加到 2010 年的 2.14 亿元/千米（图 11－10）；但也显现区域发展极不平衡。2010 年，上海平均每千米岸线海洋总经济产值达到 25.1 亿元，海南省仅为 0.23 亿元，二者相差 100 多倍（图 11－11）。

海洋高技术产业与战略性新兴产业发展迅速。2010 年，海洋高技术产业[①]增加值占主要海洋产业增加值的 25.6%。其中，海洋工程建筑业、海洋化工业、海洋电力业发展迅速，年增长速度达到 25% 以上，海洋生物医药业、海水利用业等年增长速度超

① 海洋高新技术产业：按照中国海洋统计年鉴，本文涉及的高技术产业包括海洋油气业、海洋化工业、海洋生物医药业、海洋电力业、海水综合利用业、海洋船舶也和海洋工程建筑业等。

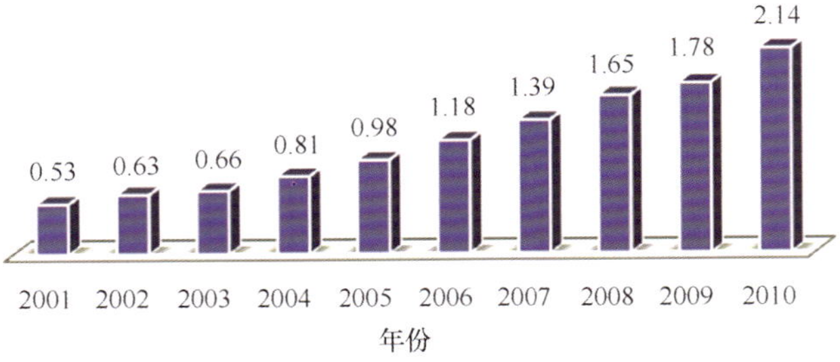

图 11－10　全国单位岸线海洋经济密度变化图（2006—2010）

数据来源：国家海洋局：《中国海洋统计年鉴》，2002—2009 年，海洋经济统计公报，2010 年

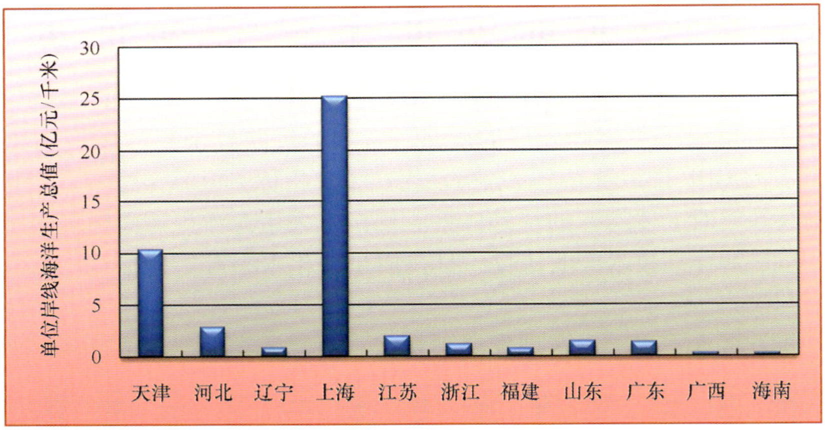

图 11－11　沿海地区海洋经济岸线密度分布图（2010）

过 10%①。可以预见，“十二五”期间，以海洋战略性新兴产业和高技术产业为引导的海洋产业将在海洋经济中占有越来越重要的地位，不断提升海洋产业核心竞争力。

海洋科技转化能力不断提高，为海洋经济发展提供了动力。“十一五”期间，海洋科技与经济结合日趋紧密，初步建成产学研紧密结合的全国科技兴海技术支撑体系框架。沿海地区纷纷发布本地区的科技兴海发展规划，国家、地方和企业形成了科技合力，建设了一批国家和地区的科技兴海示范基地，实施了一批示范工程，壮大了一批海洋龙头企业，培植了一批海洋中小型高科技企业和海洋战略性新兴产业技术创新联盟；海洋科技成果的转化与产业化步伐明显加快，海洋科技对海洋经济的贡献率达到 54.5%；海洋高技术产业在海洋经济中所占比重逐年增加，加快了传统产业的升级改

① 国家海洋局：《2010 中国海洋经济统计公报》，2011 年。

造，促进了海洋高端船舶装备制造、海洋石油勘探和海洋医药等核心技术的突破；保持了海洋战略性新兴产业快速培育和发展的势头，产值年均增速达 20% 以上，带动就业数十万人。[①]

3. 海洋生态环境支持能力

健康的海洋生态系统是维持社会经济可持续发展的必要基础。维护和提升海洋生态力有两个方面的途径，一方面通过国家发展战略和规划，从源头上约束经济发展对资源环境非理性需求的盲目扩大；另一方面，通过立法、行政、技术等手段，恢复、维护和提高生态系统功能、生产基础和服务能力，提高海洋生态环境的抗逆水平和能力。

（1）沿海地区集约发展能力

一个国家或区域的资源消耗和污染排放绩效水平，是反映这个国家和地区的集约发展和可持续发展水平的重要指标。东部沿海地区发展中的资源环境绩效水平与海洋可持续发展呈正相关，其资源环境绩效水平越高，表明其对海洋的环境压力可能越小，越有利于海洋的可持续发展。根据中国科学院可持续发展战略研究组的研究结果，2000 年至 2009 年，东部地区的资源环境资源综合绩效指数不断增加，且高于全国平均水平（图 11－12，11－13，11－14）。

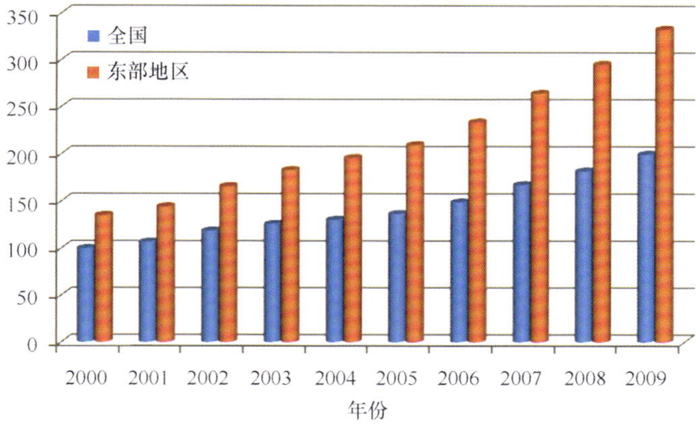

图 11－12 全国与东部地区资源环境绩效综合指数图（2000—2009）

数据来源：中国科学院可持续发展战略研究组：《2011 中国可持续发展战略报告》，北京：科学出版社，第 317 页。

① 引自《国家“十二五”海洋科学和技术发展规划纲要》，国家海洋局、科技部等四部委 2011 年发布。

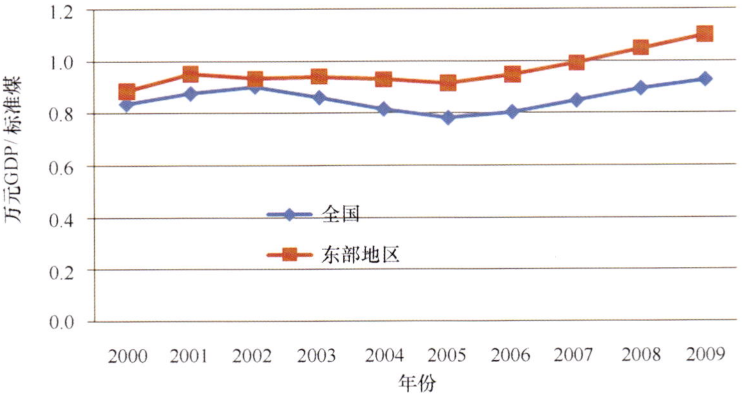

图 11－13 全国与东部地区能源绩效图（2000—2009）

数据来源：中国科学院可持续发展战略研究组：《2011 中国可持续发展战略报告》，北京：科学出版社，第 334 页。

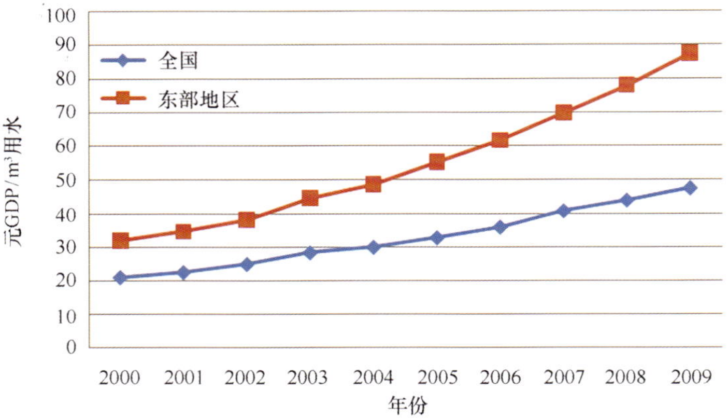

图 11－14 全国与东部地区用水绩效图（2000—2009）

数据来源：中国科学院可持续发展战略研究组：《2011 中国可持续发展战略报告》，北京：科学出版社，第 335 页。

（2）管理与监测能力

制度支撑体系不断完善。“十一五”期间，中国政府出台实施了一系列促进海洋可持续发展、海洋生态环境保护的法律法规，包括《海岛保护法》及其相关配套法规条例；为适应管理新需求，地方政府也制定了地方性法规，基本形成较完整的海洋生态环境保护的法律体系。与此同时，海洋生态环境保护规划体系不断完善，海洋行政主管部门、环境保护部门根据各自的职能分别或联合编制了系列规划，如《渤海环境保护总体规划》、《长江口及毗邻海域碧海行动计划》、《珠江及毗邻海域碧海行动计划》。2011 年环境保护部发布了《全国“十二五”生态建设规划纲要》，海洋生态建设是其重要内容。这些法律法规颁布和规划实施，加快了陆海联动保护中国海洋生态环的步伐，有效地促进海洋可持续发展。

业务化环境监测体系不断拓展。目前，我国海洋、环保、渔业部门、海军各有侧重地开展海洋环境监测工作。其中，由海洋行政主管部门负责的全国海洋环境监测体系进一步完善，初步建成国家－省－地市－县 4 级海洋环境监测体系。监测内容主要包括全海域海洋环境质量状况与变化趋势、海洋功能区、生态监控区、赤潮监控区、建设项目海洋环境影响、海洋污染事故应急、断面、海岸侵蚀与海水入侵等各类监测内容；监测站位 8 800 余个，涵盖了水质、水文、生物、沉积物、大气、地质等近 1 000项监测要素，全面覆盖我国管辖海域。监测产品丰富多样，服务领域极为广泛，分为年度报、半年报、月报、旬报、日报以及专报等。以新闻发布会、电视、广播、网络、报刊等多种媒体公开向社会发布《中国海洋环境质量公报》、《中国海洋灾害公报》和《中国海平面公报》。

（3）污染防治能力

陆源海洋环境污染综合整治工作不断得到强化。“十一五”期间，我国开展了陆域水体 COD 总量减排工作，使 COD 排放总量减少了 12% 左右，海洋陆源输入性污染物总量明显下降，明显减轻海洋的环境压力。94% 以上的中国管辖海域海水质量符合第一类海水水质标准。劣于第四类海水水质标准的海域年均面积为 3.2 万平方千米，与 20 世纪末相比已有所下降，基本局限在近岸区域，主要分布于大中型河口、海湾和部分大中城市近岸海域；海水中的主要超标物质是无机氮、活性磷酸盐和石油类。江河携带污染物入海和陆源入海排污口排污是影响中国近岸海洋环境质量的主要原因。

防止和控制海上活动对海洋环境的污染损害。“十一五”期间，油气区周边海域环境质量总体维持良好，90% 以上倾倒区的环境状况未发生显著的变化，海洋倾倒区的基本功能得以继续维持。但海洋溢油事故风险升高，相继发生了山东长岛、大连新港、渤海“蓬莱 19－3”油田等重大溢油污染事故，对海洋生态环境造成一定损害。

（4）海洋生态保护能力

海洋保护区和保护区网络建设是海洋生态保护和恢复的有效措施。截至 2010 年，中国海洋保护区总数量达 201 个，与 2005 年相比增加 30%；国家级海洋特别保护区的总面积增加 4 倍，初步形成了布局基本合理、类型相对齐全、功能渐趋完善的海洋自然保护区体系。[①] 2011 年 9 月，国家海洋局在海南省三亚市召开海洋自然保护区工作 20 周年纪念大会，与会代表发表了《海洋保护区宣言》，承诺将继续大力推动海洋保护区的建设，努力实现到 2015 年和 2020 年海洋保护区面积分别达到我国管辖海域的 3% 和 5% 的目标。

海洋生态工程建设是海洋生态保护能力提升的重要举措。“十一五”期间，实施的大型的海洋生态工程主要有，泉州湾海洋环境生态修复项目（2007）、厦门海域清淤整治工程（2008）、长江口生态修复工程（2002）、黄河三角洲湿地生态恢复工程（2006）、渤海典型海岸带生境修复（2006）、连云港港 30 万吨级航道一期工程海洋生态补偿项目（2011）等。

（5）应对气候变化与防灾减灾能力

“十一五”期间，国家海洋行政主管部门进一步深化海洋生态系统对气候变化的响应监测评价工作，加强海洋防灾减灾能力建设。初步构建了海洋生态系统对气候变化得响应监测体系，基本形成了科研面向业务需求、科技创新促进业务发展的良性工作机制，为服务节能减排与应对气候变化的国家战略部署奠定了基础。

2010 年，国家海洋行政主管部门深入推进海－气二氧化碳交换通量业务化监测工作。目前已布设 20 条船基走航监测断面，正在建设 5 个岸/岛基站和 5 个浮标站，初步构成了点线面结合，断面走航监测与长时间序列定点监测相结合立体化监测体系。2011 年，为有效应对日本福岛核泄漏事故的影响，国家海洋局构建了多元化放射性物质监测体系。

4. 海洋科技创新能力

通过全面实施“十一五”海洋科技发展规划，中国海洋科技初步进入了协调发展时期，海洋科技整体实力显著增强，在部分领域达到国际先进水平，获国家奖励成果、论文和专利数量明显提高，海洋科技创新条件和环境明显改善。2011 年，《国家“十二五”海洋科学和技术发展规划纲要》和《全国海洋人才发展中长期规划纲要（2011—2020）》分别发布，对于进一步加强海洋科技和人才建设，实现海洋事业跨越式发展，建设海洋强国具有重大意义。

（1）海洋科技队伍与基础条件平台建设

“十一五”期间，启动了国家深海基地建设工作；新增 6 个国家重点实验室，形成覆盖 9 个学科领域的国家（重点）实验室网络；海洋科学与技术国家实验室建设得以推进；新增国家工程技术中心 3 个、国家野外科学观测研究台站 4 个、涉海部委重点

① 国家海洋局：《2008 年海洋环境质量公报》，2009 年。

实验室 16 个、海洋科学考察和调查船 4 艘；大型科研设备装备全面更新升级；省级以上涉海洋科研和教学机构比“十五”增加了 24.8%，直接从事海洋科技工作的专业技术人员增加了 32.9%。

（2）海洋科技投入与产出能力

“十一五”期间，海洋科技投入显著增加，极大地提高了海洋科技创新的软硬件水平，海洋科技产出能力稳步提升。海洋科技积极争取各级财政支持，建立了国家、各部委、各地方以及产业界共同参与的多元化、多渠道的科技投入体系，海洋科技经费使用率逐年提高，整个海洋科技领域正在向高产出、高效益、高回报的方向发展。“十一五”发表的科技论文比“十五”增加了 10.7%。“十一五”共发布海洋国家标准和行业标准 86 项，专利申请比“十五”增加了 47.3%，专利授权增加了 70.9%。

5. 社会支持与综合管理能力

社会与管理系统支持能力是指海洋可持续发展的社会综合调控能力。它涉及海洋意识和教育水平、海洋政策、海洋管理能力和决策能力，是海洋可持续发展的内在动力。

（1）海洋意识与海洋文化

“十一五”期间，从中央到沿海地方各级政府通过不同形式，开展海洋文化教育工作和海洋意识宣传活动，极大地调高了全民族海洋意识。目前海洋意识与海洋文化建设已逐步深入到沿海地区各级政府的行动中。2011 年，全国海洋文化教育和宣传活动更是多样活跃，如 2011 年 5 月，以“知我还权、建我海洋强国”为主题的中国海权教育馆在中国海洋大学开馆；6 月 8 日，世界海洋日暨全国海洋宣传日在中国大连举行，主题是“辛亥百年海洋振兴”；7 月和 8 月，在浙江舟山举办了“2011 全国海洋知识夏令营”和中国海洋文化节；10 月，由浙江省人民政府、国家海洋局举办的 2011 海洋生态文明论坛在浙江省温州市举行，论坛主题是“海洋应对气候变化的机遇与挑战”等。

（2）海洋政策和法律法规

中国已经初步建立了较为完善的海洋政策和法律法规体系。实施海洋开发为国家发展战略，海洋事业发展规划、海洋经济发展规划为国家层次发展规划，海洋经济、海洋科技、海洋生态环境保护、海洋资源开发、海洋减灾防灾等以不同方式纳入国家专项规划。党的十七届五中全会通过的《中共中央关于制定国民经济和社会发展第十二个五年规划的建议》，将发展海洋经济作为“发展现代产业体系，提高产业核心竞争力”的战略重点，海洋经济发展进入全新的时代。以《海洋环境保护法》、《海域使用管理法》、《海岛法》和《渔业法》及其配套条例为核心的法律法规体系，为中国海洋可持续发展提供了强有力的法律保障。

（3）陆海统筹管理

“十一五”期间，中国海洋综合管理能力逐步增强。2008 年国务院对国家海洋行政主管部门的新三定方案提出加强综合协调和战略研究，实际上是对中国海洋综合管理能力的一次提升；海洋管理手段也趋向综合，依法行政、利用经济手段和公众参与相结合；陆海统筹的海洋综合管理和综合发展正在实践探索中。2009 年国家批准的沿海地区发展规划大都以“陆海统筹”为基本原则；2011 年国务院批准设立浙江舟山群岛新区，将建设成为国家陆海统筹发展先行区，积极探索海陆统筹发展新路径。

（三）制约海洋可持续发展的主要问题

基于陆海统筹深层次分析，制约中国海洋可持续发展的主要问题有以下几方面。

1. 近海海洋环境问题依然突出，陆地开发和陆源污染为主要致因

中国近海海洋资源环境问题突出，是制约海洋可持续发展瓶颈问题。一是近岸海域总体污染形势依然严峻，严重污染海域依然主要分布在辽东湾、渤海湾、长江口、杭州湾、江苏近岸、珠江口和部分大中城市近岸局部水域。海水中的主要污染物是无机氮、活性磷酸盐和石油类。二是海洋空间资源开发利用矛盾依然突出。特别是新一轮沿海开发战略的实施，在促进海洋经济和区域经济社会发展的同时，可能引发新的生态环境问题，将对海洋可持续发展带来更大的挑战。新的环境问题可能包括近岸海域的性变，如不科学的围填海行为，引起湿地、滩涂、海湾等由海变陆的变化；近岸海水环境的质变，如海洋污染严重，海水水质变劣，生态环境严重恶化，大批海洋生物种灭绝；以及海洋资源的量变，海洋生物资源遭破坏等。三是应对气候变化已经成为海洋可持续发展需要面对的新问题。风暴潮、风暴海浪、海冰等海洋灾害频发；沿海海平面上升加速；海岸侵蚀和海水入侵；珊瑚礁生态系统发生退化等。

2. 沿海地区开发强度持续加大，海洋经济发展方式转变任重道远

随着国家战略的实施，沿海地区开发强度持续加大，钢铁、石化等重化工行业向沿海地区集中的趋势非常明显，海洋产业结构变“重”，转变海洋经济发展方式，实现海洋可持续发展任重道远。一是缺乏全局性的宏观调控和统筹协调，海洋经济发展结构性问题（包括产业结构和区域布局结构）突出。二是区域经济发展布局与海洋环境保护不相协调，近岸海域资源环境压力持续加大。三是海洋经济发展内升动力不足，缺乏核心竞争力。主要表现在：涉海企业自主研发能力较弱，产品竞争力不强；主要海洋产业多以资源开发型和劳动密集型为主，产品科技含量和附加值低；海洋高技术产业在海洋经济中的比重较低。

3. 陆海统筹机制尚未建立，海洋管理体制还存在一定缺陷

尽管目前中国海洋资源环境管理法律体系已基本形成，规划体系不断完善，建立了国家、省、地、市四级海上执法力量，基本形成了对管辖海域环境管理能力，但以部门、行业管理为主的海洋管理体制存在一定缺陷，主要表现在：一是管理体制机制还有待进一步协调；二是法律法规体系不完善；三是海洋与陆域、流域环境分而治之，资源与环境管理不能有效统一，海洋环境保护与沿海区域发展综合决策缺乏实质性融合等。亟需建立陆海统筹高层协调机制。

三、实施陆海统筹的重点任务

按照陆海统筹的概念和内涵，实施陆海统筹，促进海洋可持续发展，一要进一步破除长久以来重陆轻海的传统观念和束缚，提升全民族海洋文化意识；二要统一筹划陆域和海洋这两大系统中的资源开发利用、经济社会发展、生态环境保护、区域政策协调、陆海空间开发关系，实现经济社会发展海陆双向的高度协调一致；三要坚持以生态系统为基础的原则，综合协调和正确处理流域、海岸带和海洋的关系，确立陆海一体、河海兼顾、联动发展和保护的战略思路，形成陆域和海域融合的新优势；四是近期必须将海洋置于国家优先战略位置，大力发展海洋事业，尽快实现海陆并举、协调发展。

（一）普及宣传教育

海洋文化意识是陆海统筹战略思想形成的基础。但长久以来受以农立国，大陆思想治国以及实行海禁政策和闭关锁国政策的影响，许多中国人走向海洋的思想意识不足，提高海洋意识是一件具有战略意义的大事。首先要在各级领导和决策人群中，进行海洋意识宣传，使走向海洋的意识转变为国家战略和政策；其次要在从事涉海事业的人群中开展海洋意识教育，使这些人群更深入了解走向海洋的战略意义，为建设海洋强国努力奋斗；第三，要在全国民众中开展海洋意识培育工程，形成支持走向海洋、建设海洋强国的民族意识，支持海洋事业发展的民众基础。

（二）完善体制机制

陆海统筹涉及外交、军事、海洋、国土、经济、科技、环境、海事、交通、水利等许多方面和部门。中国目前的涉海部门也有十余个，国务院设立了国家海洋局作为专职海洋工作部门，具有协调职能。在今后的很长时期，中国实施多部门共同承担涉

海事务的体制。实施陆海统筹，一是要完善与稳定现行涉海行政管理体制；二是在把这种体制稳定下来的同时，建立一个相对集中的、效力层次较高的海洋综合管理机构和高层次的协调管理体制，以协调涉海各地区和各部门的利益，协调解决各种重大海洋问题。

（三）做好科学规划

实施“陆海统筹”，要加强海与陆之间的联系和相互支援，海洋开发既要以陆地为后方，又要积极的与内陆服务相互促进，努力做到海陆并举。“陆海统筹”将起到两方面作用：一方面是通过临海产业这个载体，把海洋资源的利用及海洋优势的发挥由海上向陆域转移和扩展；另一方面，促使陆域资源的开发利用及内陆的经济和技术力量向沿海集中。必须建立全国国土大规划体系，一要以陆海统筹为原则，做好全国大国土经济区划，将海洋纳入国家总体经济区划中，在原有的西部、中部、东部的经济布局中增加一个“新东部”，即沿海地带与海洋统筹发展的新区域；同时流域开发规划、水利资源规划、环境保护规划要与海洋功能区划相衔接。二是沿海省市和地区，在海陆国土一体化原则下，开展海岸带区域主体功能区划，优化开发布局，规范开发秩序。要注重培育增长极，依托沿海地缘优势，继续构建和壮大沿海经济增长核心区域。建立海岸带综合开发区，增强海陆产业的紧密链接，构建海陆生态协调、海陆产业结构优化升级的支撑体系。三要树立海洋国土与公土思想，按照海洋区域的不同法律地位，开展海洋资源空间综合规划，实现海洋资源的高效开发利用，以海撑陆。

（四）发展海洋科技工程

海洋领域竞争的核心是科技竞争。世界海洋强国历来重视发展海洋科技，大力发展海底铺设管道、电缆、输送石油的技术装备，以及深海矿产资源、生物基因资源开发技术装备等，形成了系统的海洋工程和产业。中国应该像发展航天工程一样，大力发展海洋工程。把海洋工程列入国家计划，整合科研、教育、企业、国防等方面的资源和力量，发展系列海洋科学和技术装备，全面增强海洋能力拓展，提升中国深远海海洋开发能力。一是要开展深远海调查研究，为气候预测、应对全球变化和战略利用服务；二是要大力发展深海开发技术装备，加快推进深海资源的勘探开发。三是发展陆海联动工程。陆海联动工程是海陆两大系统实现综合开发的纽带，主要包括海洋空间开发利用工程，海洋资源开发利用与保护工程，海上交通运输工程，海洋防灾减灾工程。

（五）建立综合支撑体系

陆海统筹战略实施是个系统工程，主要加强支撑保障体系建设，包括法律法规、经济政策、科技人才和国际合作等，全面推进陆海统筹战略实施。一要健全和完善海洋法律体系。要尽快研究起草《中华人民共和国海洋基本法》和《中华人民共和国渤海区域环境管理法》以及其他配套法规，形成以《海洋基本法》为核心的海洋法律法规支撑体系。二要建立海洋开发的投融资体系，设置海洋资源开发领域的国家重大专项；培育和发展具有国际竞争力的现代海洋产业和企业。三要建设面向海洋资源开发与保护的国家海洋科技创新体系，在关键技术领域力争实现自主创新；建立、健全海洋学科教育和人才培育体系。四要积极推进全方位国际涉海合作，建设和谐海洋的国际环境。

四、小　结

实施陆海统筹是在党和国家重要纲领性文件中首次提出的一个全新发展理念。党中央在科学地提出“五个统筹”方针以来，又明确将陆海统筹纳入国家战略范畴，这对于促进中国海洋可持续发展具有重要的战略意义。陆海统筹是实现中国海洋可持续发展的基本原则和理论方法。“十一五”以来，中国海洋可持续发展能力不断提升。实施陆海统筹，促进海洋可持续发展，必须加强海洋文化宣传教育，提高全民族的海洋意识，建设蓝色文明社会；必须大力发展海洋科技工程和蓝色经济，使海洋尽快成为支撑中国经济社会持续发展的半壁江山；必须实施全国国土大经济区划，统一规划中国陆域和管辖海域，并兼顾公海大洋，实现经济社会发展的东部与西部、海陆双向的高度协调一致；必须坚持以生态系统为基础原则，建立高层管理机构，陆海一体、河海兼顾，综合协调和正确处理流域、海岸带和海洋的关系，实现流域和沿海地区的可持续发展。

第五部分

海洋政策与海洋管理

第十二章　中国的海洋政策

一、海洋政策的概念

政策是国家政权机关、政党组织和其他社会政治集团为了实现自己所代表的阶级、阶层的利益与意志，以权威形式标准化地规定在一定的历史时期内，应该达到的奋斗目标、遵循的行动原则、完成的明确任务、实施的工作方式、采取的一般步骤和具体措施。根据政策所指示的方向、实现的目标和具体程度，政策可分为总政策、基本政策和具体政策[①]。

海洋政策是国家为实施其海洋战略、方针、发展规划和涉外关系而制定的行动准则[②]，海洋政策是国家政策的重要组成部分，是国家在海洋领域意志和利益的体现，属于基本政策。国家制定海洋政策的出发点和依据是国家的海洋利益。国家在不同历史阶段的海洋利益是不同的，国家在不同的历史发展阶段都有特定的海洋政策，因此，海洋政策是一个历史范畴。

海洋政策包括与海洋开发、利用相关的各项政策，其中有：国家综合海洋政策、海域使用政策、海岛开发保护政策、海洋环境和生态保护政策、海洋科技政策、海洋产业政策、海洋宣传教育政策与人才发展政策等等。海洋产业发展政策包括各涉海产业的政策，如海洋交通运输业、海洋旅游业、海洋渔业、海洋油气开发以及海洋工程装备业等各产业发展政策。

国家海洋政策主要有以下特点：第一，海洋政策是国家总政策在海洋活动中的表达，海洋政策必须服务于国家的总政策，必须体现或贯彻国家总政策；第二，国际海洋权益斗争、国内外的海洋开发利用现状和趋势以及一些海洋领域的国际公约，是制定海洋政策的重要依据；第三，海洋政策的适用领域，主要包括海洋事务活动及与海洋密切关联的其他活动。

---

①　管华诗，王曙光：《海洋管理概论》，青岛：中国海洋大学出版社 2003，第 7 页。

②　全国科学技术名词委员会公布名词，http：//shuyu. cnki. net/SearchResult. aspx？ sItem ＝ marine% 20policy&ids＝。2011 年 9 月 3 日登录。

二、海洋政策的发展

在中国特色社会主义政治体制的背景下，中国的海洋政策表现形式多种多样。其中，主要的表现形式为党中央、国务院和各级党委、政府及其领导人的对海洋工作的重要指示和各种场合下的重要讲话以及各涉海部门的政策性文件。在新中国60多年的发展历程中，随着中国的海洋事业不断壮大，海洋政策的内涵不断得到提升，由早期各涉海部门的政策和单一领域的政策逐步过度到综合、全面的海洋政策。

新中国成立早期的海洋政策着重于保卫国家安全，保障海上运输通道，防止帝国主义的海上侵略，并为祖国统一积蓄力量。因此，在新中国成立以后相当长的一段时间内，建设强大的海军，捍卫祖国统一、领土完整成为海洋政策的主导。早在1949年8月28日，毛泽东就为海军题词："我们一定要建设一支海军，这支海军要能保卫我们的海防，有效地防御帝国主义的可能的侵略。"① 1949年10月10日，毛泽东和朱德在给"长治"号军舰起义官兵的复电中就勉励起义人员"积极参加建设中国人民海军和完成解放中国全境的伟大事业"。1953年2月，毛泽东首次视察海军舰艇部队，并为海军题词"为了反对帝国主义的侵略，我们一定要建立强大的海军"。1953年12月4日，在中共中央政治局扩大会议上，毛泽东对海军建设总方针、总任务作了非常完整和系统的阐述："为了肃清海匪的骚扰，保障海道运输的安全；为了准备力量于适当时机收复台湾，最后统一全部国土；为了准备力量，反对帝国主义从海上来的侵略，我们必须在一个较长的时期内，根据工业发展的情况和财政的情况，有计划地逐步地建立一支强大的海军。"② 此后相当长的一段时间内，建设强大海军成为海洋政策的重要着力点。1975年6月25日，邓小平为海军题词"坚决执行毛主席号召，为建设一支强大的海军而努力奋斗"。1979年8月2日，邓小平为海军题词："建立一支强大的具有现代战斗能力的海军。"③

在新中国成立之后的10年多的时间里，国家相关部门建立了产业管理机构和相关制度，与海洋相关的海洋捕捞、海洋盐业、海上交通运输业等传统涉海产业同步发展。1963年5月6日，国家科委海洋专业组组织29名专家，联名上书国家科学技术委员会并中共中央和国务院，提出：鉴于当前海洋工作中亟需解决的问题较多；海上安全活动没有保证；国防建设和海上作战缺乏海洋资料等等原因，建议成立海洋局，以加强

① 韶山毛泽东图书馆：http：www. txssw. com/mzdyisjk/maozedongshufa/30573. html.

② 《周恩来军事文选》（四卷），http：//www. xiexingcun. com/zhouenlai/1 – zeliswx602. htm.

③ 郭伟成，《百战将星杜义德》，解放军文艺出版社，2004年，第十四章，参考 http：//blog. sina. com. cn/s/blog 52bb092d010010r9. html。2011年11月2日。

对海洋工作的领导。1964 年 7 月 22 日，在为国防建设服务和国民经济建设服务的基本方针指导下，经第二届全国人民代表大会常务委员会第 123 次会议批准，成立国家海洋局，并由海军代管[①]，成为管理国家海洋事务的行政职能部门，主要职责为海洋调查及科研。国家海洋局的成立，为中国海洋事业的全面发展奠定了制度基础。

改革开放以来，国民经济和社会的发展对海洋资源的需求日益紧迫，对中国海洋环境资源进行调查显得尤为重要。中国海洋政策也由早期的海军建设为重点逐步过渡到服务于国民经济和社会的发展。海洋政策的内容不断丰富，涵盖到海洋科技、海洋资源、海洋产业、极地及大洋考察等等领域。1977 年 12 月，国家海洋局在全国科学技术规划会议上，明确提出了“查清中国海、进军三大洋、登上南极洲”的战略目标，拉开了攀登海洋科技新高度的大幕。1980 年开始，国家海洋局组织实施了历时 7 年的“全国海岸带和海涂资源综合调查”专项，基本摸清了中国海岸带、海涂和海岛的自然条件、资源数量以及社会经济状况，为开发利用海岸带和海岛资源提供了科学依据。1983 年起中国先后组织了多次太平洋海域多金属结核资源的系统调查。1984 年 10 月 15 日，邓小平同志为南极考察题词：“为人类和平利用南极做出贡献”。同年 11 月 20 日，中国海洋科学调查船“向阳红 10”号和海军“J121”号打捞救生船拉开了中国南极和南大洋科学考察的序幕。1986 年 10 月国务院成立“海洋资源开发保护领导小组”（简称“国务院海洋领导小组”），以加强对海洋开发利用活动的领导，指导和协调海洋资源开发利用与环境保护。

1991 年，首次全国海洋工作会议在北京召开，会议讨论通过了《九十年代我国海洋政策和工作纲要》（以下简称《纲要》），确定了促进中国海洋经济持续快速发展，维护中国海洋权益的基本政策和方针，即“以开发海洋资源、发展经济为中心，围绕‘权益、资源、环境和减灾’四个方面开展工作，保证海洋事业持续、稳定、协调发展，为繁荣沿海经济和整个国民经济，实现我国第二步战略目标做出贡献”。1995 年 5 月，中国制定第一部海洋开发规划——《全国海洋开发规划》，着重解决海洋开发的战略目标、海洋经济发展的总量、海洋资源的合理配置、海洋开发区域合理布局、产业结构调整与协调发展以及处理好海洋开发与保护的关系，这是对全国海洋开发利用进行宏观调控的指导性文件。向海洋要财富、变海洋资源优势为经济优势成为各级领导的共识。全国主要海洋产业总产值，由 1980 年的 80 亿元猛增至 1995 年的 2463 亿元。[②]

进入 21 世纪以来，世界各海洋大国以及我周边海上邻国纷纷确立“海洋立国”方

① 杨文鹤、陈伯镛等著：《二十世纪中国海洋要事》，北京：海洋出版社，2003 年，第 88 页。

② 杨文鹤、陈伯镛等著：《二十世纪中国海洋要事》，北京：海洋出版社，2003 年版，第 101 页。

针，出台面向21世纪的海洋战略和政策，试图在新一轮国际海洋竞争中抢得先机。在这样的国际背景下，中共中央、国务院以战略的眼光经略海洋，从国家发展的战略高度部署海洋事业。中国的海洋政策也随之进入全面部署海洋开发、促进海洋事业可持续发展的新阶段。2003年5月，国务院印发《全国海洋经济发展规划纲要》，结合2002年8月发布的《全国海洋功能区划》，对2001年—2010年中国主要海洋产业进行了布局，涉及中国内水、领海、毗连区、专属经济区、大陆架以及中国管辖的其他海域（未包括中国港、澳、台地区）和中国在国际海底区域的矿区，并提出严格实施海洋功能区划制度，合理开发与保护海洋资源，防止海洋污染和生态破坏，促进海洋经济可持续发展。2008年2月，国务院批准《国家海洋事业发展规划纲要》，明确提出必须把海洋事业摆在十分重要的战略位置，加快发展海洋事业，努力建设海洋强国，海洋事业的发展全面展开。

三、海洋政策的主要内容

中国的海洋事业以邓小平理论、“三个代表”重要思想和科学发展观为指导，坚持科学发展，贯彻落实党中央国务院一系列指示精神，以促进海洋经济发展方式转变为主线[①]，全力推动海洋经济又好又快发展，为建设现代化海洋强国和经济社会发展全局做出应有的贡献。

（一）海域使用

《中华人民共和国海域使用管理法》（以下简称《海域法》）确定了中国海域使用的基本政策和制度。依据《海域法》的规定，海域属于国家所有，国务院代表国家行使海域所有权[②]，国务院海洋行政主管部门负责全国海域使用的监督管理[③]。中国的海域范围是指中华人民共和国内水、领海的水面、水体和底土[④]。海域使用一般系指人类根据海域的区位和资源与环境优势所开展的开发利用活动，比如海底石油天然气开发、海水养殖与捕捞、海岸和海洋工程建设、海洋自然保护区和特别保护区建设、港口建设和海上交通运输等。因此，海域使用政策则是规范中国海域内海域使用行为所颁布的一系列法律、法规、规章和制度，其根本目的是为了解决海域使用及其资源开发中

① 刘赐贵：《“十二五”海洋工作指导思想》，国家海洋局网站，http：//www.soa.gov.cn/soa/news/important-news/webinfo/2011/02/1298767621920126.htm.2011年10月2日登录。

② 《中华人民共和国海域使用管理法》第3条。

③ 《中华人民共和国海域使用管理法》第7条。

④ 《中华人民共和国海域使用管理法》第2条。

长期存在的“无序、无度、无偿”状态，促进海域可持续利用，加强海洋综合管理①。

《海域法》建立了海洋功能区划制度、海域使用的申请与审批制度、海域权属管理制度（所有权和使用权）、海域使用金制度、海域使用的监督检查制度等多项规章制度，为海域政策的有效执行提供了制度保障。为有效执行海域使用政策，国务院先后发布了《国务院办公厅关于开展勘定省县两级海洋行政区域界线工作有关问题的通知》、《国务院办公厅关于沿海省、自治区、直辖市审批项目用海有关问题的通知》、《国务院关于印发全国海洋经济发展规划纲要的通知》、《省级海洋功能区划审批办法》、《报国务院批准的项目用海审批办法》等5个规范性文件。国家海洋局也陆续制定并发布了《海域使用权管理规定》、《海域使用权登记办法》、《关于加强区域建设用海管理工作的若干意见》等18个规范性文件；并会同财政部发布了《关于加强海域使用金征收管理的通知》、《海域使用金减免管理办法》，《海域使用金管理条例》。这些政策文件的出台，逐步规范了海域使用申请审批、登记发证、海域使用金征收管理等各项工作。与此同时，沿海各省份也依据《海域法》积极开展了地方立法，并制定了一系列的规范性文件，全面清理了与《海域法》相抵触的各类规章制度。

2010年，国家海洋局制定了全国海域管理工作的总体思路：认真学习实践科学发展观，贯彻落实温家宝总理关于“整顿秩序，控制规模，合理利用”的重要批示，通过“区划统筹、规划引导、计划调节、市场配置”等手段，以海洋功能区划修编和围填海管理为重点，全面推进海域管理各项工作，切实提高海域管理效能、降低管理成本、创新管理方式，保障国家宏观调控政策的落实和沿海地区社会平稳较快发展。在实际工作中，主要从以下八个方面来保证海域使用政策的有效实施：（1）围绕综合协调海洋开发利用的职责，修（编）制海洋功能区划和海岸保护与利用规划；（2）围绕规范管辖海域使用秩序的职责，加强区域用海和项目用海管理，完成海域勘界工作；（3）围绕执行国家宏观调控政策，实施围填海计划和用海面积控制指标管理；（4）围绕海域国有资产的保值增值，推进海域使用权招标拍卖和海域使用权价值评估；（5）围绕稳定渔民养殖用海海域使用权，加强养殖用海管理，维护沿海地区社会安定；（6）围绕提高海域管理能力建设，大力推进海域管理技术支撑体系建设；（7）围绕提高海域管理依法行政水平，完善海域管理法制建设，开展海域管理宣传培训；（8）围绕党风廉政建设和反腐败工作的总体要求，进一步加强海域使用管理领域的反腐倡廉。②

2010年，海域使用政策的不断完善主要集中体现在以下几个方面：一是推动海域

① 吕彩霞，关于《海域使用管理法》有关条款的阐释，《海洋开发与管理》，2001年18（6）。

② 国家海洋局：《2010年海域工作要点》，http：//cn. chinagate. cn/resource/2010－02/23/content_19451095. htm. 2011年9月8日登录。

使用权市场配置机制的不断完善。通过招标、拍卖发放海域使用权证书36本，确权海域面积6 288.65公顷，征收海域使用金5 527.58万元；办理海域使用权抵押登记的证书722本，抵押海域面积6.80万公顷，金融机构发放抵押贷款87.70亿元，并首次将海域使用权作为融资的抵押物。二是进一步加强围填海造地的管理。2010年12月，国家海洋局与国土资源部和联合印发了《关于加强围填海造地管理有关问题的通知》，提出了区划规划衔接、计划衔接、项目审查、供地方式、调查登记和监督检查等一系列政策措施，解决了围填海造地管理中用海管理和用地管理衔接的问题。三是规范海上风电规划和项目用海管理。2010年以来，海上风电项目不断增多使中国海域开发利用面临的行业用海矛盾更加突出。为进一步完善海上风电建设管理程序，促进海上风电健康有序发展，2010年1月，国家能源局与国家海洋局联合制定并出台了《海上风电开发建设管理暂行办法实施细则》，规定海上风电规划必须符合海洋功能区划、海岛保护规划以及海洋环境保护规划。

2011年9月28日，《人民日报》刊发了国家海洋局党组书记、局长刘赐贵题为《开发利用海洋资源必须坚持"五个用海"》的署名文章。文章指出，坚持把全力推动海洋经济又好又快发展作为重要任务，合理开发利用海洋资源，有效保护海洋生态环境，更好地服务于国家经济社会发展的大局，必须坚持"五个用海"：一是坚持规划用海，要做好科学规划，进行整体性、长远性、战略性布局，建立健全海洋空间和资源规划体系，充分发挥规划、区划的统筹协调作用，实行功能管制和规模控制双管齐下，促进近海有序利用，拓展深海资源有效开发，规范各类海洋开发利用活动；二是要坚持集约用海，要以加快转变海洋经济发展方式为目标，处理好保障发展与保护资源的关系，优化用海布局，调整用海结构，实现海域资源的合理配置；三是要坚持生态用海，要按照整体、协调、优化和循环的思路，进行海域资源的合理开发与可持续利用，维持海洋生态平衡；四是要坚持科技用海，要着力加强海洋科技创新，提高勘探开发海洋资源以及保护海岸带、海洋生态环境的技术水平，在获得更多空间、资源和能源的同时，支撑海洋经济社会科学发展、绿色发展；五是要坚持依法用海，要按照全面推进依法行政、建设法治政府的要求，不断完善海域管理制度体系，严格执行海域管理法律法规和政策。

（二）海岛开发保护

中国是世界上海岛最多的国家之一，在300万平方千米的海域中，分布着成千上万个岛屿，其中面积大于500平方米的海岛就有6 900多个。[①] 中国对海岛实行开发保

① 《中华人民共和国海岛保护法释义》，第5页，法律出版社，2010年3月。

护政策，政策宗旨是保护海岛及其周边海域生态系统，合理开发海岛自然资源，维护国家海洋权益，促进海岛经济社会可持续发展。2009 年 12 月 26 日，中华人民共和国第十一届全国人民代表大会常务委员会第十二次会议通过了《中华人民共和国海岛保护法》（以下简称《海岛保护法》）并于 2010 年 1 月 28 日颁布，自 2010 年 3 月 1 日起施行。《海岛保护法》的颁布实施，是中国海岛开发保护政策的具体体现，标志着中国海岛开发保护工作进入了全新阶段。

《海岛保护法》共有六章五十八条。六章分别为总则、海岛保护规划、海岛的保护、监督检查、法律责任和附则；设置了五项制度，即海岛保护规划制度、海岛生态保护制度、无居民海岛权属制度、特殊用途海岛保护制度和监督检查制度。

海岛保护规划制度是指导海岛保护与利用的基本依据。按照统一规划、保护优先、可持续利用的原则，建立了由国家、省域、县域海岛保护规划，直辖市、地级市、县、镇海岛保护专项规划和可利用无居民海岛保护和利用规划构成的国家海岛保护体系。海岛生态保护制度统筹协调海岛的保护与利用，对有居民海岛和无居民海岛的保护采取不同的保护措施。无居民海岛权属制度厘清了长久以来权属不清的问题，无居民海岛属于国家所有，国务院代表国家行使所有权。特殊用途海岛保护制度对领海基点海岛、国防用途海岛和海洋自然保护区内的海岛等具有特殊用途或者特殊保护价值的海岛，实行比普通海岛更加严格的保护制度，以保护特殊的生态系统，保障国防安全和国家政治、经济利益。监督检查制度分别针对有居民海岛和无居民海岛的监督检查作出了具体规定。县级以上人民政府有关部门依法对有居民海岛保护和开发、建设进行监督检查。海洋主管部门依法对无居民海岛保护和合理利用情况以及海岛周边海域生态系统保护情况进行监督检查。

为了执行海岛开发与保护政策，贯彻落实《海岛保护法》，2010 年，国家海洋局会同有关部门先后颁布《海岛名称管理办法》、《无居民海岛使用金征收使用管理办法》及《省级海岛保护规划编制管理办法》等重要的配套制度（详见表 12－1），分别从海岛开发与保护、海岛的有偿使用、海岛规划、海岛的登记管理以及海岛的名称管理等方面为海岛开发保护提供了完善的政策依据。

表 12-1 《海岛保护法》配套制度一览表

序号	类别	文件名称
1	开发与保护	《关于公布无居民海岛使用论证资质单位名单的通知》
2		《关于印发无居民海岛使用申请书等格式的通知》
3		《关于成立国家无居民海岛使用项目第一届专家评审委员会的通知》
4		《关于开展海域海岛海岸带整治修复保护工作的若干意见》
5		《无居民海岛开发利用具体方案编制办法》
6		《关于尽快公布第一批开发利用无居民海岛名录的通知》
7		《关于无居民海岛使用项目评审工作的若干意见》
8		《关于无居民海岛使用项目审理工作的意见》
9		《关于公布无居民海岛使用论证资质单位名单的通知》
10	有偿使用	《无居民海岛使用金征收使用管理办法》
11	海岛规划	《省级海岛保护规划编制管理办法》
12		《关于成立全国海岛保护规划委员会及专家审查委员会的通知》
13		《关于公布海岛保护规划编制技术单位推荐名录的通知》
14	登记管理	《无居民海岛使用权登记办法》
15		《无居民海岛使用权证书管理办法》
16	名称管理	《海岛名称管理办法》
17		《海岛界定与数量统计方法》

资料来源：国家海洋局网站，http://www.soa.gov.cn/soa/hygbml/hdgb/eleven/webinfo/2011/04/1303624656521573.htm

《省级海岛保护规划编制管理办法》的主要目的是规范省级海岛保护规划编制工作，提高海岛保护规划编制的科学性。该办法对省级海岛保护规划编制、评审、审查、批准和修编的原则、依据、技术标准和主要内容作出了明确的规定，要求省级海洋主管部门按照国家的统一部署和要求启动规划编制工作。

《海岛名称管理办法》的主要目的是加强对海岛名称的管理，适应海岛开发、建设、保护与管理的需要。根据该办法，国家海洋局负责全国海岛名称管理，沿海县级以上人民政府海洋主管部门负责管辖区域内海岛名称管理。

为了落实无居民海岛有偿使用制度，2010 年下半年，根据《无居民海岛使用金征收使用管理办法》，国家海洋局编制了无居民海岛使用金评估规程和无居民海岛使用测量规范。分别在河北省唐山市菩提岛、山东省即墨市驴岛进行实地测量和评估，并根据实际评估和测量发现的问题进行了修改和完善。

为了加强海岛管理，理顺各级海洋管理机构管理职能，2010 年 7 月 21 日，国家海洋局印发了《关于加强海岛管理组织机构建设的通知》，成立了海岛管理办公室，内设海岛综合处、海岛保护处和海岛使用处 3 个处级机构。国家海洋局北海分局、东海分局、南海分局和沿海各级海洋主管部门按照《海岛保护法》要求，增加了海岛管理和监督检查职能；中国海监总队设立了海岛执法保护处，统筹、协调海岛执法工作，加强海岛的监督检查。国家海洋局分别在国家海洋局一、二、三所成立了国家海岛与海岸带研究中心、国家海岛开发与管理研究中心和国家海岛规划与保护研究中心，国家海洋信息中心和国家海洋技术中心也成立了海岛研究室，初步建成海岛技术支撑体系。

为全面加强无居民海岛的保护，进一步规范无居民海岛开发，国家海洋局作为主管部门建立了一系列规章制度。2010 年 10 月 20 日，国家海洋局印发了《关于尽快公布第一批开发利用无居民海岛名录的通知》，启动了第一批开发利用无居民海岛名录（以下简称“第一批名录”）的组织、上报、审批等工作。2011 年 4 月 12 日，国家海洋局发布了第一批无居民海岛名录，涉及辽宁、山东、江苏、浙江、福建、广东、广西、海南等 8 个省区，共计 176 个无居民海岛。2012 年 3 月，根据《海岛保护法》，国家海洋局对中国海域海岛进行了名称标准化处理。经国务院批准，国家海洋局、民政部公布了钓鱼岛及其部分附属岛屿的标准名称（见附件）。2011 年 4 月 20 日，国家海洋局印发了《无居民海岛使用申请审批试行办法》（以下简称《办法》），进一步规范了无居民海岛使用申请审批工作。《办法》规定，无居民海岛开发利用具体方案中含有建筑工程的用岛，最高使用期限为五十年；其他类型的用岛可根据使用实际需要的期限确定，但最高使用期限不得超过三十年。国家实行无居民海岛有偿使用制度，无居民海岛使用权出让实行最低价限制制度，对于无居民海岛使用金的征收，则依据《无居民海岛使用金征收使用管理办法》执行。

（三）海洋环境和生态保护

海洋生态环境是实现可持续发展的重要基础。随着中国沿海经济带快速发展和海洋开发强度的日益加剧，中国海洋环境和生态面临巨大压力。中国政府一直高度重视海洋环境和生态的保护，先后采取了一系列技术手段并出台了一系列政策措施来遏制生态环境整体恶化趋势、保护海洋环境和生态[1]，形成了多部门共同保护海洋环境的良好局面。

中国高度重视海洋环境和生态的监测工作，积极加强海洋生态环境的监控。海洋

① 保护海洋生态环境构建和谐海洋文化，航海日网站，http://www.moc.gov.cn/06hanghairi/xueshuyj/201008/t20100809_715120.htm. 2011 年 10 月 2 日登录。

生态环境的监控是海洋生态环境保护政策出台的基础。2011 年 8 月 16 日，中国第三颗海洋卫星“海洋二号”成功发射。“海洋二号”将主要用于海面风场、海面高度、有效波高和海面温度等海洋动力环境要素监测，获取的卫星数据用于海洋环境预报、灾害警报，服务于中国经济发展、国家权益维护与安全，为中国海洋环境监控、海洋防灾减灾、海洋科学研究等提供技术支持。此外，各海区分别建立了海洋环境的立体监测系统。以北海区为例，目前已建立了由浮标、监测船、岸基站、航空遥感与卫星遥感组成的立体监测示范系统，搭建了国家海洋局溢油重点实验室和山东省海洋生态环境与防灾减灾重点实验室科技平台[①]，为海洋环境和生态保护奠定了良好的硬件基础。

为全面落实监督海洋生物多样性和海洋生态环境保护、监督管理海洋自然保护区和特别保护区的重要职责，深入贯彻落实科学发展观，努力构建海洋生态文明，2009 年 8 月，国家海洋局印发了《关于进一步加强海洋生态保护与建设工作的若干意见》。该《意见》强调，各级海洋行政管理部门应从四个方面加强海洋生态保护与建设：一要建立完善海洋生态保护与建设的政策规划和规章制度；二要加强海洋生态监督管理；三要加快推进海洋保护区网络建设；四要积极开展海洋生态修复和建设工程。并要求地方政府从三个方面完善海洋生态保护与建设的保障措施：一是加大对海洋生态保护和建设工作的组织领导和资金投入力度；二是建立完善海洋生态保护与建设工作支撑体系；三是创造海洋生态保护与建设的良好工作氛围。[②]

鼓励各类海洋生态保护区的建立是保护海洋环境和生态的重要政策之一。2009 年以来，各沿海省市区和地方政府先后建立一系列海洋生态保护区。2011 年 5 月，中国公布国家级海洋保护区名录和首批国家海洋公园名单，涉及广东、广西、福建、江苏和山东 5 省区的 7 个海洋公园。

2010 年，中国继续加强各类海洋突发性事件对环境污染的应急能力建设。海洋相关灾害应急预案是处理紧急情况下海洋环境和生态污染的重要机制，为防治突发的海洋环境和污染事件的发生，国家海洋局先后出台了《海上石油勘探开发溢油应急响应执行程序》、《海洋石油勘探开发溢油事故应急预案》、《赤潮灾害应急预案》和《风暴潮、海浪、海啸和海冰灾害应急预案》等应急预案。[③] 这些应急预案分别划分了各突发性海洋环境事件的响应级别，明确了应急组织机构及责任和相关响应措施，为突发事

① 海洋生态灾害防治任重而道远，中国海洋在线，http：//www. oceanol. com/？optionid = 789&auto_ id = 12482. 2011 年 12 月 1 日登录。

② 海洋生态保护与建设意见出台，中国海洋在线，http：//news. oceanol. com/？optionid = 575&auto_ id = 2002. 2011 年 12 月 1 日登录。

③ 国家海洋局网站，http：//www. soa. gov. cn/soa/governmentaffairs/yingjiguanli/A010812index_ 1. htm. 20 1 年 10 月 20 日登录。

件情况下保护海洋生态和环境奠定了良好的政策和制度机制。

2010 年，国务院为加强海洋环境保护，规范船舶及有关作业活动的污染防治管理，推进环境友好型社会建设，针对船舶污染防治工作发布了《防治船舶污染海洋环境管理条例》。2010 年和 2011 年，为进一步贯彻实施《防治船舶污染海洋环境管理条例》，交通运输部以交通运输部令的形式先后发布《中华人民共和国船舶污染海洋环境应急防备和应急处置管理规定》、《中华人民共和国船舶及其有关作业活动污染海洋环境防治管理规定》和《中华人民共和国船舶油污损害民事责任保险实施办法》等管理规定和办法（中国有关海洋环境保护法律法规见表 12－3）。

表 12－3　中国海洋环境和生态保护相关法律法规

序号	名称	颁布部门	实施起始时间
1	《中华人民共和国船舶污染海洋环境应急防备和应急处置管理规定》	交通运输部令 2011 年第 4 号	2011 年 6 月 1 日
2	《中华人民共和国船舶及其有关作业活动污染海洋环境防治管理规定》	交通运输部令 2010 年第 7 号	2011 年 2 月 1 日
3	《中华人民共和国船舶油污损害民事责任保险实施办法》	交通运输部令 2010 年第 3 号	2010 年 10 月 1 日
4	《防治船舶污染海洋环境管理条例》	国务院令第 561 号	2010 年 3 月 1 日
5	《中华人民共和国水污染防治法》①（2008 年修订）	国家主席令第 87 号	2008 年 6 月 1 日
6	《中华人民共和国防治海岸工程建设项目污染损害海洋环境管理条例》	国务院令第 507 号	2008 年 1 月 1 日
7	《中华人民共和国海洋环境保护法》	国家主席令第 26 号	2000 年 4 月 1 日
8	《中华人民共和国水污染防治法实施细则》	国务院令第 284 号	2000 年 3 月 20 日
9	《中华人民共和国防治陆源污染物污染损害海洋环境管理条例》	国务院	1990 年 8 月 1 日
10	《中华人民共和国环境保护法》	国家主席令第 22 号	1989 年 12 月 26 日
11	《防止拆船污染环境管理条例》	国务院	1988 年 6 月 1 日
12	《中华人民共和国海洋倾废管理条例》	国务院	1985 年 4 月 1 日
13	《中华人民共和国海洋石油勘探开发环境保护管理条例》	国务院	1983 年 12 月 29 日
14	《中华人民共和国防止船舶污染海域管理条例》	国务院	1983 年 12 月 29 日

① 中华人民共和国水污染防治法，中华人民共和国中央人民政府网站，http：//www.gov.cn/flfg/2008－02/28/content_905050.htm. 2011 年 10 月 20 日登录。

随着中国国民经济和航运业的快速发展，海上污染危害性货物运输量持续增长，船舶装卸、过驳、油料供受等有关作业活动日益频繁，船舶及有关作业活动对海洋环境造成的污染风险也越来越大，尤其是船舶溢油事故对自然环境、水产养殖和旅游资源等造成的损害更是难以弥补。《防治船舶污染海洋环境管理条例》（以下简称《防污条例》）是中国首部针对船舶污染防治工作的法律法规。《防污条例》第二章、第三章、第四章分别对防治船舶及其有关作业活动污染海洋环境的一般规定、船舶污染物的排放和接收、船舶有关作业活动的污染防治作出了明确规定，这些规定为制定船舶及其有关作业活动污染海洋环境防治管理规定提供了依据。《防污条例》的规定较为原则，设定了防治船舶污染的相关制度，但是没有明确在制度执行过程中所必需的操作性规定。

《船舶及其有关作业活动污染海洋环境防治管理规定》主要从三个方面完善了防治船舶污染的相关制度：一是建立了完善的船舶污染预防制度体系，二是树立了环保与安全并重、责任共担的理念，三是有助于提高船舶和有关作业活动的安全与污染防治水平。概括起来，其功能主要体现在七个方面：一是明确了海事机构管理职能和船舶有关作业活动范围，国家海事管理机构负责监督管理全国船舶及其有关作业活动污染海洋环境的防治工作，各级海事管理机构根据职责权限，具体负责监督管理本辖区船舶及其有关作业活动污染海洋环境的防治工作；二是明确了船舶污染防治管理的一般要求；三是建立了完善的船舶污染物接收作业管理制度；四是明确了船舶载运污染危害性货物管理要求，细化了污染危害性货物适运申报、船舶适载申报和散装液体污染危害性货物过驳作业申报要求；五是明确了船舶油料供受作业的管理要求；六是明确了船舶拆解、打捞、修造等水上水下施工作业的污染防治管理要求；七是明确了监督管理和法律责任，明确了海事管理机构对违反本《规定》行为的船舶和有关作业单位可以采取责令改正、责令停止作业、强制卸载等强制措施，细化和充实了《防污条例》对船舶和有关作业单位的处罚条款。[①]

（四）海洋科技发展

中国高度重视海洋科技的发展，为促进海洋科技的快速发展，颁布了一系列重要政策。早在20世纪90年代初，在国家实施科教兴国和可持续发展战略的总体背景下，海洋领域提出了科技兴海的战略设想和行动计划。原国家科委、国家海洋局、原国家计委、农业部等于1997年联合发布了《“九五”和2010年全国科技兴海实施

① 交通运输部海事局黄何副局长解读《中华人民共和国船舶及其有关作业活动污染海洋环境防治管理规定》，中华人民共和国交通部网站，http：//www.moc.gov.cn/zhuzhan/zhengcejiedu/zhengcewenjian_JD/chuanbowuranhaiyanghuanjing_FZGLGDJD/index.html.2011年12月5日登录。

纲要》。2003 年国务院印发的《全国海洋经济发展规划纲要》中，特别强调了发展海洋经济要坚持科技兴海的原则。2008 年，国家海洋局和科技部根据《国家中长期科学技术发展规划纲要（2006 年—2010 年）》、《全国海洋经济发展规划纲要》、《全国海洋事业发展规划纲要》等提出的有关任务要求，在科技兴海战略研究的基础上，出台了《全国科技兴海规划纲要》，就科技兴海的总体目标、重点任务和政策措施做了具体部署。①

2011 年 9 月，国家海洋局、科技部、教育部和国家自然科学基金委等部门联合发布了《国家“十二五”海洋科学和技术发展规划纲要》，对中国 2011 年至 2015 年海洋科技发展进行了总体规划。《规划纲要》共分五个部分，按照国家的重大需求和国际前沿问题，对“十二五”期间中国海洋科技发展任务作出了部署，提出了“十二五”期间的奋斗目标，描绘了海洋科技的发展前景。《规划纲要》明确提出，“十二五”期间海洋科技对海洋经济的贡献率要由“十一五”时期的 54.5% 上升到 60%。海洋开发技术自主化要实现大发展，科技成果转化率要显著提高。海洋科技将从“十一五”时期支撑海洋经济和海洋事业发展为主，转向引领和支撑海洋经济和海洋事业科学发展。②

以海洋科技创新促进海洋事业可持续发展，是海洋科技政策重要着力点。“十二五”期间海洋科技工作要抓好四个方面的工作：一要组织实施好“十二五”海洋科技规划，二要努力提高海洋科技在海洋经济发展方式转变中的调控促进作用，三要逐步建立海洋科技发展的全球战略思维，四要积极支持海洋科技的发展与繁荣。要重视支持海洋科技人才和高级领军人才的培养，要推动海洋科技重大专项的实施，以引领带动海洋科技实现跨越式发展。③

2011 全国海洋科学技术大会指出，“十二五”期间海洋科技工作要为沿海经济发展调结构、转方式做出应有的贡献，“十二五”期间的主要任务包括八个方面：一是以拓展海洋调查研究的深度和广度为重点，明显提高对海洋的科学认知水平；二是以提高科技综合实力为重点，继续增强极地和大洋科考的竞争优势；三是以打造自主技术与装备为重点，努力推动中国深海科技发展迈出关键性步伐；四是以实施核心技术突破和产业示范带动为重点，积极培育和发展海洋战略性新兴产业；五是以创新海洋服务保障与管理支撑技术为重点，不断提高海洋开发、控制和综合管理水平；六是以深化

① 国家海洋局局长就《全国科技兴海规划纲要》答记者问，中华人民共和国中央人民政府网站，http://www.gov.cn/zwhd/2008-10/09/content_1116282.htm. 2011 年 12 月 9 日登录。

② 国家海洋局等部门联合发布《国家“十二五”海洋科学和技术发展规划刚要》，新华网，http://news.xinhuanet.com/politics/2011-09/16/c_122046880.htm. 2011 年 12 月 9 日登录。

③ 贠小苏：以海洋科技创新促进海洋事业可持续发展，中央人民政府网站，http://www.gov.cn/gzdt/2011-09/21/content_1953017.htm. 2011 年 12 月 9 日登录。

科技兴海战略实施为重点，大力推进海洋科技与海洋经济的深度融合；七是以强化人才队伍和科技条件平台建设为重点，进一步提高海洋科技竞争力；八是以提高全民族海洋意识为重点，不断创新海洋科学普及工作。

坚持合作创新促进海洋科技产业快速发展，加快产学研一体化步伐是海洋科技政策的又一亮点。2010年以来，各沿海省市和相关高校先后出台政策，以海洋科技园的形式，促进本地区海洋经济的快速发展。浙江省将舟山海洋科技国际创新园作为海洋科技重点建设项目，通过5～10年的努力，将舟山建设成为国家重要的海洋科研基地。[①] 青岛结合《山东半岛蓝色经济区发展规划》，力争“十二五”期间打造中国“蓝色硅谷”，建设国际海洋科研中心、海洋新兴产业技术发展中心、深远海与海洋前沿技术研发中心、海洋生态保护区等4个蓝色硅谷功能区，初步形成以科技含量高、附加值高、辐射力强、能耗和排放低为突出特征的海洋新兴产业。[②] 上海先后制定了促进海洋经济发展的战略规划和政策措施推动海洋科技产业的发展，提出了坚持发展海洋科技产业、营造良好生态环境、促进持续健康发展、形成海洋科技内生动力等四项政策措施促进海洋科技产业快速发展，努力把上海建成海洋经济强市。[③] 2010年9月20日，上海市科委依托临港产业区管委会，联合上海海洋领域相关的大学、科研机构、企业、业务部门共同筹建的科研机构——上海海洋科技研究中心揭牌。[④] 中国海洋大学、同济大学等高校成立海洋科技研究中心，促进海洋科技产学研一体化发展[⑤]。

加强海洋科技领域国际合作是海洋科技政策的重要着力点。2010年12月，中法海洋科技合作联合委员会第七次会议在水下技术共享、沉积地质学、海岸带综合管理、调查船队管理、海洋环境监测和海水养殖等方面达成了多项合作意向，中法海洋科技合作进入新阶段。2010年11月，中国和印尼签署海洋科技合作备忘录，共同推进对南海的认识、开发和保护。[⑥] 2010年3月，中国和马来西亚海洋科技合作联委会第一次会议及首届海洋科学研讨会在北京召开，就气候变化与海洋防灾减灾、海洋生态健康与

---

① 舟山海洋科技国际创新园将成为浙江海洋科技重点建设项目，中国报道网站，http：//www.chinareports.org.cn/Article/cjzx/201108/37392.html.2011年12月22日登录。

② 提高国家海洋科技核心竞争力，中国海洋报网站，http：//epaper.oceanol.com/shtml/zghyb/20110826/73681.shtml.2011年12月22日登录。

③ 坚持合作创新促进海洋科技产业快速发展，中国海洋报网站，http：//epaper.oceanol.com/shtml/zghyb/20101214/68574.shtml.2011年12月22日登录。

④ 上海海洋科技研究中心（筹）今天揭牌，人民网，http：//society.people.com.cn/GB/12859949.html.2011年12月22日登录。

⑤ 同济大学成立海洋科技研究中心，中国海洋报网站，http：//epaper.oceanol.com/shtml/zghyb/20100326/64717.shtml.2011年12月22日登录。

⑥ 中印尼签署海洋科技合作备忘录，中国海洋报网站，http：//epaper.oceanol.com/shtml/zghyb/20101116/68168.shtml.2011年12月22日登录。

环境保护等领域的相关科技问题进行了深入探讨。[①]

（五）海洋产业发展

1. 海洋交通运输业

海洋交通运输业属于第三产业，是海洋经济的支柱产业之一，其投入表现为一定数量的船舶、港口、装卸、航道设施以及燃料生产资料的消耗和劳动能力的消耗[②]，是指使用船舶通过海上航道在不同国家和地区运输货物的一种方式。海洋交通运输是国际物流中最主要的物流运输方式，国际贸易总运量的2/3以上、中国进出口货运总量的约90%都是利用海洋运输[③]。

党的十一届三中全会以后，中国对海洋交通运输业进行了一系列的政策调整，包括改革独家垄断经营航运市场的居民，实施由计划经济向市场经济的变革，对内积极鼓励社会各界兴办水运，对外全方位开放国际国内海运市场，大力改建新港、改造已有旧港、改革港口管理体制等政策措施[④]。这些政策措施有效的推动了海洋交通运输业的快速发展。截至2010年，中国已经基本建立比较完善的港口运输市场体系，基本建立以港口为中心的国际集装箱运输、大宗散货运输等综合运输网络，港口布局更加完善、港口服务功能更加多样化，基本建成主要港口的智能化管理系统。

2010年，交通运输部党组提出要转变发展方式、加快发展现代交通运输业的战略任务，指出目前中国航运业的发展已进入一个关键阶段，要从以下四个方面推进中国交通运输业的快速发展：一是转变发展方式，加快运力结构调整，建设世界一流船队，积极引导中国国际海运企业加强与大型货主的战略联盟；二是利用好中国人力资源丰富的优势，更加重视中国海员队伍建设；三是争取在国际航运舞台上的参与权、话语权和主导权，选拔和输送中国优秀人才积极参与国际航运组织和国际航运事务活动，保障中国海外的航运利益和海员权益；四是加强航运安全管理，进一步重视节能减排工作，积极发展低碳经济和循环经济，节约能源，提高效能。在实现发展方式转变、加快发展现代交通运输业中，提升企业核心竞争力以及提高航运在国民经济运行中的

---

① 中马海洋科技合作联委会第一次会议及首届海洋科学研讨会在京举行，中国海洋报网站，http://epaper.oceanol.com/shtml/zghyb/20100316/64553.shtml. 2011年12月22日登录。

② 姜旭朝主编：《中华人民共和国海洋经济史》，北京：经济科学出版社，2008年5月，第168页。

③ 海洋交通运输白手起家闯大洋，中国海洋报网站，http://epaper.oceanol.com/shtml/zghyb/20090828/62158.shtml. 2011年12月2日登录。

④ 姜旭朝主编：《中华人民共和国海洋经济史》，北京：经济科学出版社，2008年5月，第185页。

服务和保障能力。[①]

2010 年，推动陆海联运成为中国海洋交通运输政策重点之一。2007 年以来，为推动中韩两国交通运输领域的互利合作，在中国交通运输部和韩国国土海洋部的牵头协调下，中韩双方就签署政府间《陆海联运汽车货物运输协定》及其第一阶段《实施议定书》进行了多轮磋商并最终达成一致。2010 年 9 月 7 日，中国交通运输部副部长翁孟勇与韩国国土海洋部次官金熙国分别代表中韩两国政府在山东威海正式签署《中华人民共和国政府和大韩民国政府陆海联运汽车货物运输协定》及其第一阶段的《实施议定书》，标志着中韩两国被牵引挂车将可搭乘船舶，率先在韩国和中国山东指定港口口岸之间开展陆海联运甩挂汽车运输[②]。

2010 年，在发展海洋交通运输业的过程中，对于海洋环境的保护受到高度重视。《防治船舶污染海洋环境管理条例》自 2010 年 3 月 1 日起施行，为进一步落实条例，2010 年 8 月和 10 月，交通运输部分别发布了《中华人民共和国船舶油污损害民事责任保险实施办法》[③]（交通运输部令 2010 年第 3 号）和《中华人民共和国船舶及其有关作业活动污染海洋环境防治管理规定》[④]（交通运输部令 2010 年第 7 号），进一步明确了船舶油污损害民事责任保险制度，用以保障船舶在发生油污事故后，能够具备与其赔偿责任限额相匹配的赔付能力，为中国建立了完善的船舶污染防治体系并树立了环保与安全并重、责任共担的理念。

2. 海洋旅游业

海洋旅游业依托海岸带、海岛及各种海洋景观资源，是中国传统海洋产业之一。2009 年 12 月，国务院发布《国务院关于加快发展旅游业的意见》[⑤]（国发〔2009〕41 号，以下简称《意见》）指出旅游业是战略性产业，资源消耗低，带动系数大，就业机会多，综合效益好，为充分发挥旅游业在保增长、扩内需、调结构等方面的积极作用，

---

① 中国船东协会第五次会员大会网页，交通运输部副部长徐祖远在中国船东协会第五次会员大会上的讲话，http：//www. csoa. cn/5GACSA/dahuify/201009/t20100921_ 831819. html. 2011 年 12 月 5 日登录。

② 中韩正式启动陆海联运甩挂运输，中华人民共和国交通运输部网站，http：//www. moc. gov. cn/djpth/201009/t20100908_ 758685. html. 2011 年 12 月 5 日登录。

③ 交通运输部海事局曹德胜副局长解读《中华人民共和国船舶油污损害民事责任保险实施办法》，中华人民共和国交通运输部网站，http：//www. moc. gov. cn/zhuzhan/zhengcejiedu/zhengcewenjian_ JD/chuanboyouwuSHMSZRSSBF_ JD/index. html. 2011 年 12 月 5 日登录。

④ 交通运输部海事局黄何副局长解读《中华人民共和国船舶及其有关作业活动污染海洋环境防治管理规定》，中华人民共和国交通运输部网站，http：//www. moc. gov. cn/zhuzhan/zhengcejiedu/zhengcewenjian_ JD/chuanbowuranhaiyanghuanjing_ FZGLGDJD/index. html. 2011 年 12 月 5 日登录。

⑤ 国家旅游局网站，http：//www. cnta. gov. cn/html/2009 - 12/2009 - 12 - 3 - 18 - 48 - 76377_ 1. html. 2011 年 12 月 5 日登录。

就加快发展旅游业提出了若干意见。《中华人民共和国国民经济和社会发展第十二个五年规划纲要》（以下简称《“十二五”规划纲要》）第十六章第二节中指出要全面发展国内旅游，坚持旅游资源保护和开发并重，加强旅游基础设施建设，推进重点旅游区、旅游线路建设，推动旅游业特色化发展和旅游产品多样化发展，全面推动生态旅游，奠定了促进中国海洋旅游业发展的政策原则。

为贯彻落实《意见》，国务院有关部门和沿海省市区从不同的角度大力推动海洋旅游业的发展。2011 年 5 月，中国公布国家级海洋保护区名录和首批国家海洋公园名单，涉及广东、广西、福建、江苏和山东 5 省区的 7 个公园，为海洋资源的开发保护和海洋旅游业的发展提供了重要内容。2010 年，舟山被列为国家旅游综合改革试点城市[①]。2011 年 8 月，《舟山市“十二五”海洋旅游业发展规划》正式出台，根据规划，“十二五”期间，舟山市将全面推进舟山海洋旅游产品体系建设，特别是旅游新业态新产品的开发建设，显著提升旅游管理、营销、服务和产品开发的市场化、国际化水平，实现海洋旅游业跨越式发展[②]。2011 年 8 月，宁波市政府以《浙江海洋经济发展示范区规划》为引导，以《宁波市旅游业发展“十二五”规划》为基本依据，以确立海洋旅游业作为宁波市海洋经济发展支柱产业地位为目标，使海洋旅游业成为宁波旅游业发展的新动力和形象载体，启动海洋旅游发展规划编制工作[③]。青岛市则以休闲游为突破口，发展复合性海洋旅游[④]。厦门市大做海洋文章，海洋旅游、渔业休闲、海岛旅游已成为厦门海洋经济新的增长极，未来将以游艇帆船业和休闲渔业品牌推动海洋旅游的发展[⑤]。此外，内陆省市也建立海洋主题旅游公园，打造海洋旅游业。2011 年国内最大极地海洋馆落户武汉[⑥]，成都建成海昌极地海洋世界[⑦]。

海南岛国际旅游岛的建设是推动海洋旅游业大力发展又一战略性举措。2009 年 12 月，国务院正式印发《国务院关于推进海南国际旅游岛建设发展的若干意见》，将海南国际旅游岛建设上升为国家战略。2010 年 6 月，国家发改委正式批复被视为海南国际

---

① 国家旅游局网站，http：//www. cnta. gov. cn/html/2011 －4/2011 －4 －2 －9 －30 －96556. html. 2011 年 12 月 1 日登录。

② 舟山市政府门户网站，http：//zs. zj. gov. cn/html/210980. html. 2011 年 12 月 1 日。

③ 宁波启动海洋旅游发展规划编制工作，http：//www. cnta. gov. cn/html/2011 －8/2011 －8 －20 －22 －52 －69689. html. 2011 年 12 月 1 日登录。

④ 国家旅游局网站，http：//www. cnta. gov. cn/html/2010 －12/2010 －12 －18 －9 －29 －08529. html. 2011 年 12 月 1 日登录。

⑤ 国家旅游局网站，http：//www. cnta. gov. cn/html/2010 －7/2010 －7 －11 －12 －18 －40462. html. 2011 年 12 月 1 日登录。

⑥ 武汉都市网，http：//www. whea. com. cn/news/2011/0624/1848. html. 2011 年 12 月 1 日登录。

⑦ 国家旅游局网站，http：//www. cnta. gov. cn/html/2010 －9/2010 －9 －26 －11 －51 －48475. html. 2011 年 12 月 1 日登录。

旅游岛建设基本蓝图和行动纲领的《海南国际旅游岛建设发展规划纲要》（下简称《规划纲要》）。《规划纲要》明确了海南国际旅游岛建设的指导思想、战略定位、发展目标和重点任务，并从空间布局、基础建设、产业发展、保障措施、近期行动计划等方面对国际旅游岛建设提出了具体工作安排。依据《规划纲要》，海南将着力培育度假旅游、海洋旅游、运动休闲、疗养休闲、商务会展、民族风情和文化、红色旅游、休闲农业与乡村旅游、热带森林等特色旅游和自助旅游等十大旅游产品。

3. 海洋渔业

海洋渔业是中国传统海洋产业，也是支柱产业。《中华人民共和国渔业法》（以下简称《渔业法》）对中国渔业政策主体和政策原则进行了规定。中国的海洋渔业实行统一领导、分级管理[①]，国务院渔业行政主管部门主管全国的渔业工作。国家对渔业生产实行以养殖为主，养殖、捕捞、加工并举，因地制宜，各有侧重的方针[②]，鼓励、扶持外海和远洋捕捞业的发展，合理安排内水和近海捕捞力量[③]，对海域养殖实行水域滩涂养殖发证登记政策，对海洋捕捞渔业实行总量控制和水产种质资源保护政策。

中国对海域养殖实行水域滩涂养殖发证登记政策。2010 年 5 月 24 日，农业部以 2010 年第 9 号部令颁发了《水域滩涂养殖发证登记办法》（以下简称《办法》），自 2010 年 7 月 1 日起施行[④]，对水域滩涂养殖发证登记进行了规范。2010 年 7 月 8 日，为贯彻落实《办法》，农业部发布《农业部关于稳定水域滩涂养殖使用权推进水域滩涂养殖发证登记工作的意见》[⑤]，要求各地政府部门依法加强养殖水域滩涂规划工作，加快养殖水域滩涂规划编制工作进度，认真做好水域滩涂养殖发证登记工作。

中国对海洋捕捞渔业实行总量控制政策。自 1987 年开始，国家对海洋捕捞渔船数量和功率实行总量控制制度。按照总量控制的原则，1999 年、2000 年农业部分别实施了海洋捕捞“零增长”和“负增长”政策，进一步加大了对海洋捕捞强度的控制力度。2003 年，为贯彻保护环境、保护资源的基本国策，有效减轻海洋捕捞强度，养护和合理利用海洋渔业资源，促进渔业可持续发展，经国务院同意，农业部印发了《关于 2003—2010 年海洋捕捞渔船控制制度实施意见》，对海域捕捞渔船实施严格的控制制度。

2010 年 11 月 25 日，农业部公布第四批国家级水产种质资源保护区名单，批准建

---

① 《中华人民共和国渔业法》第七条。

② 《中华人民共和国渔业法》第三条。

③ 《中华人民共和国渔业法》第十四条

④ 中国渔业政务网，http：//www. cnfm. gov. cn/info/display. asp? sortid = 37&id = 49809. 2011 年 12 月 29 日登录。

⑤ 中国渔业政务网，http：//www. cnfm. gov. cn/info/display. asp? sortid = 58&id = 51530. 2011 年 12 月 29 日登录。

立60处国家级水产种质资源保护区（第四批）[①]，其中涉及海洋资源的保护区包括昌黎海域国家级水产种质资源保护区、南戴河海域国家级水产种质资源保护区、南大港国家级水产种质资源保护区和西沙群岛永乐环礁海域国家级水产种质资源保护区4处保护区，进一步加强了种质海洋资源的保护力度。

2011年3月11日，为深入落实科学发展观，养护和合理利用海洋资源，促进渔业可持续发展，维护广大渔民的合法权益和长远利益，农业部办公厅发布了《农业部关于"十二五"期间进一步加强捕捞渔船管理控制海洋捕捞强度的通知》[②]（以下简称《"十二五"通知》）对"十二五"期间进一步控制海洋捕捞强度进行了部署。《"十二五"通知》指出，当前中国经济社会正处在快速发展阶段，海洋捕捞强度仍然超过资源的可承载能力，特别是随着新的国际海洋制度的建立，中国与周边国家陆续签订渔业或海域划界协定，我渔船的作业渔场缩小，必须继续实施海洋捕捞渔船数量和功率总量控制制度，强化海洋生物资源养护措施，坚持并不断完善海洋伏季休渔制度，继续鼓励渔民减船转产，完善渔区社会保障制度，认真执行渔业油价补贴政策。

4. 海洋油气业

海洋油气产业是中国重要海洋产业之一，在国民经济中占据重要地位。2010年，中海油实现油气产量突破5000万吨，相当于建成一个"海上大庆油田"，这标志着中国成为世界海洋石油生产大国，在海洋石油勘探和开发、海洋工程技术和大型装备等领域进入世界先进行列[③]。党中央、国务院对"十二五"期间海洋油气产业的发展作出了战略部署，《中共中央关于制定国民经济和社会发展第十二个五年规划的建议》（以下简称《"十二五"规划建议》）中提出发展海洋油气产业，海洋油气产业成为优化海洋产业结构的重要内容之一。

在促进海洋油气产业发展方面，呈现扶持海洋油气从浅海向深海发展、积极扶持海洋油气工程装备的自主研发与制造、加强海洋油气勘探开发的科技攻关等政策特点。

中海油将深海油田勘探开发作为海洋油气勘探开发的重点发展方向。"十二五"期

① 农业部公布第四批国家级水产种质资源保护区名单，中国渔业政务网，http://www.cnfm.gov.cn/info/display.asp?sortid=52&id=55973.2011年12月29日登录。

② 农业部关于"十二五"期间进一步加强渔船管理控制海洋捕捞强度的通知，中国渔业政务网，http://www.cnfm.gov.cn/info/display.asp?sortid=46&id=58095.2011年12月29日登录。

③ 中国海洋油气开采将从大陆架走向深海，新华网，http://news.xinhuanet.com/politics/2011-05/23/c_121448501.htm.2011年12月29日登录。

间，中海油提出建设“深海大庆”的目标，将油气产量从“十一五”末的5 000万吨油当量提高到1亿~1.2亿吨油当量，其中，国内油气产量达到6 500万~7 000万吨油当量（近海建设5 000万吨产能，同时有2~3个深海油气田建成投产），海外达到2 000万~3 000万吨，进口液化天然气达到1 500万~2 000万吨，煤制天然气达到80亿~100亿立方米。为实现“十二五”目标，中海油将建立深海实验室和深海作业船队，加大深海勘探开发力度，总计投资2 500亿~3 000亿元。其中，计划投入300亿元建造第二批海洋工程装备，比“十一五”期间增长1倍。①

中国积极扶持海洋油气工程装备的自主研发与制造。2010年发布的《国务院关于加快培育和发展战略性新兴产业的决定》和2011年发布《海洋工程装备产业创新发展战略（2011—2020）》均将海洋油气工程装备产业及相关产业作为重点发展的产业之一。此外，各地方省市也将海洋工程装备产业作为发展海洋经济的重要内容。2010年3月31日，由海洋石油天然气行业巨头——美国ESI海洋工程技术公司投资6亿元建设的海工装备基地项目落户辽宁盘锦，拉开建设海洋工程装备制造业基地的序幕②。天津将海洋石油化工业作为海洋产业的支柱，大力提高油气资源勘探水平和开采、炼油、加工能力，建设国家战略石油储备基地；重点发展专业船舶、高技术高附加值的大型船舶、海上工程装备和港口机械等海洋高端装备制造业③。

中国不断加强海洋油气勘探开发的科技攻关。2011年2月，国家发展和改革委员会批复了海洋石油勘探国家工程实验室的组建方案，主要建设海洋石油勘探技术集成与应用、海洋石油勘探数据分析、海洋石油勘探波动信号特征分析、海洋石油勘探装备设计与集成、地球物理测井技术等研发平台。“十一五”以来，中国启动多项海洋油气勘探开发相关科技攻关和科技示范项目，并取得了丰硕的成果。2011年5月，深水铺管起重船“海洋石油201”首次试航。④“海洋石油201”是亚洲首艘具备3000米级深水作业能力的海洋工程船舶，其总体技术水平和综合作业能力在国际同类工程船舶中处于领先地位。2011年5月，国家重大专项3 000米深水半潜式钻井平台（“海洋石油981”）建成，3000米深水半潜式钻井平台是中国海洋石油工业和船舶工业的标志性工程，它的建成填补了中国在深水钻井平台设备建造方面的空白，使中国深水油气资

① 十二五投资3 000亿－油气开发步入“海洋时代”，中国化工信息网，http：//www.cheminfo.gov.cn/ZXZX/page_ info.aspx? id＝321010&Tname＝hgyw&c＝10.2011年12月29日登录。

② 辽宁沿海经济带开发开放再提速，中华人民共和国发展和改革委员会网站，http：//www.ndrc.gov.cn/xxfw/qyyb/t20100415_ 340781.htm.2011年12月29日登录。

③ 天津加快发展海洋经济和海洋事业十二五基本建成五大海洋产业区，中华人民共和国发展和改革委员会网站，http：//www.ndrc.gov.cn/xxfw/qyyb/t20110211_ 394421.htm.2011年12月29日登录。

④ 海洋石油201”首次试航，中国海洋石油总公司网站，http：//www.cnooc.com.cn/data/html/news/2011－06－29/chinese/302259.html.2011年12月29日登录。

源的勘探开发能力和大型海洋工程装备建造水平跨入了世界先进行列。

5. 海洋工程装备业

海洋工程装备主要指海洋资源（特别是海洋油气资源）勘探、开采、加工、储运、管理、后勤服务等方面的大型工程装备和辅助装备，具有高技术、高投入、高产出、高附加值、高风险的特点，是先进制造、信息、新材料等高新技术的综合体，产业辐射能力强，对国民经济带动作用大。[①] 海洋工程装备产业是中国重点发展的战略性新兴产业之一，是开发利用海洋资源的物质和技术基础，是船舶工业调整和振兴的重要方向。2010 年 10 月，《国务院关于加快培育和发展战略性新兴产业的决定》[②]（国发〔2010〕32 号）指出了中国战略性新兴产业发展的 7 个重点领域。高端装备制造产业是中国政府确立的七大战略性新兴产业之一，而其中的海洋工程装备产业是发展的重点之一。

为贯彻落实《国务院关于加快培育和发展战略性新兴产业的决定》精神，增强海洋工程装备产业的创新能力和国际竞争力，推动海洋资源开发和海洋工程装备产业创新、持续、协调发展，国家发展改革委、科技部、工业和信息化部、国家能源局发布了《海洋工程装备产业创新发展战略（2011—2020）》（以下简称《战略》）。[③]

《战略》明确了海洋工程装备产业的发展方向、目标、战略重点、实施路径和政策措施。《战略》确定了主力海洋工程装备、新型海洋工程装备、前瞻性海洋工程装备、关键配套设备和系统、关键共性技术等 5 大战略重点。根据《战略》，到 2015 年，基本形成海洋工程装备产业的设计制造体系，初步掌握主力海洋工程装备的自主设计和总包建造技术、部分新型海洋工程装备的制造技术、以及关键配套设备和系统的核心技术，基本满足国家海洋资源开发的战略需要；到 2020 年，形成完整的科研开发、总装制造、设备供应、技术服务产业体系，打造若干知名海洋工程装备企业，基本掌握主力海洋工程装备的研发制造技术，具备新型海洋工程装备的自主设计建造能力，产业创新体系完备，创新能力跻身世界前列。在战略实施路径上，一是要支持创新驱动；实施产业创新发展工程；二是要以需求为牵引，形成产业联盟；三是要加强国际合作、打造一流队伍人才；四是要加强政策引导，完善产业结构。政策上，将加大国家对海

---

① 海洋工程装备产业创新发展战略，http：//www.gov.cn/gzdt/att/att/site1/20110916/001e3741a2cc0fdd4fd101.pdf. 2011 年 12 月 29 日登录。

② 国务院关于加快培育和发展战略性新兴产业的决定，中华人民共和国中央政府网站，http：//www.gov.cn/zwgk/2010－10/18/content_ 1724848.htm. 2011 年 12 月 29 日登录。

③ 关于印发海洋工程装备产业创新发展战略（2011—2020）的通知，中华人民共和国中央政府网站，http：//www.gov.cn/zwgk/2011－09/16/content_ 1949317.htm. 2011 年 12 月 29 日登录。

洋装备产业的支持力度，鼓励海洋装备制造业的研发和创新，改善和完善金融服务等。

为进一步促进海洋工程装备制造业持续健康发展，中国于2012年3月发布了《海洋工程装备制造业中长期发展规划》①。规划进一步明确了2011—2020年期间中国海洋工程装备制造业的发展目标，即：经过十年的努力，使中国海洋工程装备制造业的产业规模、创新能力和综合竞争力大幅提升，形成较为完备的产业体系，产业集群形成规模，国际竞争力显著提高，推动中国成为世界主要的海洋工程装备制造大国和强国。

6. 海水淡化产业

中国是淡水资源缺乏的国家，发展海水淡化产业，对缓解中国沿海缺水地区和海岛水资源短缺，促进中西部地区苦咸水淡化利用，优化用水结构等有重要意义。中国自上世纪50年代以来开始研究海水淡化，到2010年底，全国海水淡化工程实际产水量42.5万吨/日，年海水直接利用量近500亿立方米②，主要用于解决沿海城市工业用水和海岛生活饮用水。“十一五”期间，我国海水淡化能力快速增长，在此过程中我国已自主研发、掌握多项海水淡化高、精、尖技术，自主创新海水利用技术取得重大突破，已具备进一步发展的条件和基础。为加快发展海水淡化产业，2012年2月，国务院办公厅发布了《关于加快发展海水淡化产业的意见》（国办发〔2012〕13号）（以下简称《意见》）。

《意见》提出了中国海水淡化产业的发展目标，到2015年，中国海水淡化能力达到220万~260万立方米/日，对海岛新增供水量的贡献率达到50%以上，对沿海缺水地区新增工业供水量的贡献率达到15%以上；海水淡化原材料、装备制造自主创新率达到70%以上；建立较为完善的海水淡化产业链，关键技术、装备、材料的研发和制造能力达到国际先进水平。根据《意见》，中国海水产业的发展将作为一项系统工程，建立由国家发改委牵头，科技部、工业和信息化部、财政部、环境保护部、住房城乡建设部、水利部、卫生部、国家税务总局、国家质检总局、国家能源局、国家海洋局等有关部门参加的海水淡化产业发展部际协调机制。国家发改委负责综合协调和推动指导，各有关部门按照职责分工做好工作。重点工作包括加强关键技术和装备研发、提高工程技术水平、培育海水淡化产业基地、组建海水淡化产业联盟、实施海水淡化示范工程、建设海水淡化示范城市和推动使用海水淡化水等。主要政策将从财政税收、金融信贷、价格指导、法律法规等方面对海水淡化产业予以支持，并加强海水淡化产

① 海洋工程装备制造业中长期发展规划，中国网，http://www.china.com.cn/policy/txt/2012-03/22/content_24958675.htm.2012年5月21日登录。

② 中国年海水直接利用量近500亿立方米，新华岗，http://news.xinhuanet.com/2010-06-03/c_12178646.htm.2011年12月29日登录。

业的监督管理，强化宣传培训，确保海水淡化产业与生态环境协调发展，广泛宣传海水淡化的重大意义，提高海水淡化从业人员的技术水平和业务素质。

（六）海洋教育与人才发展

1. 海洋宣传与教育

海洋宣传教育的主要目的是要不断增强全民族海洋意识，为推动海洋经济又好又快发展营造良好的外部舆论环境。举办世界海洋日暨全国海洋日主场活动是海洋宣传的重要内容之一。2008 年，中国决定启动“全国海洋宣传日”活动，其目的在于通过连续性、大规模、多角度的宣传，以全民参与的社会活动为载体，以媒体宣传报道为媒介，构建海洋意识宣传平台，主动传播海洋知识，挖掘、传承海洋文化，引导舆论关注海洋热点问题，促进全社会认识海洋、关注海洋、善待海洋和可持续开发利用海洋，努力提高全民族的海洋意识。2010 年，“全国海洋宣传日”调整到 6 月 8 日，与 2008 年第 63 界联合国大会决定的每年 6 月 8 日“世界海洋日”一并更名为“世界海洋日暨全国海洋宣传日”。[①] 2008 年至 2011 年 4 年间，海洋宣传日主场活动分别以“海洋与奥运”、“海洋中国六十年”、“关爱海洋——我们一起行动”和“辛亥百年、海洋振兴”[②③]，对于提高公众海洋意识，努力营造良好的海洋发展外部环境起到了良好的效果。

为加强海洋宣传与教育工作，2011 年，国家海洋局成立了直属事业单位——国家海洋局宣传教育中心，负责海洋意识的普及教育并组织开展海洋公众宣传工作。

2. 海洋人才发展

海洋事业是人才密集型事业，海洋事业的振兴离不开高素质人才，培养造就高素质海洋人才队伍并形成合理的人才结构和人才梯队是发展海洋事业的根基所在。作为中国海洋行政主管部门，国家海洋局高度重视海洋人才队伍建设工作，先后出台多项政策引进和培养各层次海洋人才，努力打造一流的海洋人才队伍。

为尽快培养一支规模宏大、素质优良的海洋人才队伍，2010 年 9 月，国家海洋局

---

① 世界海洋日暨全国海洋宣传日由来，中国海洋报网站，http：//epaper. oceanol. com/shtml/zghyb/20110607/72089. shtml. 2011 年 12 月 22 日登录。

② 历届全国海洋宣传日主题，中国海洋报网站，http：//epaper. oceanol. com/shtml/zghyb/20110607/72090. shtml. 2011 年 12 月 22 日登录。

③ 2011 世界海洋日暨全国海洋宣传日口号，中国海洋报网站，http：//epaper. oceanol. com/shtml/zghyb/20110607/72088. shtml. 2011 年 12 月 22 日登录。

与教育部在北京大学举行签字仪式，合作共建北京大学、清华大学、北京师范大学、中国地质大学（北京）、天津大学、大连理工大学、上海交通大学、同济大学、南京大学、河海大学、浙江大学、厦门大学、中国海洋大学、武汉大学、中国地质大学（武汉）、武汉理工大学、中山大学17所高校。① 国家海洋局将对共建高校的海洋特色学科建设、海洋科研项目立项、海洋人才培养等方面给予大力支持。同时，鼓励海洋系统各级部门进一步加强与教育系统的广泛合作，大力实施产学研协作，尽快培养造就一支规模宏大、素质优良的海洋人才队伍，不断提升海洋综合管理和海洋科技创新水平，共同推动海洋事业又好又快发展。共建高校将积极发挥人才培养优势和科技创新优势，积极承担各类人才培养、培训任务，主动开展海洋战略、产业经济、政策法规等方面研究和科技难题攻关。

为加强高层次人才队伍建设，贯彻落实《国家中长期人才发展规划纲要（2010—2020）》，国家海洋局分别于2010年8月和2011年5月制定了《引进高层次海洋人才实施办法（试行）》②（以下简称《实施办法》）和《海洋系统“十二五”引进留学人才计划》③（以下简称《计划》）。依据《实施办法》和《计划》，将在2011年—2015年期间，选派百名海洋人才出国留学，同时引进百名在国外取得博士学位的留学人才回国工作（以下简称“双百计划”）。

2011年10月，国家海洋局、教育部、科学技术部、农业部、中国科学院联合印发了中国第一个海洋人才发展中长期规划——《全国海洋人才发展中长期规划纲要（2010年—2020年）》（以下简称《规划纲要》），成为今后一个时期中国海洋人才工作的指导性文件。《规划纲要》共分为6个部分，分别阐述了海洋人才发展的指导思想、基本原则、发展目标、主要任务、工作机制、政策措施、重点工程和规划实施等内容。在人才培养方向上，《规划纲要》强调根据海洋事业各领域的发展和转变海洋经济发展方式的需要，着力打造7支海洋人才队伍，重点实施7项海洋人才工程（计划）；在人才政策实施方式上，《规划纲要》指出，要完善海洋人才管理体制和工作机制，建立中央与地方海洋人才工作联动机制，强化海陆互动的人才交流合作机制，全面落实海洋人才工作优先投入、推动海洋教育全面发展、产学研合作培养创新型海洋人才、支持海洋基础学科人才发展、加强高层次海洋人才引进、促进青年海洋人才发展、完善海

① 国家海洋局与教育部共建北京大学等十七所高校，中国海洋报网站，http://epaper.oceanol.com/shtml/zghyb/20100917/67494.shtml. 2011年12月22日登录。

② 国家海洋局发布引进高层次海洋人才实施办法，中国海洋报网站，http://epaper.oceanol.com/shtml/zghyb/20100831/67234.shtml. 2011年12月22日登录。

③ 国家海洋局关于印发《海洋系统“十二五”引进留学人才计划》的通知，千人计划网站，http://www.1000plan.org/qrjh/article/17207. 2011年12月22日登录。

洋人才发展服务等7项政策措施，确保海洋人才工作顺利开展。

四、“十二五”海洋政策要点

《“十二五”规划建议》和《“十二五”规划纲要》是关于中国经济社会发展的纲领性文件，其中对海洋的表述是中国综合海洋政策的具体体现，提出了“十二五”期间中国海洋事业发展和政策着力的重要方向：一是以发展海洋经济为核心，二是坚持陆海统筹。2012年3月，温家宝总理在《政府工作报告》中将“制定和实施海洋发展战略，促进海洋经济发展”纳入2012年加快转变经济发展方式的工作重点。

《“十二五”规划建议》在第四部分“发展现代产业体系，提高产业核心竞争力”第17点提出了“发展海洋经济”的“百字方针”①——“坚持陆海统筹，制定和实施海洋发展战略，提高海洋开发、控制、综合管理能力。科学规划海洋经济发展，发展海洋油气、运输、渔业等产业，合理开发利用海洋资源，加强渔港建设，保护海岛、海岸带和海洋生态环境。保障海上通道安全，维护中国海洋权益。”依据《“十二五”规划建议》发展海洋经济的“百字方针”，《“十二五”规划纲要》对发展海洋经济提出具体的实施措施，主要包含两个方面。一是优化海洋产业结构，科学规划海洋经济发展，合理开发利用海洋资源，积极发展海洋油气、海洋运输、海洋渔业、滨海旅游等产业，培育壮大海洋生物医药、海水综合利用、海洋工程装备制造等新兴产业。加强海洋基础性、前瞻性、关键性技术研发，提高海洋科技水平，增强海洋开发利用能力。深化港口岸线资源整合和优化港口布局。制定实施海洋主体功能区规划，优化海洋经济空间布局。推进山东、浙江、广东等海洋经济发展试点。二是加强海洋综合管理，完善海洋管理体制，强化海域和海岛管理，健全海域使用权市场机制，推进海岛保护利用，扶持边远海岛发展。统筹海洋环境保护与陆源污染防治，加强海洋生态系统保护和修复。控制近海资源过度开发，加强围填海管理，严格规范无居民海岛利用活动。完善海洋防灾减灾体系，增强海上突发事件应急处置能力。加强海洋综合调查与测绘工作，积极开展极地、大洋科学考察。完善涉海法律法规和政策，加大海洋执法力度，维护海洋资源开发秩序。加强双边多边海洋事务磋商，积极参与国际海洋事务，保障海上运输通道安全，维护我国海洋权益。

“百字方针”和《“十二五”规划纲要》中对海洋的表述概括了“十二五”期间中国海洋政策的内涵和方向。一是以发展海洋经济为核心。改革开放以来，中国经济持

---

① 舟山群岛：开发西太平洋的战略基地，http://finance.sina.com.cn/roll/20110720/103910178626.shtml，2011年11月20日登录。

续高速发展，伴随着社会的发展和城镇化的不断提高，环境和生态日益问题严峻，经济增长方式亟需转变，海洋经济作为新的增长领域将在国民经济增长方式转变中发挥重要作用。2011年1月、3月和7月，国务院先后批复《山东半岛蓝色经济区发展规划》、《浙江海洋经济发展示范区规划》、《广东海洋经济综合试验区发展规划》。2011年6月30日，国务院正式批复中国第四个国家级新区——舟山群岛新区。依据规划，舟山群岛新区被定义为海洋经济发展的先导区、海洋综合开发试验区和长江三角洲地区经济发展的重要增长极。山东、浙江、广东海洋经济区和舟山群岛新区的确立，奠定了中国快速发展海洋经济的重要格局。二是坚持陆海统筹。中国沿海地区已经成为中国经济发展最快、最富有活力的地区，但随着经济和社会的发展，沿海地区面临着日益严峻的资源环境及人口增长压力，可持续发展成为重要方向。海洋可以为经济和社会发展提供丰富的资源和广阔的空间，缓解陆地区域的环境和生态承载力。正是在这样的背景下，国务院提出陆海统筹的发展方式，成为沿海地区可持续发展的重要手段。从2009年年初起，国务院先后批准《珠江三角洲地区改革发展规划纲要》、《关于支持福建省加快建设海峡西岸经济区的若干意见》、《江苏沿海地区发展规划》、《辽宁沿海经济带发展规划》和《黄河三角洲高效生态经济区发展规划》，构建了陆海统筹发展的战略格局。

五、小　结

在邓小平理论、“三个代表”重要思想和科学发展观的指导下，中国的海洋政策以促进海洋经济发展方式转变为主线，全力推动海洋经济又好又快发展。2010年，中国的海洋政策着力于海洋事业发展的各个方面：强化海洋环境保护，促进海洋生态保护区的建设；不断完善海域和海岛使用政策，逐步建立海域和海岛使用的市场化配置机制；促进海洋科技创新促、加快产学研一体化步伐，进一步引领和支撑海洋经济和海洋事业健康发展；在注重传统海洋产业发展的同时，更加侧重于促进海洋新兴产业的发展，提高海洋新兴产业中的科技含量和附加值；培养造就高素质海洋人才队伍，形成合理的人才结构和人才梯队；以全国海洋日为载体，不断增强全民族海洋意识，努力营造良好的外部舆论环境，推动海洋事业快速发展。在《“十二五”规划建议》和《“十二五”规划纲要》的指导下，“十二五”期间，海洋政策将以发展海洋经济为重点，坚持陆海统筹，推动中国海洋事业的全面发展。

第十三章　中国的海洋规划

中国经济和社会发展规划实行三级三类的规划管理体系。即，按行政层级分为国家级规划、省（区、市）级规划、市县级规划；按对象和功能类别分为总体规划、专项规划和区域规划。海洋规划是指在一定地域范围内对海洋经济发展和海洋资源利用的总体部署，是在一定时期内对海洋开发、利用、治理及保护活动进行统筹安排的战略方案和指导性计划。海洋规划属于“关系国民经济和社会发展全局的重要领域”，“涉及重大产业布局或重要资源开发的领域”，它应归于国家级专项规划。海洋规划是海洋综合管理的重要手段。经过多年的发展，国家海洋规划体系正在逐步形成，成为制定海洋事业发展相关政策的重要依据之一。

一、海洋规划的发展历程

（一）发展背景

中国区域规划工作自 20 世纪 80 年代才开始，海洋规划起步更晚。制定海洋规划，对于保障海洋开发活动有序进行、促进海洋经济和海洋事业持续健康发展具有重要的意义。在国家总体规划方面，海洋工作在《国民经济和社会发展第十一个五年规划纲要》中得到较为集中和全面的反映，确立了海洋在国民经济和社会发展中的重要地位。

《国务院关于进一步加强海洋管理工作若干问题的通知》（国发［2004］24 号）指出，“要按照国家统一部署，把海洋经济发展和海洋综合管理纳入国家经济和社会发展总体规划，统筹安排，同步实施。”对当前和今后一个时期海洋管理工作提出了新的、更高的要求。《国务院关于加强国民经济和社会发展规划编制工作的若干意见》（国发［2005］33 号）指出，“编制国家级专项规划原则上限于关系国民经济和社会发展大局、需要国务院审批和核准重大专项以及安排国家投资数额较大的领域。主要包括：农业、水利、能源、……基础设施建设，土地、水、海洋……等重要资源的开发保护，……。”可以看出，海洋属于国家重点关注的领域之一。《国家发展改革委关于印发 2005 年专项规划编制计划的通知》（发改规划［2005］537 号）中，列入国家专项规划序列的三项海洋规划是：海洋事业发展规划、重点海域环境保护规划、海水利用专项规划。

《中共中央关于制定国民经济和社会发展第十一个五年规划的建议》明确指出，要积极开展海水淡化；开发和保护海洋资源，大力发展海洋经济；珠江三角洲、长江三角洲、环渤海地区，要继续发挥对内地经济发展的带动和辐射作用；强化对水源、土地、森林、草原、海洋等自然资源的生态保护；加强自然保护区、重点生态功能区和海岸带的生态保护和管理；在信息、生命、空间、海洋、纳米及新材料等战略领域超前部署。

在《国家中长期科学和技术发展规划纲要》（2006—2020年）的重点领域及其优先主题中，有关的海洋内容被列入重点领域的优先主题，包括：海水淡化、海洋资源高效开发技术、海洋生态与环境保护、大型海洋工程技术与装备；前沿技术中也纳入了海洋技术，包括：海洋环境立体监测技术、大洋海底多参数快速探测技术、天然气水合物开发技术、深海作业技术。

党和国家领导人十分关心海洋工作，多次对海洋工作做出重要批示。中共中央总书记、国家主席、中央军委主席胡锦涛要求“在做好陆地规划的同时，要增强海洋意识，做好海洋规划”。分管海洋工作的中共中央政治局常委、国务院副总理李克强也曾指示“要进一步加强海洋的立法、规划、管理能力”、“加快制定和实施海洋发展规划”。近年来，多种海洋事业发展规划不断研拟和出台。海洋政策法规与规划体系的形成和完善，推动了海洋经济又好又快发展。

2011年，《国民经济和社会发展第十二个五年规划纲要》第十四章第一节明确提出要“科学规划海洋经济发展”。在“十二五”期间，要认真贯彻落实五中全会的部署，做好海洋规划，从全球视野和民族复兴的大视角，科学定位、认清挑战、更新思想观念、优化体制机制，紧紧抓住和充分利用战略机遇期，坚持陆海统筹，处理好陆地与海洋的关系，处理好经济社会发展与资源环境开发利用的关系，推动海洋事业科学发展，为夺取全面建设小康社会新胜利做出贡献。

国家发展的总体战略部署为海洋事业的发展指明了方向，为海洋规划的编制提供了依据。在实现第三步战略目标的进程中，海洋为国民经济发展做出了重要的贡献。

（二）发展历史

海洋规划是随着海洋经济和海洋事业的发展需要而逐步发展和完善起来的。中国已在海洋战略规划方面开展了大量卓有成效的工作。1978年，制定了“查清中国海、进军三大洋、登上南极洲”的海洋科技发展战略规划；20世纪90年代，分别制定和出台了《全国海洋开发规划》、《中国海洋事业的发展》、《中国海洋21世纪议程》等政策性文件；2003年国务院颁布了《全国海洋经济发展规划纲要》；2008年发布了《国家海洋事业发展规划纲要》，此外，还组织编制了《国家极地科考能力建设规划》《国际海底区域调查方案》《海监船飞机建造规划》等一批专项规划，并分别获国务院批准[①]。这些规划多方位勾画出海洋事业发展蓝图，指导海洋事业全面发展。一个由国家总体规划、国家专项规划、国家区域规划及省级规划所组成的海洋规划体系正在逐步形成。按照不同时期的发展特点，海洋规划大致可分为以下三个阶段。

1. 初级发展阶段

新中国成立之初，海洋事业与海洋规划同新中国各行业、各领域的发展一样，处于百废待兴的起步阶段，在不断探索和实践中前进。这一时期，受国家政治、经济和社会大环境的影响，中国政府认识到建设海防的重要性，海洋政策也侧重于壮大海军与海防建设方面，同时，受海洋事业发展工作内容的局限，早期的海洋工作侧重科研调查，海洋规划也主要侧重于对海洋科学研究工作的安排和部署。随着经济的发展，逐渐开始重视海洋传统产业的发展工作。

这一阶段，先后编制了《1956—1967 年海洋科学发展远景规划》、《1963—1972 年海洋科学发展规划》和《1975—1985 年全国海水淡化科学技术发展规划》等。改革开放后不久，国家计委、国土局组织制定了《全国国土总体规划纲要》，并将“海岸带和海洋资源开发利用规划设想”作为其中内容之一。

2. 快速发展阶段

改革开放后至二十世纪末，中国的海洋政策集中体现在大力推动海洋经济的发展方面。在海洋政策的指导下，编制并出台了一系列相关的海洋规划。这一时期，海洋规划虽有所局限，但已纳入国家宏观管理范畴。1986 年，国家海洋局组织完成了“海岸带和海洋资源开发利用规划设想”，提交了规划设想报告和部分图件及录像片，报告内容作为《全国国土总体规划纲要》第十章。同期，国家海洋局还组织开展了“渤海国土综合开发规划研究”工作，研究报告有关内容也纳入了《全国国土总体规划纲要》[②]。1989 年，中国开始了小比例尺海洋功能区划研究试点工作。1991 年，国家计委和国家海洋局组织有关部委和沿海省市开展了《全国海洋开发规划》的编制工作。1994 年，中国发布了第一个具有全局性和战略性的海洋规划——《全国海洋开发规划》。全国海洋规划及沿海各省、市相继开展的海洋规划工作，为深入研究海洋规划理论提供了经验和坚实的基础。

---

① “发展海洋事业 建设海洋强国“，《中国海洋报》重要新闻版，2005 年 3 月 11 日。

② 刘佳，李双建，“我国海洋规划历程及完善规划发展研究初探”，《海洋开发与管理》，2011 年第 5 期

随后，《九十年代我国海洋政策和工作纲要》（1991 年）、《海洋技术政策（蓝皮书）》（1993 年）、《海洋 21 世纪议程行动计划》（1996 年）、《全国海洋生态环境保护与建设规划》、《中国海洋生物多样性保护行动计划》、《全国海洋环保“九五”（1996—2000 年）计划和 2010 年长远规划》和《“九五”（1996—2000 年）和 2010 年全国科技兴海实施纲要》（1996 年）等海洋规划相继出台[①]。

这一时期，中国海洋规划开始步入正轨，逐步延伸到国家和地方诸多层次，并扩展到海洋事业发展的多个领域，进入了快速发展阶段。

3. 全面发展阶段

进入 21 世纪，中国海洋事业迅速发展，海洋经济成为国民经济新的增长点。海洋规划工作得到了进一步加强了，海洋总体规划、各类海洋专项规划和地方海洋规划大量出现。其中多部由国务院印发或批复，标志着海洋规划纳入了国家重点领域专项规划范畴，海洋规划进入了全面发展的新阶段。

（1）2002 年《全国海洋功能区划》

海洋功能区划是根据海域区位、自然资源、环境条件和开发利用的要求，按照海洋功能标准，将海域划分为不同类型的功能区。目的是为海域使用管理和海洋环境保护工作提供科学依据，为国民经济和社会发展提供用海保障。为了合理使用海域、保护海洋环境、促进海洋经济的可持续发展，依据《中华人民共和国海域使用管理法》、《中华人民共和国海洋环境保护法》及国家有关法律法规和方针、政策，2002 年 8 月 22 日，国务院批准了《全国海洋功能区划》，它成为国家在海域管理方面实行的一项重要制度。到 2006 年底，全国已有 10 个省份编制完成了海洋功能区划。2012 年 3 月 3 日，《全国海洋功能区划（2011—2020）》获国务院正式批准。

（2）2003 年《全国海洋经济发展规划纲要》

为了促进全国海洋经济又好又快地发展，2003 年 5 月 9 日国务院发出通知，批准实施《全国海洋经济发展规划纲要》。《全国海洋经济发展规划纲要》明确提出了建设海洋强国的战略目标，实施以海富国、以海强国战略。国务院通知还要求沿海各省、自治区、直辖市人民政府要根据《全国海洋经济发展规划纲要》制定本地区的海洋经济发展规划，并要求国务院海洋行政主管部门“加强对地方海洋经济发展规划编制工作的指导与协调，并监督实施。”

（3）2005 年《海水利用专项规划》

2003 年，海水利用被正式列入《中华人民共和国国民经济和社会发展第十个五年

① 刘佳，李双建：“我国海洋规划历程及完善规划发展研究初探”，《海洋开发与管理》，2011 年第 5 期。

计划纲要》和《全国海洋经济发展规划纲要》。同年，《海水利用专项规划》的编制工作启动。2005 年 8 月，国家发改委、国家海洋局、财政部以发改环资［2005］1561 号文印发了《海水利用专项规划》，提出了中国海水利用发展目标、发展重点、区域布局与重点工程等，内容包括海水淡化、海水直接利用、海水化学资源综合利用及相关产业的发展，对于促进沿海地区水资源的可持续利用，引导海水利用产业快速、健康发展具有十分重要的意义。

（4）2006 年《全国沿海港口布局规划》

随着中国工业化和城镇化进程的不断加快，沿海港口面临新的发展机遇。2006 年 8 月 16 日，国务院第 146 次常务会议审议通过了《全国沿海港口布局规划》[①]，这是继《长江三角洲、珠江三角洲、渤海湾三区域沿海港口建设规划》之后，又一个指导今后较长时期沿海港口持续健康发展的纲领性文件。

（5）2006 年《国家“十一五”海洋科学和技术发展规划纲要》

为贯彻全国科学技术大会精神，落实《国家中长期科学和技术发展规划纲要（2006—2020 年）》，加快海洋科技发展，推进国家海洋科技创新体系建设，提升中国海洋科技水平和能力，支撑和引领海洋经济快速发展，保障海洋安全，2006 年，国家海洋局、科学技术部、国防科学技术工业委员会、国家自然科学基金委员会联合印发了《国家“十一五”海洋科学和技术发展规划纲要》。这是中国首个国家海洋科学和技术发展规划，为中国今后一段时期海洋科技发展绘就了蓝图。

（6）2007 年《全国海洋环境监测体系业务“十一五”发展规划（纲要）》

为贯彻落实党中央和国务院领导关于强化海洋环境监测工作的指示，统筹国家“十一五”海洋环境监测体系业务发展，提升中国海洋环境监测水平和能力，2007 年 1 月，国家海洋局印发《全国海洋环境监测体系业务“十一五”发展规划（纲要）》对“十一五”期间海洋环境监测工作作出了全面部署和安排。

（7）2008 年《全国海洋标准化“十一五”发展规划》

为加强“十一五”期间标准化工作的宏观规划和指导，国家标准委启动了国家标准化“十一五”规划编制工作，国家海洋局以国海发［2008］17 号文印发了《全国海洋标准化“十一五”发展规划》，明确了“十一五”期间中国海洋标准化工作发展思路和目标，确定了 12 个重点领域和 288 项海洋标准制修订项目。该《规划》的实施，对于加强海洋标准化工作的宏观指导，提升中国海洋标准化工作水平，为海洋经济建设和事业发展提供更加有力的技术支撑和基础保障，具有十分重要的指

---

① 来源：交通部网站 http://www.moc.gov.cn/jiaotongjj/gangkough/meitibd/200609/t20060920_82408.html. 2011 年 11 月 5 日登录。

导作用。

（8）2008 年《国家海洋事业发展规划纲要》

2008 年，中国海洋事业的发展进入了一个新的历史时期。国务院批准实施了《国家海洋事业发展规划纲要》，勾画出新时期海洋事业发展的蓝图。《国家海洋事业发展规划纲要》对当前和今后一段时期中国海洋事业的健康快速发展产生深远的影响。作为国家规划体系的重要组成部分，该《规划》确定了中国未来 5～15 年海洋事业的发展走向，对中国实施海洋开发的战略部署，推进建设海洋强国进程具有重大意义。

（9）2009 年《渤海环境保护总体规划》

海洋环境保护规划是海洋环境保护工作的基础和行动方案，制定海洋环境保护规划有利于海洋环境保护工作有计划、有目的地进行。2001 年，国务院对《渤海碧海行动计划》做了批复。为加强对地方海洋环保工作的指导，2005 年国家海洋局根据国务院有关专项规划编制工作的要求，积极开展《重点海域环境保护规划》编制工作。2006 年 8 月，国家发展和改革委员会召开渤海污染治理规划工作会议，正式启动了渤海环境治理评估和《渤海环境保护总体规划》编制工作。此次会议已明确将国家海洋局制定的《渤海综合整治规划》和《重点海域环境保护规划》作为规划编制的重要依据。2009 年年初，经国务院同意，国家发展和改革委员会会同环境保护部、住房和城乡建设部、水利部、国家海洋局，联合印发了《渤海环境保护总体规划》。

（10）沿海各地海洋发展战略规划全面部署

沿海地区是中国经济发展最快、最富有活力的地区，随着社会经济的发展，沿海地区面临着日益严峻的资源环境及人口增长压力，沿海各省、市、区政府不断探讨可持续发展模式，从而引发新一轮沿海开发战略大调整。近年来，国务院相继批复了《辽宁沿海经济带发展规划》、《推进天津滨海新区开发开放有关问题的意见》、《黄河三角洲高效生态经济区发展规划》、《江苏沿海地区发展规划》、《长江三角洲地区区域规划》、《关于支持福建省加快建设海峡西岸经济区的若干意见》、《珠江三角洲地区改革发展规划纲要（2008—2020 年）》、《广西北部湾经济区发展规划》和《关于推进海南国际旅游岛建设发展的若干意见》等多部区域发展规划和政策性文件。2011 年，国务院又相继批复了《山东半岛蓝色经济区发展规划》、《浙江海洋经济发展示范区规划》等。这些规划的批复标志着各沿海地区海洋事业的发展已上升到国家战略层面。

众多沿海区域规划获批，标志着海洋规划进入了全面发展的新时期，为海洋事业大发展创造了良好的政策环境。

（三）对海洋规划的认识

规划是人们根据现在的认识对未来目标和发展状态的构想，是实现未来目标或达到未来发展状态的行动顺序和步骤的决策，这是所有规划的共同特征[①]。2007 年，由国家发展和改革委员会发布的《国家级专项规划管理暂行办法》（发改规划〔2007〕794 号）明确指出，“国家级专项规划是指国务院有关部门以经济社会发展的特定领域为对象编制的、由国务院审批或授权有关部门批准的规划”。海洋规划即应归于此类规划，它属于“关系国民经济和社会发展全局的重要领域”，“涉及重大产业布局或重要资源开发的领域”。海洋规划的首要任务是明确全国海洋发展规划框架的行政安排、目的、原理和目标，通过有效的规划框架和明确的目标，为沿海规划提供清晰的发展方向。国家层面的海洋规划属于海洋领域宏观指导性规划。

研究制定国家层面的海洋规划，其目的是为了贯彻落实国家五年规划中关于海洋事业发展的内容，明确海洋经济发展的战略目标、海洋区域开发布局和海洋产业布局，以及相关支持领域的发展和重要措施，加快海洋经济发展步伐。海洋规划区域涵盖中国管辖的全部海域和中国在国际海底区域的矿区。全面考虑中国管辖海域、公海和国际海底区域经济开发的规划问题。[②] 规划期限为五年，展望十年。

美国、日本和澳大利亚均已建立了完备的海洋规划体系，在其规划体系中，既有中长期规划，也有短期规划，既有宏观规划，也有具体计划，相互配合，结构合理，优势互补，有效保障了海洋规划的实施。而中国海洋规划中短期规划多、中长期规划少；宏观规划多、具体规划少，且相互间甚至存在不匹配的矛盾。《国民经济和社会发展第十二个五年规划纲要》第六十二章指出：要“以国民经济和社会发展总体规划为统领，以主体功能区规划为基础，以专项规划、国土规划和土地利用规划、区域规划、城市规划为支撑，形成各类规划定位清晰、功能互补、统一衔接的规划体系”，海洋领域的规划体系也应依此做为。因此，从未来的发展看，中国的海洋规划体系尚需进一步完善，应尽快设计海洋规划体系并充分考虑体系结构，做好中长期规划与短期规划、宏观规划与具体规划、各级各类海洋规划间的相互配合，更好地服务于中国海洋事业的发展。

二、“十二五”海洋事业发展规划

2010 年，党的十七届五中全会通过的《中共中央关于制定国民经济和社会发展第十二个五年规划的建议》提出了以发展海洋经济为主线的海洋工作百字方针。2011 年，《中华人民共和国国民经济和社会发展第十二个五年规划纲要》首次以单独成章的形式

① 栾维新：“海洋规划的区域类型与特征研究“，《人文地理》，2005 年第 1 期。
② 刘佳，李双建：“世界主要沿海国家海洋规划发展对我国的启示”，《海洋开发与管理》，2011 年第 3 期。

提出了“推进海洋经济发展”的战略要求。这充分说明国家把海洋工作摆在了国民经济和社会发展的重要位置，并纳入国家宏观决策范畴。海洋领域积极贯彻执行《中华人民共和国国民经济和社会发展第十二个五年规划纲要》精神，在海洋规划编制与执行方面积极开展工作。海洋规划的编制取得显著进展。《全国海岛保护规划》、《国家“十二五”海洋科学和技术发展规划纲要》、《国家极地考察“十二五”规划》、《全国海洋功能区划（2011—2020）》已开始实施，《国际海域资源调查与开发“十二五”规划》即将印发。《国家海洋事业发展规划（2011—2015 年）》、《全国海洋经济发展规划》均已基本成熟，即将颁布。各沿海地方的海洋规划正在积极推进，天津市已经通过并印发了《海洋经济和海洋事业十二五规划》，浙江、广东、福建等省批准实施了省级海岛保护规划。

（一）国家总体部署

国家对海洋事业发展的总体部署可从以下规划中得到体现。

1.《国民经济和社会发展第十二个五年规划纲要》对海洋事业发展的部署

（1）对发展海洋事业的专章部署

2010 年，党的十七届五中全会通过的《中共中央关于制定国民社会和经济发展第十二个五年规划的建议》中，全面部署了未来五到十年中国海洋事业发展的总体战略。《国民经济和社会发展第十二个五年规划纲要》的第十四章标题为“推进海洋经济发展”。明确提出：坚持陆海统筹，制定和实施海洋发展战略，提高海洋开发、控制、综合管理能力。这是党中央从战略高度对“十二五”海洋事业发展做出的全面部署，突出体现了产业发展与环境保护并重，注重陆海统筹的未来海洋发展思路。

第十四章包括两节共 13 条。第一节“优化海洋产业结构”就发展海洋经济的主体内容从 5 个方面进行了具体部署。“十二五”规划纲要指出，要“科学规划海洋经济发展，合理开发利用海洋资源，积极发展海洋油气、海洋运输、海洋渔业、滨海旅游等产业，培育壮大海洋生物医药、海水综合利用、海洋工程装备制造等新兴产业。加强海洋基础性、前瞻性、关键性技术研发，提高海洋科技水平，增强海洋开发利用能力。深化港口岸线资源整合和优化港口布局。制定实施海洋主体功能区规划，优化海洋经济空间布局。推进山东、浙江、广东等海洋经济发展试点。”

第二节“加强海洋综合管理”则从 8 个方面提出了相关要求。即，“加强统筹协调，完善海洋管理体制。强化海域和海岛管理，健全海域使用权市场机制，推进海岛保护利用，扶持边远海岛发展。统筹海洋环境保护与陆源污染防治，加强海洋生态系统保护和修复。控制近海资源过度开发，加强围填海管理，严格规范无居民海岛利用活动。完善海洋防灾减灾体系，增强海上突发事件应急处置能力。加强海洋综合调查与测绘工作，积极开展极地、大洋科学考察。完善涉海法律法规和政策，加大海洋执法力度，维护海洋资源开发秩序。加强双边多边海洋事务磋商，积极参与国际海洋事务，保障海上运输通道安全，维护我国海洋权益。”

在“十二五”期间，要学习贯彻党的十七届五中全会精神，认真落实国家“十二五”规划纲要，从全球视野和民族复兴的大视角，做好科学定位、更新思想观念、优化体制机制。要紧紧抓住和充分利用战略机遇期，坚持陆海统筹，处理好陆地与海洋的关系，处理好经济社会发展与资源环境开发利用的关系，推动海洋经济可持续发展，为夺取全面建设小康社会新胜利做出贡献。

（2）其他章节中对海洋事业的部署

除了第十四章对海洋事业的发展进行专门部署之外，《国民经济和社会发展第十二个五年规划纲要》的其他章节也涉及到海洋事业的发展。

第九章改造提升制造业。其中第二节优化产业布局中提出：主要利用进口资源的重大项目优先在沿海沿边地区布局。

第十一章推动能源生产和利用方式变革。其中第三节加强能源输送通道建设中提出：加快……海上进口油气战略通道建设……。

第十二章构建综合交通运输体系。其中第一节完善区际交通网络中提出：……提升沿海地区港口群现代化水平。

第十八章实施区域发展总体战略。其中：第二节全面振兴东北地区等老工业基地中提出：……重点推进辽宁沿海经济带和沈阳经济区……等区域发展。第四节积极支持东部地区率先发展中提出：推进京津冀、长江三角洲、珠江三角洲地区区域经济一体化发展，打造首都经济圈，重点推进河北沿海地区、江苏沿海地区、浙江舟山群岛新区、海峡西岸经济区、山东半岛蓝色经济区等区域发展，建设海南国际旅游岛。

第二十章积极稳妥推进城镇化。其中第一节构建城市化战略格局中提出：在东部地区逐步打造更具国际竞争力的城市群。

第二十一章积极应对全球气候变化。其中第二节增强适应气候变化能力中提出：提高沿海地区适应气候变化水平。

第二十二章加强资源节约和管理。其中第二节加强水资源节约中提出：大力推进海水淡化和苦咸水利用。

第三十二章合理调整收入分配关系。其中第二节健全资本、技术、管理等要素参与分配制度中提出：建立国有海域资源出让收益全民共享机制。

第五十章完善区域开放格局。其中第一节深化沿海开放中提出：全面提升沿海地区开放型经济发展水平，加快从全球加工装配基地向研发、先进制造和服务基地转变。率先建立与国际化相适应的管理体制和运行机制，增强区域国际竞争软实力。推进服务业开放和国际服务贸易发展，吸引国际服务业要素集聚。深化深圳等经济特区、上海浦东新区、天津滨海新区开发开放，加快上海国际经济、金融、航运、贸易中心建设。

第五十八章推进两岸关系和平发展和祖国统一大业。其中第三节支持海峡西岸经济区建设中提出：充分发挥海峡西岸经济区在推进两岸交流合作中的先行先试作用，努力构筑两岸交流合作的前沿平台，促进产业深度对接，加快平潭综合实验区开放开发，推进厦门两岸区域性金融服务中心建设。

2.《国家“十二五”科学和技术发展规划》

2011 年 7 月 13 日，科技部正式发布《国家“十二五”科学和技术发展规划》（以下简称《规划》），其中对未来五年科技发展和自主创新的战略任务进行了部署，突出以下重点：加快实施国家科技重大专项，大力培育和发展战略性新兴产业，推进重点领域核心关键技术突破等。对海洋工作的部署成为该《规划》的亮点之一。

该《规划》在加快实施国家科技重大专项中确定，要重点发展海洋高端装备制造业，主要包括海洋油气勘探开发、深海运载作业和海洋环境监测关键技术与设备，重点开发高精度勘探系统、深水平台、水下生产系统及辅助作业等重大装备，研制一批载人/非载人深海潜水器作业系统，开发海洋环境远程探测雷达、船载大深度拖曳、深海浮/潜标等海洋监测设备。针对风力发电技术，确定重点发展海上风电场的设计和运营，积极推进 100 兆瓦级海上示范风场建设，推进近海上风力发电技术达到世界先进水平。

该《规划》在推进重点领域核心关键技术突破方面提出，要加快发展海洋农业技术，选择重点海洋产品区域，开展优良种苗培育、健康养殖与高效收获、养殖病害控制等关键技术研究；开发海洋资源养护、环境质量控制和选择性捕捞新技术；加强主要海洋经济种类深捕开发技术以及渔场快速监测和精确测报技术，提高远洋渔业装备水平和保鲜储运能力；加强大宗海洋水产品的加工增值技术，提高精深加工能力。《规划》提出促进海水淡化和综合利用技术发展，重点发展高压反渗透和低温多效蒸馏海水淡化、大型海水循环冷却、浓海水处理与化学资源利用等核心技术与设备，建设若干大型海水淡化与综合利用示范工程，加快海水淡化与综合利用产业发展。

（二）有关涉海规划

已出台的有关涉海规划主要有以下几种。

1.《国家“十二五”海洋科学和技术发展规划纲要》

2011 年 9 月 16 日，中国发布了《国家“十二五”海洋科学和技术发展规划纲要》

（以下简称《规划纲要》），对中国2011年—2015年海洋科技的发展进行了总体规划。

该《规划纲要》根据《国家国民经济和社会发展第十二个五年规划纲要》对科技工作的总体定位和推进海洋经济发展的战略要求，在分析海洋科技形势、需求与问题的基础上，定位于大力提升海洋科技自主创新能力、努力拓展海洋发展空间。海洋科技从“十一五”支撑海洋经济和海洋事业发展为主，转向引领和支撑海洋经济和海洋事业科学发展。

《规划纲要》共分五个部分，即面临形势和发展现状，指导方针、基本原则和发展目标，重点任务，实施重大工程和重大专项，保障措施。它按照国家的重大需求和国际前沿问题，提出了未来5年的奋斗目标，描绘了海洋科技的发展前景。《规划纲要》明确提出未来5年海洋科技对海洋经济的贡献率要由“十一五”时期的54.5%上升到60%。海洋开发技术自主化实现大发展，科技成果转化率显著提高。

《规划纲要》进一步提出，到2020年，中国海洋科技总体水平跻身世界先进行列，自主创新能力显著增强，科技整体实力满足增强中国海洋能力拓展、支撑海洋事业发展、保护和利用海洋的需要。

《规划纲要》主题鲜明、主线明确，特别是在规划定位、规划思路等方面呈现新的特点。在重点任务的部署上，较全面地提出了海洋科技任务；突出了按需求设置任务，在任务编制上，紧密衔接应用研究和技术开发的关系，紧密衔接基础研究和调查的关系。此外，为了引领和支撑海洋经济发展方式转变，不仅部署了科技研发任务，还部署了成果转化和产业化任务。每个任务的安排强调体现“十二五”的阶段特征。

《规划纲要》提出了未来5年中国海洋科技事业的发展方针、目标和重点任务。规划主题鲜明、主线明确，特别是在规划定位、规划思路等方面呈现出新的特点。海洋科技发展定位于大力提高海洋科技自主创新能力，努力拓展海洋发展空间，引领和支撑海洋经济和海洋事业科学发展。

2.《中国海监中长期发展规划》

2010年9月，国家海洋局研制完成并出台了首个中国海监发展规划——《中国海监中长期发展规划》（以下简称《规划》）。《规划》明确了未来10年海监队伍的发展目标和主要任务，未来十年中国将基本形成监管立体化、执法规范化、管理信息化的海洋执法监管体系。

在中国海监目前从创建期进入全面发展的关键时期，《规划》对中国海监队伍的发展进行了全面、系统的规划，首次在宏观层面和战略层面勾勒出中国海监事业未来10年发展蓝图。

《规划》的总体发展目标是，造就一支政治坚定、业务过硬、装备精良、准军事化管理的海洋行政执法队伍，切实履行维权执法、行政执法两项职能，落实队伍、装备、技术保障三项发展任务，用 10 年的时间把中国海监打造成一流的海洋执法队伍。

根据《规划》，2015 年以前，在海监队伍中建立权责明确、行为规范、监督有效、保障有力的行政执法体制；到 2020 年，基本形成监管立体化、执法规范化、管理信息化、反应快速化的海洋执法监管体系，逐步缩小与世界发达国家海洋执法能力的差距。

《规划》明确了 2010 年—2020 年期间 5 个具体发展目标：维权执法发展目标、行政执法发展目标、海监队伍发展目标、执法装备发展目标、技术保障发展目标。根据规划，在维权执法方面，在中国专属经济区及大陆架管辖海域内实现连续的、全覆盖的分区维权巡航执法，提高对他国海上侵权事件的应急反应能力和现场处置能力。在行政执法领域，在中国管辖海域内实现近海海域海、陆、空实时执法监视，及时发展和查处违法行为，提高海上灾害性突发事件的应急处置能力；健全海洋行政执法依据，建立海洋行政执法监督机制。在海监队伍发展方面，全面提升中国海监执法装备能力，满足各级海监机构在近海海域的执法装备需求。在技术保障方面，实现海上执法信息化、立体化，行动反应快速化，决策科学化；以高新技术为引领，构建海洋维权执法监管体系、海上突发事件应急响应体系和物证检验鉴定体系等 3 个技术支撑体系。

为实现发展目标，《规划》进一步细化了维权执法、行政执法、制度建设与理论研究、队伍建设、执法装备、技术保障的各项具体任务，并提出 4 项实施措施。措施包括：（1）中国海监的发展规划应适时纳入国家发展规划中。（2）依据本规划，中国海监总队应组织制定各项专项规划、区域规划，形成中国海监发展规划体系。（3）利用宣传资源和媒体，扩大海监的社会影响力。（4）推进国际交流与合作，加快中国海监事业的发展速度。

3.《中国极地考察“十二五”发展规划》

2011 年 5 月，中国极地考察“十二五”发展规划编制完成。《中国极地考察“十二五”发展规划》期限从 2011 年—2015 年，远景展望到 2025 年。

“十二五”期间，中国极地考察工作要以邓小平理论和“三个代表”重要思想为指导，全面贯彻落实科学发展观，准确把握国际极地事务发展的阶段性特征，以国家长远发展需求为导向，深入开展极地关键地区和领域的科学考察与研究，不断增强中国在极地的实质性存在，进一步提升中国在国际极地事务上的地位和影响力，稳步推进极地考察强国建设进程，为人类和平利用极地做出新的更更大的贡献。

"十二五"期间极地考察事业将努力实现以下发展目标：一是深入开展极地战略研究、进一步加强政策法规与规划体系建设，指导中国极地考察工作沿着科学、有序的方向发展；二是开展极地关键地区的环境综合考察，加强极地气候与环境变化监测，开辟极地科学技术的前沿领域研究，进一步加深对南北极地区的科学认识；三是继续加强极地考察能力建设，促进高新技术应用，提升极地考察站的保障能力；建立中国极地科考船队，提高极地海洋考察能力；构建中国极地航空保障能力与安全应急体系，进一步增强中国极地考察的综合实力；四是广泛参与国际极地事务，维护极地领域的国际法律制度，认真履行相应的国际义务，进一步提升中国在国际极地领域中的地位和影响力，更加有效地维护国家极地权益。

该《规划》提出极地考察工作任务，一是围绕国家需求，实施重点专项，包括南北极环境综合考察、新建极地科学考察破冰船；二是全面提升极地科考和研究水平，更新极地观测技术手段，包括南北极科学研究、极地观测技术与研究；三是强化基础平台，提升极地考察能力，包括极地考察站建设、国内基地建设、东南极大陆航空系统基础建设、极地考察交通运输体系建设、极地考察实时监控和应急指挥体系建设、极地后勤保障体系规范建设与基础技术研究、极地考察通信网络系统建设和极地科学考察信息共享平台建设等；四是开展极地政策与软科学研究，推进依法行政；五是加强国际合作，增强我国在极地领域的影响力。

为完成"十二五"极地考察工作任务，提出四项保障措施，包括：加强组织领导，改革和完善管理体制及运行机制；建立规划的评估、监督机制；多渠道筹措资金，加大极地工作的投入；加强考察人才队伍建设，弘扬极地文化精神

4.《全国海洋系统开展法制宣传教育的第六个五年规划（2011 年—2015 年）》

2011 年 11 月，《全国海洋系统开展法制宣传教育的第六个五年规划（2011 年—2015 年）》（以下简称《规划》）正式出台。开展法制宣传教育是贯彻落实党的十七大和十七届五中全会精神的重要任务，是海洋系统实施依法治国基本方略和全面推进依法行政的重要保障。《全国海洋系统开展法制宣传教育的第六个五年规划（2011 年—2015 年）》明确了"六五"普法工作的指导思路、工作原则、主要任务和要求，着重围绕海洋事业发展主线、规范行政机关行政行为、提升公民意识和保护用海人合法权益以及反腐倡廉等四大普法任务加强法制宣传教育。

该规划旨在通过扎实有效地广泛开展以宪法为统帅的中国特色社会主义法律体系和海洋法律法规宣传教育，进一步提高全国海洋系统人员法律素质，提升海洋管理工作依法行政、法制化管理水平，增强全社会遵守海洋法律法规的自觉性，形成促进海洋事业发展的良好氛围。

《规划》指出，根据国家“十二五”规划纲要精神，全国海洋系统“六五”普法将结合海洋工作实际，做好5个方面工作，主要包括：深入学习宣传宪法和国家基本法律制度、学习宣传《全面推进依法行政实施纲要》和《国务院关于加强法治政府建设的意见》、重点宣传规范政府行政行为的法律、法规、加强法制课程建设，组织开展多种形式的法律培训、加强反腐倡廉法制宣传教育。此外，《规划》中还指出，要从3方面保障“六五”普法工作的落实，即完善普法工作体制机制，加强组织保障；建立健全有关工作制度，加强制度保障；深入开展调查研究，加强理论保障；加大普法经费投入，加强经费保障。

5.《全国海洋人才发展中长期规划纲要（2010年—2020年）》

2011年10月，国家海洋局、教育部、科学技术部、农业部、中国科学院联合印发了《全国海洋人才发展中长期规划纲要（2010年—2020年）》（以下简称《规划纲要》），并发出通知，要求各涉海部门和沿海地区结合实际认真贯彻执行。[①]

该《规划纲要》是中国第一个海洋人才发展中长期规划，是今后一个时期中国海洋人才工作的指导性文件。制定实施《规划纲要》是贯彻落实中共中央关于坚持陆海统筹，实施海洋发展战略，提高海洋开发、控制和综合管理能力的指导方针的重要举措，对进一步加强海洋人才队伍建设，实现海洋事业跨越式发展、建设海洋强国具有重大意义。

《规划纲要》共分为6个部分，分别阐述了海洋人才发展的指导思想、基本原则、发展目标、主要任务、工作机制、政策措施、重点工程和规划实施等内容。《规划纲要》提出，海洋人才发展要遵循“需求牵引、创新机制、以用为本、统筹开发、突出重点”的基本原则，力争用10年左右的时间使海洋人才总量稳步增长、素质大幅提升、结构趋于合理、发展环境逐步优化、效能明显提高，使海洋新兴领域专业技术人才队伍不断扩大，形成一支规模适度、结构优化、布局合理、素质优良的海洋人才队伍，不断提高海洋人才对海洋事业发展的贡献，使中国海洋人才发展总体水平达到主要海洋国家的中等发展水平。

《规划纲要》强调，要根据海洋事业各领域的发展和转变海洋经济发展方式的需要，着力打造7支海洋人才队伍，重点实施7项海洋人才工程（计划），即打造世界一流水平的科学家和技术专家队伍、海洋工程装备技术人才队伍、海洋资源开发利用技术人才队伍、海洋公益服务专业技术人才队伍、海洋管理人才队伍、海洋高技能人才

① 资料来源：国家海洋局网站，《全国海洋人才发展中长期规划纲要》发布，http://www.soa.gov.cn/soa/news/importantnews/webinfo/2011/10/1318119850708286.htm，2012年2月15日登录。

队伍、国际化海洋人才队伍；实施领军人才和创新团队培养发展计划、海洋专业技术人才知识更新工程、战略性海洋人才培养工程、深远海人才培养工程、海洋高技能人才培养工程、海洋人才培养共建计划、海洋科学教育社会组织发展计划。

《规划纲要》指出，要完善海洋人才管理体制和工作机制，建立中央与地方海洋人才工作联动机制，强化海陆互动的人才交流合作机制，全面落实海洋人才工作优先投入、推动海洋教育全面发展、产学研合作培养创新型海洋人才、支持海洋基础学科人才发展、加强高层次海洋人才引进、促进青年海洋人才发展、完善海洋人才发展服务等 7 项政策措施，确保海洋人才工作顺利开展。

6.《全国海洋档案工作“十二五”发展规划纲要》

2011 年 3 月，国家海洋局批准并印发了《全国海洋档案工作“十二五”发展规划纲要》（以下简称《纲要》）。《纲要》的印发实施是海洋档案工作发展新的里程碑，对推进海洋档案工作可持续发展，提高档案工作为海洋事业发展服务的能力和水平具有重要意义。

《纲要》提出，“十二五”海洋档案工作发展的指导思想是以邓小平理论和“三个代表”重要思想为指导，全面贯彻落实科学发展观，紧密围绕“生态海洋、安全海洋、和谐海洋、数字海洋、富饶海洋”建设大局，坚持档案工作与海洋事业发展同步，推进档案资源、安全、利用和服务建设，以提升档案服务能力为核心，以档案资源整合和信息化建设为重点，加大档案开发力度，优化档案信息资源共享机制，为促进我国海洋事业的健康持续发展，提供坚实的服务支撑和保障。

《纲要》明确“十二五”海洋档案工作发展的总体目标是：海洋档案工作投入明显加大，管理体制与运行机制健全完善，安全体系建设迈上新台阶，基础设施建设满足现代化管理需求，档案人员结构合理，档案资源收集齐全、整理规范、利用方便，完成海洋数字档案馆总体规划编制及基本框架构建，建设具有一定规模的分布式、规范化档案信息资源库，提高档案工作为海洋事业发展服务的能力和水平。

《纲要》确定了“档案工作机制建设、档案制度和标准建设、档案资源建设、档案安全建设、档案利用与服务建设、档案信息化平台建设和档案队伍建设”等 7 个方面的重点任务，同时提出了加强领导、完善制度、强化队伍建设、提供经费保障等确保实现海洋档案工作“十二五”发展目标的重要措施。

7.《全国海洋功能区划（2011—2020 年）》

海洋是中国经济社会可持续发展的重要资源和战略空间。当前，推进海洋经济发展战略进入全面实施的新阶段，必须深入贯彻落实科学发展观，坚持在发展中保护、在保护中发展的基本原则，合理配置海域资源，统筹协调行业用海，优化海洋空间开发布局，促进沿海地区经济平稳较快发展和社会和谐稳定。2012 年 3 月 3 日，国务院正式批准《全国海洋功能区划（2011 年—2020 年）》（以下简称《区划》），确定了中国未来 10 年海洋空间开发、控制和综合管理的基调和目标。[①]

《区划》科学评价了中国管辖海域的自然属性、开发利用与环境保护现状，坚持在发展中保护、在保护中发展，科学分区、准确定位、综合平衡，合理配置海域资源，统筹协调行业用海，优化海洋开发空间布局，提高海域资源利用效率，实现规划用海、集约用海、生态用海、科技用海、依法用海，促进沿海地区经济平稳较快发展和社会和谐稳定。《区划》确立了以自然属性为基础、科学发展为导向、保护渔业为重点、保护环境为前提、陆海统筹为准则、国家安全为关键的六项原则，划分了农渔业、港口航运、工业与城镇用海、矿产与能源、旅游休闲娱乐、海洋保护、特殊利用、保留等八类海洋功能区，确定了渤海、黄海、东海、南海及台湾以东海域的主要功能和开发保护方向，并据此制定了保障《区划》实施的政策措施。

《区划》明确提出，到 2020 年要实现六大主要目标。即：增强海域管理在宏观调控中的作用；改善海洋生态环境，扩大海洋保护区面积；维持渔业用海基本稳定，加强水生生物资源养护；合理控制围填海规模，遏制围填海增长过快的趋势；保留海域后备空间资源，严格控制占用海岸线的开发利用活动；开展海域海岸带整治修复。此外，《区划》还确立了新的海洋功能区分类体系，强调了海域基本功能维护。

《区划》作为中国海洋空间开发、控制和综合管理的整体性、基础性、约束性文件，是编制地方各级海洋功能区划及各级各类涉海政策、规划，开展海域管理、海洋环境保护等海洋管理工作的重要依据，它的获批，对于推动海洋经济发展，积极支持东部地区率先发展，保障沿海地区社会和谐稳定具有重要的意义。目前，沿海各省份正在根据《全国海洋功能区划》修改完善省级海洋功能区划编制成果，为新形势下的海洋管理工作提供科学依据。

8.《全国海岛保护规划》

海岛是壮大海洋经济、拓展发展空间的重要依托，是保护海洋环境、维护生态平衡的重要平台，是维护国家海洋权益、保障国防安全的战略前沿。中国是海洋大国，海岛众多。随着中国海洋开发活动的增加，海岛经济对国民经济的贡献率不断提升。然而，由于缺少统一规划，开发活动自主性、随意性大，开发秩序混乱，严重影响到

---

① 资料来源：国家海洋局网站，http://www.soa.gov.cn/soa/news/importantnews/webinfo/2012/03/1330826013987340.htm，2012 年 3 月 12 日登录。

海岛经济社会的可持续发展。全国海岛保护规划是《海岛保护法》确立的核心制度之一。2012年2月29日，《全国海岛保护规划》（以下简称《规划》）经国务院批准正式颁布实施。[①] 这是继《海岛保护法》之后，中国海岛事业发展的又一重大举措，对于保护海岛及其周边海域生态系统，合理开发利用海岛资源，维护国家海洋权益，促进海岛地区经济社会可持续发展具有重要意义。《规划》是引导全社会保护和合理利用海岛资源的纲领性文件，是从事海岛保护和开发利用活动的依据。

《规划》全面分析了当前中国海岛保护与利用现状、存在问题和面临的形势，提出到2020年实现"海岛生态保护显著加强、海岛开发秩序逐步规范、海岛人居环境明显改善、特殊用途海岛保护力度增强"的目标，明确了海岛分类、分区保护的具体要求，确定了海岛资源和生态调查评估、偏远海岛开发利用等十项重点工程，并在组织领导、法制建设、能力建设、公众参与、工程管理和资金保障等方面提出了具体保障措施。

三、"十二五"时期海洋相关产业发展规划

海洋经济的发展需要海洋产业的支撑，海洋相关产业规划是海洋经济繁荣和发展的基础。"十二五"时期，海洋产业将在规划的引领和指导下，调整结构，优化布局，扩大规模，注重效益，提高科技含量，实现持续快速发展。

（一）海洋渔业

"十二五"时期是全面建设小康社会的关键时期，是深化改革开放、加快转变经济发展方式的攻坚时期，也是加快现代渔业建设的战略机遇期。为明确"十二五"时期中国渔业的发展思路、战略目标和主要任务，促进渔业经济又好又快发展，根据《国民经济和社会发展第十二个五年规划纲要》和《全国农业和农村经济发展第十二个五年规划》，制定《全国渔业发展第十二个五年规划》。2011年10月，《全国渔业发展第十二个五年规划》发布。海洋渔业是全国渔业的主体部分，《全国渔业发展第十二个五年规划》（以下简称《规划》）对海洋渔业的发展做出了具体安排。《规划》的出台为海洋渔业的发展指明了方向。

《规划》提出，要坚持保障供给与提高质量并重、坚持生产发展与生态养护并重、坚持产业发展与渔民发展并重、坚持结构优化与夯实基础相统筹、坚持国内开发与海外拓展相统筹、坚持立足产业与着眼大局相统筹等项原则。发展目标是，到"十二五"

① 资料来源：国家海洋局网站，http://www.soa.gov.cn/soa/news/importantnews/webinfo/2012/03/1330826014085019.htm，2012年3月2日登录。

末，渔业经济保持平稳健康发展，水产品供给充足，水产品质量安全、渔业安全生产在较高的水平上稳步提高，生产区域布局更趋合理，产业结构进一步优化，水生生物资源养护事业全面深入推进，渔民收入持续较快增长，强渔惠渔措施得到强化，现代渔业的产业体系和支撑保障体系初步建成，实现生产发展、产品安全、渔民增收、生态文明、平安和谐的现代渔业发展新格局，部分渔业发达地区率先实现渔业现代化。

《规划》指出，渔业发展的重点任务是：坚持以安为先、以养为主，在提高传统产业发展水平的同时，努力拓展增殖渔业和休闲渔业等新兴产业，着力构建水产养殖业、增殖渔业、捕捞业、加工业和休闲渔业“五大产业体系”，着力构建设施装备、科技创新、资源环保、渔业安全和渔政管理“五大支撑体系”。

（二）海洋交通运输业

“十二五”时期，中国经济社会发展将进入一个新的历史阶段，交通运输也将进入新的重要战略机遇期。2011 年 4 月 26 日，交通运输部印发了《交通运输“十二五”发展规划》（以下简称《规划》）。《规划》科学判断和准确把握了新的发展形势，以科学发展为主题、以加快转变交通发展方式为主线、以交通运输结构调整为主攻方向、以科技进步和创新为重要支撑、以保障和改善民生为根本出发点和落脚点、以建设资源节约型环境友好型交通运输行业为着力点、以改革开放为强大动力，积极推进现代交通运输业的发展。《规划》包含了综合运输、公路交通、水路交通、民用航空、邮政服务以及城市客运管理等方面，反映了加快交通基础设施网络建设，提高运输服务水平，加强养护管理，强化科技进步和信息化建设，构建绿色交通体系，提高安全与应急保障能力，推进行业精神文明建设，大力提高行业发展软实力等内容，体现了交通运输业发展的时代要求，描绘了交通运输未来发展的蓝图，提出了交通运输发展的行动纲领，对“十二五”时期交通运输发展具有重要的指导意义。

（三）石化和化学工业

石化和化学工业是国民经济的基础产业之一，也是国民经济的支柱性产业。为推动行业转型升级，走中国特色的新型工业化道路，依据《中华人民共和国国民经济和社会发展第十二个五年规划纲要》和《工业转型升级规划（2011—2015 年）》，2012 年 2 月 3 日，工业和信息化部印发了《石化和化学工业“十二五”发展规划》（以下简称《规划》）。为突出重点，强化引导作用，工信部同时配套发布了《烯烃工业“十二五”发展规划》、《危险化学品“十二五”发展布局规划》、《化肥工业“十二五”发展规划》和《农药工业“十二五”发展规划》四个子规划。[①]

《规划》指出，“十二五”期间，全行业经济总量继续保持稳步增长，总产值年均增长13%左右。到2015年，石化和化学工业总产值增长到14万亿元左右。《规划》的主旨是要保障“十二五”时期石油化工行业稳定发展运行。本次规划的核心在于大力度的进行产业结构调整，主要集中在组织结构、原料结构、产品结构和布局结构调整四个方面。

《规划》要求，加强规划指导，完善产业政策加大科技投入，健全标准体系，加强资源保障，维护公平贸易，改善行业管理。根据《规划》，长三角、珠三角、环渤海地区三大石化产业区集聚度进一步提高，形成3～4个2 000万吨级炼油及3个200万吨级乙烯生产基地；现代煤化工产业向资源地集中，原料产地化肥比重提高到70%，专用化肥等深加工产品和精细化学口向消费地集。

（四）旅游业

根据国家“十二五”规划纲要及2009年国和院发布的《关于加快发展旅游业的意见》，国家旅游局组织制定了旅游业“十二五”规划。2011年底，《中国旅游业“十二五”发展规划纲要》正式发布。[②]

根据该规划纲要，中国旅游业发展主要目标是，到“十二五”期末，旅游业初步建设成为国民经济的战略性支柱产业和人民群众更加满意的现代服务业，在转方式、扩内需、调结构、保增长、促就业、惠民生等战略中发挥更大功能。旅游服务质量明显提高，市场秩序明显好转，可持续发展能力明显增强，奠定更加坚实的旅游强国基础。

到2015年，旅游业总收入达到2.5万亿元，年增增长率为10%；国内旅游人数达到33亿人次，年均增长率为10%；入境旅游人数达到1.5亿人次，年均增长率为3%；旅游外汇收入达到580亿美元，年均增长率为5%；出境旅游人数达到8 800万人次，年均增长率为9%；旅游业新增就业人数达到1 650万人，每年新增旅游就业60万人。旅游业增加值占全国GDP的比重提高到4.5%，占服务业增加值的比重达到12%，旅游消费相当于居民消费总量的比例达到10%。

滨海旅游是旅游业的重要组成部分，该《规划》的出台为海洋旅游业的发展指明了方向。

---

① 资料来源：中华人民共和国国土资源部网站：“工信部发布《石化和化学工业“十二五”发展规划》”，http://www.miit.gov.cn/n11293472/n11293832/n11293907/n11368223/14450266.html，2012年3月12日登录。

② 资料来源：新华网，“《中国旅游业“十二五”发展规划纲要》正式发布”，http://www.chla.com.cn/htm/2011/1228/110034.html，2012年2月5日登录。

（五）海水淡化产业

中国海水淡化能力不断增强，海水直接利用规模持续扩大，产业化水平进一步提升，海水利用业继续保持较快发展。2010 年实现增加值 10 亿元，比上年增长 18.4%。为引导海水利用业特别是海水淡化产业的发展，2011 年 11 月，《海水淡化“十二五”发展规划》通过评审，根据《海水淡化“十二五”发展规划》，中国海水淡化产能有望从目前的 66 万吨/天提升到 2015 年的 200 万吨/天以上[①]。目前，由科技部组织起草的《“十二五”海水淡化科技发展重点专项规划（征求意见稿）》正在征求意见中，拟公开发布。

（六）海洋可再生能源

海洋能是蕴藏在海洋中的可再生能源。2010 年，海洋可再生能源“十二五”规划研究编制工作启动，首次系统研究了该能源在国家能源体系中的战略定位和发展方向，初步确定了中国海洋可再生能源的发展目标、重点任务等内容，在未来一段时期内将指导中国海洋可再生能源技术和产业的发展。2011 年，国家能源局组织编制可再生能源“十二五”规划，中国可再生能源“十二五”规划已形成初稿，并初步与科技部、海洋局等部门交换了意见。[②] 2012 年 2 月初，《可再生能源发展“十二五”规划》已上报到国务院。此次入选十大可再生能源重点工程的包括重大水电基地工程、千万千瓦级风电工程、可再生能源示范城市等。其中，重大水电基地工程将推动金沙江、怒江流域的水电开发；对于中国此前规划的七大千万千瓦级风电工程，其中将有五大工程计划在“十二五”期间建成；对于可再生能源示范城市，“十二五”期间将从“发展可再生能源”和“节能环保”两方面进行双重标准考核。

（七）海洋工程装备业

海洋工程装备是一种高技术、高附加值产品。全球主要海洋工程装备建造商集中在新加坡、韩国、美国及欧洲等国家，国内企业研发设计和总承包能力薄弱，大都不具备承担总承包项目的技术能力和管理能力，绝大多数是作为分包商承担，处于产业价值链低端。提高研发设计和总承包能力设计成为这个新兴产业的突破口。

根据船舶工业调整和振兴规划，工业和信息化部曾明确海洋工程装备技术发展重点，一些项目已经启动，包括工业和信息化部组织开展的“十二五”发展规划的研究

① 资料来源：中国产业经济信息网，政策动态。http：//www.cinic.org.cn/site951/zcdt/2011-12-02/518110.shtml，2011 年 12 月 2 日登录。

② 资料来源：证券日报，http：//finance.ifeng.com/roll/20110608/4120438.shtml，2012 年 2 月 5 日登录。

工作，海洋工程设备产业将考虑在列，海洋工程设备将进入“十二五”专项规划中的新兴产业之一，将重点发展新型自升式钻井平台等海洋工程装备，海洋工程动力及传动系统等配套设备，深水海洋油气钻采装备，最终形成海洋工程装备制造业新兴产业，希望这个具有千亿产值规模的新兴产业能成为国民经济新的增长点。十二五规划还将继续加强对海洋工程装备研发设计技术、项目管理技术以及建造技术的支持和引导，提高中国在该市场的影响力和话语权。2012 年 3 月，由工信部会同国家发改委、科技部、国务院国资委、国家海洋局联合制定的《海洋工程装备制造业中长期发展规划》正式对外印发。

（八）船舶工业

“十二五”时期，船舶工业将进入由大到强转变的关键阶段，产业发展面临重要机遇，也面临严峻挑战。2011 年 12 月 12 日，中国正式发布了《船舶工业“十二五”发展规划》（以下简称《规划》）。《规划》确立了“十二五”期间船舶工业发展的指导思想和基本原则、主要任务、重点领域发展导向、政策措施等。在当前船舶市场低迷的情况下，《规划》出台对船舶工业发展具有极其重要的指导意义。[1]

《规划》提出“十二五”时期中国船舶工业的发展目标是，到 2015 年，产业体系更为完善，产业结构更趋合理，创新能力和产业综合素质显著提升，国际造船市场份额稳居世界前列，成为世界造船强国。环渤海湾、长江三角洲和珠江三角洲造船基地成为世界级造船基地，产业集中度明显提升，前 10 家造船企业造船完工量占全国总量的 70% 以上；海洋工程装备制造业销售收入达到 2 000 亿元以上，国际市场份额超过 20%。

《规划》明确了推动技术进步和创新、加快产业组织结构调整步伐、实施品牌和质量提升战略、打造高效的船舶制造体系、优化产业布局等五大主要任务，以保证规划目标的实现。《规划》确定了造船业、海洋工程装备制造业、船舶配套业、修船业等重点领域产业布局，并明确了船舶制造和修理业、船舶配套业、海洋工程装备制造业等重点领域的重点发展方向和重大创新项目。为保证《规划》顺利实施，国家将从加大科技创新投入、完善财税金融支持政策、促进交流与合作、强化行业管理等方面给船舶工业发展提供保障。

（九）其他海洋产业

在传统海洋产业快速发展的同时，各类新兴海洋产业也在蓬勃发展，例如海洋电

---

① 资料来源：中国海事网，http://www.cssc info.com.cn/news/gnnews/201112/t20111230_66713.htm，2012 年 2 月 6 日登录。

力业、海洋生物医药业、海洋船舶工业、海洋盐业、海洋工程建筑业、海洋化工业等，规范和指导这些产业发展更加需要编制相关的发展规划。

四、小　结

海洋规划是随着海洋经济和海洋事业的发展需要而逐步发展和完善起来的。海洋规划是海洋综合管理的重要手段。近年来，中国已在海洋战略规划方面开展了大量卓有成效的工作。海洋总体规划、各类海洋专项规划和地方海洋规划大量出现，其中多部由国务院印发或批复，标志着海洋规划纳入了国家重点领域专项规划范畴。这些规划多方位勾画出海洋事业发展蓝图，指导海洋事业全面发展。

2011 年，《中华人民共和国国民经济和社会发展第十二个五年规划纲要》首次以单独成章的形式提出了“推进海洋经济发展”的战略要求。目前，一个由国家总体规划、国家专项规划、国家区域规划及省级规划所组成的国家海洋规划体系正在逐步形成。

中国的海洋规划体系尚需进一步完善，并充分考虑体系结构，做好中长期与短期规划、宏观规划与具体规划、各级各类海洋规划间的相互衔接和配合，以更好地服务于中国海洋事业的发展。

第十四章　中国的海洋管理

海洋管理是社会管理的一个重要领域和组成部分，对维护和拓展国家长远利益、服务沿海地方加快发展、促进海洋资源环境的可持续利用具有重要作用。海洋管理是一个动态的过程，其内涵和外延不断扩展①。海洋管理是以政府为主体的公共组织为保证国家对其管辖海域的海域空间、资源和环境的控制、保护和利用，建立和维护正常的海洋秩序，规范在这些海域内活动的所有个人和组织的行为，依据有关法律、法规所进行的调查、研究、计划、组织、协调和控制等活动。海洋管理的目的是建立和维持正常的海洋秩序，避免或减少海洋开发过程中各种矛盾和冲突，可持续利用海洋资源和海洋环境。海洋管理的主体是国家有关行政机关，但公众对于海洋管理的有效参与也发挥重要作用。

一、海洋管理体制

海洋管理体制是国家为了维护海洋权益、发展海洋经济、保护海洋环境和资源、协调涉海部门之间关系而建立的管理组织结构和运行制度，是体现、实施海洋政策的组织保障。体制决定国家海洋行政管理机构设置、职权划分及活动方式、方法②。海洋管理体制应符合海洋事业的发展水平。科学、合理的海洋管理体制可以达到有效管理海洋事务、促进海洋经济可持续发展的目的。中国当代海洋管理体制历经变革，目前形成了以海洋、环保、渔政、海事、公安边防和海关为主的海洋综合管理加行业管理的管理体制。

（一）中国的海洋管理体制

新中国成立以来，中国海洋行政管理体制经历了从行业性管理到海洋综合管理加行业管理的变迁，大致可分为新中国成立之初至20世纪80年代、80年代至今两个主要阶段。

---

① 李文睿：《当代海洋管理与中国海洋管理史研究》，《中国社会经济史研究》2007年第4期，第92页。

② 鹿守本：《海洋管理通论》，北京：海洋出版社1997年版，第348页。

1. 早期的海洋管理体制

新中国成立之初至20世纪80年代末，海洋管理以行业管理为主，按照海洋自然资源的属性进行分部门管理，基本是陆地自然资源管理部门的职能向海洋的延伸。中央和各级政府的渔业部门负责海洋渔业的管理，交通部门负责海洋交通安全的管理，石油部门负责海上油气的开发管理，轻工业部负责海盐业的管理，旅游部门负责滨海旅游的管理等。在这一历史时期，由于社会生产力水平低，海洋开发和利用的基础薄弱，对海洋资源的开发利用规模比较小，海洋受到的开发压力不大。各涉海行业之间以及行业内部的矛盾也不突出，涉海行业部门的主要职能是进行生产管理。

随着国家政治经济的发展，海洋权益和海洋资源问题越来越引起人们的重视，海洋开发已超出了行业生产的局部问题，事关国家利益和经济发展大局。海洋事业的发展需要建立相应的海洋综合管理机构。为加强对全国海洋工作的领导，国家海洋局于1964年成立。国家海洋局成立后，迅速整合已有的资源和队伍，完善组织机构，于1965年在青岛、宁波（后移至上海）和广州设立国家海洋局北海分局、东海分局和南海分局3个分局，并建造、改装海洋调查船和设备，开展海洋调查工作。

中国共产党十一届三中全会后，党和国家工作重心转移和改革开放的深入，为海洋管理体制改革创造了条件。在1983年的体制改革中，形成了把基础性、公益性和协调性工作统一管理的思想，明确国家海洋局为国务院直属机构，是国务院管理全国海洋工作的职能部门；主要任务更加明确，除负责组织协调全国海洋工作外，担负组织、实施海洋调查、海洋科研、海洋管理和海洋公益服务等四个方面的具体任务；适时提出沿海地方设立海洋管理机构问题，并原则提出国家海洋局与地方海洋管理机构间是“业务指导”关系。此次海洋管理体制改革和实践，在一定程度上解决了中国海洋管理体制中的一些主要矛盾以及运行机制上的问题[①]。

1983年体制改革后，国家海洋行政主管部门负责立法、政策及规划拟订、协调等，各海区和地方的海洋管理由其派出的分局和管区等承担。沿海省、自治区、直辖市及其之下的市、县没有设置海洋管理机构。这种管理体制在海洋开发利用程度较低、规模不大的形势下，发挥了积极的作用。随着海洋开发利用程度的提高，地方同海洋的社会经济联系增加，设立地方管理机构的必要性日益凸显[②]。

---

① 国家海洋局海洋发展战略研究所课题组：《中国海洋发展报告2009》，北京：海洋出版社2009年版，第395页。

② 鹿守本：《海洋管理通论》，北京：海洋出版社1997年版，第80页。

2. 目前的海洋管理体制

从20世纪80年代起，中国海洋事业快速发展，又经历了1998年及2008年两次大规模机构改革。海洋管理体制日益完善，在综合管理方面突出表现在地方管理机构的建立及国家海洋局综合管理协调的职能进一步加强两个特点。

（1）地方海洋管理机构的建立

在1989年的海洋管理体制改革中，中国沿海省、市、区逐步建立起地方海洋行政管理机构，开始由地方用海管海的新阶段。地方海洋行政机构的设立，为实行分级管理创造了必要的条件。目前，中国所有沿海省、自治区、直辖市及计划单列市和沿海县（市）都设立了海洋管理职能部门，承担地方的海洋综合管理任务。

（2）海洋管理综合协调职能的加强

在1998年的机构改革中，海洋行政主管部门的基本职责发展为海域使用管理、海洋环境保护、海洋科技、海洋国际合作、海洋防灾减灾及海洋权益维护等方面。2008年7月10日，国务院办公厅〔2008〕63号文件印发了国家海洋局主要职责、内设机构和人员编制规定（即新“三定”规定）。新“三定”规定将国家海洋局的主要职责从7条拓展到11条，并在“职责调整”中授予国家海洋局“加强海洋战略研究和对海洋事务的综合协调”的任务。“三定”规定新增加的职责是朝着实现海洋综合管理目标迈进的历史新起点，是中国海洋事业中一个新的里程碑，对今后一段时期中国海洋事业健康快速发展具有重大意义。

（二）国家与地方海洋管理职能部门

海洋管理的综合协调在中国逐步加强，在海洋行政系统内已形成国家－海区垂直管理与国家－地方分级管理相结合的海洋管理综合协调体制[①]。国家海洋局为中国海洋行政管理职能部门，分别设立国家海洋局北海分局、东海分局和南海分局，作为国家海洋局的派出机构，代表国家实施海洋行政管理。海洋分局对各海区的管理为垂直管理。在沿海省、市、县各级政府中，设有相应级别的海洋行政主管部门，负责不同区域的海洋管理工作。国家海洋局和地方政府对海洋的管理体现了分级管理的特点。管理层次主要分为国家－海区－地方三级。

1. 国家海洋管理职能部门

1964年7月，经第三届全国人民代表大会第124次常委会议审议批准设立国家海

① 鹿守本：《海洋管理通论》，北京：海洋出版社1997年版，第80－81页。

洋局，直属国务院。成立之初，国家海洋局的主要职责为统一管理海洋资源和海洋环境调查、资料收集整编和海洋公益服务，目的是把分散的、临时性的协作力量转化为一支稳定的海洋工作力量①。1983 年的机构改革明确国家海洋局为国务院管理全国海洋工作的职能部门，主要职能除负责协调全国海洋工作外，还包括组织、实施海洋调查、海洋科研、海洋管理和海洋公益服务等具体职责②。1998 年，国家海洋局的基本职能被调整为海洋立法、规划和管理三大项，主要职责发展为海域使用管理、海洋环境保护、海洋科技、海洋国际合作、海洋防灾减灾以及维护国家海洋权益等六个方面。

进入 21 世纪后，海洋对于国民经济的重要性日益凸显，海洋利用的科学技术手段不断进步，近海海洋开发和利用活动密集，各国对海洋权益的争夺加剧。在此形势下，在 2008 年的政府机构改革中，国家海洋局的基本职能和主要职责得到相应调整和加强，新增的职责包括：海洋经济运行监测、评估及信息发布；海洋领域节能减排和应对气候变化；海岛生态保护和无居民海岛合法使用管理；海水利用和海洋可再生资源的研究、应用与管理；组织实施专项海洋环境安全保障体系的建设和日常运行的管理；在中国管辖海域实施定期维权巡航执法制度等。在基本职责调整中，国家海洋局被授予“加强海洋战略研究和对海洋事务的综合协调”的基本职责。此项调整对于加强各项海洋开发利用活动的综合协调，促进海洋综合管理具有深远的意义。

2. 海区海洋管理职能机构

海区海洋管理是中国海洋管理体制中一种重要的管理形式。2008 年国务院发布的《国家海洋局主要职责、内设机构和人员编制的规定》，明确北海分局、东海分局和南海分局为国家海洋局派出机构，分别代表国家海洋局履行渤黄海、东海及南海海域有关海洋监督管理职责。在管理区域划分方面，国家海洋局负责涉及全国海洋行政管理工作范围的事务，各海区分局负责所辖海区的海洋行政管理。

3. 地方海洋管理职能机构

1989 年海洋管理体制改革后，地方海洋管理机构陆续成立，开启了地方用海管海的新阶段③。地方海洋管理机构设置主要有三种模式（见表 14－1）。

（1）海洋与渔业管理相结合模式

在全国沿海省、自治区、直辖市和计划单列市中，有 12 个海洋管理机构采用海洋与渔业管理相结合的方式。自北向南分别为：辽宁、大连、山东、青岛、江苏、浙江、

---

① 邓力群 等编著：《当代中国的海洋事业》，北京：中国社会科学出版社 1985 年版，第 20 页。

② 王琪 等编著：《海洋管理——从理念到制度》，北京：海洋出版社 2007 年版，第 221 页。

③ 鹿守本：《海洋管理通论》，北京：海洋出版社 1997 年版，第 80 页。

宁波、福建、厦门、广东、深圳、海南。管理机构名称一般为海洋与渔业厅（或局）。其中，深圳市将海洋与农业、林业和渔业管理结合起来，设立了深圳市农林渔业局（海洋局）。

海洋与渔业厅（或局）兼有海洋综合管理与渔业行业管理的两种管理职能，受国家海洋局和农业部渔业局的双重领导。在海上执法过程中，既承担海监海上执法的任务，也承担渔业执法职责。

（2）单一模式

天津市海洋行政事务由天津市海洋局主管，为市政府职能部门。广西壮族自治区于2010年成立广西壮族自治区海洋局，承担原广西壮族自治区国土资源厅的海洋行政管理（含执法监察）职责①。

（3）国土资源管理机构模式

河北省在机构改革中，遵循中央机构改革模式，将地矿、国土、海洋合并在一起，成立了河北省国土资源厅，其中内设的海洋部门负责海洋综合管理和海上执法工作。

（4）其他模式

在最新一轮的政府机构改革中，上海市政府将与国家海洋局东海分局合并的原上海市海洋局职责划入上海市水务局，上海市海洋局和上海市水务局合署办公。

表14－1　沿海省市区海洋管理机构

	沿海省市	海洋管理机构
1.	辽宁省	辽宁省海洋与渔业厅
2.	河北省	河北省国土资源厅（海洋局）
3.	天津市	天津市海洋局
4.	山东省	山东省海洋与渔业厅
5.	江苏省	江苏省海洋与渔业局
6.	上海市	上海市水务局（海洋局）
7.	浙江省	浙江省海洋与渔业厅
8.	福建省	福建省海洋与渔业厅
9.	广东省	广东省海洋与渔业局
10.	广西壮族自治区	广西壮族自治区海洋局
11.	海南省	海南省海洋与渔业厅

① 广西壮族自治区人民政府办公厅：《广西壮族自治区人民政府办公厅关于印发广西壮族自治区海洋局主要职责内设机构和人员编制规定的通知》（桂政办发〔2010〕156号），2010年8月11日。

续表

	沿海省市	海洋管理机构
12.	大连市★	大连市海洋与渔业局
13.	青岛市★	青岛市海洋与渔业局
14.	宁波市★	宁波市海洋与渔业局
15.	厦门市★	厦门市海洋与渔业局
16.	深圳市★	深圳市农林渔业局（海洋局）

【注】标★者为计划单列市

（三）主要涉海管理部门、机构及职责

中国海洋管理体制基本特征是以海洋、环保、渔政、海事和边防为主的分散型管理。除国家海洋行政主管部门外，国家发展与改革委员会、外交部、国土资源部、环境保护部、科技部、交通部、农业部、水利部、公安部、工信部、国家旅游局、国家林业局、国家文物局、海关总署等多个政府部门和机构具有涉及海洋管理的职能（详见表14－2）。

表 14－2　中国主要涉海管理部门及职责

	机　构	海洋管理职能
1.	外交部	牵头或参与拟订陆地、海洋边界相关政策，指导协调海洋对外工作，组织有关边界划界、勘界和联合检查等管理工作并处理有关涉外案件，承担海洋划界、共同开发等相关外交谈判工作。
2.	国土资源部 ● 中国地质调查局 ● 国家测绘局	保护与合理利用海洋资源等自然资源 ● 负责海洋地质调查的部署和组织实施；承担海洋地质调查的技术管理、质量管理，制订海洋地质调查技术规程、规范、标准、管理办法；负责海洋地质调查成果汇总、集成等工作。 ● 负责管理全国海洋测量工作，包括海域使用测量单位资质管理等项工作。
3.	环境保护部	对全国海洋环境环境保护工作实行指导、协调和监督，并负责全国防治陆源污染物和海岸工程建设项目对海洋污染损害的环境保护工作。
4.	科学技术部	管理包括海洋科技在内的全国科技事务，促进科技的发展。

续表

	机　　构	海洋管理职能
5.	交通运输部 ● 海事局 ● 中国海上搜救中心 ● 救助打捞局	负责海运管理、海港管理和海上救助打捞等。 ● 负责国家水上安全监督和防治船舶污染、船舶及海上设施检验、航海保障管理和行政执法。 ● 负责全国海上搜救工作的统一组织和协调。 ● 对中国水域发生的海上事故应急反应、人命救助、船舶和财产救助、沉船沉物打捞、海上消防、清除溢油污染。
6.	农业部 ● 农业部渔业局	主管包括海洋渔业在内的农业与农村经济发展。 ● 对全国渔业进行行业管理，并行使渔政、渔港和渔船检验监督管理权。
7.	水利部	负责沿岸海塘及防洪安全、海岸围垦、河口区域水利管理、水利工程开发管理。
8.	公安部 ● 边防管理局	中国近海海上治安 ● 负责近海海上治安
9.	工业和信息化部	对包括海盐在内的食盐行业进行监管，并承担盐业和国家储备盐行政管理。
10.	教育部	负责协调我国有关部门开展与联合国教科文组织在教育、科技、文化等领域国际合作。
11.	国家林业局	负责沿海湿地及6米高潮线以上红树林保护与管理等项工作。
12.	国家能源局	负责包括海洋油气、电力（含核电）、海洋新能源和可再生能源等在内的能源的行业管理。
13.	国家旅游局	负责包括海洋旅游业在内的旅游业管理。
14.	国家文物局	负责水下文物的登记注册、保护管理以及水下文物的考古勘探和发掘活动的审批工作。
15.	海关总署 ● 海关总署缉私局①	承担全国海上缉私任务 ● 查缉海上走私；研究提出打击海上走私的规章制度并组织实施
16.	海军 ● 海司航保部	保卫中国海上安全、领海主权和维护海洋权益等任务 ● 海洋基础测绘、民用海图出版等

① 海关总署缉私局既是海关总署的一个内设局，又是公安部的一个序列局。

（四）海洋管理的公众参与

政府部门是海洋管理的核心与执行主体，而公众参与海洋管理是政府海洋管理的基础，是海洋管理有效性的重要保证[①]。有效的管理离不开公众，要求包括公民、社会团体、企业、非政府组织等在内的海洋实践主体参与到海洋综合管理政策、决策和方案的制定、实施、监督等环节中，进而保护海洋环境、实现海洋资源的可持续利用。温家宝总理在十届人大二次会议所作的《政府工作报告》中指出："要进一步完善公众参与、专家论证和政府决策相结合的决策机制，保证决策的科学性和正确性。"《中国海洋21世纪议程》和《国家海洋事业发展规划纲要》等纲领性文件都明确提出"实现可持续发展目标，必须依靠公众及社会团体的支持和参与"，要"建立和完善海洋管理的公众参与机制"。

1. 公众参与海洋管理理念

海洋综合管理中的公众参与，就是指在海洋管理工作中，公众有开发利用海洋资源的权利和保护海洋环境的义务，有平等的参与海洋公益事业、参与海洋决策的制定和执行的权利，并有权通过一定的形式对海洋管理工作及其行政人员进行监督。首先，这种参与并不要求改变各利益相关群体的观点，也不要求某一特定群体或部门适应另一群体的需要，它要做的是保证将单个部门或只有单个群体关心的问题变成一个集体议事日程，使所有利益相关者都能更充分表达意见和诉求。其次，公众参与海洋管理应是与某一特定资源有关各方面之间的真诚对话，这种在利益相关者之间进行的对话，目的是让他们最大可能地参与到目标政策的制定、资料的收集和冲突的解决中来。公众在满足共同需要、提出建议和解决问题方面联合起来，参与到海洋生态环境的保护、海洋决策的制定和执行和海洋管理工作的监督中[②]。

2. 公众参与海洋管理的发展

近年来，在全世界范围内，特别是在发达国家，公众参与甚至被评价为是海洋综合管理取得成效的最重要基础，众多的私营机构、企业、非政府组织等正在越来越多地参与、管理和推进海洋生态环境的建设。联合国是公众参与海洋管理的倡导者和推

---

① 崔旺来等：《海洋管理中的公民参与研究》，《海洋开发与管理》2010年第3期，第27－28页。亦可参见，Biliana Cicin－Sain and Robert W. Knecht，*Integrated coastal and ocean management：concepts and practices*，Washington：Island Press，1998，p. 129.

② ［美］约翰 R. 克拉克：《海岸带管理手册》，北京：海洋出版社，2000年版，第296页。转引自于中海：《海洋综合管理中的公众参与及其实现机制研究》，中国海洋大学行政管理硕士论文，2007年6月，第7页。

动者。《21 世纪议程》第 17 章要求各沿海国，为实现海洋可持续发展，措施之一就是尽可能让有关个人、团体和组织接触有关资料，让他们有机会在适当级别上进行协商和参与规划和决策[①]。欧盟制定的海洋政策鼓励并推动公众参与海洋生态建设，公众参与海洋管理的理念贯穿始终。美国海洋政策的指导原则是，政府必须认识和保护公众的利益，同时公众也必须履行自己的职责，鼓励公众广泛参与海洋管理工作。加拿大海洋战略的核心之一就是公众参与涉及自身利益的海洋问题的决策[②]。

3. 中国公众参与海洋管理实践

近年来，公众参与作为海洋综合管理的一个重要方面，在中国得到了一定程度的重视。公众参与意识有所提高，实践行动不断增加。1996 年颁布的《中国海洋 21 世纪议程》表明了中国政府坚持海洋可持续发展、实施海洋综合管理必须依靠公众参与的态度。《中国海洋 21 世纪议程》明确指出海洋资源、环境的开发利用和保护，单靠政府部门的力量是不够的，还必须有广大公众的参与，这包括教育界、传媒界、科技界、企业界、沿海居民及流动人口的参与。中国颁布的《中国海洋事业的发展》白皮书（1998 年）和《国家海洋事业发展规划纲要》（2008 年）等纲领性文件都明确了公众参与海洋管理工作的必要性。2007 年，国家海洋局发布《海洋功能区划管理规定》，明确规定编制和修改海洋功能区划应当建立公众参与、科学决策的机制。

在实践中，公众参与作为海洋综合管理的一个重要方面，在中国取得了长足的进步和发展[③]。在组织民主参与保护海洋资源和环境方面已经取得了一些进展，如规定了教育界、传媒界、科技界、海上作业人员和生产劳动者的参与、建立了海洋污染监视举报制度、动员沿海群众保护珍稀海洋动植物资源等。一些沿海省市，如山东东营市，大胆探索新的管理机制和模式，在海洋管理中积极引入公众参与机制，促进了全市范围内和谐、有序、健康的海洋管理工作新局面的初步形成。同时应该指出，现阶段中国公众参与海洋管理的程度仍然较低，面临较多困难，公众参与的综合决策机制尚未建立，参与内容、方式和程序等不够清晰，以及公众自觉参与保护海洋资源和环境的意识仍需增强等。

---

① 联合国：《21 世纪议程》，1992 年，第 17 章。

② 于中海：《海洋综合管理中的公众参与及其实现机制研究》，中国海洋大学行政管理硕士论文，2007 年 6 月，第 1 页。

③ 于中海：《海洋综合管理中的公众参与及其实现机制研究》，中国海洋大学行政管理硕士论文，2007 年 6 月，第 1－2 页。

二、国家海洋管理实践

中国的海洋管理坚持科学发展观，综合运用法律、行政、经济等手段，采取多种措施促进海洋资源可持续利用，促进规划用海、集约用海、生态用海、科技用海及依法用海，维护海洋生态环境健康安全。

（一）海域使用管理

全国各级海洋行政主管部门坚持把合理配置资源、保障经济发展作为海域使用管理第一要务。积极参与宏观调控，创新管理思路，突出管理重点，海域管理各项工作取得新进展。《2010年海域使用管理公报》显示，新一轮海洋功能区划编制、全面加强围填海管理、优先保障国家能源和交通等基础设施建设和重点海洋产业的用海需求等方面工作有序开展。

1. 海洋功能区划调整和修编

《海域使用管理法》实施以来，海洋功能区划已经成为保障发展、保护资源的科学依据，在统筹协调各有关行业用海、促进海域的合理开发和可持续利用、保护和改善海洋生态环境方面发挥了重要的作用①。最近几年，中央相继批准了沿海地区区域发展战略和规划，对海域资源的开发利用提出了新的要求。为适应形势的发展和变化，现行海洋功能区划需要进行调整和修编。2010年，经国务院批准，下发《关于规范省级海洋功能区划修改工作的通知》，进一步明确了省级海洋功能区划修改的前提条件和报批程序，并印发《省级海洋功能区划编制技术要求》。《全国海洋功能区划（2011年—2020年）》（以下简称《区划》）于2012年3月获得国务院正式批准。

《区划》确定了中国2011—2020年海洋空间开发、控制和综合管理的基调和目标。《区划》确立了以自然属性为基础、科学发展为导向、保护渔业为重点、保护环境为前提、陆海统筹为准则、国家安全为关键6项原则，划分了农渔业、港口航运、工业与城镇用海、矿产与能源、旅游休闲娱乐、海洋保护、特殊利用、保留等8类海洋功能区，确定了渤海、黄海、东海、南海及台湾以东海域的主要功能和开发保护方向，并据此制定了保障《区划》实施的政策措施。

---

① 于青松：《不断提升海域综合管控能力，保障海洋经济又好又快发展》，《中国海洋报》2011年6月14日第A3版。

2. 海域权属管理

进一步优化项目用海审批程序，提高审批工作效率，坚持把合理配置资源、保障经济发展作为海域使用管理的第一要务。海域使用管理优先保障国家能源和交通等基础设施、重点海洋产业的用海需求，2010 年报国务院批准了 16 个重大建设项目用海。全国共发放海域使用权证书 2 481 本，确权海域面积 19.38 万公顷，海域使用金征收金额 90.74 亿元，减免金额 2.45 亿元[①]。

依法推行海域使用权市场配置。2010 年，全国通过招标、拍卖发放海域使用权证书 36 本，确权海域面积 6 288.65 公顷，征收海域使用金 5 527.58 万元；办理海域使用权抵押登记证书 722 本，抵押海域面积 6.80 万公顷，金融机构发放抵押贷款 87.70 亿元。海砂开采海域使用权市场化配置初见成效。

3. 围填海管理

2010 年，严格执行围填海计划，中央及地方指标均未突破，重点保证基础设施、民生领域及国家产业政策鼓励类项目用海，遏制了盲目围填海，提高了海域使用效率。2010 年国务院及省级人民政府共批准围填海项目 571 个，面积 15 560.86 公顷。国家海洋行政主管部门指导地方科学选划区域建设用海范围，控制围填海面积，优化平面设计，全年批准了 15 个区域建设用海规划，规划总面积 21 665 公顷，其中规划填海面积 17 969 公顷[②]。为进一步加强围填海的调控与监管，建立健全围填海科学管理的长效机制，提高围填海计划管理的科学性，国家发展和改革委员会、国家海洋局于 2011 年年底联合印发《围填海计划管理办法》。该《办法》共 5 章 23 条，对围填海计划的编报、下达与执行、监督考核等作了较为详细的规定，对围填海实行年度总量控制的指令性管理。

4. 海域动态监视监测

以卫星遥感、航空遥感和地面监视监测为主要手段，实现全年两次对全海域的低精度卫星遥感监测和对 31 个重点区域的高精度卫星遥感监测，通过视频监控、现场监测等方式进行区域建设用海和在建用海项目地面监视监测。

国家海域动态监视监测管理系统自 2009 年实行业务化运行以来，系统建设不断深化，系统应用逐步拓展，业务能力显著提高，业务工作全面展开，为海域管理和海监

① 国家海洋局：《2010 年海域使用管理公报》，2011 年发布。

② 国家海洋局：《2010 年海域使用管理公报》，2011 年发布。

执法提供了有效的决策支持和技术支撑。开展年度围填海以及海岸线变化等专题评价，反映全国海域开发利用情况。

5. 海域海岸带整治与修复

国家海洋局出台《关于开展海域海岛海岸带整治修复保护工作的若干意见》，启动海域海岸带整治与修复工作，落实“在开发中保护，保护中开发”原则，促进海域资源可持续利用。第一批海域海岸带整治与修复项目经财政部批准后实施。

（二）海岛开发保护管理

2011 年，全国海岛管理工作统筹海岛开发、建设、保护与管理，有序推进海岛合理开发利用和海岛生态保护工作，全面实施《海岛保护法》，以海岛规划和无居民海岛使用管理制度建设为重点，积极推进海岛整治修复及保护、地名普查、监视监测系统建设等工作。

1. 健全国家海岛管理部门组织机构

2011 年，国家海洋局海岛管理司成立，行政编制 8 名。海岛管理司的主要职责是：拟订海岛管理政策与技术规范，编制并实施海岛保护规划，承担海岛使用的论证评估和无居民海岛使用权出让、登记和使用金征收等工作，承担海岛名称管理有关工作，承担海岛综合调查和监视监测工作。

2. 启动无居民海岛开发利用申请与审批工作

无居民海岛开发利用申请与审批工作正式启动。2011 年 4 月 12 日，中国第一批开发利用无居民海岛名录向社会公布，共涉及 176 个无居民海岛。任何单位和个人，均可通过申请审批等方式，取得无居民海岛使用权，其最高使用年限为 50 年。首批开发利用无居民海岛名录的公布，是对《海岛保护法》确立的无居民海岛由国务院海洋行政主管部门实行集中统一管理制度的一次积极实践。

国家海洋局于 2011 年 4 月印发《无居民海岛使用申请审批试行办法》（以下简称《试行办法》），对无居民海岛使用申请和审批相关内容进行了详细规定，正式启动无居民海岛开发利用申请与审批工作。在使用申请方面，《试行办法》对单位或个人使用无居民海岛需提交的申请材料进行了规定，并明确在无居民海岛开发利用具体方案中含有建筑工程的用岛，最高使用期限为 50 年；其他类型的用岛可根据使用实际需要的期限确定，但最高使用期限不得超过 30 年。用于经营性开发利用的无居民海岛，将依法采取招拍挂的方式出让无居民海岛使用权。在申请审批方面，《试行办法》对审批权限进行了划分，明确了审理内容，规范了审批程序。11 月 8 日，全国首个无居民海岛使用权证书颁发给了开发浙江省旦门山岛的企业，揭开了依法、科学、合理用岛的新篇章。

3. 规范无居民海岛使用秩序

2011 年 8 月，国家海洋局发布《无居民海岛保护和利用指导意见》，规范无人岛的使用秩序，指导无人岛的保护和利用。该《意见》规定，保护海岛自然属性，防止海岛灭失，严格限制填海连岛工程。填海造地工程涉及海岛的，应通过桥梁和隧道方式连接海岛和陆地。海岛的开发利用，应充分利用原有地形地貌，避免采挖土石，避免破坏自然岸线资源。《无居民海岛用岛区块划分意见》同时发布。

4. 开展全国海岛地名普查工作

2011 年，全国海域海岛地名普查工作标准规范体系建立，全国海域海岛地名普查工作取得了显著成效，外业调查基本完成，海岛名称标志设置工作有序开展。为统一标准，提高普查工作的质量和效率，国家海洋局建立了全国海域海岛地名普查标准规范体系，编制完成了《全国海岛地名普查工作手册》、《全国海域地名普查工作手册》、《全国海域海岛其他地理实体地名普查工作手册》和《遥感调查工作手册》，印发了《海岛名称管理办法》和《海岛界定与数量统计方法》等 7 个规范性文件，开发了地名普查数据采集软件，并专门培训管理人员和技术骨干。

（三）海洋经济管理

国家海洋局按照“以建立全国海洋经济管理体制机制为核心，开展全国海洋经济调查和海洋经济运行监测与评估能力建设为主线”的海洋经济管理工作思路，启动全国海洋经济发展试点工作，组织开展了全国海洋经济试点调查工作，发布重新核准后的海洋生产总值核算制度，海洋经济管理工作进一步深化。

1. 启动全国海洋经济发展试点工作

国家海洋局会同国家发展和改革委员会启动全国海洋经济发展试点工作。2011 年 1 月至 7 月，国务院先后正式批复《山东半岛蓝色经济区发展规划》、《浙江海洋经济发展示范区规划》以及《广东海洋经济综合试验区发展规划》，批准将山东、浙江、广东作为全国海洋经济发展试点地区。

2. 组织开展全国海洋经济试点调查工作

为掌握中国海洋经济状况，科学规划海洋经济发展，国家海洋局在山东、浙江、江苏、上海和广东等典型地区开展全国海洋经济试点调查，以保障全国海洋经济普查工作的顺利实施。此次试点调查取得丰硕成果，形成了包括数据集、涉海法人单位名录、主要海洋产品名录、工作报告、技术总结以及有关分析报告、专题研究等在内的六方面主要成果。通过本次试点调查，检验了涉海法人单位的清查方法，验证了调查制度的科学性、完整性和可操作性，探索了调查员选聘与培训方法，实践了地方政府与海洋部门、海洋部门与统计部门多方配合的组织模式，为全国海洋经济普查打下了坚实基础。

3. 发布重新核准后的海洋生产总值核算制度

为了全面反映中国海洋经济的发展规模和结构等方面情况，科学、准确的体现海洋经济对国民经济的贡献程度，为各级政府制定海洋政策、进行海洋管理、宏观调控海洋经济提供依据，按照《中华人民共和国统计法》的有关规定，国家海洋局于2011年2月发布重新核准后的《海洋生产总值核算制度》。《制度》对海洋经济统计所涉报表目录、调查表式等方面内容做了详细清晰的规定。《制度》自2011年1月28日开始执行，有效期2年。

4. 推动海洋工程装备等产业发展

2011年，国家发改委、工信部、科技部、国家能源局4部门联合发布《海洋工程装备产业创新发展战略（2011—2020）》。该《战略》主要内容是进一步落实海洋工程装备产业发展的相关税收和金融支持政策。

5. 推动海水淡化产业发展

为推动海水淡化产业加快发展，国务院办公厅于2012年2月发布《关于加快发展海水淡化产业的意见》。该《意见》提出到2015年，中国海水淡化日产能力将达到220万立方米～260万立方米，对海岛新增供水量的贡献率将达到50%以上，对沿海缺水地区新增工业供水量的贡献率将达到15%以上；海水淡化原材料、装备制造自主创新率将达到70%以上；建立较为完善的海水淡化产业链，关键技术、装备、材料研发和制造能力达到国际先进水平①。

6. 编制并发布海洋经济统计公报

根据《海洋生产总值核算制度》，国家海洋局对2011年海洋经济进行了初步核算，

---

① 崔鲸涛：《国务院办公厅出台<关于加快发展海水淡化产业的意见>》，《中国海洋报》，2012年2月15日第A1版。

编制并发布了《2011 年中国海洋经济统计公报》。《公报》对 2011 年中国海洋经济总体运行情况、主要海洋产业发展情况和区域海洋经济发展情况进行了通报。据初步核算，2011 年全国海洋生产总值为 45 570 亿元，比上年增长 10.4%。海洋生产总值占国内生产总值的 9.7%①。

（四）海洋资源管理

中国重视在海洋开发过程中的生态环境保护和资源的可持续利用。2011 年，中国在勘探开发国际海底区域矿产资源方面获得重大进展，在印度洋国际海底区域成功申请一块多金属硫化物矿区。开展海洋石油勘探开发安全大检查，重视养护和合理利用海洋生物资源。在港口资源利用方面，进一步加强战略统筹。

1. 海洋油气与矿产资源管理

（1）勘探国际海底区域矿产资源获得重大进展

2011 年 7 月，国际海底管理局理事会在其第 17 届会议期间，核准了中国大洋矿产资源研究开发协会提出的多金属硫化物矿区申请，使中国大洋协会在西南印度洋国际海底区域获得了 1 万平方千米具有专属勘探权和优先开采权的多金属硫化物资源矿区。这是国际海底管理局自 2010 年 5 月 7 日通过《区域内多金属硫化物探矿和勘探规章》后接受和核准的第一份矿区申请，将促进人类社会对海底资源的了解和利用，有利于带动和促进相关深海技术装备研制迈上新台阶。

（2）开展海洋石油勘探开发安全大检查

为深刻吸取“蓬莱 19－3”油田溢油事故教训，全面加强海洋环境监视监测和监督管理，落实安全措施，及时消除各种隐患，国家安全生产监督管理总局于 2011 年 9 月发布《关于进一步深入开展海洋石油勘探开发安全生产大检查工作的通知》。通知要求在 9 月 10 日至 12 月 10 日期间，所有在中国管辖海域勘探开发的海洋石油企业全面深入开展安全生产大检查工作，检查内容包括直接作业环节安全管理情况和极端灾害气候的防范和应对情况等。10 月，国土资源部会同环境保护部、交通运输部、农业部、国家安全生产监督管理总局、国家能源局和国家海洋局开展海洋石油勘探开发溢油污染风险防范大检查。

（3）修订对外合作开采海洋石油资源条例

2011 年 10 月，国务院作出修订《中华人民共和国对外合作开采海洋石油资源条例》的决定。《条例》第十条修改为：“参与合作开采海洋石油资源的中国企业、外国

① 国家海洋局：《2011 年中国海洋经济统计公报》，2012 年 3 月发布。

企业，都应当依法纳税。”该决定自2011年11月1日起施行。1989年1月1日经国务院批准、财政部发布的《开采海洋石油资源缴纳矿区使用费的规定》同时废止。自该决定施行之日起，中外合作开采海洋石油资源的中国企业和外国企业依法缴纳资源税，不再缴纳矿区使用费。但是，该决定施行前已依法订立的中外合作开采海洋石油资源的合同，在已约定的合同有效期内，继续依照当时国家有关规定缴纳矿区使用费，不缴纳资源税；合同期满后，依法缴纳资源税。

2. 海洋渔业资源管理

农业部发布《全国渔业发展第十二个五年规划》，全面指导和部署渔业在“十二五”期间的发展。该《规划》确定了2011—2015年渔业发展的指导思想、基本原则和发展目标等。《规划》确定了十大重点任务，包括：大力发展生态健康的水产养殖业；积极发展环境友好的增殖渔业；统筹发展可持续的捕捞业；着力发展先进的水产品加工流通业；鼓励发展文化多元的休闲渔业；加快建设渔业设施装备体系；不断完善现代渔业科技支撑体系；建立健全资源环境保护管理体系；着力推进渔业安全保障体系；大力强化现代渔政执法保障体系。

中国渔业资源管理目前主要通过休渔和控制捕捞规模等投入控制方式保护渔业资源。为养护和合理利用海洋生物资源，促进渔业可持续健康发展，维护广大渔民的合法权益和长远利益，农业部发布《关于“十二五”期间进一步加强渔船管理控制海洋捕捞强度的通知》，明确坚持实施海洋捕捞渔船控制制度。《通知》要求各相关部门完善管理制度，全面提升渔船管理水平；规范渔具渔法，强化海洋生物资源养护；加强政策支持，努力促进捕捞渔民转产转业。为确保完成“十二五”渔船管理和海洋捕捞强度控制目标，沿海11省（区、市）签订《加强渔船管理控制海洋捕捞强度工作责任书》。

3. 港口资源管理

海港是海洋资源的重要组成部分，是多种运输方式的交汇点，对中国的海上运输业、物流业和渔业等产业发展具有重要作用。在新一轮沿海开发规划中，多地提出了新建扩建港口的发展规划。目前港口建设的主要问题为港口重复建设，布局失衡，需要加强战略统筹，在整合中提高竞争力[①]。港口管理部门在2011年继续强化港口安全和应急管理，发布了《关于印发港口安全生产事故统计报表制度的通知》等文件。

① 蔡恩泽：《中国沿海港口要走整合之路》，《中国海洋报》2010年7月27日第2版。

（五）海洋环境管理

2011 年，国家海洋环境主管部门加强海洋环境保护监督管理，强化海洋环境突发事件风险管理，依法处理“蓬莱 19－3”油田溢油事故，严密监控日本核泄漏对海洋环境的影响，向社会公众发布环境监测信息，并采取多种方式继续加强环保领域国际合作。

1. 处理“蓬莱 19－3”油田溢油事故

2011 年 6 月 4 日以来，美国康菲石油（中国）有限公司开发的渤海“蓬莱 19－3”油田连续发生溢油事故，给渤海海洋生态和渔业生产造成严重影响。根据法律赋予的职责，国家海洋局依法对“蓬莱 19－3”油田溢油应急处置实施监督监管和监视监测，并向公众发布监视监测信息。

（1）责令康菲公司蓬莱溢油平台停止油气作业

为保障渤海海洋生态环境安全，促进海洋油气产业健康可持续发展，根据《中华人民共和国海洋环境保护法》、《防治海洋工程建设项目污染损害海洋环境管理条例》等法律法规规定，2011 年 7 月 13 日，国家海洋局责令康菲石油中国有限公司立即停止“蓬莱 19－3”油田 B、C 平台的油气生产作业活动，要求康菲石油中国有限公司将有关溢油事故信息及时向国家海洋局报告并向社会公布。在溢油源未切断、溢油风险未消除前，不得恢复作业。

为进一步督促康菲公司加快“蓬莱 19－3”油田处置工作，国家海洋局对康菲石油中国有限公司进一步下达了《关于限期彻底排查溢油风险点、彻底封堵溢油源的通知》，责成其限期彻底排查溢油风险点、彻底封堵溢油源、加快溢油污染处置，并提出有关具体要求。

（2）成立“蓬莱 19－3”油田溢油事故联合调查组

为彻底查明污染事故发生原因及污染损害等情况，国家海洋局牵头成立了“蓬莱 19－3”油田溢油事故联合调查组，国土资源部、环境保护部、交通运输部、农业部、国家安全监督总局、国家能源局等部门为联合调查组成员。联合调查组组成部门各自按职责加大监管力度、加强协调配合以及信息共享沟通。8 月 19 日，联合调查组听取了康菲公司、中海油总公司事故处置情况的汇报，就溢油事故原因及处置工作开展等问题进行了询问，对溢油处置工作提出了要求。

（3）海陆空立体联动全力处置

自“蓬莱 19－3”油田溢油发生以后，国家海洋局专门制订和实施了《“蓬莱 19－3”油田溢油事故海洋环境监视监测与评价工作方案》，要求环渤海沿海地方各级海洋部门高度重视溢油陆岸监视监测工作，部署专门力量在所辖海域和岸线巡视监视并及时采集溢油样品送检分析，在第一时间将陆岸溢油信息报送当地政府，及时向社会公布相关信息。国家海洋局在事故发生后部署启动卫星遥感、航空遥感、海监船舶监测及现场执法等手段，对溢油实施全天候立体监视监测。

（4）公开溢油事故处置工作进展情况

2011 年 7 月 5 日，国家海洋局召开媒体通气会，向媒体提供了一系列溢油数据信息，并对社会关注的问题进行集中解答，以正确引导舆论。此后，国家海洋局进一步加强了信息管理工作，积极稳妥处理舆情网情及社会各方面的关切，先后将针对此次溢油的一系列重要决定和监测结果及时向社会发布，以科学结论客观公正地引导舆论，并利用舆论督促责任企业提高溢油处置效能，满足了公众的知情权，同时防止不实或无根据的报道误导公众。溢油事故发生后，国家海洋局接受国内外 100 多家媒体采访数百次，主动向媒体提供各类新闻稿 30 多条，并发布《海洋环境信息》等权威监测信息。此外，国家海洋局还就韩国对此次溢油问题的关注，专门约见了韩国驻华公使，在进行友好交谈的基础上，回答了有关问题。

（5）要求全面开展海洋石油勘探开发溢油风险排查与整改

2011 年 7 月 8 日，国家海洋局向中国海洋石油总公司等 10 多家在中国海域内开展海洋石油勘探开发的生产作业者发出通知，要求这些企业吸取康菲石油中国有限公司“蓬莱 19－3”油田溢油事故教训，全面开展海洋石油勘探开发溢油风险排查与整改。

2. 监控日本核泄漏对海洋的影响

2011 年 3 月 12 日日本福岛核事故发生后，国家海洋局迅速组织各级海洋行政主管部门对中国管辖海域开展了核辐射应急监测工作，制订海洋放射性监测预警计划等多项措施进行应对。

国家海洋环境预报中心组织专家基于大气环流和海洋环流形势对核泄漏事故放射性污染进行综合判断，并就该事故未来可能对中国产生的影响进行分析和评估，向相关单位发布核辐射污染预测信息，组织核事故污染扩散分析预测的应急视频会商。为了解日本福岛核泄漏事故对日本以东海域海洋核污染的状况，分析评估其对中国管辖海域及附近大洋海洋环境的可能影响，国家海洋局组织实施了两个航次的西太平洋海洋环境放射性物质监测。鉴于日本福岛核电站对西太平洋造成的长期影响，在“十二五”期间，在相关海域开展针对日本核泄漏的跟踪监测与评价工作，将成为国家海洋局海洋环境保护工作的重要任务之一。

3. 发布海洋环境状况信息

依据《中华人民共和国海洋环境保护法》和国务院赋予的职责，为全面掌握中国管辖海域环境状况、保障社会公共安全、促进沿海地区经济发展方式转变、有效服务于海洋经济的可持续发展，国家海洋局继续组织实施全国海洋环境监视监测和评价工作，并在此基础上编制、发布《2010 年中国海洋环境状况公报》中英文版。国家海洋局发布“关于印发《2011 年海洋环境监测工作任务》通知”，要求各级海洋行政主管部门于 2011 年组织开展海洋环境监测工作，并根据监测结果向社会公众发布《海洋环境信息》。以上公报和信息，全面通报了中国海洋环境质量状况、部分海洋功能区环境状况、主要入海污染源状况、海洋环境灾害，以及“十一五”中国海洋环境基本状况，包括“蓬莱 19－3”油田溢油和应对日本核泄漏事故海洋环境放射性监测等社会公众普遍关心的情况。

4. 加强海洋环保国际合作

国家海洋环境管理部门采取多种方式继续加强环保领域国际合作，成立全球海洋环境状况定期评估进程工作组。为研究制订中国参与全球海洋环境状况定期评估进程（GRAME）的工作方案和策略，增强中国在联合国相关问题讨论和决策过程中的话语权，国家海洋局系统内部 GRAME 工作组于 2011 年正式成立。工作组将就全球海洋环境评估的方法体系、技术规则、实施办法等开展深入的研究，提出工作方案和建议，并组织开展相关的国际合作。

除积极参与联合国系统的环境保护工作外，国家海洋环境主管部门与国际和国内知名的非政府环保组织建立了良好的合作关系，包括国际海洋学院、世界自然基金会、世界自然保护联盟等机构，这些合作为中国海洋环境和生态保护做出了很大贡献。2011 年 9 月 7 日，国家海洋局与保护国际基金会在北京签署《中国国家海洋局和保护国际基金会合作框架协议》。双方将在海洋生物多样性、海洋自然保护区建设与管理、海洋自然资源生态补偿等领域开展合作，共同促进中国海洋生态环境的保护。

（六）海洋公益服务管理

海洋观测预报等海洋公益服务工作事关国家主权和安全，与民众生活及社会经济建设联系密切。近年来，中国的海洋观测预报事业获得了长足发展，在国家海洋经济建设、社会发展、群众生活、应急管理、国防安全等方面发挥了重要作用。2011 年，国家海洋行政主管部门着力加强防灾减灾能力建设。完善海洋灾害应急预案，定期组织开展各种应急演练。加强气候变化影响评估与趋势预测，稳步推进海洋领域应对气候变化的工作。有关部门还通过开展防灾减灾日宣传等项活动，提高公众防灾减灾意识。随着国务院《海洋观测预报管理条例》的施行，海洋观测预报活动将得到进一步规范。

1. 规范海洋观测预报活动

为加强海洋观测预报管理，规范海洋观测预报活动，防御和减轻海洋灾害，为经济建设、国防建设和社会发展服务，国务院制定并发布《海洋观测预报管理条例》，自2012年6月1日起施行。该《条例》明确，海洋观测预报事业是基础性公益事业，要求国务院和沿海县级以上地方人民政府将海洋观测预报事业纳入本级国民经济和社会发展规划，所需经费纳入本级财政预算。国务院海洋主管部门管理全国海洋观测预报工作。《条例》规定，国务院海洋主管部门和沿海县级以上地方人民政府海洋主管部门所属的海洋预报机构应当根据海洋观测资料，分析、预测海洋状况变化趋势及其影响，及时制作海洋预报和海洋灾害警报，做好海洋预报工作。海洋预报和海洋灾害警报由国务院海洋主管部门和沿海县级以上地方人民政府海洋主管部门所属的海洋预报机构按照职责向公众统一发布。其他任何单位和个人不得向公众发布海洋预报和海洋灾害警报。

2. 制订海洋灾害应急预案

为提高海洋灾害预防和应对能力，最大程度地减少海洋灾害造成的损失，国家海洋局于2011年年初制订并发布《风暴潮、海浪、海啸和海冰灾害应急预案》。“预案”对中国近海和沿海地区的风暴潮、海浪、海啸和海冰灾害的监测、预报、预警、预防和应对工作进行了详细规定。

3. 举行应对海啸演习

2011年11月10日，国家海洋局组织江苏、上海、浙江、福建、广东、广西、海南沿海七省（区、市）政府和国务院相关部门成功地举行了一次海啸演习，对中国的海啸预警、信息发布和部门联动的防灾减灾工作机制进行了全面检验。

（七）海洋科技管理

海洋科技工作稳步推进，在深海技术和海洋卫星领域均取得重大成绩，发布《国家“十二五”海洋科学和技术发展规划纲要》，海洋公益专项落实2010—2011年度专项经费8.7亿元，推动科技兴海工作不断深入。同时，继续推动中国与国际组织和其他国家在海洋科技领域的交流与合作。

1. 规划“十二五”期间全国海洋科技发展

2011年9月，国家海洋局、科技部、教育部和国家自然科学基金委等联合发布了

《国家“十二五”海洋科学和技术发展规划纲要》，对中国2011—2015年海洋科技的发展进行了总体规划。《规划纲要》共分5个部分，即面临形势和发展现状，指导方针、基本原则和发展目标，重点任务，实施重大工程和重大专项，以及保障措施。《规划纲要》按照国家的重大需求和国际前沿问题，对任务作出了部署，提出了未来5年的奋斗目标，描绘了海洋科技的发展前景。

2. 完成深海载人潜水器5 000米级海试任务

2011年，作为国家高技术研究发展计划海洋技术领域的重点任务，深海载人潜水器“蛟龙”号5 000米级海试任务圆满完成。此次任务由科技部委托、国家海洋局组织、中国大洋矿产资源研究开发协会具体实施。海试期间，“蛟龙”号分别在东太平洋3个海区进行了5次下潜作业，最大下潜深度达5 188米，并在中国大洋协会多金属结核勘探合同区开展了海底照相、摄像、海底地形地貌测量、海洋环境参数测量、海底定点取样等作业实验与应用，完成了各项试验任务。此次成功海试实现了中国载人深潜的巨大突破，为开展7 000米级海试和载人深潜未来实际应用奠定了扎实的基础。

3. 成功发射第一颗海洋动力环境卫星

2011年8月16日，中国第一颗海洋动力环境卫星“海洋二号”成功发射。“海洋二号”卫星是中国继“海洋一号A”、“海洋一号B”两颗海洋水色卫星之后，发射的第三颗海洋卫星。“海洋二号”卫星的主要任务是监测和调查海面风场、海浪、海流和海温等海洋动力环境，其主要技术指标达到国际先进水平。该卫星具有全球、全天候、全天时的观测功能，可直接为灾害性海况预警报和国民经济建设服务，并为海洋科学研究、海洋环境预报和全球气候变化提供卫星遥感信息。“海洋二号”卫星的成功发射，将进一步完善中国海洋立体监测体系，为中国海洋观测开辟一个崭新的领域，填补中国实时获取海洋动力环境要素的空白。

4. 推动海洋科技国际合作与交流

在现有海洋科技领域国际合作的基础上，国家海洋局继续推动海洋科技国际合作，与英国和比利时签署了海洋合作协议。2011年11月，国家海洋局与英国国家海洋中心签署《中华人民共和国国家海洋局和大不列颠及北爱尔兰联合王国国家海洋中心海洋科技合作谅解备忘录》。该《备忘录》确定了两国海洋领域优先合作领域，标志着中英海洋科技领域合作进入新的发展阶段。10月，中国国家海洋局与比利时相关部门签署了中比在海洋和极地领域的3份合作协议，包括《中国国家海洋局和比利时联邦科学政策办公室海洋和极地领域合作谅解备忘录》等。以上海洋合作协议的签署有利于促进中英、中比在海洋等领域的交流与合作。

三、地方海洋管理实践

2011年，沿海各地根据国家有关法律法规和政策，创造性的开展各项海洋管理工作，在海域使用管理、海洋经济和环境保护等方面呈现诸多亮点。江苏、天津和广西等省（区、市）编制印发相关海洋发展规划和管理制度，为2011—2015年海洋资源可持续利用、海洋经济统筹协调、海洋生态环境保护等工作进行规划布局。

（一）地方海域使用管理

2010年，沿海海洋行政主管部门不断规范海域使用管理工作，大力开展海洋功能区划修编，加强围填海管理，积极推行海域使用权市场配置。

1. 修编《海洋功能区划》

各沿海省市根据各自不同的经济和社会发展需要，按照海域资源、生态环境等自然属性和区位特点，科学修编省级《海洋功能区划》，合理确定各类海域功能。江苏、广西、上海和广东等省、区级《海洋功能区划》编制完成，并通过专家评审。辽宁、山东、福建省《海洋功能区划》初稿编制完成。《浙江省海洋功能区划》修编技术方案制订完成。海南省完成了《海南省海洋功能区划》修编专题研究。

2. 海域权属管理

江苏、浙江、福建、广东、山东等沿海省市积极探索海域使用权抵押贷款工作，推行海域使用权市场配置。江苏省和浙江省出台省级《关于开展海域使用权抵押贷款工作的意见》和《海域使用权抵押登记管理办法》。江苏省成立南通市、连云港市海域使用权市场交易中心，《江苏省海域使用权流转管理办法（试行）》列入2011年江苏省政府规章立法计划。江苏省制定《江苏省蒋家沙竹根沙海域使用权变更、转让管理暂行办法》，该办法的制定解决了海域使用中的海域使用权人、用海类型、用海面积发生变化、权证有偿转让等实际问题，同时也为管理部门处理同等情况提供了依据，为海域管理事务进行了有益探索。福建积极开展海域使用权抵押登记工作，漳州、莆田、宁德、泉州等市出台相关政策，开展了养殖用海招拍挂工作。广东省成功开展全国首个网上竞价挂牌出让海砂开采海域使用权工作。广西完善海域使用权招标拍卖挂牌出让制度，起草《养殖用海招标拍卖挂牌管理办法》和《工程建设项目海域使用权招标拍卖挂牌出让管理办法》。山东出台《山东省海域海岛使用权抵押贷款实施意见》，为海域使用拓展融资渠道。

2010 年，全国共确权海域面积 193 769. 16 公顷，其中经营性项目 190 344. 73 公顷，公益性项目 3 424. 43 公顷；发放海域使用权证书 2 481 本，其中经营性项目 2 373 本，公益性项目 108 本，各地区具体情况见表 14－3。

表 14－3　2010 年沿海省、自治区、直辖市海域使用确权情况

地区	确权海域面积（公顷）		海域使用权证书（本）	
	经营性项目	公益性项目	经营性项目	公益性项目
辽宁	104798. 03	672. 46	622	10
河北	4679. 83		52	
天津	2150. 02		51	
山东	22168. 63	276. 38	378	17
江苏	34844. 03	813. 9	201	5
上海	95. 29	17. 92	3	1
浙江	4189. 97	682. 85	189	29
福建	6264. 47	273. 06	233	20
广东	6202. 91	559. 79	337	15
广西	2078. 99	84. 13	202	6
海南	1294. 76	43. 94	89	5
省（区、市）管理海域以外	1577. 80		16	

资料来源：国家海洋局《2010 年海域使用管理公报》

2010 年，全国共征收海域使用金 907 374. 33 万元，减免海域使用金 24 549. 61 万元，各地区具体情况见表 14－4。

表 14－4　2010 年沿海省、自治区、直辖市海域使用金征收、减免情况

地区	海域使用金征收金额（万元）		海域使用金减免金额（万元）
	原有项目	新增项目	
辽宁	22706. 21	144195. 50	600. 88
河北	8864. 55	43087. 15	2856. 29
天津	22732. 26	177280. 06	
山东	35856. 61	72568. 49	5895. 36
江苏	4082. 53	46981. 40	85. 72
上海	767. 36	114. 78	1824. 34
浙江	40920. 25	49865. 96	4194. 18
福建	8119. 39	83320. 12	8880. 63
广东	25780. 99	44628. 35	87. 16
广西	318. 95	50308. 58	41. 34
海南	8327. 12	6694. 54	83. 71
省（区、市）管理海域以外	9483. 91	369. 27	

资料来源：国家海洋局《2010 年海域使用管理公报》。

3. 围填海管理

辽宁、河北、天津、广东和海南等多个沿海省市规范和加强填海造地管理工作：（1）辽宁省出台《关于进一步加强围填海管理工作的通知》，开展已批准的围填海项目实施情况核查工作。（2）河北省完善节约集约用海管理措施，对建设项目填海造地实行控制指标管理。（3）天津市出台《关于进一步加强围填海项目海域使用管理有关工作的通知》，并开展“天津市建设项目填海指导标准”研究，提高填海项目的精细化管理水平。（4）广东省海洋与渔业局与广东省发展改革委联合下发《关于建立围填海年度计划管理制度的通知》。（5）海南省通过《海南省人民政府关于进一步加强填海造地项目管理的若干意见》，全面强化了海南省填海造地的管理，特别是明确了填海年度计划指标管理制度以及填海造地项目的管理程序等，大幅提高填海造地审批标准。

全国填海造地确权面积 2010 年为 13 598. 74 公顷，比 2009 年减少 4 298. 33 公顷。其中建设填海造地 13 454. 91 公顷，废弃物处置填海造地 143. 83 公顷。沿海省、自治

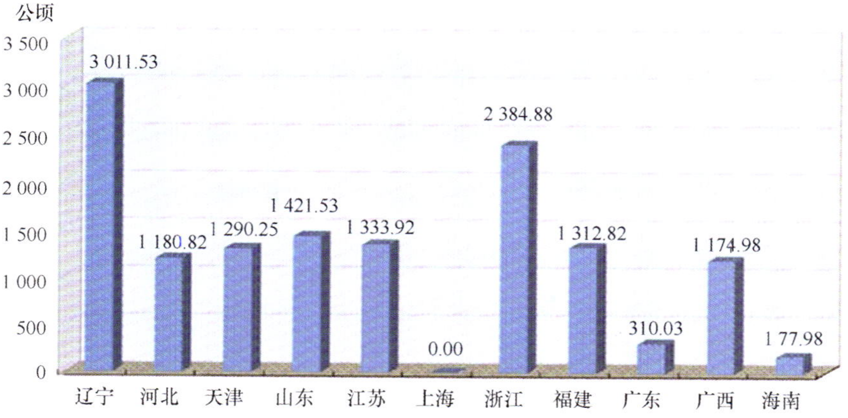

图 14－1　2010 年沿海省、自治区、直辖市填海造地确权面积比较

资料来源：国家海洋局《2010 年海域使用管理公报》

区、直辖市填海造地确权面积分别为辽宁省 3 011.53 公顷；河北省 1 180.82 公顷；天津市 1 290.25 公顷；山东省 1 421.53 公顷；江苏省 1 333.92 公顷；浙江省 2 384.88 公顷；福建省 1 312.82 公顷；广东省 310.03 公顷；广西壮族自治区 1 174.98 公顷；海南省 177.98 公顷[①]。

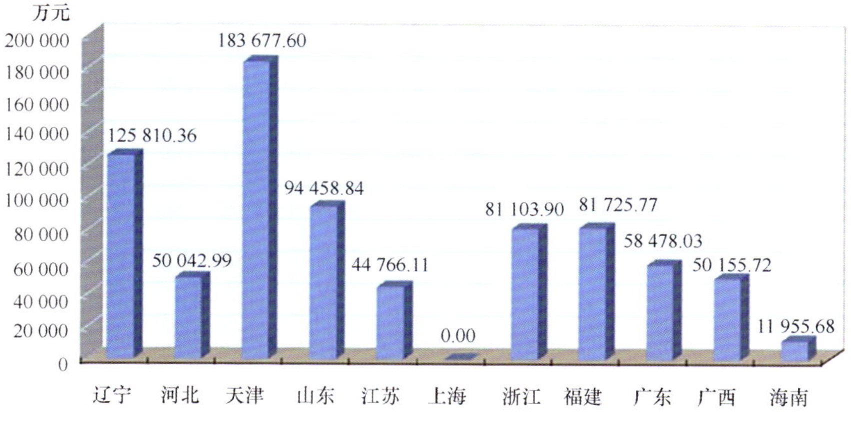

图 14－2　2010 年沿海省、自治区、直辖市填海造地征收海域使用金比较

全国 2010 年填海造地征收海域使用金 782 175.00 万元，其中建设填海造地

① 国家海洋局：《2010 年海域使用管理公报》，2011 年发布。

775 669.92万元，废弃物处置填海造地 6 505.08 万元。沿海省、自治区、直辖市填海造地海域使用金征收金额分别为辽宁省 125 810.36 万元；河北省 50 042.99 万元；天津市 183 677.60 万元；山东省 94 458.84 万元；江苏省 44 766.11 万元；浙江省 81 103.90 万元；福建省 81 725.77 万元；广东省 58 478.03 万元；广西壮族自治区 50 155.72 万元；海南省 11 955.68 万元[①]。

4. 海域使用监测监察

在海域监测方面，辽宁省利用新技术手段对全省海域和海岛实施全面监控，在长兴岛启动了无人机航空海域监测项目。山东海洋与渔业厅印发《关于开展全省海域使用管理专项监察工作的通知》和《工作方案》，将对该省沿海 7 市及所辖县海域使用管理进行专项监察。此次专项监察是对《海域使用管理法》实施以来全省海域使用审批项目进行复核检查。

（二）地方海洋经济管理

浙江和福建等沿海省份利用税收、金融、贸易、规划等多种方式创新海洋经济管理工作，推动海洋经济发展。浙江省国税局 2011 年出台了《关于推进海洋经济发展的若干意见》，结合促进海洋经济发展实际，推出了 10 条纳税服务举措和支持海洋经济发展的 19 条税收优惠政策，支持打造现代海洋产业体系、构建三位一体的港航物流服务体系、提高海洋科技创新能力和加强海洋生态文明建设。中国农业银行福建省分行、福建省海洋渔业厅联合出台《关于支持福建省海洋经济发展的指导意见》。该《意见》明确指出，全省各级农业银行将加强涉海企业的金融服务，支持闽台海洋产业合作，加大信贷投放，促进福建海洋主导产业转型升级，加快发展[②]。

为推动江苏沿海港口群建设，海关总署与江苏省签署了合作备忘录，建立“十二五”期间署省紧密合作机制。根据合作备忘录，双方将在促进江苏加快转变经济发展方式、加快江苏口岸开放开发步伐、进一步提高江苏贸易便利化水平等 8 个方面加强合作。其中，海关总署将推动江苏省内现有海关特殊监管区域协调发展，加快海关特殊监管区域信息化平台建设；支持以连云港为核心，联合南通和盐城共同建设江苏沿海港口群。

---

① 国家海洋局：《2010 年海域使用管理公报》，2011 年发布。

② 杨文：《福建出台支持海洋经济发展指导意见 加大信贷投放》，东南网 http：//news.xinhuanet.com/local/2011－11/13/c_ 122272005_ 2.htm，2011 年 11 月 16 日登录。

（三）地方海洋资源管理

地方在港口资源、渔业资源和海洋可再生能源等方面的管理注重发挥地区优势，体现各自特色和需求。在港口利用方面，加强与地区和国际港口的合作。在海洋渔业资源利用和管理方面，福建省加强和规范对渔业水域污染事故的处理。

1. 港口资源管理

中国港口着力打造国际航运中心，加强与地区和国际港口的合作。2010 年底，山东青岛港、日照港、烟台港、威海港与韩国釜山港签署“4＋1”港口战略联盟框架协议。双方决定加强彼此之间的信息和经验交流，推进豪华游轮产业发展，共同打造东北亚国际物流枢纽。2011 年，中国最大的深水港山东青岛董家口港区，与巴西维拉维利亚港签署战略合作协议，以加强双方在科技、专利、信息、统计等方面的交流。根据协议，董家口港区与维拉维利亚港将不断促进彼此业务往来，增加双方港口往来船只，探讨双方港口往来货物特别关税政策，加强双方在科技、专利、信息、统计等方面的交流。这是青岛董家口港区首次与国外知名港口建立友好合作关系，标志着青岛董家口港区在打造国际航运中心道路上迈出了重要一步。

2. 海洋渔业资源管理

福建省加强和规范对渔业水域污染事故的处理，发布《福建省海洋环境污染损害和渔业水域污染事故处理办法（暂行）》，以明确各级海洋与渔业行政主管部门及其所属海洋与渔业执法机构、环境监测部门的职责与分工，建立海洋环境污染损害和渔业水域污染事故快速反应机制，提高应急处置能力，以客观、公正、及时、有效地调查处理各类海洋环境污染损害和渔业水域污染事故。《办法》规定由省海洋与渔业厅成立污染事故应急领导小组。

广东、福建和江苏等省“十二五”渔业发展规划相继出台，指导地方渔业可持续发展。各省级“十二五”渔业规划总结“十一五”渔业发展成就，展望“十二五”渔业发展前景，对总体思路、原则与目标、产业升级、产业布局、重点工程建设、保障措施等进行了阐述。

3. 海洋可再生能源利用管理

广东和江苏等省积极开发利用海上风电、波浪能等海洋可再生能源。为开发利用丰富的海上风电资源，弥补电力缺口，广东省等沿海省市加大海上风电开发力度。2011 年 7 月，广东省首个海上风电示范项目——湛江徐闻海上风电项目基本完成，为广东规模化开发海上风电奠定良好基础。根据《广东省海上风电场工程规划报告》，广东近海可供开发风电资源规模达 1100 万千瓦左右，完全可填补广东省内电力缺口。2011 年 11 月，连云港海州湾海洋波浪能发电项目获得国家海洋局正式批复，江苏第一个海洋波浪能发电项目正式进入建设阶段。海州湾海洋管理监测平台 20 千瓦波浪能发电新装置研究与试验项目，是国家海洋可再生能源重点项目，采用整体漂浮式电站，采集海洋中的波浪能，将波浪能通过采能－换能－发电的机械结构转变为稳定的电能，电站可连续运行 2 150 小时以上[①]。

（四）地方海洋环境管理

沿海省市区各级政府通过多种方式积极加强海洋环境保护工作。福建深化海陆一体化海洋环保协作机制，辽宁将海洋环境状况与政府绩效直接挂钩。

1. 深化海陆一体化海洋环保协作机制

作为落实福建省政府出台的《进一步加强全省近岸海域海洋环境保护实施意见》的具体举措，福建省海洋与渔业厅与该省环境保护厅签署了《关于建立完善海陆一体化海洋环境保护工作机制协议》。根据协议，双方将在 9 个方面加强沟通与合作。内容包括加强海洋环境保护规划与环境功能区划方面的协调，共同开展主要海湾污染的控制工作，加强近岸海域环境监测与评价交流，建立海洋环境保护数据与技术共享机制，加强海洋环境保护监督管理的合作，共同建立海洋与渔业突发环境事件应急管理机制，共同开展海洋环境保护联合执法监督检查，加强海洋生态保护与修复的合作，建立两部门协调小组日常联系和专家咨询工作机制。

2. 将海洋环境状况与政府绩效直接挂钩

为加大海洋环境保护力度，加强对海洋陆源污染的治理，辽宁省率先将入海排污口超标排放情况、海洋工程环境保护设施达标情况等与海洋环境相关的内容纳入政府绩效，开创了将海洋环境状况与政府绩效直接挂钩的先例。2011 年年初，辽宁省下发了省政府对各市政府绩效考评实施细则，将与海洋环境相关的内容纳入其中，作为大连、丹东、锦州、营口、盘锦、葫芦岛等沿海 6 市人民政府绩效考评的重要子项[②]。

此外，地方海洋生态损害赔偿和损失补偿管理工作取得突破。山东省出台《山东省海洋生态损害赔偿费和损失补偿费管理暂行办法》，明确了对溢油和倾废等 8 种污染

---

① 吴涛：《连云港海洋波浪能发电项目启动》，《中国海洋报》2011 年 11 月 15 日，第 A4 版。

② 蔡岩红：《辽宁省率先将政府绩效与海洋环境直接挂钩》，法制网，http：//www. legaldaily. com. cn/index/content/2011 －09/13/content_ 2948358. htm？ node =20908，2011 年 9 月 15 日登录。

事故和违法开发行为的损害评估标准，将最高索赔额度定为 2 亿元。广西壮族自治区出台规定防治北部湾水域船舶污染事故。为有针对性的调整和规范船舶通航安全和防治水域污染，广西海事局于 2011 年发布北海、钦州和防城港三市水域《船舶通航安全与防治污染监督管理规定》。这 3 项规定要求制订防治污染的应急反应预案，力图从源头上把好防治船舶污染的监督关。

（五）地方海洋科技管理

沿海省市区充分认识到海洋科技是海洋经济的主要推动力量，借助于国家的相关政策，采取整合技术发展力量、规划海洋科技发展、提升海洋科技地位和加大科技兴海投入等措施，促进了海洋科技的发展，提高了科技对社会经济发展的贡献率。

1. 整合海洋装备产业技术发展力量

江苏省海洋装备产业技术合作联盟于 2011 年成立。该联盟旨在提升江苏海洋装备产业技术创新能力，加快构建产业创新体系，推动产业的技术攀升和产业协同发展。该平台建立后，对于加快技术创新和成果产业化等具有十分重要的意义。

2. 统筹规划海洋科技及产业发展

河北省出台《河北省海洋科技及产业“十二五”发展规划》，将重点发展海水利用、海洋生物等新兴产业，以推动海洋经济的发展。根据规划，河北省将力争在 2015 年前将曹妃甸工业区打造成国际一流、国内领先的海水综合利用示范基地，研究开发一批海洋创新药物和新型海洋生物制品等。

3. 将发展海洋科技作为城市主定位

作为中国第一个蓝色经济区核心区域的龙头城市，青岛市将城市定位与发展优势充分结合，利用雄厚的海洋科研力量，确定了打造中国“蓝色硅谷”的发展新航标，体现了科技先行的先进理念。

四、小 结

中国海洋管理综合运用法律、行政、经济、教育和技术等多种手段，坚持科学发展观，促进海洋资源可持续利用，维护海洋生态环境健康安全，加强海洋监测预报，提高海洋公益服务质量，推动海洋事业发展。在各个具体海洋管理领域，合理配置海域资源，保障海洋经济发展；开展全国海洋经济调查和海洋经济运行监测与评估能力建设；加强海洋环境保护监督管理，强化海洋环境突发事件风险管理；着力加强防灾减灾能力建设，加强气候变化影响评估与趋势预测，稳步推进海洋领域应对气候变化的工作；海洋科技工作稳步推进，在深海技术和海洋卫星领域均取得重大成绩。地方海洋管理以服务经济发展为出发点，大力发展海洋经济与海洋科技，规范海洋资源开发秩序，保护海洋环境，呈现诸多亮点。

同时，中国海洋管理体制的分散性依然是制约海洋综合管理的一个主要因素。公众参与海洋管理的程度较低，自觉参与保护海洋资源和环境的意识仍需增强。

第十五章　中国的海洋执法

海上执法是维护国家海洋权益、加强海洋管理的一个重要方式和手段，也是海洋管理工作的一项重要内容。1982 年《联合国海洋法公约》正式生效后，各国管辖海域范围扩大，权益内容有所增加。为了维护自己的海洋权益，各国纷纷加强海上执法力量建设，强化海洋行政执法管理，提高执法效能。

一、海洋执法概述

海洋执法是指国家行政机关及其工作人员依法行使行政管理职权，履行行政职责，执行和实施法律、法规和规章的活动。海洋执法是我国行政执法体系的一个重要组成部分。广义的海洋执法是指国家涉海管理部门为实现国家海洋行政管理的目的，依照法定职权和法定程序，执行海洋法律、法规和规章，实施的直接影响海洋行政相对人权利义务的行为。海洋执法是行政执法范畴内的一类专业执法工作。海洋法调整对象和适用范围的特殊性，决定了海洋执法同其他领域或行业的行政执法有着许多不同的特点。由于各国国情不同，历史不同，地理位置不同，海上执法力量的体制、职能、隶属关系等也各不相同。从执法方式来讲，沿海国的海上执法力量主要可以分两大类，即由单一执法机构实施的集中统一的海上执法和多个部门的多个执法机构实施的分散的海上执法。

集中统一的海上执法又可分为两种类型，一是行政部门执法，一是军队执法。目前，世界上许多沿海国家，不论是实行集中类型的海洋管理体制，还是实行半集中类型或分散类型的管理体制的国家，大多都拥有统一的海上执法力量，在海上由一个机构执法。这些国家包括：美国、日本、韩国、加拿大、英国、澳大利亚、瑞典、荷兰、冰岛、意大利、印度、越南、菲律宾、巴勒斯坦、阿根廷、科威特、牙买加、厄瓜多尔、墨西哥、以色列、新加坡、土耳其等国。

有些沿海国家实行多个部门执法，其中包括军队。德国的海上执法部门有联邦边防保护警察和海关、船舶交通警察等。葡萄牙由海军负责海上巡逻，空军承担空中巡逻和侦察走私、海洋事故和非法捕鱼，内政部设有税务警察，国防部有海上警察和港口管理局，这些单位共同负责查处海上走私、偷渡和渔事纠纷案件。泰国海军负责海洋执法工作，缉私由海军、海警和海关负责；船舶事故和海洋污染由港务局负责处理；

涉外渔事纠纷由海军负责处理。印度尼西亚负责海上执法的部门主要有海洋与渔业部、交通部、海关、警察和海军等。马来西亚负责海上执法任务的部门主要有海上执法局、海军、皇家海关及国税局、交通部以及科学技术及环境部。

二、海上执法队伍

中国的海洋执法队伍是维护国家海洋权益和实施海洋综合管理的重要保障。海上执法力量的性质是由其使命所决定的。新中国成立以后，党和国家在海洋领域开展了卓有成效的工作，在中央与地方相结合的海洋管理体制的建立和不断完善过程中，海洋综合管理逐步得到加强，海洋执法队伍开始建立。新中国成立初到改革开放前这一时期的海洋观念和政策是以海洋防卫为重点的，因此早期的海上执法多由海军行使。随着海上交通安全、海洋渔业资源的利用和保护、海洋权益和海洋环境保护等法律法规的制定与实施，中国主要的海上执法监督、监察的力量也相继建立起来，形成了以海监、渔政、海事、边防、海关等为行政执法队伍、海军为军事执法队伍的分散型海上执法体制。

（一）海上执法队伍的职责与任务

中国对海洋行使管理职能和执法的部门多达十余个，国务院多个部委（局）拥有本部门的执法队伍，主要有交通运输部直属的中国海事局，农业部直属的中国渔政局、公安部的边防管理局、海关总署的缉私局、国家海洋局的中国海监总队；而沿海地方人民政府的公安、交通、渔业、环保、海洋等部门也各自拥有本部门所属的海上执法队伍，分别担负着海上治安管理、渔政管理、海上交通安全监督、船舶海上污染防治、海上缉私和维护海洋权益、海域使用监督管理、海洋环境保护等方面的执法任务。

1. 中国海监

自1998年成立以来，中国海监执法队伍的建设和管理逐渐完善和提高，执法能力逐年增强，海监船舶和海监飞机的巡航艘次或架次逐年增多，覆盖海域逐步扩大，海上行政执法已逐步走上法制化轨道。中国海监已成长为一支具有一定规模和广泛社会影响力的海上执法队伍。

中国海监队伍由中国海监总队，3个海区总队，11个沿海省、自治区、直辖市总队及其所属97个支队、205个大队组成，共有执法人员8 000余人。其中，中国海监国家队伍由中国海监总队机关，3个海区总队（北海、东海、南海），10个行政执法支队、3个航空支队、3个维权执法支队、1个西中南沙执法站组成，执法人员2 300名。

中国海监地方队伍由11个沿海省、自治区、直辖市总队及其所属81个支队（地级市支队52个、直属支队19个、自然保护区支队10个）、205个县（市）大队组成，执法人员6 000余人。目前，中国海监拥有各类船艇266艘。其中千吨级以上船舶26艘，千吨级以下钢制船40艘，执法艇200艘；海监飞机9架，其中直升机2架，固定翼5架；各类执法指挥车、执法车288辆；具备现代化航空遥感、远程监视取证、卫星实时通信及快速反应能力，是一支列入解放军预备役、实行准军事化管理的现代化、规范化执法队伍。中国海监已与海军建立了海上行动协调机制，在中国管辖海域开展了全海域维权巡航执法。其主要职责的划分主要依据《关于印发国家海洋局主要职责内设机构和人员编制规定的通知》（国办发［2008］63号）和《关于印发中国海监总队主要职责内设机构和人员编制规定的通知》两个政府文件。

根据国务院办公厅印发的《关于印发国家海洋局主要职责内设机构和人员编制规定的通知》（国办发［2008］63号），其中职责中包括：在中国管辖海域实施定期维权巡航执法制度；查处违法活动；监督涉外海洋科学调查研究活动；和监督涉外的海洋设施建造、海底工程和其他开发活动。

1998年10月，经中央编制委员会办公室批准，国家海洋局设置中国海监总队（部委正厅级），参照国家公务员制度管理。根据国家海洋局印发的《关于印发中国海监总队主要职责内设机构和人员编制规定的通知》（国海人字［2010］359号）的规定，中国海监总队的主要职能是代表国家海洋局建设和管理中国海监队伍，组织、指导、监督海洋行政执法，组织实施海洋维权执法。其主要指责包括：负责拟订中国海监发展战略、规划和政策，制定并监督实施中国海监工作计划及规章制度；组织实施中国管辖海域维权巡航执法，协调、指挥重大海上执法行动；组织开展海洋行政执法，依法查处违法活动，负责编制海洋执法公报、专报和通报；负责中国海监业务体系建设；负责中国海监船舶、飞机、专用装备及陆岸设施等的能力建设和监督管理；组织开展中国海监队伍督察工作，承担中国海监队伍培训工作；承担国家海洋局应急管理相关工作，组织协调海上重大突发事件的应急响应行动等。

中国海监的执法任务可以分为海洋行政执法和定期维权巡航执法，在具体表现上，主要是对我国管辖海域（包括海岸带）实施巡航监视，对侵犯海洋权益、违法使用海域、损害海洋环境与资源、破坏海上设施、扰乱海上秩序等违法、违规的行为进行查处，并组织协调海上重大突发事件的应急响应行动，以及根据委托或授权进行其他海上执法工作。

海洋行政执法。从执法政策和策略上看，中国海监主要是在特定时期、特定区域，针对特定目标，集中优势，整合资源，开展专门的执法。专项执法行动主要包括“海盾”专项执法和“碧海”专项执法。

定期维权巡航执法。1999 年—2001 年，是中国海监涉外维权执法的起步阶段，主要以对外海洋科研监管和电缆管道调查执法为重要内容开展执法。2001 年—2006 年，是中国海监维权执法工作迅速发展的时期，多次圆满完成国家重大海上维权执法任务，有力地捍卫了中国的海洋权益。2007 年，中国海监定期维权巡航执法制度的范围已经覆盖中国全部管辖海域，并建立了规章制度体系，有效地推进了这项工作向前发展。2009 年，中国海监巡航范围北至鸭绿江口，南至曾母暗沙，已真正实现了对中国全部主张管辖海域的巡航执法。维护国家海洋权益是国务院赋予国家海洋局的重要职责，也是中国海监的重要任务。中国海监定期维权巡航执法工作制度的建立和发展，为维护我国海洋权益做出了重要的贡献。

2. 中国海事

中国海事是海上交通执法监督队伍。中国海事局系统分为直属海事局和地方海事局两支队伍，分别在不同的水域行使海事管理职能。直属海事局管辖的水域包括沿海（包括岛屿）海域和港口、对外开放水域；这些水域以外的内河、湖泊和水库等的水上安全监督工作，由省、自治区、直辖市人民政府负责。交通部共设置 14 个直属海事局，机构的名称统一为“中华人民共和国 XX 海事局”。直属海事局为事业单位，参照公务员管理。其中，上海、天津、辽宁、山东、江苏、浙江、福建、广东、广西、海南、长江、深圳等 12 个海事局为正厅级单位，河北、黑龙江两个海事局为副厅级单位。在全国 31 个省、自治区、直辖市（不含港澳台地区）中，设置了 27 个地方海事机构。

中国海事局的职能如下：

（1）拟定和组织实施国家水上安全监督管理和防止船舶污染、船舶及海上设施检验、航海保障以及交通行业安全生产的方针、政策、法规和技术规范、标准。

（2）统一管理水上安全和防止船舶污染。监督管理船舶所有人安全生产条件和水运企业安全管理体系；调查、处理水上交通事故、船舶污染事故及水上交通违法案件；归口管理交通行业安全生产工作。

（3）负责船舶、海上设施检验行业管理以及船舶适航和船舶技术管理；管理船舶及海上设施法定检验、发证工作；审定船舶检验机构和验船师资质、审批外国验船组织在华设立代表机构并进行监督管理；负责中国籍船舶登记、发证、检查和进出港（境）签证；负责外国籍船舶入出境及在我国港口、水域的监督管理；负责船舶载运危险货物及其他货物的安全监督。

（4）负责船员、引航员适任资格培训、考试、发证管理。审核和监督管理船员、引航员培训机构资质及其质量体系；负责海员证件的管理工作。

（5）管理通航秩序、通航环境。负责禁航区、航道（路）、交通管制区、港外锚地和安全作业区等水域的划定；负责禁航区、航道（路）、交通管制区、锚地和安全作业区等水域的监督管理，维护水上交通秩序；核定船舶靠泊安全条件；核准与通航安全有关的岸线使用和水上水下施工、作业；管理沉船沉物打捞和碍航物清除；管理和发布全国航行警（通）告，办理国际航行警告系统中国国家协调人的工作；审批外国籍船舶临时进入我国非开放水域；负责港口对外开放有关审批工作以及中国便利运输委员会日常工作。

（6）航海保障工作。管理沿海航标无线电导航和水上安全通信；管理海区港口航道测绘并组织编印相关航海图书资料；归口管理交通行业测绘工作；组织、协调和指导水上搜寻救助，负责中国海上搜救中心的日常工作。

（7）组织实施国际海事条约；履行“船旗国”及“港口国”监督管理义务，依法维护国家主权；负责有关海事业务国际组织事务和有关国际合作、交流事宜。

（8）组织编制全国海事系统中长期发展规划和有关计划；管理所属单位基本建设、财务、教育、科技、人事、劳动工资、精神文明建设工作；负责船舶港务费、船舶吨税有关管理工作；负责全国海事系统统计和行风建设工作。

中国海事的主要任务包括：管理水上安全和防止船舶污染，调查、处理水上交通事故、船舶污染事故及水上交通违法案件；负责外国籍船舶入出境及在中国港口、水域的监督管理；负责船舶载运危险货物及其他货物的安全监督；负责禁航区、航道（路）、交通管制区、安全作业区等水域的划定和禁航区、航道（路）、交通管制区、锚地和安全作业区等水域的监督管理；管理和发布全国航行警（通）告，办理国际航行警告系统中国国家协调人的工作；审批外国籍船舶临时进入中国非开放水域；管理沿海航标、无线电导航和水上安全通信；组织、协调和指导水上搜寻救助并负责中国搜救中心日常工作，等等。

3. 中国渔政

20 世纪 50 年代，国家渔业行政主管部门设立了渔政管理处，沿海主要省市渔业行政主管部门也建立了渔政监督管理机构。1978 年 3 月，国家水产总局成立，下设渔政渔港监督管理局，主管水产资源繁殖保护、渔船安全、渔船检验和渔业电信；同时对外加挂中华人民共和国渔政渔港监督管理局的牌子，代表国家行使渔政渔港监督管理权。同年，三个海区渔业指挥部设立渔政处。自此开始了真正意义上的渔政、渔港监督和渔船检验等渔政管理，渔政管理体系开始建立。

1983 年国务院批转《关于发展海洋渔业若干问题的报告》的通知中强调指出：“要健全渔业法规，加强渔政管理，严格保护、合理利用和积极增殖近海渔业资源”。

在此指导思想下，全国上下普遍重视渔业法规和渔政机构的建设，并开始组建渔业执法队伍。1983 年 9 月，三个海区渔业指挥部划归原农牧渔业部领导，加挂海区渔政分局的牌子，并在沿海若干个重要港口设立渔政管理站。1985 年原农牧渔业部正式下达文件，海区指挥部的主要职能从生产指挥向管理和服务转变，并逐步强化渔政管理职能，海区渔业指挥船改名为渔政船。1986 年《中华人民共和国渔业法》颁布实施以后，全国大部分省（区市）及其渔业县（市）建立了地方渔政管理机构，沿海和部分内陆省（市、县）相继组建了相应的渔业执法船队。1990 年，各海区渔政分局所属渔政船队改为渔政检查大队。1995 年，各海区渔政局所属渔政检查大队更名为“中国渔政××海总队”，省级为渔政总队、地市级为渔政支队、县级为渔政大队。目前，我国海洋渔政执法工作由黄渤海、东海、南海区渔政渔港监督管理局（对外称中华人民共和国黄渤海、东海、南海区渔政局）负责。

为适应新的国际海洋管理制度和国内渔业统一综合执法的需要，农业部渔政指挥中心于 2000 年正式成立。指挥中心专门负责组织协调全国重大渔业执法行动，特别是跨海域、大流域、跨省区的渔业执法行动，维护国家海洋权益，并指导全国渔政队伍建设工作。

表 15－1　渔政管理体制演变

时间	渔政管理部门	隶属部门
1957 年	渔政司	国家水产部
1958—1964 年	国家曾先后两次撤消又恢复渔政机构	
1978 年	渔政管理局	国家水产总局
1982 年	国家水产总局	农牧渔业部
1988 年	渔政渔港监督管理局（农业部内设机构）	农业部
1994 年	渔业局	农业部
1994 年	各海区渔政、渔港监督管理局	农业部

中国渔政执法队伍的职责主要体现在两个方面：一是渔业行政监督检查权，二是渔业行政处罚权。国家渔政机构、海区渔政机构和地方渔政机构都有各自具体的管辖范围和权限。农业部中国渔政指挥中心承担农业部履行的渔政管理具体行政执法及队伍建设职责，其相关的主要职责：承担全国渔业统一综合执法行动的指挥、协调任务；承担专属经济区渔业执法检查的指挥工作，根据双边渔业协定对共管水域组织实施渔业执法检查，受委托协调与有关国家和地区对口机构的联合执法检查；组织实施跨海区、大流域、跨省区和边境水域的渔业执法行动，负责拟订重要渔业执法检查计划，

经批准后组织实施；负责处理涉外渔业事件和执行海损事件警报任务等。农业部渔政指挥中心的业务工作由渔业局归口管理，接受渔业局指导。

农业部在黄渤海区、东海区、南海区的渔政、渔港监督管理职责，分别由农业部黄渤海区渔政局（中华人民共和国黄渤海区渔政局）、农业部东海区渔政局（中华人民共和国东海区渔政局）、农业部南海区渔政局（中华人民共和国南海区渔政局）承担。海区渔政局的主要职责是：贯彻执行国家渔业法律法规和国家发展渔业的方针政策；组织指导、协调所属省、自治区、直辖市的渔政监督管理工作；进行本海区渔政工作计划，提出工作对策，办理审批、核发跨海区作业渔船和农业部或国家渔政渔港管理局委托其审批、核发的近海大型拖网、围网渔船的捕捞许可证，整顿渔业生产秩序；会同有关部门维护海上生产安全，处理渔业纠纷，防范自然灾害，协助海难救助等。

中国渔业行政及执法管理队伍按照统一领导、分级管理的原则，农业部渔业局是全国海洋、内陆渔业水域渔政渔港监督管理的最高领导机关和仲裁单位。农业部履行的渔政管理具体行政执法及队伍建设职责由中国渔政指挥中心承担。中国渔政的执法范围覆盖我国全部管辖海域。在渔政巡航执法方面，中国渔政指挥中心负责渔政年度巡航的组织和指挥工作，包括计划的审核下达、组织协调和监督检查。农业部各海区渔政渔港监督管理局制定各海区渔政巡航年度巡航计划，报经渔政指挥中心审核下达后组织实施。海区渔政局主要管辖：海洋机动渔船拖网禁渔区线以外水域；重要渔场、渔汛；国家颁布的保护区、休渔区以及中日、中韩、中越渔业协定的水域。此外，东海区渔政局兼管长江流域的渔业资源及渔政管理工作。组织实施所负责海区的专属经济区渔政巡航是各海区渔政局一项重要职责。执行专属经济区渔政巡航任务的渔政船由海区渔政局具体落实。海区渔政局的渔政船不足时，可抽调符合条件的地方渔政船承担巡航任务。海区渔政局根据指挥中心下达的年度巡航计划，在巡航任务开始执行的 7 个工作日内向有关巡航渔政船所属的渔政机构下达《专属经济区渔政巡航航次任务通知书》。渔政船在执行巡航任务期间按照下级服从上级、地方服从中央的原则，由海区渔政局统一调度指挥。

4. 公安边防海警

公安边防部队（亦称中国人民武装警察边防部队）是国家部署在沿边沿海地区和口岸的一支重要武装执法力量，隶属于公安部，列入武警部队序列。公安边防部队在省、自治区、直辖市设公安边防总队，在边境和沿海地区（市、州、盟）设公安边防支队，在县（市、旗）设公安边防大队，在沿边沿海地区乡镇设边防派出所，在内地通往边境管理区的主要干道上设边防公安检查站；在沿海地区设海警支队、大队；在开放口岸设边防检查站。公安边防部队在各省（自治区、直辖市）设立公安边防总队

30个（北京未设），在边境和沿海地区（市、州、盟）设公安边防支队110个，在沿海地区设海警支队20个。在开放口岸设现役边防检查站207个，在边境沿海地区县（市、旗）设公安边防大队310个，在沿边沿海地区乡（镇、苏木）设边防派出所1691个，在边境主要通道、要道设边境检查站46个，在边境地区的重点地段、方向部署机动队113个。

公安边防海警部队作为公安边防部队的一支重要力量，是国家部署在沿边沿海地区和口岸的一支重要武装执法力量，负责海上治安。

表15－2　全国海警支队

福建边防总队海警	一支队	福州	二支队	泉州	三支队	厦门
广东边防总队海警	一支队	广州	二支队	汕头	三支队	湛江
辽宁边防总队海警	一支队	大连	二支队	丹东		
山东边防总队海警	一支队	威海	二支队	青岛		
浙江边防总队海警	一支队	台州	二支队	宁波		
海南边防总队海警	一支队	海口	二支队	三亚		
广西边防总队海警	一支队	北海	二支队	防城港		
上海边防总队海警	支队	上海	支队	上海		
天津边防总队海警	支队	天津				
河北边防总队海警	支队	秦皇岛				
江苏边防总队海警	支队	太仓				

公安边防海警（CHINA COAST GUARD），是指沿海公安边防总队及其所属的海警支队、海警大队，是维护海上治安秩序的执法力量。公安边防海警根据我国相关法律、法规、规章，对发生在中国内水、领海、毗连区、专属经济区和大陆架违反公安行政管理法律、法规、规章的违法行为或者涉嫌犯罪的行为行使管辖权 。沿海公安边防总队、海警支队和海警大队办理海上治安案件和刑事案件，分别行使地（市）级人民政府公安机关、县级人民政府公安机关和公安派出所相应的职权。

1951年公安边防部队成立之初，海警部队的主要职责是维护边防辖区治安秩序，维护国家边防安全，重点任务是打击沿海及海上偷渡、走私、贩毒等违法犯罪活动。现阶段，根据《公安机关海上执法工作规定》（公通字［2007］63号），公安边防海警依法履行的职责主要是预防、制止、侦查海上违法犯罪活动，维护国家安全和海域治安秩序；负责海上重要目标的安全警卫；参与海上抢险救难，保护公共财产和公民人身财产安全；依照规定开展海上执法合作等方面。公安海警部队成立之初与现阶段的职责对比，除了1951年被赋予的打击走私、贩毒和海上偷渡外，还增加了对渔民、出入境人员的管理以及涉外边防合作等职能。

依据2007年12月1日起施行的《公安机关海上执法工作规定》，公安边防海警对发生在中国内水、领海、毗连区、专属经济区和大陆架违反公安行政管理法律、法规、规章的违法行为或者涉嫌犯罪的行为，由公安边防海警根据我国相关法律、法规，行使管辖权。其主要执法任务包括：对海上发生的违反公安行政管理法律、法规、规章的治安案件进行调查处理；对海上发生且属于公安机关管辖的刑事案件进行侦查；对违反公安行政管理法律、法规或者涉嫌犯罪的人员以及与违法犯罪行为有关的工具或者物品，采取登临、检查、执行逮捕、扣留等措施；为防止和惩处在中国陆地领土、内水、领海内从事危害安全、走私、偷越国（边）境等违法犯罪行为，在毗连区内实施管制；对违反公安行政管理法律、法规或者涉嫌犯罪的外国船舶实施紧追；法律、法规规定由公安机关行使的其他职权。对有违法犯罪嫌疑的人员，海警部队可以依照《中华人民共和国人民警察法》（1995年）等法律、法规，行使当场盘问、检查权和继续盘问权。

5. *海关缉私警察*

中华人民共和国海关总署缉私局（全国打击走私综合治理办公室）是中国海关缉私警察的领导、指挥机关，受海关总署与公安部双重领导，以海关总署领导为主。海关总署缉私局既是海关总署的一个内设局，又是公安部的一个序列局，为公安部第二十四局。

按照国务院有关规定，海关总署缉私局在广东分署设立广东分署缉私局，在全国41个直属海关分别设立各直属海关缉私局，在部分隶属海关还设有170个隶属海关缉私分局。各直属局及分局，同样接受双重垂直领导，其局长同时兼任所在海关副关长。广东分署缉私局、各直属海关缉私局同时列入所在地省级公安机关序列，为所在公安厅（局）走私犯罪侦查局。

海关缉私警察承担海关打击走私的刑事执法和行政执法的各项任务，其自身职能随着海关形势和任务的不断变化，也在不断调整和完善。缉私警察组建之初，根据国务院的有关规定，缉私警察是对走私犯罪案件依法进行侦查、拘留、执行逮捕、预审的专职刑警队伍。2000年7月，新修订的《中华人民共和国海关法》第4条规定："国家在海关总署设立专门侦查走私犯罪的公安机构，配备专职缉私警察，负责对其管辖的走私犯罪案件的侦查、拘留、执行逮捕、预审"、"海关侦查走私犯罪公安机构履行侦查、拘留、执行逮捕、预审职责，应当按照《中华人民共和国刑事诉讼法》的规定办理"等，以法律形式确定了缉私警察的设置、性质、职责、执法程序等。为主动适应我国加入世贸组织后反走私斗争新形势的要求，充分发挥海关打击走私的整体效能，2002 年，海关走私犯罪侦查局统一更名为海关缉私局，增加查处走私、违规案件的行政执法职能。

海关缉私警察现已成为承担海关打击走私任务的主要职能部门，承担打击走私的各项任务。具体包括：对走私犯罪案件和走私犯罪嫌疑人依法进行侦查、拘留、执行逮捕和预审工作；对侦查终结的走私犯罪案件向检察机关移送起诉；对依法不追究刑事责任的走私行为和违反海关监管规定的行为，以及法律、行政法规规定由海关实施行政处罚的行为，进行立案调查和处理。海关总署缉私局还承担全国打击走私综合治理办公室职能。缉私警察职责范围涵盖了走私犯罪侦查、海上缉私、走私违规案件查处、缉私情报、国际执法合作等多项职能，涉及到海关业务工作的方方面面，全面彻底地承担起了海关四项基本职能之一。

海关缉私执法的任务主要体现在四个方面：打击走私违法活动，组织查处走私违法案件，追究违法者的法律责任，定期与不定期开展专项行动和联合行动，扼制重点走私渠道、走私区域等；保护当事人合法权益，在打击走私违法活动的同时，依法维护相对人的合法权益；规范企业经营行为，教育、引导和规范企业等任务；开展反走私综合治理。

海关缉私警察的具体任务是，在中国海关境内，依法缉查涉税走私犯罪案件，对走私犯罪案件和走私犯罪嫌疑人依法进行侦查、拘留、逮捕和预审工作。对海关调查部门、地方公安机关（包括公安边防部门）和工商等行政执法部门查获移交的走私犯罪案件和走私犯罪嫌疑人，依法进行侦查、拘留、逮捕和预审工作。地方公安机关负责查处走私武器、弹药、毒品、伪造的货币、淫秽物品、反动宣传品、文物等非涉税走私犯罪案件。但是对于发生在海关监管区内的上述非涉税走私犯罪案件，由走私犯罪侦查机构立案侦查。对侦查终结的走私犯罪案件向检察机关移送起诉，对经侦查不构成走私犯罪的案件和虽然构成走私罪但司法机关依法不追究刑事责任的案件，移交海关调查部门处理。在地方公安机关配合下，负责制止在查办走私犯罪案件过程中发生的以暴力、威胁方法抗拒缉私和危害缉私人员人身安全的违法犯罪行为。依法受理、查办与走私犯罪案件有关的申诉，办理国家赔偿。

（二）海上执法依据

中国海上执法的法律依据，主要包括宪法、法律、行政法规、规章、其他规范性文件及有关国际公约和国际协定等。

海上执法队伍的职责、任务以及分工的不同，其管辖对象和管理内容所依据的法律法规也有所不同。在依据基本法律的同时，其也应遵守相关的法律法规。

表 15－3　海上执法基本法律法规一览表

海洋基本法律	全国人民代表大会常务委员会关于批准《联合国海洋法公约》的决定
	联合国海洋法公约
	中华人民共和国政府关于领海的声明
	中华人民共和国政府关于中华人民共和国领海基线的声明
	中华人民共和国领海及毗连区法
	中华人民共和国专属经济区和大陆架法
	中华人民共和国物权法
	中华人民共和国土地管理法
	中华人民共和国渔业法
	中华人民共和国矿产资源法
	中华人民共和国海上交通安全法
	中华人民共和国野生动物保护法
海洋环境保护	1972 伦敦公约
	1972 伦敦公约/1996 议定书
	中华人民共和国海洋环境保护法
	中华人民共和国环境影响评价法
	中华人民共和国防治海洋工程建设项目污染损害海洋环境管理条例
	中华人民共和国海洋倾废管理条例
	中华人民共和国海洋石油勘探开发环境保护管理条例
	中华人民共和国自然保护区条例
海洋行政处罚与监督	中华人民共和国行政处罚法
	中华人民共和国行政复议法
	中华人民共和国行政诉讼法
	最高人民法院关于行政诉讼证据若干问题的规定
	中华人民共和国国家赔偿法

表 15－4　海上执法相关法律法规

执法队伍	相关法律法规
中国海监	中华人民共和国海域使用管理法
	中华人民共和国海岛保护法
	中华人民共和国海域使用权管理规定
	中华人民共和国涉外海洋科学研究管理规定
	铺设海底电缆管道管理规定
	海底电缆管道保护规定
中国海事	中华人民共和国船舶登记条例
	中华人民共和国船舶载运危险货物安全监督管理规定
	中华人民共和国船舶签证管理规则
	中华人民共和国船舶安全检查规则
中国渔政	中华人民共和国渔业法实施细则
	专属经济区渔政巡航管理规定
	中华人民共和国管辖海域外国人、外国船舶活动管理暂行办法
	中韩渔业协定暂定措施水域和过渡水域管理暂定办法
	中越北部湾共同渔区渔业资源养护和管理规定
公安边防海警	中华人民共和国刑法
	中华人民共和国刑事诉讼法
	中华人民共和国人民警察法
	中华人民共和国治安管理处罚法
	公安机关海上执法工作规定
海关缉私警察	中华人民共和国海关法
	中华人民共和国刑法
	中华人民共和国刑事诉讼法
	海关行政处罚实施条例
	中华人民共和国知识产权海关保护条例
	禁止进出境物品表
	限制进出境物品表

三、中国海监海洋执法综述

2010年，各级海洋行政主管部门及中国海监机构依据《中华人民共和国领海及毗连区法》、《中华人民共和国专属经济区和大陆架法》、《中华人民共和国海域使用管理法》、《中华人民共和国海洋环境保护法》、《中华人民共和国海岛保护法》、《中华人民共和国涉外海洋科学研究管理规定》等法律法规，全面开展中国管辖海域海洋权益维护执法、海域使用管理执法、海洋环境保护执法、海岛保护执法等工作。同时，在加强监督检查，进一步规范海洋行政执法程序，继续加强执法能力建设等方面，取得了一定的成效。全年海洋执法共派出海监飞机1 068架次，海监船舶13 337航次。作出行政处罚1 379件，决定罚款总额为75 664.21万元。[①]

（一）维护海洋权益的执法活动

2010年，在海洋行政主管部门的支持和指导下，中国各级海监机构在中国管辖海域全面开展定期维权巡航执法，积极组织开展专项维权执法行动，深化与相关部门的协调配合，省级海监机构逐步加大维权巡航力度，海洋维权工作取得成效。全年共出动海监船舶188航次，航程211 428海里；出动海监飞机523架次，航程538 480千米，覆盖我国全部管辖海域。监视进入中国管辖海域的外国船舶1 303艘次、飞机214架次，其他目标43次，拍摄监视照片57 332张，摄像资料6 921分钟，发现其他违法行为7次，进行喊话124次，维护了国家海洋权益。

2010年中国海监对黄岩岛、南海南部、西沙西部、北部湾湾口等海域进行了维权巡航，在曾母暗沙，举行了庄重的中国主权碑投放仪式，宣示了国家主权。这是中国海监开展定期巡航执法以来首次投放主权碑，具有重大的现实意义和深远的历史意义。

中国海监成功开展了南海某海域专项维权执法行动，全程护航中国的南海油气勘探开发，有效排除外国武装船队的干扰228次。实施了南海某海域海洋勘探作业护航专项行动，共拦截、驱离某国干扰船228艘次，对其他过往商船、渔船发出预警提示和劝离40艘次，保障了勘探作业的顺利完成。

中国海监开展了3次针对外籍船舶的维权执法行动，有效维护了国家海洋权益，而且开创了在我国专属经济区、大陆架海域成功驱离外籍侵权船只的先例，充分体现了中国海监在维护国家海洋权益中的地位和作用。

中国海监北海总队重点对中韩“黄海冷水团海域生态系及生物多样性调查”项目

① 此部分重点介绍中国海监的执法活动。

和“西太平洋海域灾害对气候变化的响应”等涉外项目进行了监管，迫离未经批准在我国主张管辖海域进行作业的某外国科研调查船，维护了涉外海洋科学研究管理秩序。

2011年，中国海监在我国管辖海域内实施定期维权巡航执法，对外国在我国管辖海域内进行的非法油气勘探开发、海洋测量、军事侦察活动等进行监视监管，重点在南海海域开展了一系列重大专项维权行动。

2012年3月3日经中央批准，国家海洋局在官网上公布了钓鱼岛及其周边70个附属岛屿标准中文名称、汉语拼音及位置描述，再次向国际社会宣示我国主权立场。3月16日，中国海监定期维权巡航编队抵达钓鱼岛及其附属岛屿附近海域进行巡航。

3月20日中国海监顺利完成南海定期维权巡航执法第3航次任务，在对我国南海管辖海域内进行非法油气开采的外国平台进行搜索及监视取证中，共发现各类投产外国油气平台30余座。

4月10日，中国海监及时制止菲律宾海军在黄岩岛海域抓捕中国渔民的非法行为，并在黄岩岛海域执行维权执法的任务。

（二）海域使用管理执法

2010年，继续以专项执法行动促进日常工作的进行，中国海监开展近岸海域定期巡查和专项执法行动，重点查处大型非法围填海行为和养殖用海行为。同时，继续组织“海盾2010”专项执法行动，查处海域使用领域的重大案件。此外，为遏制滥采海砂行为，辽宁、山东、福建、广东等地开展专项行动，针对海砂开采较为集中区域开展了专项执法，依法处罚了未经批准采砂等违法行为。

全年海域使用管理执法检查用海项目29 176个，检查次数72 233次，发现违法行为1836起，作出处罚决定826件。在已发现的用海违法行为中，主要是非法占用海域（占84.2%，含渔业、造地工程和工业等用海）、擅自改变海域用途及不按规定拆除用海设施和构筑物等。

2011年海域使用执法工作扎实开展，中国海监以专项执法行动促进日常工作开展，重点实施了“海盾2011”、区域用海专项执法和非法围填海疑点排查专项行动，规范了海域使用秩序。

（三）海洋环境保护执法

2010年，海洋环境保护执法工作全面展开。为促进对重大海洋环境违法行为的监督检查，实施了“碧海2010”专项执法行动，重点查处海洋工程未经海洋环境影响评价即开工建设、无证倾倒废弃物、在海洋自然保护区核心区和缓冲区建设生产经营设施等重大海洋环境违法行为。开展了“渤海石油勘探开发活动定期巡航执法检查”工作，重点加强了渤海石油勘探开发活动违法行为的巡查力度。

全国各级海监机构共进行海洋工程建设项目环境监督检查 23 633 次，发现违法行为 321 起，作出行政处罚 231 件；进行海洋倾废监督检查 8 119 次，发现违法行为 184 起，作出行政处罚 145 件；进行海洋生态保护监督检查 3 690 次，发现违法行为 294 起，作出行政处罚 166 件。

针对渤海石油勘探开发活动频繁、油井密集的实际，中国海监开展了渤海定期巡航专项执法。"渤海定巡"以海上巡航执法检查为主，陆地巡察和海洋石油平台登检为辅，采取重点排查和对陆地公司检查相结合的方法，对渤海各类石油勘探开发活动的防污设备、污染处置、防污措施、溢油应急能力等进行检查，对各类排海污染物、试油、修井、外输等重要作业环节进行现场监督，着力加强对海上油田和石油平台的监管。"渤海定巡"工作达到了有效监管海洋石油勘探开发活动、有效查处海洋石油勘探开发中各类违法违规行为的目的，进一步增强了海洋石油开发企业自觉守法和保护海洋环境的意识。

2011 年海洋环境保护执法工作全面开展，中国海监重点实施了"碧海 2011"专项行动，开展了国家级海洋保护区执法示范工作，启动了全海域石油勘探开发定期巡航执法检查，有效制止了污染海洋环境、破坏海洋生态的行为。

（四）海岛保护执法

《中华人民共和国海岛保护法》于 2010 年 3 月 1 日正式实施，中国海监为履行法律赋予的职能，进行了基础性工作并开展了执法试点工作，在北海、东海海区及辽宁、山东、福建、广东、海南等地组织了专项工作，对区域内海岛进行执法巡查的同时，还对海岛现状进行了普查并初步建立了执法基础信息档案。2010 年，中国海监进行海岛保护监督检查 8 390 次，检查项目 4 137 个，发现违法行为 30 起。

2010 年 7 月，中国海监广东省总队牵头，联合规划、国土、城管等部门，用 1 个月的时间，对位于广东汕头港出海口无居民海岛—鹿屿岛在建的 7 幢别墅实施强制清拆，并恢复受破坏的海岛植被。本案是《中华人民共和国海岛保护法》实施以来全国首起具有重大影响的无居民海岛违法案件，对全国海岛保护和执法管理产生了重要的推动作用。违建别墅被强制拆除，体现了中国海监坚决依法查处海岛违法行为的信心和决心。

2011 年海岛保护执法工作快速推进，中国海监开展了海岛定期巡查执法工作，监督无居民海岛开发利用活动，全面巡查特殊用途海岛，查处破坏典型海洋生态系统的违法行为，开拓了海岛执法检查的工作局面。

（五）海上执法合作

2010 年，我国海监队伍加强了与周边国家和台湾地区的执法合作。执法的沟通交流，拓展了信息渠道，增强了共同应对突发状况的能力，有利于稳定我国周边海域形势，维护我国海洋权益。

1. 六国联合安保演练

2010 年 8 月至 9 月间，中国海监总队派出“中国海监 83”船和舰载直升机首赴俄罗斯海参崴参加中、美、俄、日、韩、加六国联合安保演练。在此次演练中，中国海监船与多国舰、机协同联合搜寻，与外国海警舰船协同进行临时检查和缉捕演练，赢得了赞誉。此次演练树立了中国海监“敢打硬仗、能打硬仗、打赢硬仗”的良好国际形象，对增进交流、稳定国际海域形势、维护中国海洋权益起到了积极的作用。

2. 海峡两岸海上执法合作

福建和台湾隔海相望，尤其是厦门与金门、福州连江与马祖近在咫尺，沿海群众共同开发、利用海洋资源的历史由来已久。为有效打击海上违法行为，保护海洋环境，厦门市支队率先提出建立海峡两岸联合打击海上违法行为常态化机制。经协商，双方一致同意增设两岸海上执法联络窗口，福建省总队，厦门市支队、福州市支队与台湾海巡署，金门、马祖海巡队可直接联络，建立起两岸海上执法联络协调合作机制。海峡两岸海上执法沟通、交流与合作，对保护台湾海峡海洋生态环境和促进两岸和谐稳定做出了积极探索。

四、中国海监执法能力建设

随着中国经济发展的良好态势，和国家对海洋事业发展的愈加重视，海域使用和海洋经济开发活动如火如荼，海上执法任务更加繁重，因此对海上执法的人员、设备提出了更高的要求。2010 年，中国海监队伍无论在职责授予、机构设置上，还是在人员配备、装备建设、业务开展上，都有较大发展，为各个部门行使专项管理职能发挥着重要的保障和促进作用。

（一）船舶执法装备建造

近年来，中国海监忠实履行国家赋予的职责，组织完成了多次重大专项维权执法，不断加大了对我国管辖海域的巡航和监管力度，海监船舶执法在其中发挥了重要的支撑保障作用。为提升装备水平，在执法船舶建造上，中国海监着眼于国际海洋执法监察装备的发展趋势和未来需要，瞄准世界先进水平，以开展全海域定期维权巡航为契机，分步实施了第一期和第二期船舶、飞机建造项目，通过不同类型船舶及船载执法设备的合理配置，逐步优化、提升海洋执法船舶和装备的整体水平，进一步强化了中远程执法监察保障体系建设，为实现全海域覆盖、立体监控、分区定期巡航迈出了坚实的一步。中国海监船舶建造一期项目已圆满结束，共新造 6 艘船，到 2005 年已全部交付使用。二期项目共 7 艘，2011 年全部交付使用。13 艘海监船中有 3 000 吨级 2 艘、1 500 吨级 3 艘、1 000吨级Ⅱ型 5 艘、1 000 吨级Ⅰ型 3 艘。

（二）航空执法装备建设

航空执法是海监工作的一部分，是对中国管辖海域（包括海岸带）实施空中巡航监视，查处侵犯海洋权益、违法使用海域、损害海洋环境与资源、破坏海上设施、扰乱海上秩序等违法违规行为的重要手段之一。中国海监建队以后，航空执法队伍和能力不断发展，走过了由小到大的发展历程。现在，中国海监已有 10 架飞机，其中固定翼飞机 6 架，直升机 4 架，基本上在沿海平均分布。3 个航空支队中，北海支队、东海支队、南海支队各有 3 架飞机，相对固定使用。同时，根据重点任务、专项任务和应急任务的需要，海监飞机也会统一调配使用。海监直升机还可以海监船舶为移动起降基地，随船出海执行任务。目前，中国海监根据实际需要，已经开始提升现有机载装备的整体水平，逐步缩小与世界先进国家的差距，并着手发展不同机种、不同性能、不同要求的中远程飞机，以切实保证我国管辖海域的全覆盖，确保海上航空执法任务的完成。预计到 2015 年，中国海监航空执法能力将会有成倍的增长，将增加航程大于 4 500 千米的中远程固定翼海监飞机，装备更有效的机载航空执法设备，全面提升海监飞机现代化装备水平，海监飞机已成为中国海监执法能力建设的主要发展方向之一。

（三）科技支撑保障能力建设

从整体上看，中国海监装备技术的发展，这些年已经基本形成了天基、空基、海基和陆基 4 个层面的立体监控格局，对海洋侵权、违法行为的巡航执法具备了多种软对抗手段。

1. 天基层面

利用卫星遥感精细图片的后处理，可以对海域使用、海洋污染和溯源进行准确的判定。目前，我国已建立了中国海监专用的卫星地面站，可以全时保障图像、图片、语音、资料的实时传输。中国海监还将尝试使用专门的卫星转发器，开展更有效的监控。

2. 空基层面

空基层面是指利用海监飞机发挥的各种功能。能跟船舶一样，保障实时通信；能够进行非常精确的航空照相和扫描，判定海上实际情况，并进行图片传送，有利于及时做出分析和判断；可以随时机动灵活地采取软对抗手段捍卫国家的海洋权益。中国海监飞机现在普遍装备了机载多光谱扫描系统、可见光吊舱、机载无线音视频传输系统等调查取证设备，可将飞机上了解的现场情况实时传送到船上和陆地指挥机关，对突发事件和海上行动统一协调起到了关键作用。由于飞机活动范围大、机动灵活，有力地强化了船舶海上巡航的效率。

3. 海基层面

利用船舶巡航的特点，提升装备的科技含量。水面、水下的各类执法取证设备已达到或接近发达国家水平。这些精密设备的安装，可以使中国海监如虎添翼，尽快缩短与发达国家的差距，中国海监作为和平时期我国海洋维权执法的主力军，在海上发挥着日益突出的重要作用。

4. 岸基层面

国家有关部门、中国海监总队和各海区总队的信息通信建设初具规模，可以有效保障海监船舶、飞机实时信息传递和陆地领导机关的高效指挥；数百台海监车辆、近千台“海监通”等通讯设备，有效地保障了沿海海洋行政执法工作。科技支撑在海监立体维权执法方面的作用无处不在，而且必将发挥更加重要的基础作用。

五、小　结

海洋行政执法是海洋管理的一项重要任务和法定职责。中国当前实行的是以海洋行业部门管理为主，综合管理为辅的分散式海洋执法管理体制。中国海上执法队伍依据海洋管理法律、法规全面落实我国管辖海域执法活动，规范海洋行政执法程序，强化执法监督监察，提升海洋执法能力，维护中国海洋权益。

中国海洋执法工作全面推进，开展定期维权巡航执法工作，有效开展专项维权执法活动，加强海洋执法装备能力建设。海域使用执法活动扎实开展，实施海域使用常规检查、专项检查和综合性执法检查，查处重大违法用海事件，规范海域使用秩序。海洋环境保护执法工作全面开展，加强海洋工程建设、海洋倾废、海洋自然保护区的专项执法，制止污染海洋环境、破坏海洋生态的违法行为。海岛保护执法工作快速推进，开展海岛定期巡航执法工作，全面开拓海岛执法工作的新局面。监督海洋科学研究等涉外事项，为中国资源调查和油气开发等活动护卫护航。

目前，中国专属经济区和大陆架海域执法缺乏可操作性法律规定，影响了巡航执法的强制力和实际效果。鉴于海上形势复杂，各国竞相争夺海洋权益和资源，应尽快制定《专属经济区和大陆架海洋巡航执法条例》，明确执法主体和执法内容，并出台相关的配套程序和措施等，以有效维护中国的海洋权益。

第六部分

极地科学考察

第十六章 中国的极地科学考察

极地属于全人类。为了规范人类在极地的活动，各极地相关利益国家通过协商，成立了一系列与极地相关的组织，制定了一系列规范极地活动的国际公约。这些组织和国际公约在一定程度上起着规范极地考察活动和引导极地考察方向的作用。中国的极地考察活动受国际极地组织和公约的规范和影响。极地考察事业直接关系到中国在极地事务中的发言权和在极地中应享有的权利和利益。中国的极地考察高举科学研究的大旗，强调国际合作与交流，具有深远的政治意义、经济意义和科学意义。[①]

一、极地科学考察概述

极地是南极和北极的总称。南极是指地球的最南端，又称南极洲、南极大陆和南极地区等等，由通常所说的南大洋（太平洋、印度洋和大西洋的南部水域）所包围。南极大陆的总面积约为1 390万平方千米，整个南极大陆被巨大的冰盖所覆盖。北极又称北极地区，是指北纬66度34分以北（北极圈）的广大区域，如果以北极圈作为北极的边界，北极地区的总面积约2 100万平方千米，其中陆地部分为800万平方千米。

（一）极地的特点和价值

极地具有独特的优势，是全球瞩目的资源潜在开发区域。南极拥有丰富的海洋生物资源。目前已知鱼类多达200余种，88%是南极特有种。已知磷虾类有8种，其中南极大磷虾占绝对优势，其生物量为6.5亿~10亿吨，是地球上最多的单种生物资源之一。北极油气资源、煤炭资源和金属矿产资源十分丰富（图16-1）。根据美国地质调查局公布的数据，北极圈以北地区已发现油气田超过440个，蕴藏着2 400亿桶油当量的石油和天然气，约占世界累计常规油气资源的10%，是已知油气资源的15%。目前，全球大约10%的石油和25%的天然气产自北极地区，未来仍有能力提供1/4的全球天然气需求。随着北极气候变暖加剧，未来北极航道的开通将大大缩短欧洲、北美与亚洲远东地区的海上运输距离，不仅将影响到世界海运格局，也将对俄罗斯、北欧、北

① 本章编写主要参考了由国家海洋局极地考察办公室组织编写的《极地科学考察》和《中国极地考察“十二五”发展规划》。

美和东亚经济贸易往来产生重要影响。

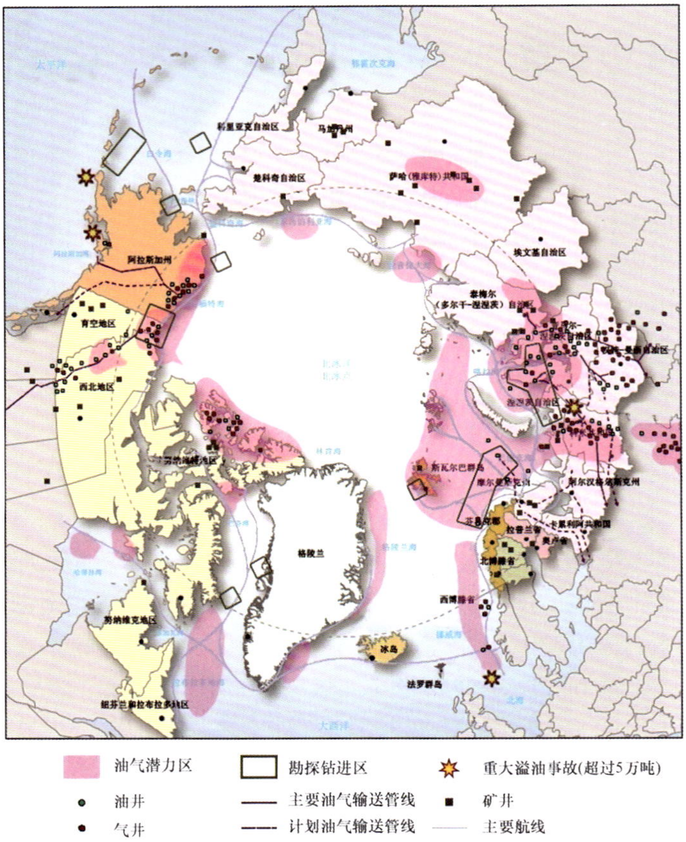

图 16－1　北极油气与矿产资源概况示图

20 世纪 70 年代以来，极地生物基因资源的研发日益深入，已成为发达国家竞相占有和发掘的重要极地战略资源。此外，还有南北极空间资源，旅游和淡水资源等。极地资源不仅是重要的海外资源，也为科技发展提供了广阔的原创空间。随着经济社会的不断发展，未来对资源的需求和依存度将会增加。极地是全球战略平台，对中国未来经济社会发展具有重要影响。中国在南、北极科技发展和资源利用方面具有重大的战略需求。

（二）极地考察的国际环境

极地考察是人类以各种科学和技术手段对极地气候、水文等环境和资源等不断探索和认知的活动。极地考察是人类认识极地的重要手段，是人类开发和利用极地的基础，一切对极地的认知都是基于极地考察。由于极地具有特殊的地理位置和气候条件，人类早期在认知极地过程中存在众多难以克服的困难。随着社会的不断发展和科技的不断进步，各种困难逐渐被克服，人类已进入全面考察、开发和利用极地的时代。据统计数据，目前有27个国家在南极共建立了150多个功能各异的考察站。

国际上特别重视对南极地区活动的管理。1959年的《南极条约》、1982年的《南大洋海洋生物资源保护公约》、1988年和1992年的《南极条约环境议定书》、1991年的《南极矿物资及管理公约》是专门针对南极地区管理的法律文件。

《南极条约》协商会议的议事机制已经由非常设转为常设，由单纯的政治、外交型向政治、外交和管理型过渡。国际科联南极研究科学委员会为提高南极研究在全球变化和地球系统科学中的贡献率，自2002年上海会议以来从组织到科学战略也发生了重大转折，科学上向越来越开放的方向发展，大大弱化了过去强调配合南极条约机制的政治化色彩，而朝着更加开放和组织越来越多的大型国际计划的方向发展。由于《南极条约》暂时冻结领土主权问题，使得南极的政治地位存在极大的不确定性。1991年生效的《南极矿物资源管理公约》，将于2041年到期，到期之前暂时禁止南极矿物资源和能源的开发。该条约同时又规定，一个国家未来分享南极资源开发利益的份额，取决于它对南极科学的投入和贡献。目前南极考察国家面对本国资源的日益枯竭，大都高举科学大旗，进行资源基础调查和研究，为其未来获取南极领土和资源方面的国家利益进行前期准备。

北极问题由于政治、地理、历史和军事等因素而更为复杂敏感，特别是大陆架划界和石油资源问题争执激烈。由于冷战所致，北极地区的科学研究工作曾长期处于封闭状态，仅环北极8国各自开展一些保密性的局部工作。随着冷战的结束和科学技术的不断发展，人类对于气候环境认知的需求越来越迫切，北极科学工作才纳入了国际合作、共同探讨它对全球变化和人类未来的作用的轨道上来。迄今，北极理事会和国际北极科学委员会是国际北极事务中最重要的两个国际组织。1990年8个环北极国家成立了非政府间国际组织——国际北极科学委员会（IASC），在国际范围内，鼓励、推动和促进涉及北极的人类作用、社会和自然科学方面所有领域的基础和应用研究，为北极事务提供科学指导。该组织后来向国际开放，目前共有18个成员国，中国于1996年加入。北极理事会（Arctic Council）成立于1996年，旨在国际考察北极的活动中保护环北极8国的权益。

（三）极地考察的成就

中国的南极考察活动始于20世纪80年代初。在党中央、国务院的亲切关怀下，中国极地考察事业从无到有、从小到大，取得了举世瞩目的成就，对维护中国的极地权益，提升中国在国际极地事务中的地位和作用，推动中国基础科学发展，促进国民经济建设可持续发展与和平崛起战略等具有重要的意义。从1984年首次组队进行南极考察以来，中国已成功组织了27次南极科学考察，4次北极科学考察，7个年度的北极黄河站考察，获得了极其宝贵的数据、资料和样品。先后承担科研项目500余项，在极地科学领域的国际热点问题研究方面取得了许多具有重大科学价值的研究成果，开创了多个领域的研究先河，丰富了人类对地球两极的认识。中国加入了大部分重要的南、北极国际条约或组织，广泛参与国际极地事务，影响力日益增强。伴随着我国综合国力的迅速提高，极地考察保障能力的大幅提升，已经形成“一船四站一基地”为主体的国家极地考察战略格局和基础平台。

中国极地考察的主要成就。“十一五”期间，中国极地考察工作得到了快速发展，取得可喜成就，为“十二五”期间的进一步发展，并向极地考察强国迈进奠定了坚实的基础。建立了中国第一个南极内陆科学考察站—昆仑站，胡锦涛主席亲自为考察站题写了站名，实现了南极考察从南极大陆边缘向腹地延伸的历史性跨越，受到国内外科学界的高度评价和广泛关注。积极参与2007—2008年国际极地年计划，实施“中国行动计划”，成功开展了东南极普里兹湾－埃默里冰架－冰穹A断面考察和北冰洋科学考察，拓展了中国在极地的活动空间，并形成了明显的区域优势。极地考察保障能力大幅提升，形成了以“雪龙”船、南极长城、中山和昆仑站、北极黄河站和极地考察国内基地为主体的国家极地考察战略格局和基础平台。极地科学考察与研究成果显著，国际著名科学期刊《自然》再次发表了中国科学家的研究成果，揭示了冰穹A是南极冰盖的起源地及其早期演化过程和气候历史情景。在昆仑站安装了南极高海拔地区第一套光学天文观测设备，获取了重要天文数据资料，并在国际核心刊物发表多篇文章。南极陨石研究方面取得新进展，在南极格罗夫山采集的陨石已达11 452块，位居世界第3位。全面参与国际极地事务，积极开展国际合作，进一步掌握了国际极地研究的最新动态和先进技术，促进了极地科学考察水平的提高，同时也彰显了中国在国际极地事务中的积极作用。

中国在极地研究和考察方面也存在一些差距。极地考察基础设施和保障体系规模仍然偏小，缺少必需的应急救援能力；在两极海洋和南极内陆开展大范围、长周期科学考察与研究能力偏弱，缺乏统一部署和专项研究；极地考察和研究队伍较为分散，专业化程度不高，极地社会科学研究处于起步阶段等。

二、极地科学考察工作

2010年度，中国南、北极科学考察顺利推进。第26次南极考察队首次执行“一船三站”考察任务；昆仑站和格罗夫山两支科学考察队同时深入南极内陆腹地进行考察；完成了2010年度北极黄河站考察计划以及中国第四次北极科学考察计划。

极地考察“十五”能力建设长城站项目全面完成，中山站建设项目继续深入；昆仑站一期工程建设深度推进；固定翼飞机购置进入调研。随着第4次北极科学考察的顺利完成，标志着国际极地年中国行动计划现场考察工作圆满结束。制定了《中国极地考察“十二五”发展规划》，完成了“南北极环境综合考察”专项实施方案的编制工作；基本完成了新建极地科学考察破冰船项目立项工作；完成了一批极地软科学研究项目。

（一）极地科学考察概况

1. 南极考察

2010年度共执行科学考察任务56项，其中内陆考察项目12项、长城站13项（含越冬项目1项），中山站18项（含越冬项目6项），南大洋项目11项，国际合作项目2项。执行南极考察的总人数为247人。内陆考察30人；长城站区考察59人，其中越冬13人；中山站区考察82人，其中越冬17人；南大洋考察12人；国际合作2人；随船人员62人（含船员44人）。

昆仑站区域建成了深冰芯钻探场地主体结构，安装了天文、地磁、地震、自动气象站等观测设备，开展了冰川、天文、测绘等科学观测，为南极甘布尔采夫国际合作计划（AGAP）提供了后勤支持。格罗夫山区域开展了地质、测绘、冰川、环境、陨石回收等多学科综合考察。长城站区域除气象常规观测、GPS跟踪站及GPS国际联测延续考察项目外，还开展了站区周边生物生态学研究、有机污染物研究及环境监测系统布放等科学考察项目；完成了极地考察“十五”能力建设长城站改造收尾工作。中山站区域在继续开展高空大气物理、地磁、重力固体潮、验潮、全球定位系统（GPS）及常规气象和臭氧等常规观测项目基础上，还开展了大气污染物研究、阿曼达（Amanda）湾特别保护区生态考察、极地机器人系统应用研究、达尔克冰川动力学和拉斯曼丘陵典型湖泊观测研究、埃默里冰架野外考察以及普里兹湾海冰综合调查等。

南大洋考察走航观测航程达3.2万余海里，定点调查作业站位107个，包括艾默里冰架前缘和普里兹湾4条断面62个重点站位的调查。考察内容涵盖了物理海洋、海洋生物生态、海洋化学、环境科学及数据库管理等多个学科。

2. 北极考察

2010年北极黄河站完成科考项目15项，主要围绕环境、气候、冰川、生物生态、高空大气物理等学科开展研究。参加北极考察的年度总人数为 158 人。其中北极黄河站为 37 人，含越冬 4 人；第 4 次北极科学考察 121 人。

2010 年 7 月 1 日至 9 月 20 日开展了第 4 次北极科学考察。本次考察以北极海冰快速变化和海洋生态系统响应研究为主题，以“雪龙”船为科学考察平台，在白令海、楚科奇海、楚科奇海台、加拿大海盆、北冰洋海区实施了海洋综合考察。作业时间 58 天，航渡 24 天，总行程 12 600 海里，浮冰区航行 2 700 海里。开展并完成 135 个站位的海洋学调查、1 个长期冰站的海冰气综合观测和 8 个短期冰站的观测、1 个北极点站位观测。“雪龙”船和直升机分别抵达北纬 88 度 6 分和北纬 90 度的站点，开展了海洋学综合调查和海冰观测。

（二）极地科学考察项目

2010 年中国极地科学考察执行第 26 次南极科学考察、2009 年度北极黄河站科学考察以及第 4 次北极科学考察任务。其中，第 26 次南极科学考察执行度夏科学考察项目 54 项，并继续执行两站的常规观测任务；2009 年度北极黄河站共执行科学考察任务 13 项；第四次北极科学考察执行海冰考察与海洋综合考察 18 个科考项目。参加考察人员组成情况见图 16－2。

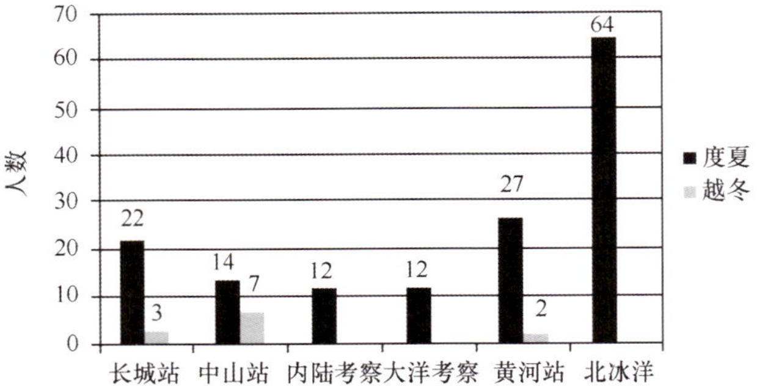

图 16－2　2010 年度基地考察科学考察人员组成

（三）极地科学研究的进展和成果

1. 中国极地科学战略研究基金及对外合作支持项目

为进一步促进和提高中国极地科学考察和研究水平，充分发挥社会资金资助极地科学考察事业的作用，国家海洋局于 2006 年利用极地考察社会赞助经费设立了“中国极地科学战略研究基金”。到目前为止，中国极地科学战略研究基金已资助了三个年度的研究项目，2006 年资助项目 19 项，资助金额共计 226 万；2007 年资助项目 36 项，资助金额共计 198 万；2008 年资助项目 26 项，资助金额共计 136 万。2010 年国家海洋局极地考察办公室对 2007 年资助项目进行了结题验收，对 2008 年资助项目进行中期考核检查，并启动 2010 年度基金项目的申请。

2007 年重点项目“极地考察数据质量规范化管理的方案研究”已完成。项目组研究编制的《极地科学考察数据质量管理工作方案》和《国内外极地科学考察相关标准目录》，达到立项目标，具有针对性和可操作性，对于促进极地考察数据质量管理科学化、规范化、制度化具有重要的实际应用价值。

2007 年重点项目“南极巴登半岛铜矿化远景研究的价值和意义评估”，对南极巴登半岛的铜矿化区带进行远景评价研究，为国家极地研究设立方向性专题研究项目进行资料准备。2007 年基金资助项目发表论文 58 篇，接收论文 13 篇。极地战略基金的设立，鼓励和带动了国内各有关单位的学科发展和人才队伍建设，在相关研究项目上取得了可喜成果。并且青年项目资助培育了一批从事极地研究工作的年轻人，为他们申请更高层次的国家自然科学基金项目和科技部项目奠定了基础。

2010 年中国极地科学战略研究基金申请 7 月启动，共收到来自国家海洋局、中国科学院、教育系统的项目申请书 43 项，其中重大项目 7 项，青年项目 36 项。

为扩展合作渠道，提高参与对外合作的积极性，推动对外合作项目的开展，国家海洋局极地考察办公室于 2010 年首次尝试对外合作项目提供经费支持。重点支持参加国外国家极地计划组织的极地考察、双边或多边合作项目、参加国际研讨会、主办国际研讨会和赴国外短期进修。2010 年共收到来自 19 个单位的 35 份申请，经过专家评审，批准了 14 个项目共 66 万的资助。其中，社会科学 3 项、技术保障 1 项，科学研究 10 项。

2. 极地软科学研究

北极问题研究。国家海洋局极地考察办公室组织有关部门、单位对北极问题进行了深入研究，于 2008 年完成《北极问题研究》报告，并通过专家的验收。2010 年再次从政治、学术、图表规范、出版要求等角度对报告进行修订，补充近年来北极新的发展情况。报告共九章，40 多万字，约 200 幅图表。

南、北极科技发展与资源利用战略研究。此项研究是我国“国家可持续发展海洋资源战略研究”的组成部分，2009 年 9 月组织专家成立了“南、北极科技发展与资源利用战略研究”课题组，就中国今后中长期开展南、北极的科学研究和资源利用等战略问题进行前瞻性研究，提出规划建议。2010 年 3 月已完成研究报告（初稿）。

极地权益问题研究。主要围绕极地大陆架、政治环境、北极航道、国际合作、法律、旅游等重点与热点问题，开展了“中国与北极相关国际组织之间的关系分析”、“南极海洋生物资源保护制度研究”、“北极地缘政治与我国对策研究”等课题研究，初步分析了北冰洋油气资源潜力的全球战略意义及北极黑碳问题，出版了《北极航道的国际问题研究》学术专著和若干论文。

北极区域发展与中国北极活动评价指标构建项目。该项目的主要目标是对北极区域的经济、社会与可持续发展状况进行跟踪，对北极区域发展的条件与环境进行分析；同时对中国在北极地区的活动进行评估。目前正在进行评估框架的总体设计工作。

南极条约协商会议（ATCM）及北极重要文件整理与翻译。主要整理和翻译俄罗斯、加拿大、美国、挪威、芬兰等国家和欧盟的最新北极政策或战略文件，北极理事会历届宣言（11 个）和《议事规则》，北冰洋沿海五国的《伊卢利萨特宣言》和《北极海运评估报告 2009》。

北极“西北通道”通航对我国经济发展的战略意义分析。北冰洋未来如果出现夏季无冰年，将打通连接欧洲、北美东部和东亚地区的新的海上航运通道。利用相关的海运里程数据库数据和《世界主要港口浬程表》，计算中国未来北极远洋航线的海运里程和成本，并分析该航线对于中国国际贸易和沿海经济发展的影响。

国际政治中的南极。主要通过南极条约协商会议议案及文件，解析《南极条约》协商国的关注焦点与参与南极事务的程度。

南极考察能力评估指标的筛选、分析和各国指标数据的整理。对南极考察能力评估指标、指标权重进行了修改和完善，并将数据收集、整理范围从 10 个南极条约协商国扩大到了全部 28 个国家。

2010 年 6 月 15 日，2010 中国极地战略与权益研讨会在上海举行。会议围绕极地科学考察和资源开发、极地治理与国际合作、极地地缘政治与安全以及中国的极地权利与利益等四大主题展开探讨。

3. 国际会议

（1）北极太平洋工作组国际极地年（IPY）总结会。2009 年 10 月 21 日至 22 日，由中国极地研究中心主办的北极太平洋工作组国际极地年（IPY）总结会在北京召开。会议主要目标是总结第四次国际极地年成果，并规划 IPY 以后北极太平洋地区海洋科学考察。来自加拿大、中国、日本、韩国、俄罗斯、美国 6 个国家共 16 名科学家参会。

（2）第四届中美关系讨论会极地圆桌会议。2009 年 10 月 22 日至 23 日，由中国人民对外友好协会、美国得克萨斯 A&M 大学、乔治·布什政府与公共事业学院、总统图书馆基金会共同举办的第四届中美关系讨论会在中国北京召开。研讨会的主题是“中美关系：未来 30 年的展望”。会议由 11 个圆桌会议和 2 个论坛组成，其中“通过中美合作稳固国际极地年成果”圆桌会议是大会的一项重要内容。中美就双方在此期间开展的科研成果进行回顾和交流，介绍了各自未来的极地研究计划，并对北冰洋考察、南极天文观测的合作进行了讨论。

（3）北极理事会高官会议。2010 年 4 月 28 日至 29 日，北极理事会高官会议在丹麦格陵兰召开。中国作为临时观察员，由外交部派员出席会议。除行政事项外，会议主要围绕气候变化、生物多样性、人类发展、海洋、污染物、数据、观测、监测、国际极地年的遗产等问题进行了探讨。

（4）第 33 届南极条约协商会议（ATCM）和第 13 届南极环境保护委员会会议 CEP）。2010 年 5 月 3 日至 14 日，第 33 届南极条约协商会议和第 13 届南极环境保护委员会会议在乌拉圭斯特角城举行。来自 28 个《南极条约》协商国、4 个缔约国以及相关国际组织的 300 余名代表参会。中国派代表团出席了会议。

中国代表向会议提交了第 26 次队伤员情况报告、第十次极地科学亚洲论坛情况、拉斯曼丘陵特别管理区管理小组报告等文件，并在相应的工作组做了详细介绍。

（5）第 11 届极地科学亚洲论坛（AFoPs）会议。2010 年 7 月 7 日至 9 日，第 11 届极地科学亚洲论坛会议在苏州召开，来自中国、日本、韩国、马来西亚、印度、泰国等国 31 名代表出席了会议。

（6）第 22 届南极局局长理事会（COMNAP）会议。2010 年 8 月 9 日至 12 日，第 22 届南极局局长理事会会议在阿根廷首都布宜诺斯艾利斯召开，29 个 COMNAP 正式成员国中有 25 个国家派代表参加了本次会议，南极条约秘书处秘书长和南极研究科学委员会主席作为观察员出席了会议。中国派团参加了此次会议。中国极地研究中心副主任李院生顺利当选 COMNAP 的副主席，任期 3 年。

（7）“南极天文学与天体物理学”国际学术研讨会。2010 年 8 月 18 日至 21 日，“南极天文学与天体物理学”国际学术研讨会在西安成功举办。会议由中科院南极天文中心、中国国家自然科学基金委员会、国家海洋局极地考察办公室、国家天文台和中科院射电天文重点实验室共同主办，共有 82 位国内外专家参加了本次会议。会议深入分析了基于已有观测数据得到的南极高原的天文台址特性，讨论了下一步台址测量的具体方案；进一步凝练和优化了冰穹 A 中国南极天文台项目的科学目标；探讨了可能的国际合作计划及重大科学问题的解决途径。

（8）国际极地年及其后南极内陆地质地球物理国际研讨会。2010 年 10 月 22 日至 23 日，由国家海洋局极地考察办公室、中国地质科学院地质力学研究所和英国研究理事会主办，中国地科院地质力学研究所承办的“国际极地年及其后南极内陆地质地球物理国际研讨会”在北京召开。来自美国、英国、德国、意大利、法国、日本、韩国等国的南极内陆地球物理著名专家和中国的 30 多位科学家参加了会议，对国际极地年期间南极内陆核心地区甘布尔采夫冰下山脉和 DomeA 地球物理和地质调查合作的成果进行交流和研讨，促进了下一步的成果出版和合作交流。

（9）南极海洋生物资源养护委员会第 29 届会议。2010 年 10 月 24 日至 11 月 5 日，南极海洋生物资源养护委员会第 29 届会议在澳大利亚霍巴特举行，中国派团参加了会议。会议讨论了以渔业资源为主的开发、养护、管理等方面的问题，审议分会报告和相关建议，通过了修改的养护措施。中国 2010/2011 年度南极磷虾捕捞申请在会上获得批准。

4. 国际交流

（1）参加国外南极考察队。中国第 26 次南极考察队派出 2 名队员参加了国际合作项目。2009 年 12 月 15 日至 2010 年 1 月 22 日，一名中国南极队员跟随美国陨石考察队，参加了对南极横断山脉北、中、南部冰区陨石的收集工作。2010 年 1 月 5 日至 2 月 12 日，一名中国南极队员赴美国麦克默多站参加了企鹅古生态研究国际合作项目，获得了丰富的样本和第一手野外资料。

（2）中加北极问题研讨会。2010 年 2 月 25 日及 27 日，国家海洋局海洋发展战略研究所在北京与加拿大达尔豪斯大学法学院举办了首届“中加北极问题研讨会”。双方共有 30 余名代表出席了此次会议。会议就“国家北极政策”、“北极国际管理与国际法”、“北极新发展”以及“双边、区域、全球合作”等四个议题进行了深入的探讨与交流。第 2 届“中加北极问题研讨会”将于 2012 年 6 月在加拿大召开。

（3）中挪北极科学研究双边会议。2010 年 6 月 7 日至 8 日，中国外交部和挪威外交部共同组织在挪威奥斯陆举办第 2 届中挪北极科学合作研讨会，以促进两国在北极领域的合作。来自两国的 30 多位专家和学者参加了会议。会议研讨的议题包括：气候变化、预测和结果；北极地区和极地地区对国际气候研究中的作用；北方地区基于环境管理和环境监测的生态系统；北冰洋碳循环和酸化等。极地办组织各相关学科科学家参加了双边科研研讨会，与挪威同行深入探讨了双边和多边合作计划。

5. 双边协议

2010 年 9 月 9 日，中国极地研究中心与挪威极地所在上海签署了双边合作协议。双方回顾了过去 10 年中挪极地领域合作，探讨了未来的合作愿景，达成了多项共识。

6. 两岸交流

2009 年 11 月 27 日至 12 月 3 日，“2009 海峡两岸海洋教育与科技论坛”在台北召开。该论坛由台湾“行政院”农业委员会渔业署发起、台湾海洋大学组织召开，来自海峡两岸的100多位代表出席会议。国家海洋局派团参加了论坛。两岸的15位学者在论坛上进行了大会报告，在海洋教育与科学、海洋监测、气候变迁与极地调查、海洋资源、海洋产业与利用等方面进行了交流、讨论。大陆在南北极开展的考察活动以及取得的研究成果得到了台湾学者的高度评价。

三、极地科学考察“十二五”规划

（一）工作思路

1. 指导思想

以邓小平理论和“三个代表”重要思想为指导，全面贯彻落实科学发展观，准确把握国际极地事务发展的阶段性特征，以国家长远发展需求为导向，深入开展极地关键地区和领域的科学考察与研究，不断增强中国在极地的实质性存在，进一步提升中国在国际极地事务上的地位和影响力，稳步推进极地考察强国建设进程，为人类和平利用极地做出新的更大的贡献。

2. 发展目标

“十二五”期间中国极地考察事业将努力实现以下发展目标：

（1）深入开展极地战略研究，进一步加强政策法规与规划体系建设，指导极地考察工作沿着科学、有序的方向发展。

（2）开展极地关键地区的环境综合考察，加强极地气候与环境变化监测，开辟极地科学技术的前沿领域研究，进一步加深对南北极地区的科学认识。

（3）继续加强极地考察能力建设，促进高新技术应用，提升极地考察站的保障能力。建立极地科考船队，提高极地海洋考察能力。构建极地航空保障能力与安全应急体系，进一步增强中国极地考察的综合实力。

（4）广泛参与国际极地事务，维护极地领域的国际法律制度，认真履行相应的国际义务。进一步提升中国在国际极地领域中的地位和影响力，更加有效地维护国家极地权益。

（二）主要任务

1. 围绕国家需求，实施重点专项

（1）南北极环境综合考察。围绕国家战略目标，统筹协调发展，以实施专项为手段，完善极地考察平台建设。有计划、分步骤地完成南极周边重点海域、南极大陆以及北极海域的环境综合考察。掌握南北极环境的变化趋势及对全球气候变化的影响，揭示极地在全球气候环境变化中的作用，提高应对气候变化的能力。探寻极地权益维护与环境保护对策，提升中国在国际极地事务中的地位，实现极地事业的可持续发展。（2）新建极地科学考察破冰船。建设极地科学考察破冰船队，解决目前一条破冰船难于同期实施南北极海洋多学科综合调查能力的矛盾。确保在2013—2025年期间，至少有两艘极地考察破冰船，能够同时在两极海洋区域开展考察作业，并保持每年200天以上的极地海洋考察时间。新建极地考察破冰船力争2013年底前建成并投入使用。

2. 全面提升极地科考和研究水平，更新极地观测技术手段

根据中国极地考察站不同的地理位置，重点解决冰川、海洋、大气、极地空间、生物生态、人体医学、地质与地球物理、天文等领域重大科学问题和关键技术难题。在冰川、高空物理等领域保持中国的相对优势，在环境领域赢得主动权。力争在重大科学问题研究上有所突破。（1）南北极科学研究。积极开展极地海洋、大气、地质、生物医学、地球及空间物理等方面的研究，努力形成优势领域。（2）极地观测技术与研究。发展对极地科学研究具有重大作用的观测技术，力争形成若干拥有自主知识产权、世界领先水平的技术成果。

3. 强化基础平台，提升极地考察能力

全面提升考察站基础设施能力，建成设施完善、功能齐全、技术先进的中型考察基地，达到或接近主要极地考察国家考察站建设的水平。建立高效的极地考察应急体系；建设国内一流的，兼有科学研究、管理、国际学术交流、信息共享和科普教育等多功能的极地考察国内基地；完善信息传递与通讯网络系统。

（1）极地考察站建设。继续更新和完善中国极地考察站的基础设施，加强高新科学技术在考察站后勤保障中的应用，营造“安全、高效、规范、舒适”的考察环境。

（2）国内基地建设。根据极地考察国内基地发展规划，重点建设实验分析、数据处理、多学科综合研究实验平台、资料数据共享平台、国际极地信息交流平台、应急运行平台。创建中国极地科普中心和爱国主义教育基地，适应国际极地形势的新变化

和我国极地事业的发展需要。

（3）东南极大陆航空系统基础建设。提升东南极大陆航空保障能力，配备考察站间的支线飞机，建设配套保障机场。为极地野外科学考察，人员和物资运输，提供极地应急体系可靠保障和有力支撑，并为加入国际南极航空网创造条件。

（4）极地考察交通运输体系建设。配置适应极地环境需求的交通运输工具和维护设备，构建极地考察站交通运输体系和内陆考察陆上交通运输体系，为考察站建设、日常维持和野外科学考察提供有效保障。

（5）极地考察实时监控和应急指挥体系建设。建立应急指挥和调度体系，明确应急流程，制订各类灾害和环境事故的应对预案；设置专用应急信道，为应急指挥提供必要的信息保障；建设“极地考察站、船、飞机等远程监控系统”；配备极地现场应急处置技术装备。

（6）极地后勤保障体系规范建设与基础技术研究。加强对极地考察队的管理，建立健全相应规章制度；参照国家标准，借鉴国际及我国实践经验，编制系统、规范的极地建筑、医疗、通讯、食品、服装、能源、物流、排污等系列手册，为考察站提供技术依据和保障；开展极地工程技术研究，提升科技支撑能力和极地后勤保障水平。

（7）极地考察通信网络系统建设。完善极地通信网络架构和管理体系，使之成为极地考察业务化管理的有力技术支撑，建立极地考察通信网络系统核心，形成统一的通信平台。

（8）极地科学考察信息共享平台建设。加强极地考察信息资源整合，建立中国极地考察信息门户。完善中国极地科学数据和样品资源共享平台，建立极地科学环境信息平台，构建一个可对外运行服务的平台环境，开展数据样品资源、环境信息共享服务，满足中国极地考察与研究对数据开放与信息资源共享的需求，扩大中国数据和信息共享工作的国际影响。

4. 开展极地政策与软科学研究，推进依法行政

推进中国极地考察的法律制度建设，建立极地事务管理体制。积极组织开展极地政策与战略研究，提高对极地发展问题的研判能力，为极地事业发展提出具有前瞻性、战略性的政策和建议。建设极地软科学研究平台，提升指导极地发展理论水平。在极地政策、极地战略、极地法治、极地管理、极地信息、极地创新制度建设等方面开展工作，提供实际问题的解决方法和理论指导。

5. 加强国际合作，增强中国在极地领域的影响力

加强对国际极地事务与国际合作中重点和热点问题的研究，加强与极地国际组织

的合作，积极参加重要极地会议，参与有关极地事务规则制定，进一步提升中国的话语权和影响力。强化与主要极地考察国家的科学合作，深化与传统友好国家极地特定研究项目的合作。广泛参与国际性的大型极地科考项目，努力确立中国在部分重大国际科考合作项目中的主导地位。加强极地环境管理方面的国际合作，提升中国极地环境管理水平，确立中国环境管理的优势区域。适时加入国际极地航空网，为科学考察与后勤保障提供有效服务。支持各单位广泛开展国际合作，建立对外合作专项，促进对外合作工作的发展。

（三）未来展望

展望未来，机遇与挑战并存。实施“十二五”规划后，极地科考、保障能力得到大幅度改善，极地科学研究水平进一步提高，以考察船队为依托，具备实现大面积、长时段的两极海洋环境综合考察能力。以中山、昆仑两站为依托，具备夏季在东南极大陆纵深区域开展多学科交叉的考察能力。

展望“十二五”之后的 10 年，中国极地考察仍以极地与全球变化关系作为主线，以服务中国经济社会可持续发展为核心理念，进一步扩大两极地区的考察领域和范围。组织大型国际考察和研究计划，增加若干重点目标专题考察。深入开展极地科学、极地政策和极地战略的研究，进一步建设极地考察能力，提高全民极地意识，维护中国极地权益，积极推进极地事业可持续发展。

（四）保障措施

1. 改革和完善管理体制及运行机制。加强组织领导，改革和完善管理体制及运行机制。

2. 建立规划的评估与监督机制。定期组织开展规划评估，全面分析检查规划实施效果及各项政策措施落实情况，提出评估改进意见，促进规划目标的实现。

3. 加大对极地工作的投入力度。多渠道筹措资金，加大极地工作的投入。

4. 加强极地科考人才队伍建设。加强考察人才队伍建设，弘扬极地文化精神。全面提升全民族极地意识和知识水平，促进极地事业又快又好发展。

四、小　结

中国的南极考察活动始于 20 世纪 80 年代初。30 多年来，中国的极地事业以跨越式发展的姿态实现了从无到有的飞跃，实现了从南到北的拓展，初步形成了中国相对完整的极地科学考察工作体系。2010 年，极地科学考察成果丰硕。圆满完成了国际极地年中国行动计划，首次召开了极地考察工作会议。第 27 次南极考察队顺利完成考察任务，第 28 次队各项考察按计划开展，北极黄河站年度考察任务按计划实施。“十二五”期间，中国极地考察工作将以国家长远发展需求为导向，深入开展极地关键地区和领域的科学考察与研究，进一步提升中国在国际极地事务上的地位和影响力，稳步推进极地考察强国建设进程，为人类和平利用极地做出新的更大的贡献。

结　语

中国与太平洋世纪

海洋在世界历史的发展和人类文明的演化过程中历来发挥着重要的作用。海洋是生命的摇篮，海洋是全球气候变化的调节器，海洋是联通世界的纽带，海洋是人类社会可持续发展的重要空间和物质基础。海洋同样也是国际经济和社会发展的平台。

人类社会发展的不同历史时期曾出现过三个海洋中心：地中海、大西洋和太平洋。11～15 世纪，地中海是世界贸易和航运的中心。来自东方的香料、瓷器和农副产品源源不断地经地中海输往西欧各地。中世纪地中海贸易促进了 14～15 世纪西欧资本主义萌芽的产生。16 世纪以后，世界的商业和贸易逐渐转移到大西洋沿岸，地中海中心地位从此衰落。葡萄牙、西班牙、英国和法国等一批新兴的海洋大国从此崛起。

人类社会从 16 世纪开始迈进大西洋时代。地理大发现和新航路的开辟促进了原始资本的积累。17～18 世纪，英、法、美爆发资产阶级革命，资本主义制度普遍确立，使人类进入资本主义时代。两次工业革命推动人类从传统农业社会向现代工业社会转型；西欧和北美主要国家实现了工业化，并在 20 世纪初最终形成资本主义世界市场体系。

20 世纪前半期的两次世界大战，欧洲衰落并丧失其在世界上的核心地位。美国凭借南北战争后积聚了近百年的实力，一举夺得世界霸主地位。这一时代大西洋两岸的欧美国家无疑是世界舞台上的主角，大西洋两岸也是全球经济技术发展的中心。大西洋世纪先后成就了英、美两个海洋大国，助其实现了在大西洋乃至全球的领导地位。大西洋时代的特征是：前一百年由欧洲列强主宰世界，后一百年则是美国主导全球。

20 世纪后半期的另一个伟大转变，则是在第三次现代化浪潮和经济全球化影响下亚洲国家，尤其是中国的逐步崛起。在人类步入 21 世纪之际，一个不同于以地中海和大西洋为中心的新时代——“太平洋世纪”悄然来临。太平洋世纪呈现出两个明显的时代特征：第一，环太平洋区域集聚了全球最多的大国力量，成为世界主要的战略中心；第二，环太平洋区域形成了全球最大的经济和技术生产力，创造了世界上绝大部分的商品和财富。中国在这个时代大变革的进程中，实行改革开放，着力发展经济，一骑绝尘，颇有令人望尘莫及之势。

中国是最早开发利用海洋的国家之一。河姆渡考古发现证明，中国早在7000多年前已经掌握了漂洋过海的技能。唐宋时期，中华民族开辟了举世闻名的“海上丝绸之路”。600多年前，伟大的航海家郑和率领当时世界上最强大的船队七下西洋。直到鸦片战争之后，由于闭关锁国和西方列强坚船利炮的海上入侵，中国才开始沦为半封建半殖民的国家。关注海洋、利用海洋、经略海洋是中华民族发展史上的不绝之声。15世纪初，世界航海家郑和曾指出“国家欲富强不可置海于不顾。财富取之于海，危险亦来自海上……一旦他国之首夺取南洋，华夏危矣。”伟大的革命先行者孙中山先生也指出：“昔时之地中海问题、大西洋问题，我可付诸不知不问也；惟今后之太平洋问题，则实关乎我中华民族之生存，中华国家之命运者也。”

冷战结束后，美国开始实行战略重心东移的调整。2010年，美国唱响了“重返亚洲”的口号，明确提出南海涉及美国国家利益。2011年11月，又抛出“美国的太平洋世纪”的论调。同时，美国总统奥巴马启动了“跨太平洋伙伴关系协议（TPP）”。美国不断加大对西太平洋的投入，加强在亚太的军事力量和存在，高调介入南海争端，战略意图十分明显，旨在应对中国的和平崛起，维护其在亚太乃至世界的领导地位。

美国前总统西奥多·罗斯福在20世纪初曾说过：“地中海时代随着美洲的发现结束了。从16世纪开始的大西洋时代正处在开发的顶峰，势必很快就要耗尽它所控制的资源。唯有太平洋时代，这个注定成为三者之中最伟大的时代，仅仅初露曙光。”

21世纪是海洋世纪，海洋世纪的中心是太平洋，太平洋问题的核心是中美两个大国在海上的战略竞争与合作。这是目前太平洋和中国周边海洋形势发展变化的根源和核心，实质上反映了传统和新兴两个大国之间的控制与反控制、发展与反发展的斗争。毛泽东同志在1958年10月《告台湾同胞书》中明确指出：“西太平洋是西太平洋人的西太平洋”，“西太平洋要由西太平洋国家自己来管”。50多年前的这一英明论断，对今天的太平洋世纪之争，仍具有重要的理论和现实指导意义。

中国国家副主席习近平最近访问美国时指出：“太平洋两岸足够容纳中美两国。”美国总统巴拉克·奥巴马在双方会见时也认为：中美两国都是太平洋国家。两国领导人的讲话高度地概括了太平洋世纪中美两国的应然关系。习近平副主席在此行访美的唯一正式讲话中还强调指出：中美应“切实尊重彼此核心利益和重大关切。”这为两国关系在太平洋世纪的发展指明了正确的前进方向。

太平洋世纪的中美关系，应该不是大象与鲸鱼的关系，而是龙与鲸的关系。中美两国都有在太平洋上存在和发展的关切和利益。因此，合作双赢是中美两国本世纪在太平洋上唯一正确的选择和方向。可以认为，中国无意也不会阻止美国的战略调整，同时承认美国在西太平洋的适度存在。同样，美国重返亚太不应伤害中国的核心利益和重大关切，包括中国在南海的合法主张和历史性权利。中国不会去太平洋争取海上霸权，但也决不会容忍自己的海洋权益遭受侵犯。

21 世纪是海洋世纪，也是实现中华民族伟大复兴的重要战略机遇期。21 世纪又是亚太国家共同的“太平洋世纪”，我们应坚定不移地主张和坚持中国在太平洋上和平发展的权利。

中国在太平洋世纪的发展，一如《管子・形势解》所言：“海不辞水，故能成其大；山不辞土石，故能成其高。”

附　件

附件一

中华人民共和国大陆领海的部分基线和西沙群岛的领海基线示意图

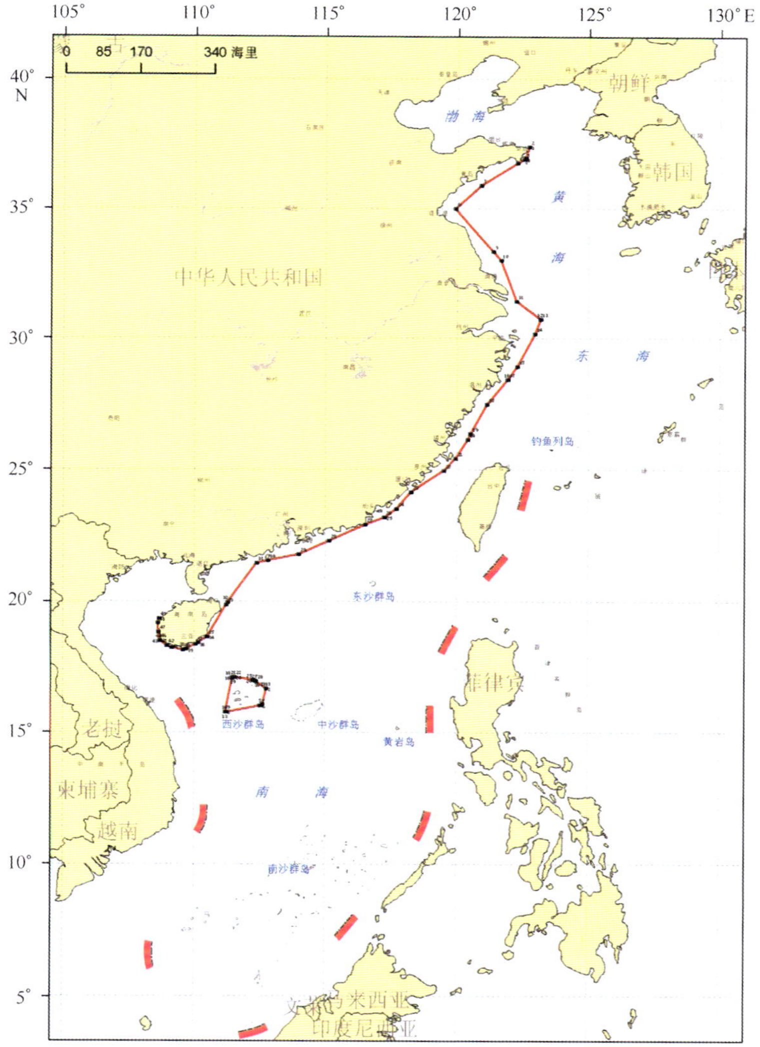

国家海洋局海洋发展战略研究所 制图 2009 年 12 月

附件二

2012 年《政府工作报告》中涉及海洋的内容

2012 年 3 月 5 日温家宝总理在第十一届全国人民代表大会第五次会议上做《政府工作报告》，其中涉及海洋的内容有：

（一）在“第三部分 2012 年主要任务”中第四项“加快转变经济发展方式”的第二点“推进节能减排和生态环境保护”任务中，提出：

“加强环境保护，着力解决重金属、饮用水源、大气、土壤、海洋污染等关系民生的突出环境问题。”

（二）在第三点“促进区域经济协调发展”任务中，提出：

“制定和实施海洋发展战略，促进海洋经济发展。”

附件三

2011年中央领导关于海洋工作的指示

一、2011年4月15日，胡锦涛主席在博鳌亚洲论坛年会开幕演讲中指出：“中国将继续致力于通过友好谈判和平解决同邻国的领土、领海和海洋权益争端，在地区热点问题上发挥建设性作用，积极参与各种形式的地区安全对话和合作，努力维护有利于亚洲和平与发展的地区环境。中国永远做亚洲各国的好邻居、好朋友、好伙伴。”

二、在2011年政府工作报告中，温家宝总理提出：“坚持陆海统筹，推进海洋经济发展”、“加强海洋污染治理”。

三、2011年4月2日，温家宝总理在听取浙江沿海及海岛综合开发战略研究项目成果汇报时指出，中国既是一个陆地大国，也是一个海洋大国。科学开发利用海洋资源，加快海洋经济发展和沿海地区综合开发，有利于充分利用国土资源，加快经济发展方式转变，对促进东部地区率先发展、实现全面建设小康社会的战略目标具有重大意义。“十二五”期间，我国海洋事业发展面临着难得的机遇，我们要坚持陆海统筹、协调发展的方针，促进海洋经济发展和沿海地区综合开发迈上一个新台阶。

四、2011年4月30日，温家宝总理在访问印尼时表示，本地区还存在着一些领土主权、海洋权益等争议。中国与东盟要本着睦邻友好、平等协商的原则，通过双边渠道，为妥善解决这些问题作出不懈努力。

五、2011年9月2日，温家宝总理在国土资源部考察时强调，国土资源系统要深刻认识国土资源工作面临的新形势，紧紧围绕党和国家工作大局，按照“十二五”规划要求，全面做好土地、矿产、地质、海洋管理和测绘地理信息等各项工作，更好地为经济社会发展提供资源保障和优质服务。

六、2011年2月16日，贾庆林在《求是》杂志发表文章指出，要“合理开发和利用海洋资源，切实加强海洋生态文明建设”。

七、2011 年 1 月 30 日，李克强副总理在慰问南极、北极和大洋上执行任务的科考队员时指出：极地与大洋考察是人类探索自然奥秘、拓展生存与发展空间的一件大事，也是我国实施海洋发展战略的重大任务。中央“十二五”规划建议对发展海洋事业作出了战略部署，必须认真学习领会。要深入贯彻落实科学发展观，坚持陆海统筹，树立现代海洋理念，把握好国内国际两个大局，提高海洋开发、控制、综合管理能力；把发展海洋经济和保护海洋生态环境有机结合起来，应用好科学考察成果，合理开发利用海洋资源，大力发展海洋产业；保障海上通道安全，维护国家海洋权益，促进海洋事业和整个经济社会全面协调可持续发展。

八、2011 年 6 月 21 日，李克强副总理对我国极地考察工作作出重要指示，“极地考察是人类探索地球奥秘的壮举，在我国海洋事业中占有重要地位，对促进可持续发展具有重大意义。经过 20 多年努力，我国极地考察取得丰硕成果，增强了在国际极地事务中的影响力。“十二五”时期，我国极地考察事业正处于可以大有作为的战略机遇期。希望全体极地考察工作者紧紧围绕现代化建设，继续发扬南极精神，进一步加强能力建设，深入开展极地战略和科学研究，积极参与国际交流合作，有效维护国家权益，为我国极地事业发展、为人类和平利用极地作出新的贡献”。

附件四

2010 年《中国海洋行政执法公报》（摘录）

综 述

2010 年，各级海洋行政主管部门及海监机构依据《中华人民共和国领海及毗连区法》、《中华人民共和国专属经济区和大陆架法》、《中华人民共和国海域使用管理法》、《中华人民共和国海洋环境保护法》、《中华人民共和国海岛保护法》、《中华人民共和国涉外海洋科学研究管理规定》等法律法规，全面开展我国管辖海域海洋权益维护执法、海域使用管理执法、海洋环境保护执法、海岛保护执法等工作。同时，在加强监督检查，进一步规范海洋行政执法程序，继续加强执法能力建设等方面，取得了一定的成效。

本年度，在做好日常执法工作的同时，海洋维权执法加强重点海域定期维权巡航与专项执法行动，沿海各省海监机构逐步开展维权巡航执法工作；海域使用执法组织实施了“海盾 2010”专项行动，规范了海域使用秩序；海洋环境保护执法专门组织了“碧海 2010”专项行动和“渤海石油勘探开发活动定期巡航”，制止污染海洋环境、破坏海洋生态的行为；海岛保护执法组织开展了普法宣传、海岛巡查和海岛保护执法试点，并做好有关基础性工作。

全年海洋执法共派出海监飞机 1 068 架次，海监船舶 13 337 航次。作出行政处罚 1 379件，决定罚款总额为 75 664. 21 万元。

海洋行政执法

海洋权益维护执法

2010 年，在有关部门的支持和指导下，中国海监各级海监机构在我国管辖海域全面开展定期维权巡航执法，积极组织开展专项维权执法行动，深化与相关部门的协调配合，省级海监机构逐步加大维权巡航力度，海洋维权工作取得成效。全年共出动海监船舶188航次，航程211 428海里；出动海监飞机523架次，航程538 480千米，覆盖我国全部管辖海域。监视进入中国管辖海域的外国船舶1 303艘次、飞机214架次，其他目标43次，拍摄监视照片57 332张，摄像资料6 921分钟，发现其他违法行为7次，进行喊话124次，维护了国家海洋权益。

组织进行了南海某海域海洋勘探作业护航专项行动，行动中，共拦截、驱离某国干扰船228艘次，对其他过往商船、渔船发出预警提示和劝离40艘次，保障了勘探作业的顺利完成。组织进行了东海某油气田维权、南海某海域海上钻井作业维权护航等专项行动，保障了有关海洋作业的顺利进行。

开展了对上海世博会期间、广州亚运会期间海底光缆专项巡护行动，保障了海底光缆的安全。此外，还为我国载人潜水器深水试验提供了护航警戒。

海域使用管理执法

2010年，继续以专项执法行动促进日常工作的进行，中国海监以规范海域使用秩序为目的，开展近岸海域定期巡查和专项执法行动，重点查处大型非法围填海行为和养殖用海行为。同时，继续组织“海盾2010”专项执法行动，查处海域使用领域的重大案件。

此外，为遏制滥采海砂行为，辽宁、山东、福建、广东等地开展专项行动，针对海砂开采较为集中区域开展了专项执法，依法处罚了未经批准采砂等违法行为。

全年海域使用管理执法检查用海项目29 176个，检查次数72 233次，发现违法行为1 836起，作出处罚决定826件。

在已发现的用海违法行为中，主要是非法占用海域（占84.2%，含渔业、造地工程和工业等用海）、擅自改变海域用途及不按规定拆除用海设施和构筑物等。

海洋环境保护执法

2010年，海洋环境保护执法工作全面展开。为促进对重大海洋环境违法行为的监督检查，实施了“碧海2010”专项执法行动，重点查处海洋工程未经海洋环境影响评价即开工建设、无证倾倒废弃物、在海洋自然保护区核心区和缓冲区建设生产经营设施等重大海洋环境违法行为。开展了“渤海石油勘探开发活动定期巡航执法检查”工作，重点加强了渤海石油勘探开发活动违法行为的巡查力度。

全国各级海监机构共进行海洋工程建设项目环境监督检查23 633次，发现违法行为321起，作出行政处罚231件；进行海洋倾废监督检查8 119次，发现违法行为184起，作出行政处罚145件；进行海洋生态保护监督检查3 690次，发现违法行为294起，作出行政处罚166件。

海岛保护执法

《中华人民共和国海岛保护法》2010 年于 3 月 1 日正式实施，中国海监为履行法律赋予的职能，进行了基础性工作并开展了执法试点工作。北海、东海海区及辽宁、山东、福建、广东、海南等地组织了专项工作，对区域内海岛进行执法巡查的同时，还对海岛现状进行了普查并初步建立了执法基础信息档案。

2010 年，进行海岛保护监督检查 8 390 次，检查项目 4 137 个，发现违法行为 30 起。

执法能力建设

机构建设

中国海监新增支队级机构 6 个，其中包括中国海监第 10 支队（驻海南省海口市）、中国海监西南中沙执法支队；新增大队级机构 1 个。

教育培训

组织了各类培训，其中领导干部类培训班共培训总队长、政委等 91 人次；业务类培训班共培训执法骨干 234 人次；初任海洋监察员类培训班共培训新到岗人员 74 人。组织了海监体能礼仪竞赛活动，达到了锻炼队伍、树立形象、弘扬海监精神的目的。

执法装备建设

2010 年，中国海监新增执法船 3 艘，执法艇 9 艘，执法直升机 1 架。

开展了执法理论及技术研究，试验装备了一批船载专用执法装备。

专 栏

发布《中国海监中长期发展规划》

《中国海监中长期发展规划》（以下简称《规划》）明确了海监队伍 2010—2020 年的发展目标和主要任务，提出了各项使命任务和实施措施。《规划》实施后，将基本形成监管立体化、执法规范化、管理信息化的海洋执法监管体系。

海底光缆保护专项行动

5 月－12 月期间，根据工业和信息化部、国家海洋局联合通知，上海世博会、广州亚运会期间，中国海监各海区及辽宁、山东、江苏、上海、浙江、广东、广西、海南等地海监机构实施了“国际海底光缆保护专项行动”，对我国管辖海域内 40 余条国际、国内海底光缆进行了专项巡护，共出动船舶 1 600 余艘次，共检查、驱离各类海上作业船舶 10 300 余艘次，确保了海底光缆的安全。

南沙岛礁巡航

4 月，中国海监与国内有关单位人员，分乘“中国海监 81”、“中国海监 83”船，对黄岩岛、南海南部、西沙西部、北部湾湾口等重点海域进行考察调研，并在曾母暗沙投放了中华人民共和国主权碑。

执法协作与交流

中国海监总队与韩国海洋警察厅就各自管辖海域发生海上溢油等突发性海洋污染事件时的应急响应、海洋环境保护执法领域的技术研究与合作等方面达成共识。

中国海监有关机构与台湾海巡署有关机构建立了海洋执法协作联络窗口。

中国海监与我国有关执法机构参加了俄罗斯等 6 国举办的北太平洋地区海岸警备执法机构论坛及“2010 年海上安保多边演练”。

附件五

2010 年《海域使用管理公报》（摘录）

1 基本情况

1.1 海洋功能区划

充分发挥海洋功能区划统筹作用。新一轮海洋功能区划编制工作有序开展，全国海洋功能区划文本编制完成，印发《省级海洋功能区划编制技术要求》，组织召开了广西壮族自治区、江苏省海洋功能区划专家评审会。

成立由国务院有关部门、沿海省（自治区、直辖市）海洋厅（局）及有关研究单位推荐的 44 名专家组成的全国海洋功能区划专家委员会。

经国务院批准，下发《关于规范省级海洋功能区划修改工作的通知》，进一步明确了省级海洋功能区划修改的前提条件和报批程序。

1.2 海域权属管理

进一步优化项目用海审批程序，提高审批工作效率，坚持把合理配置资源、保障经济发展作为第一要务，优先保障国家能源和交通等基础设施、重点海洋产业的用海需求，全年报国务院批准了 16 个重大建设项目用海。

依法推行海域使用权市场配置。2010 年，全国通过招标、拍卖发放海域使用权证书 36 本，确权海域面积 6 288.65 公顷，征收海域使用金 5 527.58 万元；办理海域使用权抵押登记的证书 722 本，抵押海域面积 6.80 万公顷，金融机构发放抵押贷款 87.70 亿元。海砂开采海域使用权市场化配置初见成效，广东全省推行海域海砂开采海域使用权挂牌出让工作。

2010 年，全国共发放海域使用权证书 2 481 本，确权海域面积 19.38 万公顷，海域使用金征收金额 90.74 亿元，减免金额 2.45 亿元。

1.3 围填海管理

与国土资源部联合下发《关于加强围填海造地管理有关问题的通知》，提出了区划规划衔接、计划衔接、项目审查、供地方式、调查登记和监督检查等一系列政策措施，解决了围填海造地管理中用海管理和用地管理衔接的问题。

严格执行围填海计划，中央及地方指标均未突破，重点保证基础设施、民生领域及国家产业政策鼓励类项目用海，遏制了盲目围填海，提高了海域使用效率。全年国务院及省级人民政府共批准围填海项目571个，面积15 560.86公顷。

指导地方科学选划区域建设用海范围，控制围填海面积，优化平面设计，全年批准了15个区域建设用海规划，规划总面积21 665公顷，其中规划填海面积17 969公顷。

1.4　配套制度建设

与国家能源局联合制订发布《海上风电开发建设用海管理暂行办法》，规范海上风电规划和项目用海管理。

1.5　海域动态监视监测

以卫星遥感、航空遥感和地面监视监测为主要手段，实现全年两次对全海域的低精度卫星遥感监测和对31个重点区域的高精度卫星遥感监测，通过视频监控、现场监测等方式进行区域建设用海和在建用海项目地面监视监测。

优化海域动态监视监测系统基本软件，完成软件部署安装工作。

开展全国海域使用权属数据整理工作，完成3.5万余宗用海数据的整理入库。

开展年度围填海以及海岸线变化等专题评价，反映全国海域开发利用情况，为海域管理提供决策支持。

1.6　海域使用论证管理

深入开展“海域使用论证报告质量年”活动，通过资质单位自查、检查、论证报告质量评估、优秀论证报告评选、评审专家高级研讨班、论证技术交流等六方面活动，加强行政监管，推动技术交流，全面提升海域使用论证工作质量。

完成海域使用论证资质单位的资质年检工作，注销了4家单位的论证资质，责令13家存在问题的资质单位暂停执业3~8个月。

1.7　海域海岸带整治与修复

出台《关于开展海域海岛海岸带整治修复保护工作的若干意见》，启动海域海岸带整治与修复工作，落实“在开发中保护，保护中开发”原则，促进海域资源可持续利用。

第一批海域海岸带整治与修复项目经财政部批准后实施。

1.8 专项行动

落实全国海洋厅局长暨党风廉政建设工作会议精神，赴辽宁、福建和广东三省开展海域使用和海洋环境保护工作情况大检查。

发布《关于加强2010年上海世博会期间海底光缆保护的通知》、《关于加强2010年广州亚运会期间海底光缆保护的通知》，确保了上海世博会和广州亚运会期间海底光缆的安全畅通。

2 各省情况

2.1 辽宁省

出台《关于进一步加强围填海管理工作的通知》，开展已批准的围填海项目实施情况核查工作，完成2005—2008年省级审批用海项目的核查监测。

锦州市率先对渔港区、锦州港区、笔架山国家特别生态保护区的用海情况进行24小时监控。

2010年，辽宁全省新确权项目共发放海域使用权证书632本，确权海域面积105 470.49公顷，征收海域使用金166 901.71万元。其中，养殖用海共发放证书482本，确权97 667.04公顷；填海造地确权3 011.53公顷，征收海域使用金125 810.36万元。

2.2 河北省

制定《关于加强建设用海管理的若干意见》、《河北省建设项目用海预审办法》，完善节约集约用海管理措施，对建设项目填海造地实行控制指标管理。

《河北省海洋功能区划》、《河北省海岸保护与利用规划》初稿编制完成。

以县为单位启动全省海籍调查数据库管理系统建设。

2010年，河北全省新确权项目共发放海域使用权证书52本，确权海域面积4 679.83公顷，征收海域使用金51 951.70万元。其中，填海造地确权1 180.82公顷，征收海域使用金50 042.99万元。

2.3 天津市

立足滨海新区开发开放的实际，保证天津市战略规划落实，协调用海矛盾，积极为滨海新区各大项目用海提供服务保障。

《天津市海洋功能区划》初稿编制完成。开展“天津市建设项目填海指导标准”研究，提高填海项目的精细化管理水平。制定《区域用海规划内非经营性公共设施建设用海登记管理办法》，完善区域用海内非经营性用海登记手续。

组织召开天津市海域使用论证工作研讨会，进一步规范天津市海域使用论证工作。

2010 年，天津市新确权项目发放海域使用权证书 51 本，确权海域面积 2 150.02 公顷，征收海域使用金 200 012.32 万元。其中，填海造地确权 1 290.25 公顷，征收海域使用金 183 677.61 万元。

2.4　山东省

开展蓝色经济考核评估体系研究、山东半岛蓝色经济资源开发与立体空间布局专题研究。编制《山东半岛蓝色经济区海岸与海洋空间规划》、《山东半岛蓝色经济区集中集约用海规划》。《山东省海洋功能区划》初稿编制完成。

不断规范海域使用管理工作，出台《关于进一步完善省管用海项目审批程序的规定》、《关于进一步规范海域使用金征收管理的通知》等制度。

2010 年，山东全省新确权项目共发放海域使用权证书 395 本，确权海域面积 22 445.01公顷，征收海域使用金 108 425.10 万元。其中，养殖用海共发放证书 274 本，确权 20 263.38 公顷；填海造地确权 1 421.53 公顷，征收海域使用金 94 458.84 万元。

2.5 江苏省

积极推行海域使用权市场配置。成立南通市、连云港市海域使用权市场交易中心。《江苏省海域使用权流转管理办法（试行）》列入 2011 年江苏省政府规章立法计划。全省海域使用权抵押贷款累计 50 亿元。

《江苏省海洋功能区划》编制完成，并通过专家评审。

县级海域动态监管中心全面建成，实现省、市、县三级海域动态监管系统业务化运行。

2010 年，江苏全省新确权项目共发放海域使用权证书 206 本，确权海域面积 35 657.93公顷，征收海域使用金 51 063.93 万元。其中，养殖用海发放海域使用权证书 149 本，确权 33 188.46 公顷；填海造地确权 1 333.92 公顷，征收海域使用金 44 766.11万元。

2.6　上海市

发布《上海市海洋局行政许可办事指南和法律文书样式》，优化审批事项和非行政许可事项流程，加大行政许可公开力度。

《上海市海洋功能区划》、《上海市海岸保护与利用规划》初稿编制完成。

2010 年，上海市新确权项目发放海域使用权证 4 本，确权海域面积 113.21 公顷，征收海域使用金 882.14 万元。

2.7 浙江省

进一步加强和规范海域使用管理，出台《关于开展海域使用权抵押贷款工作的意见》、《海域使用权抵押登记管理办法》、《关于进一步加强区域用海规划管理的通知》、《关于加强公共用海备案管理的通知》、《关于加强填海项目竣工海域使用验收及后续管理工作的意见》。

《浙江省海洋功能区划》修编技术方案制订完成。

开展围填海项目调查工作，掌握了 397 个批准的围填海项目海域使用状况。

2010 年，浙江全省新确权项目共发放海域使用权证书 218 本，确权海域面积 4 872.82公顷，征收海域使用金 90 786.21 万元。其中，养殖用海发放证书 8 本，确权 734.58 公顷；填海造地确权 2 384.88 公顷，征收海域使用金 81 103.90 万元。

2.8 福建省

出台《关于贯彻落实省委八届九次全会精神进一步推进服务海西跨越发展的若干意见》和《关于进一步优化审批程序提高项目用海审批效率的通知》，调整和优化海域使用审批程序。出台《福建省填海项目海域使用权证书换发国有土地使用证实施办法》，开展填海项目竣工验收 20 宗。

《福建省海洋功能区划》初稿编制完成。开展《福建省湾外围填海规划》编制，积极引导临海产业向湾外转移，促进集中节约用海。

漳州、莆田、宁德、泉州等市出台相关政策，开展了养殖用海招拍挂工作。积极开展海域使用权抵押登记工作，全省办理抵押登记海域使用权 88 宗，抵押贷款 17.67 亿元。

建设 14 个重大用海项目和重点用海岸段视频监控点，推进海域动态监视监测管理系统业务化运行。

2010 年，福建全省新确权项目共发放海域使用权证书 253 本，确权海域面积 6 537.53公顷，征收海域使用金 91 439.51 万元。其中，养殖用海共发放证书 128 本，确权 2 431.03 公顷；填海造地确权 1 312.82 公顷，征收海域使用金 81 725.77 万元。

2.9 广东省

《广东省海岸保护与利用规划》编制完成。

与广东省发展改革委联合下发《关于建立围填海年度计划管理制度的通知》。

成功开展全国首个网上竞价挂牌出让海砂开采海域使用权工作。

全面启动沿海县级海域动态监管系统建设，制定《广东省县级动态监管及县视频会议系统建设工作方案》和《关于省市县三级网络视频会议系统建设技术方案》，完善省、市、县三级海域动态监管体系。

为汕头、汕尾、惠州、珠海、广州、江门、阳江和湛江 8 个重点沿海市配备海域使用管理公务船，进一步提高海域动态监管能力。

2010 年，广东全省新确权项目共发放海域使用权证书 352 本，确权海域面积 6 762. 70公顷，征收海域使用金 70 409. 34 万元。其中，养殖用海共发放证书 249 本，确权 4 445. 66 公顷；填海造地确权 310. 03 公顷，征收海域使用金 58 478. 03 万元。

2. 10　广西壮族自治区

《广西壮族自治区海洋功能区划（2010—2020）》编制完成，并通过专家评审。

完善海域使用权招标拍卖挂牌出让制度，起草《养殖用海招标拍卖挂牌管理办法》，《工程建设项目海域使用权招标拍卖挂牌出让管理办法》。

加大海域动态监管系统业务化运行保障力度，对重点、异点区域加强海域动态监视监测工作，形成季报制度。

2010 年，广西全区新确权项目共发放海域使用权证书 208 本，确权海域面积 2 163. 12公顷，征收海域使用金 50 627. 53 万元。其中，养殖用海共发放证书 167 本，确权 950. 11 公顷；填海造地确权 1 174. 98 公顷，征收海域使用金 50 155. 72 万元。

2. 11　海南省

完成《海南省海洋功能区划》修编专题研究。《海南省海岸带保护与开发利用管理条例》列入海南省人大常委会立法计划。

出台《关于加强我省围填海年度计划指标管理的实施意见》，建立围填海指标台账管理，科学合理安排围填海年度计划指标。

推进全省海域动态监测监视管理系统建设，完成海域使用历史数据整理入库，重点实施洋浦港区及邻近海域区域建设规划地面监测。

深入开展“海南省海域使用论证报告质量年”活动，组织海域使用论证管理培训。

2010 年，海南全省新确权项目共发放海域使用权证书 94 本，确权海域面积 1 338. 70公顷，征收海域使用金 15 021. 66 万元。其中，养殖用海共发放证书 38 本，确权 438. 14 公顷；填海造地确权 177. 98 公顷，征收海域使用金 11 955. 68 万元。

3 统计分析

3.1 海域使用确权情况

2010 年，全国共确权海域面积 193 769.16 公顷，其中经营性项目 190 344.73 公顷、公益性项目 3 424.43 公顷；发放海域使用权证书 2 481 本，其中经营性项目 2 373 本、公益性项目 108 本，各地区具体情况见下表。

表 5－1 2010 年沿海省、自治区、直辖市海域使用确权情况

地区	确权海域面积（公顷）		海域使用权证书（本）	
	经营性项目	公益性项目	经营性项目	公益性项目
辽宁	104798.03	672.46	622	10
河北	4679.83		52	
天津	2150.02		51	
山东	22168.63	276.38	378	17
江苏	34844.03	813.9	201	5
上海	95.29	17.92	3	1
浙江	4189.97	682.85	189	29
福建	6264.47	273.06	233	20
广东	6202.91	559.79	337	15
广西	2078.99	84.13	202	6
海南	1294.76	43.94	89	5
省（区、市）管理海域以外	1577.80		16	

3.1.1 各用海类型确权情况

各用海类型的确权面积分别为：渔业用海 161 492.11 公顷，工业用海 18 095.94 公顷，交通运输用海 6 852.66 公顷，旅游娱乐用海 2 303.37 公顷，海底工程用海 59.52 公顷，排污倾倒用海 246.07 公顷，造地工程用海 2 280.38 公顷，特殊用海 905.25 公顷，其他用海 1 533.86 公顷。

渔业用海确权面积 161 492.11 公顷，其中渔业基础设施用海确权面积 745.88 公顷，围海养殖用海确权面积 9 148.41 公顷，开放式养殖用海确权面积 150 969.98 公顷，

人工鱼礁用海确权面积627.84公顷。2010年渔业用海确权面积比2009年增加13 675.06公顷。

3.1.2 各用海方式确权情况

各用海方式的确权面积分别为：填海造地13 598.74公顷，构筑物2 024.57公顷，围海18 662.31公顷，开放式156 037.84公顷，其他方式3 445.70公顷。

填海造地确权面积13 598.74公顷，比2009年减少4 298.33公顷，其中建设填海造地13 454.91公顷，废弃物处置填海造地143.83公顷。沿海省、自治区、直辖市填海造地确权面积分别为辽宁省3 011.53公顷，河北省1 180.82公顷，天津市1 290.25公顷，山东省1 421.53公顷，江苏省1 333.92公顷，浙江省2 384.88公顷，福建省1 312.82公顷，广东省310.03公顷，广西壮族自治区1 174.98公顷，海南省177.98公顷。

3.2 海域使用金征收、减免情况

2010年，全国共征收海域使用金907 374.33万元，减免海域使用金24 549.61万元，各地区具体情况见下表。

表5-2 2010年沿海省、自治区、直辖市海域使用金征收、减免情况

地区	海域使用金征收金额（万元）		海域使用金减免金额（万元）
	原有项目	新增项目	
辽宁	22706.21	144195.50	600.88
河北	8864.55	43087.15	2856.29
天津	22732.26	177280.06	
山东	35856.61	72568.49	5895.36
江苏	4082.53	46981.40	85.72
上海	767.36	114.78	1824.34
浙江	40920.25	49865.96	4194.18
福建	8119.39	83320.12	8880.63
广东	25780.99	44628.35	87.16
广西	318.95	50308.58	41.34
海南	8327.12	6694.54	83.71
省（区、市）管理海域以外	9483.91	369.27	

3.2.1 各用海类型海域使用金征收情况

2010 年，各用海类型的海域使用金征收金额分别为：渔业用海 43 728.83 万元，工业用海 378 410.87 万元，交通运输用海 284 620.92 万元，旅游娱乐用海 66 959.36 万元，海底工程用海 5 655.02 万元，排污倾倒用海 826.56 万元，造地工程用海 122 933.83万元，特殊用海 1 423.06 万元，其他用海 2 815.88 万元。

3.2.2 各用海方式海域使用金征收情况

2010 年，各用海方式海域使用金征收金额分别为：填海造地 782 175.00 万元，构筑物 46 105.10 万元，围海 25 820.35 万元，开放式 29 573.20 万元，其他方式 23 700.68万元。

填海造地征收海域使用金 782 175.00 万元，其中建设填海造地 775 669.92 万元，废弃物处置填海造地 6 505.08 万元。沿海省、自治区、直辖市填海造地海域使用金征收金额分别为辽宁省 125 810.36 万元，河北省 50 042.99 万元，天津市 183 677.60 万元，山东省 94 458.84 万元，江苏省 44 766.11 万元，浙江省 81 103.90 万元，福建省 81 725.77 万元，广东省 58 478.03 万元，广西壮族自治区 50 155.72 万元，海南省 11 955.68万元。

3.2.3 各用海类型海域使用金减免情况

2010 年，各用海类型海域使用金减免金额分别为：渔业用海 3 478.07 万元，工业用海 6 400.97 万元，交通运输用海 6 273.22 万元，旅游娱乐用海 5 532.68 万元，排污倾倒用海 3.78 万元，特殊用海 2 860.36 万元，其他用海 0.53 万元。

3.3 海域使用权招标拍卖情况

2010 年，全国共有 5 个省（自治区、直辖市）开展了海域使用权招标、拍卖工作，通过招标、拍卖设定海域使用权 36 宗，确权海域面积 6 288.65 公顷。其中，通过拍卖方式，辽宁省 4 本，面积 1 594.06 公顷，海域使用金征收金额 450.00 万元；福建省 6 本，面积 199.98 公顷，海域使用金征收金额 33.05 万元；广西壮族自治区 2 本，面积 66.67 公顷，海域使用金征收金额 7.45 万元。通过挂牌方式，广东省 2 本，面积 133.25 公顷，海域使用金 4 770.00 万元。通过招标方式，江苏省 14 本，面积 3 464.46 公顷，海域使用金征收金额 210.67 万元；福建省 8 本，面积 830.23 公顷，海域使用金征收金额 56.41 万元。

3.4 海域使用权注销、变更情况

2010 年，全国共注销海域使用权证书 1 587 本，其中经营性项目 1 566 本，公益性项目 21 本；注销海域面积 26 875.53 公顷，其中经营性项目 25 831.31 公顷，公益性项目 1 044.22 公顷。

2010 年，全国办理海域使用权变更登记的证书数量为 1 408 本，面积为 74 243.20 公顷。

3.5 海域使用权抵押情况

2010 年，全国办理海域使用权抵押登记的证书为 722 本，抵押面积 68 036.79 公顷，抵押金额 876 975.19 万元。其中，填海造地办理海域使用权抵押登记的证书有 75 本，抵押面积 2 411.96 公顷，抵押金额 412 746.23 万元。

3.6 临时用海管理情况

2010 年，全国共发放临时海域使用权证书 30 本，批准临时用海项目使用海域面积 481.84 公顷，征收海域使用金 62.76 万元。

3.7 国务院批准的项目用海情况

2010 年，国务院批准确权海域使用面积 9 432.53 公顷，发放海域使用权证书 102 本，征收海域使用金 84 562.39 万元（其中，缴入中央国库 31 793.07 万元，缴入地方国库 52 769.32 万元）。

附件六

2010 年《海洋环境质量公报》（摘录）

1 概 述

我国是海洋大国，大陆海岸线 1.8 万千米，面积为 500 平方米以上的海岛 6 900 余个，管辖海域总面积约 300 万平方千米，包括渤海、黄海、东海和南海，跨越暖温带、亚热带和热带三个气候带。入海河流众多，流域范围广阔，有鸭绿江、辽河、海河、黄河、淮河、长江、珠江等 1 500 余条河流入海。海洋生物多样性十分丰富，已记录的海洋生物 22 629 种，分布有红树林、珊瑚礁、滨海湿地、海草床、海岛、海湾、入海河口和上升流等多种类型海洋生态系统。海洋资源环境为沿海经济社会和海洋经济的可持续发展奠定了良好的基础。

为全面掌握我国管辖海域环境状况，国家海洋局组织各级海洋行政主管部门开展了海洋环境质量、海洋功能区、入海污染源及海洋环境灾害监测工作，推进了全海域海－气二氧化碳交换通量专项监测工作。2010 年，各级海洋环境监测业务机构完成了全海域约 9 800 个监测站位的现场监测工作，共获得各类海洋环境监测数据 250 余万个。

2010 年，我国海洋环境质量总体维持在较好水平，主要海洋功能区环境质量基本满足海域使用要求，海洋赤潮和绿潮灾害有所减轻，但江河污染物入海量增加，溢油等突发事故灾害对海洋生态环境的损害严重。近岸局部海域富营养化、海洋环境灾害频发和海岸带生境破坏是影响我国海洋环境状况的突出问题。

我国管辖海域的海水环境质量状况总体较好，符合第一类海水水质标准的海域面积约占我国管辖海域面积的 94%，但尚有 4.8 万平方千米的近岸海域水质劣于第四类海水水质标准。近岸沉积物质量状况总体良好，各项监测指标符合第一类海洋沉积物质量标准的站位比例均在 91% 以上。

我国近岸典型海洋生态系统总体处于健康和亚健康状态。90% 监控区域的生态系统基本维持其自然属性，生态服务功能能够正常发挥；局部区域生态系统处于不健康状态，生物多样性和生态系统结构变化较大，生态服务功能受损。

海洋保护区环境状况总体良好，主要保护对象或保护目标基本保持稳定。海水浴场、滨海旅游度假区的娱乐用海功能得以正常发挥。海水增养殖区环境状况基本满足养殖活动要求。海洋倾倒区基本满足继续使用的要求。油气开发活动未对邻近海域海洋功能造成影响。

受入海径流量增大的影响，2010 年河流携带的化学需氧量、氨氮和总磷入海量较上年明显增加。监测的入海排污口达标排放次数比例为 46%，总磷、化学需氧量和氨氮等主要污染物的达标率均有所提高；但入海排污口邻近海域环境质量状况较上年未见明显改善，部分排污口邻近海域环境质量较差。

全海域发现赤潮 69 次，累计面积 10 892 平方千米，赤潮发现次数与 2009 年基本持平，但累计面积减少 3 208 平方千米，赤潮多发区主要集中在东海近岸海域。海水入侵和土壤盐渍化重灾区主要分布在渤海滨海平原地区。

2 海洋环境质量状况

2.1 海水环境质量状况

2010 年，在我国管辖海域开展了海水环境质量监测。各季节监测结果显示，我国管辖海域海水环境质量状况总体较好。

夏季全海域海水中营养盐、酸碱度、溶解氧、化学需氧量、石油类和重金属等指标的监测结果显示，符合第一类海水水质标准的海域面积约占我国管辖海域面积的 94%。近岸局部海域水质劣于第四类海水水质标准，面积约 4.8 万平方千米，主要超标物质是无机氮、活性磷酸盐和石油类。其中渤海、黄海、东海和南海的劣四类水质区域面积分别为 3 220、6 530、30 380 和 7 900 平方千米，主要污染区域分布在黄海北部近岸、辽东湾、渤海湾、莱州湾、长江口、杭州湾、珠江口和部分大中城市近岸海域。

其他季节，渤海和黄海海水中无机氮、活性磷酸盐含量比夏季略有升高，东海和南海海水水质基本稳定。

表 6－1　2006—2010 年夏季全海域未达到第一类海水水质标准的各类海域面积

单位：平方千米

海　区	年　度	第二类水质海域面积	第三类水质海域面积	第四类水质海域面积	劣于第四类水质海域面积	合　计
渤海	2006	8 190	7 370	1 750	2 770	20 080
	2007	7 260	5 540	5 380	6 120	24 300
	2008	7 560	5 600	5 140	3 070	21 370
	2009	8 970	5 660	4 190	2 730	21 550
	2010	15 740	8 670	5 100	3 220	32 730
黄海	2006	17 300	12 060	4 840	9 230	43 430
	2007	9 150	12 380	3 790	2 970	28 290
	2008	11 630	6 720	2 760	2 550	23 660
	2009	11 250	7 930	5 160	2 150	26 490
	2010	15 620	8 100	6 660	6 530	36 910
东海	2006	20 860	23 110	8 380	14 660	67 010
	2007	22 430	25 780	5 500	16 970	70 680
	2008	34 140	9 630	6 930	15 910	66 610
	2009	30 830	9 030	8 710	19 620	68 190
	2010	32 760	11 130	9 260	30 380	83 530
南海	2006	4 670	9 600	2 470	1 710	18 450
	2007	12 450	3 810	2 090	3 660	22 010
	2008	12 150	6 890	2 590	3 730	25 360
	2009	19 870	2 880	2 780	5 220	30 750
	2010	6 310	8 290	2 050	7 900	24 550
合计	2006	51 020	52 140	17 440	28 370	148 970
	2007	51 290	47 510	16 760	29 720	145 280
	2008	65 480	28 840	17 420	25 260	137 000
	2009	70 920	25 500	20 840	29 720	146 980
	2010	70 430	36 190	23 070	48 030	177 720

2.2　近岸沉积物质量状况

2010 年，在我国近岸海域的 289 个站位开展了沉积物质量监测，监测指标包括石油类、汞、镉、铅、砷、多氯联苯、硫化物和有机碳等。监测结果显示，近岸海域沉积物质量状况总体良好，监测指标符合第一类海洋沉积物质量标准的站位比例均在91%以上，仅辽宁青堆子湾和常江澳、浙江杭州湾北岸、福建福宁湾等个别站位沉积物中的石油类含量劣于第三类海洋沉积物质量标准。

2.3 近岸海洋生物质量状况

2010年，在我国近岸潮间带及浅海区的163个站位开展了生物质量监测，监测的生物品种为紫贻贝、菲律宾蛤仔和僧帽牡蛎等底栖双壳贝类，监测指标包括石油烃、六六六、总汞、镉和滴滴涕等。监测结果显示，六六六、总汞和滴滴涕等指标符合第一类海洋生物质量标准的站位比例分别为99%、95%和84%。受石油烃等的影响，12%监测站位的生物质量劣于第三类海洋生物质量标准，主要分布在古黄河口、嵊泗、杭州湾、三门湾、台州杜桥和晋江围头湾内，表明其环境质量不能满足海域使用要求。

2.4 近岸典型海洋生态系统健康状况

为掌握我国近岸典型海洋生态系统的健康状况及变化趋势，继续对18个海洋生态监控区的河口、海湾、滩涂湿地、红树林、珊瑚礁和海草床生态系统开展监测，监控区总面积达6.4万平方千米。2010年，处于健康、亚健康和不健康状态的海洋生态监控区分别占14%、76%和10%。

表6－2 2010年全国海洋生态监控区基本情况

主要生态系统类型	生态监控区名称	生态监控区面积（平方千米）	健康状况
河口	双台子河口	3 000	亚健康
	滦河口－北戴河	900	亚健康
	黄河口	2 600	亚健康
	长江口	13 668	亚健康
	珠江口	3 980	亚健康
海湾	锦州湾	650	不健康
	渤海湾	3 000	亚健康
	莱州湾	3 770	亚健康
	杭州湾	5 000	不健康
	乐清湾	464	亚健康
	闽东沿岸	5 063	亚健康
	大亚湾	1 200	亚健康

续表

主要生态系统类型	生态监控区名称	生态监控区面积（平方千米）	健康状况
滩涂湿地	苏北浅滩	15 400	亚健康
珊瑚礁	雷州半岛西南沿岸	1 150	亚健康
	广西北海	120	健 康
	海南东海岸	3 750	亚健康
	西沙珊瑚礁	400	亚健康
红树林	广西北海	120	健 康
	北仑河口	150	亚健康
海草床	广西北海	120	亚健康
	海南东海岸	3 750	健 康

2.4.1 河口生态系统

河口为河流与海洋相互作用的区域，是许多重要海洋经济生物的产卵场、索饵场和栖息地。2010 年，监测的典型河口生态系统均呈亚健康状态，与 2009 年相比其健康状况基本保持稳定。

黄河口和珠江口水质较 2009 年略有好转，海水中无机氮含量有所下降，夏季长江口外海域中下层水体出现面积约 2 330 平方千米的低氧区。监测的其他河口生态系统水质和沉积物质量状况基本保持稳定。黄河调水调沙工程初显成效，2010 年黄河口新增湿地面积约 26 平方千米。

监测的河口生态系统浮游植物密度基本处于正常变动范围之内，浮游动物及鱼卵仔鱼密度总体偏低，底栖动物生物量偏低、经济物种的丰度略有下降。与 2009 年相比，浮游生物和底栖生物优势种类变化不大，生物多样性指数波动较小。

2.4.2 海湾生态系统

海湾是深入陆地形成明显水曲的海域，是人类从事海洋活动的重要场所，是现代海洋开发的重要基地。2010 年，监测的典型海湾生态系统多数呈亚健康状态，与 2009 年相比，健康状况总体略有好转，渤海湾和莱州湾生态系统由不健康转变为亚健康。

监测的海湾生态系统沉积物中有机碳等指标均符合第一类海洋沉积物质量标准。部分海湾富营养化程度较高、氮磷比失衡，其中杭州湾富营养化指数高达 173，锦州湾氮磷比高达 332∶1。受围填海和滩涂围垦等人为活动影响，栖息地破坏严重。

监测的海湾生态系统生物群落总体状况较差，杭州湾、莱州湾、乐清湾和大亚湾等海域生物群落结构异常，赤潮优势藻类密度显著升高。鱼卵仔鱼密度总体偏低。与2009年相比，浮游生物和底栖生物优势种类变化不大，生物多样性指数波动较小。

2.4.3 滩涂湿地生态系统

滩涂湿地具有涵养水源、净化水质、护岸减灾和维持区域生态平衡等功能，是应对环境变化的缓冲区。2010年，苏北浅滩滩涂湿地处于亚健康状态，与2009年相比其健康状况基本保持稳定。

苏北浅滩滩涂湿地环境质量状况总体良好，全部监测站位的沉积物质量均符合第一类海洋沉积物质量标准，77%监测站位的水质符合第二类海水水质标准。受围垦造田影响，生物栖息面积缩减。

苏北浅滩滩涂湿地生物群落总体状况较差，浮游动物和鱼卵仔鱼密度偏低。滩涂湿地潮间带底栖生物和浮游生物多样性指数连续五年无较大变化。在盐城湿地越冬的丹顶鹤数量逐年减少，本年度较2006年减少了200余只。

2.4.4 珊瑚礁生态系统

珊瑚礁生态系统具有丰富的生物多样性和极高的生产力水平，同时也是重要的生态旅游资源。2010年，监测的典型珊瑚礁生态系统总体呈亚健康状态，与2009年相比其健康状况略有下降。

监测的珊瑚礁生态系统海水环境质量良好，悬浮物含量和酸碱度均符合第一类海水水质标准。但近五年来，活造礁石珊瑚平均盖度呈逐年下降趋势，西沙、海南东海岸和雷州半岛西南沿岸平均盖度分别下降58%、15%和12%。

监测的珊瑚礁生态系统生物群落总体呈退化趋势，部分海域仍存在珊瑚礁白化现象，硬珊瑚补充量较低，造礁石珊瑚种类明显减少。近五年来，西沙造礁石珊瑚由87种减少至43种，珊瑚礁鱼类密度由213尾/百平方米下降到124尾/百平方米。

海南东海岸珊瑚礁生态系统健康状况明显下降，长棘海星和核果螺等敌害生物的侵害仍是珊瑚礁白化和死亡的重要原因；高位虾池的养殖废水直接排海对珊瑚礁生态系统的潜在威胁较大。广西北海涠洲岛竹蔗寮海域珊瑚礁生态系统健康状况略有好转，活珊瑚礁盖度增加，新生珊瑚和鱼类数量增多。

2.4.5 红树林生态系统

红树林具有稳定和保护海岸的重要作用，为许多海生和陆生生物提供栖息地和食物，还是一些海洋鱼类的重要繁育场所。2010年，监测的典型红树林生态系统健康状况与 2009 年相比有所下降。

监测的红树林生态系统海水环境和栖息地状况总体良好，红树林面积保持稳定，种群密度显著增加。北仑河口红树林长势良好，监测到 69 种栖息鸟类，较上年有所增加；但其底栖动物生物量和密度较 2006 年分别下降 52% 和 33%。

2010 年 9 月，广西山口红树林生态国家级自然保护区发生了较为少见的大面积尺蛾和毛颚小卷蛾虫害，受灾面积约 20 公顷。保护区管理部门及时采取治理措施，红树林虫害得到遏制，大部分受灾红树林已发出新芽、长出新叶。

2.4.6 海草床生态系统

海草床是生产力和生物多样性较高的生态系统，具有净化水体、防浪护岸的功能，是众多经济鱼类和濒危动物的栖息和繁育场所。2010 年，监测的典型海草床生态系统健康状况总体较好，与 2009 年相比健康状况基本保持稳定。

监测的海草床生态系统海水和沉积物环境质量良好，分别符合第一类海水水质标准和第一类海洋沉积物质量标准。海草种类和数量稳定，生长茂盛。海南东海岸海草床平均盖度为 41%，呈基本稳定状态；大型底栖动物生物量明显升高，由上年的 226 克/平方米增加至 518 克/平方米。

受围填海、挖掘星虫、海水养殖等人为活动的影响，广西北海海草床栖息地环境受到破坏。受洪水影响，海南东海岸长圮港海域海草被入海泥沙覆盖，栖息密度有所下降；麒麟菜养殖、潮间带挖塘养殖和围填海工程的实施对海草床的栖息地环境也造成一定影响。

3 部分海洋功能区环境状况

3.1 海水增养殖区环境状况

2010 年，对 66 个海水增养殖区开展了监测。监测结果显示，海水增养殖区环境质量基本满足养殖活动要求，综合环境质量等级为优良、较好和及格的比例分别为 55%、30% 和 15%。

增养殖区海水中化学需氧量、酸碱度、溶解氧和粪大肠菌群等监测指标符合第二类海水水质标准的站位比例均在 92% 以上；沉积物中石油类、镉、铅、砷、总汞、滴滴涕和多氯联苯等监测指标符合第一类海洋沉积物质量标准的站位比例均在 93% 以上。但部分增养殖区海水中的无机氮、活性磷酸盐含量较高，水体富营养化程度较重；部分增养殖区沉积物中铬、铜和粪大肠菌群等的含量较高。

表 6－3　2010 年海水增养殖区综合环境质量等级

增养殖区名称	综合环境质量等级	增养殖区名称	综合环境质量等级
辽宁丹东海水增养殖区	优良	天津汉沽海水增养殖区	较好
辽宁东港海水增养殖区	优良	山东滨州无棣浅海贝类增养殖区	优良
大连獐子岛海水增养殖区	优良	山东沾化浅海贝类增养殖区	优良
辽宁黄海北部海水增养殖区	优良	山东东营新户浅海养殖样板园	优良
辽宁大连庄河滩涂贝类养殖区	优良	山东潍坊滨海滩涂贝类增养殖区	及格
大连金州海水增养殖区	优良	山东莱州虎头崖增养殖区	较好
辽宁大连大李家浮筏养殖区	优良	山东莱州金城增养殖区	较好
辽宁营口近海养殖区	优良	山东烟台海水增养殖区	较好
辽宁盘锦大洼蛤蜊岗增养殖区	较好	山东牟平养马岛扇贝养殖区	较好
辽宁辽东湾海水增养殖区	较好	山东威海湾养殖区	优良
辽宁锦州湾海水增养殖区	较好	山东乳山腰岛养殖区	较好
辽宁锦州市海水增养殖区	及格	山东日照两城海域增养殖区	优良
辽宁葫芦岛海水增养殖区	优良	江苏海州湾海水增养殖区	较好
辽宁葫芦岛止锚湾养殖区	较好	江苏如东紫菜增养殖区	优良
河北北戴河海水增养殖区	优良	江苏启东贝类增养殖区	较好
河北昌黎新开口浅海扇贝养殖区	较好	浙江嵊泗绿华海水增养殖区	优良
河北乐亭滦河口贝类养殖区	优良	浙江舟山嵊山海水增养殖区	优良
河北黄骅李家堡养殖区	及格	浙江岱山海水增养殖区	优良
浙江普陀中街山海水增养殖区	优良	广东深圳东山海水增养殖区	优良
浙江象山港海水增养殖区	及格	广东桂山港网箱养殖区	较好
浙江三门湾海水增养殖区	优良	广东茂名水东湾网箱养殖区	及格
浙江温岭大港湾海水增养殖区	较好	广东雷州湾经济鱼类养殖区	较好
浙江乐清湾海水增养殖区	优良	广东流沙湾经济鱼类养殖区	优良
浙江洞头海水增养殖区	优良	广西北海廉州湾对虾养殖区	优良
浙江大渔湾增养殖区	优良	广西钦州茅尾海大蚝养殖区	较好
福建三沙湾海水增养殖区	及格	广西防城港红沙大蚝养殖区	较好
福建罗源湾海水增养殖区	优良	广西防城港珍珠湾养殖区	优良
福建闽江口海水增养殖区	及格	广西涠洲岛海水增养殖区	优良
福建平潭沿海增养殖区	及格	海南海口东寨港海水增养殖区	较好
厦门沿岸海水增养殖区	及格	海南临高后水湾海水增养殖区	优良

续表

增养殖区名称	综合环境质量等级	增养殖区名称	综合环境质量等级
福建东山湾海水增养殖区	优良	海南澄迈花场湾海水增养殖区	优良
广东柘林湾海水增养殖区	较好	海南陵水新村海水增养殖区	及格
深圳南澳海水增养殖区	优良	海南陵水黎安港增养殖区	优良

3.2 海水浴场环境状况

2010 年，在游泳季节对全国沿海 23 个重点海水浴场开展监测，并通过中国教育电视台、中央人民广播电台、国家海洋局政府网、人民网等媒体发布海水浴场水质状况、游泳适宜度和最佳游泳时段等的监测与预报信息。

表 6－4　2010 年海水浴场综合环境状况

浴场名称	水质为优和良的天数比例（%）	适宜和较适宜游泳的天数比例（%）	不适宜游泳的主要因素
葫芦岛绥中海水浴场	100	75	天气不佳
大连金石滩海水浴场	75	47	溢油污染/水温偏低
北戴河老虎石海水浴场	100	76	天气不佳
烟台金沙滩海水浴场	100	83	天气不佳
威海国际海水浴场	100	58	视程一般
青岛第一海水浴场	67	57	漂浮浒苔
山东日照海水浴场	100	84	天气不佳
连云港连岛海水浴场	92	78	天气不佳
舟山朱家尖海水浴场	100	89	天气不佳
温州南麂大沙岙海水浴场	100	82	天气不佳
福建平潭龙王头海水浴场	96	62	风浪偏大/赤潮
厦门黄厝海水浴场	88	72	漂浮垃圾
福建东山马銮湾海水浴场	100	83	天气不佳
广东南澳青澳湾海水浴场	99	81	天气不佳
广东汕尾红海湾海水浴场	100	78	风浪较大
深圳大小梅沙海水浴场	75	64	天气不佳/赤潮
广东江门飞沙滩海水浴场	91	72	天气不佳
广东阳江闸坡海水浴场	94	77	天气不佳

续表

浴场名称	水质为优和良的天数比例（%）	适宜和较适宜游泳的天数比例（%）	不适宜游泳的主要因素
湛江东海岛海水浴场	98	81	天气不佳
北海银滩海水浴场	100	93	–
防城港金滩海水浴场	100	79	天气不佳
海口假日海滩海水浴场	100	81	天气不佳
三亚亚龙湾海水浴场	97	86	天气不佳

注：“—”表示无明显因素影响游泳适宜度。

水质状况　监测时段内，23个重点海水浴场中有12个浴场每日水质等级均为“优”或“良”。广东南澳青澳湾、温州南麂大沙岙、舟山朱家尖、山东日照、烟台金沙滩和威海国际海水浴场水质为优的天数达95%以上。影响水质的主要因素是水体中的粪大肠菌群含量较高。大连金石滩海水浴场因受溢油污染事故影响，7月中旬至8月中旬水质较差，不适宜游泳，浴场关闭；福建平潭龙王头和深圳大小梅沙海水浴场因发生赤潮短期关闭。

游泳适宜度　游泳适宜度是根据海水浴场的水质、水文和气象等要素对海水浴场环境状况进行的综合性评价。评价结果显示，监测时段内，重点海水浴场适宜和较适宜游泳的天数比例为77%，不适宜游泳的天数比例为23%。与往年相比适宜游泳的天数比例明显偏低，主要原因是2010年夏季我国沿海地区多阵雨和雷雨天气。此外，水体中粪大肠菌群含量偏高、溢油和赤潮的发生、聚集的漂浮垃圾和大型海藻等也是影响海水浴场游泳适宜度下降的重要原因。

3.3　滨海旅游度假区环境状况

2010年，在旅游时段对全国沿海16个重点滨海旅游度假区开展监测，并通过中国教育电视台、国家海洋局政府网、中国海洋报等媒体发布滨海旅游度假区的环境指数和专项休闲（观光）活动指数。

表6－5　2010年滨海旅游度假区环境状况指数

度假区名称	环境状况指数		休闲（观光）活动指数								适宜开展休闲（观光）活动时段	影响开展休闲（观光）活动主要因素
	水质	海面状况	海底观光	海上观光	海滨观光	游泳适宜度	海上休闲	沙滩娱乐	海钓	平均指数		
营口月牙湾	4.9	3.5	–	4.4	4.5	1.6	–	4.1	–	3.7	6～9月	水母
秦皇岛亚运村	4.2	3.2	–	2.8	2.9	2.6	2.8	3.4	4.4	3.2	6～9月	天气不佳
山东蓬莱阁	5.0	3.5	–	4.5	4.6	3.1	3.1	4.3	4.8	4.1	6～9月	天气不佳
烟台金沙滩	4.5	3.7	–	3.6	3.7	3.0	3.2	4.2	–	3.5	6～9月	天气不佳
青岛石老人	4.4	2.9	–	3.0	3.1	2.0	2.1	3.5	4.2	3.0	7～9月	水母/漂浮浒苔
连云港东西连岛	3.6	3.9	–	3.1	3.2	2.8	3.2	3.8	4.3	3.4	7～9月	天气不佳
上海金山城市沙滩	4.3	3.7	–	4.1	4.4	2.9	3.3	3.7	–	3.7	6～10月	天气不佳
上海奉贤碧海金沙	4.4	3.8	–	4.1	4.4	3.1	3.5	3.7	–	3.8	6～10月	天气不佳
浙江嵊泗列岛	5.0	3.7	–	4.0	4.1	3.3	3.3	3.7	4.3	3.8	6～10月	天气不佳
福建平潭龙王头	3.2	3.1	–	3.2	3.8	2.3	2.9	3.0	3.1	3.1	6～8月	风浪较大/赤潮
厦门环岛东路海域	4.0	3.9	–	4.1	4.2	3.0	3.4	4.1	–	3.8	5～10月	台风/漂浮垃圾
厦门鼓浪屿	3.9	3.9	–	4.0	4.2	3.0	3.4	4.1	–	3.7	5～10月	台风/漂浮垃圾
广东湛江东海岛	4.7	4.3	4.4	4.1	4.4	4.0	4.3	4.3	4.1	4.2	5～10月	天气不佳
深圳大小梅沙	3.8	4.3	–	3.6	3.6	2.7	3.8	4.0	–	3.5	4～7/9～10月	赤潮
广西北海银滩	4.3	4.7	4.9	4.8	4.8	4.0	–	4.6	–	4.6	4～10月	天气不佳
海南三亚亚龙湾	4.8	4.5	4.6	4.5	4.6	4.1	4.5	4.6	4.3	4.5	全年	天气不佳

注："—"表示未开展该项休闲娱乐活动。

水质状况　重点监测的滨海旅游度假区平均水质指数为4.3。监测时段内水质为良好及以上的天数占93%，水质为一般和较差的天数占7%。其中，海南三亚亚龙湾、浙江嵊泗列岛和山东蓬莱阁滨海旅游度假区水质极佳的天数达90%以上。影响水质的主要因素是水体中的粪大肠菌群含量较高，海面出现大型海藻、漂浮垃圾等。福建平潭龙王头和深圳大小梅沙滨海旅游度假区因发生赤潮短期关闭。

海面状况　海面状况指数是表征滨海旅游度假区水文和气象环境状况的综合评价指标。评价结果显示，重点监测的滨海旅游度假区的平均海面状况指数为3.8，海面状况优良。

专项休闲（观光）活动指数　专项休闲（观光）活动指数是根据水质、水文和气象等要素对在滨海旅游度假区开展各类休闲（观光）活动的适宜度进行的综合性评价。评价结果显示，重点监测的滨海旅游度假区综合环境质量优良，平均休闲（观光）活动指数为3.7，很适宜开展海钓、海滨观光和沙滩娱乐等多种休闲（观光）活动。由于2010年我国夏季降雨偏多，适宜开展滨海休闲娱乐活动的天数低于往年。

3.4 海洋保护区环境状况

2010年，对27处国家级海洋保护区开展了水质、沉积物质量、主要保护对象或保护目标监测。监测结果显示，保护区的水质和沉积物质量基本满足功能区环境保护要求，主要保护对象或保护目标基本保持稳定。

天津古海岸与湿地自然保护区的核心区芦苇覆盖度达80%，长势良好；厦门珍稀海洋生物物种自然保护区的中华白海豚种群数量有回升迹象，曾观察到多达30～40头的中华白海豚在厦门西海域及五缘湾口附近嬉戏；山东滨州贝壳堤岛与湿地自然保护区的贝壳堤岛、浙江南麂列岛海洋自然保护区的贝藻类生物多样性、厦门珍稀海洋生物物种自然保护区的文昌鱼、浙江渔山列岛海洋生态特别保护区的岛礁地貌等主要保护对象的数量或状况基本保持稳定；广西山口红树林生态自然保护区、广西北仑河口海洋自然保护区及浙江乐清市西门岛海洋特别保护区红树林的面积与上年持平。广西山口红树林生态自然保护区局部红树林遭受虫害，保护区管理部门及时采取治理措施，红树林虫害得到有效遏制。

3.5 海洋倾倒区环境状况

2010年度全国海洋倾倒量为16 957万立方米，倾倒物质主要为清洁疏浚物。

本年度，对全部实际使用的倾倒区开展了水质、沉积物质量、底栖生物群落和水深监测。监测结果显示，倾倒区及周边海域水质和沉积物质量符合功能区环境保护要求；底栖生物种类、密度和生物量与上年相比无明显差异，底栖生物群落状况基本正常；倾倒活动未对其他海上活动造成影响，倾倒区水深无明显变化，可继续使用。

3.6 海洋油气区环境状况

2010年度全国海上在生产油气平台195个，其产生的生产水排海量为12 168万立方米，比2009年降低26%。此外，钻井泥浆和钻屑排海量分别为52 847立方米和45 694立方米，比2009年分别降低11%和6%。

本年度，在海洋油气区开展了水质、沉积物质量、底栖生物群落等监测。监测结果显示，油气区水质和沉积物质量均符合海洋油气区的环境保护要求，底栖生物群落状况基本稳定，油气开发活动未对邻近海域海洋功能造成影响。

4 主要入海污染源状况

4.1 主要河流污染物入海量

2010 年，经由全国 66 条主要河流入海的污染物量分别为：化学需氧量（COD_{Cr}）1 653 万吨，氨氮（以氮计）60.7 万吨，总磷（以磷计）29.2 万吨，石油类 8.5 万吨，重金属 4.2 万吨（其中铜 4 159 吨、铅 2 812 吨、锌 34 318 吨、镉 191 吨、汞 77 吨），砷 4 226 吨。其中，长江入海径流量比上年增大 25%，所携带的 COD_{Cr}、氨氮和总磷等污染物入海量分别增加 59%、290% 和 26%。

表 6－6 2010 年部分河流携带入海的污染物量（吨）

河流名称	化学需氧量（COD_{Cr}）	氨氮（以氮计）	总磷（以磷计）	石油类	重金属	砷
长江	10 783 668	405 098	214 411	52 638	31 064	2 636
钱塘江	992 427	30 115	11 453	2 445	801	38
珠江	632 016	45 007	21 801	14 045	2 934	926
闽江	614 807	19 674	4 658	1 341	725	95
黄河	549 032	12 492	1 587	5 849	692	30
椒江	205 377	6 502	665	412	227	14
甬江	121 345	9 150	889	706	69	3
南流江	111 779	814	2 695	406	184	12
小清河	113 367	252	128	500	655	5
防城江	91 677	479	–	96	51	4
钦江	45 045	1 531	2 565	121	116	3
敖江	42 453	342	246	206	51	0.7
射阳河	40 106	1 490	183	–	128	5
大风江	37 546	744	1 160	111	75	2
深圳河	34 215	4 192	371	60	60	1
木兰溪	21 153	2 176	1 561	29	228	5
晋江	15 320	736	331	114	84	2
双台子河	13 444	415	2 128	217	72	12
霍童溪	12 010	147	34	31	41	3

续表

河流名称	化学需氧量（COD_{Cr}）	氨氮（以氮计）	总磷（以磷计）	石油类	重金属	砷
龙江	8 050	1 117	242	9.1	22	0.2
大沽河	5 413	116	19	33	7.6	0.3
碧流河	1 228	9	1	2	0.1	0.1
小计	14 491 478	542 598	267 128	79 371	38 287	3 797
比上年增加	33%	155%	38%	54%	28%	7%

注："—"表示无数据。

4.2 入海排污口及邻近海域环境质量状况

2010 年，对 472 个入海排污口的排污状况开展了监督性监测，并重点监测 100 个入海排污口邻近海域的环境质量。监测的入海排污口中，工业排污口占 34%，市政排污口占 36%，排污河占 21%，其他类排污口占 9%。

4.2.1 入海排污口的排污状况

2010 年 3、5、8、10 月对入海排污口排污状况的监测结果显示，入海排污口达标排放次数占全年监测总次数的比例为 46%。其中，117 个入海排污口全年四次监测均达标；78 个排污口有三次达标；77 个排污口有两次达标；71 个排污口有一次达标；仍有 129 个排污口全年四次监测均超标排污，但其占监测排污口总数的比例比上年下降 4%。

不同类型入海排污口的达标次数比例从高到低依次为：工业排污口（53%）、其他类排污口（46%）、市政排污口（43%）、排污河（40%）。

入海排污口排放的主要污染物是总磷、COD_{Cr}、悬浮物和氨氮，其单要素达标率依次为 70%、75%、78% 和 90%，与上年相比均有所提高。铜、铅等重金属污染物的达标率均在 97% 以上。

4.2.2 入海排污口邻近海域环境质量状况

2010 年，对 100 个入海排污口邻近海域水质、沉积物质量和生物质量的监测结果显示，入海排污口邻近海域环境质量总体状况仍然较差，与上年相比未见明显改善。其中，86 个排污口邻近海域水质劣于第四类海水水质标准，9 个排污口邻近海域沉积物质量劣于第三类海洋沉积物质量标准。

88 个排污口邻近海域水质不能满足所在海洋功能区水质要求，海水中的主要污染物是无机氮和活性磷酸盐。与上年相比，5 个排污口邻近海域水质明显改善，已能够满足所在海洋功能区水质要求；11 个排污口邻近海域水质下降，其中 8 个排污口邻近海域海水中的无机氮和活性磷酸盐含量显著升高，海水水质变为劣四类。

36 个排污口邻近海域沉积物质量不能满足所在海洋功能区沉积物质量要求，沉积物中的主要污染物为铜、石油类和镉。与上年相比，3 个排污口邻近海域沉积物质量有所改善；12 个排污口邻近海域沉积物质量下降，其中 4 个排污口邻近海域沉积物中的重金属和石油类含量升高，已不能满足所在海洋功能区的沉积物质量要求。

共有 38 个排污口邻近海域采集到贝类样品，其中 24 个排污口邻近海域贝类生物质量不能满足所在海洋功能区生物质量要求，主要污染物为粪大肠菌群、石油烃和铜。

4.3 海洋大气污染物沉降通量

海洋大气污染物干沉降　2010 年，在珠海大万山、舟山嵊山、青岛小麦岛、大连老虎滩、旅顺、蓬莱、东营、塘沽、秦皇岛、盘锦、营口仙人岛、北隍城等监测站开展了海洋大气污染物的干沉降监测。监测结果显示，气溶胶中无机氮和重金属铅含量最高值出现在秦皇岛监测站，分别为 72.9 微克/米^3 和 739.9 纳克/米^3；最低值出现在大万山监测站，分别为 5.7 微克/米^3 和 24.9 纳克/米^3。气溶胶中重金属铜含量最高值出现在嵊山监测站，为 527.0 纳克/米^3；最低值出现在盘锦监测站，为 10.9 纳克/米^3。

渤海大气污染物湿沉降　本年度，在渤海区域开展了大气污染物湿沉降通量的监测。监测结果显示，渤海无机氮湿沉降以硝酸盐为主，无机氮湿沉降通量最高值出现在蓬莱监测站，为 7.15 吨/千米^2・年；最低值出现在营口监测站，为 0.73 吨/千米^2・年。重金属铜和铅的湿沉降通量最高值出现在塘沽监测站，分别为 5.31 千克/千米^2・年和 5.63 千克/千米^2・年；最低值出现在旅顺监测站，分别为 0.65 千克/千米^2・年和 0.06 千克/千米^2・年。上述三种大气污染物湿沉降通量整体上呈现河北和山东沿岸明显高于辽宁沿岸的特征。

4.4 海洋垃圾

2010 年，在我国近岸海域开展了海洋垃圾监测，监测内容包括海面漂浮垃圾、海滩垃圾和海底垃圾的种类、密度和来源等。

海面漂浮垃圾　海面漂浮垃圾主要为塑料袋、塑料瓶和聚苯乙烯泡沫碎片等。漂浮大块和特大块垃圾平均个数为 22 个/千米^2；表层水体小块和中块垃圾平均个数为 1 662个/千米^2，密度为 9 千克/千米^2。分类统计结果显示，塑料类漂浮垃圾数量最多，占 54%；其次为聚苯乙烯泡沫类和木制品类，分别占 23% 和 6%。

海滩垃圾　海滩垃圾主要为塑料袋、塑料片和聚苯乙烯泡沫碎片等，平均个数为3个/100米²，总密度为77克/100米²。分类统计结果显示，塑料类垃圾数量最多，占52%；其次为聚苯乙烯塑料泡沫类和木制品类，分别占22%和8%。

海底垃圾　盘锦二界沟海域、葫芦岛万家海域、锦州港倾倒区、东营30万亩现代渔业示范区毗邻海域、连云港连岛东海区海域、盐城海水养殖示范区、杭州湾北岸奉贤海域、宁波岳头沙滩附近海域、潮州大埕湾第一哨所附近海域、揭阳神泉港附近海域和三亚小东海海域的海底垃圾监测结果显示，海底垃圾平均个数为759个/千米²，平均密度为90千克/千米²。其中塑料类垃圾数量最多，占83%。

海洋垃圾来源　2010年海洋垃圾监测结果显示，70%的海滩垃圾和59%的海面漂浮垃圾来源于人类海岸活动；航运和捕鱼等海上活动产生的海滩垃圾和海面漂浮垃圾分别占12%和24%；与吸烟相关的垃圾分别占9%和6%。

5　海洋环境灾害

5.1　赤潮

2010年，全海域共发现赤潮69次，累计面积10 892平方千米。东海赤潮规模仍然最大，发现次数和累计面积分别为39次和6 374平方千米；南海为14次和223平方千米；黄海为9次和735平方千米；渤海为7次和3 560平方千米。赤潮发现次数和累计面积明显低于近5年平均值。

2010年5月份赤潮发生次数最多、累计面积最大，分别为23次和5 730平方千米；其次是6月，为15次和4 292平方千米；7月为8次和311平方千米；9月为7次和52平方千米；8月为6次和317平方千米；1～4月和10～11月，每月均不超过2次，面积也较小。上述各月份赤潮发生次数和累计面积普遍低于近5年各月份的平均值。

2010年，引发赤潮的生物共19种，其中东海原甲藻引发的赤潮次数最多，为18次；其次为夜光藻12次；中肋骨条藻和锥状施克里普藻各6次；红色中缢虫和米氏凯伦藻各4次；赤潮异弯藻、多纹膝沟藻、角毛藻各2次；海洋卡盾藻、红色赤潮藻、尖刺伪菱形藻、利马原甲藻、链状裸甲藻、螺旋环沟藻、裸甲藻、球形棕囊藻、旋链角毛藻、隐藻各1次。与近5年赤潮优势种类组成情况相比，毒害作用较大的甲藻类赤潮比例明显增加。

2010年，东海原甲藻引发的赤潮累计面积最大，为4 539平方千米；其次为隐藻，面积为3 350平方千米；中肋骨条藻和夜光藻赤潮累计面积分别为855平方千米和254

平方千米。东海原甲藻和中肋骨条藻赤潮集中发生在浙江和福建沿岸海域；夜光藻赤潮主要发生在天津和厦门附近海域；隐藻赤潮发生在河北秦皇岛至辽宁绥中附近海域，是本年度单次赤潮面积最大的一次。

5.2 绿潮

2010年，南黄海海域发生浒苔绿潮灾害。4月20日，首次在江苏省如东太阳岛以东海域发现零星的漂浮浒苔。6月中旬以后，在江苏省盐城射阳河口和连云港以东海域，山东省日照、青岛、威海乳山市、烟台海阳市附近海域以及黄海中部海域发现大面积漂浮浒苔。随着浒苔的漂移和生长，7月初浒苔分布面积达到最大，约29 800平方千米，实际覆盖面积约530平方千米。8月上旬，黄海浒苔分布逐渐减少，8月中旬大规模浒苔绿潮基本消失。

与2009年相比，2010年黄海沿岸海域浒苔最大分布面积约减少50%，实际覆盖面积约减少75%，浒苔绿潮灾害明显减轻。

5.3 重大溢油事件

2010年7月16日18时，中石油大连新港石油储备库输油管道发生爆炸，大量原油泄漏入海，导致大连湾、大窑湾和小窑湾等局部海域受到严重污染，对泊石湾、金石滩和棒棰岛等十余个海水浴场和滨海旅游景区，三山岛海珍品资源增殖自然保护区、老偏岛－玉皇顶海洋生态自然保护区和金石滩海滨地貌自然保护区等敏感海洋功能区产生影响。

事件发生后，国家海洋局及时指导与协助地方政府开展应急处置和监视监测工作，在各方通力协作与不懈努力下，海上溢油得到迅速控制和有效处置，最大程度地减轻了对海洋环境的污染。至9月7日，事故海域水体中石油类含量基本降至事发前水平，长山列岛海珍品养殖基地未受到油污影响，溢油未进入渤海和公海。

5.4 海水入侵和土壤盐渍化

2010年，在全国沿海地区开展了海水入侵和土壤盐渍化监测。监测结果显示，黄海滨海平原地区海水入侵和土壤盐渍化范围有所增加，南海部分地区海水入侵和土壤盐渍化程度加重，渤海和东海监测区海水入侵与土壤盐渍化范围基本稳定。

海水入侵状况　海水入侵严重地区分布于渤海沿岸辽宁盘锦、河北唐山和黄骅、山东滨州和潍坊滨海平原地区，海水入侵距离一般距岸20～30千米。与2009年相比，渤海沿岸大部分监测区基本稳定，辽宁盘锦、葫芦岛龙港区北港镇、河北秦皇岛和唐山、山东烟台莱州监测区海水入侵范围有所增加；黄海沿岸辽宁丹东、江苏盐城和连云港监测区海水入侵范围有所增加；东海和南海沿岸海水入侵范围小、程度低，大部分监测区海水入侵范围基本稳定，但福建长乐市漳港镇监测区海水入侵呈加重趋势；南海滨海地区广东茂名、揭阳、阳江、湛江，以及广西北海监测区海水入侵程度和范围有所增加。

土壤盐渍化状况　渤海沿岸辽宁、河北和山东的滨海平原地区盐渍化较严重，主要盐渍化类型为硫酸盐型和硫酸盐－氯化物型盐土、重盐渍化土。与2009年相比，河北秦皇岛和唐山、山东滨州和烟台莱州等监测区域盐渍化范围呈扩大趋势，其他地区基本稳定；黄海沿岸辽宁丹东、山东威海盐渍化范围呈扩大趋势，土壤含盐量有所升高。

东海和南海滨海地区盐渍化范围小，土壤盐渍化类型为氯化物型、硫酸盐－氯化物型盐土和硫酸盐型轻、中盐渍化土。与2009年相比，东海监测区基本稳定；南海局部地区呈加重趋势，广东阳江和广西北海监测区土壤盐渍化范围和程度有所增加，海南三亚和广西北海土壤盐渍化程度较高。

6　“十一五”我国海洋环境基本状况

“十一五”期间，我国海洋环境状况总体维持稳定，符合第一类海水水质标准的海域面积占我国管辖海域面积的94%以上，可满足各类海域使用的水质要求。近岸海域沉积物质量状况总体保持良好。海洋保护区、海水浴场、滨海旅游度假区环境总体状况良好，海水增养殖区环境状况基本满足养殖活动要求。海洋赤潮灾害发生次数及面积呈现明显的下降趋势。但近岸局部海域仍受到陆源排污、环境灾害和生境破坏等影响，海洋生态环境保护与建设工作任重道远。

海洋环境质量状况　“十一五”期间，94%以上的我国管辖海域海水质量符合第一类海水水质标准。劣于第四类海水水质标准的海域年均面积为3.2万平方千米，与20世纪末相比已有所下降，基本局限在近岸区域，主要分布于大中型河口、海湾和部分大中城市近岸海域；海水中的主要超标物质是无机氮、活性磷酸盐和石油类。全国近岸海域沉积物质量状况总体良好并保持基本稳定，但局部区域沉积物的石油类污染较严重；近岸海域贝类体内的污染物残留水平与“十五”期间基本持平。

近岸海洋生态系统状况　“十一五”期间，我国近岸典型海洋生态系统主要仍处于健康与亚健康状态，其中红树林、珊瑚礁和海草床生态系统多处于健康状态；河口、湿地和海湾生态系统基本稳定，多处于亚健康状态。“十一五”期间，我国大力加强海洋生态保护与建设，并启动了海洋生态修复工程，使得过去长期处于不健康状态的生态系统出现好转迹象。截至2010年，海洋保护区总数量达201个，与2005年相比增加

30%；国家级海洋特别保护区的总面积增加4倍，海洋自然保护区和海洋特别保护区相结合的海洋保护区网络体系已基本形成，各种典型脆弱海洋生态系统、珍稀濒危海洋生物、具有重大科学文化价值的海洋自然历史遗迹与自然景观等正逐步得到保护。

海洋功能区环境状况 “十一五”期间，重点监测的海水浴场、滨海旅游度假区水质状况总体良好，其娱乐用海功能基本得到正常发挥，但也受到溢油污染、赤潮、绿潮等环境灾害的影响。海水增养殖区环境状况总体稳定，基本满足增养殖活动的环境要求，部分养殖区水体富营养化程度较重。我国海洋倾倒区和油气区监督管理工作取得突出成效，环境状况总体稳定，未因倾倒活动或油气开发活动产生明显环境影响。

主要入海污染源状况 江河携带污染物入海和陆源入海排污口排污是影响我国近岸海洋环境质量的主要原因。“十一五”期间，长江、珠江、钱塘江、闽江等主要河流携带入海的污染物总量年均达千万吨以上。排污口污水中COD_{Cr}、氨氮、总磷等为主要超标排放物质，但其超标率近年呈显著下降趋势。海洋大气污染物沉降也是海水中营养盐和重金属污染物的重要来源。

海洋环境灾害及风险 “十一五”期间，我国近岸海域及沿海地区仍受到各种海洋环境灾害的影响。海洋赤潮灾害仍然处于多发期，年均累计赤潮发现面积为1.4万平方千米，赤潮多发区主要集中在浙江、福建、河北和天津沿岸海域。2008年以来，南黄海海域连续发生大面积绿潮灾害，对当地渔业生产及滨海旅游等开发活动产生严重影响。近年来，海洋溢油事故风险升高，相继发生了山东长岛及大连新港重大溢油事故，对海洋生态环境造成一定损害。渤海滨海平原地区海水入侵和土壤盐渍化灾害严重，黄海滨海平原地区和南海部分沿海地区呈加重趋势。辽宁、山东、江苏和海南部分岸段海岸侵蚀严重。

附件七

2010 年《中国海洋灾害公报》（摘录）

一、概　况

2010 年我国累计发生 132 次风暴潮、海浪和赤潮过程，其中 44 次造成灾害。各类海洋灾害（含海冰、浒苔等灾害）造成直接经济损失 132.76 亿元，死亡（含失踪）137 人。

与 1989 年以来海洋灾害平均状况相比，2010 年的海洋灾害直接经济损失高于多年平均值，死亡（含失踪）人数低于多年平均值；

与 2001—2005 年相比，2006 年—2010 年海洋灾害直接经济损失增加了 18%，死亡（含失踪）人数减少了 11%。

2010 年海洋灾害直接经济损失最严重的省份为辽宁省（海冰灾害），损失 34.86 亿元；直接经济损失较为严重的省份为福建省（风暴潮和赤潮灾害）和广东省（风暴潮和海浪灾害），均超过 30 亿元。

本年度我国海洋灾害损失主要由风暴潮（含近岸浪）和海冰造成，其中 1003 ‘灿都”台风风暴潮（含近岸浪）导致广东省和广西壮族自治区沿海受灾，直接经济损失 32.15 亿元，死亡（含失踪）5 人；1013 “鲇鱼”台风风暴潮（含近岸浪）造成福建省直接经济损失 26.22 亿元；海冰灾害造成辽宁省直接经济损失 34.86 亿元，山东省直接经济损失 26.76 亿元。2010 年海冰灾害造成的经济损失为近 30 年来最重。

表 7-1　2010 年沿海各省（自治区、直辖市）主要海洋灾害损失统计

省（自治区、直辖市）	致灾原因	死亡（含失踪）人数	直接经济损失（亿元）
辽宁省	海冰	无	34.86
河北省	海浪、海冰、赤潮	7	3.68
天津市	海冰	无	0.01
山东省	风暴潮、海浪、海冰	无	27.31
江苏省	海浪	53	0.12

续表

省（自治区、直辖市）	致灾原因	死亡（含失踪）人数	直接经济损失（亿元）
浙江省	风暴潮、海浪、赤潮	39	0.21
福建省	风暴潮、赤潮	无	33.10
广东省	风暴潮、海浪	21	30.67
广西壮族自治区	风暴潮	无	1.53
海南省	海浪	17	1.27
合 计	–	137	132.76

表 7－2　2010 年各类海洋灾害损失统计

灾害种类	死亡（含失踪）人数	直接经济损失（亿元）
风暴潮（含近岸浪）	5	65.79
海 浪	132	1.73
海 冰	无	63.18
海 啸	无	无
赤 潮	无	2.06
浒 苔	无	–
海水入侵和土壤盐渍化	无	–
咸潮入侵	无	–
海平面变化	无	–
合 计	137	132.76

二、风暴潮灾害

（一）总体灾情

2010 年我国沿海共发生风暴潮过程 28 次，其中台风风暴潮 10 次，7 次造成灾害；温带风暴潮 18 次，1 次造成灾害。风暴潮灾害直接经济损失 65.79 亿元，死亡（含失踪）5 人。

2010 年风暴潮总体灾情偏轻，直接经济损失和死亡（含失踪）人数为近五年以来最少。风暴潮灾害主要发生在福建省和广东省，直接经济损失分别为 33.10 亿元和

30.62亿元，约占风暴潮全部经济损失的97%。

沿海各省（自治区、直辖市）风暴潮（含近岸浪）灾害损失见表7－3。

表7－3　2010年风暴潮（含近岸浪）灾害损失统计

省（自治区、直辖市）	受灾人口		农业、养殖受灾			设施损毁			直接经济损失（亿元）
	受灾人口（万人）	死亡（含失踪）人数	农作物（千公顷）	海水养殖（千公顷）	海水养殖损失（吨）	房屋（万间）	海岸工程（千米）	船只（艘）	
山东省	0.11	无	－	3.40	1500.00	0.003	2.03	14	0.53
浙江省	－	无	－	－	20.00	－	0.5	－	0.01
福建省	116.42	无	－	14.79	239140.57	0.07	5.67	729	33.10
广东省	236.30	5	－	28.81	305031.00	1.20	106.37	－	30.62
广西壮族自治区	84.24	无	38.41	0.84	7515	0.04	7.92	无	1.53
合　计	437.07	5	38.41	47.84	553206.57	1.31	122.49	743	65.79

（二）主要风暴潮灾害过程

1.1003“灿都”台风风暴潮

台风“灿都”于7月22日13时45分在广东省吴川市五阳镇登陆。沿海监测到最大风暴增水为196厘米，发生在广东省水东站；增水超过100厘米的还有广东省北津站，为101厘米，其最高潮位接近当地警戒潮位。

广东省受灾人口236.3万人，死亡（含失踪）5人，房屋损毁1.20万间，水产养殖损失28.81千公顷，防波堤受损106.37千米，护岸673个。因灾造成直接经济损失30.62亿元。

广西受灾人口84.24万人，淹没农田38.41千公顷，水产养殖损失0.84千公顷，防波堤损毁7.92千米，护岸损毁7个。因灾造成直接经济损失1.53亿元。

2.1013“鲇鱼”台风风暴潮

台风“鲇鱼”于10月23日12时55分在福建省漳浦县境内登陆。受风暴潮和近岸浪的共同影响，福建省直接经济损失26.22亿元。

沿海最大风暴增水发生在福建省龙海市石码站，为162厘米；共有3个验潮站的最高潮位超过当地警戒潮位，其中漳浦县旧镇站最高潮位超过当地警戒潮位 10 厘米。

福建省受灾人口 61.07 万人，房屋损毁 500 间，水产养殖受损 5.41 千公顷，池塘养殖受损 3.48 千公顷，网箱损坏 23 205 个，防波堤损毁 1.69 千米，码头损坏 2 个，船只损毁 406 艘。其中，漳浦县霞美镇董门村数百米海堤被冲毁，大堤内 600 多亩养殖区全部被淹没，养殖区内的房屋淹水深达 1 米左右。

3. “10·25”温带风暴潮

10 月 23 日～27 日，受强冷空气影响，渤海、黄海及东海沿海出现一次较强温带风暴潮过程，山东潍坊、浙江乍浦、镇海等验潮站的风暴增水均超过 100 厘米，其中镇海站的最高潮位超过当地警戒潮位 16 厘米。

温带风暴潮造成浙江宁波镇海、舟山定海和沈家门部分地区受淹，对当地居民生产生活产生较大影响。

表 7－4　2010 年风暴潮（含近岸浪）灾害过程及损失统计

灾害过程	发生时间	受灾地区	死亡（含失踪）人数	直接经济损失（亿元）
1003“灿都”风暴潮	7 月 22 日～23 日	广东、广西	5	32.15
1006“狮子山”风暴潮	8 月 28 日～9 月 2 日	福建	无	0.53
1007“圆规”风暴潮	8 月 28 日～9 月 1 日	山东、浙江	无	0.32
1008“南川”风暴潮	8 月 28 日～9 月 1 日	浙江	无	0.01
1010“莫兰蒂”风暴潮	9 月 9 日～10 日	福建	无	3.24
1011“凡亚比”风暴潮	9 月 19 日～20 日	福建	无	3.11
1013“鲇鱼”风暴潮	10 月 22 日～23 日	福建	无	26.22
“04·12”温带风暴潮	4 月 12 日～13 日	山东	无	0.21
合　计			5	65.79

三、海浪灾害

（一）总体灾情

2010 年我国近海海域共发生灾害性海浪过程 35 次，其中台风浪 12 次，冷空气浪和气旋浪 23 次。海浪灾害造成直接经济损失 1.73 亿元，死亡（含失踪）132 人。

2010 年海浪灾害主要发生在海南省，直接经济损失为1.27 亿元，约占全部直接经济损失的73%；海浪灾害造成人员死亡（含失踪）最多的省份为江苏省，共计53 人。

表 7-5　2010 年海浪灾害损失统计

省（自治区、直辖市）	死亡（含失踪）人数	海水养殖受损面积（千公顷）	海岸工程受损长度（千米）	船只沉损（艘）	直接经济损失（万元）
河北省	7	无	无	1	775
山东省	0	0.008	0.04	0	200
江苏省	53	无	无	13	1186
浙江省	39	无	无	18	1902
广东省	16	无	无	6	540.50
海南省	17	无	2.10	327	12676
合　计	132	0.008	2.14	365	17279.50

（二）主要海浪灾害过程

1. “04·21” 气旋浪

4 月 21 日，受江淮气旋出海影响，黄海南部海域、东海北部海域出现了3.0～4.0 米的大浪到巨浪；滩浒海洋站实测到2.5 米的有效波高。受此次大浪过程的影响，“苏启渔03232” 号渔船在北纬33°26′、东经122°38′附近发生倾覆，12 名船员全部落水，其中6 人获救、1 人遇难、5 人失踪；一艘载有11 人的“苏启渔运005” 号渔船失踪。因灾造成直接经济损失0.03 亿元。

2. 1002 “康森” 台风浪

1002 号台风“康森” 于7 月12 日08 时在菲律宾以东洋面生成，14 日08 时开始影响我国南海海域，南海东部、中部、西部海域于14 日08 时至17 日20 时先后出现了4.0～8.0 米的巨浪到狂浪；海南省东部沿岸海域出现了3.0～5.0 米的大浪到巨浪。受其影响，海南省船只损毁59 艘，防波堤损毁0.31 千米。因灾造成直接经济损失339 万元。

3. “10·02”冷空气浪

10月2日至10日受冷空气的影响，海南省沿岸海域出现了3.0～4.0米的大浪到巨浪。受其影响，海南省死亡（含失踪）4人，船只损毁266艘，防波堤损毁1.71千米。因灾造成直接经济损失1.22亿元。广东省死亡（含失踪）4人，因灾造成直接经济损失0.017亿元。

四、海冰灾害

2009/2010年冬季渤海及黄海北部冰情属偏重冰年，于2010年1月中下旬达到近30年同期最严重冰情，其主要特点是：

冰情发生早：11月下旬辽东湾底即出现大面积初生冰，时间较常年提前了半个月左右；

发展速度快：1月上旬辽东湾水情发展迅速，浮冰范围从12月31日的38海里迅速增加到1月12日的71海里；1月中旬莱州湾冰情发展迅速，浮冰范围从1月9日的16海里迅速增加到1月18日的39海里，1月22日～24日连续维持在46海里，为莱州湾40年来最大海冰范围；

浮冰范围大、冰层厚：辽东湾2月上旬浮冰范围从1月31日的52海里迅速发展到2月13日的108海里，最大单层冰厚达50多厘米。

表7－6 2009/2010年度冬季渤海及黄海北部浮冰范围和冰厚

海区	浮冰离岸最大距离（海里）	一般冰厚（厘米）	最大冰厚（厘米）
辽东湾	108	20～30	55
渤海湾	30	10～20	30
莱州湾	46	10～20	30
黄海北部	32	10～20	40

2009/2010年冬季渤海及黄海北部发生的海冰灾害对沿海地区社会、经济产生严重影响，造成巨大损失。辽宁、河北、天津、山东等沿海三省一市受灾人口6.1万人，船只损毁7 157艘，港口及码头封冻296个，水产养殖受损面积207.87千公顷。因灾直接经济损失63.18亿元。

表 7－7　2009/10 年海冰灾害损失统计

省（自治区、直辖市）	受灾人口		损毁船只（艘）	封冻港口、码头（个）	水产养殖损失		直接经济损失			
	受灾人口（万人）	死亡（失踪）人数			受灾面积（千公顷）	数量（万吨）	水产养殖损失（亿元）	设施损失（万元）	其他损失（万元）	合计损失（亿元）
辽宁省	0.45	无	1078	226	58.71	15.27	34.28	4827	1001	34.86
山东省	5.65	无	6032	30	148.36	19.34	25.58	3630	8170	26.76
河北省	－	无	47	20	0.8	0.2	0.6	3245	6232	1.55
天津市	－	无	－	20	－	－	－	－	－	0.01
合　计	6.1	无	7157	296	207.87	34.81	60.46	11702	15403	63.18

辽宁省：受灾人口 0.45 万人，船只损毁 1078 艘，港口及码头封冻 226 个，水产养殖受损面积 58.71 千公顷。因灾直接经济损失 34.86 亿元，其中：丹东市 4.72 亿元，大连市 17.02 亿元，营口市 1.14 亿元，盘锦市 4.64 亿元，锦州市 3.95 亿元，葫芦岛市 3.39 亿元。

山东省：受灾人口 5.65 万人，船只损毁 6032 艘，港口及码头封冻 30 个，水产养殖受损面积 148.36 千公顷。因灾直接经济损失 26.76 亿元，其中：东营 1.20 亿元，潍坊市损失 2.01 亿元，滨州市损失 3.52 亿元，烟台市损失 8.78 亿元，威海市损失 8.96 亿元，青岛市损失 1.24 亿元，日照市损失 1.05 亿元。

2010 年 1 月 13 日上午 10 时 40 分左右，一艘满载近千吨燃料油的浙江台州“兴龙舟 288”号油轮，在驶入潍坊港时因受海冰挤压和撞击，偏离航道，撞上了防浪堤，导致左侧两个压载舱破损进水。

河北省：船只损毁 47 艘，港口及码头封冻 20 个，水产养殖损失受损面积 0.8 千公顷。因灾直接经济损失 1.55 亿元，其中：秦皇岛市 0.27 亿元，唐山市 0.58 亿元　沧州市 0.70 亿元。

天津市：船只损毁 20 艘，直接经济损失 0.01 亿元。

五、海啸灾害

2010 年我国未发生海啸灾害。国家海洋局对 44 次发生在我国周边及全球大洋其他海域的海底地震共发布了 86 次海啸信息。根据监测资料分析，只有部分地震引发海啸，这些海啸事件均未对我国产生灾害性影响。其中，2010 年 2 月 27 日发生的智利地震海啸波及整个太平洋，我国沿海数十个验潮站均监测到了轻微海啸波。

2010 年 2 月 27 日 14 时智利中部近岸发生里氏 8.8 级强烈地震并引发海啸。28 日 16 时起，海啸波在穿越整个太平洋后进入我国东南沿海，国家海洋局海洋监测网实时记录了此次越洋海啸大范围影响我国的全过程，这也是我国首次仪器记录的越洋海啸。本次海啸影响我国过程中，浙江省、福建省、台湾省东部、广东省及海南省监测到 0.01 ~0.32 米的海啸波幅。

六、赤潮灾害

（一）总体灾情

2010 年中国沿海共发现赤潮 69 次，累计面积 10 892 平方千米。其中，渤海 7 次，累计面积 3 560 平方千米；黄海 9 次，累计面积 735 平方千米；东海 39 次，累计面积 6 374 平方千米；南海 14 次，累计面积 223 平方千米。

2010 年赤潮灾害造成直接经济损失约 2.06 亿元，其中河北省损失最大，为 2.05 亿元，占全部损失的 99.5%。

2010 年赤潮多发期为 5 月至 9 月，高发区为东海（发生次数和累计面积分别占全海域的 56.5% 和 58.5%），大面积赤潮主要发生在渤海西部海域、浙江和福建沿海。2010 年全海域赤潮中，有优势种记录的赤潮 66 次，引发赤潮的生物种类主要为东海原甲藻、夜光藻、中肋骨条藻和米氏凯伦藻等，一些赤潮是由两种或两种以上赤潮生物共同形成。

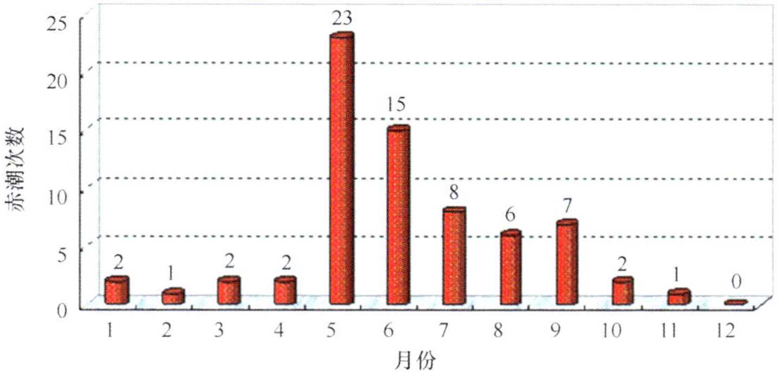

图 7-1 中国沿海 2010 年各月赤潮发生次数

与 2009 年相比，2010 年全海域赤潮发生次数增加 1 次，累计面积减小约 3 200 平方千米。其中，渤海赤潮发生次数增加 3 次，累计面积减小约 1 720 平方千米；黄海赤潮发生次数减少4次，累计面积减小约1 140平方千米；东海赤潮发生次数减少4次，累计面积减小约180平方千米；南海赤潮发生次数增加6次，累计面积减小近170平方千米。

表7－8　2010年赤潮灾害损失统计

省（自治区、直辖市）	发生时间	发生海域	最大面积（平方千米）	赤潮优势种	直接经济损失（万元）
河北省	7月24～30日	秦皇岛北戴河～抚宁沿海海域	20	红色中缢虫	500
	5～6月	秦皇岛昌黎沿海海域	－	－	20000
浙江省	5月6～29日	台州大陈海域	30	东海原甲藻	68.70
福建省	6月13～16日	泉州市深沪湾海域	7	米氏凯伦藻	4
合　计	－	－	57	－	20572.70

（二）主要赤潮过程

2010年面积为100平方千米以上的赤潮共发生20次，累计面积为9 975平方千米，分别占全海域赤潮发生次数和累计面积的28.99%和91.58%。其中面积1 000平方千米以上的赤潮2次，累计面积为4 390平方千米。

1. 渤海西部海域赤潮

河北省为今年赤潮损失最严重的省份。2010年5月～6月发生在秦皇岛昌黎沿海海域的赤潮灾害造成直接经济损失约2亿元；2010年7月下旬在秦皇岛北戴河～抚宁沿海海域发生的赤潮灾害造成直接经济损失约0.05亿元。另外，6月24日秦皇岛～绥中沿岸海域发生大面积赤潮，持续时间19天，最大面积约3 350平方千米，赤潮区水体呈黄绿色，此次赤潮是本年度面积最大的一次。

2. 浙江省舟山朱家尖东部海域赤潮

5月14日～27日舟山朱家尖东部海域发生赤潮，持续时间14天，面积为1040平方千米，赤潮优势种为东海原甲藻，赤潮区水体呈红褐色块状、条带状分布。

2010年面积100平方千米以上的赤潮过程见表7－9。

表 7-9 2010 年中国沿海面积 100 平方千米以上的赤潮过程

起止时间	影响区域	最大面积（平方千米）	赤潮优势种
4 月 15 日	江苏省连云港海州湾海域	120	–
5 月 1～10 日	福建省长乐至平潭沿岸海域	620	东海原甲藻、夜光藻 Prorocentrum donghaiense、Noctiluca scintillans
5 月 2 日	广西北部湾海域	150	–
5 月 4～21 日	浙江省苍南大渔湾附近海域	400	东海原甲藻 Prorocentrum donghaiense
5 月 4～26 日	福建省福宁湾、大嵛山、四礵列岛、西洋岛海域	925	东海原甲藻 Prorocentrum donghaiense
5 月 5～13 日	福建省莆田南日岛海域	600	东海原甲藻 Prorocentrum donghaiense
5 月 11 日～6 月 1 日	浙江省玉环东部海域	110	东海原甲藻 Prorocentrum donghaiense
5 月 14 日～5 月 27 日	浙江省舟山朱家尖东部海域	1040	东海原甲藻 Prorocentrum donghaiense
5 月 20 日～5 月 29 日	浙江省南麂附近海域	100	东海原甲藻 Prorocentrum donghaiense
5 月 26 日～6 月 10 日	浙江省苍南海域	100	东海原甲藻 Prorocentrum donghaiense
5 月 30 日～6 月 1 日	浙江省舟山以南海域	880	–
5 月 30 日～6 月 7 日	江苏省启东以东海域	400	中肋骨条藻 Skeletonema costatum
6 月 1～9 日	福建省福鼎牛栏岗海水浴场至霞浦大京海水浴场	180	东海原甲藻 Prorocentrum donghaiense
6 月 3～12 日	天津港锚地附近海域	140	夜光藻 Noctiluca scintillans
6 月 7～13 日	福建省连江同心湾、大建湾、黄岐湾海域	150	东海原甲藻 Prorocentrum donghaiense
6 月 8～11 日	浙江舟山泗礁岛东北部海域	300	中肋骨条藻 Skeletonema costatum

续表

起止时间	影响区域	最大面积（平方千米）	赤潮优势种
6月24日~7月12日	辽宁省绥中至河北省秦皇岛沿岸海域	3350	-
7月5~7日	江苏省连云港海州湾海域	100	链状裸甲藻 *Gymnodinium catenatum*
7月21~25日	浙江省象山港海域	120	旋链角毛藻、红色中缢虫 *Chaetoceros curvisetus*、*Mesodinium rubrum*
8月4~9日	浙江省象山港海域	190	红色中缢虫、旋链角毛藻 *Mesodinium rubrum*、*Chaetoceros curvisetus*

七、浒苔灾害

2010年4月20日首次在江苏省如东太阳岛以东海域发现零星漂浮浒苔。6月13日在江苏省连云港以东海域发现大面积浒苔，分布面积约为5 500平方千米，覆盖面积约183平方千米。随着浒苔的漂移、生长，7月初浒苔的分布面积达到最大，约29 800平方千米，实际覆盖面积约530平方千米，主要影响范围为山东省日照、青岛、烟台和威海近岸海域。进入8月份以后，黄海浒苔分布逐渐减少，至8月中旬，山东近岸海域浒苔消失。

此次黄海浒苔灾害爆发面积大，持续时间长，大量涌入近岸海域，对渔业、水产养殖、海洋环境、景观和生态服务功能产生严重影响。

八、海水入侵与土壤盐渍化

2010年，海水入侵严重地区分布于辽宁盘锦和锦州、河北秦皇岛、唐山和黄骅、山东滨州和潍坊滨海平原地区。海水入侵距离一般距岸20~30千米。与2009年相比，渤海沿岸大部分监测区基本稳定。辽宁盘锦、葫芦岛龙港区北港镇、河北秦皇岛、唐山、山东烟台莱州监测区海水入侵范围有所增加；黄海沿岸辽宁丹东、江苏盐城和连云港监测区海水入侵范围有所增加。

东海和南海沿岸海水入侵影响范围较小。东海大部分监测区海水入侵基本稳定；南海沿岸地区，如广东茂名、揭阳、阳江、湛江和广西北海，海水入侵程度和范围有所增加，部分近岸农用水井和饮用水井已明显到受海水入侵的影响。

表 7－10　受影响严重地区的海水入侵范围

监测断面所在地	断面长度（千米）	重度入侵距离（千米）	轻度入侵距离（千米）
辽宁省盘锦唐家乡	17.60	17.60	17.60
辽宁锦州小凌河西侧娘娘宫镇	7.31	4.72	7.31
河北秦皇岛抚宁	16.03	8.54	13.71
河北沧州渤海新区冯家堡	53.6	–	37.7
山东滨州沾化县	29.32	29.32	29.32
山东潍坊寿光市	32.1	31.18	32.1
山东潍坊滨海经济开发区	27.98	25.26	27.33
山东潍坊寒亭区央子镇	30.10	29.45	29.99

土壤盐渍化较严重的区域主要分布于辽宁、河北和山东的滨海平原地区。与2009年相比，河北秦皇岛、唐山、山东滨州、烟台莱州等监测区域盐渍化范围呈扩大趋势，其他地区基本稳定。黄海沿岸辽宁丹东、山东威海盐渍化范围呈扩大趋势，土壤含盐量有所升高。

九、咸潮入侵

2010年，长江口和珠江三角洲均遭遇较为严重的咸潮入侵。

2010年，长江口宝钢水库取水口共监测到5次咸潮入侵过程，其中上半年发生4次（均出现在1～4月），下半年发生1次。每次咸潮入侵过程平均持续时间为4.6天。其中，影响最严重的咸潮入侵出现在3月3～8日，持续时间为5.2天，期间最大含氯度出现在3月6日02时03分，达到1029.6毫克/升。

珠江三角洲河口区域在2010年共发生咸潮入侵14次，其中1～3月和10～12月发生次数较为频繁。影响最严重的一次咸潮入侵过程出现在1月8～16日，持续时间长达9天。珠海市平岗泵站1月11日03时监测到的最大含氯度为2 650毫克/升，是2010年该站监测到的最大值。

十、海平面变化

监测与分析结果表明：近30年来，中国沿海海平面总体呈波动上升趋势，平均上升速率为2.6毫米/年，高于全球海平面平均上升速率；21世纪10年来（2001—2010年）中国沿海的海平面处于历史高位，较20世纪90年代升高约25毫米。

2010年，中国沿海海平面比常年高67毫米，与2009年海平面基本持平。受气候变化等因素的影响，中国沿海海平面变化区域特征和时间特征明显，渤海、黄海2月份海平面和南海10月份海平面均为近30年来同期最高值。

附件八

2010 年《中国海平面公报》（摘录）

1 概 述

监测与分析结果表明：近 30 年来，中国沿海海平面总体呈波动上升趋势，平均上升速率为 2.6 毫米/年，高于全球平均水平。

2001—2010 年，中国沿海的平均海平面总体处于历史高位，比 1991—2000 年的平均海平面高 25 毫米，比 1981—1990 年的平均海平面高 55 毫米。其中，上升最为明显的岸段是天津、山东、江苏和海南沿海，辽宁、上海、浙江、福建、广东和广西沿海次之，河北沿海上升最为缓慢。

2010 年，中国沿海海平面比常年高 67 毫米，与 2009 年海平面基本持平。受气候变化及其他因素的影响，2010 年中国沿海海平面变化时间特征和区域特征明显，渤海、黄海 2 月份海平面和南海 10 月份海平面均为近 30 年来同期最高值；与 2009 年相比，福建以北沿海海平面偏高，福建以南沿海海平面偏低。

2010 年，在全球气候变化和海平面上升累积效应作用下，辽宁、河北和山东等省的部分沿海地区海水入侵与土壤盐渍化范围呈扩大趋势；长江口和珠江口遭遇多次咸潮入侵，福建等沿海地区不同程度地受到风暴潮的影响，给当地人民的生产生活和经济社会的可持续发展造成了一定的危害。

预计未来 30 年，中国沿海海平面还将继续上升，比 2010 年升高 80 ~ 130 毫米，沿海各级政府应密切关注其变化和由此带来的影响。

2 中国海平面变化状况

2.1 全海域海平面变化状况

监测与分析结果表明：中国沿海海平面呈波动上升趋势，平均上升速率为 2.6 毫米/年。

近30年，中国沿海的年代际海平面呈明显上升趋势。自2001年以来，中国沿海的海平面总体处于历史高位，2001—2010年的平均海平面比1991—2000年的平均海平面高25毫米，比1981—1990年的平均海平面高55毫米。

2010年，中国沿海海平面比常年高67毫米；与2009年相比基本持平，但存在明显的空间差异，渤海和黄海沿海海平面分别上升11毫米和10毫米，东海沿海略有上升，南海沿海下降24毫米。

2010年2月份，受大气环流和海面气压偏低等因素的影响，中国福建以北沿海海平面较常年同期显著偏高，达166毫米，为30年来最高值。

2010年10月份，受气压偏低、台风和强降水等因素的影响，中国南海平均海平面达30年来最高值，比常年同期高153毫米。

全球气候变暖造成海水膨胀、极地冰盖和陆源冰川冰帽等融化，是引起全球海平面上升的主要原因。局地海平面变化，还受到地面沉降、季风和海流等局部因素变化的影响。验潮资料显示，20世纪全球平均海平面上升速率约为1.7毫米/年；卫星高度计资料显示，1993—2009年期间全球平均海平面上升速率约为3毫米/年。第四次IPCC评估报告预测，21世纪全球海平面将上升18～59厘米。

2.2 海区海平面变化状况

● 渤海沿海

渤海沿海海平面平均上升速率为2.5毫米/年。

2010年，渤海沿海海平面比常年高64毫米；与2009年相比，总体上升11毫米。受气压偏低以及冬季风偏弱等因素的影响，2月份和11月份海平面较常年同期分别偏高156毫米和178毫米；受气压偏高以及夏季风偏弱等因素的影响，6月份海平面比2009年同期偏低101毫米，接近常年同期。

● 黄海沿海

黄海沿海海平面平均上升速率为2.8毫米/年。

2010年，黄海沿海海平面比常年高75毫米；与2009年相比，总体上升10毫米。受气温偏高、气压偏低以及冬季风偏弱等因素的影响，2月份和11月份海平面分别比常年同期偏高178毫米和133毫米；受气压偏高以及夏季风偏弱等因素的影响，6月份海平面比2009年同期偏低61毫米，接近常年同期。

● 东海沿海

东海沿海海平面平均上升速率为2.8毫米/年。

2010年，东海沿海海平面比常年高66毫米；与2009年相比，略有偏高。受气温偏高、气压偏低以及冬季风减弱等因素的影响，2月份海平面比常年同期偏高130毫米；受异常风场等因素的影响，8 月份和 9 月份海平面明显偏低，比常年同期分别偏低 29 毫米和 8 毫米，比 2009 年同期分别偏低 111 毫米和 109 毫米；受气压偏低、降水以及台风等因素的影响，10 月份海平面明显偏高，比常年同期和 2009 年同期分别偏高 139 毫米和 90 毫米。

● 南海沿海

南海沿海海平面平均上升速率为 2.5 毫米/年。

2010 年，南海沿海海平面比常年高 64 毫米；与 2009 年相比，总体偏低 24 毫米。1 ~7 月海平面均低于 2009 年同期海平面；受气压偏低、降水以及台风等因素的影响，10 月份和 11 月份海平面明显上升，均为 30 年同期最高，分别较常年同期偏高 148 毫米和 139 毫米，较 2009 年同期偏高 51 毫米和 117 毫米。

近 30 年，中国沿海各省（自治区、直辖市）的年代际海平面变化呈现明显的区域性差异。其中，上升最为明显的岸段是天津、山东、江苏和海南沿海，辽宁、上海、浙江、福建、广东和广西沿海次之，河北沿海上升最为缓慢（见表 8 –1）。

表 8 –1 中国沿海各省（自治区、直辖市）年代际海平面变化（单位：毫米）

	2001—2010 年与 1991—2000 年相比	2001—2010 年与 1981—1990 年相比
辽宁	20	55
河北	9	18
天津	31	62
山东	30	66
江苏	21	62
上海	14	47
浙江	22	46
福建	33	50
广东	20	57
广西	22	48
海南	29	69

2010 年，中国沿海各省（自治区、直辖市）海平面均高于常年。其中，山东、江苏和海南沿海海平面明显偏高，分别比常年高 82 毫米、82 毫米和 84 毫米；天津次之，为 71 毫米；其他沿海地区介于 50 ~67 毫米之间（见图 8 –1）。

与 2009 年相比，中国沿海各省（自治区、直辖市）海平面变化具有明显区域特征，福建北部沿海海平面偏高，福建南部沿海（包括福建）海平面偏低。其中，天津

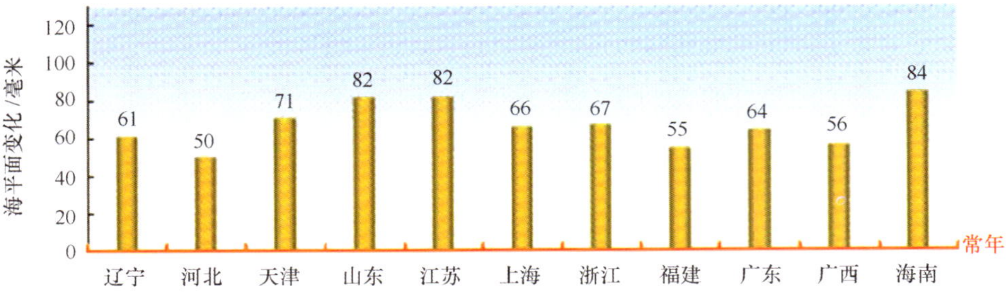

图 8－1　2010 年中国沿海各省（自治区、直辖市）海平面与常年比较

沿海偏高 23 毫米，辽宁、山东、上海和浙江沿海偏高 11～13 毫米，广东沿海偏低 27 毫米，福建、广西和海南沿海偏低 10～23 毫米，江苏沿海基本持平（见图 8－2）。

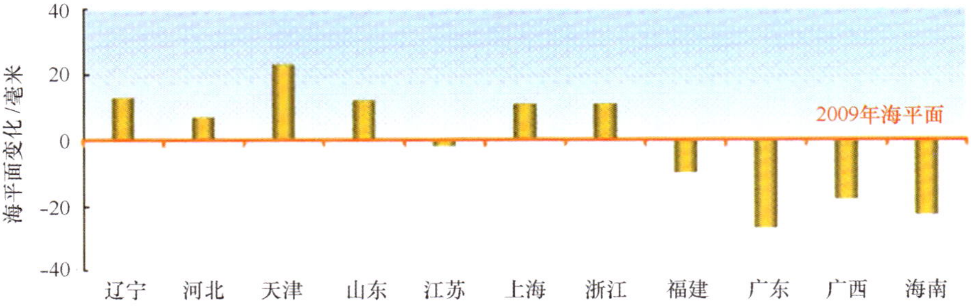

图 8－2　2010 年中国沿海各省（自治区、直辖市）海平面与 2009 年比较

3　海平面上升与气候变化

2010 年，中国沿海平均海平面处于历史高位，福建北部沿海 2 月份和福建南部沿海 10 月份海平面较常年同期明显偏高，均为近 30 年来同期最高值。气温、气压和季风变动等是引起上述特征的重要原因。

在全球气候变化背景下，近 30 年中国沿海地区气候持续变暖，海平面呈明显上升趋势。中国沿海近 10 年平均气温与海温较 20 世纪 90 年代分别上升 0.4℃和 0.2℃，较 80 年代分别上升了 1.0℃和 0.6℃。中国沿海地区气压呈下降趋势，近 10 年中国沿海平均气压较 20 世纪 90 年代和 80 年代分别下降了 0.4 百帕和 0.5 百帕。近 10 年中国沿海平均海平面较 20 世纪 90 年代上升了 25 毫米，较 80 年代上升了 55 毫米。

2010 年 2 月，渤海、黄海与东海福建以北沿海气温较常年同期偏高 0.8℃，海温与常年同期基本持平；气压较常年同期偏低 2.6 百帕；冬季风较常年同期显著减弱，有利于海水向近岸堆积。渤海、黄海和东海福建以北沿海 2 月海平面比常年同期偏高 166 毫米。

2010 年 6 月，渤海气压异常偏高，气温与海温偏低，夏季风偏弱。平均气压较常年同期和 2009 年同期分别偏高 2.3 百帕和 6.8 百帕，为近 30 年同期最高值；平均气温与常年同期持平，较 2009 年同期偏低 1.7℃；平均海温较常年同期和 2009 年同期分别偏低 1.1℃ 和 2.1℃；南向风风速较常年同期和 2009 年同期均偏小。受区域水文、气象等因素的影响，2010 年 6 月渤海海平面较 2009 年同期偏低 101 毫米，低于常年同期。

2010 年 10 月，东海与南海沿海地区平均气压较常年同期偏低 0.7 百帕和 1.8 百帕；海南出现强降水过程，最大日降水量超过 370 毫米；台风“鲇鱼”影响福建以南海域；东海与南海沿岸出现累计超过 10 天的明显增水过程，最大日平均增水近 600 毫米。10 月东海与南海平均海平面较常年同期偏高 119 毫米。

2010 年 11 月，渤海与黄海沿海地区气温较常年同期和 2009 年同期分别偏高 1.7℃ 和 3.9℃；平均海温较常年同期和 2009 年同期分别偏高 1.2℃ 和 1.8℃；平均气压较常年同期和 2009 年同期分别偏低 3.9 百帕和 4.6 百帕，为近 30 年同期低值；冬季风较常年同期显著减弱，有利于海水向近岸堆积。11 月份渤海和黄海海平面较常年同期偏高约 150 毫米。

4 海平面上升与海洋灾害

海平面上升是一种缓发性灾害，其长期的累积作用给沿海地区的经济社会发展和生态环境带来了严重的影响。海平面上升使风暴潮的致灾程度加剧，海岸受到侵蚀，岸线变迁，沿海地区的咸潮、海水入侵和土壤盐渍化加重。

4.1 风暴潮

高海平面抬升了风暴增水的基础水位，风暴潮高潮位相应提高，水深增大，波浪作用增强，河流排水受阻，加大了致灾程度；反之，低海平面使风暴潮的影响减弱，致灾程度相对降低。

2010 年 9 月，受异常风场等因素的影响，福建沿海海平面明显偏低，比 2009 年同期低 139 毫米，比常年同期低 21 毫米。在此期间，热带风暴“狮子山”、台风“莫兰蒂”和“凡亚比”先后在福建登陆，福建沿海有 50 多万人受灾，直接经济损失约 7 亿元，损失相对较小。

2010 年 10 月，福建沿海海平面异常偏高，高于常年同期 174 毫米，高于 2009 年同期91毫米。台风“鲇鱼”在福建漳浦沿海登陆时又恰逢天文大潮、风暴增水与异常高海平面叠加，造成了严重的风暴潮灾害，60多万人受灾，直接经济损失超过26亿元。

4.2 咸潮

2010年1—4月，上海沿海平均海平面较常年同期和2009年同期分别偏高83毫米和26毫米，宝钢水库取水口共监测到4次咸潮入侵，最大含氯度达到1 029.6毫克/升。

2010年4月，珠江口沿海海平面高于常年同期88毫米，比2009年同期高11毫米。我国西南地区遭遇大旱造成珠江上游来水减少，河口水位下降，致使珠江口较为罕见地在4月份发生了强咸潮。2—10日，在磨刀门水道大涌口水文站连续9天最高含氯量均超过3 000毫克/升，最高超过5 200毫克/升，加大了珠江口主要城市的供水压力。

4.3 海水入侵与土壤盐渍化

海平面的不断上升，地下水位下降，加重了山东、辽宁等沿海地区的海水入侵和土壤盐渍化程度。2010年，山东沿海海平面比常年高82毫米，辽宁沿海海平面比常年高61毫米。根据2010年海平面变化影响调查结果，山东滨州的重度海水入侵距离超过21千米；辽宁锦州小凌河附近土壤盐渍化明显，最大水溶性盐含量达6.2克/千克，居民饮水和农业生产均受到严重影响。

4.4 海岸侵蚀

海平面上升使潮差和波高增大，加重了山东和辽宁沿海的海岸侵蚀程度。2010年，山东、辽宁沿海海平面分别比常年高82毫米和61毫米，比2009年高12毫米和13毫米。根据2010年海平面变化影响调查结果，辽宁葫芦岛部分岸段的海岸侵蚀速率最大为2.5米/年；山东蓬莱的部分岸线，近50年来后退500米，最大超过700米。

6 应对海平面上升对策

海平面上升不但会淹没滨海土地，而且会不同程度地加大风暴潮、海岸侵蚀、咸潮入侵、海水入侵与土壤盐渍化等灾害的致灾程度，海平面上升已经成为影响我国沿海地区经济社会发展的主要灾害之一。为有效应对海平面上升的影响，国家海洋局不断加强海平面上升监测预测及影响评价业务化工作，继续开展基准潮位核定，并与沿海各地政府联合开展海平面变化影响调查，全面掌握海平面变化规律及其影响状况。

为保证沿海地区经济社会的和谐发展，保护滨海生态环境，有效应对海平面上升，建议沿海各地政府和相关部门采取如下措施：

（1）高度重视海平面变化影响调查工作，根据沿海各地的海平面变化影响特点，采集海平面变化影响信息，对海平面变化影响的重点区域和典型事件开展实地调查，掌握海平面变化对沿海地区的影响状况。

（2）开展海平面变化影响评价和脆弱性区划，科学、准确地评价海平面变化影响的范围和程度，为编修沿海发展规划和有效应对海平面上升灾害提供决策依据。

（3）在实施围填海等大型涉海工程时，充分考虑海平面上升因素，综合评价海平面上升对海洋动力、生态环境和海洋灾害的影响，保证当地社会经济的可持续发展。

（4）在咸潮、海水入侵与土壤盐渍化影响严重地区，合理调配淡水资源，兴修和完善水利设施，保障工农业生产和城市供水安全。

（5）在建设和加固海洋防御设施时，合理选址，充分利用滨海生态系统的防护功能，构建堤防与生态相结合的立体防护体系，实现沿海地区的和谐发展。

附件九

2010年《中国海洋经济统计公报》（摘录）

2010年，沿海各地区深入贯彻实践科学发展观，认真落实党中央、国务院发展海洋经济的战略部署，不断推进海洋经济结构调整，着力促进海洋经济发展方式转变，有效巩固和扩大了应对国际金融危机成果，海洋经济实现平稳较快发展。

一、海洋经济总体运行情况

据初步核算，2010年全国海洋生产总值38 439亿元，比上年增长12.8%。海洋生产总值占国内生产总值的9.7%。其中，海洋产业增加值22 370亿元，海洋相关产业增加值16 069亿元；海洋第一产业增加值2 067亿元，第二产业增加值18 114亿元，第三产业增加值18 258亿元。海洋经济三次产业结构5∶47∶48。据测算，2010年全国涉海就业人员3 350万人，其中新增就业80万人。

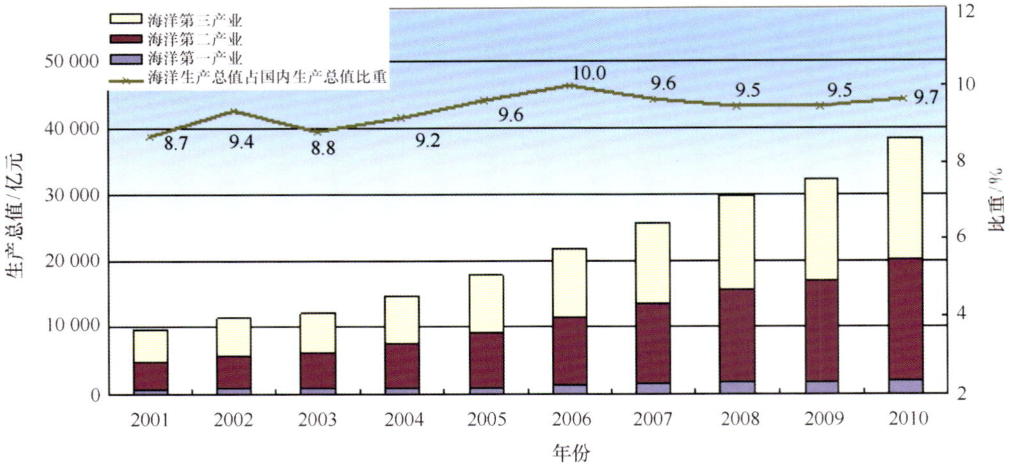

图9－1　2001—2010年全国海洋生产总值情况

二、主要海洋产业发展情况

2010年，我国海洋产业总体保持稳步增长。其中，主要海洋产业增加值15 531亿元，比上年增长13.1%；海洋科研教育管理服务业增加值6 839亿元，比上年增长10.7%。

主要海洋产业发展情况如下：

——海洋油气业　我国继续加大海洋油气勘探开发力度，多个油气田陆续投产，海洋石油天然气产量首次超过5 000万吨。海洋油气业高速增长，全年实现增加值1 302亿元，比上年增长53.9%。

——海洋电力业　海洋风电陆续进入规模开发阶段，海洋电力业继续保持快速增长态势，全年实现增加值28亿元，比上年增长30.1%。

——海洋生物医药业　随着国家相关政策的有力实施，海洋生物医药业继续保持较快增长态势。全年实现增加值67亿元，比上年增长25.0%。

——海洋船舶工业　我国造船完工量及新承接船舶订单量大幅增长，海洋船舶工业继续保持较快增长，全年实现增加值1 182亿元，比上年增长19.5%。

——海水利用业　我国海水淡化能力不断增强，海水直接利用规模持续扩大，产业化水平进一步提升，海水利用业继续保持较快发展。全年实现增加值10亿元，比上年增长18.4%。

——海洋交通运输业　随着国际贸易形势趋好和航运价格恢复性增长，海洋交通运输业迅速回暖。我国海洋交通运输业全年实现增加值3 816亿元，比上年增长16.7%。

——海洋盐业　受不利天气以及盐田面积减小等因素影响，海盐产量有所下降，但由于价格持续上行，海洋盐业仍实现了良好的经济增长。全年实现增加值53亿元，比上年增长15.3%。

——海洋工程建筑业　海洋工程建筑业保持稳步发展，全年实现增加值808亿元，比上年增长14.5%。

——海洋化工业　海洋化工业稳步增长，全年实现增加值565亿元，比上年增长12.4%。

——滨海旅游业　沿海地区依托特色旅游资源，发展多样化旅游产品，滨海旅游业保持平稳增长。全年实现增加值4 838亿元，比上年增长7.9%。

——海洋渔业　全国海洋渔业保持平缓增长，海水养殖产量稳步提高。全年实现增加值2 813亿元，比上年增长4.4%。

——海洋矿业　随着管理力度的加强，我国海砂开采活动更加规范有序，海洋矿业全年实现增加值49亿元，比上年减少0.5%。

三、区域海洋经济发展情况

2010年，环渤海地区海洋生产总值13 271亿元，占全国海洋生产总值的比重为34.5%，比上年减少0.1个百分点。长江三角洲地区海洋生产总值12 059亿元，占全国海洋生产总值的比重为31.4%，比上年减少0.6个百分点。珠江三角洲地区海洋生产总值8 291亿元，占全国海洋生产总值的比重为21.6%，比上年增长0.9个百分点。

2011年，沿海各地区在“十二五”规划的指导下，将坚定不移地贯彻党和国家的各项政策方针，加快海洋经济结构战略性调整，积极培育战略性海洋新兴产业，着力推动海洋传统产业优化升级，促进海洋经济协调健康发展。

附件十

2010 年《海岛管理公报》（摘录）

2009 年 12 月 26 日，第十一届全国人大常委会第十二次会议表决通过了《海岛保护法》，并已于 2010 年 3 月 1 日正式实施。

第五条规定："国务院海洋主管部门和国务院其他有关部门依照法律和国务院规定的职责分工，负责全国有居民海岛及其周边海域生态保护工作。沿海县级以上地方人民政府海洋主管部门和其他有关部门按照各自的职责，负责本行政区域内有居民海岛及其周边海域生态保护工作。

国务院海洋主管部门负责全国无居民海岛保护和开发利用的管理工作。沿海县级以上地方人民政府海洋主管部门负责本行政区域内无居民海岛保护和开发利用管理的有关工作。"

第三十条规定："从事全国海岛保护规划确定的可利用无居民海岛的开发利用活动，应当遵守可利用无居民海岛保护和利用规划，采取严格的生态保护措施，避免造成海岛及其周边海域生态系统破坏。

开发利用前款规定的可利用无居民海岛，应当向省、自治区、直辖市人民政府海洋主管部门提出申请，并提交项目论证报告、开发利用具体方案等申请文件，由海洋主管部门组织有关部门和专家审查，提出审查意见，报省、自治区、直辖市人民政府审批。

无居民海岛的开发利用涉及利用特殊用途海岛，或者确需填海连岛以及其他严重改变海岛自然地形、地貌的，由国务院审批。

无居民海岛开发利用审查批准的具体办法，由国务院规定。"

2008 年 7 月 10 日，国务院批准印发了《国家海洋局主要职责内设机构和人员编制规定》，明确国家海洋局"承担海岛生态保护和无居民海岛合法使用的责任。组织制定海岛保护与开发规划、政策并监督实施，组织实施无居民海岛的使用管理，发布海岛对外开放和保护名录。"

概 述

2010 年 3 月 1 日，是《海岛保护法》的实施之日，全国各级海洋主管部门以落实

《海岛保护法》为重点，通过发布海岛政策法规、编制海岛保护规划、开展海岛执法等手段，全面推进海岛开发、建设、保护与管理工作。

海岛政策法规建设成果丰硕。初步构建了《海岛保护法》配套制度体系，保障了海岛管理工作有序开展。

海岛规划体系建设进展顺利。《全国海岛保护规划》已报国务院审批，省级海岛保护规划编制工作稳步推进。

海岛生态保护工作深入开展。国家海岛生态修复试点工作为国家全面开展海岛生态修复提供了较为成熟的实践经验，5 个省级海岛整治修复及保护类项目初见成效。

无居民海岛开发利用工作全面启动。建立了无居民海岛有偿使用制度，启动了第一批名录的组织、上报、审批等工作。

全国海域海岛地名管理工作取得阶段性成果。初步建立海岛名称管理制度，完成了 15 个试点地区外业调查工作和 5 301 个海岛地理实体现场调查工作。

无居民海岛监督检查年度工作逐步展开。中国海监各级机构开展了内容广泛、形式多样的海岛执法检查行动。

海岛管理能力显著提升。国家成立专门的海岛管理、执法机构和技术支撑单位，海岛监视监测工作稳步推进。

1 海岛政策法规

2010 年 3 月 1 日，《海岛保护法》正式生效，开启了我国海岛工作的新篇章。为确保《海岛保护法》的贯彻实施，国家海洋局出台了一系列配套政策、制度和标准，初步构建起比较完善的管理体系。

2010 年 6 月 7 日，财政部、国家海洋局联合印发《无居民海岛使用金征收使用管理办法》，确定了无居民海岛使用金最低价制度和评估制度，明确了无居民海岛使用金征收、免缴、使用、监督检查与法律责任，为落实无居民海岛有偿使用制度提供了依据。

为规范无居民海岛开发利用的管理工作，印发了《关于无居民海岛使用项目审理工作的意见》，明确了国家和省开展无居民海岛开发利用审核工作的程序。印发了《关于无居民海岛使用项目评审工作的若干意见》、《关于成立国家无居民海岛使用项目第一届专家评审委员会的通知》，对无居民海岛使用项目评审工作进行了规范。同时，印发了《关于印发 <无居民海岛开发利用具体方案编制办法> 的通知》、《关于印发无居民海岛使用申请书等格式的通知》、《关于公布无居民海岛使用论证资质单位名单的通知》，规范无居民海岛申报材料的编写工作。

印发《无居民海岛使用权登记办法》和《无居民海岛使用权证书管理办法》，规范无居民海岛使用权登记和证书管理，保障无居民海岛使用权人的合法权益。

沿海省、自治区、直辖市海洋主管部门积极推动省级海岛保护政策法规制定工作，如福建省出台了《福建省无居民海岛使用金征收使用管理办法》，浙江省、福建省成立了无居民海岛使用项目审核委员会，为进一步深入贯彻实施《海岛保护法》提供坚强的制度保障。

表 10－1 《海岛保护法》配套制度列表

序号	类别	文件名称
1	开发与保护	《关于公布无居民海岛使用论证资质单位名单的通知》
2		《关于印发无居民海岛使用申请书等格式的通知》
3		《关于成立国家无居民海岛使用项目第一届专家评审委员会的通知》
4		《关于开展海域海岛海岸带整治修复保护工作的若干意见》
5		《无居民海岛开发利用具体方案编制办法》
6		《关于尽快公布第一批开发利用无居民海岛名录的通知》
7		《关于无居民海岛使用项目评审工作的若干意见》
8		《关于无居民海岛使用项目审理工作的意见》
9	有偿使用	《无居民海岛使用金征收使用管理办法》
10	海岛规划	《省级海岛保护规划编制管理办法》
11		《关于成立全国海岛保护规划委员会及专家审查委员会的通知》
12		《关于公布海岛保护规划编制技术单位推荐名录的通知》
13	登记管理	《无居民海岛使用权登记办法》
14		《无居民海岛使用权证书管理办法》
15	名称管理	《海岛名称管理办法》
16		《海岛界定与数量统计方法》

2 海岛保护规划

《全国海岛保护规划》是引导全社会保护和合理利用海岛资源的纲领性文件，是从事海岛保护、利用活动的依据。阐明了我国海岛保护的现状和形势，明确了海岛保护规划的指导思想、基本原则，对有居民海岛、无居民海岛和特殊用途海岛实行分类、分区保护，创造性地设立了海岛保护十大重点工程。

国家在开展了大量的调研、研讨、试点和征求意见等工作的基础上，编写完成 20 多部海岛保护规划有关问题论证和研究报告，研究编制《全国海岛保护规划》，已报国务院审批。

为指导地方海岛保护规划，出台了《省级海岛保护规划编制管理办法》及有关编制要求，规范省级海岛保护规划的主要内容、编制程序和报批程序等，印发了《关于成立全国海岛保护规划委员会及专家审查委员会的通知》和《关于公布海岛保护规划编制技术单位推荐名录的通知》。目前，浙江、福建、广东和广西四个试点省级海岛保护规划已经基本编制完成，其他沿海省（市）海岛保护规划已开始启动。

3 海岛生态保护

海岛生态保护是《海岛保护法》的重要工作内容，是实现海岛永续利用的根本手段。国家在舟山市桥梁山岛、烟台市小黑山岛和威海市褚岛开展了海岛生态修复试点工作，取得了初步成效，为全面开展国家海岛生态修复奠定了坚实的基础。在此基础上，国家批复了锦州市笔架山连岛坝、唐山市唐山湾“三岛”、上海市佘山岛、宁波市韭山列岛渔山列岛和深圳市小铲岛 5 个不同地区、不同修复类型的省级海岛整治修复及保护类项目，全面推进海岛生态修复工作。

为了加强省级整治修复及保护类项目的管理，国家印发了《关于开展海域海岛海岸带整治修复保护工作的若干意见》，要求省级海洋主管部门编制“海域海岛海岸带整治修复保护规划”和相关工作的计划，确保海岛整治修复和保护工作能够规范、健康和可持续开展。

4 海岛利用管理

海洋经济的快速发展激发起无居民海岛的开发热潮，形成了巨大市场需求，在此情况下，正确引导和规范无居民海岛的开发活动成为保护海岛的一项重要手段。2010 年 10 月 20 日，国家海洋局印发了《关于尽快公布第一批开发利用无居民海岛名录的通知》，启动了第一批开发利用无居民海岛名录（以下简称“第一批名录”）的组织、上报、审批等工作。目前，辽宁省、山东省、江苏省、浙江省、福建省、广东省、广西壮族自治区和海南省人民政府已批准本省的第一批名录。

为了落实无居民海岛有偿使用制度，根据《无居民海岛使用金征收使用管理办法》，编制了无居民海岛使用金评估规程和无居民海岛使用测量规范。2010 年下半年，分别在河北省唐山市菩提岛、山东省即墨市驴岛进行实地测量和评估，并根据实际评估和测量发现的问题进行了修改和完善。

5 海域海岛地名管理

2010 年 4 月，国家海洋局正式启动全国海域海岛地名普查工作。

印发了《海岛名称管理办法》，对海岛命名、更名、名称注销、名称登记和标志设置进行了规定。

成立了国家和省级工作领导小组，负责普查工作的组织实施；制定了国家和各省的海域海岛地名普查实施方案，明确了普查工作的总体目标、任务分工、计划安排和经费保障等；建立了普查工作信息报送制度。

组织编制了《海岛界定与数量统计方法》和《全国海域地名普查工作手册》、《全国海岛地名普查工作手册》、《全国海域海岛其他地理实体地名普查工作手册》、《海岛地名遥感调查工作手册》等标准规范；组织开展了 6 期普查工作培训班，累计培训管理人员和技术骨干 400 多人，下发了 210 套全国海域海岛地名普查采集系统软件和 3 000多张 1∶1 万的标准工作底图及相关数据。

完成全国海域地理实体普查工作，开展了沿海 8 省市港口、码头、航道、锚地等其他地理实体普查和现场调查。全部完成天津、上海等 15 个海岛地名普查试点地区外业调查工作，完成了 5 301 个海岛地理实体现场调查，其他地区外业调查工作进展顺利。

6 海岛执法监察

为全面履行“保护海岛及其周边海域生态系统，规范海岛开发利用秩序，维护我国海洋权益”的职责，中国海监各级机构均开展了多种形式的海岛保护专项执法行动，以航空巡查、船舶巡航和登岛检查的方式，对我国大部分海岛初次进行了大范围的执法检查。

北海总队开展了为期 3 个月的北海区海岛保护联合执法监督检查行动，对北海区的 528 个海岛进行了检查，基本摸清了北海区海岛的开发利用情况，建立了系统的海岛巡查档案；东海总队掌握了本辖区领海基点所在岛屿和部分无居民海岛的基本情况；南海总队经实地检查，已标注南海 1931 个海岛的分布图，并对海岛进行了分类。各级海监机构全年海岛执法共派出海监飞机 141 架次，船舶 1 000 余航次，执法人员 11 000 余人次，检查海岛 4 137 个次，检查次数 8 390 次，发现违法行为 30 起。通过海岛监督检查，向社会各界宣传依法保护海岛、依法开发利用海岛的法律理念，强化了公众依法用岛的意识，扩大了《海岛保护法》的社会影响力；探索、建立了包括海空联合、空中先行，环岛巡航和登岛检查相结合，执法检查与法律宣传相结合等卓有成效的海岛执法模式。

7 海岛能力建设

为了加强海岛管理，理顺各级海洋管理机构管理职能，2010年7月21日，国家海洋局印发了《关于加强海岛管理组织机构建设的通知》，成立了海岛管理办公室，内设海岛综合处、海岛保护处和海岛使用处三个处级机构。主要职能是拟定海岛开发、保护和管理政策与技术规范，编制并实施海岛保护规划；拟订海岛保护名录；承担无居民海岛使用项目审核、使用权登记、证书发放和使用金征收工作；承担无居民海岛建筑物、设施登记和管理；负责海域和海岛地名管理；承担领海基点海岛保护工作；负责海岛使用论证评估；会同环保司开展与海岛相关的海洋生态保护工作；建立海岛监视监测和管理信息系统；发布海岛统计调查公报。

国家海洋局北海、东海、南海分局和沿海各级海洋主管部门按照《海岛保护法》要求，增加了海岛管理和监督检查职能；中国海监总队设立了海岛执法保护处，统筹、协调海岛执法工作，加强海岛的监督检查。

国家海洋局分别在国家海洋局第一、第二、第三海洋研究所成立了国家海岛与海岸带研究中心、国家海岛开发与管理研究中心和国家海岛规划与保护研究中心，国家海洋信息中心和国家海洋技术中心也成立了海岛研究室，初步建成海岛技术支撑体系。

完成海岛监视监测系统建设方案的编制工作，利用现有网络初步构建了国家海岛监视监测业务体系，逐步实现全国海岛的动态监管，并向社会公众提供海岛信息服务；整合海岛历史数据、“908专项”海岛和遥感调查数据、海岛有关项目、海岛政策法规等各类资料，进一步丰富、完善了海岛数据库，初步形成海岛信息产品快速制作和服务能力。

附件十一

中国第一批开发利用无居民海岛名录

（2011 年 4 月 12 日，国家海洋局发布）

第一批开发利用无居民海岛名录涉及辽宁、山东、江苏、浙江、福建、广东、广西、海南等 8 个省区，共计 176 个无居民海岛。其中，辽宁 11 个、山东 5 个、江苏 2 个、浙江 31 个、福建 50 个、广东 60 个、广西 11 个、海南 6 个。海岛开发主导用途涉及旅游娱乐、交通运输、工业、仓储、渔业、农林牧业、可再生能源、城乡建设、公共服务等多个领域。

序号	名称	省、自治区	市	县	坐标	面积（平方千米）	主导用途	备注
1	猪岛	辽宁	大连市	市辖区	39°05′N，121°09′E	0.96	旅游娱乐用岛	
2	大笔架山岛	辽宁	锦州市	凌海市	40°48′N，121°04′E	0.12	旅游娱乐用岛	
3	小笔架山岛	辽宁	锦州市	凌海市	40°50′N，121°05′E	0.023	旅游娱乐用岛	
4	吊龙蛋岛	辽宁	葫芦岛市	绥中县	39°59′N，119°54′E	0.0023	旅游娱乐用岛	
5	蛤蜊岛	辽宁	大连市	庄河市	39°38′N，123°01′E	1	旅游娱乐用岛	
6	青鱼坨子岛	辽宁	大连市	庄河市	39°32′N，123°02′E	0.04	旅游娱乐用岛	
7	好坨子岛	辽宁	大连市	瓦房店市	39°41′N，121°29′E	0.13	旅游娱乐用岛	
8	龍岛	辽宁	大连市	金州新区	39°11′N，121°34′E	1.2	旅游娱乐用岛	
9	财神岛（葫芦岛）	辽宁	大连市	长海县	39°12′N，123°18′E	0.44	旅游娱乐用岛、渔业用岛	
10	鸦鸽坨子岛	辽宁	大连市	瓦房店市	39°23′N，121°19′E	0.005	旅游娱乐用岛、渔业用岛	
11	线麻坨子岛	辽宁	大连市	瓦房店市	39°20′N，121°31′E	0.0617	渔业用岛	
12	扫子岛	山东	烟台市	市辖区	37°34′N，121°28′E	0.081	旅游娱乐用岛、科研用岛	
13	褚岛	山东	威海市	市辖区	37°34′N，122°04′E	0.17	旅游娱乐用岛	
14	宫家岛	山东	威海市	乳山市	36°48′N，121°42′E	0.7	旅游娱乐用岛	
15	[illegible]岛	山东	青岛市	市辖区	35°55′N，120°10′E	0.1	旅游娱乐用岛	
16	大岛（三平岛）	山东	青岛市	即墨市	36°29′N，120°59′E	0.1535	旅游娱乐用岛、科研用岛	

续表

序号	名称	省、自治区	市	县	坐标	面积（平方千米）	主导用途	备注
17	秦山岛	江苏	连云港市	赣榆县	34°52′N，119°16′E	0.142	旅游娱乐用岛	
18	竹岛	江苏	连云港市	连云区	34°46′N，119°20′E	0.1362	旅游娱乐用岛	
19	马岛	浙江	宁波市	宁海县	29°29′N，121°32′E	0.0571	公共服务用岛	海岛志上原名马屿
20	大羊屿	浙江	宁波市	象山县	29°24′N，121°58′E	0.2528	旅游娱乐用岛	
21	牛栏基岛	浙江	宁波市	象山县	29°13′N，121°59′E	0.8304	旅游娱乐用岛	
22	内长屿	浙江	温州市	瑞安市	27°36′N，121°12′E	0.0314	渔业用岛	
23	外长屿	浙江	温州市	瑞安市	27°36′N，121°12′E	0.0211	渔业用岛	
24	小门南礁	浙江	温州市	瑞安市	27°36′N，121°12′E	0.0044	渔业用岛	海岛志上为2902号无名岛
25	外长南屿	浙江	温州市	瑞安市	27°36′N，121°14′E	0.0165	渔业用岛	海岛志上为2906号无名岛
26	大竹峙岛	浙江	温州市	洞头县	27°49′N，121°13′E	0.4532	旅游娱乐用岛	海岛志上原名大竹屿
27	小瞿岛	浙江	温州市	洞头县	27°48′N，121°05′E	0.1532	旅游娱乐用岛	
28	前屿山屿	浙江	温州市	苍南县	27°26′N，120°39′E	0.0266	旅游娱乐用岛	海岛志上原名前屿山
29	担峙岛	浙江	舟山市	定海区	29°59′N，122°10′E	0.1672	旅游娱乐用岛	海岛志上原名西担峙
30	团鸡山岛	浙江	舟山市	定海区	29°58′N，122°05′E	0.2299	公共服务用岛	海岛志上原名团鸡山
31	盐仓枕头屿	浙江	舟山市	定海区	29°59′N，122°02′E	0.0419	旅游娱乐用岛	海岛志上原名枕头山
32	茶山岛	浙江	舟山市	定海区	29°58′N，122°11′E	0.1208	旅游娱乐用岛	海岛志上原名蛇山
33	癞头园山屿	浙江	舟山市	普陀区	29°56′N，122°14′E	0.0036	工业用岛	海岛志上原名癞头圆山
34	小癞头礁	浙江	舟山市	普陀区	29°43′N，122°01′E	<0.0005	交通运输用岛	
35	大瓦窑门屿	浙江	舟山市	岱山县	30°12′N，122°10′E	0.0119	交通运输用岛	海岛志上原名瓦窑门山
36	明礁	浙江	舟山市	岱山县	30°12′N，122°10′E	<0.0005	交通运输用岛	
37	外马廊山岛	浙江	舟山市	嵊泗县	30°40′N，122°28′E	0.1755	旅游娱乐用岛	海岛志上原名外马廊山
38	里马廊山屿	浙江	舟山市	嵊泗县	30°40′N，122°28′E	0.0249	旅游娱乐用岛	海岛志上原名里马廊山
39	西猪腰岛	浙江	台州市	椒江区	28°28′N，121°51′E	0.0597	工业用岛	海岛志上原名猪腰屿
40	东猪腰岛	浙江	台州市	椒江区	28°28′N，121°52′E	0.0559	工业用岛	海岛志上为2255号无名岛
41	缸爿岛	浙江	台州市	椒江区	28°28′N，121°52′E	0.0126	工业用岛	海岛志上原名缸片岛
42	西笼岛	浙江	台州市	路桥区	28°33′N，121°39′E	0.1865	工业用岛	海岛志上原名西廊岛

续表

序号	名称	省、自治区	市	县	坐标	面积（平方千米）	主导用途	备注
43	鸟鸪嘴屿	浙江	台州市	路桥区	28°33′N，121°38′E	0.0212	工业用岛	海岛志上原名裴古嘴岛
44	双鼓一礁	浙江	台州市	临海市	28°40′N，121°47′E	0.002	工业用岛	海岛志上原名双鼓礁－1
45	双鼓二礁	浙江	台州市	临海市	28°40′N，121°47′E	0.0012	工业用岛	海岛志上原名双鼓礁－2
46	小龟屿	浙江	台州市	温岭市	28°24′N，121°43′E	0.0042	仓储用岛	
47	二蒜岛	浙江	台州市	温岭市	28°13′N，121°39′E	0.24	旅游娱乐用岛	
48	黄门岛	浙江	台州市	玉环县	28°03′N，121°15′E	0.6357	渔业用岛	海岛志上原名黄门山岛
49	南排岛	浙江	台州市	玉环县	28°03′N，121°17′E	0.5439	旅游娱乐用岛	海岛志上原名南排山
50	宫屿	福建	宁德市	福鼎市	27°13′N，120°19′E	0.006376	工业用岛	
51	六土屿	福建	宁德市	福鼎市	27°13′N，120°19′E	0.00248	工业用岛	
52	八岁屿	福建	宁德市	市辖区	26°44′N，119°38′E	0.0812	交通运输用岛	
53	樟屿	福建	宁德市	福安市	26°44′N，119°38′E	0.4365	交通运输用岛	
54	马山岛	福建	宁德市	福安市	26°54′N，119°38′E	0.7808	旅游娱乐用岛	
55	竹岐山	福建	宁德市	市辖区	26°39′N，119°37′E	0.012	城乡建设用岛	
56	青屿尾岛	福建	宁德市	霞浦县	26°42′N，119°50′E	0.006958	工业用岛	
57	牛姆屿	福建	宁德市	霞浦县	26°43′N，120°01′E	0.008486	工业用岛	
58	铁屿仔	福建	宁德市	霞浦县	26°42′N，119°49′E	0.000958	工业用岛	
59	月爿屿	福建	宁德市	霞浦县	26°39′N，119°52′E	0.0126	工业用岛	
60	元宝屿	福建	宁德市	霞浦县	26°39′N，119°52′E	0.0478	工业用岛	
61	沙帽屿	福建	宁德市	市辖区	26°36′N，119°44′E	0.004223	交通运输用岛	
62	羊屿	福建	福州市	连江县	26°22′N，119°58′E	0.2251	旅游娱乐用岛	
63	目屿岛	福建	福州市	连江县	26°14′N，119°43′E	0.1884	旅游娱乐用岛	
64	黄官岛	福建	福州市	福清市	25°37′N，119°32′E	0.05077	旅游娱乐用岛	
65	西洛岛	福建	福州市	长乐市	25°45′N，119°39′E	0.0621	交通运输用岛	
66	长屿	福建	福州市	连江县	26°23′N，119°46′E	0.0137	交通运输用岛	
67	小长屿（1）	福建	福州市	连江县	26°23′N，119°46′E	0.002084	交通运输用岛	
68	小长屿（2）	福建	福州市	连江县	26°23′N，119°46′E	0.004423	交通运输用岛	
69	园屿	福建	福州市	连江县	26°23′N，119°46′E	0.014116	交通运输用岛	
70	蛤沙青屿	福建	福州市	连江县	26°17′N，119°44′E	0.00936	旅游娱乐用岛	
71	洋屿	福建	福州市	罗源县	26°32′N，119°47′E	0.0115	工业用岛	
72	倪礁	福建	福州市	罗源县	26°26′N，119°48′E	0.002776	城乡建设用岛	

续表

序号	名称	省、自治区	市	县	坐标	面积（平方千米）	主导用途	备注
73	南青屿	福建	福州市	福清市	25°28′N，119°38′E	0.09176	交通运输用岛	
74	北限岛	福建	福州市	平潭县	25°40′N，119°37′E	0.042	交通运输用岛	
75	姜山岛	福建	福州市	平潭县	25°26′N，119°48′E	0.3963	旅游娱乐用岛	
76	大屿岛	福建	福州市	平潭县	25°27′N，119°40′E	0.2494	旅游娱乐用岛	
77	大嵩岛	福建	福州市	平潭县	25°39′N，119°48′E	0.2816	旅游娱乐用岛	又名“大墩岛”
78	东甲岛	福建	福州市	平潭县	25°17′N，119°45′E	0.7285	旅游娱乐用岛	
79	石岛	福建	莆田市	秀屿区	25°11′N，119°01′E	0.0482	交通运输用岛	
80	黄干岛	福建	泉州市	惠安县	25°02′N，119°01′E	0.5449	交通运输用岛	
81	蟹屿	福建	泉州市	惠安县	25°12′N，118°58′E	0.0409	交通运输用岛	
82	洋屿	福建	泉州市	惠安县	25°11′N，118°58′E	0.0593	工业用岛	
83	奎屿	福建	泉州市	南安市	24°35′N，118°25′E	0.006042	旅游娱乐用岛	
84	大山屿	福建	泉州市	晋江市	24°47′N，118°45′E	0.007957	旅游娱乐用岛	
85	大佰屿	福建	泉州市	南安市	24°34′N，118°27′E	0.0599	旅游娱乐用岛	又名“大百屿”
86	小佰屿	福建	泉州市	南安市	24°34′N，118°26′E	0.0351	旅游娱乐用岛	又名“小百屿”
87	大坠岛	福建	泉州市	惠安县	24°49′N，118°46′E	0.4898	旅游娱乐用岛	
88	火烧屿	福建	厦门市	市辖区	24°30′N，118°04′E	0.2457413	旅游娱乐用岛	
89	大兔屿	福建	厦门市	市辖区	24°29′N，118°03′E	0.063226	旅游娱乐用岛	
90	小兔屿	福建	厦门市	市辖区	24°29′N，118°03′E	0.004645	旅游娱乐用岛	
91	宝珠屿	福建	厦门市	市辖区	24°32′N，118°04′E	0.00271	旅游娱乐用岛	
92	大离埔屿	福建	厦门市	市辖区	24°33′N，118°09′E	0.02183	旅游娱乐用岛	又名“大离浦屿”
93	林进屿	福建	漳州市	漳浦县	24°11′N，118°01′E	0.0813	旅游娱乐用岛	
94	南屿	福建	漳州市	东山县	23°43′N，117°31′E	0.034	旅游娱乐用岛	
95	浯垵岛	福建	漳州市	龙海市	24°19′N，118°07′E	0.1381	旅游娱乐用岛	又名“浯安岛”
96	破灶屿	福建	漳州市	龙海市	24°22′N，118°05′E	0.0609	旅游娱乐用岛	
97	小破灶屿	福建	漳州市	龙海市	24°22′N，118°05′E	0.0108	旅游娱乐用岛	
98	东门屿	福建	漳州市	东山县	23°43′N，117°33′E	0.6367	旅游娱乐用岛	又名“塔屿”
99	退屿	福建	宁德市	福安市	26°48′N，119°42′E	0.0125	交通运输用岛	
100	开礁	广东	潮州市	饶平县	23°34′N，117°08′E	0.00045	交通与工业用岛	
101	龙屿	广东	潮州市	饶平县	23°34′N，117°08′E	0.0523	交通与工业用岛	
102	小屿	广东	潮州市	饶平县	23°33′N，117°06′E	0.0056	交通与工业用岛	
103	大礁屿	广东	潮州市	饶平县	23°33′N，117°05′E	0.0089	交通与工业用岛	
104	R3	广东	汕头市	澄海区	23°25′N，116°52′E	0.0007	旅游娱乐用岛	
105	凤屿	广东	汕头市	南澳县	23°28′N，116°55′E	0.316	旅游娱乐用岛	
106	官屿	广东	汕头市	南澳县	23°23′N，117°06′E	0.117	旅游娱乐用岛	

续表

序号	名称	省、自治区	市	县	坐标	面积（平方千米）	主导用途	备注
107	猎屿	广东	汕头市	南澳县	23°29′N，117°06′E	0.373	旅游娱乐用岛	
108	龟屿	广东	汕头市	市辖区	23°20′N，116°38′E	0.007	交通与工业用岛	
109	龟山岛	广东	汕头市	市辖区	23°16′N，116°44′E	0.028	旅游娱乐用岛	
110	龙舌礁（一）	广东	揭阳市	惠来县	22°58′N，116°31′E	0.004	交通与工业用岛	
111	龙舌礁（二）	广东	揭阳市	惠来县	22°58′N，116°31′E	0.003	交通与工业用岛	
112	外梗	广东	揭阳市	惠来县	22°57′N，116°30′E	0.0014	交通与工业用岛	
113	中梗	广东	揭阳市	惠来县	22°57′N，116°30′E	0.003	交通与工业用岛	
114	下牛母礁	广东	揭阳市	惠来县	22°59′N，116°31′E	0.0005	交通与工业用岛	
115	大堆尾	广东	揭阳市	惠来县	22°56′N，116°23′E	0.0004	交通与工业用岛	
116	渔翁礁	广东	汕尾市	陆丰市	22°45′N，115°50′E	0.009	交通与工业用岛	
117	眠礁	广东	汕尾市	陆丰市	22°45′N，115°50′E	0.008	交通与工业用岛	
118	大辣甲	广东	惠州市	惠阳区	22°35′N，114°39′E	1.8168	旅游娱乐用岛	
119	纯洲	广东	惠州市	惠阳区	22°43′N，114°35′E	0.6789	交通与工业用岛	
120	锅盖洲	广东	惠州市	惠阳区	22°41′N，114°39′E	0.0529	交通与工业用岛	
121	宝塔洲	广东	惠州市	惠阳区	22°46′N，114°39′E	0.0661	旅游娱乐用岛	
122	蛇仔洲	广东	惠州市	惠阳区	22°40′N，114°31′E	0.1466	旅游娱乐用岛	
123	坪峙仔	广东	惠州市	惠东县	22°44′N，114°44′E	0.0194	旅游娱乐用岛	
124	桑洲	广东	惠州市	惠东县	22°35′N，114°43′E	0.5682	旅游娱乐用岛	
125	洲仔	广东	深圳市	市辖区	22°36′N，114°19′E	0.0075	旅游娱乐用岛	
126	大铲岛	广东	深圳市	市辖区	22°31′N，113°51′E	0.65	交通与工业用岛	
127	小铲岛	广东	深圳市	宝安区	22°33′N，113°50′E	0.1896	交通与工业用岛	
128	大蠔沙	广东	广州市	黄浦区	23°05′N，113°28′E	1	旅游娱乐用岛	
129	大虎岛	广东	广州市	番禺区	22°50′N，113°35′E	1.0655	旅游娱乐用岛	
130	上横挡	广东	广州市	番禺区	22°48′N，113°36′E	0.079	旅游娱乐用岛	
131	下横挡	广东	广州市	番禺区	22°47′N，113°36′E	0.067	旅游娱乐用岛	
132	凫洲	广东	广州市	番禺区	22°45′N，113°37′E	0.02	旅游娱乐用岛	
133	舢板洲	广东	广州市	番禺区	22°43′N，113°40′E	0.0125	公共服务用岛	
134	二洲岛	广东	珠海市	越秀区	22°00′N，114°11′E	8.0996	旅游娱乐用岛	
135	小蜘洲	广东	珠海市	市辖区	22°06′N，113°52′E	0.7357	旅游与交通用岛	
136	三角岛	广东	珠海市	市辖区	22°09′N，113°43′E	0.6533	旅游与交通用岛	
137	大九洲	广东	珠海市	市辖区	22°15′N，113°37′E	0.182	旅游娱乐用岛	
138	杧仔岛	广东	珠海市	市辖区	21°54′N，113°07′E	0.0577	交通与工业用岛	
139	三角山岛	广东	珠海市	市辖区	21°57′N，113°10′E	0.7562	交通与工业用岛	
140	大三洲	广东	珠海市	市辖区	22°05′N，113°33′E	0.0109	旅游娱乐用岛	

续表

序号	名称	省、自治区	市	县	坐标	面积（平方千米）	主导用途	备注
141	小三洲	广东	珠海市	市辖区	22°05′N，113° 33′E	0. 0075	旅游娱乐用岛	
142	墨斗洲	广东	江门市	台山市	21°36′N，112° 44′E	0. 0782	旅游娱乐用岛	
143	坪洲	广东	江门市	台山市	21°36′N，112° 39′E	0. 8131	旅游娱乐用岛	
144	神灶岛	广东	江门市	台山市	21°49′N，112° 28′E	0. 0025	旅游娱乐用岛	
145	独崖岛	广东	江门市	台山市	22°05′N，113° 01′E	0. 0779	旅游娱乐用岛	
146	二崖岛	广东	江门市	台山市	22°03′N，113° 01′E	0. 0505	旅游娱乐用岛	
147	王府洲	广东	江门市	台山市	21°36′N，112° 35′E	1. 8531	旅游娱乐用岛	
148	黄麖洲	广东	江门市	台山市	21°42′N，112° 41′E	1. 1062	公共服务用岛	
149	葛洲	广东	阳江市	阳东县	21°44′N，112° 13′E	0. 2072	公共服务用岛	
150	小葛洲	广东	阳江市	阳东县	21°44′N，112° 14′E	0. 0278	公共服务用岛	
151	小放鸡	广东	茂名市	电白县	21°24′N，111° 13′E	0. 0629	旅游娱乐用岛	
152	罗斗沙	广东	湛江市	徐闻县	20°22′N，110° 35′E	2. 6675	旅游娱乐用岛	
153	白母沙	广东	湛江市	徐闻县	20°36′N，110° 29′E	2. 0125	农林渔业用岛	
154	雷打沙	广东	湛江市	徐闻县	20°39′N，110°29′E	1. 66	农林渔业用岛	
155	三墩	广东	湛江市	徐闻县	20°14′N，110°06′E	0. 0545	旅游娱乐用岛	
156	水头岛	广东	湛江市	徐闻县	20°39′N，110°22′E	0. 0695	农林渔业用岛	
157	赤豆寮岛	广东	湛江市	雷州市	20°46′N，109°45′E	0. 4122	旅游娱乐用岛	
158	娘子墩	广东	湛江市	雷州市	20°47′N，109°45′E	0. 0288	旅游娱乐用岛	
159	鲎沙	广东	湛江市	市辖区	20°54′N，110°32′E	0. 329	旅游娱乐用岛	
160	独山背岛	广西	钦州市	市辖区	21°50′N，108°36′E	0. 008551	城乡建设用岛	
161	小墩	广西	钦州市	市辖区	21°46′N，108°37′E	0. 002713	旅游娱乐用岛、交通运输用岛	
162	擦人墩	广西	钦州市	市辖区	21°45′N，108°33′E	0. 023377	旅游娱乐用岛、交通运输用岛	
163	樟木环岛	广西	钦州市	市辖区	21°45′N，108°34′E	0. 115386	旅游娱乐用岛、交通运输用岛	
164	鬼仔坪岛	广西	钦州市	市辖区	21°45′N，108°34′E	0. 18175	旅游娱乐用岛、交通运输用岛	
165	虎墩	广西	钦州市	市辖区	21°45′N，108°35′E	0. 008163	旅游娱乐用岛、交通运输用岛	
166	旱泾长岭	广西	钦州市	市辖区	21°45′N，108°34′E	0. 181378	旅游娱乐用岛、交通运输用岛	
167	大娥眉岭	广西	钦州市	市辖区	21°45′N，108°35′E	0. 039468	旅游娱乐用岛、交通运输用岛	

续表

序号	名称	省、自治区	市	县	坐标	面积（平方千米）	主导用途	备注
168	小娥眉岭	广西	钦州市	市辖区	21°45′N，108°35′E	0.019552	旅游娱乐用岛、交通运输用岛	
169	青风墩	广西	钦州市	市辖区	21°45′N，108°35′E	0.002962	旅游娱乐用岛、交通运输用岛	
170	沙墩	广西	钦州市	市辖区	21°42′N，108°50′E	0.071287	旅游娱乐用岛、交通运输用岛	
171	东锣岛	海南	三亚市	市辖区	18°19′N，108°59′E	0.1316	旅游娱乐用岛	
172	西鼓岛	海南	三亚市	市辖区	18°19′N，108°57′E	0.056	旅游娱乐用岛	
173	蜈支洲岛	海南	三亚市	市辖区	18°18′N，109°45′E	1.0521	旅游娱乐用岛	
174	小青洲	海南	三亚市	市辖区	18°13′N，109°29′E	0.0239	旅游娱乐用岛	
175	加井岛	海南	万宁市		18°39′N，110°17′E	0.14	旅游娱乐用岛	
176	洲仔岛	海南	万宁市		18°38′N，110°21′E	0.475	旅游娱乐用岛	

附件十二

国家海洋局、民政部受权公布中国钓鱼岛及其部分附属岛屿标准名称

2012年3月，根据《中华人民共和国海岛保护法》，国家海洋局对中国海域海岛进行了名称标准化处理。经国务院批准，国家海洋局、民政部现将钓鱼岛及其部分附属岛屿的标准名称公布如下。

序号	标准名称	汉语拼音	位置描述
1	钓鱼岛	Diàoyú Dǎo	距温州市约356千米、福州市约385千米、基隆市约190千米
2	龙头鱼岛	Lóngtóuyú Dǎo	位于钓鱼岛东北
3	鲳鱼岛	Chāngyú Dǎo	位于钓鱼岛西南
4	大黄鱼岛	Dàhuángyú Dǎo	位于钓鱼岛南
5	小黄鱼岛	Xiǎohuángyú Dǎo	位于钓鱼岛南
6	金钱鱼岛	Jīnqiányú Dǎo	位于钓鱼岛东南
7	金钱鱼西岛	Jīnqiányúxī Dǎo	位于钓鱼岛东南
8	梅童鱼岛	Méitóngyú Dǎo	位于钓鱼岛东南
9	梅童鱼东岛	Méitóngyúdōng Dǎo	位于钓鱼岛东南
10	梅童鱼西岛	Méitóngyúxī Dǎo	位于钓鱼岛东南
11	龙王鲷岛	Lóngwángdiāo Dǎo	位于钓鱼岛东南
12	龙王鲷西岛	Lóngwángdiāoxī Dǎo	位于钓鱼岛东南
13	龙王鲷东岛	Lóngwángdiāodōng Dǎo	位于钓鱼岛东南
14	龙王鲷南岛	Lóngwángdiāonán Dǎo	位于钓鱼岛东南
15	黄姑鱼岛	Huánggūyú Dǎo	位于钓鱼岛东南
16	黄尾屿	Huángwěi Yǔ	位于钓鱼岛东北约27千米处
17	海豚岛	Hǎitún Dǎo	位于黄尾屿西北
18	大珠岛	Dàzhū Dǎo	位于黄尾屿西
19	小珠岛	Xiǎozhū Dǎo	位于黄尾屿西

续表

序号	标准名称	汉语拼音	位置描述
20	上虎牙岛	Shànghǔyá Dǎo	位于黄尾屿北
21	下虎牙岛	Xiàhǔyá Dǎo	位于黄尾屿北
22	西牛角岛	Xīniújiǎo Dǎo	位于黄尾屿东北
23	东牛角岛	Dōngniújiǎo Dǎo	位于黄尾屿东北
24	黄牛岛	Huángniú Dǎo	位于黄尾屿东北
25	牛尾岛	Niúwěi Dǎo	位于黄尾屿东北
26	牛蹄岛	Niútí Dǎo	位于黄尾屿东北
27	小龙岛	Xiǎolóng Dǎo	位于黄尾屿西
28	大雁岛	Dàyàn Dǎo	位于黄尾屿西
29	燕子岛	Yànzi Dǎo	位于黄尾屿西
30	刺猬岛	Cìwèi Dǎo	位于黄尾屿西南
31	卧蚕岛	Wòcán Dǎo	位于黄尾屿西南
32	大金龟子岛	Dàjīnguīzǐ Dǎo	位于黄尾屿西南
33	小金龟子岛	Xiǎojīnguīzǐ Dǎo	位于黄尾屿西南
34	海龟岛	Hǎiguī Dǎo	位于黄尾屿东南
35	海星岛	Hǎixīng Dǎo	位于黄尾屿东
35	海贝岛	Hǎibèi Dǎo	位于黄尾屿东南
37	赤尾屿	Chìwěi Yǔ	位于钓鱼岛东约 110 千米处
38	赤背北岛	Chìbèiběi Dǎo	位于赤尾屿北
39	赤背东岛	Chìbèidōng Dǎo	位于赤尾屿北
40	赤背西岛	Chìbèixī Dǎo	位于赤尾屿北
41	赤背南岛	Chìbèinán Dǎo	位于赤尾屿北
42	小赤尾岛	Xiǎochìwěi Dǎo	位于赤尾屿西
43	赤头岛	Chìtóu Dǎo	位于赤尾屿西
44	赤冠岛	Chìguàn Dǎo	位于赤尾屿西
45	赤鼻岛	Chìbí Dǎo	位于赤尾屿西
46	赤嘴岛	Chìzuǐ Dǎo	位于赤尾屿西
47	望赤岛	Wàngchì Dǎo	位于赤尾屿西南
48	北小岛	Běixiǎo Dǎo	位于钓鱼岛以东约 5 千米处
49	鸟巢岛	Niǎocháo Dǎo	位于北小岛东

续表

序号	标准名称	汉语拼音	位置描述
50	鸟卵岛	Niǎoluǎn Dǎo	位于北小岛东
51	小鸟岛	Xiǎoniǎo Dǎo	位于北小岛东南
52	南小岛	Nánxiǎo Dǎo	位于钓鱼岛东南约 5.5 千米处
53	龙门北岛	Lóngménběi Dǎo	位于南小岛西北
54	龙门岛	Lóngmén Dǎo	位于南小岛西北
55	龙门南岛	Lóngménnán Dǎo	位于南小岛西北
56	卧龙岛	Wòlóng Dǎo	位于南小岛西北
57	卧龙西岛	Wòlóngxī Dǎo	位于南小岛西北
58	飞龙北岛	Fēilóngběi Dǎo	位于南小岛东南
59	飞龙岛	Fēilóng Dǎo	位于南小岛东南
60	龙珠岛	Lóngzhū Dǎo	位于南小岛东南
61	飞龙南岛	Fēilóngnán Dǎo	位于南小岛东南
62	长龙岛	Chánglóng Dǎo	位于南小岛东南
63	金龙岛	Jīnlóng Dǎo	位于南小岛东南
64	北屿	Běi Yǔ	位于钓鱼岛东北约 6 千米处
65	北屿仔岛	Běiyǔzǎi Dǎo	位于北屿南
66	小元宝岛	Xiǎoyuánbǎo Dǎo	位于北屿西南
67	飞云岛	Fēiyún Dǎo	位于北屿西南
68	元宝岛	Yuánbǎo Dǎo	位于北屿西南
69	南屿	Nán Yǔ	位于钓鱼岛东北约 7.4 千米处
70	飞屿	Fēi Yǔ	位于钓鱼岛东南
71	飞仔岛	Fēizǎi Dǎo	位于钓鱼岛东南

附件十三

中国主要海洋法律文件

类别	法律文件	发布机关	发布时间	生效时间
基本法律	中华人民共和国政府关于领海的声明	全国人大常委会批准，中国政府宣布	1958 年 9 月 4 日	1958 年 9 月 4 日
	全国人民代表大会常务委员会关于批准《联合国海洋法公约》的决定	全国人大常委会	1996 年 5 月 15 日	1996 年 5 月 15 日
	中华人民共和国领海及毗连区法	全国人大常委会	1992 年 2 月 25 日	1992 年 2 月 25 日
	中华人民共和国政府关于领海基线的声明	国务院	1996 年 5 月 15 日	1996 年 5 月 15 日
	中华人民共和国专属经济区和大陆架法	全国人大常委会	1998 年 6 月 26 日	1998 年 6 月 26 日
	中华人民共和国海域使用管理法	全国人大常委会	2001 年 10 月 27 日	2002 年 1 月 1 日
	中华人民共和国海岛保护法	全国人大常委会	2009 年 12 月 26 日	2009 年 12 月 26 日
	外国籍非军用船舶通过琼州海峡管理规则	国务院	1964 年 6 月 8 日	1964 年 6 月 8 日
	中华人民共和国交通部海港引航工作规定	交通部	1976 年 11 月 12 日	1976 年 11 月 12 日
	中华人民共和国对外国籍船舶管理规则	国务院批准，交通部公布	1979 年 9 月 18 日	1979 年 9 月 18 日
	中华人民共和国海上交通安全法	全国人大常委会	1983 年 9 月 2 日	1984 年 1 月 1 日
	中华人民共和国海上交通事故调查处理条例	国务院批准，交通部公布	1990 年 3 月 3 日	1990 年 3 月 3 日
	中华人民共和国船舶和海上设施检验条例	国务院	1993 年 2 月 14 日	1993 年 2 月 14 日
	中华人民共和国海上航行警告和航行通告管理规定	国务院批准，交通部发布	1993 年 1 月 11 日	1993 年 2 月 1 日
	国际航行船舶进出中华人民共和国口岸检查办法	国务院	1995 年 3 月 21 日	1995 年 3 月 21 日
	中华人民共和国航道管理条例	国务院	1987 年 10 月 1 日	1987 年 10 月 1 日
	中华人民共和国航道管理条例实施细则	交通部	1991 年 8 月 29 日/2009 年 6 月 23 日	1991 年 10 月 1 日/2009 年 6 月 23 日
	中华人民共和国航标条例	国务院	1995 年 12 月 3 日	1995 年 12 月 3 日

续表

类别	法律文件	发布机关	发布时间	生效时间
基本法律	沿海航标管理办法	交通部	2003年7月10日	2003年9月1日
	中华人民共和国国际海运条例	国务院	2001年12月11日	2002年1月1日
	中华人民共和国港口法	全国人大常委会	2003年6月28日	2004年1月1日
	中华人民共和国海商法	全国人大常委会	1992年11月7日	1993年7月1日
海洋资源开发与保护	水产资源繁殖保护条例	国务院	1979年2月10日	1979年2月10日
	中华人民共和国渔业法	全国人大常委会	1986年1月20日/2000年10月31日/2004年8月28日	1986年7月1日/2000年12月1日/2004年8月28日
	中华人民共和国渔业法实施细则	国务院批准，农牧渔业部发布	1987年10月20日	1987年10月20日
	中华人民共和国渔港水域交通安全管理条例	国务院	1989年5月5日	1989年8月1日
	中华人民共和国水生野生动物保护实施条例	国务院批准，农业部发布	1993年10月5日	1993年10月5日
	中华人民共和国渔业船舶检验条例	国务院	2003年6月27日	2003年8月1日
	中华人民共和国矿产资源法	全国人大常委会	1986年3月19日/1996年8月29日	1986年10月1日/1997年1月1日
	中华人民共和国对外合作开采海洋石油资源条例	国务院	1982年1月30日/2001年9月23日	1982年1月30日/2001年9月23日
文物	中华人民共和国水下文物保护管理条例	国务院	1989年10月20日	1989年10月20日
海洋生态环境保护	中华人民共和国海洋环境保护法	全国人大常委会	1982年8月23日/1999年12月25日	1983年3月1日/2000年4月1日
	中华人民共和国海洋石油勘探开发环境保护管理条例	国务院	1983年12月29日	1983年12月29日
	中华人民共和国防止船舶污染海域管理条例（废止）	国务院	1983年12月29日	1983年12月29日
	中华人民共和国防治船舶污染海洋环境管理条例	国务院	2009年9月9日	2010年3月1日
	中华人民共和国海洋倾废管理条例	国务院	1985年3月6日	1985年4月1日
	中华人民共和国防止拆船污染环境管理条例	国务院	1988年5月18日	1988年6月1日

续表

类别	法律文件	发布机关	发布时间	生效时间
海洋生态环境保护	中华人民共和国防治陆源污染物污染损害海洋环境管理条例	国务院	1990年6月22日	1990年8月1日
	中华人民共和国防治海岸工程建设项目污染损害海洋环境管理条例	国务院	1990年6月25日/2007年9月25日	1990年8月1日/2008年1月1日
	防治海洋工程建设项目污染损害海洋环境管理条例	国务院	2006年9月19日	2006年11月1日
测绘与地质	中华人民共和国测绘法	全国人大常委会	1992年12月28日/2002年8月29日	1993年7月1日/2002年12月1日
	基础测绘条例	国务院	2009年5月12日	2009年8月1日
	地质资料管理条例	国务院	2002年3月19日	2002年7月1日
其他重要法律文件	中国依《联合国海洋法公约》第298条规定提交排除性声明		2006年8月25日提交	2006年8月25日
	中华人民共和国关于确定二百海里以外大陆架外部界限的初步信息		2009年5月11日提交	
	中华人民共和国和越南社会主义共和国关于两国在北部湾领海、专属经济区和大陆架的划界协定		2000年12月25日签署	2004年6月30日
	中华人民共和国和日本国渔业协定		1997年11月11日签署	2000年6月1日
	中华人民共和国政府和大韩民国政府渔业协定		2000年8月3日签署	2001年6月30日
	中华人民共和国政府和越南社会主义共和国政府北部湾渔业合作协定		2000年12月25日签署	2004年6月30日
	国务院办公厅、中央军委办公厅转发外交部等部门关于加强东海海上航行和渔业安全意见的通知		1993年5月27日	1993年5月27日
	中华人民共和国海关总署关于转发《国务院关于海关执行缉私任务的船舶在海上行使紧追权的批复》和执行《领海及毗连区法》有关问题的通知	海关总署	1993年3月18日	1993年3月18日
	专属经济区渔政巡航管理规定	渔政渔港监督管理局	2005年11月14日	2005年11月14日

续表

类别	法律文件	发布机关	发布时间	生效时间
其他重要法律文件	中华人民共和国管辖海域外国人、外国船舶渔业活动管理暂行规定	农业部	1999 年 6 月 24 日	1999 年 6 月 24 日
	海底电缆管道保护规定	国土资源部	2004 年 1 月 9 日	2004 年 3 月 1 日
	关于外商参与打捞中国沿海水域沉船沉物管理办法	国务院	1992 年 7 月 12 日	1992 年 7 月 12 日
	外国的组织或者个人来华测绘管理暂行办法	国土资源部	2007 年 1 月 19 日	2007 年 3 月 1 日

根据以下网站资料整理：中央政府网站、全国人大网站、外交部网站、国土部网站、交通部网站、农业部网站等。

附件十四

中国海军赴亚丁湾、索马里海域打击海盗资料

批次	力量	启航日期	开始执行任务日期	结束任务日期	护航情况
第1批	南海舰队“武汉”号、“海口”号导弹驱逐舰和“微山湖”号综合补给舰组成，并搭载2架舰载直升机和部分海军特战队员，整个编队800余人	2008－12－26	2009－1－6	2009－4－16	共为212艘船舶护航，其中伴随护航41批166艘、区域护航46艘。此外，首批护航编队还解救了3艘遇袭船舶，接护1艘渔船（天裕8号）
第2批	南海舰队“深圳”号导弹驱逐舰、“黄山”号导弹护卫舰和首批护航编队留下来的“微山湖”号综合补给舰，以及2架舰载直升机和部分特战人员组成，整个编队共800余人	2009－4－2	2009－4－16	2009－8－1	完成了45批393艘船舶的护航任务，解救遭海盗袭击的外国商船4艘，接护获释外国商船1艘
第3批	东海舰队“舟山”号和“徐州”号两艘导弹护卫舰及“千岛湖”号综合补给舰，以及2架舰载直升机和数十名特战队员组成，整个编队800余人	2009－7－16	2009－8－1	2009－11－27	完成了52批568艘中外商船的护航任务，首次成功组织了中俄舰艇编队联合护航、联合军演等
第4批	东海舰队“马鞍山”号、“温州”号两艘国产新型导弹护卫舰和第三批护航编队中的“千岛湖”号综合补给舰以及2架舰载直升机、数十名特战队员组成，整个编队共700余人	2009－10－30	2009－11－27	2010－03－18	完成了46批次600多艘中外船舶的护航任务，累计航程近4万海里，改写了多项中国海军亚丁湾、索马里海域执行护航任务的记录①

① Http：//news. xinhuanet. com/mil/2010－03/21/content_ 13217010. htm.

续表

批次	力量	启航日期	开始执行任务日期	结束任务日期	护航情况
第5批	南海舰队"广州"号导弹驱逐舰、"微山湖"号综合补给舰、2架舰载直升机和数十名特战队员、以及先期到达亚丁湾、索马里海域执行护航任务的"巢湖"号导弹护卫舰组成，整个编队共800余人	2010－03－04	2010－03－18	2010－07－16	安全护送商船41批588艘，编队3艘舰艇累计安全航行68254海里，护送中外船舶总吨位超过3096万吨，创造了中国海军单批护航船舶总数量最多等多项纪录①
第6批	南海舰队"昆仑山"号船坞登陆舰、"兰州"号导弹驱逐舰和正在执行第五批护航任务的"微山湖"号综合补给舰，以及4架舰载直升机和部分特战队员组成，整个编队1000余人	2010－6－30	2010－07－16	2010－11－24	航程81500海里，共为49批615艘次船舶实施安全护航，总吨位3988万吨，驱离可疑船只190艘次，实施解救行动3次②
第7批	东海舰队由"舟山"号、"徐州"号两艘导弹护卫舰和"千岛湖"号综合补给舰，以及2架舰载直升机组成。整个编队780余人，包括数十名特战队员和担负医疗救护、心理咨询、通信值班等任务的25名女舰员	2010－11－02	2010－11－24	2011－3－19	自2010年11月正式执行护航任务以来，中国海军第7批护航编队顺利完成38批578艘中外船舶的护航任务，接护遭海盗袭击船舶1艘，营救遭海盗登船袭击船舶1艘，解救被海盗追击的船舶7艘，"徐州"舰还到地中海执行了为撤离中国在利比亚人员船只提供支持和保护任务③

① http：//military. people. com. cn/gb/172467/12194617. html.

② http：//mil. news. sina. com. cn/2010－11－24/0652620492. html.

③ http：//gb. cri. cn/27824/2011/03/19/3365s3191693. htm.

续表

批次	力量	启航日期	开始执行任务日期	结束任务日期	护航情况
第8批	东海舰队“温州”号和“马鞍山”号以及第7批护航编队中的“千岛湖”舰组成，编队含舰载直升机2架、特战队员数十名。随舰官兵共800余人	2011－2－21	2011－3－19	2011－7－24	共完成46批507艘船舶伴随护航任务，接护被海盗释放船舶1艘，解救被海盗追击船舶7艘，救助外国船舶2艘①
第9批	南海舰队导弹驱逐舰“武汉”舰、导弹护卫舰“玉林”舰、大型综合补给舰“青海湖”舰以及2架舰载直升机和数十名特战队员组成，整个编队共有官兵878人	2011－7－2	2011－7－24	2011－11－18	圆满完成了41批280艘中外船舶的护航任务。两批护航编队完成任务交接后，在第10批护航编队指挥下共同完成第392批护航任务后分航②
第10批	南海舰队由“海口”舰、“运城”舰以及正在亚丁湾、索马里海域执行第9批护航任务的“青海湖”舰组成，共800余名官兵。其中“海口”舰曾执行第1批护航任务	2011－11－2	2011－11－18	2012－3－17	第10批护航编队共完成40批240艘船舶护航任务，有效处置13批46艘次疑似海盗目标袭扰，解救被海盗船只追袭商船1艘③
第11批	北海舰队导弹驱逐舰“青岛”号、导弹护卫舰“烟台”舰和南海舰队综合补给舰“微山湖”舰组成，携带舰载直升机2架、特战队员数十名，整个编队共800余人。	2012－2－27	2012－3－17		
护航三年来，海军共派出10批25艘次舰船、8 400余名官兵执行护航任务，对403批4 383艘中外船舶实施了护航，确保了被护船舶和人员百分之百安全④					

根据公开资料整理，资料截止至2012年3月17日。

---

① http：//mil. news. sina. com. cn/2011－08－29/0342663319. html.

② http：//news. 163. com/11/1119/02/7J6L5DOE00014JB6. html.

③ http：//news. sohu. com/20120317/n338065805. shtml.

④ 2011年12月26日海军司令员吴胜利在海军执行护航任务三周年总结大会上的讲话。

附件十五

中越签署《关于指导解决中华人民共和国和越南社会主义共和国海上问题基本原则》

中华人民共和国政府代表团和越南社会主义共和国政府代表团一致认为，妥善解决中越海上问题符合两国人民的根本利益和共同愿望，有利于本地区的和平、稳定、合作与发展。双方同意根据中越领导人就海上问题达成的各项共识，在1993年《关于解决中华人民共和国和越南社会主义共和国边界领土问题的基本原则协议》基础上，遵循以下原则处理和解决海上问题：

一、以两国关系大局为重，从战略和全局高度出发，在“长期稳定、面向未来、睦邻友好、全面合作”方针和“好邻居、好朋友、好同志、好伙伴”精神指引下，坚持通过友好协商，妥善处理和解决海上问题，使南海成为和平、友好、合作之海，为发展中越全面战略合作伙伴关系、维护地区和平与稳定做出贡献。

二、本着充分尊重法理依据，同时考虑历史等其他相关因素，照顾彼此合理关切的精神，以建设性的态度，努力扩大共识，缩小分歧，不断推进谈判进程。按照包括1982年《联合国海洋法公约》在内的国际法所确认的法律制度和原则，努力寻求双方都能接受的基本和长久的解决海上争议问题的办法。

三、在海上问题谈判进程中，双方应严格遵守两国高层领导达成的协议和共识，认真落实《南海各方行为宣言》（DOC）的原则和精神。

对中越海上争议，双方将通过谈判和友好协商加以解决。如争议涉及其他国家，将与其他争议方进行协商。

四、在寻求基本和长久的解决海上问题的办法进程中，本着相互尊重、平等相待、互利共赢的精神，按照本协议第二条所述原则，积极探讨不影响双方立场和主张的过渡性、临时性解决办法，包括积极研究和商谈共同开发问题。

五、本着循序渐进、先易后难的精神解决海上问题。稳步推进北部湾湾口外海域划界谈判，同时积极商谈该海域的共同开发问题。积极推进海上低敏感领域合作，包括海洋环保、海洋科研、海上搜救、减灾防灾领域的合作。努力增进互信，为解决更困难的问题创造条件。

六、双方每年举行两次政府边界谈判代表团团长定期会晤，轮流主办，必要时可举行特别会晤。双方同意在政府代表团框架下设立热线联系机制，以便就海上问题及时沟通，妥善处理。

本协议于二〇一一年十月十一日在北京签订，一式两份，每份均用中文和越文写成，两种文本同等作准。

中华人民共和国	越南社会主义共和国
政府代表团团长	政府代表团团长
张志军	胡春山

附件十六

200海里以外大陆架划界案和初步信息情况

（一）提交划界案情况

序号	国家	递交日期	审议情况	提出照会的国家
1	俄罗斯	2001年12月20日	2002年6月27日作出建议	加拿大、丹麦、日本、挪威、美国
2	巴西	2004年5月17日	2007年4月4日作出建议	美国
3	澳大利亚	2004年11月15日	2008年4月9日作出建议	美国、俄罗斯、日本、东帝汶、法国、荷兰、德国、印度
4	爱尔兰（关于波丘派恩深海平原地区）	2005年5月25日	2007年4月5日作出建议	丹麦、冰岛
5	新西兰	2006年4月19日	2008年8月22日作出建议	斐济、日本、法国、荷兰、汤加
6	法国、英国、爱尔兰和西班牙（关于凯尔特海和比斯开湾地区）	2006年5月19日	2009年3月24日作出建议	-
7	挪威（关于东北大西洋和北冰洋）	2006年11月27日	2009年3月27日作出建议	丹麦、冰岛、俄罗斯、西班牙
8	法国（关于法属圭亚那和新喀里多尼亚）	2007年5月22日	2009年9月2日作出建议	瓦努阿图、新西兰、苏里南
9	墨西哥（关于墨西哥湾西部多边形区域）	2007年12月13日	2009年3月31日作出建议	-
10	巴巴多斯	2008年5月8日	2010年4月15日作出建议	苏里南、特立尼达和多巴哥、委内瑞拉

续表

序号	国家	递交日期	审议情况	提出照会的国家
11	英国（关于亚松森岛）	2008 年 5 月 9 日	2010 年 4 月 15 日作出建议	荷兰、日本
12	印度尼西亚（关于苏门答腊岛西北）	2008 年 6 月 16 日	在审	印度
13	日本	2008 年 11 月 12 日	在审	美国、中国、韩国、帕劳
14	毛里求斯和塞舌尔（关于马斯卡林海台）	2008 年 12 月 1 日	在审	–
15	苏里南	2008 年 12 月 5 日	在审	法国、特立尼达和多巴哥、巴巴多斯
16	缅甸	2008 年 12 月 16 日	等待中	斯里兰卡、印度、肯尼亚、孟加拉
17	法国（关于法属安的列斯和凯尔盖朗群岛）	2009 年 2 月 5 日	等待中	荷兰、日本
18	也门（关于索科垂岛东南）	2009 年 3 月 20 日	等待中	索马里
19	英国（关于哈顿·罗卡尔区域）	2009 年 3 月 31 日	等待中	冰岛、丹麦
20	爱尔兰（关于哈顿·罗卡尔区域）	2009 年 3 月 31 日	等待中	冰岛、丹麦
21	乌拉圭	2009 年 4 月 7 日	等待中	–
22	菲律宾（关于宾汉隆起区域）	2009 年 4 月 8 日	等待中	–
23	库克群岛（关于马尼希基海台）	2009 年 4 月 16 日	等待中	新西兰
24	斐济	2009 年 4 月 20 日	等待中	新西兰、瓦努阿图
25	阿根廷	2009 年 4 月 21 日	等待中	英国、美国、俄罗斯、印度、荷兰、日本
26	加纳	2009 年 4 月 28 日	等待中	尼日利亚
27	冰岛（关于埃吉尔海盆地地区和雷克珍海脊西部和南部）	2009 年 4 月 29 日	等待中	丹麦、挪威
28	丹麦（关于法罗群岛）	2009 年 4 月 29 日	等待中	冰岛、挪威
29	巴基斯坦	2009 年 4 月 30 日	等待中	阿曼
30	挪威（关于布韦岛和德龙宁毛德地）	2009 年 5 月 4 日	等待中	美国、俄罗斯、印度、荷兰、日本

续表

序号	国家	递交日期	审议情况	提出照会的国家
31	南非（关于其领土大陆）	2009年5月5日	等待中	-
32	密克罗尼西亚、巴布亚新几内亚和所罗门岛（关于翁通爪哇海台）	2009年5月5日	等待中	-
33	马来西亚和越南（关于南海南部）	2009年5月6日	等待中	中国、菲律宾、印度尼西亚
34	法国和南非（关于克罗泽群岛和爱德华王子群岛）	2009年5月6日	等待中	-
35	肯尼亚	2009年5月6日	等待中	斯里兰卡、索马里
36	毛里求斯（关于罗德里格斯岛）	2009年5月6日	等待中	-
37	越南（关于北部区域（VNM－N））	2009年5月7日	等待中	中国、菲律宾
38	尼日利亚	2009年5月7日	等待中	加纳
39	塞舌尔（关于北部海台区）	2009年5月7日	等待中	-
40	法国（关于留尼汪岛和圣保罗和阿姆斯特丹群岛）	2009年5月8日	等待中	-
41	帕劳	2009年5月8日	等待中	菲律宾
42	科特迪瓦	2009年5月8日	等待中	加纳
43	斯里兰卡	2009年5月8日	等待中	马尔代夫、印度
44	葡萄牙	2009年5月11日	等待中	摩洛哥、西班牙
45	英国（关于福克兰群岛、南乔治亚群岛和南桑威奇群岛）	2009年5月11日	等待中	阿根廷
46	汤加	2009年5月11日	等待中	新西兰
47	西班牙（关于加利西亚地区）	2009年5月11日	等待中	摩洛哥、葡萄牙
48	印度	2009年5月11日	等待中	缅甸、孟加拉、阿曼
49	特立尼达和多巴哥	2009年5月12日	等待中	苏里南
50	纳米比亚	2009年5月12日	等待中	-
51	古巴	2009年6月1日	等待中	美国、墨西哥
52	莫桑比克	2010年7月7日	等待中	-
53	马尔代夫	2010年7月26日	等待中	英国
54	丹麦－法罗，洛卡尔高原地区	2010年12月2日	等待中	
55	孟加拉国	2011年2月25日	等待中	缅甸、印度
56	马达加斯加	2011年4月9日	等待中	

续表

序号	国家	递交日期	审议情况	提出照会的国家
57	圭亚那	2011 年 9 月 6 日	等待中	委内瑞拉
58	墨西哥，墨西哥湾东部区域	2011 年 12 月 19 日	等待中	
59	坦桑尼亚	2012 年 1 月 18 日	等待中	

资料来源：根据大陆架界限委员会网站（http：//www. un. org/Deps/los/clcs new/clcs home. htm）资料编制整理。截止 2012 年 3 月 26 日。

（二）提交初步信息情况

序号	国家	递交日期	对初步信息提出照会国
1	贝宁、多哥	2009 年 4 月 2 日	—
2	索马里	2009 年 4 月 14 日	—
3	阿曼	2009 年 4 月 15 日	—
4	斐济	2009 年 4 月 21 日	—
5	斐济、所罗门	2009 年 4 月 21 日	—
6	斐济、所罗门、瓦努阿图	2009 年 4 月 21 日	—
7	赞比亚	2009 年 5 月 4 日	—
8	密克罗尼西亚	2009 年 5 月 5 日	—
9	巴布亚新几内亚	2009 年 5 月 5 日	—
10	所罗门群岛	2009 年 5 月 5 日	—
11	毛里求斯	2009 年 5 月 6 日	—
12	墨西哥	2009 年 5 月 6 日	—
13	佛得角	2009 年 5 月 7 日	—
14	坦桑尼亚	2009 年 5 月 7 日	—
15	智利	2009 年 5 月 8 日	秘鲁
16	法国（法属波利尼西亚和法属瓦利斯和富图纳群岛）	2009 年 5 月 8 日	—
17	法国（圣皮埃尔和密克隆群岛）	2009 年 5 月 8 日	加拿大
18	几内亚比绍	2009 年 5 月 8 日	—
19	塞舌尔	2009 年 5 月 8 日	—
20	多哥	2009 年 5 月 8 日	—
21	喀麦隆	2009 年 5 月 11 日	赤道几内亚

续表

序号	国家	递交日期	对初步信息提出照会国
22	中国	2009 年 5 月 11 日	日本
23	哥斯达黎加	2009 年 5 月 11 日	尼加拉瓜
24	刚果民主共和国	2009 年 5 月 11 日	安哥拉
25	几内亚	2009 年 5 月 11 日	—
26	毛里塔尼亚	2009 年 5 月 11 日	摩洛哥
27	莫桑比克	2009 年 5 月 11 日	—
28	新西兰（托克劳）	2009 年 5 月 11 日	—
29	韩国	2009 年 5 月 11 日	日本
30	西班牙（西加那利群岛）	2009 年 5 月 11 日	摩洛哥
31	安哥拉	2009 年 5 月 12 日	民主刚果共和国
32	巴哈马	2009 年 5 月 12 日	—
33	贝宁	2009 年 5 月 12 日	—
34	文莱	2009 年 5 月 12 日	—
35	刚果	2009 年 5 月 12 日	—
36	古巴	2009 年 5 月 12 日	—
37	加蓬	2009 年 5 月 12 日	—
38	圭亚那	2009 年 5 月 12 日	—
39	塞内加尔	2009 年 5 月 12 日	—
40	塞拉利昂	2009 年 5 月 12 日	—
41	圣多美和普林西比	2009 年 5 月 13 日	—
42	赤道几内亚	2009 年 5 月 14 日	—
43	科摩罗	2009 年 6 月 2 日	—
44	瓦努阿图	2009 年 8 月 10 日	—
45	尼加拉瓜	2010 年 4 月 7 日	—

资料来源：根据大陆架界限委员会网站（http：//www. un. org/Deps/los/clcs new/clcs home. htm）资料编制整理。

附件十七

主要涉海国际条约和协定

领域	条约名称	生效日期	中国参加情况
	1982年联合国海洋法公约	1994年11月16日	1982年12月10日签署 1996年6月7日 交存批准书 1996年7月7日 对我生效
国际海事组织	1974年国际海上人命安全公约	1980年5月25日	1975年6月20日签署 1980年1月7日交存核准书
	1966年国际载重线公约	1968年7月21日	1973年10月5日交存加入书 对公约附则二第49和第50条持有保留
	1971年特种业务客船协定	1974年1月2日	–
	1973年特种业务客船舱室要求议定书	1977年6月2日	–
	1972年国际海上避碰公约	1977年7月15日	1980年1月7日交存加入书 同日对中国生效
	1972年国际集装箱安全公约	1977年9月6日	1980年9月23日交存加入书 1981年9月23日对中国生效
	1976年国际海事卫星组织公约	1979年7月16日	1979年7月13日签署 1979年7月16日对中国生效
	1977年托列莫利诺斯国际渔船安全公约	–	–
	1978年国际海员培训、发证和值班标准公约	1984年4月28日	1979年6月3日签署 1984年4月28日对中国生效
	1995年渔船人员培训，发证和值班标准国际公约	–	–
	1979年国际海上搜寻救助公约	1985年6月22日	1980年9月11日签署 1985年6月24日交存核准书
	经1978年议定书修正的1973年国际防止船舶造成污染公约	1983年10月2日	1983年7月1日交存加入书 1983年10月2日对中国生效

续表

领域	条约名称	生效日期	中国参加情况
国际海事组织	1969年国际干预公海油污事故公约	1975年5月6日	1990年2月23日交存加入书1990年5月24日对中国生效
	1972年防止倾倒废物及其他物质污染海洋的公约	1975年8月30日	1985年11月14日交存加入书
	1990年国际油污防备、反应和合作公约	1995年5月13日	1998年3月30日交存加入书 1998年6月30日对中国生效
	2000年有毒有害物质污染防备、响应和合作协议	2007年6月14日	–
	2001年国际控制船舶有害船底防污系统公约	2008年9月17日	–
	2004年控制管理船舶压载水和沉积物国际公约	–	–
	1969年国际油污损害民事责任公约	1975年6月19日	1980年1月30日交存接受书 1980年4月30日对中国生效
	1971年设立国际油污损害赔偿基金国际公约	1978年10月16日	–
	1971年有关海上载运核材料民事责任协定	1975年7月15日	–
	1974年海上旅客及其行李运输雅典公约	1987年4月28日	–
	1976年海事索赔责任限制公约	1986年12月1日	–
	1996年国际载运有毒有害物质损害的责任和赔偿公约	–	–
	2001年国际燃油污染损害民事责任公约	2008年11月21日	2008年12月9日递交加入书 2009年3月9日对中国生效
	1965年便利国际海上运输公约	1967年3月5日	1995年1月16日交存加入书 1995年3月16日对中国生效
	1969年国际船舶吨位丈量公约	1982年7月18日	1980年4月8日交存加入书 1982年7月18日对中国生效
	1988年制止危及海上航行安全非法行为公约	1992年3月1日	1988年10月25日签署 1991年8月20日提交批准通知书 1992年3月1日开始对中国生效 不受公约第16条第1款规定约束
	1989年国际救助公约	1996年7月14日	1994年3月30日 交存加入书 1996年7月14日 对中国生效
海洋渔业	1993年促进公海渔船遵守国际养护和管理措施的协定	2003年4月24日	–

续表

领域	条约名称	生效日期	中国参加情况
海洋渔业	1995 年执行 1982 年 12 月 10 日联合国海洋法公约有关养护和管理跨界鱼类种群和高度洄游鱼类种群的规定的协定	2001 年 12 月 11 日	1996 年 11 月 6 日签署了该协定
	1946 年国际管制捕鲸公约	1948 年 11 月 10 日	1980 年 9 月 24 日通知加入 同日对我生效
	1994 年中白令海峡狭鳕资源养护和管理公约	1995 年 12 月 8 日	1994 年 6 月 16 日签署
	1966 年养护大西洋金枪鱼国际公约	1969 年 3 月 21 日	1996 年 10 月 2 日交存批准书 同日对我生效
	2000 年中西部太平洋高度洄游鱼类养护与管理公约	2004 年 6 月 19 日	2004 年 7 月 9 日国务院决定加入 暂不适用于香港特区 2004 年 11 月 2 日交存加入书 2004 年 12 月 2 日对中国生效
文物	2001 年保护水下文化遗产公约	2009 年 1 月 2 日	-
海洋生物多样性	1992 年生物多样性公约	1993 年 12 月 29 日	1992 年 6 月 11 日签署 1993 年 1 月 5 日交存批准书
	2000 年卡塔赫纳生物安全议定书	2003 年 9 月 11 日	2000 年 8 月 8 日签署 2005 年 9 月 6 日对我生效
	1979 年养护野生动物移栖物种公约	1983 年 12 月 1 日	-
	1973 年濒危野生动植物种国际贸易公约	1975 年 7 月 1 日	1981 年 1 月 8 日交存加入书 1981 年 4 月 8 日对中国生效
	1971 年关于特别是作为水禽栖息地的国际重要湿地公约	1975 年 12 月 21 日	1992 年 3 月 31 日 交存加入书 1992 年 7 月 31 日对我生效
	1959 年南极条约	1961 年 6 月 23 日	1983 年 6 月 8 日交存加入书 同日对中国生效
	1980 年南极海洋生物资源养护公约	1982 年 4 月 7 日	2006 年 9 月 8 日国务院决定加入 9 月 19 日交存加入书 10 月 19 日对中国生效
气候变化	1992 年联合国气候变化框架公约	1994 年 3 月 21 日	1992 年 6 月 11 日签署 1993 年 1 月 5 日 交存批准书
	1997 年京都议定书	2005 年 2 月 16 日	1992 年 6 月 11 日签署 1993 年 1 月 5 日交存批准书

附件十八

中国历次南北极科学考察任务及成果

南极科学考察：

次	日期	任务及成果
第1次	1984.11.20－1985.4.10	建立南极长城站
第2次	1986.3.30－1987.1.2	对长城站上设施进行了维护和装修，并开展了陆上科学考察活动；建成了长城站通讯房并安装了卫星通讯设备
第3次	1986.10.31－1987.5.17	完成了长城站的扩建、陆上科学考察、开展了中国首次环球航行，海上科学考察
第4次	1987.11.8－1988.3.19	对长城站上设施进行了维护和装修。冰川学、地貌学和生物学是这次考察的重点学科
第5次	1988.11.20－1989.4.10	首次东南极考察，建成中国第二个南极考察基地——中国南极中山站，实现了中国人在东南极建站的夙愿
第6次	1989.10.30－1990.1	首次实施了“一船两站”的方案，开辟了联结长城站和中山站的新航线，完成了中山站二期工程和长城站改造工程，同时开展了陆上和海上科学考察活动
第7次	1990.10.25－1991.4	以科学考察和环境调查为主，进行“两船两站”的科学考察，首次开展了南极南大洋地质地球物理综合考察
第8次	1991.11－1992.4	长城站完成柯林斯冰盖的钻取冰芯和考察任务；对菲尔德斯海峡断层运动形变进行监测。中山站进行了气象、地磁、高空物理、电离层等常规观测，开展了地质地貌、测绘、地理环境、固体潮及淡水生物生态的研究。南大洋科学考察以磷虾资源调查为中心

续表

次	日期	任务及成果
第9次	1992	长城站的科学考察包括岩石圈采样项目、土壤微生物采样项目、海上采样项目等。中山站的科学考察包括固体地球物理、空间物理、极隙区动力学、气象等6个课题的常规观测分析研究。开展东南极克拉通资源潜力分析和地壳演化两个课题的现场考察。重点踏勘了拉斯曼丘陵的12个岛屿或半岛。总计采集岩矿标本400余块。进行了中、俄、澳 三国大地原点的GPS联测。对站区水准原点、基准点和大地原点进行了水准测量。建设安装了臭氧总量探测系统，并开展正常观测工作。成功地安装了高分辨率极轨气象卫星资料接收和处理系统，开展正常工作。南大洋考察队以走航观测和测区定点观测两种方式较圆满地完成了“八五”“磷虾项目”观测，并完成了“气候项目”和“晚更新项目”中与大洋有关的课题观测与采样
第10次	1993	长城站的科学考察包括4项常规观测；4项“南极菲尔德斯半岛及其附近地区生态系统研究”项目的现场考察；3项“南极大陆、陆架盆地岩石团结构、形成、演化和地球动力学以及重要矿产资源潜力的研究”项目的现场考察；2项“南极环境对人体生理、心理健康及劳动能力的影响和医学保障”项目的现场考察。中山站科学考察包括6项常规观测
第11次	1994. 10. 28 –1995. 3. 5	长城站的科学考察包括4项常规观测，5项“南极菲尔德斯半岛及其附近地区生态系统研究”项目的现场考察，1项“南极大陆、陆架盆地岩石圈结构、形成、演化和地球动力学以及重要矿产资源潜力的研究”项目的现场考察，1项“晚更新晚期以来南极气候与环境演变及现代环境背景研究”项目，1项“南极环境对人体生理、心理健康及劳动能力的影响和医学保障”项目的现场考察。中山站科学考察包括5项常规观测，2项“南极大陆、陆架盆地岩石圈构、形成、演化和地球动力学以及重要矿产资源潜力的研究”项目的现场考察，1项“南极与全球气候环境的相互作用和影响”项目现场考察，4项“南极地区日地系统整体行为研究”项目现场观测（其中包括1项中日合作观测）。南大洋考察包括“南大洋磷虾资源开发与综合利用预研究”项目现场调查和“晚更新晚期以来南极气候与环境演变及现代环境背景研究”项目中的海底沉积物取样工作
第12次	1995. 11. 20 –1996. 4	在长城站进行常规地面气象观测、电离层常规观测、地震常规观测；在中山站进行常规地面气象观测天气预报、臭氧观测、高空大气物理观测、地磁观测
第13次	1996. 11. 18 –1997. 4. 20	进行中国首次内陆冰盖考察
第14次	1997. 11. 15 –1998. 4	国际GPS联测；NOAA气象卫星接收系统改进和更新；国际98GPS会战观测；南极内陆冰盖考察；拉斯曼丘陵地质构造事件关系考察；南大洋科学考察；船载气象卫星云图接收系统航行实验及使用；长城站和中山站附近海域锚地水深测量；97/98赴西班牙南极考察站地质考察

续表

次	日期	任务及成果
第15次	1998.11.5 -1999.4	长城站地区环境考察和国际GPS联测及气象、高分辨卫星云图接收和地震常规观测等科学考察工作。中山站自然环境过程与环境指示研究，中山站水体、冰藻类的UVB生态效应现场考察、中山站区环境专题研究及气象、极光、臭氧等科学考察项目。成功抵达Dome-A（A冰穹）地区。南大洋考察共完成29个综合站和两个48小时生物、化学、海洋水文要素的连续站的调查任务
第16次	1999.11.1 -2000.4.5	进行GPS国际联测、地质与生态环境考察以及长城站环境影响评价，进行了气象及高分辨率卫星云图接收等观测项目
第17次	分别于2000年12月初和2001年1月在长城站和中山站执行度夏和越冬的科学考察任务	在长城站进行国际GPS联测、人类活动对南极乔治王岛海岛生态的影响、气象常规观测；在中山站进行气象常规和臭氧观测、中日合作高空大气物理观察、国际GPS联测与海平面监测
第18次	2001.11.15 -2002.4	此次南极考察的主要任务包括长城站和中山站的度夏考察、越冬考察，南大洋考察和南极内陆考察等6个方面的专项科研课题，涉及具体科研项目有长城站GPS观测、生态环境观测、湖泊环境研究、气象观测、卫星云图接受；中山站臭氧观测、CPS观测、地磁观测、验潮观测、自动气象站和冰盖研究、拉斯曼热变质事件研究、拉斯曼冰盖变迁、湖泊沉积事件、重力考察、气象观测、卫星云图接受，以及南大洋重点海域综合调查、国际合作研究项目中的长城站中德合作海鸟观测、中山站中日合作空间物理激光观测等
第19次	2002.11.20 -2003.3.20	首次对南极三大冰架之一——埃默里冰架进行了深入考察，在国际上率先成功钻取了一支301.8米连续完整的冰芯样品，取得钻孔测温资料，顺利完成了对埃默里冰架冰川学综合断面的调查工作，和冰架前缘断面海水温度、盐度、深度和流场观测任务。这一成果具有重大的社会和科学意义，使我国在国际极地科学研究领域中的地位显著上升。利用自行设计的海冰观测仪器，中国考察队员在世界上首次对南极海冰的厚度变化进行了跟踪监测，获得了海冰变化的第一手资料，在海冰生长消融整体过程的研究方面填补了国际空白。在南极格罗夫山地区，收集到2 000多块陨石，从而使中国陨石的拥有量跃升至世界第三位。对南极3 200平方千米的格罗夫山进行了1：10万全面遥感测图，这是人类在南极格罗夫山首次进行的大范围全面遥感测图，为科学界今后进行多学科考察提供了准确的地理区域信息。大洋考察获得各类采样700多个，投放抛弃式测温探头120个，是历次南极航线上投放探头最多的一次，为多学科研究提供了大量的观测资料和样品
第20次	2004.12.4 -2005.1.16	开展了极地环境生态研究；普里兹湾水团和环流特征与冰架相互作用过程研究

续表

次	日期	任务及成果
第21次	2004.10.25 -2005.2.18	对南极冰盖的最高点、海拔4 039米的“DOME-A”（冰穹A）进行考察
第22次	2006.1.18 -2006.3.28	共收集陨石5 354块，其中包括中国科学家发现的第一块月球陨石，并绘出了格罗夫山地区的准确地图
第23次	2006.12.3 -2007.4	主要任务包括国际GPS联测、法尔兹半岛生物群落时空分异现场信息采集、工程地形图绘制等。利用我国自主创新的地理信息系统（简称GIS）平台软件SuperMap-GIS，在南极长城站绘制1：1 000数字化大比例尺地形图，并将这些成果建成空间数据库
第24次	2007.11.12 -2008.4	登上南极最高点冰穹A，开展冰川、天文、地质地球物理学考察和第三个南极考察站建设的选址工作
第25次	2008.10.20 -2009.4.10	成功建立南极内陆考察站——中国南极昆仑站；完成“长城”“中山”两站改造；顺利实施国际极地年中国PANDA计划（该计划包括普里兹湾海洋综合考察、埃默里冰架综合考察、站基协同观测、格罗夫山综合考察以及中山站-冰穹A断面综合考察等五部分）
第26次	2009.10.11 -2010.4.10	在南极“冰盖之巅”——海拔4 093米的冰穹A地区钻取了一支超过130米长的冰芯，创造了冰穹A地区浅冰芯钻探的新纪录。在昆仑站的天文观测站成功安装了一台频谱范围更宽的太赫兹傅立叶频谱仪，为我国在冰穹A地区开展天文观测开辟了新窗口。共采集陨石1 618块，总重量约为17千克，首次探测出格罗夫山局部地区的冰下地形，测得格罗夫山地区冰雪最厚处超过1 200米。在中国南极中山站附近海域建立了一座数据实时传输永久性验潮站，这是我国首次独立建成的南极永久性验潮站。首次应用无人机开展大范围南极海冰观测。中山站极区空间环境实验室基本建成。首次开展大范围南极地物光谱采集。首次在南大洋自主成功布放和回收潜标系统
第27次	2010.11.11 -2011.4.1	在长城站主要开展了地震观测与研究、法尔兹半岛生态环境监测与研究等9个项目的考察，采集了大批富有科研价值的样品和数据。在中山站主要开展了鱼类多样性调查和样品采集、验潮站基准标定及维护升级、南极拉斯曼丘陵及邻区地壳演化研究、大气臭氧观测等研究项目。在南极冰穹A地区，完成了天文台址测量和天文考察、近现代冰雪化学与生态指示计研究和冰川学考察；在零下58摄氏度的极端低温下，完成了冰芯钻探场地的地板铺设和冰芯钻探槽的开挖任务，搭建了具有国际领先水平的天文科考自动支撑平台系统

北极科学考察：

次	日期	任务及成果
第 1 次	1999. 7. 1 -1999. 9. 9	获得大批珍贵样品和数据资料，其中包括北冰洋 3 000 米深海底的沉积物和 3 100 米高空大气探测资源数据及样品；最大水深达 3 950 米的水文综合数据；5. 19 米长的沉积物岩芯以及大量的冰芯、表层雪样、浮游生物、海水样品等。我国科学家通过此次考察，首次确认了“气候北极”的地理范围，科学家们还发现北极地区的对流层偏高。此次北极科考的研究任务包括北极在全球变化中的作用和对我国气候的影响；北冰洋与北太平洋水团交换对北太平洋环流的变异影响；北冰洋邻近海域生态系统与生物资源对我国渔业发展影响等
第 2 次	2003. 7. 15 -2003. 9. 26	此次科学考察任务主要分两大部分：了解北极对全球变化的响应和反馈；了解北极变化对我国气候环境的影响。围绕这两大科学目标，中国第 2 次北极科学考察初步建立北冰洋海洋和气象观测系统。结合历史资料，分析研究北极海洋 - 大气 - 海冰系统变异与北极气候变化的关系以及对我国气候系统的影响
第 3 次	2008. 7. 11 -2008. 9. 24	对北极地区进行的一次更加深入、更为全面的综合性科学考察，考察以进一步研究北极快速变化过程中海洋、海冰和大气系统发生的耦合变化，以及对中国产生的影响等问题为主要科学目标，对白令海、楚科奇海、加拿大海盆的大面积海域和冰区，进行了涉及海洋、海冰、生物、大气、地质等多学科的综合观测
第 4 次	2010. 7. 1 -2010. 9. 20	首次实现了中国考察队依靠自己力量达到北极点开展科学考察的愿望，实现了历史性突破；首次在北极点冰面上布放了冰浮标，发射了抛弃式温盐深剖面探测仪，进行了生态学观测，采集了大量海冰和海水样品；首次获得 2. 5 米长的北极点冰芯；首次在白令海海盆 3 742 米水深处完成 24 小时连续站位海洋学观测；首次将中国海洋考察站延伸到北冰洋高纬度的深海平原，并获得全航程大气物理、大气化学观测的宝贵资料。在世界范围内，考察队首次利用浮游生物多通道采集器在北纬 88 度 26 分的近极点区进行了 3 000 米的深水精确分层采样；共完成了 135 个站位的海洋学调查、1 个长期冰站的海冰气综合观测和 8 个短期冰站的观测、1 个北极点站位观测，进行研究工作的考察站位数量及范围均超过了原计划；顺利回收了中国第 3 次北极科学考察队布放的综合观测潜标系统，这是中国在极地布放的第 1 套线长超过 1 300 米的深水潜标，同时也是中国第 1 套观测周期超过 1 年以上的极地长期潜标

资料来源：根据中国极地考察网（http：//www. chinare. gov. cn/caa/）资料整理。

主要参考文献

[1] 高之国、张海文主编：《海洋国策研究文集》，北京：海洋出版社，2007 年。

[2] 段洁龙主编：《中国国际法实践与案例》，北京：法律出版社，2011 年。

[3] 杨金森：《中国海洋战略研究文集》，北京：海洋出版社，2006 年。

[4] 杨金森：《海洋强国兴衰史略》，北京：海洋出版社，2007 年。

[5] 倪世雄等著：《当代西方国际关系理论》，上海：复旦大学出版社，2001 年。

[6] 刘跃进主编：《国家安全学》，北京：中国政法大学出版社，2004 年。

[7] 葛东升主编：《国家安全战略论》，北京：军事科学出版社，2006 年。

[8] 国家海洋局海洋发展战略研究所课题组：《中国海洋发展报告 2009》，北京：海洋出版社，2009 年。

[9] 国家海洋局海洋发展战略研究所课题组：《中国海洋发展报告 2011》. 北京：海洋出版社，2011 年。

[10] ［美］约翰 R. 克拉克：《海岸带管理手册》，北京：海洋出版社，2000 年。

[11] 田涛：《国际法输入与晚清中国》，山东：济南出版社，2001 年。

[12] 管华诗、王曙光：《海洋管理概论》，青岛：中国海洋大学出版社，2003 年。

[13] 姜旭朝主编：《中华人民共和国海洋经济史》，北京：经济科学出版社，2008 年。

[14] 陈新军：《中国海洋渔业资源与渔场学》，北京：海洋出版社，2004 年。

[15] 赵淑江等著：《海洋环境学》，北京：海洋出版社，2011 年。

[16] 徐志良：《中国新东部——海陆区划统筹构想》，北京：海洋出版社，2008 年。

[17] 中国科学院可持续发展研究组：《2002 中国可持续发展战略报告》，北京：科学出版社，2002 年。

[18] 中国科学院可持续发展战略研究组：《2011 中国可持续发展战略报告》，北京：科学出版社，2001 年。

[19] 王琪等编著：《海洋管理——从理念到制度》，北京：海洋出版社，2007 年。

[20] 鹿守本：《海洋管理通论》，北京：海洋出版社，1997 年。

[21] 邓力群等编著：《当代中国的海洋事业》. 北京：中国社会科学出版社，1985 年。

[22] 《中国军事百科全书·战争·战略分册》，军事科学出版社，1993 年。

[23] ［德］克劳塞维茨：《战争论》（第 1 卷），北京：商务印书馆，1978 年。

[24] 孟祥君：《中国国家海洋战略构建研究》，陕西：电子科技大学，2006 年。

[25] 高振会：《赤潮优势种的生长特征》，《赤潮重点监控区监控预警系统论文集》，北京：海洋出版社，2008 年。

[26] 中华人民共和国国务院：《国家中长期科学和技术发展规划纲要（2006—2020 年）》，2006 年 2 月 9 日发布。

[27] 中华人民共和国国务院新闻办公室：《2010 年中国的国防》，2010 年。

[28] 国家海洋局：《2010 年中国海洋经济统计公报》，2011 年 3 月发布。

[29] 国家海洋局：《2010 年海域使用管理公报》，2011 年发布。

[30] 中华人民共和国科技部：《“国家“十二五”科学和技术发展规划”》，2011 年 7 月 13 日发布。

[31] 国家海洋局、科技部、教育部和国家自然科学基金委：《国家“十二五”海洋科学和技术发展规划纲要》，2011 年 9 月。

[32] 国家发改委、科技部、工业和信息化部、国家能源局：《海洋工程装备产业创新发展战略（2011—2020）》，2011 年 9 月。

[33] 中华人民共和国科学技术部：《“十二五”生物技术发展规划》，2011 年 11 月。

[34] 国家海洋局：《中国海洋统计年鉴 2010》，北京：海洋出版社，2010 年 12 月。

[35] 高从堦：《海水淡化作为饮用水所需的后处理》，2011 青岛国际海水淡化与水再利用大会论文集。

[36] 高新生：《科学发展观指导下的国家海洋战略》，中国海洋学会 2007 年学术年会论文集（上册），2007 年。

[37] 王曙光：《论建设海洋强国》，中国海洋大学“论建设海洋强国”报告会，2006 年 3 月 13 日。

[38] 李文睿：《当代海洋管理与中国海洋管理史研究》，《中国社会经济史研究》，2007 年第 4 期。

[39] 广西壮族自治区人民政府办公厅：《广西壮族自治区人民政府办公厅关于印发广西壮族自治区海洋局主要职责内设机构和人员编制规定的通知》（桂政办发〔2010〕156 号），2010 年 8 月 11 日。

[40] 赵锦全：《中国海洋卫星 2009 年应用概况》，《中国航天》，2007 年第 7 期。

[41] 中华人民共和国外交部政策规划司：《中国外交》，2011 年。

[42] 高之国：《关于 21 世纪我国海洋发展战略的新思维》，《资源产业》，2000 年第 1 期。

[43] 赵旺初：《我国海水循环冷却达到国际先进水平》，《发电设备》，2008 年第 3 期。

[44] 《新型波浪能发电技术演示装置研制成功》，《农村电工》，2009 年第 2 期。

[45] 《世界首座海岛可再生能源电站投产——综合利用太阳能、风能、波浪能》，《华北电力技术》，2009 年 6 月。

[46] 朱伟林：《中国近海油气勘探进展》，《中国工程科学》，2010 年第 5 期。

[47] 张云吉等著：《近半个多世纪以来渤海冰情对全球气候变化的响应》，《海洋通报》，2007 年。

[48] 叶向东、陈国生：《构建“数字海洋”实施海陆统筹》，《太平洋学报》，2007 第 4 期。

[49] 李义虎：《从海陆二分到海陆统筹—对中国海陆关系的再审视》，《现代国际关系》，2007 年第 8 期。

[50] 张海峰：《再论海陆统筹兴海强国》，《太平洋学报》，2005 第 7 期。

[51] 鲍捷等著：《基于地理学视角的“十二五”期间我国海陆统筹方略》，《中国软科学》，2011 年 05 期。

[52] 付征南：《略论朱利安·科贝特的海洋战略观》，《国际政治研究》，2008 年第 4 期。
[53] 杨金森：《把建设海洋经济强国作为跨世纪国家战略》，《中国科技论坛》，1996 年 05 期。
[54] 吴克勤：《国际海洋年与海洋强国》，《海洋信息》，1998 年 04 期。
[55] 郑淑英：《科技在海洋强国战略中的地位与作用》，《海洋开发与管理》，2002 年第 2 期。
[56] 王诗成：《21 世纪海洋战略（一）》，《齐鲁渔业》，1997 年第 5 期。
[57] 段存成：《21 世纪中国海洋战略布局》，《国际展望》，2001 年 8 月，总第 424 期。
[58] 尤子平：《深化海洋强国战略的研究与实践》，《舰船科学技术》，2005 年第 1 期。
[59] 陆儒德：《实施海洋强国战略的若干问题》，《海洋开发与管理》，2002 年。
[60] 刘新华、秦仪：《现代海权与国家海洋战略》，《社会科学》，2004 年第 3 期。
[61] 崔旺来等：《海洋管理中的公民参与研究》，《海洋开发与管理》，2010 年第 3 期。
[62] 栾维新：《海洋规划的区域类型与特征研究》，《人文地理》，2005 年第 1 期。
[63] 刘佳、李双建：《世界主要沿海国家海洋规划发展对我国的启示》，《海洋开发与管理》，2011 年第 3 期。
[64] 吕彩霞：《关于〈海域使用管理法〉有关条款的阐释》，《海洋开发与管理》，2001 年第 6 期。
[65] 于中海：《海洋综合管理中的公众参与及其实现机制研究》，中国海洋大学行政管理硕士论文，2007 年 6 月。
[66] 陈惠玲：《我国开始研制 4 500 米级深海作业系统》，《中国国土资源报》，2008 年 6 月 12 日。
[67] 《我国完成世界首个贝类全基因组序列图谱》，《中国海洋报》，2010 年 8 月 30 日。
[68] 《站在新起点，抢抓新机遇，实现新跨越》，《中国海洋报》，2011 年 2 月 27 日。
[69] 《在新的历史起点上实现海洋事业新跨越——国家海洋局局长、党组书记刘赐贵讲话摘登》，《中国海洋报》，2011 年 2 月 27 日。
[70] 《“海洋六号”首航太平洋执行科考》，《科技日报》，2011 年 7 月 4 日。
[71] 《2010 年海洋公益性专项获批》，《中国海洋报》，2010 年 9 月 3 日。
[72] 《2011 年海洋公益性行业科研专项正式启动》，《中国海洋报》，2011 年 6 月 7 日。
[73] 《中国 Argo 计划大事记》，《科学时报》，2010 年 6 月 10 日。
[74] 《我国科学家成功研制出深海热液冷泉观测仪器》，《中国海洋报》，2010 年 7 月 16 日。
[75] 《“海洋二号”牡丹江接收设施进入最后调试阶段》，《中国海洋报》，2011 年 6 月 24 日。
[76] 《“海洋二号”卫星已立项》，《上海证券报》，2007 年 2 月 2 日。
[77] 《我国完成首个鱼类全基因组序列测定》，《中国海洋报》，2010 年 8 月 30 日。
[78] 《青岛开建我国首个海洋寡糖生产基地》，《中国海洋报》，2010 年 7 月 30 日。
[79] 陈惠玲：《我国已具备深水油气勘探能力》，《中国国土资源报》，2008 年 6 月 12 日。
[80] 《我国深海石油构件屈曲试验技术达世界先进水平》，《中国海洋报》，2010 年 11 月 26 日。
[81] 《我国自主研发高精度深海勘探技术获突破》，《中国海洋报》，2010 年 12 月 26 日。
[82] 《中国首座深水半潜式钻井平台顺利交付》，《中国证券报》，2010 年 10 月 27 日。
[83] 《中集来福士成功交付深水半潜式钻井平台》，《证券时报》，2011 年 4 月 11 日。
[84] 《国内首例热膜结合海水淡化机组达产》，《中国冶金报》，2009 年 4 月 11 日。
[85] 《江苏大学海水淡化装置科研成果国际领先》，《江苏科技报》，2010 年 7 月 1 日。

[86] 《天津：亚洲最大海水淡化厂投产》，《中国海洋报》，2010 年 7 月 13 日。

[87] 《国内最大膜法海水淡化项目杭州制造》，《杭州日报》，2011 年 10 月 11 日。

[88] 刘骆峰：《浓海水综合利用新工艺关键技术研究进展顺利》，《中国海洋报》，2009 年 3 月 31 日。

[89] 《气态膜法浓海水提溴大型膜组件中试》，《中国海洋报》，2010 年 12 月 17 日。

[90] 《我国首座大型海上风电场并网发电》，《中国海洋报》，2010 年 7 月 13 日。

[91] 《三门健跳港将建造万千瓦级潮汐电站 国内最大》，《台州日报》，2010 年 9 月 29 日。

[92] 《潮汐能发电基地落户东莞》，《南方都市报》，2010 年 12 月 14 日。

[93] 罗续业：《我国潮流能发电前景光明》，《中国海洋报》，2010 年 5 月 7 日。

[94] 黄葛炎：《〈广西海洋事业发展规划纲要（2011 年—2015 年）〉通过专家评审》，《中国海洋报》，2011 年 11 月 1 日。

[95] 田小明：《海洋战略：一个必须直面的话题》，《中国海洋报》，2005 年 3 月 18 日。

[96] 苏涛、郝冬：《卫海疆“剑”出鞘 – 中国海监装备建设系列报道之船舶篇》，《中国海洋报》，2011 年 3 月 15 日。

[97] 苏涛、郝冬：《雄鹰展翅傲海空 – 中国海监装备建设系列报道之飞机篇》，《中国海洋报》，2011 年 3 月 29 日。

[98] 苏涛，郝冬：《实现立体保障大跨越 – 中国海监装备建设系列报道之基地篇》，《中国海洋报》，2011 年 4 月 6 日。

[99] Adrain Slywotzky. Exploring the Strategic Risk Frontier. Strategy&Leadership，2004.

[100] Biliana Cicin – Sain and Robert W. Knecht. Integrated coastal and ocean management：concepts and practices. Washington：Island Press，1998.

[101] Jan Emblemsvag，Lars Endre Xjolstad. Strategic Risk Analysis-A Field Version. Management Decision，2002.

[102] Simons R. A Note on Identifying Strategic Risk. HBS Case Services. Boston，MA：Harvard Business School Press，1999.

[103] Frank L. Winfrey，James L. Budd. Reframing Strategic risk. SAM Advanced Management Journal，1997.

[104] James M. Collins，Timothy W. Ruefli. Strategic Risk：A State-defined Approach. Kluwer Academic Publishers，1996.

[105] Janos Aes. A Comparison of Models for Strategic Planning，Risk Analysis and Risk Management. Theory and Decision，1985.

[106] Inga Skromme Baird，Howard Thomas. Toward A Contin gency Model of Strategic Risk Taking. The Academy of Management Review，1985.

[107] Andrews K. The Concept of Corporate Strategy. Homewood，IL：Irwin，1971.